环境科学与工程导论

Introduction to Environmental Science and Engineering

王洪臣　编著

中国建筑工业出版社

图书在版编目（CIP）数据

环境科学与工程导论 ＝ Introduction to
Environmental Science and Engineering / 王洪臣编著
. — 北京：中国建筑工业出版社，2021.4
ISBN 978-7-112-26012-6

Ⅰ. ①环… Ⅱ. ①王… Ⅲ. ①环境科学②环境工程
Ⅳ. ①X

中国版本图书馆 CIP 数据核字（2021）第 050915 号

本书由中国人民大学王洪臣教授根据环境科学与工程专业培养要求并结合自己多年的讲授经验编著而成。

全书共8章，分别为：绪论、环境污染防治的基本概念与总体路线、大气环境及其污染防治、水环境及其污染防治、土壤环境及其污染防治、固体废物处理处置及资源化、物理性污染及其防治、全球环境问题概述。第1~2章从总体上介绍环境科学与工程的任务、基本概念和知识；第3~5章分别讲述大气、水、土壤三种环境要素及其污染，以及各种污染的治理技术；第6章讲述固体废物概述以及固体废物处理处置和资源化技术；第7章讲述噪声、光、放射性污染的概念、危害和防治手段；第8章从全球性视角，介绍了气候变暖和臭氧层破坏等问题。

本书内容系统全面，有助于读者形成对环境科学与工程专业的总体认识，有利于读者掌握学科基本知识，可作为环境科学与工程本科专业的教学用书，也可供相关专业人员参阅。

责任编辑：于　莉
责任校对：党　蕾

环境科学与工程导论
Introduction to Environmental Science and Engineering
王洪臣　编著
*
中国建筑工业出版社出版、发行（北京海淀三里河路9号）
各地新华书店、建筑书店经销
北京红光制版公司制版
北京建筑工业印刷厂印刷
*
开本：787毫米×1092毫米　1/16　印张：23¾　字数：576千字
2021年4月第一版　2021年4月第一次印刷
定价：90.00元
ISBN 978-7-112-26012-6
（37586）

前　　言

随着生态环境保护事业的不断推进，环境教育也在不断变革，以适应行业对人才的新要求。环境科学是研究人类生存的环境质量变化规律及其保护与改善对策的学科，对应的是环境科学本科专业；环境工程是研究环境污染预防、控制和环境质量改善技术的学科，对应的是环境工程本科专业。最近，国家新设置了环境科学与工程本科专业，进一步强调科学与工程的综合，旨在培养既能研究污染成因又能进行污染治理的综合性高级环境专门人才，本书可满足这一新设专业导论课程的需要。

中国人民大学环境学院设有环境科学、环境工程、资源与环境经济学、环境管理（公共事业管理）四个本科专业，作者多年来为这四个专业共同讲授《环境科学与工程导论》课程，一直在思考组织一个什么样的知识体系才能满足四个专业的共同要求，尤其是如何将环境科学与环境工程的知识体系有机地联系。总结起来，这些思考体现在三个方面：一是强调环境质量、环境容量和污染物排放总量这三个量之间的内在逻辑关系，形成污染治理的技术路线，以此串联起环境科学与环境工程两个知识体系；二是通过介绍污染治理实践，活化这些知识体系，加深认识；三是在传统导论课的基础适当加深，满足经济和管理方向学生的需要，因为这些学生日后不再安排关于污染治理理论与技术的内容。本书体现了作者的以上思考。

全书共 8 章，包括绪论、环境污染防治的基本概念与总体路线、大气环境及其污染防治、水环境及其污染防治、土壤环境及其污染防治、固体废物处理处置及资源化、物理性污染及其防治、全球环境问题概述。感谢中国人民大学低碳水环境技术研究中心张景炳、邵宇婷、姜昭、刘帅、韦琦、刘禹琛、罗方周、章乾、孙文卓、张锦森、党文悦、李英豪、袁俊莉、夏智恒、王艺瑾等同学为本书编写做的大量工作。

本书在作者多年讲授经验及思考的基础上编写，但定有缺点和错误，欢迎读者批评指正。

王洪臣

2021 年于中国人民大学

目　　录

第1章 绪 论

1.1 环 境 问 题

环境是人类生存和发展的基本条件，是人类经济社会发展的基础。人类通过生产和消费活动，参与自然界的物质循环和能量流动过程，不断地改变着地球环境。最初，人类的祖先过着茹毛饮血、渔猎采集的生活，那时不会影响环境。当时人类对自然环境的依赖非常明显，虽然过度采伐和狩猎对许多生物物种的数量和生存造成一定的破坏，但那时的环境问题还是局部的、暂时的，其破坏并没有影响自然生态系统的恢复能力和正常功能。随着人们学会驯化动物和种植植物，农业和畜牧业出现。人口的增长、反复的刀耕火种和弃耕，导致一些地区特别是干旱和半干旱地区的土壤遭到破坏，严重的水土流失使肥沃的土地变成了不毛之地。人类在社会经济发展中，利用自然资源和改造环境，同时也干扰甚至破坏自然生态过程，影响了生物生产力和生物多样性，使环境产生了不利于人类生存和发展的变化，从而出现了环境问题。环境问题是指由于人类活动或自然原因引起环境质量恶化或生态系统失调，对人类的生活和生产带来不利的影响或灾害，甚至对人体健康带来有害影响的现象。环境问题是多种多样的，按其成因可以将其分成两大类：原生环境问题和次生环境问题。由自然因素引起的为原生环境问题，如火山喷发、地震、洪涝、海啸、干旱、龙卷风等引起的环境问题。由人类活动而引起的为次生环境问题，一般可细分为环境污染、资源短缺和生态破坏三种类型。目前人们所说的环境问题多指次生环境问题，也是环境科学中所要研究的环境问题。

环境问题还可以分为三类，第一类环境问题，是指没有受人类活动影响的自然环境，也叫做原生环境。在原生环境中，例如暴雨、干旱、台风、地震、火山爆发等不可抗力发生，进而致使地球表面土壤中的某些化学元素异常富集或者异常稀缺，致使各类生物产生化学性疾病等。当然，原生环境问题是一把双刃剑，不能单纯地判断第一类环境问题有益或者有害。第二类环境问题，是指由人为原因引起的环境问题。人为引起的环境问题为我们所熟知，譬如雾霾、光化学污染、水俣病等问题。第二类环境问题的结果不仅导致人类深受其害，也会对其他生物的生存与发展带来巨大的危机。第三类环境问题，属于社会科学研究的范畴。在具体含义方面主要指由于人口无序的增长、经济发展导致的社会结构问题以及城市化引发的生活问题。

随着人类的进化，生存能力的增强，人类逐渐学会了驯化动植物，开始了农业和畜牧业。这在人类文明史上是一次重大的进步，也是人类的第一次科学技术革命，称为第一次浪潮。在18世纪60年代，人类文明史上出现了以使用蒸汽机为标志的工业革命，兴起了第二次浪潮。但与此同时也造成了严重的环境污染现象，如大气污染、水体污染、土壤污染、噪声污染、农药污染和核污染等，其规模之大、影响之深是前所未有的，如世界上著名的八大公害事件，主要表现为 SO_2 污染、光化学烟雾、重金属污染和毒物污染。20世纪 60 年代开始的以电子工程、遗传工程等新兴工业为基础的第三次浪潮，使工业技术阶段发展到信息社会阶段。一方面新的技术有利于解决第二次浪潮时期的环境问题，提高环境管理水平，提高环境保护工作效率。另一方面新的技术也会带来新的环境问题。此时三大类环境问题备受人们关注：一是全球性的大气污染问题，如温室效应、臭氧层破坏和酸雨；二是大面积的生态破坏，如大面积的森林被毁、草场退化、土壤侵蚀和沙漠化；三是突发性的环境污染事件频繁出现，如印度博帕尔农药厂毒物泄漏、苏联切尔诺贝利核电站泄漏、莱茵河污染事故等。同时一批新技术、新材料的应用也产生了相应的环境效应，如光污染等。其中许多因素的环境影响难以预测，如转基因产品等。这些全球性的环境问题严重威胁着人类的生存与发展。20 世纪 80 年代，特别是 80 年代中期以来，环境问题又有了新的变化。原来的环境问题仅仅表现为地区性或区域性的环境污染与生态破坏，这些问题在局部地区尤其是在发达国家已得到了较好的解决。但从世界范围和整体上来看，环境污染与生态破坏问题并未得到解决，甚至更加恶化，且打破区域和国家的界限，演变为全球性问题，引起世界各国的普遍关注。当前人类面临的新的全球性和广域性的环境问题主要有三类：(1) 全球性和广域性的环境污染，如全球气候变暖、臭氧层耗竭、大面积的酸雨污染、淡水资源的枯竭及污染；(2) 大面积的生态破坏，如生物种类锐减、土壤退化及荒漠化和正在加速的森林面积锐减等；(3) 突发性的严重污染事件增多和化学品的污染及越境转移。

1.2 环境科学及其任务

1.2.1 环境科学的发展

19 世纪以来，地学、化学、生物学、物理学、医学及一些工程技术学科开始涉及环境问题。1847 年德国植物学家弗腊斯的《各个时代的气候和植物界》一书论述了人类活动影响到植物界和气候的变化。英国生物学家达尔文在 1859 年出版的《物种起源》一书中论证了生物是进化而来的，生物的进化与环境的变化有很大关系，生物只有适应环境才能生存。1864 年美国学者马什的《人和自然》一书，从全球观点出发，论述了人类活动对地理环境的影响，特别是对森林、水、土壤和野生动植物的影响，呼吁开展保护活动。1869 年德国生物学家海克尔提出了生态学的概念，当时生态学只是生物学的一个分支，其论述了物种变异是适应和遗传互相作用的结果。1982 年德国地理学家拉第尔的《人类地理学》一书，探讨了地理环境对种族分布，人口分布、密度和迁移，以及人类部落形成和分布等方面的影响。布吕纳所著的《人地学原理》更是明确地指出了地理环境对人类活动的影响。工程技术方面，给水排水工程是一个历史悠久的技术部门。1897 年英国建立了污水处理厂。消烟除尘技术在 19 世纪后期已有所发展。这些基础学科和应用技术的发展，为解决环境问题提供了原理和方法学基础。当今公认的第一部有重要影响的环境科学著作是蕾切尔·卡逊 1962 年出版的《寂静的春天》一书，书中用生态学的方法揭示了有机氯农药对自然环境造成的危害，有人认为这本书的出版标志着环境科学的诞生。美国前副总统阿尔·戈尔评价这本书："如果没有这本书，环境运动也许会被延误很长时间，或者现在还没有开始。"事实上，1954 年美国研究宇宙飞船内人工环境的科学家们首次提出了环境科学的概念。同时美国首先成立了环境科学协会，并出版了《环境科学》杂志。环境问题开始成为社会的中心问题。这对当代科学是个挑战，要求自然科学、技术科学和社会科学都来参与环境问题的研究，揭示环境问题的实质，并寻求解决环境问题的科学途径，这些就是环境科学产生的社会背景。

由此可见环境科学是在环境问题逐渐凸显并日益严重的过程中产生和发展起来的一门综合性科学，它是一个由多学科到跨学科的庞大科学体系组成的新兴学科，也是一个自然科学、技术科学和社会科学的交叉学科。环境科学的定义为研究人类社会发展活动与环境规律之间的相互作用关系，寻求人类社会与环境协同演化持续发展途径与方法的科学。

环境科学作为独立的学科是在环境问题成为全球性重大问题后形成的。许多科学家，包括化学家、地理学家、生物学家和社会学家等对环境问题进行了调查和研究。他们在各自学科的基础上，运用原有的理论和方法研究环境问题，通过这种研究逐渐形成了一些新的交叉学科，如环境地学、环境生物学、环境化学、环境物理学、环境医学、环境工程学、环境经济学和环境管理学等。在这些分支学科的基础上孕育产生了环境科学。随着研究的深入，人们又逐渐认识到人类活动是与环境系统整体关联的，不能把环境问题简单地分解成某些学科问题的集合进行解决，环境科学不是诸如环境物理学、环境化学、环境生物学、环境地学、环境医学和环境管理学等一系列分支学科的简单叠加。各分支学科以及各分支学科之间开始寻求相互渗透、交融的具体途径，努力实现从学科的分散状态向聚合状态的转变。环境科学进入跨学科交融的发展阶段，逐渐形成自己学科结构体系的雏形。

1.2.2 环境科学的任务

环境科学源于传统学科，又不是多个传统学科的简单联合。它强调宏观与微观的结合、主观与客观的结合。它将寻求正确处理自然生态系统和社会经济系统对立统一关系的理论和方法，形成自己独立的理论框架、概念体系、逻辑方法和技术体系。

环境科学需要解决三个问题：（1）人类赖以生存与发展的环境是如何演变的；（2）人类活动，如资源的开发、污染物的排放以及人们的生活、生产方式是如何影响环境的；（3）人类应如何与自然协同进化，人类在自身的不断发展中如何建立新的价值观、发展模式，发展新的、与自然和谐的技术，以保证人类文明不断持续发展及生物圈、大气圈等圈层的可持续性。

具体来说，环境科学的主要任务包括：

（1）探索全球范围内环境演化的规律。环境总是不断演化的，认识自然环境的结构、功能、演变过程与演变规律是人类利用自然、与自然和谐共处的基础。

（2）揭示人类活动同自然生态系统的相互作用关系。自然生态系统维持着地球生命支持系统，为人类提供生存与生活资源，是人类社会经济发展所需的物质资源。人类在生产和消费活动中，一是从环境中获取资源，过度开发资源会导致资源的枯竭；二是向环境排放废弃物，当废弃物超过环境自净能力时，就会造成环境污染，损害环境质量；三是改变自然过程，导致自然生态系统退化与功能丧失。因此，认识和掌握人类活动与自然生态系统相互作用的规律是规范人类活动、保护环境的科学基础。

（3）探索环境变化对地球生命支持系统的影响。人类活动引起的环境变化，如大气二氧化碳浓度的升高、平流层臭氧的损耗、生物多样性的丧失等环境变化，对地球生命支持系统与生物圈影响的研究已成为环境科学的重要任务，同时环境变化机制及其变化后果也是环境科学所必须研究和解决的科学问题。

（4）揭示环境污染物在环境中的变迁及其对人体健康与生物的影响。研究人类生产、生活活动向环境排放的污染物，尤其是有毒难降解污染物在环境中的形态变迁与转化及其对生物的毒理作用，是保护人类生存环境、制定各项环境标准、控制污染物排放量的依据。

（5）研究环境污染治理技术与资源循环利用技术。现代工农业生产、人类生活消费都在大量地产生废弃物，并已对环境产生严重的污染，危害社会发展和人体健康。因此，研究和发展新的环境污染治理技术与受损害环境的恢复技术，显然是环境科学的重要内容。同时，研究生态产业，实现生产和消费过程资源循环利用和污染物排放最小化是当今环境科学技术的最新课题。

（6）探索人类与环境和谐共处的途径。可持续发展已被公认为人类实现与自然和谐共处的重要途径。发展环境伦理，普及环境知识，提高全民的环境意识，引导全社会形成有利于环境保护、符合可持续发展要求的生产关系、生活方式、消费行为等生态文明观，研究环境经济、环境与资源管理的政策法规、城乡可持续发展模式等都是环境科学的重要任务。

环境科学是当今发展最快的学科之一，当今环境科学已发展成为横跨自然科学、技术与工程科学、社会科学的综合性学科。在现阶段，环境科学主要运用自然科学和社会科学等有关学科的理论、技术和方法来研究环境问题，形成与有关学科相互渗透、交叉的庞大的学科体系。属于自然科学领域的有环境地学、环境生物学、环境生态学、环境化学、环境物理学等；属于技术与工程科学领域的有环境医学、环境工程学等；属于社会科学领域的有环境管理学、环境经济学、环境法学、环境哲学、环境社会学等。环境是一个有机的整体，环境污染控制与自然生态保护又是极其复杂的、涉及面相当广泛的问题。因此，环境科学的各个分支学科虽然各有特点，但又相互渗透、相互依存，成为环境科学不可分割的组成部分。环境科学技术的发展体现了当代科学技术综合、集成的发展趋势。

1.3 环境工程及其任务

1.3.1 环境工程的发展

人们很早就认识到水对人类生存和发展的重要性。例如，早在公元前两千多年，我国就创造了凿井取水技术，促进了村落和集市的形成。为了保护水源，还建立了持刀守卫水井的制度，并已用陶土管修建地下排水道，在明朝以前就开始用明矾净化水。古罗马则大约在公元前 6 世纪才开始修建下水道；英国在 19 世纪初开始用砂滤法净化自来水，并在1850 年把漂白粉用于饮用水消毒，以防止水性传染病的流行；1852 年，美国建立了木炭过滤的自来水厂。19 世纪后半叶，英国开始建立公共污水处理厂；第一座有生物滤池装置的城市污水处理厂建于 20 世纪初，并在 1914 年出现了活性污泥法处理污水的新技术。第二次世界大战后的半个多世纪，全球经济迅速发展，各种水处理新技术、新方法不断涌现，给水排水和水污染控制工程得到了极大的发展。

在大气污染控制方面，公元 61 年，罗马哲学家 Seneca 就已谴责因烹饪和供热用火而引起的空气污染为"烟囱劣行"。公元 1081 年，宋朝的沈括在著名的《梦溪笔谈》中叙述了炭黑生产所造成的烟尘污染。18 世纪中叶，清朝康熙皇帝下旨命令煤烟污染严重的琉璃工厂迁往北京城外。西方工业革命以后，英国不少学者提出了消除烟尘污染的见解。在19世纪后半叶，消烟除尘技术已有所发展。1855年，美国发明了离心除尘器，20世纪初开始采用布袋除尘器和旋风除尘器。随后，燃烧装置改造、工业废气净化和空气调节等工程技术也逐渐得到推广和应用。

人类对固体废物的处理和利用也有着悠久的历史。古希腊早有垃圾填埋覆土的处置方法。我国自古以来就利用粪便和垃圾堆肥施田。在欧洲，1822年，德国就利用矿渣制造水泥。英国很早就颁布了禁止把垃圾倒入河流的法令，并在1874年建立了垃圾焚烧炉。进入20世纪以后，随着人口进一步向城市集中及工业生产的迅速发展，城市垃圾和固体废物数量剧增，对固体废物的管理、处置和回收利用技术也不断取得成就，逐步形成为环境工程学的一个重要组成部分。

在噪声控制方面，我国和欧洲的一些古建筑中，在修建墙壁和门窗时都考虑了隔声的要求。20世纪50年代以来，噪声已成为现代城市环境的公害之一，人们从物理学、机械学、建筑学等各个方面对噪声问题进行了广泛的研究，各种控制噪声的技术也取得了很大的进展。

环境工程学与公共卫生学的关系十分密切。早在1775年，英国医生波特就发现清扫烟囱的工人多患有阴囊癌，并指出这与接触煤烟有关。1854年，英国医生斯诺首先注意到了霍乱疫情与当地水井有关。后来的医学发展证实了水性传染病与水污染之间的相互关系。今天，人们不仅关心饮水对公众健康的影响，而且认识到现代生活的各个方面，包括食物、空气、噪声、有毒有害物质和其他各种环境因素都与公众健康密切相关。公共卫生学已十分重视环境污染对公众健康的危害与风险，此项研究和进展也推动了环境工程学的发展。

在环境工程学发展的进程中，人们认识到控制环境污染不仅要采用单项治理技术，还应当采用经济的、法律的和管理的各种手段，以及与工程技术相结合的综合防治措施，并运用现代系统科学的方法和计算机技术，对环境问题及其防治措施进行综合分析，以求得整体上的最佳效果或优化方案。在该背景下，环境规划和环境系统工程的研究工作迅速发展起来，逐渐成为环境工程学的一个新的、重要的分支。

多年来，尽管人们为治理各种环境污染做了很大的努力，但环境问题往往只是局部有所控制，总体上仍未得到根本解决，不少地区的环境质量至今仍在继续恶化。20世纪90年代开始，人们提出：污染控制不能只是单纯地对已产生的环境污染物进行处理处置（即所谓"末端治理"模式），而更应着眼于防止这些污染物的产生（即所谓"清洁生产"模式），采取污染预防和污染治理相结合的"全过程控制"的新模式。当今，环境问题和污染控制已被提到落实科学发展观和可持续发展战略思想的高度，环境工程学界的任务更重，环境工程学也将发展更快。

总之，环境工程是在人类控制环境污染、保护和改善生存环境的斗争过程中诞生和发展的。它脱胎于土木工程、卫生工程、化学工程、机械工程等母系学科，又融入了其他自然科学和社会科学的有关原理和方法。随着经济的发展和人们对环境质量要求的提高，环境工程学必将得到进一步的完善与发展。因此环境工程是一个庞大而复杂的学科体系。它不仅研究防治环境污染和生态破坏的技术和措施，而且研究受污染环境的修复及自然资源的保护和合理利用，探讨废物资源化技术，改革生产工艺，发展无废或少废的清洁生产系统，以及对区域环境进行系统规划与科学管理，以获得最优的环境效益、社会效益和经济效益的统一。

1.3.2 环境工程的任务

环境工程学是在人类保护和改善生存环境，并同环境污染作斗争的过程中逐步形成的。这是一门历史悠久而又正在迅速发展的工程技术学科。环境工程是环境科学与工程学科的一个分支，又是工程学的一个重要组成部分。它是一门运用环境科学、工程学和其他有关学科的理论和方法，研究保护和合理利用自然资源，控制和防治环境污染与生态破坏，进而改善环境质量，使人们得以健康和舒适地生存与发展的学科。因此，环境工程学有两个方面的任务：既要保护环境，使其免受和消除人类活动对它的有害影响；又要保护人类的健康和安全，使其免受不利环境因素的损害。具体来说，环境工程的主要任务包括：

（1）水质净化与水污染控制工程：研究预防和治理水体污染，保护和改善水环境质量，合理利用水资源，提供安全饮用水，以及不同用途与要求的用水的工艺技术和工程措施。其主要研究领域有：水体自净及其利用；给水净化处理；城市污水处理；工业废水处理与利用；废水再生与回用；城市、区域和水系的水污染综合整治和受污染水体的修复；水环境质量标准和废水排放标准等。

（2）大气污染控制工程：研究预防和控制大气污染，保护和改善大气质量的工程技术措施。其主要研究领域有：大气质量管理；烟尘等颗粒物控制技术；气体污染物控制技术；机动车污染控制；室内空气污染控制；城市、区域大气污染综合整治；大气质量标准和废气排放标准等。

（3）固体废物污染控制及噪声、振动与其他公害防治工程：研究城市垃圾、工业废渣、放射性及其他危险固体废物的处理、处置与资源化，以及消除噪声、振动等对人类影响的技术途径和措施。其主要研究领域有：固体废物管理；固体废物无害化处置；固体废物的综合利用和资源化；放射性及其他危险固体废物的处理；噪声、振动、电磁辐射的防护与控制等。

（4）清洁生产、污染预防与全过程污染控制工程：研究在工业等生产过程中，使用清洁的能源和原料，采用先进的工艺、技术与设备以及改善管理、综合利用等措施，从源头削减污染，提高资源利用效率，减少或避免生产、服务和产品使用过程中污染物的产生与排放，以减轻或者消除对人类健康和环境的危害。

（5）环境规划、管理和环境系统工程：研究在科学发展观和可持续发展战略思想指导下，利用系统工程的原理和方法，对区域性的环境问题和防治技术措施进行整体的系统分析，以求取得综合整治的优化方案，进行合理的环境规划、设计与管理；研究环境工程单元过程系统的优化工艺条件，并用计算机技术进行设计、运行和管理。

（6）环境监测与环境质量评价：研究环境中污染物质的性质、成分、来源、含量和分布状态、变化趋势以及对环境的影响；按照一定的标准和方法对环境质量进行定量的判定、解释和预测。此外，它还研究某项工程活动或资源开发所引起的环境质量变化及对人类健康的影响等。

1.4　环境科学与环境工程的关系

当今世界正面临着前所未有的变化，这种大趋势中，当然也包含着不断出现新的环境变化，环境科学与工程正是为了解决人类所面临的这些环境问题所出现的。它的兴起和不断发展、完善，标志着人类对环境的认识、利用和改造更加客观、科学和可持续。我国在"十三五"期间坚持以改善生态环境质量为核心，推动生态环境源头治理、系统治理、整体治理。实现改善环境质量从注重末端治理向更加注重源头预防和治理转变，主要污染物排放总量持续减少，环境形势根本好转。环境科学与环境工程的主要技术包括：环境洁净技术、污染减排技术；水环境污染防治技术（水环境监测、预警与分析测试方法、技术；地表水、饮用水源地污染防治与控制；工业废水处理的新技术与新工艺；城市河流污染治理与生态修复技术；湖泊流域城镇污染与农业面源污染防治技术等）；大气污染控制与治理工程技术（燃煤电厂应对气候变化及碳减排工程技术；工业烟气和废气污染控制领域的减排政策与市场；燃煤电厂脱硫、脱硝技术；有机废气回收和治理技术；工业硅冶炼除尘设备及烟尘气动加密技术等）；固体废物污染治理与控制技术（固体废物循环利用与技术创新；生活垃圾资源化和无害化处置技术以及电子垃圾的回收、堆存、处理与处置技术等）；土壤污染防治（土壤污染的物理、化学、生物学及其联合控制技术等）；环境经济、环境管理与规划环评；生态环境保护；环境监测与环境统计（环境监测在气候变化与低碳经济中的应用；有机污染物监测方法与技术；燃煤废气汞污染监测方法等）；噪声污染防治技术，以及相关领域节能环保洁净技术与综合利用技术（适用于改造能耗高、污染重的传统产业的环保高新技术与生态技术，以及节能、降耗、减污技术；有利于发展生态农业和有机农业的有机食品和绿色食品实用技术；核与辐射安全；环境信息系统；室内环境与绿色建筑；绿色交通与能源建设等）。

环境科学研究人类生存的环境质量的变化规律及其保护与改善对策，运用综合、定量和跨学科的方法来研究环境系统。由于大多数环境问题涉及人类活动，因此经济、法律和社会科学知识往往也可用于环境科学研究。环境科学是一门研究人类社会发展活动与环境演化规律之间相互作用关系，寻求人类社会与环境协同演化、持续发展途径与方法的科学。其任务为：（1）探索环境演化的规律；（2）揭示人类活动对环境的影响；（3）跟踪环境变化对人类的影响；（4）寻找保护与改善环境的对策。

环境工程是研究环境污染预防、控制和环境质量改善技术的学科，主要研究如何保护和合理利用自然资源，利用科学的手段解决日益严重的环境问题、改善环境质量、促进环境保护与社会发展，是研究和从事防治环境污染和提高环境质量的科学技术。其任务为：（1）开发环境污染控制的技术；（2）寻找环境污染预防的对策；（3）研究环境质量持续改善的相关技术与对策；（4）探索资源的保护与可持续循环利用途径。

环境科学和环境工程既有不同点又有相同点，首先来说环境科学和环境工程的研究和发展各有侧重。环境科学是探寻和研究各种环境问题及其相互关系的基础自然科学，环境工程则是解决具体工程问题的应用科学。环境科学需要研究环境问题的成因和规律，环境工程是解决工程问题的手段。环境科学更侧重于宏观的规划管理以及理论上的研究攻关，环境工程更侧重于具体的工程实践和应用。从大的方面讲，环境科学基本属于理科，而环境工程则要划归工科范畴。在理论知识方面，环境科学将进一步学习环境的基本特性、环境结构的形式和演化规律等，学好环境科学需要具备广泛的知识面和全局观，只有掌握了相关各个领域的科研情况，才可能做出合理的决策和分析。而环境工程为了更好地将理论知识应用于工程实践，需要学习计算机技术、绘图、水处理工程、给水排水管网工程、工程设计管理及规划，比较接近给水排水专业。其次在实验方面，环境科学注重发现环境演化规律，解释人类活动同自然生态之间的关系，探索环境变化对人类生存的影响，比如全球气候变暖、臭氧层空洞、生物多样性的丧失、水污染等，这些都是环境科学的热点问题。而环境工程则要具体到某一个项目的实施、立项、可行性研究、控制项目成本、最优设计等，强调的是动手能力。简单来说就是，环境科学关注的是更大的面，比如人和地球，试图在政策、法规、制度等宏观领域达到保护环境的目的。而环境工程则是在某个实际的工程或项目中实现某一个目标。环境科学着眼于自然现象，寻求合乎逻辑的解释。对于人们所观察到的自然现象，做出简洁而合乎逻辑的解释。发现科学体系的一些逻辑漏洞，并且用一种思想来解决这个问题，或者是将科学体系的一些原有内容用更加简洁的方法表述出来。环境工程着眼于应用，寻求功能的实现，环境工程需要对特定的问题找到相应的解决方案。环境工程关注的对象是问题本身，或者说希望工程具有哪些功能，再去想办法实现这些功能。首先要想到或者发现一种需要达成的功能，提供具体的解决方案。如果是一般性的解决方案，就是一个工程项目，如果是一种新颖的解决方案，就是一个专利。简而言之，环境工程的着眼点是功能，实现功能的手段是技术。可行性与实用性是关键的评判标准。

二者的研究目的虽然不同，但环境科学和环境工程也有共通之处，其研究的主要对象是相同的，即都是环境保护的相关问题，二者有着共同的价值，即都服务于人类科学研究和人类生存环境与可持续发展。从哲学上讲二者密不可分，相互关联，具有相互耦合性和互相促进的功能。环境科学为环境工程提供基本的理论知识，指导环境工程的应用。同时，环境工程作为应用科学，也在实践中不断发展和完善基础知识，反作用于环境科学。随着环境科学与工程学科的不断发展、壮大和完善，以深入探讨环境科学的基础理论和环境工程解决环境问题的途径和方法。人类在用环境工程解决实际问题的同时，还在不断地发现和提出新的环境科学问题，并把这些疑问提交给环境科学寻求理论解答，由环境科学得到的答案再反馈到环境工程实际应用中，继续指导环境工程去更好地解决实际问题而服务于人类，这种良性的发展趋势将使环境科学与工程成为一个繁茂兴盛的庞大学科体系(见图 1-1)。

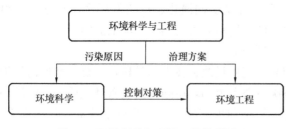

图 1-1　环境科学与环境工程的关系

第 2 章　环境污染防治的基本概念与总体路线

2.1　环　境　质　量

2.1.1　环境质量的含义

随着环境问题的出现，常用环境质量的好坏来表示环境遭受污染的程度。环境质量是环境系统客观存在的一种本质属性，是环境素质好坏的表征，是用定性和定量的方法对具体的环境要素所处的状态的描述，是在一个具体的环境内，环境的总体或某些要素对人群的生存和繁衍以及社会经济发展的适宜程度，这个适宜程度也叫环境基准，环境基准是指环境中污染物对特定对象不产生不良或有害影响的最大剂量或浓度。环境质量是反映人类的具体要求而形成的对环境评定的一种概念，对人类的生存与发展影响重大，随着社会的进步及人们生活水平的提高，人们对环境质量的要求也越来越高。环境基准通常分为人体健康基准和生态安全两大类。环境基准不仅是环境科学研究的核心内容，而且为环境管理，特别是环境标准的制定提供科学依据和基础资料。环境基准和环境质量标准都是典型的环境自然规则，并且是大多数环境规则的制定依据和重要基础。

环境基准的研究是一项特殊的研究，具有以下特点：（1）环境基准的研究属于自然科学研究的范畴，其研究成果具有社会共享性。（2）环境基准的研究一般投资大、耗时长，一种环境基准资料的获得往往需要做较长时间大量而细致的研究工作。（3）结果具有不确定性。环境基准研究与其他学科研究不同，虽然也经过一套严格的科学实验程序，但由于研究的介质和对象的自然可变性，再加上技术的不规范，都可能使最后的结果不能以确定的数值来表示。（4）环境基准是一个复杂的系统。对某一污染物，完整的环境基准资料应该是各种环境基准组成的体系，而在一般情况下往往只需研究其中主要的环境基准。

2.1.2　环境基准的分类

环境基准按环境要素可分为大气质量基准、水质量基准和土壤质量基准等；按保护的对象可分为保护人体健康的环境卫生基准、保护鱼类等水生生物的水生生物基准、保护森林树木和农作物的植物基准等。同一污染物在不同的环境要素中，或对不同的保护对象有不同的基准值。

1. 水质量基准

一方面，水体污染物对人体和水生生物的健康和安全产生影响；另一方面，水体中的部分营养物质可能对水体生态产生影响。对水质量基准的研究基于这两者进行。一般来说根据基准的制定方法可以将水质量基准划分为两大类：毒理学基准，该类基准是在大量科学实验和研究的基础上制定的，如人体健康基准、水生生物基准等；生态学基准，该类基准是在大量现场调查的基础上通过统计学分析制定的，如营养物基准等。也可根据基准针对的保护对象分为水环境卫生基准、水生生物基准和水体营养物基准。

（1）水环境卫生基准

水环境卫生基准是保护人体健康的基准，用以毒理学评估和暴露实验为基础的污染物浓度表示，是分别根据单独摄入水生生物，以及同时摄入水和水生生物两种情形计算出来的。水环境卫生基准的核心是对污染物剂量-效应（对象）关系的认识，这种关系的曲线分为两类：有阈值曲线和无阈值曲线。有阈值曲线表明人体对该种污染物在一定暴露浓度下具有自我消除能力，或者难以察觉可忽略不计，这种物质就是常规污染物；而无阈值曲线的污染物在人体中具有积累效应，会造成人体健康的不可逆效应，甚至具有"三致"（致畸、致癌、致突变）风险，这些物质被称为有毒污染物或"优先污染物"。

（2）水生生物基准

水生生物基准是保护水生生物的基准，包括暴露的浓度、时间和频次等，是针对淡水水生生物和海水水生生物两种情形计算出来的。淡水（或海水）水生生物基准对于每个污染物都制定了两个限值，即基准连续浓度和基准最大浓度。其中基准连续浓度是为了防止在低浓度污染物的长期作用下对水生生物造成慢性毒性效应而设定的，在该浓度下水生生物群落可以无限期暴露而不产生不可接受的影响；基准最大浓度是为了防止在高浓度污染物的短期作用下对水生生物造成的急性毒性效应而设定的，一般认为在该浓度下，水生生物群落可以短期暴露而不产生不可接受的影响。制定水生生物基准要充分考虑到生物多样性的特点，所选生物要有较好的代表性，能为大多数生物提供适当保护，避免过多采用同一属（或科）的实验生物而影响数据代表性，因为研究表明，分类上相近的生物对化学品的反应也是相似的。

（3）水体营养物基准

氮、磷等营养物质对水生生物的毒理作用相对较小，其危害主要在于促进藻类生长而爆发水华，从而导致水生生物的死亡和水生态系统的破坏。因此，防止水体富营养化的水体营养物基准是基于生态学原理和方法制定的，而非生物毒理学方法。富营养化的发生不仅与水质条件相关，同时也与湖泊、水库的地理和气象条件，以及自身的水力条件相关，因此，不可能采用一个统一的营养物基准来反映不同区域的水体富营养化条件。需要根据不同区域水体的特点和类型，制定具有区域针对性的水体营养物基准。因此，制定水体营养物基准的首要工作是确定营养物基准的适用区域单元，而研究表明，水生态区就是一种非常有效的空间单元。水生态区是指具有相似生态系统或期待发挥相似生态功能的水域。根据水生态区划，人们可以对具有同样属性的水体进行统一管理，并制定相应的管理标准，确定监测的参考条件及恢复目标，采取切实可行的管理对策。在同一水生态区内，由于具有相似的气候、地形、土地利用等特征，水体生产力和营养状况与总磷、总氮、叶绿素 a 和透明度等指标均具有较好的相关性，可为水体营养物基准的制定奠定良好的基础。

2. 大气质量基准

国际上对大气污染与人群健康、人体健康的研究开展得较早。涉及大气污染的环境基准物质主要有二氧化氮、悬浮颗粒物、光化学氧化剂、二氧化硫和一氧化碳。可吸入颗粒物，尤其是细颗粒物被公认为危害最大、代表性最强的大气污染物，美国环境保护署和欧盟在评价大气污染的健康危害时均选择颗粒物作为代表性的大气污染物。

3. 土壤质量基准

土壤污染物可以通过食物链而危害人体健康，也可以通过地表径流污染地表水，通过淋溶作用污染地下水，或通过挥发作用污染大气。对大多数土壤有害元素而言，由于在多数条件下它们的径流作用、淋溶作用及挥发作用较弱，因此它们的危害主要体现在通过食物链对人体健康的危害上。土壤有害元素向作物可食用部分的转移程度是该危害途径的限制性环节，应该成为以保障农产品安全为主要目标的土壤质量基准中有害元素限值制定的主要依据。

环境基准和环境质量标准是两个不同的概念。环境基准是由污染物与特定对象之间的剂量-效应关系确定的，不考虑社会、经济、技术等因素，不具有法律效力。环境质量标准是环境标准体系的核心。由环境质量标准和污染物排放标准构成的环境标准体系的主体部分是进行环境监督管理的重要基础，可为环境管理部门提供工作指南和监督依据。环境质量标准是为保障人体健康、维护生态良性循环和保障社会物质财富，基于环境基准，结合社会经济、技术能力制定的控制环境中各类污染物浓度水平的限值。环境质量标准是在一定时间和空间范围内，对环境中有害物质或因素的容许浓度所做的规定。它是国家环境政策目标的具体体现，是制定污染物排放标准的依据，环境质量标准是随着环境问题的出现而产生的。环境质量标准是以环境基准为依据，并考虑社会、经济、技术等因素，经过综合分析制定的，由国家管理机关颁布，一般具有法律强制性。环境基准与环境质量标准有密切的关系。环境质量标准规定的污染物容许剂量或浓度原则上应等于或小于对应的基准值。

2.1.3 环境质量标准

环境质量标准按环境要素分，有水质量标准、大气质量标准、土壤质量标准、生物质量标准、声环境质量标准等。

1. 水质量标准

水质量标准是对水中污染物或其他物质的最大容许浓度所作的规定。水质量标准按水体类型分为地面水质量标准、海水质量标准和地下水质量标准等；按水资源的用途分为生活饮用水水质标准、渔业用水水质标准、农业用水水质标准、娱乐用水水质标准和各种工业用水水质标准等。由于各种标准制定的目的、适用范围和要求不同，同一污染物在不同标准中规定的标准值也是不同的。例如，铜的标准值在《生活饮用水卫生标准》GB 5749—2006、《工业企业设计卫生标准》GBZ 1—2010 和《渔业水质标准》GB 11607—1989 中分别规定为 1.0mg/L、0.1mg/L 和 0.01mg/L。

2. 大气质量标准

大气质量标准是对大气中污染物或其他物质的最人容许浓度所作的规定。我国在1962 年颁布的《工业企业设计卫生标准》GBJ 1 1962 中首次对居民区人气中的 12 种有害物质规定了最高容许浓度。1982 年 4 月颁发的《大气环境质量标准》GB 3095—1982 按标准的适用范围分为三级：一级标准适用于国家规定的自然保护区、风景游览区、名胜古迹和疗养地等；二级标准适用于城市规划中确定的居民区、商业交通居民混合区、文化区、名胜古迹和广大农村等；三级标准适用于大气污染程度比较重的城镇和工业区以及城市交通枢纽、干线等。《大气环境质量标准》GB 3095—1982 列有总悬浮微粒、飘尘、二氧化硫、氮氧化物、一氧化碳和光化学氧化剂等项目。每一项目按照不同取值时间（日平均和任何一次）和三级标准的不同要求，分别规定了不同的浓度限值。

3. 土壤质量标准

土壤质量标准是对污染物在土壤中的最大容许含量所作的规定。土壤中的污染物主要通过水、食用植物、动物进入人体，因此，土壤质量标准中所列的主要是在土壤中不易降解和危害较大的污染物。

4. 生物质量标准

生物质量标准是对污染物在生物体内的最高容许含量所作的规定。污染物可通过大气、水、土壤、食物链或直接接触而进入生物体，危害人群健康和生态系统。联合国粮食及农业组织（FAO）和世界卫生组织（WHO）规定了食品（粮食、肉类、乳类、蛋类、瓜果、蔬菜、食油等）中的农药残留量。美国、日本等也规定了许多污染物和农药在生物体内的残留量。例如，日本厚生省1973年1月颁布的农药残留标准对大米、豆类、瓜果等30多种生物性食品中的铅、砷、DDT、六六六等17种污染物规定了残留标准。我国颁布的食品卫生标准对汞、砷、铅等有毒物质和一些农药等在几十种农产品中的最高容许含量作出了规定。

5. 声环境质量标准

声环境质量标准规定了五类声环境功能区的环境噪声限值及测量方法。适用于声环境质量评价与管理。按区域的使用功能特点和环境质量要求，声环境功能区分为以下五种类型：

（1）0类声环境功能区：指康复疗养区等特别需要安静的区域。

（2）1类声环境功能区：指以居民住宅、医疗卫生、文化教育、科研设计、行政办公为主要功能，需要保持安静的区域。

（3）2类声环境功能区：指以商业金融、集市贸易为主要功能，或者居住、商业、工业混杂，需要维护住宅安静的区域。

（4）3类声环境功能区：指以工业生产、仓储物流为主要功能，需要防止工业噪声对周围环境产生严重影响的区域。

（5）4类声环境功能区：指交通干线两侧一定距离之内，需要防止交通噪声对周围环境产生严重影响的区域，包括4a类和4b类两种类型。4a类为高速公路、一级公路、二级公路、城市快速路、城市主干路、城市次干路、城市轨道交通（地面段）、内河航道两侧区域；4b类为铁路干线两侧区域。

我国现行环境质量评价中，城市环境空气质量评价依据《环境空气质量标准》GB 3095—2012、《环境空气质量评价技术规范（试行）》HJ 663—2013、《受沙尘天气过程影响城市空气质量评价补充规定》和《关于沙尘天气过程影响扣除有关问题的函》进行，评价指标为二氧化硫、二氧化氮、可吸入颗粒物、细颗粒物、一氧化碳和臭氧。地表水水质评价依据《地表水环境质量标准》GB 3838—2002和《地表水环境质量评价办法（试行）》进行，评价指标为pH、溶解氧、高锰酸盐指数、化学需氧量、五日生化需氧量、氨氮、总磷、铜、锌、氟化物、硒、砷、汞、镉、铬（六价）、铅、氰化物、挥发酚、石油类、阴离子表面活性剂和硫化物共21项；湖泊（水库）营养状态评价指标为叶绿素a、总磷、总氮、透明度和高锰酸盐指数。地级及以上城市集中式生活饮用水水源水质评价依据《地表水环境质量标准》GB 3838—2002和《地下水质量标准》GB/T 14848—2017进行。地下水水质评价依据《地下水质量标准》GB/T 14848—2017进行，评价指标为《地下水质量标准》GB/T 14848—2017中的37项常规指标。管辖海域海水水质评价依据《海水质量状况评价技术规程（试行）》和《海水水质标准》GB 3097—1997进行，评价指标为无机氮（亚硝酸盐、硝酸盐、氨氮）、活性磷酸盐、石油类、化学需氧量和 pH；近岸海域水质评价依据《海水质量状况评价技术规程（试行）》进行，评价指标为 pH、溶解氧、化学需氧量、无机氮、活性磷酸盐、石油类、铜、汞、镉和铅共 10 项。生态质量评价依据《生态环境状况评价技术规范》HJ 192—2015 进行。声环境质量评价依据《声环境质量标准》GB 3096—2008 和《环境噪声监测技术规范 城市声环境常规监测》HJ 640—2012 进行。辐射环境质量评价依据《电离辐射防护与辐射源安全基本标准》GB 18871—2002、《电磁环境控制限值》GB 8702—2014、《生活饮用水卫生标准》GB 5749—2006 和《海水水质标准》GB 3097—1997 进行。数值修约依据《数值修约规则与极限数值的表示和判定》GB/T 8170—2008 进行。

2.2 环 境 容 量

2.2.1 环境容量的含义

环境容量是在人类生存和自然生态系统不致受损害的前提下，某一环境单元所能容纳的污染物的最大负荷量；或一个生态系统在维持生命机体的再生能力、适应能力和更新能力的前提下，承受有机体数量的最大限度。环境容量是一种重要的环境资源，某区域内的大气、水、土地等都有承受污染物的最高限值，这一限值的大小与该区域本身的组成、结构及其功能有关。如果污染物的含量超过最大容纳量，这一区域环境的生态平衡和正常功能就会遭到破坏。环境容量是一个变量，通过人为地调节控制环境的物理、化学及生物学过程，改变物质的循环转化方式，可以提高环境容量。

环境容量一般可以分为三个层次：（1）生态的环境容量，即生态环境在保持自身平衡下允许调节的范围；（2）心理的环境容量，即合理的、游人感觉舒适的环境容量；（3）安全的环境容量，即极限环境容量。环境容量是在人体健康、人类生存和生态系统不致受损害的前提下，一定地域环境中能容纳环境有害物质的最大负荷量。是为了适应环境管理中实施污染物总量控制或浓度控制而提出的概念。某一环境在自然生态结构与正常功能不受损害、人类生存环境质量不下降的前提下，能容纳的污染物的最大负荷量称为该环境的容量。环境容量分为绝对容量与年容量。绝对容量由环境标准值和环境背景值所决定，是某一环境所能容纳某种污染物的最大负荷量，达到绝对容量没有时间限制，即与年限无关。年容量是指某一环境在污染物的积累浓度不超过环境标准规定的最大容许值的情况下，每年所能容纳的污染物最大负荷量。年容量的大小，除了与环境标准值和环境背景值有关外，还与环境对污染物的净化能力有关。

一个特定的环境（如一个自然区域、一个城市、一个水体）对污染物的容量是有限的。其容量的大小与环境空间的大小、各环境要素的特性、污染物本身的物理和化学性质有关。环境空间越大，环境对污染物的净化能力就越大，环境容量也就越大。对某种污染物而言，如果它的物理和化学性质越不稳定，环境对它的容量也就越大。

2.2.2 环境容量的分类

按照污染物浓度控制的法规，限定了污染源排放污染物的容许浓度，但没有限定污染物排放的总量，没有考虑同一区域内分布的各个污染源之间的相互影响，更没有考虑区域环境对相应污染物的稀释、扩散和净化能力。由于这些局限性，往往可能出现即使满足污染源排放标准的要求，而环境污染仍然存在，环境质量仍然低下。从环境管理的角度考虑，必须将环境中的污染物浓度限制在一定水平以下，因而必须限定相应区域内污染物排放的总量，实施总量控制。环境容量的概念仅适用于对总量控制而进行的研究内容，而并非人类环境的要求和目标。严格来讲，环境质量的控制目标是不容许污染物在环境中扩散。环境容量按环境要素可细分为大气环境容量、水环境容量、土壤环境容量、环境人口容量和城市环境容量等。

1. 大气环境容量

大气环境容量是指在满足大气环境目标值（即能维持生态平衡并且不超过人体健康要求的阈值）的条件下，某区域大气环境所能承纳污染物的最大能力，或所能允许排放的污染物的总量。前者常被称为自净介质对污染物的同化容量；而后者则被称为大气环境目标值与本底值之间的差值容量。它们的大小取决于该区域内大气环境的自净能力以及自净介质的总量。若超过了大气环境容量的阈值，大气环境就不能发挥其正常的功能或用途，生态的良性循环、人群健康及物质财产将受到损害。研究大气环境容量可为制定区域大气环境质量标准、控制和治理大气污染提供重要的依据。特定地区的大气环境容量与以下因素有关：（1）涉及的区域范围与下垫面复杂程度；（2）空气环境功能区划及空气环境质量保护目标；（3）区域内污染源及其污染物排放强度的时空分布；（4）区域大气扩散、稀释能力；（5）特定污染物在大气中的转化、沉积、清除机理。

2. 水环境容量

水环境容量通常指在水资源利用区域内，按给定的水质目标和设计水量、水文条件，水体所能容纳污染物的最大量。特指在满足水环境质量的要求下，水体容纳污染物的最大负荷量，因此亦称"水体负荷量"或"纳污能力"。水环境容量包括稀释容量和自净容量。水环境容量是客观存在的。因此，它与现状排放无关，只与水量和自净能力有关。水环境容量作为水体污染物排放的临界控制条件，是实现水质达标的基础。水体纳污能力特征指水体在设计水文、规定环境保护目标和排污口位置条件下，所能容纳的最大污染物量。水体纳污能力是排污总量控制的基础，其定量评价对于有效地保护水资源具有重要的现实意义。

水环境容量是一种资源，具有自然属性和社会属性，依附于一定的水体和社会，自然属性是社会属性的基础，社会属性是自然属性的社会化。水环境容量的自然属性是其与人类社会密切相关的基础，其社会属性表现在社会和经济的发展对水体的影响及人类对水环境目标的要求，是水环境容量的主要影响因素。水环境容量作为一种资源，其主要价值体现在对排入污染物的缓冲作用，即水体既能容纳一定量的污染物又能满足人类生产、生活及环境的需要。但是，水环境容量是有限的，一旦污染负荷超过水环境容量，其恢复将十分缓慢、困难。

水环境容量具有明显的时空内涵。空间内涵体现在不同区域社会经济的发展水平、人口规模及水资源总量、生态、环境等方面的差异，使得资源总量在相同的情况下，不同区域的水体在同一时间段上的水环境容量不同。时间内涵则表现为在不同时间段同一水体的水环境容量是变化的，水环境容量的不同可能是由于水质环境目标、经济及技术水平等在不同时间存在差异而导致的。由于各区域的水文条件、经济、人口等因素的差异，不同区域在不同时间段对污染物的净化能力存在差异，这导致了水环境容量具有明显的地域、时间差异的特征。

水环境容量具有自然属性和社会属性，牵涉经济、社会、环境、资源等多个方面，各个方面彼此关联、相互影响。水环境是一个复杂多变的复合体，水环境容量的大小除受水生态系统和人类活动的影响外还取决于社会发展需求的环境目标。因此，对其进行研究，不应仅仅限制在水环境容量本身，而应将其与经济、社会、环境等看作一个整体进行系统化研究。此外，河流、湖泊等水体一般处在大的流域系统中，水域与陆域、上游与下游等构成不同尺度空间生态系统，在确定局部水体的水环境容量时，必须从流域的整体角度出发，合理协调流域内各水域水体的水环境容量，以期实现水环境容量资源的合理分配。

水环境容量的影响因素分为内部因素和外部因素。内部因素主要包括水文条件、地理特征等，水生态系统是一个处于相对稳定的变化系统；外部因素涉及社会经济、环境目标、科学技术水平等诸多发展变化的量，从而使内部因素复杂多变。决定水环境容量的内外因素都是随着社会发展变化的，故水环境容量应该是一个动态发展的概念，水环境容量动态性的本质即为人类活动的动态性。水环境容量不但反映了流域的自然属性（水文特性），同时也反映了人类对环境的需求（水质目标），水环境容量将随着水资源情况的变化和人们对环境需求的提高而不断发生变化。

水环境容量的大小与水体特征、水质目标、污染物特性及水环境利用方式有关。水体特征包括一系列的自然参数，如几何参数、水文参数、水化学参数及水体的物理化学和生物自净作用，这些参数决定了水体对污染物的稀释扩散能力，从而决定了水环境容量的大小。水体对污染物的纳污能力是相对于水体满足一定的功能和用途而言的，因而不同的水质目标决定了水环境容量的大小。不同污染物在水体中的允许量不同，因而水环境容量也因污染物的不同而不同。

3. 土壤环境容量

土壤环境容量是指一个特定区域的环境容量（如某城市、某耕作区等），与该环境的空间、自然背景值及环境各种要素、社会功能、污染物的物理化学性质以及环境的自净能力等因素有关。土壤环境容量一般有两种表达方式：一是在满足一半目标值的限度内，特定区域土壤环境容纳污染物的能力，其大小由环境自净能力和特定区域土壤环境自净能力的总量决定。二是在保证不超过环境目标值的前提下，特定区域土壤环境能够容许的最大纳污量。当污染物的浓度超过土壤的最大纳污量时，土壤环境的生态平衡和正常功能就会遭到破坏。土壤环境容量可分为绝对容量（静容量）和年容量（动容量）两类。土壤环境容量是土壤环境的一种属性，是一个地区特有的资源，也是环境功能区划和污染物总量控制的基础和科学依据。

4. 环境人口容量

环境人口容量指环境所能容纳的最大人口数。联合国教科文组织曾对环境人口容量下了一个较为精确的定义：一个国家或地区的环境人口容量，是在可预见到的时期内，利用本地资源及其他资源和智力、技术等条件，在保证符合社会文化准则的物质生活水平条件下，该国家或地区所能持续供养的人口数量。环境人口容量受到许多因素的制约，其中资源、科技发展水平及人口的文化和生活消费水平对其影响最大。资源是制约环境人口容量的首要因素，人类的生存在很大程度上取决于资源状况，资源越多，能供养的人口数量当然越多。人类获得的资源数量与科技发展水平密切相关。科技水平的提高，必然带来人类获取和利用资源在手段、方法等方面的改变，从而带来环境人口容量的变化。比如在原始社会，人类几乎没有掌握多少科技知识，所能获取的资源也十分有限，因此环境人口容量很小。今天地球上的 70 亿人口，在原始条件下是无论如何也不能想象的。人是社会性动物，人类的生活除了满足吃、喝等生理方面的需求以外，还有精神生活的需求。由于不同时期、不同地域人口的文化和生活消费水平并不相同，而且随着社会的发展，人口的文化和生活消费水平也在不断变化。因此，确定具有什么样的消费水平，对环境人口容量会产生较大的影响。

5. 城市环境容量

城市环境容量是在一定的历史阶段，在一定的社会经济、文化水平下的一个相对量。当人们在城市空间中的集聚超过一定的极限时，将造成人们最基本的环境要求超出环境的忍受程度，并使社会、文化环境遭到破坏，而再也难以恢复时，也存在着一个绝对量。城市环境容量是相对量和绝对量在一定历史条件下的一个平衡的稳定值。在城市特定区域内，环境所能容纳污染物的最大负荷，即城市对污染物的净化能力，或为保持某种生态环境标准所允许的污染物排放总量。城市环境容量的影响因素包括：城市自然条件、城市要素条件、经济技术条件。城市环境容量主要包括：城市人口容量、城市大气容量、城市水环境容量。在城市环境容量分析中，包括自然条件、现状条件、经济技术条件、历史文化条件等分析。

环境容量主要应用于环境质量控制，并作为工农业规划的一种依据。任一环境，它的环境容量越大，可接纳的污染物就越多；反之则越少。污染物的排放必须与环境容量相适应。如果超出环境容量就要采取措施，如降低排放浓度、减少排放量，或增加环境保护设施等。在进行工农业规划时，必须考虑环境容量，如工业废弃物的排放、农药的施用等都应以不产生环境危害为原则。

在应用环境容量参数来控制环境质量时，还应考虑污染物的特性。非积累性的污染物，如二氧化硫气体等，风吹即散，它们在环境中停留的时间很短，依据环境的绝对容量参数来控制这类污染有重要意义，而年容量的意义却不大。积累性的污染物在环境中能产生长期的毒性效应，对于这类污染物，主要根据年容量这个参数来控制，使污染物的排放与环境的净化速率保持平衡。污染物的排放必须控制在环境的绝对容量和年容量之内，才能有效地消除或减少污染危害。

2.3 污染物排放量

2.3.1 污染物排放量的含义

污染物排放量指污染源排入环境或其他设施的某种污染物的数量。是污染源在正常技术、经济、管理等条件下，在未经任何污染控制措施下一定时间内该种污染物的产生量与经过若干污染防治措施后被控制降低的该污染物削减量之差。它是总量控制或排污许可证制度中进行污染源排污控制管理的指标之一。影响污染物总量的关键因素：(1) 污染物产生量（污染物发生量），即污染源在一定时间内生成某种污染物的数量，也即最初未经控制所排放的污染物基本水平。(2) 污染物削减量，即污染源经过若干污染防治措施后，某种污染物被控制降低的数量。(3) 污染物排放量，即污染物产生量与污染物削减量之差，是总量控制或排污许可管理的基础。（4）总量控制与浓度控制，总量控制是以控制一定时间段、一定区域内排污单位排放污染物总量为核心的环境管理体系；浓度控制是以控制污染源排放口排出污染物的浓度为核心的环境管理体系。

污染物允许排放量是环境主管部门根据技术、经济、环境、管理等因素，对污染源某种污染物在一定时间内规定的排放量。污染物排放量及污染物允许排放量均是进行总量控制或排污许可证制度中进行排污监控的重要指标。企业统计自身实际污染物排放量时，有排污许可规范要求的按规范计算主排放口、一般排放口及无组织排放量，一般排放口无要求的参照主排放口计算，无组织排放参照产物系数法计算。统计出的数值与上年度许可排放量的差值就是该企业年度总量减排量，所有排污企业年度总量减排量之和即为该区域年度总量削减量。主要污染物总量指标以许可排放量的形式载明于排污许可证中，有助于总量减排范围扩大到每个排污企业，定位到每个排污环节，使总量减排由宏观层面变更到微观层面，使减排量更符合企业实际，能调动排污企业减排的主动性，更能体现一个区域污染物减排的真实情况，从而使总量减排与环境质量改善具有同步性。

2.3.2 污染物排放量的计算

1. 工业源

废水污染物种类：化学需氧量、氨氮、总氮、总磷、石油类、挥发酚、氰化物、汞、镉、铅、砷、六价铬、总铬等。废气污染物种类：烟（粉）尘、二氧化硫、氮氧化物、挥发性有机化合物（VOCs）、汞、镉、铅、砷、六价铬、总铬等。固体废物种类：冶炼废渣、粉煤灰、炉渣、煤矸石、尾矿、赤泥、磷石膏、脱硫设施产生的石膏、企业废水处理设施产生的污泥及其他工业固体废物。

污染物产生量、排放量采用监测数据法、产排污系数法和物料衡算法进行计算。（1）监测数据法是依据实际监测对象产生和外排的废水、废气（流）量及其污染物浓度，计算出废水、废气排放量及各种污染物的产生量和排放量。（2）物料衡算法是指根据质量守恒原理，对生产过程中使用的物料变化情况进行定量分析的一种方法。即投入物料量总和＝产出物料量总和＝主副产品和回收及综合利用的物质量总和＋排出系统外的废物质量（包括可控制与不可控制生产性废物及工艺过程的泄漏等物料流失）。（3）产排污系数法是依据对象的产品或能源消耗情况，根据产排污系数，计算污染物产生量、排放量。

电站锅炉、钢铁行业中烧结工序、炼油二氧化硫产生量、排放量优先采用物料衡算法（硫平衡）进行计算。电站锅炉二氧化硫产生量指燃料消耗产生的硫，通过燃料消耗量、燃料含硫率与硫的转化率等参数计算得出；二氧化硫排放量指经烟气排放的硫，通过二氧化硫产生量与脱硫设施综合脱硫效率等参数计算得出。钢铁行业中烧结工序、炼油二氧化硫产生量包括原料和燃料消耗产生的硫，原料带入的硫通过原料消耗量和原料含硫率等参数计算得出；二氧化硫排放量指经排气筒排放的硫，不包括进入产品的硫，通过硫总量扣除产品、固废等的硫计算得出。

挥发性有机化合物（VOCs）计算方法：

（1）工业生产过程中VOCs计算方法

工业生产过程中的VOCs产排量通过产排污系数法进行计算：

$$E = A \times E_F \times (1 - \eta \times \gamma) \tag{2-1}$$

式中　E——污染源VOCs年排放统计量（t）；

　　　　A——该污染源的经济活动水平，计算工业生产过程时一般为年度产品产量信息；

　　　　E_F——控制装置前 VOCs 排放系数（kg VOCs/t 产品产量）；

　　　　η——末端控制装置的 VOCs 去除效率，若企业未安装 VOCs 控制装置，则取为 0；

　　　　γ——末端控制装置的年投运率，即为当年控制装置有效运行小时数/当年排放口产生 VOCs 排放总小时数。

（2）工业溶剂使用过程中 VOCs 计算方法

对于溶剂使用源产生的 VOCs，采用物料衡算法进行计算：

$$E = S_u \times S_v \times (1 - \eta \times \gamma) - S_r \times S_{rv} \tag{2-2}$$

式中　S_u——溶剂使用量（t）；

　　　　S_v——溶剂中 VOCs 含量（g/L）；

　　　　S_r——该废溶剂回收量（t）；

　　　　S_{rv}——废溶剂中 VOCs 含量（g/L）；

　　　　η——工业溶剂使用过程中 VOCs 控制装置的控制效率，若没有安装 VOCs 控制装置，则取为 0；

　　　　γ——末端控制装置的年投运率，即为当年控制装置有效运行小时数/当年排放口产生 VOCs 排放总小时数。

　2. 农业源

规模化畜禽养殖场的内容包括两部分：（1）以省（区、市）为单位的区域内年度关停的规模化养殖场的各类畜禽的养殖数量，以及年度新增的规模化养殖场的各类畜禽的养殖数量、清粪方式、粪便利用方式、尿液/污水处理方式等。（2）大型畜禽养殖场，包括基本情况、畜禽养殖种类、饲养量、饲料使用量、固肥和液肥产生和利用量、利用方式等。其中，饲养量由发表对象根据养殖场实际情况确定。

以省（区、市）为单位规模化畜禽养殖场污染物排放量：以前一年规模化畜禽养殖场的污染物排放量为基数，结合本年度关停养殖场的养殖情况、污染物去除情况以及本年度新增养殖场的养殖情况、污染物去除情况，得到规模化畜禽养殖场的污染物排放量。大型畜禽养殖场污染物排放量：根据固肥和液肥产生和利用情况，估算固肥和液肥排入环境的情况，根据固肥和液肥中养分含量，估算污染物排放量。

　3. 生活源

生活污染源统计人口为居住在城镇范围内的全部常住人口。生活能源包括生活煤炭和生活天然气，煤炭包括平均硫分、平均灰分。生活能源消费量包括：（1）生活煤炭消费量，数据来源于统计部门，包括第三产业和居民生活两个部分的煤炭消费量。生活煤炭消费量计算公式为：生活煤炭消费量＝全社会煤炭消费总量－工业煤炭消费总量。全社会煤炭消费总量来源于统计年鉴中煤炭平衡表，工业煤炭消费总量来源于环境统计工业，包括原料煤和燃料煤的消费量。（2）生活天然气消费量，生活天然气消费量＝全社会天然气消费总量－工业天然气消费总量。数据来源于统计部门能源平衡表，包括第三产业和居民生活两个部分。全社会天然气消费总量来源于统计年鉴中能源平衡表，工业天然气消费总量来源于环境统计工业。生活用水总量包括居民家庭用水量和公共服务用水量。根据人口、用水量、生活能源消费量等数据，采取排污系数法或物料衡算法，计算生活源废水、废气污染物排放量。废水污染物种类包括：生活污水量、化学需氧量、氨氮、总氮、总磷、动植物油。废气污染物种类包括：二氧化硫、氮氧化物、烟尘、挥发性有机化合物。

城镇生活用水量及污水排放量：城镇生活用水量采用城市供水管理部门的统计数据。城镇生活污水排放量计算公式为：城镇生活污水排放量＝城镇生活用水总量×污水排放系数。污水排放系数可采用城市供水管理部门或市政管理部门的统计数据，一般为0.8～0.9。如果辖区内的城镇污水处理厂配备了再生水回用系统，有再生水利用量，则城镇生活污水排放量＝城镇生活用水总量×污水排放系数－污水处理厂再生水量。

生活污水污染物排放量：生活污水污染物产生量是指各类生活源从贮存场所排入市政管道、排污沟渠和周边环境的污染物的量。生活污水污染物产生量按照人口与人均产污强度计算，即生活污水污染物产生量＝人口×人均产污强度×365。城镇居民人均产污强度和服务业污染物排放强度是根据第一次全国污染源普查计算的结果进行调整后并由生态环境部确定的数据。生活污水中各项污染物的排放量是指最终排入环境的污染物的量，即污染物的产生量扣减经集中污水处理厂处理生活污水去除的量：污染物排放量＝污染物产生量－污水处理厂去除量。污染物的去除量＝（污水处理厂进口浓度－污水处理厂出口浓度）×污水处理厂处理的生活污水量。

生活废气污染物排放量：

（1）生活燃煤二氧化硫排放量采用物料衡算法进行计算：生活燃煤二氧化硫排放量＝生活煤炭消费量×含硫率×0.85×2。天然气燃烧产生的二氧化硫排放量忽略不计。

（2）生活源氮氧化物排放量采用排放系数法测算：1t煤炭氮氧化物产生量为1.6～2.6kg，平均可取2kg；1万 m^3 天然气氮氧化物产生量为8kg。

（3）生活燃煤烟尘排放量计算

供热锅炉房燃煤的烟尘排放量，按照工业锅炉燃煤排放烟尘的计算方法和排放系数计算。

居民生活以及社会生活用煤的烟尘排放量，按照燃用的民用型煤和原煤，分别采用不同的公式计算：

1）民用型煤的烟尘排放量，以每吨型煤排放1～2kg烟尘量计算，计算公式为：

$$烟尘排放量（t）＝型煤消费量（t）×（1～2）‰$$

2）原煤的烟尘排放量，以每吨原煤排放8～10kg烟尘量计算，计算公式为：

$$烟尘排放量（t）＝原煤消费量（t）×（8～10）‰$$

4. 集中式污染治理设施

集中式污染治理设施范围包括：污水处理厂、生活垃圾处理厂、危险废物（医疗废物）集中处理厂二次污染的产生、治理、排放情况。废水污染物种类包括：化学需氧量、氨氮、总氮、总磷、石油类、挥发酚、总铬、六价铬、汞、镉、铅、砷、氰化物等。废气污染物种类包括：烟尘、二氧化硫、氮氧化物、汞、镉、铅。固体废物种类包括：污水处理设施产生的污泥、废物焚烧残渣和焚烧飞灰等。集中式污染治理设施二次污染的污染物产生量、排放量主要采用实际监测法和产排污系数法计算，计算方法使用要求同工业源。

5. 机动车

机动车污染源范围为辖区内的载客汽车、载货汽车、低速汽车、摩托车。机动车废气污染物指标包括：总颗粒物、氮氧化物、一氧化碳、碳氢化合物。

机动车污染物排放量采用排污系数法计算：机动车污染物排放量＝机动车保有量×排放系数；排放系数＝综合排放因子×年均行驶里程。

实行排污许可和总量控制都是为了改善环境质量。总量控制是环境管理的重要手段，而排污许可则是一项基础性环境管理制度。总量控制所涉及排污单位范围窄，排污许可能覆盖所有固定污染源。总量控制的管理对象是排污单位，不具体到污染源。排污许可证注明排污单位及每个污染源的排放状况。总量控制和排污许可都涉及污染物总排放量，即企业污染物排放总量指标。排污许可证中载明的排放量是总量指标的具体体现。在排污许可证中载明总量控制指标有助于总量控制扩大到影响环境质量的所有污染源。区域内所有排污单位许可排放量之和就是该区域的总量控制指标，总量控制就是对区域内所有排污单位许可排放量的控制。总量减排任务可通过排污许可证落实到每个排污单位。

2.4 环境污染防治的总体路线

2.4.1 环境污染及其特征

环境污染指有害物质或因子进入环境系统，并在环境中扩散、迁移、转化，使环境系统结构与功能发生不利于人类及生物正常生存和发展的变化现象。环境污染的类型有多种划分方法。按照环境要素可分为大气污染、水污染和土壤污染等；按照人类活动可分为工业环境污染、城市环境污染和农业环境污染等；按照造成污染的性质和来源可分为化学污染、生物污染、物理污染（噪声、放射性物质、光、热、电磁波）等。环境污染一般具有如下特征：（1）环境污染物一般浓度较低、持续时间长，而且多种有毒污染物可能同时存在，联合作用于人类和生物。（2）环境污染物在环境中可通过生物的或物理化学的作用发生转化、代谢、降解或富集，从而改变其原有的性状和浓度，产生不同的危害作用。（3）环境污染物还可通过大气、水、土壤和食物等多种途径对人体产生长期影响。如长期食用含农药的蔬菜，农药在人体脂肪和肝内累积会对人体产生"三致"效应；大气中的污染物进入呼吸道可能会使人体患上呼吸道疾病。（4）环境污染治理一般比较困难。受到污染的环境，要想恢复原状，需要耗费巨大的人力和物力，且奏效较慢。

2.4.2 环境污染控制的目标

环境污染控制的目标主要有：（1）防止大量污染物进入水、大气和土壤系统，破坏人类及生物的正常生存环境，保证人体及生物体的生命健康；（2）恢复水、大气、土壤等自然生态系统的使用功能；（3）为人类生产、生活提供舒适、安全的自然环境及人工环境。在自然环境中，生物物种受到环境容量的限制而避免数量的无限增长，从而促使生物进化并形成物种多样性的格局。环境对人口数量和经济活动增长的限制，迫使人类减少经济活动的范围与数量，并且开发新资源与采用新技术，以减少对环境的不利影响，提高在相同环境容量的限制下人类的生活水平。面对环境的自然限制，生物界以物种的更替和多样性的形式来消极地适应它；而人类可以通过自己的能动作用不断地改造自己和社会，发展科学技术来积极地协调人类与环境之间的关系。

2.4.3 环境污染综合防治对策

1. 水环境污染控制

水污染是当今许多国家面临的重大环境问题，它严重威胁着人类生命健康，阻碍了经济建设的发展，是可持续发展的制约因素。因此必须积极进行水污染防治，保护水资源和水环境。水污染防治的根本原则是将"防""治""管"三者结合起来。"防"就是通过有效控制使排放的污染物减量化和最小化。如工业企业通过实行清洁生产，城市通过节约生活用水，农业通过加强面源污染控制和管理，都可以达到污染预防的目的。"治"指对污水进行有效治理，使其水质达到排放或回用标准。"管"指对污染源、水体及处理设施的管理，以管促治。水污染综合防治的主要对策有：（1）调整产业结构，合理工业布局。产业结构的优化与调整应按照"物耗少、能耗少、占地少、污染少、运量少、技术密集程度高及附加值高"的原则，限制发展那些能耗大、用水多、污染大的工业。从环境、经济、社会效益三方面统筹考虑，进行第一、第二和第三产业之间结构比例的调整和优化，走可持续发展道路。（2）推行清洁生产，发展节水工艺，减少污染物排放量。清洁生产是采用清洁能源、原材料、生产工艺和技术来制造清洁产品，通过生产的全过程控制减少污染物的排放量。改革现有的生产工艺，积极发展新型节水技术和工艺，以降低产品生产过程中的用水量，减少废水的产生和排放。例如采用无水印染工艺，可以消除印染废水的排放。（3）大力发展废水资源化及回用技术。通过回收废水中的有用物质，既可使之变废为宝，又可增加经济效益，还可减轻废水处理的负荷。废水经过有效净化后，可直接返回到生产工艺流程中进行重复或循环利用，如用作生产工艺用水或工业冷却水；也可用于城市建设，用作娱乐、景观用水或补充地下水；还可用于农业生产，用来灌溉农田、养鱼等。（4）完善环境管理体制，加强监督管理。建立并完善环境污染物排放标准及污染物控制相关法规条例，严格执行"三同时"制度、排污许可证制度、排污收费制度等环境管理制度。加大环境监督及执法力度，对那些不能够进行污染源治理或达标排放的厂矿企业，要坚决关、停、并、转。转变环境管理指导思想，即从以往污染的分散治理为主转向集中控制与分散治理相结合，从末端治理为主转向全过程控制和清洁生产，从单一的浓度控制转向浓度控制与总量控制相结合，从区域管理为主转向区域管理与流域管理相结合。对产生废水的污染源要严格管理，加强治理，使排放的废水达标。（5）开发污水处理的高新技术工艺，提高污水治理水平。依靠科技进步，不断开发处理功能强、出水水质好、基建投资少、能耗及运行费用低、操作维护简单、处理效果稳定的污水处理新技术、新工艺，提高水污染治理水平。

2. 大气环境污染控制

大气污染综合防治的实质是为了达到区域环境空气质量控制目标，对多种大气污染控制方案的技术可行性、经济合理性、区域适应性和实施可能性等进行最优化选择和评价，从而得出最优的控制方案和工程措施。（1）全面规划，合理布局。影响环境空气质量的因素有很多，从社会、经济发展来看，涉及城市的发展规模、城市功能区的划分、人口增长和分布、经济发展类型及规模和速度、能源结构及改革、交通运输发展和调整等各个方面；从环境保护方面来看，涉及污染源的类型、数量和分布，以及污染物排放的种类、数量、方式和特性等。因此，为了控制城市和工业区的大气污染，必须在进行区域性经济和社会发展规划的同时，做好全面环境规划，采用区域性综合防治措施。（2）推行清洁生产，实施可持续发展的能源战略。清洁生产倡导采用无污染或少污染的清洁能源、清洁生产工艺来生产清洁产品，通过生产的全过程控制，从根本上削减"污染源"。我国的能源工业面临经济发展和环境保护两方面的挑战，必须发展可持续的能源战略，改善能源结构和布局，提高清洁能源和优质能源比例。积极开发利用新能源和可再生能源，如地热能、风能、太阳能、核能等。坚持"资源开发与节约并重，把节约放在首位"的能源战略方针，节约能源，提高能源利用效率。（3）加强和完善环境管理体制，严格环境管理。完善的环境管理体制由环境立法、环境监测和环境保护管理机构三部分组成。环境立法是进行环境管理的依据，环境监测是进行环境管理的重要手段，环境保护管理机构是实施环境管理的领导者和组织者。完善的环境管理体制是环境管理的前提和依据。加强环境监测和环境执法力度，严格执行"三同时"制度、排污许可证制度、排污收费制度、治理污染的排污费返还和低息贷款制度，以及综合利用产品的减免税收制度等。（4）绿化造林。绿色植物是区域生态环境中不可缺少的重要组成部分，绿化造林不仅能美化环境、调节空气湿度和城市小气候、保持水土、防风固沙，而且在净化空气和减弱噪声方面皆会起到显著作用。（5）采用必要的大气污染净化技术。当采取了各种大气污染防治措施后，大气污染物的排放浓度（或排放量）仍然达不到排放标准或环境空气质量标准时，有必要采用大气污染净化技术来控制环境大气质量。如通过安装除尘、吸附、吸收等气体净化装置来治理大气中的污染物等。

3. 固体废物污染控制

固体废物是指人类在生产建设、日常生活和其他活动中产生的，在一定时间和地点无法利用而被丢弃的污染环境的固体、半固体废物。固体废物分类方法有很多，按组成可分为有机废物和无机废物；按形态可分为固体（块状、粒状、粉状）和泥状（污泥）的废物；按来源可分为工业废物、矿业废物、城市废物、农业废物和放射性废物；按危害程度可分为有害废物和一般废物。固体废物处理、处置与利用原则有：（1）无害化。固体废物的无害化处理是将固体废物经过相应的工程处理，达到不影响人类健康和不污染环境的目的。无害化是固体废物处理的首要任务，目前已发展为一门崭新的工程技术。如垃圾焚烧、堆肥、粪便的厌氧发酵都是固体废物无害化处理的过程。（2）减量化。固体废物减量化是指通过适宜的手段减少和减小固体废物的数量和容量。要实现减量化的目标，一方面，工业企业可通过清洁生产、改革技术工艺、加强产品的生态设计来减少产品生产及使用过程中产生的固体废物；另一方面，可通过对固体废物的综合利用来实现减量化。（3）资源化。固体废物的资源化是通过采用工艺措施从固体废物中回收有用的物质和能源。世界上的资源并非"取之不尽，用之不竭"，人类传统的工业发展模式中对资源和能源的不合理开采和利用造成了资源和能源的大量浪费，开发和利用再生资源或二次资源已经成为许多国家经济发展战略的一部分。

4. 土壤环境污染控制

土壤污染指人类活动所产生的污染物通过各种途径进入土壤，其数量和速度超过了土壤的自净能力，使土壤的性质、组成及性状等发生了变化，并导致土壤的自然功能失调、土壤质量恶化的现象。目前，由于污水灌溉、大气沉降、农药的使用以及固体废物的排放等人类和自然活动对许多国家的土壤造成了严重污染。土壤环境污染防治措施主要包括：（1）加强污染土壤的源头控制和管理。实现清洁生产，减少工业生产过程中"三废"的产生。同时加强对"三废"的治理和管理，使排放的污染物符合排放标准。对于进行污水灌溉的地区，要严格控制污水水质状况和灌溉用水量。土壤施肥过程中要合理使用农药和化肥，严格控制残留量高、毒性大的农药使用量和使用范围。（2）采取土壤污染治理的技术措施。例如，物理改良：重金属污染多集中在土壤地表数厘米处或耕作层，采用排土（挖去污染土层）、客土（用非污染土壤覆盖在污染土壤上）可获得良好的改良效果。此方法适用于小面积污染的土壤。化学改良：施加化学抑制剂可改变有毒物质在土壤中的迁移方向，使其被淋洗或转化为难溶物质，减少被作物吸收的机会。常用的抑制剂有石灰、碱性磷酸盐等。生物改良：通过在污染土壤上种植非食用性植物或引入具有特殊作用的微生物，来吸收或降解土壤中的污染物，达到净化土壤的目的。如羊齿类铁角蕨属的一种植物，对土壤中镉（Cd）具有较强的吸收能力；土壤中的红酵母对聚氯联苯具有较强的降解能力。

5. 其他物理性污染控制

（1）噪声污染控制

噪声的产生包括声源、传播途径和接收者三个要素，噪声的控制也要从这三个要素入手。在噪声控制中，首先要控制噪声声源。其次是控制噪声的传播，改变噪声的传播途径。如通过建立接收者与声源之间的隔声屏障，或通过吸声的方法降噪。最后是对噪声的接收者采取必要的防护，如采用耳塞、耳罩等减少噪声对人员的损害。

（2）放射性污染控制

放射性污染指由放射性物质造成的环境污染。放射性物质有很多种类，如铀、钍、镭。放射性物质可通过空气、水和复杂的食物链等多种途径进入人体。过量的放射性物质进入人体或人体受到过量的放射性外照射，会发生急性或慢性的放射病，引起恶性肿瘤、白血病，或损害其他器官。环境中放射性物质的主要来源有核废料、核试验、核电站及放射性同位素的应用等。放射性污染控制的主要措施包括：1）加强对放射性废液的处理。放射性废液可采用稀释排放、浓缩贮存和资源回收利用的方法来处理。对于低浓度的放射性废液，可按照我国放射防护的有关规定经过适当稀释分散后排放。对于浓度较高的放射性废液，可浓缩后长期贮存。对于放射性废液中的有用物质可进行回收利用。2）妥善处理及处置放射性固体废物。放射性固体废物可采用焚烧、填埋、固化、再熔化等方法进行处理和处置。3）对放射性废气的处理。放射性废气主要指放射性物质的气溶胶和微粒、稀有放射性气体、挥发放射性物质等。放射性废气通常采用过滤、吸附和贮存衰变法进行处理。

（3）电磁辐射污染控制

电磁辐射强度超过人体所能够承受的或仪器设备所允许的限度时，就构成电磁辐射污染。电磁辐射不仅会损坏人体健康，干扰正常的交通、生产及科研活动，严重的还可能引起爆炸。电磁辐射污染控制的主要措施包括：1）减少电磁波泄漏。通过对各类高频与微波设备安装机箱挡板及防护装置，可有效防止电磁波泄漏，或者通过产品设计合理降低辐射源强度。2）采用有效治理措施。对于不同类型的辐射源应根据其具体情况，分别采取屏蔽、隔离、吸收等有效治理措施，使泄漏量最大限度地降低，达到消除污染的目的。3）加强城市规划，实现分区控制。在居民密集的生活区，生活点不宜设置高频与微波设备；对于集中使用辐射源设备的单位，要划出一定的范围，并确定有效的防护距离。对城市的环境管理实现分区控制，大功率的发射设备要安置在远郊区，电台、电视台、雷达站等无线电发射装置的布局及选址要严格遵守有关规定，以免居民受到电磁辐射污染。

（4）光污染控制

按照光的类型，光污染可分为可见光污染、红外线污染和紫外线污染三种。可见光污染比较多见的是眩光，如汽车夜用照明灯、路灯、广告灯等都会造成眩光。在眩光的强烈照射下，人的眼睛会受到过度刺激而损伤。红外线是一种热辐射，较强辐射会对人体造成高温伤害。在一定波长范围内的紫外线会对人的眼角膜和皮肤造成损伤。光污染控制的主要措施包括：1）加强城市规划和管理，合理布置光源，减少光污染的来源。2）在工业生产中，在有红外线及紫外线产生的工作场所，应采取安全方法，如采用可移动屏障将操作区围住，以防止非操作者受到有害光源的直接照射。3）采取必要的个人防护措施，如佩戴护目镜和防护面罩是有效的个人防护措施。

（5）热污染控制

热污染控制的主要措施包括：1）提高热能利用率，减少废热排放量。我国目前所用热力装置的热能效率比较低，平均仅为 28%～30%，与工业发达国家相比约低 20%。因此，改进热能利用技术，提高热力装置的热利用效率是控制热污染的关键。2）积极开发和利用清洁能源。开发少污染或无污染的能源，包括核能、太阳能、风力能、海洋能和地热能等，是减少热污染的有效措施。目前许多国家已经考虑用核能替代或补充矿物能源。3）废热综合利用。通过对废热的综合利用，不仅可减少热污染，还可回收热能，增加经济效益。如余热可用于为家庭供暖、用于生产过程中产品干燥、生产蒸汽、预热空气等。4）增加绿化面积。植物具有美化自然环境、调节气候、截留飘尘、吸收大气中有害气体等功能，增加绿化面积是降低城市及区域热岛效应及热污染的有效措施。

2.4.4 总体路线

在人类生活和生产活动的环境里，一直存在着人为排放污染物和环境对污染物予以净化的矛盾运动。在一定的时间和空间范围内，这一对矛盾运动的状况与环境是否受到污染以及污染的程度有关。如果环境本身的净化能力大于排放污染物的总量，则环境不会受到污染；否则就要产生污染。环境污染治理需要综合协调环境质量、环境容量、污染物排放总量之间的关系（见图 2-1）。环境质量在三者中作为一个结果，环境质量的提高是我们所追求的目标，而我们提高环境质量的方法就是维持环境容量和污染物排放总量的平衡。在污染物排放总量相同的前提下，环境容量越大，环境质量越好；反之，环境容量越小，环境质量越差。在环境容量一定的情况下，污染物排放总量越小，环境质量越好；反之，污染物排放总量越大，环境质量越差。

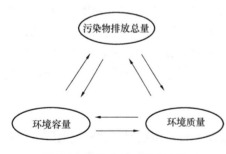

图 2-1 环境质量、环境容量、污染物排放总量之间的关系

在环境质量不变的情况下，环境容量大，污染物排放总量可以增大；反之，环境容量小，污染物排放总量必须减少。

浓度控制是采用控制污染源排放口排出污染物的浓度来控制环境质量的方法。排放浓度标准依据国家制定的全国统一执行的污染物浓度排放标准。在过去，我国的污染控制主要采用污染物浓度排放标准。浓度控制实施管理方便、对管理人员要求不高，适合我国经济发展的实际状况，对我国的污染控制起到了非常重要的作用。但是随着环境问题的不断发展，对于那些环境污染严重的地区，即使所有的污染源都达标排放，由于污染源数量的不断增加，污染物排放总量仍然会继续增加。

污染物排放总量控制则是根据区域环境目标（环境质量目标或排放目标）的要求，预先推算出达到该环境目标所允许的污染物最大排放量，然后再通过优化计算，将允许排放的污染物指标分配到各个污染源，排放指标的分配应当根据区域中各个污染源不同的地理位置、技术水平和经济承受能力进行。总量控制可分为容量总量控制和目标总量控制两种。以环境容量为依据的总量控制称为容量总量控制。它是根据区域环境质量目标，计算出环境容量，据此得出最大允许排污量；通过技术和经济可行性分析，在污染源之间优化分配污染物排放量；最后制定环境容量总量控制方案。目标总量控制是依据区域污染物排放总量目标或区域污染物排放削减总量目标，从当前排放水平出发，通过技术和经济可行性分析，在污染源之间优化分配污染物排放量和削减量。制定排放目标总量控制方案，实现区域污染物排放总量目标或区域污染物排放削减总量目标。浓度控制和总量控制各有特点，是一种相互补充的关系，二者不能够相互替代。采取什么样的控制方法来解决污染问题要根据本国和本地区的实际情况来选择。污染控制战略要从以往的单纯浓度控制向浓度控制与总量控制相结合转变。总之，协调好环境质量、环境容量、污染物排放总量之间的关系，是环境保护的核心逻辑。

第3章 大气环境及其污染防治

3.1 大 气 环 境

3.1.1 基本概念

1. 大气

按照国际标准化组织（ISO）对大气的定义，"大气（atmosphere）是指包围着整个地球空气团的全部或部分，称为地球大气，简称大气"。大气是地球上一切生命赖以生存的重要物质，深刻影响着人类的生存与健康。

大气是无形状、无体积、可变形、可流动的流体，它的数量与质量分布相对稳定。除了氧、氮等气体成分外，还有呈悬浮状态的气溶胶质粒，包括液态（霾滴、云雾滴）、固态（烟尘、尘、花粉、孢子、真菌、细菌等）质粒。大气总质量约为 $5.32 \times 10^{18} kg$，约占地球总质量的百万分之一，其中99.9%集中在距地表48km以下。大气的密度和气压均随高度按指数律递减。

大气不仅随地球一起转动，而且相对于地球表面有复杂多变的运动。地球大气的上界是磁层顶，磁层顶向太阳的一侧低于背太阳的一侧，一般将向太阳一侧的磁层顶高度作为大气上界的高度，它距地面高度约57600km。

2. 大气环境

大气环境常用以介绍生物赖以生存的空气的物理、化学和生物学特性。

物理特性主要包括空气的温度、湿度、风速、气压和降水。大气的运动变化是由大气中热能的交换所引起的，热能主要来源于太阳，热能交换使得大气的温度有升有降，因此，可以说太阳辐射是大气环境物理特性的原动力。空气的运动和气压系统的变化活动，使地球上海陆之间、南北之间、地面和高空之间的能量和物质不断交换，形成复杂的气象变化和气候变化。

化学特性主要为空气的化学组成。大气对流层中氮、氧、氩3种气体占99.96%，二氧化碳约占0.03%，还有一些微量杂质及含量变化较大的水汽。二氧化碳、水汽以及其他气体含量虽然少，但对大气的化学特性影响很大。二氧化碳主要源于有机物的燃烧和腐烂，随着工业发展、人口增长和森林覆盖面积的减少，二氧化碳在大气中的含量有逐年增加的趋势。大气中水汽含量随时空变化很大，沙漠或极地上空水汽极少，热带洋面上的水汽可达5%（体积比）以上，一般水汽含量随高度增加而减少，在大气的温度、气压变化范围内，水汽可发生相态变化。人类生活或工农业生产排出的氨、二氧化硫、一氧化碳、氮化物与氟化物等有害气体可改变原有空气的组成，并引起污染。

生物学特性主要为大气中生物性微粒的来源、传播以及对其他生物的影响。生物性微粒包括病毒、细菌、立克次氏体、衣原体、支原体、真菌孢子、苔藓孢子、蕨类孢子、藻和植物的细胞（含花粉）、昆虫（包括螨）及其碎片和分泌物、动植物源性蛋白、酶、抗生素和生物工程产物及各种菌类毒素等。这些悬浮在空气中的生物性微粒与空气形成的二相分散系统称为生物气溶胶。大气的生物学特性是环境生态学、环境卫生学、工业卫生学、医学、预防医学、流行病学、植物、动物和人体的病理学研究的基础。

3. 大气圈层

大气圈层是在地球引力作用下聚集在地球表面周围的气体圈层，又称为大气层。大气圈层位于水圈和岩石圈之上，是地球的一部分，大气圈、水圈、岩石圈和生物圈互相交错，它们相互影响、相互作用，组成一个巨大的复杂的自然综合体。自地球表面向上，大气圈延伸得很高，没有确切的上界，在 2000～16000km 高空仍有稀薄的气体和基本粒子。大气圈的总质量约为 5.32×10^{18} kg，约占地球总质量的百万分之一。若与地球的固体部分相比较，其密度要比地球的固体部分小得多。大气圈有一定的净化能力，少量的污染物会在大气中被逐渐清除，但是如果污染程度超过了大气的净化能力，最终将改变大气的原有性质，直接威胁人类。

3.1.2 大气环境的特性

1. 大气环境的分布

（1）基于物理特性

基于物理特性，大气环境又称为大气层或大气圈，是地球外圈中最外部的气体圈层，它包围着海洋和陆地。大气圈和宇宙空间之间的界限很难准确划分，一般认为"距离地球表面 1200～1400km"的范围是大气圈的"上边界"。大气圈的垂直结构是指气象要素的垂直分布情况。根据大气温度随高度的分布特征，大气圈由地面向上可分成对流层、平流层、中间层、暖层。暖层以上空气粒子有向行星际空间逸散的现象，常称为散逸层。大气圈结构如图 3-1 所示。

1）对流层

对流层位于大气圈的最底层，是直接与陆地表面相接的大气层。

对流层的上界随纬度和季节而变化，低纬度区高度为 17～18km，中纬度区高度为 11～12km，高纬度区高度为 7～9km，夏季较高，冬季较低。对流层中对流活动频繁，一般暖季较强烈，这是该层命名的依据。

由于地表面吸收太阳辐射较强，地表面相对于其上的空气来说是热源，通过长波辐射与湍流热交换，地表面的热量向其上的空气层传递，故对流层中的空气温度一般随高度增加而降低，平均为每升高 1000m 气温约降低 6.5℃。但是，空气的运动和空气相对于地表面的不同热状况，可造成空气中温度随高度分布的不同特征，有时会出现气温不随高度变化（等温层）以及气温随高度增加而增高的现象（逆温层）。对流层集中了约 3/4 的大气质量和约 90% 的水汽质量，所以云、雾、雨、雪等

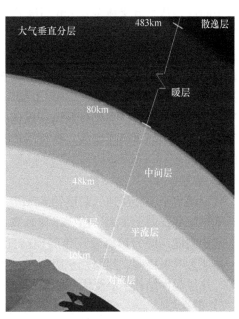

图 3-1　大气圈结构

天气现象都发生在对流层。受地表面特征和性质差异的影响，对流层大气的物理属性，如温度、湿度、风的水平分布有明显的地域性。自地表面向上到几百米或 $1\sim2km$，空气明显受地表面的摩擦作用影响，称为摩擦层或大气边界层。摩擦层以上的大气称为自由大气，其中地表面的摩擦作用可以忽略。

对流层与其上的平流层之间有一过渡区域，厚度约几百米至 $1\sim2km$，称为对流层顶，除了其温度递减率变化突然明显（由递减变为近于等温或稍有递增）外，还以某些空气中的可变微量成分的浓度突然变化作为标志。在极地和赤道之间常出现对流层顶不连续，在纬度 $25°\sim55°$ 可出现对流层顶断开，并呈现两对流层顶部分重叠，低纬度对流层顶高于高纬度对流层顶，高度差 $2\sim4km$。

2）平流层

平流层是从对流层顶到约 50km 高度的大气层。

平流层内温度初始随高度增加不变或微升，约从 30km 高度向上温度随高度增加上升较快，至平流层顶（离地面 $50\sim55km$ 高度）可达 $270\sim290K$。这种温度随高度增加而升高的特征，是由于大气中的臭氧主要集中在这一层，臭氧强烈吸收太阳紫外辐射所致。平流层中空气主要呈平稳的水平运动，垂直运动非常微弱。平流层中水汽含量极少，在平流层底部，有时可见对流层中发展强盛的积雨云顶部，在中高纬度早晨、黄昏有时可观测到出现在 $20\sim27km$ 高度的、具有特殊色彩、由冰晶组成的珠母云（曾称贝母云）。大气污染气体进入平流层以及火山喷发物直接注入平流层后，经过化学反应和核化凝结可形成永久性平流层气溶胶霾层，主要由硫酸盐组成，其尺度分布、物理化学性质包括不同相态，是计算平流层气溶胶辐射传输特征的重要参量，直接影响地球气候变化。平流层气溶胶遇到极端低温（$T<195K$）时，质粒尺度将惊人地增大，导致云的形成，它通常出现于极区冬季，故称为极地平流层云，它在极地平流层臭氧衰减中起重要的中介作用。

3）中间层

中间层是从平流层顶至 85km 高度的大气层。

这一层大气中几乎没有臭氧，而且由于氮、氧等气体所能吸收的波长更短的紫外辐射大部分已被其上层大气吸收，故该层温度的铅直分布类似于对流层，随高度增加温度迅速递减。中间层温度降低的另一个原因是二氧化碳在 $15\mu m$ 的红外发射。到中间层顶，年平均温度约 190K。由于其下层气温比上层高，中间层有相当强烈的铅直对流，故又称之为高空对流层。中间层冬季盛行西风，风速随高度增加而减小，夏季则以东风为主，风速随高度增加先减小而后迅速增大。在夏季夜晚高纬度地区偶尔能见出现在中间层顶部薄而发光的夜光云。

4）暖层

暖层是位于中间层顶（高度约 85km）至热层顶的地球大气区域。

从热层底部向上，大气温度迅速升高，可达 $500\sim2000K$。气温从向上增温转为等温时的起始高度，即为热层顶。热层顶高度随太阳活动变化很大，通常在 $300\sim500km$ 高度。热层大气极稀薄。热层几乎吸收了波长小于 1750Å 的全部太阳紫外辐射，成为主要热源，热层温度结构主要受太阳活动的支配。

5）散逸层

散逸层是热层顶以上的大气区域。

散逸层是大气的最高层，高度最高可达五万多千米。这里空气极端稀薄，空气粒子运动速度很大，又由于这里远离地表面，受地球引力场的约束非常弱，以致某些空气粒子被其他粒子碰撞离去后再难有机会返回，空气不断向行星际空间逃逸，属大气圈和行星际空间的过渡带。

（2）基于流体力学性能

按照物质变化及流体力学性能，大气分为大气边界层、臭氧层、电离层。

1）大气边界层（atmospheric boundary layer）

大气边界层是靠近地球表面、受到地面摩擦阻力影响的大气层。气流通过地面与地面上各种粗糙元产生摩擦，摩擦阻力因湍流而向上传递，达到某一高度后消失，此高度称为大气边界层厚度，其厚度变动很大，在100～3000m内，一般随地面粗糙度、风速、大气热力不稳定度的增加以及地理纬度的降低而增大。大气边界层直接受到来自地面的各种机械、热力和物质传输的强迫作用，如摩擦曳力、水分蒸发和蒸腾、热量传输、污染物排放以及地形地物对气流的强迫干扰。在大气边界层内，湍流发展旺盛，气象要素以及大气边界层本身的结构都有明显的变化，污染物的含量以及大气电、光和其他物理特性也明显随高度而变化。大气边界层顶常以逆温的形式存在，在这里白天常有淡积云或层积云存在，夹卷效应（环境空气由侧面卷入该层并与该层空气混合的过程）明显。由于地球引力、摩擦力、风力以及科里奥利力（Coriolis force）等的综合影响，大气边界层湍流剧烈。大气边界层是对人类影响最大的区域。传统的大气污染即发生在该区域。大气边界层与地面邻接的部分称为大气近地面层，其厚度约为大气边界层厚度的1/10。大气边界层顶以上的对流层部分不直接受地面影响，称为自由大气。地面和自由大气间的物理量和物质量的交换，都是通过大气边界层进行的。大气边界层的结构依赖于其中的大气稳定度。在不稳定大气中，有大量的热量从地面进入大气边界层，在近地面层以上的部分由于湍流交换频繁，物理量和物质量分布均匀，该层称为混合层。在中性大气中，大气边界层仅受地面摩擦作用，此时大气边界层又称为摩擦层，摩擦层的近地面层以上部分由于平均风矢量的垂直分布呈现埃克曼螺线状，故又称为埃克曼层。在稳定大气中，特别是夜间的稳定边界层，气象要素的分层结构明显，其顶部常以超地转风速层为标记，在超地转风向地转风过渡的一层大气内，仍有逐渐衰减的湍流活动存在，气象要素分布均匀与前期混合层类似，但其中通量微弱，该层称为残留层。

2）臭氧层（ionosphere）

臭氧层是指大气平流层中臭氧浓度相对较高的部分，臭氧层分布在离地20～50km高度。大气层的臭氧主要以紫外线打击双原子的氧气，把它分为两个原子，然后每个原子和没有分裂的氧合并成臭氧。臭氧分子不稳定，紫外线照射之后又分为氧气分子和氧原子，形成一个持续不断地臭氧氧气循环。臭氧是大气中的微量成分，即使在臭氧浓度最大的层次臭氧含量也很少。臭氧含量虽少，却能吸收大部分太阳短波紫外线辐射，使地球上的人类和其他生物不至于被强烈的太阳紫外辐射所伤害；臭氧吸收太阳紫外辐射而引起的加热作用，还影响着大气的温度结构和环流。

人类活动所产生的微量气体，如氮氧化物和氯氟碳化物（CFCs）等，有破坏大气臭氧的作用。其中某些组分，如氟利昂11（$CFCl_3$）和氟利昂12（CF_2Cl_2），在大气中存留时间很长，它们在平流层中的积累对臭氧平衡的影响很大。20世纪80年代中期以后，科

图 3-2　日本南极科学考察船放飞热气球探测大气臭氧层

学家发现并证实了在南极大陆上空，每年 9—10 月前后其臭氧含量有大面积大幅度减少的现象（减少量达平均值的 30％～40％，面积可达数百万平方千米或更大），被称为臭氧空洞。南极臭氧洞的出现反映了人类活动无意识影响自然的严重后果，这一点已受到国际社会的关注，人们正在寻找适当的方法以保护大气臭氧层。日本南极科学考察船放飞热气球探测大气臭氧层如图 3-2 所示。

3）电离层（ionosphere）

电离层是地球大气的一个电离区域。由于受地球以外射线（主要是太阳辐射）对中性原子和空气分子的电离作用，距地表 50km 以上的整个地球大气层都处于部分电离或完全电离的状态。电离层的变化与通信及地震预报等领域有关。

2. 大气环境的组成

自然状态下，大气是由多种气体混合而成的，是一种混合气体，其组成可以分为三部分：干燥清洁的空气、水蒸气和各种杂质。在地球表面上任何地方，干洁空气的组成几乎是不变的，它的主要成分是氮、氧和氩，其质量约占全部干洁空气的 99.96％以上。可变组分是指大气中的二氧化碳和水蒸气。通常情况下，二氧化碳的含量为 0.02％～0.04％，水蒸气的含量在热带地区有时高于 4％，而在南北极则不到 0.1％。氖、氦、甲烷、氪等次要成分仅有 0.004％左右。另外，还常悬浮有尘埃、烟粒、盐粒、水滴、冰晶、花粉、孢子、细菌等固体和液体的气溶胶粒子。表 3-1 列出了典型干燥清洁空气的化学组分。

干燥清洁空气的组成　　　　　　　表 3-1

成分	相对分子质量	体积分数（％）	成分	相对分子质量	体积分数（×10⁻⁶）
氮（N_2）	28.01	78.084±0.004	氖（Ne）	20.18	18
氧（O_2）	32.00	20.946±0.002	氦（He）	4.003	5.2
氩（Ar）	39.94	0.934±0.001	甲烷（CH_4）	16.04	1.2
二氧化碳（CO_2）	44.01	0.033±0.001	氪（Kr）	83.80	0.5
—	—	—	氢（H_2）	2.016	0.5
—	—	—	氙（Xe）	131.30	0.08
—	—	—	二氧化氮（NO_2）	46.05	0.02
—	—	—	臭氧（O_3）	48.00	0.01～0.04

3. 大气质量与密度分布

大气层是因重力围绕着地球的混合气体，总质量不到地球总质量的百万分之一；由于地心引力作用，大气层的空气密度随高度增加而减小，高度越高空气越稀薄；几乎全部气体集中在离地面100km的高度范围内，其中75%集中在地面至10km高度的对流层范围内。

大气密度（atmospheric density）是指单位体积大气中含有的空气质量或分子数目。前者称为质量密度（简称密度），单位为kg/m³；后者称为分子的数密度，单位为m³。大气密度是决定物体在大气层中运动时所受空气动力大小的主要因素之一，对在空气中飞行的各种飞行器有重要影响。

大气质量密度取决于气温、气压和空气湿度，通常不是直接测得，而是经计算求出的。其数值随高度按指数律递减。我们周围的空气密度在标准状况［0℃（273K），101kPa］下为1.293g/L。海平面高度的大气密度标准值为1.2250kg/m³。

（1）大气密度分布

太阳活动和磁暴通过极区加热对热层大气密度有影响。即使在平静期，极区加热也会对均热层密度产生明显的影响，该影响具有很强的经向变化特征。这些变化特征是全球性的，并且在地磁平静条件下（AP＜10）两个高度上的变化特征相类似。日平均热层密度的最大相对经向变化出现在两个半球的冬至附近。正的密度峰值时常位于磁极点处，高密度区域向低纬度方向扩展甚至延伸到另外一个半球。这种扩展向西倾斜，但它主要局限在磁极点所处的经度区域。

因此，日平均热层密度的相对变化有很强的季节变化特征，并且在中高纬度呈现出年变化，在赤道附近呈现出半年变化。结果说明，极光区内的磁层源区加热很有可能是形成所观测到的经向分布结构的原因。此外，日平均热层密度的相对经向变化具有南北半球不对称性，并且在南半球比较显著。热层大气密度的变化直接影响着低地球轨道航天器的轨道和姿势。

（2）大气密度、温度、压力计算及相互关系

1）大气密度

大气分子的疏密程度通常用大气密度表示。大气密度大，说明单位体积内的大气分子多；反之，大气密度小，说明大气比较稀薄。通常用单位体积所含气体的质量来表示大气密度，如取体积V的大气，其质量为m，则大气密度可表示为：

$$\rho = \frac{m}{V} \tag{3-1}$$

$$\gamma = \frac{mg}{V} = \rho g \tag{3-2}$$

式中　ρ——大气密度；

　　　m——大气质量；

　　　V——大气体积；

　　　γ——重度；

　　　g——重力加速度。

2）大气温度

大气温度表示大气的冷热程度。大气温度的变化实际上是大气内能变化的反映。大气内能增加，温度升高；大气内能减小，温度降低。大气内能就是大气分子无规则运动的平均动能。大气分子的平均动能可用式（3-3）来表示：

$$w = \frac{1}{2} m_0 v^2 \tag{3-3}$$

式中 m_0——大气分子质量;

υ^2——大气分子速度平方的均值。

大气温度和大气分子平均动能的关系为:

$$T = \frac{3}{2K}w \qquad (3-4)$$

式中 K——玻尔兹曼常数。

大气温度一般用摄氏温度 t（℃）表示,也可以用绝对温度 T（K）表示。它们之间的关系为:

$$T = 273 + t \qquad (3-5)$$

3）大气压力

大气压力是指物体单位面积上所承受的大气垂直作用,以符号 P 来表示,不同高度的静压一般用 P_H 或 P_s 来表示。压力表达式为 $P = F/S$。按照气体分子运动理论,大量高速运动着的空气分子,连续不断地撞击物体表面,这种空气分子对物体表面的撞击作用,即表现为大气对该物体表面所施加的力。空气密度大或分子平均运动速度大的地方,这种撞击作用就大,气压也大。根据研究表明:静止的大气中,任一高度的气压值等于其单位面积上所承受的大气柱重量。

在工程单位中大气压强采用 kg/m^2 或 kg/cm^2 表示;在物理学中采用毫米汞柱（mmHg）或者毫米水柱（mmH_2O）表示;在气象学中采用 Pa 或 MPa 表示。

4）大气密度、温度和压力的相互关系

大气密度、温度和压力之间存在着一定的关系,实验表明,在压力不太大、温度不太低的条件下,可用理想气体状态方程来描述三者的关系,即:

$$P = \rho gRT \qquad (3-6)$$

式中 P——大气压力;

ρ——大气密度;

T——大气温度（K）;

R——气体常数。

由式（3-6）可知,三个参量中如果知道两个,便可以求出第三个的大小,大气密度、温度、压力三者之间的关系不外乎正比和反比的关系。

如一定质量的气体,保持压力不变,当温度升高时,会引起气体膨胀、体积变大、密度减小。反之,当温度降低时,气体体积变小、密度变大。因此,大气温度和密度是反比关系。

3.1.3 大气环境质量控制

1. 大气环境质量基准

环境基准值是指环境介质中的污染物对生态系统和人群健康不产生不良或有害效应的最大限值,是通过污染物同特定对象之间的暴露-剂量和剂量-反应关系确定的,具有纯自然科学范畴属性,是制定环境质量标准的重要依据。大气环境质量基准是指大气中的污染物对生态系统和人群健康不产生不良或有害效应的最大限值。

例如,大气中二氧化硫年平均浓度超过 $0.115mg/m^3$ 时,对人体健康就会产生有害影响,这个浓度值就称为大气中二氧化硫的基准。

2. 环境质量标准

环境质量标准是为维持生态平衡，保障人群健康和社会财富，对环境中各种有害物质或因素在一定的时间和空间范围内的容许水平所作的规定。

（1）环境质量标准具有法律的强制性。它是通过立法认定并经一定的法律程序，由国家管理机关颁布的。环境质量标准规定了一定时期内国家或地方环境保护政策和要求，是衡量环境污染与否的法定尺度，也是编制环境规划、拟定污染物排放标准和实施有关的政策和法律法规的基本依据。

（2）环境质量标准具有一定的时效性。随着经济和技术条件的发展变化，对环境质量标准也应适时地予以调整。

（3）环境质量标准具有一定的地域性。环境质量标准的制定以环境基准作为科学基础，并考虑社会、经济、技术等因素对环境标准可达性的影响，是经过综合分析制定的。为此，不同国家的环境质量标准不同。

按适用的地域范围，环境质量标准可分为国家环境质量标准和地方环境质量标准。国家环境质量标准在全国范围内实行，地方环境质量标准只在特定的行政区域内实行。地方环境质量标准通常限于国家环境质量标准中未作规定的项目；对于国家环境质量标准中已作规定的项目，可以制定严于国家环境质量标准的地方环境质量标准。另外，环境质量标准一般是针对环境要素分别制定的，据此可将环境质量标准划分为水质标准、环境空气（或大气）质量标准、土壤环境质量标准、环境噪声标准等。随着环境管理实践的深入，许多国家的环境质量标准日益细致，出现了一些针对特定的环境单元制定的专门性环境质量标准，如在水环境方面，我国分别制定了海水、地面水、渔业和景观娱乐用水的水质标准。在国际上，世界卫生组织曾发布过有关大气和水方面的环境质量指标值，但它们不具有法律约束力，只供借鉴和参考。环境质量标准按内容和性质分为环境质量标准、污染物排放标准、方法标准、标准样品和基础标准。

英国是较早制定和颁布环境质量标准的国家之一。1912 年，英国皇家污水处理委员会提出三项有关河流的水质标准，即五日生化需氧量不得超过 4mg/L，溶解氧量不得低于 6mg/L，悬浮固体不得超过 15mg/L。1965 年以后，美国和日本等国家先后在立法中提出制定环境质量标准的要求。我国在 20 世纪 50 年代曾制定过以保护人群健康为主的标准。1982 年以后，先后制定和颁布了有关水、大气、土壤和噪声等方面的环境质量标准，党的十八大以来，国家高度重视环境保护工作，大气环境质量标准要求日益细化。

3. 大气环境质量标准

环境空气质量控制标准是执行《中华人民共和国环境保护法》和《中华人民共和国大气污染防治法》、实施环境空气质量管理及防治大气污染的依据和手段。

我国常用大气环境质量标准主要有：

（1）《环境空气质量标准》GB 3095—2012；

（2）《室内空气质量标准》GB/T 18883—2002；

（3）《大气污染物综合排放标准》GB 16297—1996；

（4）《锅炉大气污染物排放标准》GB 13271—2014；

（5）《工业窑炉大气污染物排放标准》GB 9078—1996；

（6）《炼焦化学工业污染物排放标准》GB 16171—2012；

（7）《火电厂大气污染物排放标准》GB 13223—2011；

（8）《水泥工业大气污染物排放标准》GB 4915—2013；

（9）《饮食业油烟排放标准》GB 18483—2001；

（10）《恶臭污染物排放标准》GB 14554—1993。

《环境空气质量标准》GB 3095—2012 将环境空气功能区划分为两类：一类区为自然保护区、风景名胜区和其他需要特殊保护的区域；二类区为居住区、商业交通居民混合区、文化区、工业区和农村地区。一类区适用一级浓度限值，二类区适用二级浓度限值。一类、二类环境空气功能区质量要求（污染物浓度限值）见表 3-2。

环境空气污染物基本项目浓度限值　　　　　　　表 3-2

序号	污染物项目	平均时间	浓度限值		单位
			一级	二级	
1	二氧化硫（SO_2）	年平均	20	60	$\mu g/m^3$
		24h 平均	50	150	
		1h 平均	150	500	
2	二氧化氮（NO_2）	年平均	40	40	
		24h 平均	80	80	
		1h 平均	200	200	
3	一氧化碳（CO）	24h 平均	4	4	mg/m^3
		1h 平均	10	10	
4	臭氧（O_3）	日最大 8h 平均	100	160	
		1h 平均	160	200	
5	颗粒物（粒径≤10μm）	年平均	40	70	
		24h 平均	50	150	
6	颗粒物（粒径≤2.5μm）	年平均	15	35	
		24h 平均	35	75	
7	总悬浮颗粒物（TSP）	年平均	80	200	$\mu g/m^3$
		24h 平均	120	300	
8	氮氧化物（NO_x）	年平均	50	50	
		24h 平均	100	100	
		1h 平均	250	250	
9	铅（Pb）	年平均	0.5	0.5	
		季平均	1	1	
10	苯并[a]芘（BaP）	年平均	0.001	0.001	
		24h 平均	0.0025	0.0025	

《环境空气质量标准》GB 3095—2012 规定了环境空气功能区分类、标准分级、污染物项目、平均时间及浓度限值、监测方法、数据统计的有效性规定及实施与监督等内容。各省、自治区、直辖市人民政府对本标准中未作规定的污染物项目，可以制定地方环境空气质量标准。标准中的污染物浓度均为质量浓度。

4. 空气质量指数

《环境空气质量标准》GB 3095—2012 规定，特定工业区的空气质量标准必须和居住区、商业交通居民区等一致，并要求监测数据更为准确。据此，空气质量评价体系由原来的空气污染指数（API）修改为更加全面的空气质量指数（AQI）。空气质量指数（AQI），是定量描述空气质量状况的无量纲指数。空气质量分指数（IAQI），是单项污染物的空气质量指数。首要污染物指当 AQI>50 时 IAQI 最大的空气污染物。超标污染物为浓度超过《环境空气质量标准》GB 3095—2012 中二级浓度限值的污染物，即 IAQI>100 的污染物。空气质量分指数（IAQI）及对应的污染物项目浓度限值如表 3-3 所示。

（1）AQI 分级及其浓度限值

AQI 共分为六级，一级优、二级良、三级轻度污染、四级中度污染、五级重度污染、六级严重污染。当 $PM_{2.5}$ 日均浓度值达到 $150\mu g/m^3$ 时，AQI 即达到 200；当 $PM_{2.5}$ 日均浓度值达到 $250\mu g/m^3$ 时，AQI 即达到 300；当 $PM_{2.5}$ 日均浓度值达到 $500\mu g/m^3$ 时，AQI 即达到 500。

（2）AQI 计算与评价过程

首先，对照各项污染物的分级浓度限值（API 的浓度限值参照《环境空气质量标准》GB 3095—2012），以细颗粒物（$PM_{2.5}$）、可吸入颗粒物（PM_{10}）、二氧化硫（SO_2）、二氧化氮（NO_2）、臭氧（O_3）、一氧化碳（CO）等各项污染物的实测浓度值（其中 $PM_{2.5}$、PM_{10} 为 24h 平均浓度）分别计算得出空气质量分指数。

污染物项目 P 的空气质量分指数按式（3-7）计算。

$$IAQI_P = \frac{IAQI_{Hi} - IAQI_{Lo}}{BP_{Hi} - BP_{Lo}}(C_P - BP_{Lo}) + IAQI_{Lo} \tag{3-7}$$

式中　$IAQI_P$——污染物项目 P 的空气质量分指数；

　　　C_P——污染物项目 P 的浓度值；

　　　BP_{Hi}——相应地区的空气质量分指数及对应的污染物项目浓度指数表中与 CP 相近的污染物浓度限值的高位值；

　　　BP_{Lo}——相应地区的空气质量分指数及对应的污染物项目浓度指数表中与 CP 相近的污染物浓度限值的低位值；

　　　$IAQI_{Hi}$——相应地区的空气质量分指数及对应的污染物项目浓度指数表中与 BP_{Hi} 对应的空气质量分指数；

　　　$IAQI_{Lo}$——相应地区的空气质量分指数及对应的污染物项目浓度指数表中与 BP_{Lo} 对应的空气质量分指数。

其次，从各项污染物的 IAQI 中选择最大值确定为 AQI，当 AQI 大于 50 时将 IAQI 最大的污染物确定为首要污染物。

空气质量指数按式（3-8）计算。

$$AQI = \max\{IAQI_1, IAQI_2, IAQI_3, \cdots, IAQI_n\} \tag{3-8}$$

式中　IAQI——空气质量分指数；

　　　n——污染物项目。

空气质量分指数（IAQI）及对应的污染物项目浓度限值

表 3-3

空气质量分指数（IAQI）	污染物项目浓度限值									
	二氧化硫（SO₂）24h平均（μg/m³）	二氧化硫（SO₂）1h平均（μg/m³）[1]	二氧化氮（NO₂）24h平均（μg/m³）	二氧化氮（NO₂）1h平均（μg/m³）[1]	颗粒物（粒径≤10μm）24h平均（μg/m³）	一氧化碳（CO）24h平均（μg/m³）	一氧化碳（CO）1h平均（μg/m³）[1]	臭氧（O₃）1h平均（μg/m³）	臭氧（O₃）8h平均（μg/m³）	颗粒物（粒径≤2.5μm）24h平均（μg/m³）
0	0	0	0	0	0	0	0	0	0	0
50	50	150	40	100	50	2	5	160	100	35
100	150	500	80	200	150	4	10	200	160	75
150	475	650	180	700	250	14	35	300	215	115
200	500	800	280	1200	350	24	60	400	265	150
300	1600	(2)	565	2340	420	36	90	800	800	250
400	2100	(2)	750	3090	500	48	120	1000	(3)	350
500	2620	(2)	940	3840	600	60	150	1200	(3)	500

(1) 二氧化硫（SO₂）、二氧化氮（NO₂）和一氧化碳（CO）的 1h 平均浓度限值仅用于实时报，在日报中需适用相应污染物的 24h 平均浓度值。

(2) 二氧化硫（SO₂）1h 平均浓度值高于 800μg/m³ 的，不再进行其空气质量分指数计算，二氧化硫（SO₂）空气分指数按 24h 平均浓度计算的分指数报告；

(3) 臭氧（O₃）8h 平均浓度值高于 800μg/m³ 的，不再进行其空气质量分指数计算，臭氧（O₃）空气分指数按 1h 平均浓度计算的分指数报告。

最后，对照 AQI 分级标准，确定空气质量级别、类别及表示颜色、健康影响与建议采取的措施。AQI 就是各项污染物的空气质量分指数（IAQI）中的最大值，当 AQI＞50时对应的污染物即为首要污染物。IAQI＞100 的污染物为超标污染物。

（3）空气质量指数级别

《环境空气质量指数（AQI）技术规定（试行）》HJ 633—2012 规定：空气质量指数划分为 0～50、51～100、101～150、151～200、201～300 和＞300 六挡，对应于空气质量的六个级别，指数越大，级别越高，说明污染越严重，对人体的健康危害也越大。空气质量指数及相关信息如表 3-4 所示。

空气质量指数及相关信息　　　　　　　　　　　　　　　　表 3-4

空气质量指数	空气质量指数级别	空气质量指数类别及表示颜色		对健康影响情况	建议采取的措施
0～50	一级	优	绿色	空气质量令人满意，基本无空气污染	各类人群可正常活动
51～100	二级	良	黄色	空气质量可接受，但某些污染物可能对极少数异常敏感人群健康有较弱影响	极少数异常敏感人群应减少户外活动
101～150	三级	轻度污染	橙色	易感人群症状有轻度加剧，健康人群出现刺激症状	儿童、老年人及心脏病、呼吸系统疾病患者应减少长时间、高强度的户外锻炼
151～200	四级	中度污染	红色	进一步加剧易感人群症状，可能对健康人群心脏、呼吸系统有影响	儿童、老年人及心脏病、呼吸系统疾病患者避免长时间、高强度的户外锻炼，一般人群适量减少户外运动
201～300	五级	重度污染	紫色	心脏病和肺病患者症状显著加剧，运动耐受力降低，健康人群普遍出现症状	儿童、老年人及心脏病、肺病患者应停留在室内，停止户外运动，一般人群减少户外运动
＞300	六级	严重污染	褐红色	健康人群运动耐受力降低，有明显强烈症状，提前出现某些疾病	儿童、老年人和病人应停留在室内，避免体力消耗，一般人群应避免户外活动

（4）国内外对比

美国是世界上最早使用污染指数综合表征空气质量的国家，美国环境保护署（USE-PA）先后发布了 PSI 和 AQI，该指数能够向公众提供及时、准确、易于理解的城市地区空气质量状况，同时可以用来进行环境现状评价、回顾性评价和趋势评价，在国际上有很大的影响力，在世界范围内也得到了广泛的应用。我国早在 1997 年就引进了空气污染指数这一概念，最初的污染物仅有 3 个，即 SO_2、NO_x 和 TSP，随着研究的深入和人们环境保护意识的提高，空气质量指数日益受到重视。表 3-5 给出了中美两国空气质量指数的发展历程，从中可以看出，近十几年来，美国不断对其空气质量指数进行更新，其 AQI 污染物项目和发布时段都发生了很大的变化。相比较而言，我国 1982 年颁布实施并于 1996年修订且在 2000 年修改的《环境空气质量标准》GB 3095—1996，在 2016 年 1 月 1 日实施《环境空气质量标准》GB 3095—2012 和《环境空气质量指数（AQI）技术规定（试行）》HJ 633—2012 后废止。

中美空气质量指数发展历程 表 3-5

国家	指数名称	年份	指标数量	污染物项目及取值时间		
				24h 平均	1h 平均	8h 平均
中国	API	1997—1999	3	SO_2、NO_x、TSP		
	API	2000—2011	5	SO_2、NO_2、PM_{10}	CO、O_3	
	AQI	2012 至今	10	SO_2、NO_x、CO、PM_{10}、$PM_{2.5}$	SO_2、NO_2、CO、O_3	O_3
美国	PSI	1971—1993	5	SO_2、TSP	O_3、NO_2	CO
	PSI	1994—1998	5	SO_2、PM_{10}	O_3、NO_2	CO
	AQI	1999—2010	7	SO_2、PM_{10}、$PM_{2.5}$	O_3、NO_2	CO、O_3
	AQI	2011 至今	8	SO_2、PM_{10}、$PM_{2.5}$	O_3、SO_2、NO_2	CO、O_3

1）中美两国空气质量指数的指标均呈不断增长趋势，我国环境空气质量标准制定得相对较晚，但发展很快。

2）从美国 AQI 污染物项目及取值时间发展历程可以看出，美国从一开始就确定了 NO_2、CO 和 O_3 等气态污染物浓度限值及取值时间，相比较而言，我国对 NO_2、CO 和 O_3 的关注较晚。

3）2012 年以后，我国 AQI 指标在原来的基础上进行了全面的扩充，24h 平均浓度限值中增加了 CO 和 $PM_{2.5}$，1h 平均浓度限值中增加了 SO_2 和 NO_2，8h 平均浓度限值中增加了 O_3，指标总量达 10 个，高于美国，排名世界第一，这也充分体现了我国目前复合性污染的特征。全面扩充后的污染物指标能够更加客观如实地反映我国空气污染特征，贴近市民对空气质量的切身感受，成为目前及以后我国环境空气质量管理和信息发布的主要方式。

中美 AQI 标准和技术规定：我国空气质量标准来自《环境空气质量标准》GB 3095—2012、《环境空气质量指数（AQI）技术规定（试行）》HJ 633—2012；美国空气质量标准来自美国环境保护署（USEPA）官网（http：//www. epa. gov/）发布的一系列标准和技术规范，包括《每日空气质量报告技术帮助文档——空气质量指数（AQI）》《环境空气质量标准（NAAQS）》《空气质量指数（AQI）》等。

1）中美 AQI 计算公式一致，AQI 标准分级、污染物项目、平均时间和浓度限值等依据各自环境空气质量标准而制定；在 $PM_{2.5}$ 和 PM_{10} 空气质量分指数计算中，美国采用 NowCast 计算方法，该算法能够快速响应变化的空气质量状况；我国采用颗粒物 24h 平均值代替 1h 平均值计算 $PM_{2.5}$ 和 PM_{10} 的空气质量分指数的做法会将污染等级严重化。

2）我国颗粒物浓度限值存在一定的问题，主要表现在 AQI＜200 时 $PM_{2.5}$ 的 24h 平均浓度限值评定标准较宽松，由此导致 $PM_{2.5}/PM_{10}$ 比值出现与实际不符的现象；在空气质量优的情况下，即当 AQI＝50 时，$PM_{2.5}/PM_{10}$ 比值为 0.7，与实际情况不相符。

3）北京奥体中心监测点数据分析结果表明，当 AQI＜50 时，$PM_{2.5}/PM_{10}$ 比值小于 0.5，且 $PM_{2.5}/PM_{10}$ 比值随着污染指数的增大而增大，建议我国尽早修订和调整颗粒物实时报的浓度限值并完善其计算方法。

4）以 $PM_{2.5}$ 为例，中美两国 $PM_{2.5}$ 不同日均浓度值所对应空气质量等级有所差异，如表 3-6 所示。

中美 $PM_{2.5}$ 日均浓度值对应空气质量等级　　　　　　　　　　　　表 3-6

$PM_{2.5}$指数	日均浓度值（$\mu g/m^3$）		空气质量等级	
	中国	美国	中国	美国
0～50	0～35	0～12	一级（优）	好
50～100	35～75	12～35	二级（良）	中等
100～150	75～115	35～55	三级（轻度污染）	对敏感人群不健康
150～200	115～150	55～150	四级（中度污染）	不健康
200～300	150～250	150～250	五级（重度污染）	非常不健康
300～500	250～500	250～500	六级（严重污染）	有毒害

3.2 大 气 污 染

3.2.1 大气污染概述

1. 大气污染的定义

国际标准化组织（ISO）指出，大气污染是指由于人类活动和自然过程，向大气中排放的各种污染物质超过了环境所能允许的极限，并因此危害了人群的舒适、健康和福利或危害了环境的现象。自然过程通常是指自然界的火山爆发、森林火灾、海啸、地震等灾害，这些自然过程可以造成一定空间范围的暂时性大气污染。一般来说，自然环境所具有的物理、化学和生物机能会使自然过程造成的大气污染经过一定时间后自动消除，从而使生态平衡自动恢复。人类活动包括生活活动和生产活动两方面，由于人类活动所产生的某些有害颗粒物和废气进入大气层会给大气增添许多外来组分，人为的污染物通常是集中、连续排放的，导致污染物局部浓度高而造成严重的危害，因此受到人们的关注。

（1）科学角度的定义

由于人类直接或间接的影响（直接或间接向环境输入物质或能量），使大气环境中某种物质或由它转化成的二次污染物的含量或浓度及其停留时间达到对人体的舒适、健康和福利有害程度的现象。

（2）管理学角度的定义

由于人类直接或间接的影响（直接或间接向环境输入物质或能量），使大气环境中某种物质的含量或浓度超过环境质量标准的现象。

2. 大气污染的类型

大气污染主要是化学类污染，相应的污染物也主要是化学污染物。

（1）按照污染物的化学性质及其存在的大气状况分类

1）还原型大气污染：又叫煤烟型大气污染，煤炭燃烧生成的 SO_2、CO 和颗粒物在低温、高湿、弱风，特别是伴有逆温存在时，在低空聚集，形成还原性烟雾，从而引发的污染。该类污染最早发生在英国伦敦，又称之为伦敦型大气污染。

2）氧化型大气污染：又叫尾气型大气污染，污染物主要来自汽车尾气，尾气中的

CO、NO$_x$、CH（碳氢化合物）等一次污染物在太阳短波光作用下发生光化学反应生成醛酮类、臭氧、过氧乙酰硝酸酯等具有强氧化性的二次污染物，这些污染物具有极强的氧化性，对眼睛黏膜组织有强刺激性。该类污染最早发生在美国洛杉矶，又称之为洛杉矶型大气污染。

（2）按照燃料种类、污染物组成及其反应分类

1）煤炭型污染：多发生在以燃煤为主要能源的国家与地区，历史上早期的大气污染多属于此种类型。此类型一次污染物是烟气、粉尘和二氧化硫，二次污染物是硫酸及其盐类所构成的气溶胶。

2）石油型污染：多发生在油田及石油化工企业和汽车较多的大城市，近代的大气污染，尤其在发达国家和地区一般属于此种类型。此类型一次污染物是烯烃、二氧化氮以及烷、醇、羰基化合物等，二次污染物主要是臭氧、氢氧基、过氧氢基等自由基以及醛、酮和过氧乙酰硝酸酯。

3）混合型污染：是以煤炭为主、石油为辅的燃料体系造成的污染，是由煤炭型向石油型过渡的阶段。

4）特殊型污染：是指某些工矿企业排放的特殊气体所造成的污染，如氯气、硫化氢、氟化氢等气体，主要发生在污染源附近的局部地区。

（3）按照污染尺度分类

1）微观大气污染：常指室内空气污染，主要由建筑材料的放射性和挥发性、火炉取暖、厨房油烟、吸烟等因素造成。

2）中观大气污染：常指室外空气污染，主要由工业生产、汽车排放、建筑施工、市政维护等因素造成。

3）宏观大气污染：常指区域或全球大气污染，主要特点是污染物远距离输移与扩散，导致大气层上层变化。酸雨、臭氧层破坏和全球气候变暖等属于该类型污染。

目前，大气污染控制的主要目标还是中观大气污染，主要体现在城市尺度。

3. 大气污染的特点

（1）污染范围比较大

大气具有良好的流动性，扩散十分广泛，因此具有较大的稀释容量，与受到边界条件约束的水体和固体污染相比，大气污染情况复杂、范围较大，既表现出局地严重性，又表现出全球性的特点。

（2）污染物比较多

随着经济的发展，大气污染源逐渐增加，不仅有工业生产产生的废气，同时还有居民生活产生的废气。近年来随着人们生活水平的提高，私家车数量逐渐增加，由此产生的汽车尾气也有所增加，不仅对城市的交通造成了压力，同时也影响了城市的空气，一定程度上加剧了大气污染。例如，PM$_{2.5}$是雾霾天气中的主要颗粒，近年来才逐渐被人们关注和发现，污染物的增加给监测和治理工作造成了一定的不利影响。

（3）污染治理困难

大气污染治理工作十分复杂且难度较大，受到经济结构、能源结构的影响，同时受到气候和风向的影响，不仅需要相应的治理措施还需要有相对完善的预防措施。无论是污染源的控制、治理力度的传导，还是人们环保意识的增强，都需要开展大量细致的工作。

4. 大气污染的影响因素

（1）大气物理因素

大气污染的形成，除与污染物的排放以及随后在大气中的化学转化有关外，还与大气物理因素如辐射、气象（如风速、风向、大气稳定度）等密切相关。在不同气象条件下，大气污染物扩散、稀释的速度不同，对大气污染物的迁移转化有决定性的作用。如在静风、出现逆温层（稳定大气条件）时，污染物很难扩散，很易形成大气污染。

（2）地形和气候

地形地貌和气象条件，直接影响着大气污染物的稀释和扩散。以石家庄为例，石家庄位于河北省中南部，西依太行山脉，东、南、北均为辽阔的华北大平原。而与此同时，石家庄属温带大陆性季风气候，四季分明，具有冬季寒冷少雪、春季干旱多风、夏季炎热多雨、秋季晴朗凉爽等特征。这些特定的地理和气候因素，使石家庄的大气污染面临严峻的挑战。由于东南风的作用，石家庄上空的可吸入颗粒物和其他污染物质随风西移，当遇太行山脉的阻挡后，又转向东移，返回原地。而与此类似，当刮西北风的时候，由于太行山脉这一巨大的屏障，使西北风被拦截在山西境内，一些污染物质也无法被刮走，而只能继续停留在石家庄的上空。

（3）城市建设

大气污染主要来自三个方面，即生活污染、工业污染、交通污染。

1）生活污染：城市居民、机关和服务性行业，由于烧饭、取暖、沐浴等生活上的需要，会燃烧矿物燃料，向大气排放煤烟、油烟、废气等造成大气污染；城市生活垃圾在堆放过程中厌氧分解排放出的二次污染物和垃圾焚烧过程产生的废气也会造成大气污染。

2）工业污染：随着经济的迅猛发展，各类工厂迅速增加，工业污染主要包括燃料燃烧排放的污染物、工艺生产过程中排放的废气（如化工厂向大气排放的具有刺激性、腐蚀性、异味和恶臭的有机和无机气体；炼焦厂排放的酚、苯、烃类；化纤厂排放的氨、二硫化碳、甲醇、丙酮等有毒有害物质）以及各类金属和非金属粉尘。由于工业企业的性质、规模、工艺过程、原料和产品等种类不同，对大气污染的程度也不同。

3）交通污染：交通业的迅猛发展带来的大气污染也是主要来源之一。汽车尾气中含有大量的 CO，对人体的危害极大，特别是一些柴油大货车和冒烟车辆，排放的尾气中夹杂着大量可吸入颗粒物，是导致疾病的重要因素。一辆柴油车排放的尾气中夹杂的可吸入颗粒物几乎是 100 辆汽油车夹杂的可吸入颗粒物总和，是更严重的污染源。

3.2.2　大气污染物

1. 大气污染物的定义

按照国际标准化组织（ISO）的定义，大气污染物指由于人类活动或自然过程排入大气并对人和环境产生有害影响的物质。

2. 大气污染物的来源

造成大气污染的污染物发生源，可分为天然大气污染源和人为大气污染源。

（1）天然大气污染源

大气污染物的天然发生源，是指自然原因向环境释放污染物的地点或地区，如排出火山灰、二氧化硫、硫化氢等的活火山，自然逸出煤气和天然气的煤田和油田，放出有害气体的腐烂的动植物。天然污染源造成的大气污染，目前还很难控制。

（2）人为大气污染源

大气污染物的人为发生源，如资源和能源的开发（包括核工业）、燃料的燃烧以及向大气释放出污染物的各种生产场所、设施和装置等。可以按不同的方法分类：

1）按污染源的运动状态分为固定污染源和移动污染源。固定污染源是排放污染物的固定设施，如排放硫氧化物、氮氧化物、煤尘、粉尘及其他有害物质的锅炉、加热炉、工业窑炉、民用炉灶等。移动污染源主要是排放大气污染物的交通工具，如排放碳、氮、硫的氧化物、碳氢化合物、铅化物、黑烟等的汽车、飞机、船舶、机车等。

2）按人们的社会活动功能分为生活污染源、工业污染源和交通运输污染源。

3）按污染物的影响范围分为局部大气污染源和区域性大气污染源。前者会造成小范围局部地区的大气污染，后者会造成大范围（有时超出行政区划或国界）区域性的大气污染。

3. 大气污染物的分类

（1）根据成因，大气污染物可以分为一次污染物和二次污染物。

1）一次污染物：直接从污染源排放到大气中的原始污染物质。受到普遍重视的一次污染物主要有硫氧化物（SO_x）、氮氧化物（NO_x）、碳氧化物（CO、CO_2）及有机化合物（$C_1 \sim C_{10}$化合物）等。

2）二次污染物：由一次污染物与大气中已有组分或几种一次污染物之间经过一系列化学或光化学反应而生成的与一次污染物性质不同的新污染物质。例如，二氧化硫在大气中被氧化成硫酸盐气溶胶，汽车尾气中的一氧化氮、碳氢化合物等发生光化学反应生成的臭氧、过氧乙酰硝酸酯等，都是二次污染物。二次污染物的形成机制复杂，其毒性一般较一次污染物强，对生物和人体的危害也更加严重。二次污染物主要有硫酸烟雾和光化学烟雾。

（2）根据存在状态，大气污染物可以分为气溶胶状态污染物和气体状态污染物。

1）气溶胶状态污染物：气体介质和悬浮在其中的粒子所组成的系统称为气溶胶。在大气污染中，气溶胶粒子系指沉降速度可以忽略的小固体粒子、液体粒子或固液混合粒子，也叫颗粒污染物。

空气中的全部粉尘量为总悬浮颗粒物（TSP），其粒径范围为 $0.1 \sim 100 \mu m$，将 $10 \mu m$ 以上的颗粒物去掉，剩下的可吸入颗粒物为 PM_{10}，PM_{10}/TSP 的重量比值为 $60\% \sim 80\%$；将 $5 \mu m$ 以上的颗粒物去掉，剩下的可吸入颗粒物为 PM_5；将 $2.5 \mu m$ 以上的颗粒物去掉，剩下的可吸入颗粒物为 $PM_{2.5}$。可吸入颗粒物可以被人体吸入，沉积在呼吸道、肺泡等部位从而引发疾病。直径越小，进入呼吸道的部位越深。$10 \mu m$ 通常沉积在上呼吸道，$5 \mu m$ 可进入呼吸道的深部，$2.5 \mu m$ 可深入到细支气管，$1 \mu m$ 可进入肺泡，$0.1 \mu m$ 可进入血液。

从大气污染控制的角度，按照气溶胶粒子的来源和物理性质，可将其分为如下几种：

① 粉尘（dust）：粉尘通常是由于固体物质的破碎、研磨、筛分、输送等机械过程或土壤、岩石的风化等自然过程形成的。颗粒的形状往往是不规则的，颗粒的尺寸范围一般为 $1 \sim 200 \mu m$。属于粉尘类大气污染物的物质有很多，如黏土粉尘、石英粉尘、煤粉、水泥粉尘、各种金属粉尘等。

② 烟（fume）：烟一般指由冶金过程形成的固体颗粒的气溶胶。它是由熔融物质挥发后生成的气态物质的冷凝物，在生成过程中总是伴有诸如氧化之类的化学反应。烟颗粒的

尺寸很小，一般为 $0.01 \sim 1 \mu m$。产生烟是一种较为普遍的现象，如有色金属冶炼过程中产生的氧化铅烟、氧化锌烟，核燃料后处理厂产生的氧化钙烟等。

③ 飞灰（fly ash）：飞灰指随燃料燃烧产生的烟气排出的分散得较细的灰分。

④ 黑烟（smoke）：黑烟一般指由燃料燃烧产生的能见气溶胶。

在某些情况下，粉尘、烟、飞灰、黑烟等小固体颗粒的界限很难明显区分开，在各种文献特别是工程中使用得较混乱。根据我国的习惯，一般可将冶金过程和化学过程形成的固体颗粒称为烟尘；将燃料燃烧过程产生的飞灰和黑烟，在不需仔细区分时，也称为烟尘。在其他情况下或泛指小固体颗粒时，则统称为粉尘。

⑤ 铅（Pb）：大气中的铅以颗粒物形式存在，颗粒大小介于 $0.16 \sim 0.43 \mu m$。与其他污染物相反，铅是一种累积性的有毒物质。铅可通过食物和水被人体摄入，摄入的铅有 $5\% \sim 10\%$ 被人体吸收，从大气吸入的铅 $20\% \sim 50\%$ 被人体吸收，其余未被人体吸收的部分则经尿液及粪便排泄出来。

⑥ 雾（fog）：雾是气体中液滴悬浮体的总称，它可能是由于液体蒸气的凝结、液体的雾化及化学反应等过程形成的，如水雾、酸雾、碱雾、油雾等。

2）气体状态污染物：气体状态污染物是以分子状态存在的污染物，简称气态污染物。气态污染物的种类很多，总体上可以分为五大类：以二氧化硫为主的含硫化合物、以氧化氮和二氧化氮为主的含氮化合物、碳的氧化物、有机化合物及卤素化合物。不同成因的气态污染物分类如表 3-7 所示。

气态污染物的分类　　　　　　　　　　　　　　　　表 3-7

气体	一次污染物	二次污染物
含硫化合物	SO_2、H_2S	SO_2、SO_3、H_2SO_4、硫酸盐
含氮化合物	NO、NH_3	NO_2、HNO_3、硝酸盐
碳的氧化物	CO、CO_2	无
有机化合物	$C_1 \sim C_{10}$ 化合物	醛、酮、过氧乙酰硝酸酯、O_3
卤素化合物	HF、HCl	无

① 硫氧化物：硫氧化物主要有 SO_2，它是目前大气污染物中数量较大、影响范围较广的一种气态污染物。大气中 SO_2 的来源很广，几乎所有工业企业都可能产生，它主要来自化石燃料的燃烧过程以及含硫化物矿石的焙烧、冶炼等热过程。火力发电厂、有色金属冶炼厂、硫酸厂、炼油厂以及所有烧煤或油的工业窑炉等都排放 SO_2 烟气。

② 氮氧化物：氮和氧的化合物有 N_2O、NO、NO_2、N_2O_3、N_2O_4 和 N_2O_5，总起来用氮氧化物（NO_x）表示。其中污染大气的主要是 NO、NO_2。NO 毒性不太大，但进入大气后可被缓慢地氧化成 NO_2，当大气中有 O_3 等强氧化剂存在时或在催化剂作用下，其氧化速度会加快。NO_2 的毒性约为 NO 的 5 倍。当 NO_2 参与大气中的光化学反应形成光化学烟雾后，其毒性更强。人类活动产生的 NO_x 主要来自各种窑炉、机动车和柴油机的排气，其次是硝酸生产、硝化过程、炸药生产及金属表面处理等过程。

③ 碳氧化物：CO 和 CO_2 是各种大气污染物中发生量最大的一类污染物，主要来自燃料燃烧和机动车排气。CO 是一种窒息性气体，进入大气后由于大气的扩散稀释作用和氧化作用，一般不会造成危害。但在城市冬季采暖季节或在交通繁忙的十字路口，当气象条

件不利于排气扩散稀释时，CO 的浓度有可能达到危害人体健康的水平。CO_2 是无毒气体，但当其在局部空气中的浓度过高时，会使氧气含量相对减小，便会对人产生不良影响。大气中 CO_2 浓度的增加会产生温室效应，迫使各国政府开始实施控制。

④ 碳氢化合物：大气中的碳氢化合物（HC）通常是指可挥发的各种有机烃类化合物，由碳和氢两种元素组成，如烷烃、烯烃和芳烃等。大气中的碳氢化合物大部分来自植物的分解，人工来源主要是石油燃料的不完全燃烧和石油类物质的蒸发，其中，汽车尾气排放占有较大的比重。此外，石油炼制、石化工业、油漆、干洗等都会产生碳氢化合物而融入大气。

⑤ 氟化物：在冶金工业中除电解铝时排放的电解烟气中含有大量氟化物外，使用萤石作熔剂的平炉烟气和矿石烧结排放的烟气中也含有氟化物。这些烟气中的氟化物包括元素氟、可溶的气态氟化物（如氟化氢）、可溶的（如氟化钠）或不溶的（如冰晶石）氟化物微尘等。元素氟在空气中与水蒸气反应，迅速形成氟化氢。氟化氢为无色气体，在水中的溶解度极大，易被吸附在微尘表面，有很强的刺激作用和腐蚀作用。

⑥ 卤素化合物：对大气构成污染的卤素化合物主要是含氯化合物及含氟化合物，如 HCl、HF、SiF_4 等。其来源比较广泛，钢铁工业、石油化工、农药制造、化肥工业等工矿企业的生产过程中都有可能排放卤素化合物。虽然这些氟氯烃类气体排放数量不多，但对局部地区的植物生长具有很大的伤害。同时，它也是破坏臭氧层的主要成分之一。

⑦ 光化学烟雾：在太阳紫外线照射下，大气中的氮氧化物、碳氢化合物和氧化剂之间发生一系列光化学反应而生成的淡蓝色（有时呈紫色或黄褐色）二次污染物，即光化学烟雾，其主要成分是臭氧、过氧化乙酰基硝酸酯（PAN）、醛类及酮类等。光化学烟雾的危害非常大，如具有特殊的呛人气味、刺激眼睛和喉黏膜、造成呼吸困难、使植物叶片变黄甚至枯萎等。

（3）根据空气动力学当量直径，大气污染物中的气溶胶状态污染物分为总悬浮颗粒物（total suspended particles）、可吸入颗粒物（inhalable particles）和细颗粒物（fine particles）。

1）总悬浮颗粒物（TSP）：指悬浮在空气中，空气动力学当量直径 $\leqslant 100\mu m$ 的颗粒物。

2）可吸入颗粒物（PM_{10}）：指悬浮在空气中，空气动力学当量直径 $\leqslant 10\mu m$ 的颗粒物。

3）细颗粒物（$PM_{2.5}$）：指悬浮在空气中，空气动力学当量直径 $\leqslant 2.5\mu m$ 的颗粒物。

4）可入肺颗粒物（PM_1）：指悬浮在空气中，空气动力学当量直径 $\leqslant 1.0\mu m$ 的颗粒物。

5）超细颗粒物（$PM_{0.1}$）：指悬浮在空气中，空气动力学当量直径 $\leqslant 0.1\mu m$ 的颗粒物。

4. 大气污染物的分布

与其他环境要素中的污染物质相比较，大气中的污染物质具有随时间、空间变化大的特点。大气污染物的时空分布及其浓度与污染物排放源的分布、排放量及地形、地貌、气象等条件密切相关。

气象条件如风向、风速、大气湍流、大气稳定度总在不停地改变，故污染物的稀释与扩散情况也在不断变化。风速大，大气不稳定，则污染物稀释扩散速度快；反之，则稀释扩散慢，浓度变化也慢。

同一污染源对同一地点在不同时间所造成的地面空气污染浓度往往相差数十倍；同一时间不同地点也相差甚大。污染源的类型、排放规律及污染物的性质不同，其空间分布特点也不同。一个点污染源（如烟囱）或线污染源（如交通道路）排放的污染物可形成一个较小的污染气团或污染线。大量地面小污染源，如工业区窑炉、分散供热锅炉及千家万户的炉灶，则会给一个城市或一个地区造成面污染源，使地面空气中的污染物浓度比较均匀，并随气象条件变化有较强的规律性。

一次污染物和二次污染物浓度在一天之内也不断地变化。一次污染物因受逆温层及气温、气压等限制，清晨和黄昏浓度较高，中午较低；二次污染物如光化学烟雾，因在阳光照射下才能形成，故中午浓度较高，清晨和夜晚浓度低。

就污染物自身性质而言，质量轻的分子态或气溶胶态污染物高度分散在大气中，易被扩散或稀释，随时空变化快；质量较重的尘、汞蒸气等，扩散能力差，影响范围较小。

5. 燃烧与大气污染物

火力发电厂、钢铁厂、炼焦厂等工矿企业的燃料燃烧，各种工业窑炉的燃料燃烧以及各种民用炉灶、取暖锅炉的燃料燃烧均向大气中排放大量污染物。燃烧排气中的污染物组分与能源消费结构有密切关系。发达国家能源以石油为主，大气污染物主要是一氧化碳、二氧化硫、氮氧化物和有机化合物。我国能源以煤为主，大气污染物主要是颗粒物和二氧化硫。

燃料燃烧的污染物排放量与燃料的数量和组成有关，一般来说，燃料含的杂质越多，它的燃烧需氧量对应的燃烧理论空气量就越大。燃料的燃烧还会产生大量颗粒物，人们通过颗粒物的类型对其进行了分类：飞灰、黑烟、雾、烟和粉尘。而通过颗粒物的粒径分布，又单独列出两类粒径的颗粒物作为空气质量评价指标的一部分，即细颗粒物 $PM_{2.5}$ 和可吸入颗粒物 PM_{10}，此外，还有被称为总悬浮颗粒物的 PM_{100}，这些颗粒物有的能进入人体呼吸系统造成疾病，也可能在地面附近聚集造成视线受阻，具有广泛危害。

3.2.3 几种突出的大气环境问题

1. 全球气候变暖

（1）温室效应

全球气候变暖是一种"自然现象"。人们焚烧化石矿物或砍伐森林并将其焚烧时产生多种温室气体，温室气体指的是大气中能吸收地面反射的太阳辐射，并重新发射辐射的一些气体，如水汽（H_2O）、二氧化碳（CO_2）、氧化亚氮（N_2O）、甲烷（CH_4）、大部分制冷剂等。由于这些温室气体对来自太阳辐射的可见光具有高度的透过性，而对地球反射出来的长波辐射具有高度的吸收性，能强烈吸收地面辐射中的红外线，因而能使地球表面升温，这类似于温室截留太阳辐射，并加热温室内空气的作用。这种温室气体使地球变得更为温暖的影响称为温室效应，如图 3-3 所示。

图 3-3　温室效应

近一个世纪以来大量使用矿物燃料（如煤、石油等），排放出大量的 CO_2 等多种温室气体，这使得温室效应愈发明显。近 100 多年来，全球平均气温经历了冷—暖—冷—暖两次波动，总体来看为上升趋势。在 20 世纪全世界的平均温度大约攀升了 0.6℃。特别是进入 20 世纪 80 年代后，全球气温明显呈上升趋势，1981—1990 年全球平均气温比 100 年前上升了 0.48℃。北半球春天的冰雪解冻期比 150 年前提前了 9d，而秋天的霜冻开始时间却晚了 10d 左右。20 世纪 90 年代是自 19 世纪中期开始温度记录工作以来最温暖的 10 年，在记录上最热的几年依次是：1998 年、2002 年、2003 年、2001 年和 1997 年。温室效应导致全球气候变暖。全球气候变暖会使全球降水量重新分配、冰川和冻土消融、海平面上升等，既危害自然生态系统的平衡，更威胁人类的食物供应和居住环境。

（2）关于全球气候变暖的争议

世界各国虽然对全球气候变暖有一定的共识，但仍然存在不少争议。例如，MIT 工学院的地球、大气科学专家 Richard Lindzen 对此观点持怀疑态度，他认为地球气候长久以来一直处于不断变化的过程中，期间存在各种复杂的原因，而不是如"全球气候变暖"支持者所说的那样仅仅是由于二氧化碳排放的原因。2007 年，Richard Lindzen 在《News Week》杂志撰文，20 世纪全球温度上升最快的阶段是 1910—1940 年，此后则迎来长达 30 年的全球降温阶段，直到 1978 年全球温度重新开始升高。如果工业二氧化碳的排放是导致全球气候变暖的主要原因，那么如何解释 1940—1978 年的降温阶段。众所周知，这 30 年是全球绝大部分地区开始大规模工业化大跃进的时代，即所谓的战后景气时代。

又如，加拿大首位气候学博士蒂莫西写的《全球暖化：有硬数据支持吗》一文，他说："有人提到地球平均气温上升会'超出地球恒温的安全警戒线'，有地球恒温这样的东西吗？难道他没有听说过冰期吗？在 20 世纪 70 年代热门话题是全球冷化，在 21 世纪是全球暖化，低几摄氏度和高几摄氏度都会有灾难，难道地球的温度就是最理想的？"

再如，2007 年 3 月 8 日，英国广播公司播出了纪录片《全球暖化大骗局》，以全然迥异于当前主流观点的态度，讨论全球暖化的议题。这部影片不断提出"暖化现象并非人类活动所致"的说法，并访问了多名气候学家，最后结论一致认为：太阳活动才可能是暖化的主因，人类对气候的影响微不足道。

（3）原因分析

1）人为因素

人为因素包括：① 大气环境污染因素。环境污染是导致全球气候变暖的主要因素之一。②人口因素。人口的急剧增加是导致全球气候变暖的主要因素之一，众多的人口，每年仅自身排放的二氧化碳量就是一个庞大的数字，其结果将会直接导致大气中二氧化碳的含量不断增加。③森林资源锐减因素。在世界范围内，由于自然或人为原因而造成森林面积正在大幅度地锐减，导致地球碳中和能力下降。

2）自然因素

导致全球气候变暖的自然因素主要有火山活动和地球周期性公转轨迹变动。

（4）影响

1）影响生态环境。冰川消融，海平面升高，引起海岸滩涂湿地、红树林和珊瑚礁等生态群丧失；海岸侵蚀，海水入侵沿海地下淡水层，沿海土地盐渍化等，从而造成海岸、河口、海湾自然生态环境失衡，给海岸带生态环境带来严重的灾难。同时许多小岛将会消失得无影无踪。

2）增加极端气候频率。水分蒸发变多，雨季延长，水灾正变得越来越频繁。遭受洪水泛滥的机会增大，遭受风暴影响的程度和严重性加大。

3）影响生物多样性。气温升高可能会使南极半岛和北冰洋的冰雪融化，北极熊和海象会逐渐灭绝。

4）对生产领域的影响。全球气候变暖对农作物生长的影响有利有弊。①全球气温变化直接影响全球的水循环过程，使某些地区出现旱灾或洪灾，导致农作物减产，且温度过高也不利于种子发芽；②降水量增加尤其在干旱地区会促进农作物生长，全球气候变暖伴随的二氧化碳含量升高也会促进农作物的光合作用，从而提高产量；③温度的升高有利于高纬度地区喜湿热的农作物提高产量。

5）影响人类健康。①全球气候变暖直接导致部分地区夏季出现超高温，其引发的心脏病及各种呼吸系统疾病每年都会夺去很多人的生命，其中又以新生儿和老人的危险性最大；②全球气候变暖导致臭氧浓度增加，低空中的臭氧是非常危险的污染物，会破坏人的肺部组织，引发哮喘或其他肺病疫病；③全球气候变暖还会造成某些传染性疾病传播。

（5）减缓措施

为了阻止全球气候变暖趋势，由联合国牵头，各成员国参与，采取多种措施，力争降低碳排放量，实现碳中和。

1992 年联合国专门制定了《联合国气候变化框架公约》，该公约于同年在巴西城市里约热内卢签署生效。依据该公约，发达国家同意在 2000 年之前将它们释放到大气层的二氧化碳及其他温室气体的排放量降至 1999 年时的水平。另外，这些每年的二氧化碳合计排放量占到全球二氧化碳总排放量 60％ 的国家还同意将相关技术和信息转让给发展中国家。发达国家转让给发展中国家的这些技术和信息有助于发展中国家积极应对气候变化带来的各种挑战。

为了避免人类受气候变暖的威胁，1997 年 12 月，在日本京都召开的《联合国气候变化框架公约》缔约方第三次会议上通过了旨在限制发达国家温室气体排放量以抑制全球气候变暖的《京都议定书》。《京都议定书》规定，到 2010 年，所有发达国家的二氧化碳等6 种温室气体的排放量要比 1990 年减少 5.2％。具体来说，各发达国家从 2008—2012 年必须完成的削减目标是：与 1990 年相比，欧盟削减 8％、美国削减 7％、日本削减 6％、加拿大削减 6％、东欧各国削减 5％～8％，新西兰、俄罗斯和乌克兰可将排放量稳定在1990 年水平上。议定书同时允许爱尔兰、澳大利亚和挪威的排放量比 1990 年分别增加10％、8％和 1％。

2009 年，经过马拉松式的艰难谈判，联合国气候变化大会达成了不具法律约束力的《哥本哈根协议》。《哥本哈根协议》维护了《联合国气候变化框架公约》及《京都议定书》确立的"共同但有区别的责任"原则，就发达国家实行强制减排和发展中国家采取自主减缓行动做出了安排，并就全球长期目标、资金和技术支持、透明度等焦点问题达成了广泛共识。

2015 年 12 月 12 日，《联合国气候变化框架公约》近 200 个缔约方一致同意通过《巴黎协定》，该协定为 2020 年后全球应对气候变化行动作出了安排。《巴黎协定》指出，各方将加强对气候变化威胁的全球应对，把全球平均气温较工业化前水平升高控制在2℃之内，并为把升温控制在1.5℃之内而努力。全球将尽快实现温室气体排放达峰，21世纪下半叶实现温室气体净零排放。根据协定，各方将以"自主贡献"的方式参与全球应对气候变化行动。发达国家将继续带头减排，并加强对发展中国家的资金、技术和能力建设支持，帮助发展中国家减缓和适应气候变化。从2023年开始，每5年将对全球行动总体进展进行一次盘点，以帮助各国提高力度、加强国际合作，实现全球应对气候变化长期目标。

2. 臭氧层破坏

(1) 臭氧层

臭氧层是指大气层的平流层中臭氧浓度相对较高的部分，其主要作用是吸收短波紫外线。臭氧主要以紫外线打击双原子氧气，将它分为两个原子，然后每个原子和没有分裂的原子合并成臭氧。臭氧分子不稳定，紫外线照射之后又分为氧气分子和氧原子，形成一个持续的臭氧氧气循环，如此产生臭氧层。自然界中的臭氧层大多分布在离地20～50km的高空。

(2) 作用

臭氧层保护着地球，其主要有3个作用：1) 保护作用，阻挡紫外线。2) 加热作用，臭氧吸收太阳光中的紫外线并将其转换为热能加热大气，正是由于存在臭氧才有平流层的存在。而地球以外的星球因不存在臭氧和氧气，所以也就不存在平流层。3) 温室气体的作用，在对流层上部和平流层底部，即在气温较低的这一高度，臭氧的作用同样非常重要，如果这一高度的臭氧减少，则会产生使地面气温下降的动力。

(3) 破坏机理

臭氧的生成和消亡处于动态平衡过程中，正常情况下维持在一定的浓度，但这一动态平衡会受到氟氯碳化物的破坏。

氟氯碳化物破坏臭氧的过程：1) 当氟氯碳化物飘浮在空气中时，由于受到太阳光中紫外线的影响，开始分解释放出氯原子；2) 这些氯原子的活性极大，常与其他物质相结合，因此当它遇到臭氧的时候，便开始产生化学反应；3) 臭氧被迫分解成一个氧原子 (O) 及一个氧分子 (O_2)，而氯原子就与其中的氧原子相结合；4) 当其他的氧原子遇到这个氯氧化的分子时，又会把氧原子抢回来，组成一个氧分子 (O_2)，而恢复成单身的氯原子又可以去破坏其他的臭氧了。

(4) 破坏影响

臭氧被大量损耗后，吸收紫外辐射的能力大大减弱，导致到达地球表面的紫外线明显增加，给人类健康和生态环境带来多方面的危害，已受到人们普遍关注的主要有对人体健康、陆生植物、水生态系统、生物化学循环、材料以及对流层大气组成和空气质量等方面的影响。

(5) 控制措施

面对臭氧层被破坏的严峻形势，在联合国环境规划署的组织协调下，国际社会于1985年制定了《保护臭氧层维也纳公约》，确定了国际合作保护臭氧层的原则；1987年又制定了《关于消耗臭氧层物质的蒙特利尔议定书》，确定了全球保护臭氧层国际合作的框架。根据《关于消耗臭氧层物质的蒙特利尔议定书》的规定，各签约国分阶段停止生产和使用氟氯烃物质（CFCs）制冷剂，发达国家要在 1996 年 1 月 1 日前停止生产和使用 CF-Cs 制冷剂，而其他所有国家都要在 2010 年 1 月 1 日前停止生产和使用 CFCs 制冷剂，现有设备和新设备都要改用无 CFCs 制冷剂。

我国政府也于 1989 年和 1991 年分别签订了《保护臭氧层维也纳公约》和《关于消耗臭氧层物质的蒙特利尔议定书》，成为缔约国。按照有关条款，我国已从 1999 年 7 月 1 日起冻结了 CFCs 制冷剂的生产和消费，目前已完全淘汰 CFCs 制冷剂。

3. 酸雨

（1）特点与类型

酸雨是指 pH<5.6 的雨雪或以其他形式出现的降水。雨、雪等在形成和降落过程中，吸收并溶解了空气中的二氧化硫、氮氧化物等物质，形成了 pH<5 的酸性降水。酸雨主要是人为地向大气中排放大量酸性物质而造成的。我国一些地区已经形成酸雨多发区，酸雨污染的范围和程度已经引起人们的密切关注。

我国的酸雨主要是硫酸型酸雨，有三大酸雨区，分别为：1）西南酸雨区；2）华中酸雨区（为全国酸雨污染范围最大、中心强度最高的酸雨污染区）；3）华东沿海酸雨区。

（2）形成原因

酸雨的成因是一种复杂的大气化学和大气物理现象。酸雨中含有多种无机酸和有机酸，绝大部分是硫酸和硝酸，还有少量灰尘。硫酸和硝酸是酸雨的主要成分，约占总酸量的 90%。

酸雨是工业高度发展而出现的副产物，由于人类大量使用煤、石油、天然气等化石燃料，燃烧后产生的硫氧化物或氮氧化物，在大气中经过复杂的化学反应，形成硫酸或硝酸气溶胶，或被云、雨、雪、雾捕捉吸收，降到地面形成酸雨。

如果形成酸性物质时没有云雨，则酸性物质会以重力沉降等形式逐渐降落到地面上，叫做干性沉降，干性沉降物在地面遇水时复合成酸。酸云和酸雾中的酸性由于没有得到直径大得多的雨滴的稀释，因此它们的酸性要比酸雨强得多。由于高山区经常有云雾缭绕，因此在高山上酸雨区中森林受害最重，常成片死亡。

1）天然排放源

① 海洋。海洋雾沫会夹带一些硫酸到空气中。

② 生物。土壤中某些有机体，如动物死尸和植物败叶在细菌作用下可分解成某些硫化物，继而转化为二氧化硫。

③ 火山爆发。喷出数量可观的二氧化硫气体。

④ 森林火灾。雷电和干热引起的森林火灾也是一种天然硫氧化物排放源，因为树木也含有微量硫。

⑤ 闪电。高空雨云闪电中含有很强的能量，能使空气中的氮气和氧气部分化合生成一氧化氮，继而在对流层中被氧化为二氧化氮。氮氧化物主要为一氧化氮和二氧化氮，能与空气中的水蒸气反应生成硝酸。

⑥ 细菌分解。即使是未施过肥的土壤也含有微量的硝酸盐，土壤硝酸盐在土壤细菌的作用下可分解出一氧化氮、二氧化氮和氮气等气体。

2）人工排放源

① 煤、石油和天然气等化石燃料燃烧。煤、石油、天然气都是在地下埋藏了很多亿

年，由古代的动植物化石转化而来，故称作化石燃料。工业生产、日常生活中燃烧煤炭排放出来的二氧化硫经过"云内成雨过程"，即水汽凝结在硫酸根、硝酸根等凝结核上，发生液相氧化反应，形成硫酸雨滴和硝酸雨滴；又经过"云下冲刷过程"，即含酸雨滴在下降过程中不断合并吸附、冲刷其他含酸雨滴和含酸气体，形成较大雨滴，最后降落在地面上，形成了酸雨。由于我国多燃煤，所以我国的酸雨主要是硫酸型酸雨，而多燃石油的国家则是硝酸型酸雨。

② 工业过程，如金属冶炼。某些有色金属的矿石是硫化物，铜、铅、锌便是如此，将铜、铅、锌硫化物矿石还原为金属的过程中将会逸出大量二氧化硫气体，部分回收为硫酸，部分进入大气。再如化工生产，特别是硫酸生产和硝酸生产可分别产生数量可观的二氧化硫和二氧化氮，由于二氧化氮呈现淡棕的黄色，因此，工厂所排出的带有二氧化氮的废气像一条"黄龙"，在空中飘荡，控制和消除"黄龙"被称作"灭黄龙工程"。再如石油炼制等，也能产生一定量的二氧化硫和二氧化氮。它们集中在某些工业城市中，还是比较容易得到控制的。

③ 交通运输，如汽车尾气。在发动机内，活塞频繁打出火花，像天空中的闪电，氮气转变成二氧化氮。不同的车型，尾气中氮氧化物的含量不同，机械性能较差的或使用时间较长的发动机尾气中的氮氧化物含量较高。汽车停在十字路口，不熄火等待通过时，要比正常行车过程中尾气的氮氧化物含量要高。随着我国汽车数量猛增，汽车尾气对酸雨的贡献正在逐年上升，必须得到足够的重视。

（3）危害

1）酸雨可导致土壤酸化。土壤中含有大量铝的氢氧化物，经土壤酸化后，可加速土壤中含铝的原生和次生矿物风化而释放大量铝离子，形成植物可吸收形态的铝化合物。植物长期和过量地吸收铝，会导致植物中毒，甚至死亡。酸雨还能加速土壤矿物质营养元素的流失，改变土壤结构，导致土壤贫瘠化，影响植物正常发育。酸雨还能诱发植物病虫害，使农作物大幅度减产，特别是小麦，在酸雨影响下，可减产 13％～34％。大豆、蔬菜也容易受酸雨危害，导致蛋白质含量和产量下降。酸雨对森林的影响在很大程度上是通过对土壤的物理化学性质的恶化作用表现出来的。在酸雨的作用下，土壤中的营养元素钾、钠、钙、镁会流失出来，并随着雨水被淋溶掉。所以长期的酸雨会使土壤中大量的营养元素被淋失，造成土壤中营养元素的严重不足，使土壤变得贫瘠。此外，酸雨能使土壤中的铝从稳定态中释放出来，使活性铝增加而有机络合态铝减少。土壤中活性铝的增加会严重抑制林木的生长。酸雨可抑制某些土壤微生物的繁殖，降低酶活性，土壤中的固氮菌、细菌和放线菌均会明显受到酸雨的抑制。

2）酸雨可对森林植物产生较大危害。调查表明，在降水 pH＜4.5 的地区，马尾松林、华山松和冷杉林等出现大量黄叶并脱落，森林成片地衰亡。在重庆奉节县，降水 pH＜4.3 的地段，20 年生马尾松林的年平均高生长量降低50％。酸雨还可使森林的病虫害明显增加。图3-4 展示了被酸雨腐蚀的森林植物。

图 3-4　酸雨腐蚀的森林

3）酸雨能使非金属建筑材料（混凝土、砂

浆和灰砂砖）表面硬化、水泥溶解，出现空洞和裂缝，导致建筑材料强度降低，从而损坏建筑物。建筑材料变脏、变黑，影响城市市容和城市景观，被人们称为"黑壳"效应。

我国酸雨正呈蔓延之势，是继欧洲、北美之后世界第三大重酸雨区。酸雨在我国已呈燎原之势，覆盖面积已占国土面积的30%以上。酸雨造成的危害是多方面的，包括对人体健康、生态系统和建筑设施都有直接和潜在的危害。酸雨可使儿童免疫功能下降，慢性咽炎、支气管哮喘发病率增加，同时可使老人眼部、呼吸道患病率增加。

4. 雾霾

（1）来源

雾霾是雾和霾的组合词，常见于城市。雾是由大量悬浮在近地面空气中的微小水滴或冰晶组成的气溶胶系统；霾也称灰霾（烟雾），空气中的灰尘、硫酸、硝酸、有机碳氢化合物等粒子也能使大气浑浊。

城市有毒颗粒物来源：1）汽车尾气。使用柴油的大型车是排放PM_{10}的"重犯"，包括公交车、各单位的班车以及大型运输卡车等。2）冬季烧煤供暖所产生的废气。3）工业生产排放的废气。比如冶金、窑炉与锅炉、机电制造业，还有大量汽修喷漆、建材生产窑炉燃烧排放的废气。4）建筑工地和道路交通产生的扬尘。5）可生长颗粒。细菌和病毒的粒径相当于$PM_{0.1} \sim PM_{2.5}$，当空气中的湿度和温度适宜时，微生物会附着在颗粒物上，特别是附着在油烟的颗粒物上，微生物吸收油滴后转化成更多的微生物，使得雾霾中的生物有毒物质增多。

（2）形成原因

雾霾是特定气候条件与人类活动相互作用的结果。高密度人口的经济及社会活动必然会排放大量细颗粒物，一旦排放量超过大气循环能力和承载力，细颗粒物浓度将持续积聚，如遇特定气象条件则极易出现大范围的雾霾。其成因有三：1）水平方向上静风现象增多；2）垂直方向上出现逆温；3）空气中悬浮颗粒物增加。随着城市人口的增长和工业发展、机动车辆的猛增，污染物排放和悬浮物大量增加，导致大气能见度降低。家庭装修中也会出现粉尘"雾霾"，室内粉尘弥漫，不仅有害于用户健康，增添工人的清洁负担，粉尘严重时，还给装修工程带来诸多隐患。除了气象条件，工业生产、机动车尾气排放、冬季取暖烧煤等导致的大气中的颗粒物（包括粗颗粒物PM_{10}和细颗粒物$PM_{2.5}$）浓度增加，是雾霾产生的重要因素。如今很多城市的污染物排放水平已处于临界点，对气象条件非常敏感，空气质量在扩散条件较好时能达标，一旦遭遇不利天气条件，空气质量和大气能见度将会立刻下滑。

（3）危害

近些年来，随着空气质量逐渐恶化，雾霾天气出现频率越来越高，它们在人们毫无防范的时候侵入人体呼吸道和肺叶中，从而引起呼吸系统、心血管系统、血液系统、生殖系统等疾病，诸如咽喉炎、肺气肿、哮喘、鼻炎、支气管炎等炎症，长期处于这种环境还会诱发肺癌、心肌缺血。

雾霾天气时气压低、湿度大，人体无法排汗，心脏病的患病概率会越来越高。雾霾中含有大量的颗粒物，包括重金属等有害物质的颗粒物一旦进入呼吸系统并黏附在肺泡上，轻则会造成鼻炎等鼻腔疾病，重则会造成肺部硬化，甚至还有可能造成肺癌。

雾霾天气时，光照不足，接近底层的紫外线明显减弱，使得空气中的细菌很难被杀

图 3-5 雾霾来袭

死，从而患传染病的概率大大增加；雾霾天气时，由于空气质量差，大气能见度低，容易出现车辆追尾事故，影响正常交通秩序，对出行造成不便；雾霾天气时，公路、铁路、航空、航运、供电系统、农作物生长等均受到严重影响。雾霾会造成空气质量下降，影响生态环境，给人类健康带来较大危害。雾霾笼罩下的城市如图 3-5 所示。

3.2.4 我国大气污染状况

随着城市化、工业化、区域经济一体化进程的加快，我国大气污染正从局地、单一的城市空气污染向区域、复合型大气污染转变，部分地区出现区域范围的空气重污染现象，京津冀地区、长三角地区、珠三角地区及其他部分城市群已表现出明显的区域大气污染特征。党的十八大以来，通过《大气污染防治行动计划》的实施和全国人民的共同努力，我国大气污染物排放总量呈逐年降低态势，部分污染较严重的城市空气质量有所好转，环境质量劣三级城市比例下降，但空气质量达到二级标准的城市比例也在下降，污染仍然很严重。大气污染严重制约区域社会经济的可持续发展，威胁人民群众的身体健康。

可吸入颗粒物、二氧化硫、氮氧化物、臭氧、挥发性有机化合物等是我国大气主要污染物。我国大气污染物的主要来源是生活和生产用煤。生态环境部公布的资料显示，当前我国以煤为主的能源结构未发生根本性变化，煤烟型污染作为主要污染类型仍将长期存在。同时，随着机动车保有量持续增加，尾气污染愈加严重，我国部分城市的大气污染特征正在由烟煤型向汽车尾气型转变，NO_x、CO 呈加重趋势，灰霾、光化学烟雾、酸雨等复合型大气污染问题日益突出，特别是全国形成华中、西南、华东、华南多个酸雨区，多地出现雾霾天气、沙尘暴天气。

1. 我国大气污染特点

（1）空气污染呈现明显的区域特征

人口密集地区的 $PM_{2.5}$ 浓度要高于边远地区，京津冀、长三角、珠三角地区是空气污染相对严重的区域，尤以京津冀地区污染最重，京津冀地区城市 $PM_{2.5}$ 超标倍数在 0.14～3.6 倍，长三角地区城市 $PM_{2.5}$ 超标倍数在 0.4～1.3 倍，珠三角地区城市 $PM_{2.5}$ 超标倍数在 0.09～0.54 倍。

北方区域大气污染物以 PM_{10} 及 $PM_{2.5}$ 超标为主，部分城市兼有 SO_2 超标。颗粒物超标城市占有绝大多数，代表性的城市有石家庄、邯郸、沈阳及鞍山；有一半以上的城市 SO_2 成分超标，其中济南、枣庄及聊城等城市两项全部超标。华北平原以烟尘、工业和机动车复合污染为主要特征，最为明显的就是北京市。

西北部城市由于受沙漠和沙尘的影响较大，表现为自然来源的粉尘污染，如甘肃、宁夏、内蒙古及新疆等地区的城市。其中，一些以资源开发利用为主、人口相对集中的城市兼有 SO_2 超标，如乌鲁木齐、兰州和包头等城市，这些区域地形地貌和气象条件特殊，不利于大气污染物的稀释和扩散。

西南部城市由于山川较多且植被茂盛，所以风尘污染较少，但主要的几个城市都有能源开发等支柱产业，并且该地区的煤炭中含硫量较高，导致贵州、云南和广西等地的大中

型城市 SO_2 超标，四川和重庆的地理位置特殊，人口众多又地处于盆地，本身的大气污染扩散条件不好，极其容易产生粉尘和 SO_2 超标。

南方区域城市相对复杂，主要城市集中在长江中下游的辐射范围内以及东南沿海，我国很大一部分酸雨都是在此范围内发生的，可见其污染相当严重。

（2）空气污染呈现复合型特征

根据监测，第一批按照《环境空气质量标准》GB 3095—2012 实施新空气质量标准的 74 个城市首要的污染物是 $PM_{2.5}$，其次是 PM_{10}，O_3 和 NO_2 也有不同程度的超标情况。京津冀、长三角、珠三角地区 5—9 月 O_3 超标情况较多，已不容忽视。74 个城市空气质量呈现出传统的煤烟型污染、汽车尾气污染相互叠加的复合型污染特征，说明燃煤、机动车的大量使用对空气污染影响较大。

（3）空气污染物呈现多样性特征

我国大气污染物种类繁多，其中包括悬浮颗粒物、降尘、可吸入颗粒物、二氧化硫、氮氧化物、汞、铅、氟化物、臭氧和苯类有机物等。颗粒物质是大气污染物中数量最大、成分复杂、性质多样以及危害极大的一种。二氧化硫是形成酸雨的主要原因，酸雨的主要成分有 H_2S、SO_2、SO_3、CS_2、H_2SO_4 以及其他各种硫酸盐。氮氧化物对人体健康会产生巨大的影响，很多呼吸道和免疫系统疾病都与其有关系，而且氮氧化物与碳氢化合物在阳光照射下会发生一系列光化学反应，形成强氧化高活性自由基、醛和酮等二次污染物，该混合物被称为光化学烟雾，对人体器官破坏力极强且在大气中停留时间较长。

（4）空气污染呈现扩散性特征

随着我国人口增加以及城市化进程不断深入，出现越来越多的大型城市甚至是巨型城市，这也是现代化进程的必然结果。人口大量集中必将会加重某一区域的环境负担，随之而来的空气环境恶化将很快成为人们不得不面对的问题。从我国整体空气污染状况可以看出，严重污染区域呈现出点多面广的特征，并有扩散的趋势。

（5）空气污染呈现明显的季节性特征

我国空气污染表现为一种随季节变化特征，其中 TSP 污染的季节特点是：春季（风沙较重季节）重于冬季采暖期。这也从侧面说明城市空气中颗粒物的来源，除燃煤排放的烟尘外，其他来源的影响也是不容忽视的，其变化需考虑地理植被和气象条件等的影响。在冬季采暖期，大气污染物中 SO_2 含量有较大提升，同时也受到大气扩散条件的影响，所以供暖前后 $PM_{2.5}$ 的浓度变化很大，图 3-6 为北京市 2010—2014 年 11 月份供暖前后 $PM_{2.5}$ 浓度平均值。

城市重污染天气主要集中在第一、第四季度，第一、第四季度 74 个城市 $PM_{2.5}$ 季均浓度分别为 $96\mu g/m^3$、$93\mu g/m^3$。第二、第三季度 74 个城市 $PM_{2.5}$ 季均浓度分别为 $56.7\mu g/m^3$、$44.7\mu g/m^3$。

2. 区域性大气复合型污染

（1）区域性大气复合型污染现状与发展趋势

城市群大气复合型污染近年来日益严重。复合型大气污染是指大气中由多种来源的多种污染物在一定的大气条件下（如温度、湿度、阳光等）发生多种界面间的相互作用、彼此耦合构成的复杂大气污染体系，表现为大气氧化性物种和细颗粒物浓度升高、大气能见

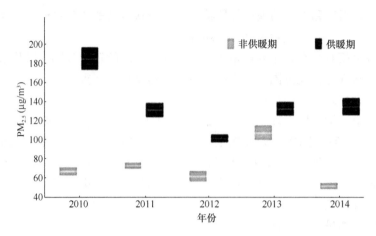

图 3-6 大气污染物 PM$_{2.5}$浓度平均值比较

度显著下降和环境恶化趋势向整个区域蔓延。

1）大气污染物排放负荷巨大

我国主要大气污染物排放量巨大，2010 年二氧化硫、氮氧化物排放总量分别为 2267.8 万 t、2273.6 万 t，位居世界第一，烟粉尘排放量为 1446.61 万 t，均远超出环境承载能力。京津冀、长三角、珠三角地区及辽宁中部、山东、武汉及周边、长株潭、成渝、海峡西岸、山西中北部、陕西关中、甘宁、新疆乌鲁木齐城市群 13 个重点区域，是我国经济活动水平和污染物排放高度集中的区域，大气环境问题更加突出。重点区域占全国 14％的国土面积，集中了全国近 48％的人口，产生了 71％的经济总量，消费了 52％的煤炭，排放了 48％的二氧化硫、51％的氮氧化物、42％的烟粉尘和约 50％的挥发性有机化合物，单位面积污染物排放强度是全国平均水平的 2.9～3.6 倍，严重的大气污染已经成为制约区域社会经济发展的"瓶颈"。2010 年重点区域主要污染物的排放量如表 3-8 所示。

2010 年重点区域主要污染物的排放量（万 t）　　　　　　　　表 3-8

区域	省/市/区	二氧化硫	氮氧化物	工业烟粉尘	重点行业挥发性有机化合物
京津冀地区	北京	10.4	19.8	3.96	11.6
	天津	23.8	34.0	7.99	15.6
	河北	143.78	171.29	95.89	15.4
长三角地区	上海	25.5	44.3	8.9	23.9
	江苏	108.55	147.19	96.18	51.3
	浙江	68.4	85.3	43.33	52.7
珠三角地区	广东	50.7	88.9	37.7	38.1
辽宁中部城市群	辽宁	62.31	54.71	50.44	24.2
山东城市群	山东	181.1	174	58.1	79.6

区域	省/市/区	二氧化硫	氮氧化物	工业烟粉尘	重点行业挥发性有机化合物
武汉及周边城市群	湖北	39.27	36.97	24.17	20.7
长株潭城市群	湖南	12.04	14.13	17.05	3.8
成渝城市群	重庆	56.1	27.21	22.43	15.6
	四川	73.2	52.01	38.36	8.9
海峡西岸城市群	福建	40.91	43.37	27.88	26.5
山西中北部城市群	山西	53.94	46.37	32.43	2.6
陕西关中城市群	陕西	61.34	49.8	21.56	10.2
甘宁城市群	甘肃	25.69	18.21	7.4	8.6
	宁夏	6.68	9.3	3.04	3.95
新疆乌鲁木齐城市群	新疆	18.3	19.87	7.22	4.0

2）大气污染十分严重

2010 年，重点区域城市的二氧化硫、可吸入颗粒物年均浓度分别为 $40\mu g/m^3$、$86\mu g/m^3$，为欧美发达国家的 2~4 倍；二氧化氮年均浓度为 $33\mu g/m^3$，卫星数据显示，北京到上海之间的工业密集区为我国对流层二氧化氮污染最严重的区域。按照《环境空气质量标准》GB 3095—2012 进行评价，重点区域 82％的城市不达标。严重的大气污染，威胁人民群众的身体健康，增加呼吸系统、心脑血管疾病的死亡率及患病风险，腐蚀建筑材料，破坏生态环境，导致粮食减产、森林衰亡，造成巨大的经济损失。2010 年重点区域主要污染物的年均浓度如表 3-9 所示。

2010 年重点区域主要污染物的年均浓度（$\mu g/m^3$） 表 3-9

区域	二氧化硫	二氧化氮	可吸入颗粒物
京津冀地区	45	33	82
长三角地区	33	38	89
珠三角地区	26	40	58
辽宁中部城市群	46	33	84
山东城市群	52	38	96
武汉及周边城市群	28	28	91
长株潭城市群	51	40	86
成渝城市群	43	35	76
海峡西岸城市群	29	26	71
山西中北部城市群	44	19	75

区域	二氧化硫	二氧化氮	可吸入颗粒物
陕西关中城市群	37	35	106
甘宁城市群	46	32	111
新疆乌鲁木齐城市群	43	36	96

3）复合型大气污染日益突出

随着重化工业的快速发展、能源消费和机动车保有量的快速增长，排放的大量二氧化硫、氮氧化物与挥发性有机化合物导致细颗粒物、臭氧、酸雨等二次污染呈加剧态势。2010 年 7 个城市细颗粒物监测试点的年均值为 $40\sim90\mu g/m^3$，超过《环境空气质量标准》GB 3095—2012 限值要求的 14％～157％。臭氧监测试点表明，部分城市臭氧超过国家二级标准的天数达到 20％，有些地区多次出现臭氧最大小时浓度超过欧洲警报水平（$240\mu g/m^3$）的重污染现象。复合型大气污染导致大气能见度大幅度下降，京津冀、长三角、珠三角等地区每年出现灰霾污染的天数达 100d 以上，个别城市甚至超过 200d。

4）城市间大气污染相互影响显著

随着城市规模的不断扩张，区域内城市连片发展，受大气环流及大气化学的双重作用，城市间大气污染相互影响明显，相邻城市间大气污染传输影响极为突出。在京津冀、长三角和珠三角等地区，部分城市二氧化硫浓度受外来源的贡献率达 30％～40％，氮氧化物为 12％～20％，可吸入颗粒物为 16％～26％。区域内城市大气污染变化过程呈现明显的同步性，重污染天气一般在一天内先后出现。

（2）区域性大气复合型污染的成因

我国城市化和工业化进程的加快，使得多种大气污染问题在过去近 30 年内集中出现，目前我国大气污染特征已从煤烟型污染转变为复合型污染。臭氧、可吸入颗粒物、二氧化硫、氮氧化物、挥发性有机化合物等成了大气的主要污染物。有研究表明，光化学烟雾、高浓度臭氧、氮氧化物污染等逐渐出现在京津冀、珠三角和长三角地区。今后一段时期，预计我国大气中上述污染物浓度还将继续增加，产生这一问题的主要原因如下。

1）大气环境管理模式落后。现行的环境管理方式难以适应区域大气污染防治要求。区域性大气环境问题需要统筹考虑、统一规划，建立地方之间的联动机制。按照我国现行的管理体系和法规，地方政府对当地环境质量负责，采取的措施以改善当地环境质量为目标，各个城市"各自为政"难以解决区域性大气环境问题。

2）污染控制对象相对单一。长期以来，我国未建立围绕空气质量改善的多污染物综合控制体系。从污染控制因子来看，污染控制重点主要为二氧化硫和工业烟粉尘，对细颗粒物和臭氧影响较大的氮氧化物和挥发性有机化合物控制薄弱。从污染控制范围来看，工作重点主要集中在工业大点源，对扬尘等面源污染和低速汽车等移动源污染控制的重视程度不够。

3）环境监测、统计基础薄弱。环境空气质量监测指标不全，大多数城市没有开展臭氧、细颗粒物的监测工作，数据质量控制薄弱，无法全面反映当前大气污染状况。挥发性有机化合物、扬尘等未纳入环境统计管理体系，底数不清，难以满足环境管理的需要。

4）法规标准体系不完善。现行的大气污染防治法律法规在区域大气污染防治、移动源污染控制等方面缺乏有效的措施要求，缺少挥发性有机化合物的排放标准体系，城市扬尘综合管理制度不健全，车用燃油标准远滞后于机动车排放标准。

3.2.5 大气污染的危害

大气环境质量恶化，导致对人体健康、生态系统或材料产生不良影响和负面效应。进入大气中的污染物质会发生传输、转化、积累、沉降等物理的、化学的和生物的复杂过程，引起一系列局地的、区域的，甚至全球的环境影响与变化。

1. 对人体健康的危害

成年人平均每天需要十几千克空气，比食物和水的需要量多几倍。受污染的大气进入人体，可导致呼吸、心血管、神经等系统疾病或其他疾病。在不利于污染物扩散的气象条件下，污染物短时间内可在大气中积聚到很高浓度，许多人（尤其是幼童和年老体弱者）因而患病甚至死亡。更多的情况则是人群长期受低浓度污染物的侵袭，体质下降或导致某些慢性疾病。大气污染的景象使人精神不愉快，也会影响工作效率和健康。

大气污染物侵入人体主要有三条途径：表面接触、食入含污染物的食物和水、吸入被污染的空气，其中以第三条途径最为重要。大气污染对人体健康的危害主要表现为引起呼吸道疾病。在高浓度污染物的突然作用下，人体可发生急性中毒，甚至在短时间内死亡。长期接触低浓度污染物，会引起支气管炎、支气管哮喘、肺气肿和肺癌等病症。

以下对几种主要大气污染物对人体健康危害的毒理进行介绍。

（1）颗粒物

颗粒物对人体健康的影响，取决于颗粒物的浓度和在其中暴露的时间。研究数据表明，因上呼吸道感染、心脏病、支气管炎、气喘、肺炎、肺气肿等疾病而到医院就诊人数的增加与大气中颗粒物浓度的增加是相关的。暴露在合并有其他污染物（SO_2）的颗粒物中所造成的健康危害，要比分别暴露在单一污染物中严重得多。表 3-10 中列举了颗粒物浓度与其产生的影响之间关系的有限数据。

观察到的颗粒物的影响 表 3-10

颗粒物浓度（mg/m^3）	测量时间及合并污染物	影响
0.06～0.18	年度几何平均，SO_2 和水分	加快钢和锌板的腐蚀
0.08	年平均	环境空气质量一级标准
0.15	相对湿度<70%	能见度缩短到 8km
0.10～0.15		直射日光减少 1/3
0.08～0.10	硫酸盐水平为 30mg/（$cm^2 \cdot$ 月）	50 岁以上的人死亡率增加
0.10～0.13	SO_2 浓度>0.12mg/m^3	儿童呼吸道发病率增加
0.20	24h 平均值，SO_2 浓度>0.25mg/m^3	工人因病未上班人数增加
0.30	24h 平均值，SO_2 浓度>0.63mg/m^3	慢性支气管炎病人可能出现急性恶化的症状
0.75	24h 平均值，SO_2 浓度>0.715mg/m^3	病人数量明显增加，可能发生大量死亡

颗粒的粒径大小是危害人体健康的另一个重要因素。它主要表现在两个方面：1）粒径越小，越不易沉积，长时间飘浮在大气中容易被人吸入体内，且容易深入肺部，见表 3-11；2）粒径越小，颗粒的比表面积越大，物理、化学活性越高，加剧了生理效应的发生与发展。此外，颗粒的表面可以吸附空气中的各种有害气体及其他污染物，而成为它们的载体，如承载强致癌物质苯并 [a] 芘及细菌等。

颗粒大小对人体的危害　　　　　　　　　　　　　　表 3-11

粒径（μm）	危害
>100	会很快在大气中沉降
10～100	可以滞留在人体呼吸道中
5～10	大部分会在呼吸道沉积，被分泌的黏液吸附，可以随痰排出
0.1～5	能深入肺部
0.01～0.1	50%以上将沉积在肺腔中，引起各种尘肺病

（2）硫氧化物

SO_2 在空气中的浓度达到 $(0.3～1.0)×10^{-6}$ 时，人们就会闻到它的气味。包括人类在内的各种动物，对 SO_2 的反应都会表现为支气管收缩，这可从气管阻力稍有增加判断出来。一般认为，空气中 SO_2 浓度在 $0.5×10^{-6}$ 以上，对人体健康已有某种潜在性影响，$(1～3)×10^{-6}$ 时多数人开始受到刺激，$10×10^{-6}$ 时刺激加剧，个别人还会出现严重的支气管痉挛。与颗粒物和水分结合的硫氧化物是对人类健康影响非常严重的公害（见表 3-10）。

当大气中的 SO_2 氧化形成硫酸和硫酸烟雾时，即使其浓度只相当于 SO_2 的 1/10，其刺激和危害也将更加显著。据动物实验表明，硫酸烟雾引起的生理反应要比单一 SO_2 气体强 4～20 倍。

（3）一氧化碳

高浓度的 CO 能够引起人体生理上和病理上的变化，甚至死亡。CO 是一种能夺去人体组织所需氧的有毒吸入物。人暴露于高浓度（$>750×10^{-6}$）的 CO 中就会导致死亡。CO 与血红蛋白结合生成碳氧血红蛋白（COHb），氧和血红蛋白结合生成氧合血红蛋白（O_2Hb）。血红蛋白对 CO 的亲和力大约为对氧的亲和力的 210 倍。这就是说，要使血红蛋白饱和所需 CO 的分压只是所需氧分压的 1/200～1/250。

（4）氮氧化物

NO 对生物的影响尚不清楚，经动物实验认为，其毒性仅为 NO_2 的 1/5。NO_2 是棕红色气体，对呼吸器官有强烈刺激作用，当其浓度与 NO 相同时，它的伤害性更大。相关实验表明，NO_2 会迅速破坏肺细胞，可能是引发哮喘病、肺气肿和肺癌的一种病因。环境空气中 NO_2 浓度低于 $0.01×10^{-6}$ 时，儿童（2～3 周岁）支气管炎的发病率有所增加；NO_2 浓度为 $(1～3)×10^{-6}$ 时，可闻到臭味；NO_2 浓度为 $13×10^{-6}$ 时，眼、鼻有急性刺激感；在 NO_2 浓度为 $17×10^{-6}$ 的环境下，呼吸 10min，会使肺活量减少，肺部气流阻力增加。NO_x 与碳氢化合物混合时，在阳光照射下发生光化学反应生成光化学烟雾。光化学烟雾的成分是光化学氧化剂，它的危害更加严重。

（5）光化学氧化剂

氧化剂、臭氧（O_3）、过氧乙酰硝酸酯（PAN）、过氧苯酰硝酸酯（PBN）和其他能使碘化钾的碘离子氧化的痕量物质，都称为光化学氧化剂。臭氧和 PAN 以最高的浓度存在。氧化剂（主要是 PAN 和 PBN）会严重地刺激眼睛，当它和臭氧混合在一起时，它们还会刺激鼻腔、喉，引起胸腔收缩，在浓度高达 $3.90mg/m^3$ 时，就会引起剧烈的咳嗽，使注意力不能集中。

（6）有机化合物

城市大气中有很多有机化合物是可疑的致变物和致癌物，包括卤代甲烷、卤代乙烷、卤代丙烷、氯烯烃、氯芳烃、芳烃、氧化产物和氮化产物等。特别是多环芳烃（PAHs）类大气污染物，大多数有致癌作用，其中苯并［a］芘是强致癌物质。城市大气中的苯并［a］芘主要来自煤、油等燃料的未完全燃烧及机动车尾气。苯并［a］芘主要通过呼吸道侵入肺部，并引起肺癌。实测数据表明，肺癌与大气污染、苯并［a］芘含量的相关性是显著的。从世界范围来看，城市肺癌死亡率约比农村高 2 倍，有的城市高达 9 倍。

2. 对动植物的危害

大气受到严重污染时，动物会由于吸入有害物质而中毒或死亡。大气污染对动物的危害，往往是由于动物食用或饮用积累了大气污染物的植物和水。

大气污染对植物的危害是由于污染物使植物机体发生了生理和生物化学的变化。急性伤害导致细胞死亡，常在短时间内显示出来。慢性伤害影响植物正常的细胞活动或植物的遗传系统，最终引起植物数量和群落的变化。植物受到慢性伤害通常不具有受到某一种污染物伤害的特征，因而与病虫害的症状相混淆。有时植物吸收有害物质在体内积累，本身并未出现症状，却能使摄食的动物受害。大气污染对植物的伤害，通常发生在叶子结构中，因为叶子含有整棵植物的构造机理。最常遇到的毒害植物的气体是：二氧化硫、臭氧、PAN、氟化氢、乙烯、氯化氢、氯、硫化氢和氨。

（1）二氧化硫

大气中 SO_2 含量过高，对叶子的危害首先是对叶肉的海绵状软组织部分，其次是对栅栏细胞部分。侵蚀开始时，叶子出现水浸透现象，干燥后，受影响的叶面部分呈漂白色或乳白色。如果大气中 SO_2 浓度为 $(0.3\sim0.5)\times10^{-6}$，并持续几天后，就会对敏感性植物产生慢性损害。$SO_2$ 直接进入气孔，叶肉中的植物细胞使其转化为亚硫酸盐，再转化成硫酸盐。当过量的 SO_2 存在时，植物细胞就不能尽快地把亚硫酸盐转化成硫酸盐，并开始破坏细胞结构。

（2）臭氧

20 世纪 50 年代后期，臭氧对植物的损害才引起人们的注意。臭氧首先侵袭叶肉中的栅栏细胞区。叶子的细胞结构瓦解，叶子表面出现浅黄色或棕红色斑点。针叶树的叶尖变成棕色，而且坏死。菠菜、斑豆、西红柿和白松显得特别敏感。在某些森林中的很多松树，似乎由于长期暴露在光化学氧化剂中而濒于死亡。

（3）PAN

过氧乙酰硝酸酯（PAN）会侵害叶子气孔周围空间的海绵状薄壁细胞。可以窥见的主要影响是叶子的下部变成银白色或古铜色。从成熟状况来看，幼叶是最敏感的。

（4）氟化氢

氟化氢对于植物是一种累积性毒物。即使暴露在极低的浓度中，植物也会最终把氟化氢累积到足以损害其叶子组织的程度。最早出现的影响表现为叶尖和叶边呈烧焦状。显然，氟化氢通过气孔进入叶子，然后被正常的流动水分带向叶尖和叶边，最后使内部细胞遭受破坏。当细胞被破坏变干时，受害部分就由深棕色变成棕褐色。

（5）乙烯

在普通碳氢化合物中，乙烯是唯一的在已知环境水平下就能引起植物遭受损害的物质。浓度为 $(0.001～0.5)×10^{-6}$ 的乙烯，曾使敏感的植物受到损害，使花朵凋落、叶子不能很好地舒展。

（6）其他

其他气体和蒸气，如氯化氢、氯、硫化氢和氨，比别的气体更能引起叶子组织剧烈瓦解。

关于颗粒物对植物的总影响还了解得很少。然而，人们已观察到几种特定物质所引起的损害作用。含氟化物的颗粒物能引起某些植物损害；降落在农田上的氧化镁，曾使农作物生长不良；动物误食沾有有毒颗粒物的植物时，健康会受到损害。这些有毒化合物会被吸收进入植物组织，或成为植物表面污染而存在下去。

3. 对器物和材料的危害

大气污染对金属制品、油漆涂料、皮革制品、纸制品、纺织品、橡胶制品和建筑物等的损害也是较严重的。这种损害包括玷污性损害和化学性损害两个方面。玷污性损害主要是由于粉尘、烟等颗粒物落在器物表面或材料中造成的，有的可以通过清扫冲洗除去，有的很难除去，如煤油中的焦油等。化学性损害是指由于污染物的化学作用，使器物和材料腐蚀或损坏。大气污染物对材料的损害机制有：磨损、直接的化学冲击（如酸雾对材料的腐蚀）、间接的化学冲击（如皮革吸收的二氧化硫转化为硫酸对皮革的腐蚀）、电化学侵蚀。影响因素则有湿度、温度、阳光、风、物体位置等。

颗粒物因其固有的腐蚀性，或惰性颗粒物进入大气后因吸收或吸附了腐蚀性化学物质，而产生直接的化学性损害。金属通常能在干空气中抗拒腐蚀，甚至在清洁的湿空气中也是如此。然而，当大气中普遍存在吸湿性颗粒物时，即使在没有其他污染物的情况下，也能腐蚀金属表面。

大气中的 SO_2、NO_x 及其生成的酸雾、酸滴等，能使金属表面产生严重的腐蚀，使纺织品、纸制品、皮革制品等腐蚀破损，使金属涂料变质，降低其保护效果。造成金属腐蚀最为有害的污染物一般是 SO_2，已观察到城市大气中金属的腐蚀率约是农村环境中腐蚀率的 $1.5～5$ 倍。含硫物质或硫酸会侵蚀多种建筑材料，如石灰石、大理石、花岗岩、水泥砂浆等，这些建筑材料先形成较易溶解的硫酸盐，然后被雨水冲刷掉。尼龙织物，尤其是尼龙管道等，对大气污染物也很敏感，其老化显然是由 SO_2 或硫酸气溶胶造成的。图3-7展示了酸雨腐蚀的雕塑。

光化学氧化剂中的臭氧，会加

(a)　　　　　　　(b)

图 3-7　酸雨腐蚀的雕塑
(a) 腐蚀前；(b) 腐蚀后

速橡胶绝缘性能的衰减，使橡胶制品迅速老化脆裂。臭氧还能侵蚀纺织品的纤维素，使其强度减弱。所有氧化剂都能使纺织品发生不同程度的褪色。

4. 对大气能见度的危害

大气污染最常见的后果之一是大气能见度降低。一般说来，对大气能见度或清晰度有影响的污染物应是气溶胶粒子以及能通过大气反应生成气溶胶粒子的气体或有色气体。因此，对大气能见度有潜在影响的污染物有：（1）总悬浮颗粒物（TSP）；（2）SO_2 和其他气态含硫化合物，因为这些气体在大气中能以较大的反应速率生成硫酸盐和硫酸气溶胶粒子；（3）NO 和 NO_2，它们能在大气中反应生成硝酸盐和硝酸气溶胶粒子，在某些条件下红棕色的 NO_2 还会导致烟羽和城市霾云出现可见着色；（4）光化学烟雾，这类反应能生成亚微米级的气溶胶粒子。

能见度的气象学定义是：在指定方向上仅能用肉眼看见和辨认的最大距离。在白天，能看见地平线上直指天空的一个显著的深色物体；在夜间，能看见一个已知的、最好未经聚焦的中等强度的光源。能见度观测是观测者通过对指定方向上一个目标的反差度的估计而对光衰减的主观评价。如果观测者视力完好，则这种反差度极限估计为 2%。通常认为，普通观测者需要接近 5% 的反差度才能辨别出以背景为衬托的物体。

反差度的降低及大气能见度的下降，主要是由于大气中微粒对光的散射和吸收作用所造成的。还有某些散射是空气分子引起的，这就是瑞利散射过程。大气中由散射引起的光衰减，主要是由与入射光波长相近的粒子造成的。可见光辐射波长为 $0.4 \sim 0.8 \mu m$，其最大强度为 $0.52 \mu m$ 左右。因此，粒径处于 $0.1 \sim 1.0 \mu m$ 范围内的固体和液体粒子对大气能见度降低的影响很大。城市大气中硫酸盐的粒径大多小于 $2 \mu m$，粒径分布峰值为 $0.2 \sim 0.9 \mu m$，因而这类气溶胶的存在会引起大气能见度明显降低。

大气能见度的降低，不仅会使人感到不愉快，而且会造成极大的心理影响，还会产生交通安全方面的危害。通常大气污染对大气能见度的长期影响相对较小。

5. 对气候的危害

大气中的污染物能改变大气的性质和气候的形式。二氧化碳吸收地面辐射，颗粒物散射阳光，可使地面温度上升或降低。细微颗粒物可降低大气能见度，作为凝结核使云量和降水增加，使雾的出现频率增加和持续时间延长。大气污染还可能改变大气的电学性质。

已被证实的全球性影响有，CO_2 等温室气体引起的温室效应以及 SO_2、NO_x 排放产生的酸雨等。除此之外，在较低大气层中的悬浮颗粒物形成水蒸气的"凝结核"，当大气中的水蒸气达到饱和时，就会发生凝结现象。在较高的温度下，凝结成液态小水滴；而在温度很低时，则会形成冰晶。这种"凝结核"作用有可能导致降水的增加或减少。对特殊情况的研究尚未取得一致结果，一些研究证明降水将增加，例如颗粒物浓度高的城区和工业区的降雨量明显大于其周围相对清洁区的降雨量，通过云催化造成冰核少量增加来进行人工降雨等。另有一些研究表明降水会减少。

一些研究者认为，那些伴随着大规模气团停滞的大范围的霾层，可能也会有一些气候意义。由于太阳辐射的散射损失和吸收损失，大气气溶胶粒子会导致太阳辐射强度降低。计算表明，在受影响的气团区域，辐射-散射损失可能会致使气温降低 1℃。虽然这是一种区域性影响，但它在很大的地区内起作用，以致具有某种全球性影响。

3.3 大气污染物治理技术

3.3.1 颗粒污染物治理技术

1. 颗粒污染物治理技术的基础

大气污染物中的颗粒物通常指所有大于分子的颗粒物，但实际的最小界限大约为 $0.01\mu m$。颗粒物既可以单个分散于气体介质中，也可以因凝聚作用多个颗粒聚集在一起，成为集合体的状态。在工程技术中，颗粒物也被称为粉尘。

（1）颗粒的粒径及分布

1）颗粒粒径

颗粒的大小不同，其物理化学性质也不相同，不仅对人体和环境的危害不同，而且对除尘过程的机制、除尘装置的设计及除尘性能有很大影响，所以颗粒的大小是颗粒污染物控制的主要基础参数。

若颗粒是大小均匀的球体，则可用直径作为颗粒大小的代表尺寸。但在实际情况中，颗粒的形状多是不规则的，需要按一定的方法确定一个表示颗粒大小的代表性尺寸，以作为颗粒的直径，简称为粒径。一般来说，粒径可分为代表单个颗粒大小的单一粒径和代表由大小不同的颗粒组成的粒子群的平均粒径。粒径的单位一般以 μm 表示。

① 单一粒径

球形颗粒的大小用其直径表示。对于非球形颗粒，根据粒径定义、测定方法的不同，其粒径值也不相同。一般有三种方法定义颗粒的粒径，即投影径、几何当量径和物理当量径。

a. 投影径

投影径是指颗粒在显微镜下观察得到的粒径。投影径有以下四种表示方式：

（a）定向直径，也称为菲雷特（Feret）直径，指颗粒投影面上两平行切线之间的距离。定向直径可取任意方向，一般取其与底边平行的线。

（b）面积等分径，指将颗粒的投影面积二等分的直线长度。面积等分径与所取的方向有关，一般采用与底边平行的等分线作为粒径。

（c）长径，指不考虑方向的最长径。

（d）短径，指不考虑方向的最短径。

b. 几何当量径

几何当量径是指取与颗粒的某一几何量（面积、体积等）相等时的球形颗粒的直径。几何当量径有以下四种表示方式：

（a）等投影面积径（d_A），指与颗粒的投影面积相同的某一圆的直径。若颗粒的投影面积为 A_p，则 $d_A = (4A_p/\pi)^{1/2}$。

（b）等体积径（d_v），指与颗粒体积相同的某一球形颗粒的直径。若颗粒体积为 V_p，则 $d_v = (6V_p/\pi)^{1/3}$。

（c）等表面积径（d_s），指与颗粒的外表面积相同的某一圆球的直径。若颗粒表面积为 S_p，则 $d_s = (S_p/\pi)^{1/2}$。

（d）体积-表面积平均径（d_e），指与颗粒的体积和外表面积之比相同的圆球的直径，

$d_{\mathrm{e}}=6V_{\mathrm{p}}/S_{\mathrm{p}}$。

c. 物理当量径

物理当量径是指取与颗粒的某一物理量相等的球形颗粒的直径。有以下几种表示方式：

（a）空气动力径，指在空气中与颗粒的沉降速度相同时密度为 $1\mathrm{g/cm^3}$ 的圆球的直径。

（b）斯托克斯（Stokes）径，指在同一流体中与颗粒密度相同且沉降速度相同的圆球的直径。

（c）分割粒径（或半分离粒径）d_{50}，指除尘器能捕集该粒子群一半的直径，即分级效率为 50% 的颗粒的直径。分割粒径是表示除尘器性能的很有代表性的粒径。

空气动力径和斯托克斯（Stokes）径是除尘技术中应用最多的两种直径，因为它们与粒子在流体中运动的动力特性密切相关。

粒径的定义、测定方法不同，所得的粒径值往往差距很大，很难进行比较。因此，在实际中除了考虑方法本身的精度、操作难易及费用等因素外，还要根据应用的目的来选择粒径的定义、测定方法。

② 平均粒径

为了简明地表示颗粒群的某一物理特性平均尺寸的大小，往往需要求出颗粒群的平均粒径。对于一个由大小和形状不相同的粒子组成的实际粒子群，与一个由均一球形粒子组成的假想粒子群相比，若两者的某一物理性质相同，则可将均一球形粒子的直径作为实际粒子群的平均粒径。常用的平均粒径有长度平均粒径、表面积平均粒径、体积平均粒径等。

2）粒径分布

粒径分布是指不同粒径范围内颗粒个数（或者质量、表面积）所占的比例，也称为粒子的发散度。以颗粒的个数表示所占的比例时，称为个数分布；以颗粒的质量表示所占的比例时，称为质量分布；以颗粒的表面积表示所占的比例时，称为表面积分布。除尘技术中一般采用粒径的质量分布，在计算质量分布的过程中通常会涉及频数分布、频度分布、筛上累积分布等参数。下面以质量分布为例介绍粒径分布的表示方法。

① 频数分布 ΔR

也称为频率分布，它是指粒径 d_{p} 至（$d_{\mathrm{p}}+\Delta d_{\mathrm{p}}$）之间的粒子质量占粒子群总质量的百分数，即：

$$\Delta R = \frac{\Delta m}{m_0} \times 100\% \tag{3-9}$$

并且有 $\Sigma\Delta R=100\%$。

② 频度分布 f

当 $d_{\mathrm{p}}=1\mu\mathrm{m}$ 时粒子质量占粒子群总质量的比例，即：

$$f = \frac{\Delta R}{\Delta d_{\mathrm{p}}} \tag{3-10}$$

频度分布的微分定义式为：

$$f(d_{\mathrm{p}}) = -\frac{\mathrm{d}R}{\mathrm{d}d_{\mathrm{p}}} \tag{3-11}$$

③ 筛上累积分布 R（%）

指大于某一粒径 d_p 的所有粒子质量占粒子群总质量的比例，即：

$$R = \sum_{d_p}^{d_{max}} \Delta R = \sum_{d_p}^{d_{max}} (f \cdot \Delta d_p) \tag{3-12}$$

或取积分形式：

$$R(d_p) = \int_{d_p}^{d_{max}} \mathrm{d}R = \int_{d_p}^{d_{max}} f(d_p) \mathrm{d}d_p \tag{3-13}$$

反之，将粒径小于 d_p 的所有粒子质量占粒子群总质量的比例 D（%）称为筛下累积分布，即：

$$D(d_p) = \int_{d_{min}}^{d_p} \mathrm{d}D = \int_{d_{min}}^{d_p} f(d_p) \mathrm{d}d_p \tag{3-14}$$

D 与 R 的关系为：$D = 1 - R$，当 $R = D = 50\%$ 时所对应的直径为中位径。

在除尘技术中，由于使用筛上累积分布 R 比使用频度分布更加方便，所以在一些国家的粉尘标准中多用 R 表示粒径分布。

3）粒径分布函数

若观察粒径分布的各种实例，可以发现粒径分布都非常有规律地递归为某种典型的形式。因此，可以选择一些简单的函数来描述已有的分布曲线。对于描述一定种类的粒径分布来说，常见的有正态分布函数、对数正态分布函数以及罗辛-拉姆分布（R-R 分布）函数。其中 R-R 分布函数的适用范围最广，特别适用于破碎、研磨、筛分过程中产生的较细的粉尘。

（2）颗粒的物理性质

常见的粉尘的物理性质包括粉尘的密度、安息角与滑动角、比表面积、含水率、润湿性、荷电性与导电性、黏附性及自燃性和爆炸性。

1）粉尘的密度

单位体积粉尘的质量称为粉尘的密度，单位为 $\mathrm{kg/m^3}$ 或 $\mathrm{g/cm^3}$。由于粉尘产生的情况及实验条件的不同，获得的密度值也不同。一般将粉尘的密度分为真密度和堆积密度两种。

① 真密度

若粉尘体积不包括粉尘颗粒之间和颗粒内部的空隙体积，而是粉尘本身所占的真实体积，以此真实体积求得的密度称为粉尘的真密度，以 ρ_p 表示。

② 堆积密度

呈堆积状态的粉尘，它的堆积体积包括粉尘颗粒之间和颗粒内部的空隙体积，以此堆积体积求得的密度称为粉尘的堆积密度，以 ρ_b 表示。对于同一种粉尘来说，$\rho_p > \rho_b$。

通常将粉尘颗粒之间和颗粒内部的空隙体积与堆积体积之比称为空隙率，用 ε 表示，则 ε、ρ_p 和 ρ_b 之间的关系可以表示为：$\rho_b = (1 - \varepsilon) \rho_p$。

对于一定种类的粉尘，其真密度是一定的，堆积密度随空隙率 ε 而变化。空隙率 ε 与粉尘的种类、粒径大小和填充方式等有关。粉尘越细，吸附的空气越多，空隙率 ε 越大；填充过程中加压或进行振动均可使空隙率 ε 减小。

粉尘的真密度主要用于研究粉尘在空气中的运动，堆积密度则更多地用于存仓或灰斗容积的计算等。

2）粉尘的安息角与滑动角

粉尘通过漏斗（或小孔）连续地落到水平板上，自然堆积成一个圆锥体，圆锥体的母线与水平面之间的夹角称为粉尘的安息角（也称为堆积角），一般为$35°\sim55°$。

粉尘的滑动角是指自然堆放在光滑平板上的粉尘，随平板做倾斜运动时，粉尘开始发生滑动时的平板倾斜角，也称为静安息角，一般为$40°\sim55°$。

粉尘的粒径、含水率、形状、表面光滑程度及黏性都会影响粉尘的安息角和滑动角。对于同一种粉尘，粒径越小，颗粒之间的黏附性就会越大，其安息角越大；粉尘的含水率增加，安息角也会增大。

粉尘的安息角和滑动角是评价粉尘流动性的重要指标之一。粉尘的安息角越小，其流动性越好；反之，安息角越大，其流动性越差。此外，粉尘的安息角和滑动角是设计除尘灰斗的锥度或输灰管路倾斜度的主要依据。

3）粉尘的比表面积

粉尘的比表面积为单位体积（或质量）粉尘所具有的表面积。体积可分为净体积和堆积体积，因此不同概念的体积对应的比表面积表达式及数值有所不同。

粉尘的比表面积会影响粉尘的许多理化性质。粉尘的比表面积越大，其氧化、溶解、蒸发、吸附等反应都会被加速。粉尘的比表面积值的变化范围很广，大部分烟尘在$1000cm^2/g$（粗烟尘）到$10000cm^2/g$（细烟尘）范围内变化。

4）粉尘的含水率

粉尘中含有水分，除了附着在颗粒表面与凹坑及细孔中的自由水分，还包括紧密结合在颗粒内部的结合水分。化学结合的水分，如结晶水也是颗粒的组成部分，但其不属于粉尘水分的范围。因为该部分水分不能用干燥的方法除掉，否则就会破坏颗粒的分子结构。通过干燥过程可以除去自由水和部分结合水，其余部分作为平衡水残留在颗粒中，其含量随着干燥条件的变化而变化。

粉尘中的水分含量用含水率表示。含水率是指粉尘中所含水分质量与粉尘总质量（包括干粉尘与水分）之比。

粉尘含水率的大小会影响粉尘的导电性、黏附性、流动性等物理性质，所以在设计除尘装置时粉尘的含水率是一项重要的指标。

5）粉尘的润湿性

粉尘的润湿性是描述粉尘颗粒与液体接触后是否能相互附着或附着难易程度的一种性质。通常将粉尘分为润湿性粉尘和非润湿性粉尘。润湿性粉尘是指粉尘与液体接触时，两者的接触面能扩大而相互附着；非润湿性粉尘是指粉尘与液体接触时，两者的接触面趋于缩小而不能附着。粉尘的润湿性与粉尘的其他物理性质相关，如粉尘的种类、粒径、形状、温度、含水率、表面粗糙度及荷电性等。

粉尘的润湿性可以用液体对试管中粉尘的润湿速度来表征。通常设置润湿时间为20min，测出润湿高度L_{20}（mm）来表示润湿速度。

粉尘的润湿性是选择湿式除尘器的重要依据。对于润湿性好的亲水性粉尘，可以选用湿式除尘器来去除。反之，对于润湿性差的粉尘，则不宜采用湿式除尘器来去除。

6）粉尘的荷电性与导电性

① 粉尘的荷电性

粉尘颗粒在相互碰撞或者与壁面之间发生摩擦时会产生静电而带有电荷。此外，粉尘颗粒还有可能捕获电离辐射、高压放电和高温产生的离子或电子而使其自身荷电。因此，不管是天然粉尘还是工业粉尘几乎都带有一定的电荷。粉尘荷电之后会改变其某些物理性质，如粉尘的黏附性、凝聚性及在气体中的稳定性等。同时，粉尘荷电之后对人体的危害也会增强。粉尘的电荷也会受其物理性质的影响。例如，粉尘的表面积增大、温度升高，其荷电也会增加；粉尘的含水率增加，其荷电会减小。在除尘过程中可以利用粉尘的荷电性将其去除。例如，在实际中采用高压电晕放电来使粉尘荷电，并利用电除尘器将其除去。

② 粉尘的导电性

粉尘具有导电性，其导电性与金属导线一样也用电阻率表示。粉尘的导电途径有两种，由粉尘、气体的温度和组成成分等因素决定。在高温（一般在 200℃ 以上）条件下，粉尘的导电主要靠粉尘本身内部的电子或离子进行，这种主要依靠粉尘本身进行导电的粉尘电阻率称为体积电阻率；在低温（一般在 100℃ 以下）条件下，粉尘的导电主要依靠粉尘表面吸附的水分或者其他化学物质中的离子进行，这种主要依靠粉尘表面导电的粉尘电阻率称为表面电阻率。在中间温度下，两种导电途径均起作用，粉尘电阻率为表面电阻率和体积电阻率的合成。在高温条件下，粉尘电阻率随温度的升高而降低，其大小取决于粉尘的化学组分。在低温条件下，粉尘电阻率随温度的升高而升高。在中间温度下，两种导电途径作用均较弱，所以粉尘电阻率达到最大值。粉尘电阻率是影响电除尘器运行效果的重要指标，最适于电除尘器运行的电阻率范围为 $10^4 \sim 10^{10} \Omega \cdot cm$。若粉尘的电阻率不符合这一范围，则可采用一些手段来调整粉尘的电阻率。

7) 粉尘的黏附性

在生活中，我们常常看见粉尘附着在建筑物、植物及地面上，这是一种很常见的现象。通常把粉尘之间相互附着或者粉尘附着于固体表面的现象称为黏附。粉尘附着的强度，称为黏附力，即克服附着现象所需要的垂直作用于颗粒重心上的力。在不包括化学黏合力的情况下，粉尘之间的黏附力分为三种：分子力（范德华力）、毛细力和静电力（库伦力）。这三种力共同作用形成了粉尘的黏附力。

粉尘的黏附力受到粉尘诸多物理性质的影响，如粉尘的粒径大小、表面粗糙程度、润湿性、含水率等。粉尘的黏附性有助于粉尘被除尘器捕集后附着在捕集表面从而被除尘设备去除，但是也要注意附着在气体管道和除尘设备上的情况，这种情况容易造成管道和设备的堵塞。

8) 粉尘的自燃性和爆炸性

① 粉尘的自燃性

粉尘在常温存放过程中会自然发热，热量经过长时间的累积达到了该粉尘燃点而引起燃烧的现象，称为粉尘的自燃。

粉尘自燃的原因在于自然发热，引起粉尘自然发热的主要原因有：氧化热，即粉尘与空气中的氧接触而发热，包括金属粉末类（锌、铝、钴、锡、铁、镁、锰等及其合金的粉末）、碳素粉末类、其他粉末（胶木、黄铁矿、煤、橡胶、原棉、骨粉、鱼粉等）；聚合热，因粉尘中所含的聚合物单体发生聚合而发热；分解热，因粉尘中一些化学物质自然分解而发热；发酵热，因微生物和酶的作用使粉尘中所含的有机物降解而发热，如干草、饲料等。

粉尘的自燃性不仅受到自身结构和物理化学性质的影响，还受到粉尘存放环境条件的影响。粉尘的粒径越小、比表面积越大、浓度越高，越容易自燃。粉尘存放环境温度低、通风条件好，就不容易自燃。

② 粉尘的爆炸性

有些悬浮在空气中的粉尘（如煤粉、硫矿粉等）达到一定浓度时，在高温、明火、电火花、静电、撞击等条件下就会引起爆炸，这类粉尘称为爆炸危险性粉尘。此外，有些粉尘（如碳化钙粉、镁粉）与水接触会引起自燃或爆炸。

可燃性的粉尘经过剧烈的氧化作用，在瞬间产生大量的热量和燃烧产物，在空间上造成很高的温度和压力，这种现象称为爆炸。引发爆炸必须具备两个条件：一是可燃物与空气或氧气构成的可燃混合物达到了一定的浓度范围；二是存在能量足够的火源。

粉尘在空气中只有在一定的浓度范围内才能引起爆炸。能引起可燃混合物爆炸的最低可燃物浓度，称为爆炸浓度下限；能引起可燃混合物爆炸的最高可燃物浓度，称为爆炸浓度上限。当可燃物浓度低于爆炸浓度下限或者高于爆炸浓度上限时，都不会引起爆炸。

2. 除尘装置

从含尘气体中分离并捕集粉尘、炭粒、雾滴的设备，称为除尘装置，或除尘器。根据主要的除尘机理，目前常用的除尘装置有：机械除尘器、电除尘器、袋式除尘器、湿式除尘器等。下面分别介绍几种常用除尘装备的工作原理、结构及性能。

（1）机械除尘器

利用质量力（重力、惯性力和离心力等）使颗粒物与气流分离的装置称为机械除尘器。包括重力沉降室、惯性除尘器和旋风除尘器等。

1）重力沉降室

重力沉降室是利用重力作用使粉尘从气流中自然沉降的一种最简单的除尘装置。这种除尘器的工作原理是：含尘气体通过管道的扩大部分（重力沉降室）时，流速大大降低，较大尘粒即在重力作用下沉降下来。为避免气流旋涡将已沉降的尘粒带起，常在重力沉降室加挡板。通过重力沉降室的气流速度不得大于 $3m/s$，压力损失一般为 $10\sim20mmH_2O$，能捕集粒径大于 $50\mu m$ 的尘粒。

重力沉降室有干式和湿式之分，干式除尘效率为 $40\%\sim60\%$，湿式除尘效率为 $60\%\sim80\%$。重力沉降室适用于含尘气体预净化。为提高除尘效率，可降低沉降室高度或设置多层沉降室。

设计计算沉降室时，应注意以下几点假设：

① 通过沉降室断面的水平气流速度分布是均匀的，并呈层流状态；

② 在沉降室入口断面上的粉尘分布是均匀的；

③ 在气流流动方向上，粉尘和气流具有同一速度。

为了提高重力沉降室的除尘效率，可以采用具有多层水平隔板的多层沉降室。沉降室的分层越多，除尘效率越高，但是清理积灰时比较困难。此外，多层沉降室还具有难以使各层隔板间气流均匀分布以及处理高温气体会使得金属隔板容易变形等缺点。

重力沉降室的主要优点是结构简单、投资少、压力损失小（一般为 $50\sim130Pa$）、维修容易。但是它的体积大，效率低，因此只能作为高效除尘的预除尘装置，除去较大和较重的粒子。

2）惯性除尘器

惯性除尘器的工作原理是含尘气流冲击在挡板或滤层上，气流急转，尘粒即在惯性力作用下与气流分离。通常将惯性除尘器分为碰撞型和回转型两类。

一般惯性除尘器的气流速度越大、气流方向转变角越大、转变次数越多，除尘效率越高，但压力损失也越大。惯性除尘器适合净化密度和粒径较大的金属或者矿物性粉尘。黏结性和纤维性粉尘易堵塞惯性除尘器，此类粉尘不宜采用惯性除尘器。惯性除尘器的除尘效率不高，一般为 $50\%\sim70\%$，通常用于多级除尘中的第一级除尘，捕集粒径 $10\mu m$ 以上的尘粒，其压力损失因结构而异，一般为 $100\sim1000Pa$。

3）旋风除尘器

旋风除尘器的除尘机理是使含尘气流作旋转运动，借助离心力将尘粒从气流中分离并捕集于器壁，再借助重力作用使尘粒落入灰斗。

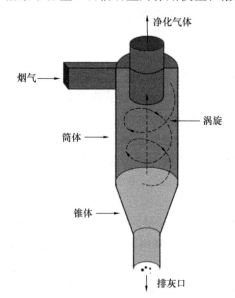

图 3-8 旋风除尘器

普通旋风除尘器由进气管、筒体、锥体和出气管组成，其内气流流动如图 3-8 所示。进入旋风除尘器的含尘气流沿筒体内壁边旋转边下降，同时有少量的气体沿径向运动到中心区域。当气流大部分到达锥体底部附近时，则开始转为沿轴心向上运动，最后由出气管排出。通常将旋转向下的外圈气流称为外涡旋，将旋转向上的中心气流称为内涡旋，两者的旋转方向是相同的。

气流中所含的粉尘在旋转运动过程中，在离心力的作用下逐渐到达外壁，外壁上的粉尘在外涡旋和重力作用下沿着壁面落入集灰室。此外，进口气流从除尘器顶部向下旋转运动过程中，顶部的压力会下降，导致部分气流携带细小的粉尘沿筒体内壁旋转向上，到达顶部以后，再沿出气管外壁旋转向下，最后到达出气管下端附近被上升的内涡旋带走，从出气管排出。

旋风除尘器结构简单、占地面积小、投资少、操作维修方便、压力损失中等、动力消耗不大，可采用各种材料制造，适用于高温、高压及腐蚀性气体，并可直接回收干颗粒物。旋风除尘器一般用来捕集 $5\sim15\mu m$ 的颗粒物，除尘效率可以达到 80% 左右。旋风除尘器的缺点是对捕集小于 $5\mu m$ 的颗粒物效率不高，一般可做预除尘用。

为了提高除尘效率或者增大烟气的处理量，往往将多个旋风除尘器串联或者并联起来使用。当对除尘效率要求高一级除尘不满足要求时，可将多台旋风除尘器串联起来使用，这种运行方式称为串联式旋风除尘器，串联的目的是为了提高除尘效率，越是后置的除尘器对其性能要求越高；当处理气体量较大时，可将多台小直径的旋风除尘器并联起来使用，这种运行方式称为并联式旋风除尘器，并联的目的是为了增大处理气体量，在处理相同气体量时，小直径的旋风除尘器比大直径的旋风除尘器除尘效率更高。

（2）电除尘器

1）电除尘的基本原理

1906 年，电除尘器由 F.G. 科特雷尔首先研制成功，因此也称为科特雷尔静电除尘器。它是利用强电场使气体发生电离，使得气体中的粉尘也带有电荷，并在电场作用下与气体分离的一种除尘设备。电除尘的基本原理（见图 3-9）是利用电力捕集烟气中的粉尘，主要包括以下四个相互有关的物理过程：气体电离、粉尘荷电、荷电粉尘向电极移动与沉降、粉尘颗粒清理。

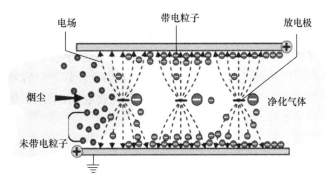

图 3-9　电除尘的基本原理示意图

① 气体电离

利用电除尘器去除粉尘的前提是使得气流中的粉尘荷电，高压直流电晕是使粒子荷电最有效的手段。在放电极和集尘极之间施加高压直流电，使放电极发生电晕放电，气体电离，生成大量的自由电子和正气体离子。这些自由电子和正气体离子在电场力的作用下，向着极性相反的电极运动。如果进一步提高电压，气体电离的范围将扩大，最后会导致电极间的空气全部电离，这种现象叫做电场击穿。电场击穿就会发生火花放电，电路短路，电除尘装置出现故障。放电极也被称为电晕极，在电晕极上加负电压，则产生负电晕；加正电压，则产生正电晕。在工业上电除尘器一般采用负电晕放电的形式，负电晕产生的电压相较于正电晕低，产生的电晕电流大。但是，用于空气调节的小型电除尘器多采用正电晕放电的形式，因为正电晕产生的臭氧量比负电晕少，对人体的伤害更小。

② 粉尘荷电

粒子荷电的运动形式有两种：一种是离子在电场力作用下作定向运动，并与粒子碰撞而使粒子荷电，称为电场荷电；另一种是由离子的扩散而使粒子荷电，称为扩散荷电。这种扩散荷电主要是依靠离子的无规则热运动，而不是依赖于电场力。粒径大于 $1\mu m$ 的颗粒，电场荷电占优势；粒径小于 $0.2\mu m$ 的颗粒，扩散荷电占优势；粒径为 $0.2\sim1\mu m$ 的颗粒，两种荷电都必须考虑。粒子荷电形式也有两种：一种是电子直接撞击颗粒，使粒子荷电；另一种是气体吸附电子而成为负气体离子，此离子再撞击颗粒而使粒子荷电。在电除尘中主要是后一种荷电形式。

③ 荷电粉尘向电极移动与沉降

荷电粒子在电场力的作用下，将朝着与其电性相反的集尘极移动。粉尘颗粒荷电越多，所处位置的电场强度越大，则迁移的速度越大。当荷电粒子到达集尘极处，颗粒上的电荷便与集尘极上的电荷中和，粉尘颗粒放出电荷呈现中性而沉降在集尘极上。

④ 粉尘颗粒清理

气流中的粉尘颗粒在电晕极和集尘极上都有沉积。沉积在电晕极上的粉尘颗粒会影响电晕电流的大小和均匀性。从集尘极清除已沉积的粉尘的主要目的是防止粉尘重新进入气流。因此，电晕极和集尘极上的粉尘沉积到一定厚度以后，需及时采用机械振打或刮板等方法将其清除掉，使其落入下部的灰斗中。

2）电除尘器的结构

电除尘器主要由电晕极、集尘极、清灰装置、气流分布装置和灰斗等组成。

① 电晕极

性能良好的电晕极要满足起始电晕电压低、电晕电流大、机械强度高等要求。电晕极的形状与其放电性能有很大关系。目前常见的电晕极形状有圆形、麻花形、星形、芒刺形和锯齿形。其中星形是利用极板的四角尖放电，放电效果比较好，但容易沾灰，适合含尘浓度低的烟气；芒刺形（见图3-10）是以点放电的形式放电而不是极线全长放电，其电晕电流比星形大，有利于去除高浓度的微小粉尘。

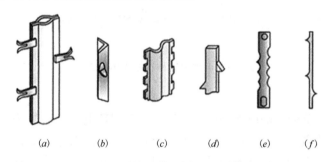

（a）　（b）　（c）　（d）　（e）　（f）

图 3-10　各种芒刺形电晕极的形式
（a）三角形芒刺；（b）角钢芒刺；（c）波形芒刺；（d）扁钢芒刺；（e）锯形芒刺；（f）条形芒刺

② 集尘极

集尘极是电除尘器的重要组成部分。性能良好的集尘极应满足以下几点要求：易于尘粒的沉积；避免尘粒二次飞扬；振打时便于清灰；具有足够的刚度和强度；造价低。集尘极具有平板形、Z形、C形、波浪形等形状，平板形易于清灰、简单，但尘粒二次飞扬严重、刚度较差；Z形、C形、波浪形则有利于尘粒沉积，二次飞扬少且有足够的刚度，因此应用较多。

③ 清灰装置

沉积在电晕极和集尘极上的粉尘必须及时清理。清灰的主要方式有机械振打、电磁振打、刮板清灰、水膜清灰等。其中在振打清灰的过程中要注意振打频率和振打强度，振打频率高、强度大会导致粉尘以粉末状下落，容易产生二次飞扬；振打频率低、强度小会导致大块的粉尘在重力作用下下落，也会造成二次飞扬。为了防止二次飞扬，可以在电除尘器的集尘极表面淋水，形成一层水膜，用水膜将粉尘带走。

④ 气流分布装置

气流分布装置的作用是减少涡流，保证气流均匀分布，从而稳定电除尘器的除尘效率。常见的气流分布板有百叶窗式、多孔板分布式、槽型钢式和栏杆型等。

3）电除尘器的分类

电除尘器种类多样，按不同的特点可以有不同的分类。

① 按集尘极类型分类，可分为管式和板式电除尘器。管式电除尘器的电场强度变化均匀，一般可采用湿式清灰；板式电除尘器的电场强度变化不均匀，但是结构比较灵活，制作安装方便。

② 按气流流动方向分类，可分为立式和卧式电除尘器。立式电除尘器气流方向平行于地面，占地面积大，但操作方便，故目前被广泛采用；卧式电除尘器气流方向垂直于地面，通常自下而上，管式电除尘器均采用立式，占地面积小，捕集细粒易产生再飞扬。

③ 按荷电与放电空间布置分类，可分为一段式和二段式电除尘器。一段式电除尘器颗粒荷电与放电是在同一个电场中进行，现在工业上一般都采用这种形式；二段式电除尘器颗粒在第一段荷电，在第二段放电沉积，主要用于空调装置。

④ 按清灰方式分类，可分为干式和湿式电除尘器。干式电除尘器采用机械、电磁、压缩空气等振打清灰，处理温度可高达 $350\sim450℃$，有利于回收较高价值的颗粒物；湿式电除尘器通过喷淋或溢流水等方式清灰，无粉尘再飞扬，效率高，但操作温度低，还增加了含尘污水处理工序。

（3）袋式除尘器

过滤式除尘器，又称为空气过滤器，是使含尘气流通过过滤材料将粉尘分离捕集的装置，采用滤纸或玻璃纤维等填充层作滤料的空气过滤器，主要用于通风及空气调节方面的气体净化。采用纤维织物作滤料的袋式除尘器，在工业尾气的除尘方面应用较广。

袋式除尘器是利用棉、毛或人造纤维等加工的滤料捕集尘粒的过程。袋式除尘器具有如下特点：① 除尘效率高，特别是对细粉也有很高的捕集效率，一般可达 99% 以上；② 适应性强，它能处理不同类型的颗粒污染物（包括电除尘器不易处理的高比电阻粉尘）；③ 根据处理气量可设计成小型袋滤器，也可设计成大型袋房；④ 工作弹性大，入口气体含尘浓度变化较大时，对除尘效率影响不大；此外，除尘效率对气流速度的变化也具有一定稳定性；⑤ 结构简单，使用灵活，便于回收干料，不存在污泥处理。

1）袋式除尘器的工作原理

图 3-11 为典型的机械袋式除尘器。含尘气体从下部引入圆筒型滤袋，在穿过滤料的空隙时，尘粒因惯性、接触和扩散等作用而被拦截下来。若尘粒和滤料带有异性电荷，则尘粒吸附于滤料上，可以提高除尘效率，但清灰较困难；若尘粒和滤料带有同性电荷，则会降低除尘效率，但清灰较容易。

袋式除尘过程分为两个阶段：首先是含尘气体通过清洁滤料，部分尘粒会被滤料拦截下来，这时起捕尘作用的主要是纤维，在此阶段清洁滤料由于孔隙率很大，除尘效率不高；随后，捕集的粉尘量不断增加，一部分粉尘进入到滤料内部，一部分粉尘覆

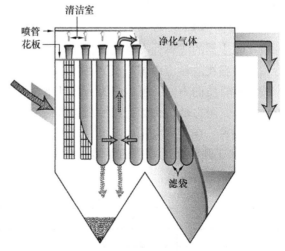

图 3-11 机械袋式除尘器

盖在表面上形成一层粉尘层，在这一阶段中，含尘气体的过滤主要依靠粉尘层进行，这时粉尘层起的捕集作用占优势，此时除尘效率大大提高。实际上，袋式除尘器主要依靠粉尘层的捕集作用去除颗粒，滤料可以看作是支撑粉尘层的"骨架"。但是，随着粉尘在滤料上沉积，滤袋两侧的压力差增加，此时已附着在滤料上的细小颗粒会被挤压过去，使得除尘效率下降。

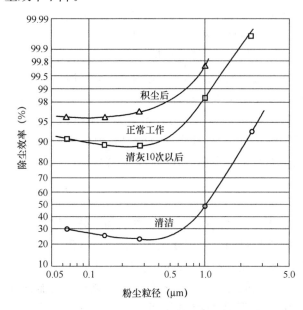

因此，应及时对袋式除尘器进行清灰，在清灰过程中应保证不破坏粉尘初尘，否则会显著降低除尘效率。图 3-12 为典型滤袋在清洁状态和形成颗粒层后的除尘分级效率曲线。对于粒径 $0.1 \sim 0.5\mu m$ 的粒子，清灰后滤料的除尘效率在 90% 以下；对于 $1\mu m$ 以上的粒子，清灰后滤料的除尘效率在 98% 以上。当形成粉尘层后，对所有粒子的去除效率都在 95% 以上，对于 $1\mu m$ 以上的粒子，去除效率高于 99.5%。

图 3-12 袋式除尘器的分级效率曲线

2）袋式除尘器的滤料

① 滤料的选择

滤料的性能对袋式除尘器的除尘效率、压力损失及操作维修有很大影响，是袋式除尘器的核心组成部分，其成本一般占设备投资的 10%～15%。选择性能良好的滤料是保证袋式除尘器效率的关键。性能良好的滤料应具有以下特点：抗皱折、耐磨、耐温及耐腐蚀性能好，使用寿命长；容尘量大，清灰后能在滤料上保留一定的永久性粉尘；透气性好，过滤阻力低；吸湿性好，容易清除黏附在上面的粉尘；成本低，滤料可采用天然滤料、合成纤维和无机纤维。在选择滤料时，不仅要考虑粉尘的温度、湿度、粒径等特征，还要充分考虑滤料本身的性质。

② 滤料的种类

袋式除尘器的滤料种类各式各样。按滤料编织方法的不同，可以分为平纹、斜纹、缎纹等，其中斜纹滤料应用最广泛，因为斜纹滤料的净化效率和清灰效率较高，且不易堵塞；按滤料材质的不同，可以分为天然纤维、无机纤维、合成纤维等，其中无机纤维具有过滤性能好、阻力低、化学稳定性高、价格便宜等优点；按滤料结构的不同，可以分为滤布和毛毡两种。在实际应用中，也可以采取一些方法对滤料进行改性，以提高除尘效率。表 3-12 列出了几种常用滤料的性能。在选择滤料时，要充分考虑滤料的物理特性、操作条件及造价成本等因素。

常用滤料的性能 表 3-12

滤料	机械强度	耐温范围（K）	耐酸性	耐碱性	特性
棉织物	强	348～358	很差	一般	成本低
毛料	中		一般	很差	成本低

滤料	机械强度	耐温范围（K）	耐酸性	耐碱性	特性
聚酰胺（尼龙）	强	348～358	一般	好	易清灰
聚酯（涤纶）	强		好	一般	易清灰
玻璃纤维	强		一般	一般	耐磨性差
聚四氟乙烯	强	493～523	很好	很好	成本高
四氟乙烯	中		好	好	成本高

3）袋式除尘器的种类

袋式除尘器的种类多种多样，按照不同的特点有以下几种分类方式：

① 按滤袋形状分类，可分为圆袋和扁袋两种。圆袋除尘器结构简单，便于清灰，应用最广；扁袋除尘器单位体积过滤面积大，占地面积小，但清灰、维修较困难，应用较少。

② 按清灰方式分类，可分为机械振动清灰和脉冲清灰两种。机械振动清灰是利用电机带动振打机构产生垂直振动或水平振动来达到清灰效果。脉冲清灰是指由袋的上部输入压缩空气，通过文氏喉管进入袋内。脉冲清灰中气流速度较快，清灰效果很好，是目前应用最广泛的一种清灰方式。

③ 按进气方式的不同分类，可分为下进气和上进气两种。下进气方式是含尘气流由袋式除尘器下部进入除尘器内，气流方向与粉尘沉降方向相反，采用下进气的袋式除尘器结构较简单，但由于清灰后会使细粉尘重新附积在滤袋表面，导致其清灰效果受影响。上进气方式是含尘气流由袋式除尘器上部进入除尘器内，粉尘沉降方向与气流方向一致，粉尘在袋内迁移距离较下进气方式远，能在滤袋上形成均匀的粉尘层，过滤性能比较好，但除尘器结构较复杂。

④ 按含尘气流进入滤袋的方向分类，可分为内滤式和外滤式两种。内滤式含尘气体首先进入滤袋内部，故粉尘积于滤袋内部，便于从滤袋外侧检查和换袋。外滤式含尘气体由滤袋外部进入滤袋内部，适合于用脉冲喷吹等清灰。

4）电袋除尘器

电袋除尘器是将电除尘技术和袋式除尘技术结合起来的一种新型高效除尘器，除尘效率一般可达99.9%以上。目前电袋除尘技术种类较多，在工业领域获得应用的主要有串联式电袋除尘器和混合式电袋除尘器两种形式。串联式电袋除尘器是将电除尘和袋式除尘串联成一体的结合形式，一般电除尘在前，袋式除尘在后，通常在电除尘与袋式除尘之间会设置气流调节装置，该装置既要保证气流在电除尘中均匀分布，又要避免气流在袋式除尘中流速过高。混合式电袋除尘器是指放电极、集尘极和滤袋均设置在同一个单元内，含尘气体首先被导向电除尘区，将90%左右的粉尘去除，然后含有剩余粉尘的气体通过多孔集尘极上的小孔流向袋式除尘区的滤袋，经滤袋的过滤作用，捕集剩余粉尘。

（4）湿式除尘器

湿式除尘是利用洗涤液（一般为水）与含尘气体充分接触，将粉尘从气流中分离出来，从而使气体净化的方法。湿式除尘器结构简单，具有除尘效率高、造价低、占地面积小、操作维修方便等优点，特别适宜于处理高温、高湿、易燃、易爆的含尘气体。但是，湿式除尘需要对洗涤后的含尘污水、污泥进行处理。此外，湿式除尘在去除粉尘的同时也能吸收部分气态污染物。湿式除尘器处理净化含有腐蚀性的气态污染物时，洗涤水会具有一定程度的腐蚀性，设备易受腐蚀，应采取防腐措施。因此，湿式除尘器比一般干式除尘器的操作费用要高。

1) 湿式除尘器的除尘机理

在湿式除尘的过程中，洗涤液对粉尘的捕集主要依靠惯性碰撞、扩散效应、黏附、扩散漂移与热漂移、凝聚等作用。

① 惯性碰撞。气流在运动过程中遇到液滴，会改变方向绕过液滴流动，但粉尘由于具有一定的惯性将保持其原有运动方向，此时粉尘脱离所处的气流流线与液滴相碰。尘粒的惯性越大，气体流线曲率半径越小，尘粒脱离流线而被液滴捕集的可能性越大。

② 扩散效应。一些细小的微粒会像气体分子一样做不规则的热运动，这样的现象称为扩散。在湿式除尘过程中，粒径在 $0.3\mu m$ 以下的粉尘很可能通过扩散效应而被液滴捕集。

③ 黏附。当尘粒半径大于粉尘中心到液滴边缘的距离时，粉尘会被液滴黏附而被捕集。

④ 扩散漂移与热漂移。若气流中含有饱和蒸汽，当其与较冷的液滴接触时，饱和蒸汽会在较冷的液滴表面上凝结，形成一个向液滴运动的附加气流，这种现象称为扩散漂移和热漂移。附加气流促使较小的尘粒向液滴移动，并沉积在液滴表面而被捕集。

⑤ 凝聚作用。排烟系统排出的气流中不仅含有粉尘，通常还含有水蒸气、硫酸酐和气态有机物，当温度降低时，这些成分就会被吸附在粉尘表面，使粉尘凝聚成较大的二次粒子，这些体积较大的二次粒子更容易被液滴捕获。

2) 湿式除尘器的种类

湿式除尘器的种类很多，按照其净化机理大致可分为七类：重力喷雾洗涤器（喷雾塔洗涤器）、旋风洗涤器、自激喷雾洗涤器、板式洗涤器、填料洗涤器、文丘里洗涤器、机械诱导洗涤器。其中，重力喷雾洗涤器、旋风洗涤器、文丘里洗涤器是应用最广泛的洗涤器。

① 重力喷雾洗涤器

含尘气体通过喷淋液的液滴空间时，因尘粒和液滴之间碰撞、拦截和凝聚等作用，较大尘粒因重力沉降下来，与洗涤液一起从塔底排走。为了保证塔内气流均匀，常用多孔分布板或填料床。重力喷雾洗涤器压力损失较小，常用于去除粒径大于 $50\mu m$ 的尘粒。这种除尘器具有结构简单、阻力小、操作方便等优点；但耗水多，占地面积大，效率较低。

② 旋风洗涤器

在干式旋风除尘器内部安装一排喷雾，就构成了一种简单的旋风洗涤器。喷雾作用主要发生在外涡旋的尘粒上，液滴捕集粉尘颗粒以后甩向旋风洗涤器的湿壁上，然后沿着壁面落到器底。这种除尘器主要捕集粒径小于 $5\mu m$ 的粉尘，适用于气量大、含尘浓度高的场合。常用的有旋风水膜除尘、旋筒式水膜除尘器和中心喷雾旋风除尘器。

旋风水膜除尘器是由除尘器筒体上部的喷嘴沿切线方向将水雾喷向器壁，使壁上形成一层薄的流动水膜，含尘气体由筒体下层以入口流速 $15\sim22 m/s$ 的速度切向进入，旋转上升，尘粒靠离心力作用甩向器壁，黏附于水膜，随水流排出，除尘效率可达到 $90\% \sim 95\%$。

③ 文丘里洗涤器

文丘里洗涤器，又称为文氏管除尘器，是一种高效湿式洗涤器，常用于高温烟气降温和除尘，其结构如图3-13所示，由文氏管凝聚器和除雾器组成。文氏管凝聚器由收缩管、喉管和扩散管组成。

文氏管构造有多种形式，按断面形状分为圆形和方形两种；按喉管构造分为喉管直径可调的和喉管直径固定的两种；按液体雾化方式分为预雾化和不预雾化两种。

含尘气体进入收缩管后，流速增大，进入喉管时，流速达到最大值。洗涤液从收缩管或喉管加入时，气液两相间相对流速很大，液滴在高速气流下雾化，气体湿度达到饱和，粉尘被水湿润。粉尘与液滴之间或粉尘与粉尘之间发生激烈碰撞和凝聚。在扩散管中，气流速度减小，压力回升，以粉尘为凝结核的凝聚作用加快，凝聚成粒径较大的含尘液滴，而易于被捕集。文氏管除尘器适用于去除粒径 $0.1\sim100\mu m$ 的粉尘，除尘效率为 $80\%\sim95\%$。文氏管如带有调节喉管直径的装置，则在处理的气体流量变化时，除尘效率不会降低。

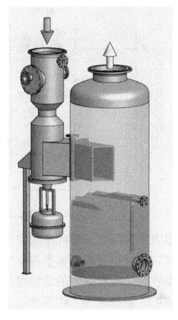

图 3-13　文丘里洗涤器

3.3.2　气态污染物控制技术

1. 气态污染物控制方法

（1）吸收法

吸收法是用液体洗涤含污染物的气体，从而把烟气中的一种或者多种污染物除去的一种手段。在吸收操作中，被吸收的气体，即可溶组分，称为吸收质或溶质，其余不被吸收的气体称为惰性气体；所用的液体称为吸收剂或溶剂；吸收质溶解于吸收剂所得的溶液称为吸收液或溶液。该方法具有净化效率高、设备简单、一次性投资少等优点，是气态污染物控制的重要方法之一。

吸收法分为物理吸收和化学吸收，物理吸收是指溶解的气体与溶剂或溶剂中某种成分并不发生任何化学反应的吸收过程，化学吸收是指溶解的气体与溶剂或溶剂中某种成分发生化学反应的吸收过程。气态污染物的特点是量大、浓度低且成分复杂，主要采用化学吸收法控制气态污染物排放。下面主要讨论吸收法的原理以及常用的吸收设备。

1）吸收原理

① 吸收机理

吸收是气相组分向液相传递的过程，该过程十分复杂。双膜理论是描述气液传递的经典理论，不仅适用于物理吸收，还能较好地解释液体吸收剂对气体吸收质的吸收过程。基本论点如下：

a. 相接触的气、液两流体间存在着稳定的相界面，相界面两侧附近各有一层很薄的稳定的气膜或液膜，溶质以分子扩散方式通过此两层膜；

b. 相界面上的气、液两相呈平衡状态，相界面上没有传质阻力；

c. 在膜层以外的气、液两相主体区无传质阻力，即浓度梯度（或分压梯度）为零。

75

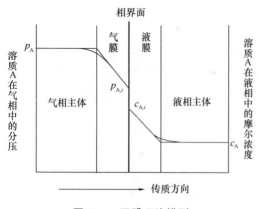

图 3-14　双膜理论模型

双膜理论把整个相际传质过程简化为溶质通过两层有效膜的分子扩散过程，双膜理论模型如图 3-14 所示。

② 吸收速率

吸收质在单位时间内通过单位面积界面而被吸收剂吸收的量称为吸收速率。它可以反映吸收的快慢程度。表述吸收速率及其影响因素的数学表达式，即为吸收传质速率方程，其一般表达式为：吸收速率＝吸收推动力×吸收系数，或者吸收速率＝吸收推动力/吸收阻力。吸收系数和吸收阻力互为倒数。吸收推动力的表示方法有多种，因而相应的吸收速率方程也有多种表达方式。其中物理吸收速率与化学吸收速率有所差异，在化学吸收过程中，被吸收气体组分与吸收剂或吸收剂中的活性组分发生化学反应，从而降低了被吸收气体组分在液相中的游离浓度，相应增大了传质推动力和吸收系数，从而加快了吸收过程的速率。

2）吸收设备

吸收操作所用的设备，主体通常是各种吸收塔。吸收塔按气液接触的形态可以分为三类：气体以气泡形态分散在液相中，以这种形式反应的吸收塔主要有板式塔、鼓泡吸收塔等；液体以液滴状分散在气相中，以这种形式反应的吸收塔主要有喷射塔、文丘里洗涤器；液体以膜状运动与气相进行接触，以这种形式反应的吸收塔主要有填料塔。

① 板式塔

板式塔是一类用于气液或液液系统分级接触的传质设备，由圆筒形塔体和按一定间距水平安装在塔内的若干塔板组成。液体从塔顶向下流时，在塔板上积有一定厚度的液层，气体向上穿过筛孔，以气泡形式分散在液层中，在气泡表面进行气液相传质。穿流板塔气液都通过同孔道流动，完全混合，气速不能太高；溢流板塔只是气体通过筛孔，液体经溢流管下流，气速较高。

板式塔结构简单、处理能力强、造价低，可处理含尘和较高温度气体，但压力损失大、操作弹性小。可用于 SO_2 和 NO_x、有机气体及铅烟等污染物的去除。

② 喷射塔

这类设备借助收缩管造成高速射流，高速射流通过喉管时，由于射流造成负压，对气体有抽吸作用，与进入的液体或气体进行激烈混合，液滴在高速射流下雾化，达到高效的气液接触，进行传质。

这类设备结构简单，处理气量大，一次性投资小，但操作能耗大，由于气液接触时间短，对难溶气体和反应慢的气体吸收效率低。多用于易溶、含尘、降温的气体处理。

③ 填料塔

填料塔以填料作为气、液接触和传质的基本构件，塔内装入一层或多层填料，液体从塔顶沿填料表面流下形成液膜，气体从塔底穿过填料层，与填料表面接触进行传质。填料塔属于连续接触式气液传质设备，两相组成沿塔高连续变化，在正常操作状态下，气相为连续相，液相为分散相。

当液体沿填料层向下流动时，有向着塔壁集中的趋势，会出现塔壁附近的液体流量逐渐增大的现象，这种现象称为壁流。壁流效应造成气液两相在填料层中分布不均，从而使传质效率下降。因此，当填料层高度较大时，需要在中间设置再分布装置以减小壁流效应带来的影响。

填料塔具有生产能力大、分离效率高、压降小、持液量小、操作弹性大等优点。但是，当填料塔中液体负荷较小时不能有效地润湿填料表面，其传质效率将会降低，而且填料造价也比较高。

(2) 吸附法

吸附法是指利用多孔固体吸附剂处理气体（液体）混合物，使其中一种或几种组分吸附在固体表面，与其他组分分开的一种污染物控制手段。其中具有吸附作用的固体称为吸附剂，吸附到固体表面的物质称为吸附质。吸附剂通常具有较大的活性表面积，可以有效地吸附碳氢化合物等污染物，特殊形式的分子筛可以吸附 NO_2。由于常见的吸附剂对水有优先吸附作用，因此用吸附作用处理气体之前，需要先去除其中的水分。

由于吸附剂的吸附容量有限，因此通常将吸附法用于难以分离的低浓度有害物质。吸附法的优点是效率高、设备简单、能回收有用组分，但是吸附剂的容量较小，需要投加的吸附剂量大，且设备庞大。

1) 物理吸附与化学吸附

根据吸附过程中吸附剂与吸附质之间吸附力性质的不同，可将吸附分为化学吸附和物理吸附。

物理吸附也称为范德华吸附，主要是靠分子间的范德华引力产生的。物理吸附既可以是单分子层吸附，也可以是多分子层吸附。物理吸附的主要特征有：吸附质与吸附剂之间不发生化学反应；吸附不具有选择性；吸附过程一般不需要活化能，吸附能很快达到平衡；吸附剂与吸附质之间的吸附力不强，因此，将吸附质从吸附剂上脱离下来比较容易。

化学吸附是由于吸附剂与吸附质之间发生化学反应形成化学键作用力而引起的。与物理吸附不同，化学吸附是单层吸附，主要特点有：吸附具有很强的选择性；达到吸附平衡需要很长的时间，吸附速率比较慢；吸附剂与吸附质之间的作用力比较强。

2) 吸附剂

吸附法中吸附剂是决定吸附效果的关键，性能良好的吸附剂常常需要满足以下几点要求：要有巨大的比表面积；选择性高；具有较高的机械强度、化学稳定性和热稳定性；吸附容量大；来源广泛，价格低廉。

在实际中，广泛使用的吸附剂有活性炭、沸石分子筛、活性氧化铝、硅胶、白土。表 3-13 列举了常用吸附剂的特性。

常用吸附剂的特性　　　　　　　　　　　　　　　　表 3-13

吸附剂	比表面积 （m^2/g）	堆积密度 （kg/m^3）	再生温度（K）	比热容 $[J/(kg \cdot K)]$
活性炭	600～1600	200～600	373～413	850

吸附剂	比表面积 (m²/g)	堆积密度 (kg/m³)	再生温度 (K)	比热容 [J/(kg·K)]
分子筛	500~1000	800	473~573	800
活性氧化铝	100~400	700~900	473~560	880
氧化硅胶	250~350	800	400	920

吸附剂的吸附容量有限，在吸附量达到上限后需采取一些手段处理吸附剂，使得吸附剂再生。常用的吸附剂再生手段有加热解吸再生、降压或真空解吸再生、置换再生等。

① 加热解吸再生：吸附剂的吸附容量在等压下随温度升高而降低，通过升高吸附剂温度，可以使吸附质脱附，吸附剂得到再生。在具体操作时要根据不同的吸附过程采取不同的温度。

② 降压或真空解吸再生：吸附剂的吸附容量在恒温条件下随压力降低而降低，通过降压或在真空下处理吸附剂可以达到解吸的目的。

③ 置换再生：某些物质与吸附剂的亲和力更强，故可以使用这类物质将吸附质置换出来。脱附剂与吸附质的被吸附性能越接近，则脱附剂用量越省。

3）吸附设备

吸附设备按气体通过吸附器的速度（穿床速度）可以分为固定床吸附器、移动床吸附器及流化床吸附器。吸附剂颗粒处于基本静止状态，则吸附器属于固定床，固定床结构简单、制造容易，适用于小型、分散、间歇性的污染源治理；当气体穿床速度大致等于吸附剂颗粒的悬浮速度时，吸附剂颗粒处于上下沸腾状态，并在一定空间内运动，则吸附器属于流化床，流化床处理量大，适用于连续、量大的污染源治理；当气体穿床速度远远超过吸附剂颗粒的悬浮速度时，吸附剂颗粒被气流输送出吸附器，则吸附器属于移动床，移动床处理量大，适用于连续、量大的污染源治理。

（3）催化转化法

催化是自然界中普遍存在的重要现象，催化作用几乎遍及化学反应的整个领域。利用催化作用处理气态污染物就是使气态污染物在催化剂表面发生化学反应，从而转化为无害或易于处理与回收利用的物质。该方法在反应过程中无需将污染物与主气流分离，不仅可以减少二次污染的产生还可以简化操作流程。此外，催化转化对不同浓度的气态污染物都有很高的转化率。但是，催化剂的价格较高，增加了该方法的运行成本。

通常催化剂由主活性物质、助催化剂和载体组成。主活性物质是催化剂的核心，是催化剂中能加快化学反应速率的主要成分；助催化剂本身对化学反应没有催化性能，但是它与活性物质共同存在时，能显著提高活性组分的催化能力；载体具有承载活性组分的作用，它能增强活性物质的活性，提高催化剂的机械强度及稳定性。

在化学反应中，由于催化剂的介入，化学反应的途径发生了改变，加快了化学反应速率。催化过程可以简化为：

假设存在化学反应：

$$A + B \rightarrow AB$$

加入催化剂 C 后，反应按以下两步进行：

$$A+C \longrightarrow AC$$
$$AC+B \longrightarrow AB+C$$

催化剂使得化学反应沿着新的反应途径进行，降低了反应活化能。根据阿伦尼乌斯方程，反应速率随着活化能的降低而呈现指数型增大，因此催化剂极大地加快了化学反应速率。

催化剂常被用于净化气态污染物，例如，常用 V_2O_5 催化氧化 SO_2 回收制酸，利用金属类催化剂催化还原 NO_x。性能良好的催化剂要有很高的活性和选择性、良好的稳定性、较高的机械强度及经济性。

2. 气态污染物治理技术

（1）硫氧化物治理技术

1）脱硫方法概述

硫资源在国民经济中特别是在化学工业中具有重要地位，它的消费量是衡量一个国家工业发展程度的重要标志之一。大气中以气态存在的含硫化合物主要包括硫化氢（H_2S）、二氧化硫（SO_2）和三氧化硫（SO_3），其中 SO_2 和 SO_3 通常称为硫氧化物，以 SO_x 表示。SO_x 是全球硫循环中的重要化学物质，它在大气中反应生成硫酸雾和硫酸盐，是造成大气污染和酸化的主要污染物之一。

SO_2 是大气中数量最大的有害成分，是造成全球范围内酸雨的主要因素，其主要排放源为以煤或油为燃料的发电厂、有色金属冶炼厂和硫酸厂。其中从火力发电厂烟道气排放的二氧化硫量约占 80％。由于二氧化硫对动植物和建筑结构的危害作用严重，因此各国的环境保护法规对其排放量和排放浓度均有严格限制。我国规定大气中二氧化硫的允许含量为 $0.15mg/m^3$。

为了控制 SO_2 带来的环境危害，国内外对脱硫技术进行了大量的研究。脱硫技术大致可分为燃料脱硫和烟气脱硫。

燃料脱硫是指采用各种物理、化学和生物的手段在燃料燃烧前降低其中的硫分。燃料燃烧释放二氧化硫的多少在很大程度上取决于燃料中的含硫量。各种化石燃料（煤、燃料油、天然气等）的含硫量差别很大，天然气的含硫量很低，煤和燃料油的含硫量为 0.5％～7％。降低燃煤中的硫分，是防治二氧化硫大气污染的重要手段。通常，煤炭脱硫包括煤炭洗选和煤炭转化两大类。

烟气脱硫是从化石燃料燃烧后的烟气或工业生产过程排放的废气中脱除二氧化硫的各种技术与方法，是应用广泛、技术成熟、效率较高的脱硫技术。针对烟气中 SO_2 浓度的不同，分别对应两种不同的 SO_2 控制思路：在冶炼厂、硫酸厂和造纸厂等工业烟气中，SO_2 浓度通常在 2％～40％之间，针对这一类 SO_2 浓度很高的烟气，对其进行回收处理是有利的，通常是利用 SO_2 产硫酸；SO_2 浓度在 2％以下的为低浓度烟气，主要来自燃料燃烧过程，由于烟气流量大，烟气脱硫成本昂贵。迄今，已经商业化的烟气脱硫技术有上百种之多，其脱硫剂、脱硫反应温度、脱硫位置以及脱硫最终产物的处理方法各不相同。

按脱硫剂的使用情况可分为抛弃法和再生法，抛弃法即在脱硫过程中将形成的固体产物废弃，这需要连续不断地加入新鲜的化学吸收剂；再生法指与 SO_2 反应后的吸收剂可连续在系统中再生，再生法中由于吸收剂的损耗也需要及时补充新的吸收剂到脱硫系统循环使用。目前抛弃法在技术上比较成熟，在经济上也易于接受。

按脱硫方法的原理，可分为吸收法、吸附法及催化转化法。表 3-14 以此分类方式总结了常用的烟气脱硫方法。本节将重点介绍其中几种脱硫方法的原理、流程及设备。

主要烟气脱硫方法

表 3-14

原理	类别	方法	脱硫剂	产物
吸收法	石灰石/石灰法	湿式石灰石/石灰-石膏法	$CaCO_3$、$Ca(OH)_2$	石膏
		湿式石灰-亚硫酸钙法		亚硫酸钙
		喷雾干燥法		石膏
	氨法	氨酸法	NH_3、铵盐	浓二氧化硫、硫酸铵
		氨-亚铵法		亚硫酸铵
		氨-硫铵法		硫酸铵
	钠法	亚钠循环法	Na_2CO_3、$NaOH$、Na_2SO_4	浓二氧化硫
		亚钠法		亚硫酸钠
		钠盐-酸分解法		浓二氧化硫
		钠碱-石膏法		石膏
	铝法	碱性氧化铝-石膏法	碱性氧化铝	石膏
		碱性硫酸铝-二氧化硫法		浓二氧化硫
	金属氧化物法	氧化镁法	$Mg(OH)_2$	浓二氧化硫
		氧化锌法	ZnO	浓二氧化硫
		氧化锰法	MnO_2	锰、稀硫酸
吸附法		活性炭吸附法	活性炭	稀硫酸/浓二氧化硫
		分子筛吸附法	分子筛	浓二氧化硫
催化转化法	催化氧化法	干式氧化法	V_2O_5	硫酸
		湿式氧化法	水、稀硫酸	石膏
	催化还原法	斯科特法	二异丙醇胺	硫磺

2）石灰石/石灰法

石灰石/石灰湿法烟气脱硫是采用石灰石或者石灰浆液脱除烟气中 SO_2 的方法。该方法开发较早，工艺成熟，吸收剂廉价易得，因而应用广泛。

① 方法原理

用石灰石或者石灰浆液吸收烟气中的 SO_2，首先生成亚硫酸钙：

$$石灰石：CaCO_3 + SO_2 + 0.5H_2O \longrightarrow CaSO_3 \cdot 0.5H_2O + CO_2 \uparrow$$

$$石灰：CaO + SO_2 + 0.5H_2O \longrightarrow CaSO_3 \cdot 0.5H_2O$$

然后亚硫酸钙再被氧化为硫酸钙：

$$CaSO_3 \cdot 0.5H_2O + 0.5O_2 + 1.5H_2O \longrightarrow CaSO_4 \cdot 2H_2O$$

② 工艺流程及设备

石灰石/石灰湿法烟气脱硫工艺流程比较简单，如图 3-15 所示。

锅炉烟气经除尘、冷却后送入脱硫塔，吸收塔内用配制好的石灰石或石灰浆液洗涤含 SO_2 的烟气，洗涤净化后的烟气经除雾后排放。

吸收塔是烟气脱硫的主要部件，性能良好的吸收塔要具有持液量大、气液相间的相对

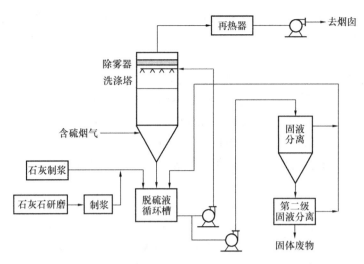

图 3-15 石灰石/石灰湿法烟气脱硫工艺流程图

速度大、气液接触面积大、内部构件少、压力降小等特点。目前较常用的吸收塔主要有喷淋塔、填料塔、喷射鼓泡塔和道尔顿型塔四类。

湿法脱硫在长期的运行过程中会出现许多问题,如设备腐蚀、结垢和堵塞、除雾器堵塞等。其中最大的问题是结垢和堵塞,溶液中的成分会沉积或结晶析出,特别是硫酸钙结垢坚硬、板结,很难去除。为了防止固体沉积、结晶析出导致吸收塔结垢影响其吸收性能,可以采取以下措施:将浆液 pH 控制在 6 左右;在吸收液中加入二水硫酸钙晶种,以提供足够的沉积面积,使得溶解盐首先沉积在上面来控制溶液过饱和而沉淀析出结垢。

③ 改进的石灰石/石灰湿法烟气脱硫

为了提高 SO_2 的去除率、改进石灰石法的可靠性和经济性,通过添加己二酸来改进已有的石灰石/石灰湿法烟气脱硫技术。己二酸的缓冲作用抑制了气液界面上由于 SO_2 溶解而导致的 pH 降低,从而使液面处 SO_2 的浓度提高,大大地加速了液相传质。此外,添加己二酸不需要对现有的工艺流程做出调整,它可以在浆液循环回路的任何位置加入。

通过添加硫酸镁可以使 SO_2 以可溶盐的形式被吸收,从而解决石灰石法结垢以及 SO_2 去除率低等问题。

为了提高 SO_2 的去除率,解决石灰石结垢的问题,还可以向溶液中添加碱性金属(Na^+、K^+)或者碱性类的水溶液吸收 SO_2,再用石灰或石灰石再生吸收 SO_2 后的吸收液,将 SO_2 以亚硫酸钙或硫酸钙的形式沉淀析出,得到较高纯度的石膏,再生后的溶液返回吸收系统循环使用。

3)氧化镁湿法脱硫技术

一些金属氧化物(MnO_2、ZnO)也可以作为 SO_2 的吸附剂,其中氧化镁法具有脱硫率高(可达 90% 以上)、可回收硫、可避免产生固体废物等优点。氧化镁湿法脱硫技术是一种成熟度仅次于钙法的脱硫工艺,氧化镁法可分为再生法、抛弃法、氧化回收法。

① 再生法

再生法是利用 MgO 浆液吸收烟气中的 SO_2,生成 $MgSO_3$,加热以后再生成 MgO,

还可以获得高浓度的 SO_2 来生产硫酸和硫磺。整个过程可以分为 SO_2 的吸收、固体分离和干燥、$MgSO_3$ 再生三个步骤。

a. SO_2 的吸收

MgO 浆液吸收 SO_2 过程发生的主要反应如下：

$$Mg(OH)_2 + SO_2 \longrightarrow MgSO_3 + H_2O$$

$$MgSO_3 + SO_2 + H_2O \longrightarrow Mg(HSO_3)_2$$

$$Mg(HSO_3)_2 + Mg(OH)_2 + 10H_2O \longrightarrow 2MgSO_3 \cdot 6H_2O$$

氧化镁湿法脱硫技术主要用于燃煤烟气脱硫，为了避免燃煤烟气中的飞灰对脱硫效果造成影响，需对烟气进行预处理。

副反应：

$$Mg(HSO_3)_2 + 0.5O_2 + 6H_2O \longrightarrow MgSO_4 \cdot 7H_2O + SO_2 \uparrow$$

$$MgSO_3 + 0.5O_2 + 7H_2O \longrightarrow MgSO_4 \cdot 7H_2O$$

$$Mg(OH)_2 + SO_3 + 6H_2O \longrightarrow MgSO_4 \cdot 7H_2O$$

吸收过程会有副反应发生，导致产生部分 $MgSO_4$。大部分 $MgSO_4$ 是由 $MgSO_3$ 氧化生成的，$MgSO_4$ 的热分解温度高于 $MgSO_3$，且分解产生的 MgO 品质较低，因此需要添加抑制剂控制 $MgSO_4$ 的生成。

b. 固体分离和干燥

$$MgSO_3 \cdot 6H_2O \longrightarrow MgSO_3 + 6H_2O$$

$$MgSO_4 \cdot 7H_2O \longrightarrow MgSO_4 + 7H_2O$$

c. $MgSO_3$ 再生

$$MgSO_3 \longrightarrow MgO + SO_2 \uparrow$$

$$MgSO_4 + 0.5C \longrightarrow MgO + SO_2 \uparrow + 0.5CO_2 \uparrow$$

$MgSO_3$ 再生过程中应严格控制焙烧温度，温度过高时，MgO 会被烧硬，温度过低时，MgO 容易发生烧结，一般来说焙烧温度应控制在 933~1143K。

② 抛弃法

抛弃法与再生法有部分类似的地方，两者都是利用 MgO 浆液吸收 SO_2，但是在再生法中为了降低脱硫产物的煅烧温度，要防止亚硫酸镁被氧化，而在抛弃法中要使得亚硫酸镁尽可能转化为硫酸镁。该方法的优点是能显著降低吸收浆液中固体含量，减少结垢，同时也会降低脱硫液 COD。

③ 氧化回收法

氧化回收法是指将脱硫产物氧化为硫酸镁再进行回收。氧化回收法与抛弃法相同，也是要促使亚硫酸镁全部或大部分转化为硫酸镁，但是氧化回收法中还需要对氧化以后的硫酸溶液进行过滤以除去不溶杂质，再浓缩为 $MgSO_4 \cdot 7H_2O$。

提高氧化后硫酸镁浓度是回收技术的关键。后续的结晶过程可采用水冷却结晶法、真空蒸发和冷却结晶。其中，水冷却结晶法常用于工业生产硫酸镁，是一项成熟的工艺；真空结晶更适合硫酸镁的溶解特性和结晶温度要求，一次结晶完成回收，母液不需要返回脱硫系统，占地少，自动化程度高。

4）活性炭吸附法

SO_2 除了用吸收法进行去除以外，也可以采用吸附法进行去除。常用的吸附剂是活性炭。活性炭具有较大的表面积、良好的孔结构、丰富的表面基团、高效的原位脱氧能力，同时有负载性能和还原性能，所以既可作载体制得高分散的催化体系，又可作还原剂参与反应提供一个还原环境，降低反应温度。

活性炭脱硫是 20 世纪 70 年代以来发展起来的一项脱硫技术，活性炭质材料用于烟气净化的一个独有优点是其能脱除烟气中的每一种杂质，如 SO_2、NO_x、烟尘粒子、汞、二噁英、重金属、挥发分有机物及其他微量元素。

① 反应原理

烟气通过活性炭床时，SO_2、O_2、H_2O 会被活性炭吸附，然后在活性炭表面发生化学反应：

$$SO_2 + 0.5O_2 + H_2O \longrightarrow H_2SO_4$$

但是，活性炭对 SO_2 的吸附容量是有限的，当活性炭对 SO_2 的吸附量达到上限后就需要对活性炭进行处理使其再生。活性炭再生法有稀硫酸水洗法和加热再生法等。其中，加热再生法的反应原理如下：

$$2H_2SO_4 + C \longrightarrow 2SO_2 + 2H_2O + CO_2 \uparrow$$

在加热过程中，活性炭将硫酸还原为 SO_2，因此，该方法还可以回收得到高浓度 SO_2。

② 工艺流程

活性炭脱硫法因其再生方法的不同，其工艺流程也有所差别。在此介绍活性炭吸附-水洗再生脱硫法，该方法由德国鲁奇公司研发，因此也称为鲁奇式活性吸附法。活性炭吸附-水洗再生脱硫法的工艺流程如图 3-16 所示。

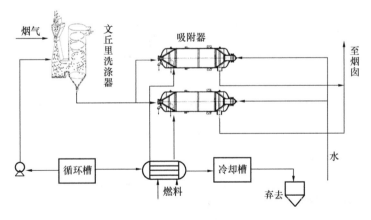

图 3-16　活性炭吸附-水洗再生脱硫法的工艺流程图

烟气首先经过文丘里洗涤器，然后进入活性炭吸附器进行脱硫。其中活性炭吸附器有两个，一个用于吸附 SO_2，一个用于活性炭再生。用水冲洗再生活性炭吸附器，得到的稀硫酸溶液进入循环槽，作为文丘里洗涤器的洗涤液。在洗涤过程中，由于水分蒸发提高了硫酸浓度。之后硫酸经过浸没燃烧器、冷却器和过滤器进一步提高了其浓度。

活性炭吸附-水洗再生脱硫法是目前工业上应用最广泛的活性炭再生方法之一，其优点是工艺流程及设备简单、投资成本及运营费用低、活性炭损耗较小、可回收硫酸。不足之处是对设备腐蚀严重、耗水量大、再生不完全、存在再生液的二次污染问题，且与干燥活性炭相比，湿活性炭的吸附性较差。

5）催化转化法

烟气中的 SO_2 在催化剂的作用下可以被氧化为 SO_3，再转化为硫酸被回收利用，也可在催化剂的作用下还原为 H_2S，再用特殊的工艺回收硫磺。

SO_2 催化氧化根据反应组分在转化过程中的物相可以分为干式和湿式两种。干式催化氧化是 SO_2 在固体催化剂表面被转化的过程，湿式催化氧化是 SO_2 被吸收液吸收后催化的过程。下面主要介绍干式催化氧化法脱硫。

① 反应原理

干式催化氧化法脱硫通常以 V_2O_5 作为催化剂，将 SO_2 氧化为 SO_3 再制酸。具体反应如下：

$$SO_2 + 0.5O_2 \rightleftharpoons SO_3$$

该反应为放热可逆反应，温度越高，平衡转化率越低，但反应速度越快。同时，温度也会影响到催化剂 V_2O_5 的催化效果，通常 V_2O_5 的活性温度为 $400\sim600℃$。

在该反应中温度是关键的工艺参数，为了使反应速度加快，同时提高最终的转化率，在实际操作过程中采用了变温手段。在反应初期，反应还没有达到平衡状态，为了加速反应，可采取高温手段；到了反应后期，反应已经接近平衡状态，为了提高转化率，可采取低温操作。

② 工艺流程

干式催化氧化法脱硫是比较传统的制酸工艺，工艺流程如图 3-17 所示。

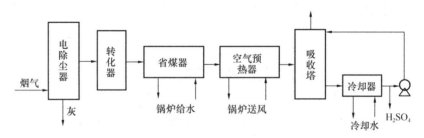

图 3-17　干式催化氧化法脱硫工艺流程图

烟气首先经过电除尘器后进入转化器，在转化器中催化剂将 SO_2 氧化为 SO_3，从转化器出来的烟气经过省煤器、空气预热器冷却后，进入吸收塔冷凝成酸。在该过程中烟气中残留的粉尘会沉积在催化剂上，使得转化器的阻力上升。因此需要及时将转化器中的催化剂移出进行清理，经历过清理的催化剂将会有所损耗。

若烟气中 SO_2 的浓度比较低，经过一次转化、一次吸收即可达到净化要求，但是所制备的硫酸数量也会很少，不能产生经济价值。因此，该方法比较适合高浓度 SO_2 尾气净化。

（2）氮氧化物治理技术

1）概述

氮氧化物（NO_x）是造成大气污染的主要污染物之一，通常所说的氮氧化物有 N_2O、NO、N_2O_3、NO_2、N_2O_4 及 N_2O_5。NO_x 通过呼吸进入人体肺的深部，可引起支气管炎或肺气肿，对人体健康造成伤害。NO_x 还能和大气中的其他污染物发生光化学反应形成光化学烟雾污染。此外，N_2O 在大气中经氧化转变成硝酸，是造成酸雨的原因之一。

大气中的 NO_x 主要是一氧化氮（NO）和二氧化氮（NO_2）。NO 是一种无色气体，通常在环境中的浓度比较低，对人体健康造成的伤害比较小。但是，NO 在大气中能与臭氧很快地反应形成 NO_2，NO_2 是一种具有刺激性气味的红棕色有毒气体。

大气中的 NO_x 主要来自于两个方面：自然界氮循环过程，这一过程每年向大气释放 NO 约 $430 \times 10^6 t$，约占总排放量的 90%；人类活动排放的 NO 仅占 10%，人类活动排放的 NO_x 主要来自各种燃烧过程，其中以工业窑炉和汽车排放的最多。

燃烧过程中形成的 NO_x 分为三类：第一类是由燃料中固定氮生成的 NO_x，称为燃料型 NO_x（fuel NO_x）；第二类是由大气中的氮生成的 NO_x，主要产生于原子氧和氮之间的化学反应，这种 NO_x 只有在高温条件下才会形成，因此被称为热力型 NO_x（thermal NO_x）；第三类是由含碳自由基在低温火焰中形成的 NO_x，通常被称为瞬时 NO_x（prompt NO_x）。

控制 NO_x 排放的技术有两类：第一类是通过各种技术手段，控制燃烧过程中 NO_x 的生成；第二类是把已经生成的 NO_x 通过某种技术手段还原为 N_2，以此降低 NO_x 的排放量。在本节中主要介绍第二类 NO_x 控制技术。

通过各种技术手段来控制烟气中 NO_x 的排放，也被称为烟气脱硝。常见的烟气脱硝技术有选择性催化还原法（Selective Catalytic Reduction，SCR）、选择性非催化还原法（Selective Non-Catalytic Reduction，SNCR）、吸收法和吸附法等。

2）选择性催化还原法（SCR）

SCR 是指在催化剂的作用下，利用还原剂来"有选择性"地与烟气中的 NO_x 反应并生成无毒无污染的 N_2 和 H_2O。通常是以氨作为还原剂，NO_x 的还原过程如下所示：

$$4NH_3 + 4NO + O_2 \longrightarrow 4N_2 + 6H_2O$$
$$8NH_3 + 6NO_2 \longrightarrow 7N_2 + 12H_2O$$

此外，部分氨在此过程中也会被氧化：

$$4NH_3 + 5O_2 \longrightarrow 4NO + 6H_2O$$
$$4NH_3 + 3O_2 \longrightarrow 2N_2 + 6H_2O$$

在该反应过程中，催化还原的效果主要取决于温度、催化剂、空间速度等因素。

温度是非常关键的因素，温度不仅影响反应速度，还决定了催化剂的反应活性，提高温度能促进 NO_x 的还原，但是当温度提高到一定程度时就会导致热力型 NO_x 的生成。通常，铂、钯等贵金属催化剂的最佳操作温度为 175~290℃；以二氧化钛为载体的五氧化二钒金属氧化物催化剂在 260~450℃下操作效果最好；对于沸石催化剂，需要在更高的温度下反应。

催化剂是 SCR 系统中最关键的部分，其类型、结构和表面积对脱除 NO_x 效果均有很大影响。常用的催化剂有铂、钯等贵金属催化剂以及铜、铁、铬、锰等非贵金属催化剂。

空间速度是烟气（标准状态下的湿烟气）在催化剂反应器内的停留时间尺度，在某种程度上决定了反应物是否完全反应，同时也决定着反应器催化剂骨架的冲刷和烟气的沿程阻力。空间速度大，烟气在反应器内的停留时间短，则反应有可能不完全，这样氨的逃逸量就大，同时烟气对催化剂骨架的冲刷也大。

SCR 具有技术成熟、NO_x 脱除效率高等优点，已在发达国家得到较多应用。但是

SCR 也面临着催化剂失活、烟气中残留的氨增多等问题。在长期的运行中，烟气中的粉尘会积累在催化剂上导致催化剂失活。因此，降低烟气中的含尘量可以有效延长催化剂的使用寿命。

3）选择性非催化还原法（SNCR）

SNCR 是指在不采用催化剂的情况下，在炉膛（或循环流化床分离器）内烟气适宜处均匀喷入氨或尿素等还原剂，还原剂在炉中迅速分解，将烟气中的 NO_x 还原为 N_2。

以氨作为还原剂其反应过程为：

$$4NH_3 + 4NO + O_2 \longrightarrow 4N_2 + 6H_2O$$

$$4NH_3 + 2NO + 2O_2 \longrightarrow 3N_2 + 6H_2O$$

$$8NH_3 + 6NO_2 \longrightarrow 7N_2 + 12H_2O$$

以尿素作为还原剂其反应过程为：

$$(NH_2)_2CO \longrightarrow 2NH_2 + CO$$

$$NH_2 + NO \longrightarrow N_2 + H_2O$$

$$2CO + 2NO \longrightarrow N_2 + 2CO_2$$

SNCR 还原 NO 的反应对于温度条件非常敏感，一般认为理想的温度范围为 $850 \sim 1100\,^\circ\mathrm{C}$。

SCR 工艺的运行成本高，其中一个原因就是更换催化剂的费用高。因此，SNCR 在不使用催化剂的情况下将 NO_x 还原为 N_2，可以降低部分运行成本。但是，SCNR 的还原剂应用率不高，导致 SNCR 的还原剂使用量通常为 SCR 的 $3 \sim 4$ 倍。

总之，SNCR 具有系统简单、投资费用低、易于安装等优势，在脱硝效率要求不高的情况下可以选择使用。

4）吸收法

利用吸收法去除烟气中的 NO_x，可以利用的吸收剂有水、酸溶液、碱溶液、有机溶液等。

① 水吸收法

二氧化氮易溶于水，可用水将其吸收，并与水反应生成硝酸和亚硝酸，该方法比较简单、经济。但是，NO 在水中的溶解度比较低，不能用水将其吸收，且水在吸收 NO_x 的过程中亚硝酸会分解放出 NO。因此，水吸收法的效果并不好，比较适合含少量 NO_2 的烟气治理。

② 酸溶液吸收法

酸溶液吸收法通常可利用浓硫酸或稀硝酸吸收氮氧化物。浓硫酸吸收氮氧化物是化学吸收，浓硫酸与氮氧化物反应生成亚硝基硫酸，亚硝基硫酸可以用来生产硫酸或浓缩硝酸。而稀硝酸吸收氮氧化物是物理吸收，氮氧化物在稀硝酸中溶解度比较大，因此可以利用稀硝酸来净化烟气中的 NO_x。

③ 碱溶液吸收法

常用的碱溶液有 $NaOH$、Na_2CO_3、$Ca(OH)_2$，以 $NaOH$ 为例，吸收净化 NO_x 的化学反应过程如下：

$$2NO_2 + 2NaOH \longrightarrow NaNO_3 + NaNO_2 + H_2O$$

$$NO + NO_2 + 2NaOH \longrightarrow 2NaNO_2 + H_2O$$

在反应过程中 NO 不与碱溶液直接反应，因此要想完全去除 NO_x，首先要将一半以上的 NO 氧化为 NO_x 或者向烟气中添加 NO_2。通常 NO 和 NO_2 的体积比等于 1 时，吸收效果最好。

5）吸附法

吸附法能比较彻底地去除烟气中的 NO_x，还可以回收 NO_x，常用的吸附剂有活性炭、分子筛、硅胶和含氨泥煤等。其中，活性炭具有吸附速率快、吸附容量大等优点，常被用于净化硝酸尾气和其他含 NO_x 的废气。

有些活性炭还能将 NO_x 还原为氮气，反应过程如下：

$$2NO + C \longrightarrow N_2 + CO_2$$
$$2NO_2 + 2C \longrightarrow N_2 + 2CO_2$$

但是，吸附氮氧化物后的活性炭再生问题是阻碍其发展的一大难题。此外，温度在 573K 以上时，活性炭有自燃甚至爆炸的可能。

6）同时脱硫脱硝的方法

烟气中常常同时存在 SO_2 和 NO_x，若能将脱硫和脱硝在一个反应器中同时进行，不仅便于操作，而且能节省投资。因此，研究烟气同时脱硫和脱硝的技术对于气态污染物控制具有重要意义。目前存在的烟气同时脱硫和脱硝的技术有很多，可以分为干、湿两大类。干法烟气同时脱硫脱硝有电子束辐射法、CuO 同时脱硫脱硝工艺、SNRB（SOX-NOX-ROXBOX）法等；湿法烟气同时脱硫脱硝有氯酸氧化法、WSA-SNO$_x$ 法等。

① 电子束辐射法

电子束辐射法起源于日本，是烟气同时脱硫脱硝的新技术，经过 20 多年的研究，已从小试、中试和工业示范逐步走向工业化。经过除尘后的烟气进入冷却塔，在冷却塔内烟气迅速冷却到适合电子束脱硫、脱硝的温度，并根据 SO_2 浓度、NO_x 浓度及设定的脱硫脱硝效率将当量的氨注入低温烟气。在反应器中，电子束照射含氨烟气，高能电子束使烟气中的 N_2、O_2、H_2O 吸收能量后产生多种游离的活性基团，并很快将 SO_2 和 NO_x 氧化成 SO_3 和 NO_2，随后 SO_3 和 NO_2 与水蒸气反应生成硫酸和硝酸，这些酸再与氨反应分别生成粉状硫酸铵和硝酸铵，通过干式电集尘器分离、捕集后回收利用。

具体的反应过程如下：

$a.$ 自由基生成：

$$N_2，O_2，H_2O + e^- \longrightarrow OH \cdot，O \cdot，HO_2 \cdot，N \cdot$$

$b.$ SO_2 氧化并生成 H_2SO_4：

$$SO_2 \longrightarrow SO_3 \longrightarrow H_2SO_4$$
$$SO_2 \longrightarrow H_2SO_3 \longrightarrow H_2SO_4$$

$c.$ NO_x 氧化并生成 HNO_3：

$$NO \longrightarrow NO_2 \longrightarrow HNO_3$$
$$NO \longrightarrow NO_2 + OH \cdot \longrightarrow HNO_3$$

$d.$ 酸与氨反应生成硫酸铵和硝酸铵：

$$H_2SO_4 + 2NH_3 \longrightarrow (NH_4)_2SO_4$$
$$HNO_3 + NH_3 \longrightarrow NH_4NO_3$$

电子束辐射法具有系统简单、易于操作，能达到 90% 以上的脱硫率和 80% 以上的脱硝率，不产生废渣废水等优点。但是，电子束辐射法耗电高、价格昂贵，故比较适用于中小型烟气处理系统。

② WSA-SNO$_x$法

WSA-SNO$_x$（Wet Scrubbing Additivefor NO$_x$ Removal）技术即湿式洗涤并脱硝技术，是针对电厂日益严格的 SO$_2$、NO$_x$ 和粉尘排放标准而设计的高级烟气净化技术。烟气首先通过除尘器除去大量的颗粒物，然后烟气经过选择性催化还原（SCR）反应器，NO$_x$在催化剂作用下被氨气还原成 N$_2$，随后烟气进入改质器，SO$_2$ 在此被固相催化剂催化氧化为 SO$_3$，在瀑布膜冷凝器中凝结、水合为硫酸，并进一步被浓缩为可销售的浓硫酸（浓度超过 90%）。

SNO$_x$工艺最初作为美国能源部（DOE）清洁煤技术第 2 期的示范项目，在反应过程中除了氨气以外不消耗其他的化学药剂，也不产生废水、固体废物。但是浓硫酸的安全问题限制了该工艺的发展和大规模应用。

（3）挥发性有机化合物治理技术

挥发性有机化合物（Volatile Organic Compounds，VOCs）是一种对人类危害巨大的大气污染物，随着人类对其认识的深入而逐渐成了现代大气污染防治的工作重点之一。对 VOCs 的控制可从源头、过程及末端入手，其中末端治理技术是目前最为有效的 VOCs 控制技术。VOCs 的末端治理技术主要包括回收技术与销毁技术两大类，回收技术主要包括吸附技术、吸收技术、冷凝技术与膜分离技术等，销毁技术主要包括热力燃烧技术、催化燃烧技术、生物降解技术、等离子体技术及光催化技术等。此外，各种单一治理技术形成的组合技术在提升治理效果的同时能有效降低单一技术的成本，具有十分广阔的发展前景。

1）定义

挥发性有机化合物的简称为 VOCs，其在国际上尚无统一的定义，不同国家、地区及行业对于 VOCs 的定义各有侧重。世界卫生组织（WHO）在 1989 年将总挥发性有机化合物（Total Volatile Organic Compounds，TVOCs）定义为熔点低于室温，常压下沸点在 50～260℃范围内，室温下饱和蒸气压超过 133.32Pa 且能以蒸气形式存在于空气中的一类有机化合物；美国环境保护署（USEPA）在 1992 年将 VOCs 的定义编入法典，指除 CO、CO$_2$、H$_2$CO$_3$、金属碳化物、金属碳酸盐、碳酸铵之外，任何能参与到大气光化学反应中的碳化合物；我国 2014 年发布的《城市大气挥发性有机化合物（VOCs）监测技术指南》规定 VOCs 是指在常压下沸点低于 260℃或常温下饱和蒸气压大于 70.91Pa 的有机化合物。总而言之，VOCs 是存在于大气中的一类对环境及人类健康影响较为严重的污染物，加强对 VOCs 的治理工作具有十分重要的现实意义。

2）来源与危害

大气中的 VOCs 的人为来源可分为室外来源与室内来源。室外的 VOCs 主要来自于工业生产与交通运输，许多工业行业如石油化工、包装印刷等在生产过程中会产生大量有机废气，机动车与飞机等交通工具的尾气也会夹带大量 VOCs，交通运输已成为全球最大的 VOCs 排放源。室内的 VOCs 主要来自于煤和天然气等化石燃料的燃烧、建筑与装修材料以及香烟燃烧等。大多数 VOCs 具有强烈的刺激性气味，部分 VOCs 具有较强的毒性，还具有致畸、致癌及致突变的"三致"作用。许多 VOCs 易燃易爆，给生产与运输留下了较大的安全隐患。此外，VOCs 在紫外线的作用下会与氮氧化物、臭氧等物质反应产生光化学污染，与大气中的细颗粒物形成有机气溶胶，导致雾霾与光化学烟雾的产生。随着经济社会的发展，这些 VOCs 所造成的二次污染逐渐引起了世界各国的重视。

3）治理技术

随着对 VOCs 认识的深入，对 VOCs 的控制治理逐渐成为现代大气污染防治工作的重点之一。2017 年 9 月，环境保护部联合国家发展和改革委员会等六部委出台了《"十三五"挥发性有机物污染防治工作方案》，要求到 2020 年建立健全以改善环境空气质量为核心的 VOCs 污染防治管理体系，实施重点地区、重点行业 VOCs 污染减排，排放总量下降 10% 以上。新方案的出台与实施，标志着我国从管理层面上对 VOCs 污染防治工作重视程度提高。除了出台相关政策法规、加强管理之外，还有多种治理 VOCs 污染的工艺技术，它们在 VOCs 污染的治理中发挥着重要的作用。

目前对于 VOCs 污染的控制手段主要包括源头替代、过程控制与末端治理三个方面，源头替代指用环境友好型的原材料代替生产原料，或对现有的 VOCs 高排放工艺进行改进或替代，以达到从排放源头控制 VOCs 的目的；过程控制主要是在 VOCs 产生的过程中对其泄漏进行控制或对生产工艺进行改进；末端治理即在排放出口处对 VOCs 进行处理，以控制 VOCs 的排放，减轻其危害。在目前的控制手段中，源头替代的减量比例约为 20%～30%，过程控制的减量比例不超过 10%，末端治理的减量比例可达 60%～70%，末端治理技术作为目前最有效的 VOCs 控制手段，已成为关注的重点。VOCs 的单一末端治理技术主要包含两大类：第一大类是回收技术，通过物理手段，改变温度与压力等条件，使用有选择性的吸收剂、吸附剂或渗透膜等介质，分离混合烟气中的 VOCs，以达到回收的目的，回收的产品可进行下一步处理、再使用或销售；第二大类是销毁技术，主要是在光、热、催化剂或微生物等的作用下，通过化学反应或生物降解，氧化分解 VOCs，将其转化为无毒或低毒的物质。目前常见的 VOCs 回收技术有吸附法、吸收法、冷凝法与膜分离法等，销毁技术有热力燃烧法、催化燃烧法、生物降解法、等离子体法及光催化法等。此外，各种单一末端治理技术的组合技术能充分发挥单一技术的优势，避其短板，势必成为未来 VOCs 治理技术的发展方向，如吸附－冷凝法、吸附－光催化法、沸石转轮吸附浓缩－催化燃烧法等，可将这些组合技术归类为 VOCs 的第三类末端治理技术。

① 吸附法

吸附法即使用各种多孔性的固体（吸附剂）对所排放废气中的 VOCs 进行吸附净化的方法。当含 VOCs 的气态混合物接触到多孔性固体时，固体表面所存在的未平衡的分子吸引力或化学键作用力会将混合气体中的 VOCs 组分吸附在其表面，由于所用的多孔性固体通常具有较发达的孔隙结构及较大的比表面积，因此吸附作用对于 VOCs 的去除是高效的。

目前常用于治理 VOCs 的吸附剂主要分为无机材料与有机材料两类，常见的无机材料有活性炭、分子筛、沸石、活性氧化铝等，代表性的有机材料有高分子的吸附树脂等，但由于成本与技术的成熟度等问题，目前大多数吸附剂都采用无机材料。一般来说，吸附法的处理效果取决于吸附剂自身的性质、进气中所含 VOCs 的组分及浓度、吸附系统的操作条件如温度、湿度与压力等因素，需要根据实际情况因地制宜地选择合适的吸附剂材料。吸附剂在吸附 VOCs 达到饱和之后，需要进行脱附操作，常用水蒸气置换、热气流吹扫、真空解吸等技术对吸附剂进行再生。再生之后的吸附剂可进行循环使用，但存在使用寿命的问题，如一般的活性炭吸附剂可重复利用五年左右，达到使用寿命之后需对其进行更换，而弃置的固体物质亦需进行妥善处理以防止二次污染，这无疑增加了吸附法处理的成本。但总的来说，吸附法由于其低能耗、高效性与成熟的工艺，成为我国市场占有率最高的 VOCs 治理工艺。

② 吸收（洗涤）法

治理 VOCs 污染的吸收法又可称为洗涤法，基于有机物相似相溶的原理（即结构相似粒子之间的相互作用力强于结构不同的粒子），混合气体中的不同组分在吸收剂中的溶解度或化学反应特性不同，使得混合气体中的 VOCs 被吸收而达到去除的目的。

在吸收过程中，吸收剂起着至关重要的作用，好的吸收剂应对需要吸收的 VOCs 具有较高的溶解度，具有选择吸收性，即对混合气体的其他组分基本不吸收的特性。此外，所选用的吸收剂应是低挥发或不挥发的低毒性液体，其饱和蒸气压要尽可能低，沸点要尽量高，不具备易燃易爆的危险特性，以控制吸收过程中产生的二次污染。目前常用的 VOCs 吸收剂主要有水、纯有机溶剂、水溶性吸收剂等。吸收法常用于处理高湿度的气体，其工艺较为简单，但是对 VOCs 的回收率较低，同时吸收剂的大量消耗使得其运行成本较高，在对吸收剂的后期处理过程中易造成二次污染，因而吸收法的应用范围较小。

③ 冷凝法

一般来说，同一物质在不同的温度下具有不同的饱和蒸气压，基于这一原理，便有了VOCs 的冷凝回收技术。通过降低系统温度或提升系统压力或是两个方法同时进行，使得VOCs 冷凝，由此将其从混合气体中分离出来。

冷凝法适于处理沸点较高的高浓度 VOCs 废气，对挥发性较强的 VOCs 处理效果欠佳。理论上来说，经由冷凝法处理的气体能达到很高的净化程度，但当混合气体中要分离的 VOCs 组分浓度过低时，需进一步提高系统压力而导致能耗急剧升高。冷凝法处理后的混合气体中仍会残留部分 VOCs，需要进行二次尾气处理。基于以上几点原因，除了用于处理高浓度有机废气以外，冷凝法也常作为其他技术处理高浓度有机废气时的前处理手段，以降低系统的有机负荷，节省设备运行费用。

④ 膜分离法

膜分离法使用天然的或人工合成的致密膜作为过滤介质来分离混合气体中的 VOCs组分。气体分子接触膜之后会在膜的两侧表面产生一个浓度梯度，这个浓度梯度会促使气体分子通过膜的一侧向另一侧扩散，而不同气体分子通过致密膜的扩散速度不同，这样使用特定的膜材料，就能使 VOCs 透过膜而在另一侧富集，达到将 VOCs 从混合气体中分离出来的目的。

在将膜法应用于 VOCs 治理的早期，所使用的工艺技术常被称为膜基气体吸收工艺。该工艺涉及固液两相的参与，有别于一般意义上的膜分离法，该工艺更贴近于膜法与吸收法的组合技术，即使需要净化的 VOCs 组分通过膜扩散进入吸收剂溶液内而被吸收，提升吸收的效果，防止乳化现象的发生。随着相关技术的发展进步，直接的气体膜分离法才真正出现。

对于膜分离法，目前研究较多的膜材料为聚二甲基硅氧烷（PDMS），常见膜形式有中空纤维式、平板式等。膜分离法对 VOCs 的回收率高，且能耗低、无二次污染，是一种绿色的新型治理技术，但现有的膜材料污染较为严重，清洗困难，且膜材料价格昂贵，制约了其进一步的商业化。总的来说，膜分离法目前仍处于研究前沿，在未来具有广阔的发展前景。

⑤ 热力燃烧法

在 VOCs 的燃烧法处理技术中，将废气中可燃的 VOCs 组分当作燃料直接燃烧治理的技术被称为直接燃烧法，由于多采用火炬燃烧器因此又被称为火炬燃烧法。从严格意义上来说，直接燃烧法与热力燃烧法的燃烧对象存在一定的差别，可区分开来作为另一种 VOCs 的销毁技术，但通常不做区分。

热力燃烧（Thermal Oxidizer，TO）法利用 VOCs 易于燃烧的性质对其进行治理。VOCs 经过充分燃烧后，最终生成 CO_2、H_2O、N_2 等无毒无害的物质。热力燃烧法需要较高的温度（700～800℃以上），在这样的高温下 VOCs 分解较为彻底（95%～99%）。在许多情况下，混合废气内的 VOCs 含量不足以维持燃烧以达到热力燃烧所需要的温度，所以在进气时需添加一定量的辅助燃料，以辅助燃料的燃烧来供热使焚烧温度满足要求。由于热力燃烧法的能耗偏高，便诞生了能回收烟气余热的蓄热式热力燃烧技术（Regenerative Thermal Oxidizer，RTO，见图 3-18），成了目前主流的热力燃烧技术。

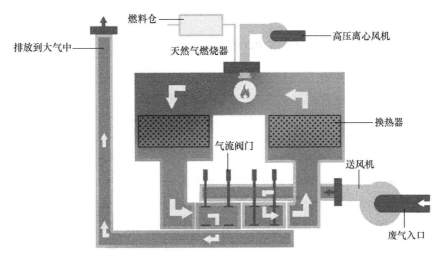

图 3-18 某 RTO 装置工作原理示意图

RTO 装置的理念在于将废气燃烧过程中放出的热量贮存下来用于未反应废气的预热，使得高温烟气中的显热能得以回收，在有效降低能耗的同时提升处理效率。RTO 技术对于传统热力燃烧法在 VOCs 治理中存在的高能耗问题做出了优化与改进，使得其逐渐替代传统的热力燃烧技术而成为主流技术。

⑥ 催化燃烧法

催化燃烧（Catalytic Oxidizer，CO）法的原理即在催化剂的作用下，废气中的 VOCs 被氧化成无害的小分子物质。由于有催化剂的参与，使得催化燃烧过程的反应温度能被控制到一个较低的水平，为 250～400℃。在催化燃烧法中，催化剂起着十分重要的作用，常用的催化剂主要有贵金属催化剂与非贵金属催化剂两大类。贵金属催化剂多使用 Pt、Pd 和 Au，非贵金属催化剂主要是过渡金属氧化物，如 Co、Mn、Cu、Ce 等元素的氧化物及其复合氧化物。催化剂易中毒，需对进气成分进行严格的控制，同时定期进行维护，以延长催化剂的使用寿命。

蓄热式催化燃烧技术（Regenerative Catalytic Oxidizer，RCO，见图 3-19）是一种新兴的 VOCs 催化燃烧技术。其工作原理基于 RTO 技术，但在燃烧室内加入了催化剂，这样既可利用催化剂的催化燃烧性能，降低反应所需温度，又能有效利用燃烧尾气所含的剩余热量，在 RTO 技术的基础上进一步降低了系统的运行能耗。

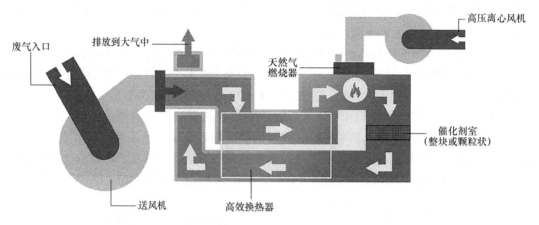

图 3-19　某 RCO 装置工作原理示意图

相较于热力燃烧法，催化燃烧法的燃烧温度低，在保证 VOCs 去除效率的同时能有效降低系统能耗，但是催化燃烧法对于进气成分的要求较为严格，且催化剂成本较高，对催化剂的购置与更换极大地增加了运行成本。随着更高效催化剂的出现以及催化剂价格的下降，催化燃烧法将有更为广阔的发展空间。

⑦ 低温等离子体法

低温等离子体法是一种新兴的 VOCs 废气治理技术。等离子体是一种含有大量电子、离子、活性自由基与激发态分子等具有极高化学活性粒子的混合体，其整体也具有很高的化学活性。低温等离子体法利用外加电场对电子加速，所产生的等离子体能量高于 VOCs 的化学键能时，电子等高能粒子会不断轰击 VOCs 分子使其化学键断裂，再通过一系列物理化学反应生成无毒害的 CO_2、H_2O 等小分子物质，实现 VOCs 的降解。低温等离子体法适用范围广且装置简单，但目前仍处于实验室研究阶段，能耗高且去除效果不稳定，副产物较多，推广应用较为困难。

⑧ 生物法

生物法主要是利用微生物对废气中的 VOCs 组分进行生物降解，在微生物新陈代谢的过程中，其会吸收 VOCs 将之作为碳源与能源用以维持自身的生命活动，并将 VOCs 转化为水、二氧化碳及细胞质等物质。生物法最早用于气体的脱臭，随着相关研究的不断深入而逐渐被用于 VOCs 的治理。

常见的 VOCs 生物降解工艺主要有生物吸收（洗涤）法、生物过滤法及生物滴滤法。生物吸收法利用悬浮生长的活性污泥池对废气中的 VOCs 组分进行吸收；生物过滤法利用生物过滤器填料表面附着生长的生物膜吸附与吸收废气中的 VOCs；生物滴滤法的营养液由滴滤塔的顶端喷淋并循环流动，待处理废气从塔底进入反应器内，VOCs 组分被填料表面附着生长的生物膜吸附与吸收，净化气体从塔顶排放。VOCs的生物降解技术工艺设备简单，运行费用低，较少产生二次污染，适于处理低浓度、可生物降解性好的有机废气。在国外，对于VOCs生物治理法的研究成果较多并已投入了实际生产应用，但在我国该方法实际应用的案例很少，亟待进一步的发展。

⑨ 光催化法

光催化法也是一项近年来新兴的技术，一直以来备受关注但是存在许多尚未解决的问题，仍停留在研发阶段。光催化降解VOCs主要是基于几种特定的催化剂如TiO_2、ZnO、WO_2等的光催化性，在有水存在的情况下由于紫外光的照射，催化空气与水产生羟基自由基等强氧化性物质，攻击VOCs分子将其降解。VOCs光催化降解技术的反应条件较为温和，但目前存在的问题有反应效率低、产生有害产物导致催化剂中毒、不完全降解产生二次污染等，技术的成熟度太低，还需进一步研究。

⑩ VOCs治理的组合技术

各种单一的VOCs末端治理技术各有其适用范围与局限性，由于待处理的VOCs废气大多成分复杂，在使用单一技术来治理VOCs的过程中难免会遇到各种问题。将多种治理技术组合起来，既满足了预期的处理效果，提升了处理效率，又能最大限度地节约成本，具有良好的经济性。VOCs治理技术有多种组合形式，其中常见的一种是沸石转轮吸附浓缩—催化燃烧技术。

沸石转轮吸附浓缩—催化燃烧技术主要是针对各种方法在处理低浓度、大风量VOCs污染物时，存在的成本高、效率低等问题而研发出来的一种高效而安全的技术。待处理的有机废气经过前处理过滤之后进入具有蜂窝状结构的沸石转轮中，混合气体中所含的VOCs组分被吸附剂吸附。随着转轮的旋转，转轮上吸附接近饱和的区域进入再生区，与高温再生空气接触完成脱附过程，该过程出口空气中的VOCs浓度被浓缩到原气体的10倍，此后浓缩空气进入催化燃烧反应器，而再生后的转轮经过冷却区冷却降温后返回吸附区进行下一阶段的吸附—脱附—冷却过程。组合技术中沸石转轮吸附浓缩段的好处在于提高了进气的VOCs浓度，当VOCs浓缩达到较高的浓度以后进入后续的催化燃烧系统，该系统中甚至可以实现供热自给自足而无需额外添加辅助燃料，这样就极大地节省了系统的能耗，降低了运行成本。

3.4 大气污染防治的技术路线

对于大气污染的防治，要在符合自然规律及社会发展阶段的基础上，通过多种经济、技术、管理手段并行，达到大气环境与人类社会的可持续发展。大气污染防治的技术路线见图3-20。

3.4.1 大气污染的源解析

大气污染源可分为自然源与人为源两类。自然源是指由自然过程向大气环境释放污染物的污染源，如火山爆发、森林火灾、沙尘暴、海洋飞沫及生物腐烂等（见图3-21）。人为源则是指由人类的生产生活活动造成大气污染的污染源。

大气污染的人为源主要包括工业生产中的燃烧过程、城镇居民集中供暖、城镇居民生活的低矮源排放（家庭炉灶等）、其他的非经常性燃烧过程（燃放烟花爆竹等）以及汽车

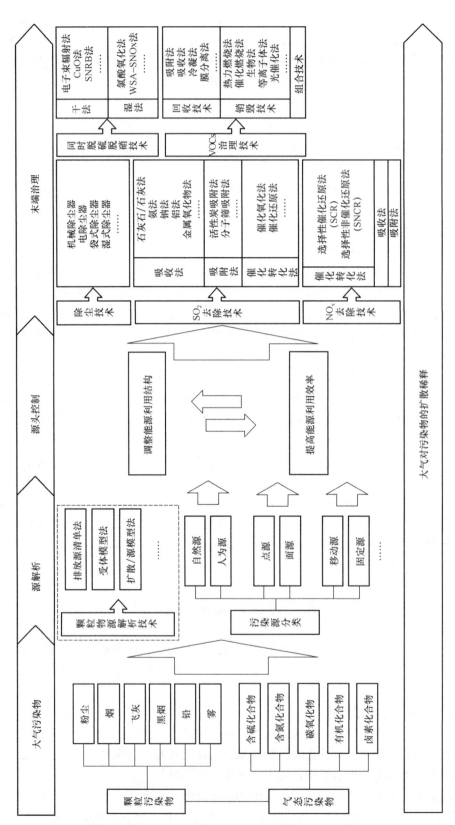

图 3-20 大气污染防治的技术路线

图 3-21　大气污染的自然源

所产生的尾气等（见图 3-22）。对于人为源的分类有多种方法。按照污染源的空间分布，可分为点源（污染物排放集中于一点或相当于一点的小范围）和面源（在相当大面积的范围内存在的多个污染物排放源共同组成）。而按照人类社会活动功能的不同，则可将人为源分为生活污染源（如供暖、家庭炉灶等）、工业污染源及交通运输污染源。

图 3-22　大气污染的人为源

此外，为了研究大气污染物排放与控制，还可将污染源分为移动源与固定源两大类。移动源是来自于交通运输工具如机动车、火车、飞机、舰船等的污染，固定源通常包括发电及工业生产等在内的燃料燃烧、化工产品加工等工业过程。

大气污染的源解析技术一般指大气颗粒物的源解析技术，该技术对于防治大气污染起着重要的作用。目前常用的源解析技术有排放源清单法、受体模型法及源模型（扩散模型）法等。排放源清单法是最早被应用的大气污染源解析技术，通过实际的排放因子对一定区域内各种污染源的排放量进行估计，并识别其中最关键的排放源；受体模型法是基于大气污染物从源至受体保持质量守恒同时呈现线性关系的原则，通过分析源样本及颗粒物受体等的化学成分，从而推测污染物的来源并确定污染源的强度；源模型（扩散模型）法通常是按照气象及地理资料、污染源强度等，站在污染源的角度对颗粒物污染源的贡献进行估算，其核心部分为大气扩散模型。

3.4.2 大气污染的源头控制

对大气污染的防治，分为源头控制与末端治理。源头控制是改善大气环境最为理想化的途径。在科学技术水平发展的当前阶段，大气污染的很大一部分来自于人类对能源的低效无序使用。因此，对于大气污染的源头控制过程，从某种意义上来说也就是对能源的清洁高效利用过程。

能源是人类社会发展的基本要素之一，是世界各国国民经济的基石。按能源获取途径分类，可分为能直接从自然界获取的一次能源及通过一次能源转化得到的二次能源，一次能源又可进一步分为可再生能源与不可再生能源，见表3-15。此外，还可将能源分为常规能源（化石能源、水能、核能等）及新能源（太阳能、风能、地热能、生物质能等，见图3-23），新能源是未来人类利用能源发展的主流方向。为了从源头控制大气污染，在能源方面主要有两大手段，其一是对于能源利用结构的调整与改变；其二是对于能源利用效率的提高。

图 3-23　新能源

常见能源分类　　　　　　　　　　　　　　　　　　　　　　表 3-15

一次能源	可再生能源	太阳能、风能、水能、地热能、潮汐能、生物质能等
	不可再生能源	化石能源（煤炭、石油、天然气）、核能
二次能源		电能、氢能、汽油、柴油、酒精等

1. 调整能源利用结构

2018 年全世界的能源消费总量为 138.64 亿 t 油当量，其中石油消费占比 33.6%，天然气消费占比 23.9%，煤炭消费占比 27.2%，核能消费占比 4.4%，水电消费占比 6.8%，其他可再生能源消费占比 4.0%。近年来各类能源消费占比的变化趋势如图 3-24 所示。截至 2018 年，世界的能源消费仍以石油、煤炭及天然气三大化石能源为主，但近年来石油和煤炭的占比正逐年下降，而三大化石能源中更为高效清洁的天然气占比则有所上升。虽然目前可再生能源的消费占比仍然较低，但其在近几年的增长势头强劲，有望在未来进一步扩大其占比。

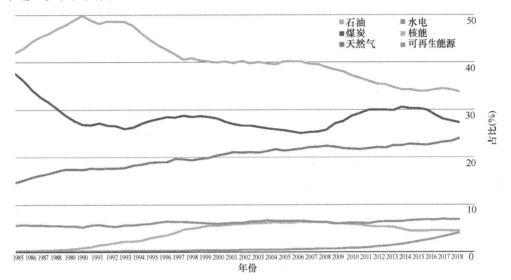

图 3-24　1985—2018 年世界能源消费占比变化趋势

资料来源：《BP 世界能源统计年鉴》第 68 版，2019。

我国 2018 年共消费能源 32.74 亿 t 油当量（不含香港、澳门及台湾的消费量），占世界全年能源消费的 23.6%，是世界能源消费最多的国家，美国 2018 年的能源消费占比仅次于我国，为 16.6%。就各类能源的消费情况来说，我国全年石油消费占比 19.6%，天然气消费占比 7.4%，煤炭消费占比 58.3%，核能消费占比 2.0%，水电消费占比 8.3%，其他可再生能源消费占比 4.4%。我国与世界 2018 年全年各类能源消费情况对比见图 3-25。我国是世界上少数以煤炭为主要能源的国家之一，也是最大的燃煤消费国。燃煤所产生的污染一直是我国大气污染的主要原因，我国的大气污染形成了以煤烟型污染为主要特征的现状。

不合理、低效能的能源结构是导致大气污染的主要原因。以京津冀的雾霾为例，即使其成因相对较为复杂，但在各污染源中燃煤与机动车尾气排放的影响最大，根据北京市 2014 年环境质量公报对市区大气环境中 $PM_{2.5}$ 的源解析研究报告，全市全年 $PM_{2.5}$ 的本地贡献以机动车、燃煤等为主要来源，其占比分别达到了 31.1% 及 22.4%。根据环境部门的监测数据，2012 年由于燃煤带来的 SO_2、NO_x 及粉尘等污染物的排放量分别占到北京市总排放量的 95%、25% 及 15%。煤炭、石油等污染型化石能源的粗放使用，严重影响着大气环境质量。

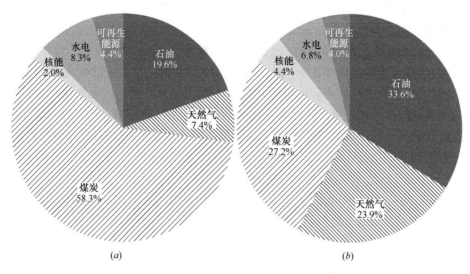

图 3-25　我国与世界 2018 年全年各类能源消费情况对比

(*a*) 中国；(*b*) 世界

对能源结构的调整，主要是逐渐降低石油、煤炭等不可再生的污染型能源在能源结构中的占比，并提升各种清洁能源在能源结构中的占比。这里的清洁能源是一种相对的概念。煤炭本身是污染型能源，但通过一定的技术手段将煤气化、液化或制成水煤浆，在该过程中可脱除煤中含有的硫，使其在一定程度上转化为清洁能源；天然气本身属于化石能源，但由于其主要成分为甲烷，几乎不含硫元素，相较于石油与煤炭，天然气燃烧产生的二氧化碳更低，同时能减少 100% 的 SO_2 与颗粒物排放，在这个层面上可将其称为清洁能源。就现阶段来说，清洁能源包括可再生能源及经过清洁技术处理过的化石燃料与核能，目前开发利用较多的主要有水能、风能、太阳能、天然气、清洁煤、核能、地热能等。

化石能源的储量有限，其在开采与使用过程中产生的污染十分严重，因此对新能源及其配套技术的研发与推广是人类未来解决能源及环境问题的关键一招。目前已有多种新能源显示出了广阔的发展前景。水电（不属于新能源，但属于可再生能源）、地热能、太阳能等目前在许多地区已能够部分取代化石能源而作为替代能源存在，在未来有望进一步扩大其使用量。将城乡的有机垃圾、畜禽粪便、污水废水及农业秸秆等有机物中的生物质能通过制取沼气或酒精等方式加以利用，这对促进农村地区的可持续发展具有重大意义。氢是宇宙中分布最广、含量最高的物质，其燃烧热值高，燃烧产物是水，氢能被视为 21 世纪最具发展潜力的清洁能源，是人类能源的战略发展方向。核能以裂变核能及聚变核能两种形式存在，目前已经成功商业化供人类利用的核能为裂变核能。核裂变所需的铀等重金属元素在地球上含量稀少，裂变反应堆会产生放射性与寿命都很长的核废料，对裂变核能的安全环保使用成了限制其发展的重要因素。相比核裂变，可控的核聚变发电，其主要原料氘与氚均可取自海水，近乎取之不尽，且核聚变所产生的核废料半衰期极短，安全性也更高，基本不污染环境，也不产生任何温室气体。可控核聚变被认为能彻底解决人类的能源问题及衍生的环境污染问题。由于可控核聚变实现的难度十分巨大，目前的研究仅仅处于起步阶段，近年来全球陆续建造了几座实验性的核聚变反应堆，如国际热核聚变实验反应堆（International Thermonuclear Experimental Reactor，ITER，见图 3-26）、欧洲联合环状反应堆（JET）、先进超导托卡马克实验装置（Experimental and Advanced Superconducting Tokamak，EAST）等。

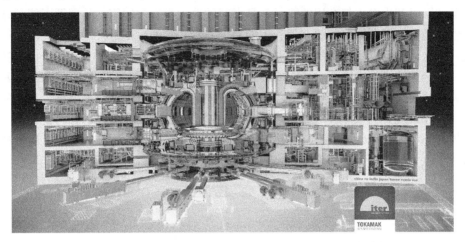

图 3-26　国际热核聚变实验反应堆（ITER）概念图

资料来源：ITER 组织网站。

2. 提高能源利用效率

由于科学技术水平的限制，在未来相当长的一段时间内化石能源仍可能作为人类能源结构中的支柱而存在。化石能源在开采与消耗的过程中会释放出 CO_2、SO_2、NO_x 及颗粒物等大气污染物，若是粗放无序地利用，则会使大量的污染物进入大气中，极大地降低空气质量，威胁人类健康。同时，各种一次能源在燃烧过程中所产生的热能，绝大部分并未得到有效利用。逸散的热量给生态环境带来了热污染，造成了巨大的能量浪费。控制大气污染的根本在于提高能源的利用效率。因此，在可持续发展理念的指导下，如何提高能源利用效率，有效地节约能源，逐渐成为世界各国所关注的热点问题。就我国来看，尽管十九大报告中已经强调了建设"美丽的社会主义现代化强国"的目标，但长期粗放的经济发展模式造成了严重的能源浪费与环境破坏问题，这些问题并不是一朝一夕便能解决的。我国的总体能源利用效率只有 34%，比发达国家低近 10 个百分点。定义单位 GDP 能源消费强度的计算公式为式（3-15）：

$$能源消费强度 = \frac{年能源消费量}{年\,GDP\,总量} \tag{3-15}$$

2018 年我国的能源消费强度为 0.34kg 标准煤/美元，仍然高于世界主要发达国家 15 年前的水平。我国在提高能源利用效率、节能降耗方面仍任重道远。

我国是煤炭消费大国，对于煤炭的合理加工与调配十分必要。通过有序地洗煤、选煤及配煤，能有效减少由于燃煤而导致的大气污染物排放，同时能有效节煤 5% 左右。为降低电力生产供给所产生的能耗，通过采用高参数、大容量的发电机组及高效的辅机，可使供电能耗降低 10% 左右。由于燃料的不完全燃烧会产生大量的有毒有害气体污染物，因此为控制大气污染物排放，提升燃料能源的利用效率，应合理地设计发动机、锅炉等需要燃烧驱动的装置，合理地控制其燃烧条件，保证燃料的完全燃烧。

能源在利用的过程中必然产生损耗，一般情况下这种损耗主要以热能的形式逸散。为了充分地利用能源，这些热能理应得到足够的重视。在同时需要发电与供热的区域，可在热力发电厂配置热电联产（Combined Heat and Power，CHP）系统。热电联产是利用热机或发电站同时产生电力与有用的热量，是燃料的热力学有效使用，其遵循了能源梯级利用的原理。能源梯级利用是能源合理利用的一种方式，它的原则是将能源按其品位逐级加以利用，如在热力发电厂中，高、中温的蒸汽用来发电，低温的余热则用来向住宅供热。热能不可能全部转换为机械能，热能的转换效率与其温度高低有关，热能的品位与其温度呈正相关，并始终低于机械能及电能。运用能源的梯级利用原理可以提高整个系统的能源利用效率。在常规热力发电厂中利用热电联产技术，燃料的利用效率有可能达到80%。除了常规的热电联产以外，还有三重热电联产（Trigeneration）技术，它是指从燃料燃烧中同时产生电、有用的热量及冷却，见图3-27。

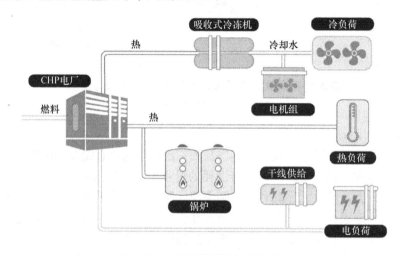

图3-27　三重热电联产原理示意图

3. 其他源头控制技术手段

随着我国城市化进程的加快和人民生活水平的提高，机动车的数量也在迅速增加。许多城市的大气污染类型逐渐向交通型污染转化，汽车尾气成了市区内重要的污染源。为从源头控制交通型大气污染，目前世界各国逐步开始推行对传统燃油车的限制，一些国家计划于未来数十年内完全禁售传统燃油车。相对地，混合动力汽车以及电动汽车等清洁燃料汽车近年来在世界各国逐步推广开。清洁燃料汽车的发展以及汽车环保技术的进步对于改善城市大气环境质量、促进相关高新技术的发展具有重大意义。

由于大气污染物有很大一部分来源于人类的工业生产过程，因此在各种工业企业实行清洁生产也是一个十分有效的源头控制手段。相对于末端治理，清洁生产的投资少，运行费用低，经济效益大。清洁生产的观念主要强调三个重点，除了使用清洁能源及提升能源的利用效率以外，清洁生产的观念还包括采用清洁的生产过程及生产清洁产品，减少或取消有毒害原材料与中间产品的利用，以不危害人类健康与生态环境为考量来生产绿色环保、利于回收利用的产品。

3.4.3　大气污染的末端治理

大气污染的末端治理技术用于处理已经产生的大气污染。对于不同类型的大气污染物，其治理技术有所不同；对于同种大气污染物，也有多种治理技术可供选择。

常见的颗粒污染物末端治理技术也叫除尘技术，除尘设备按其工作原理可分为机械除尘器、电除尘器、袋式除尘器、湿式除尘器等。对于一般的气态污染物，其末端治理技术大致可分为吸收法、吸附法及催化转化法三种。SO_2的末端治理按工艺原理的不同，其吸收法主要包括石灰石/石灰法、氨法、铝法等，吸附法主要包括活性炭吸附法与分子筛吸附法等。NO_x的末端治理常用催化转化法，其中按是否使用催化剂可分为选择性催化还原法（SCR）与选择性非催化还原法（SNCR）。对于同时含有 SO_2 和 NO_x 的烟气，也有多种同时脱硫脱硝技术可供选择，如干法的电子束辐射法及湿法的氯酸氧化法等。VOCs 的末端治理技术主要包括以吸附法、冷凝法等为主的回收技术及以燃烧法、生物法等为主的销毁技术两大类，此外还有多种单一治理技术形成的组合技术。

在开展大气污染的末端治理工作时，应该综合考虑各种因素，如当地的环境条件、经济水平等，因地制宜地选择最为合适的治理技术。

3.4.4 大气对污染物的扩散稀释

大气的无规则运动称为大气湍流。风速的脉动（或涨落）和风向的摆动就是湍流作用的结果。按照湍流形成的原因可分为两种湍流：一是由于垂直方向温度分布不均匀引起的热力湍流，其强度主要取决于大气稳定度；二是由于垂直方向风速分布不均匀及地面粗糙度引起的机械湍流，其强度主要取决于风速梯度和地面粗糙度。实际的湍流是上述两种湍流的叠加。

湍流具有极强的扩散能力，比分子扩散快 $10^5 \sim 10^6$ 倍。但在风场运动的主风方向上，由于平均风速比脉动风速大得多，所以在主风方向上风的平流输送作用是主要的。归结起来，风速越大，湍流越强，大气污染物的扩散速度越快，污染物的浓度就越低。风和湍流是决定污染物在大气中扩散稀释的最直接最本质的因素，其他一切气象因素都是通过风和湍流的作用来影响扩散稀释的。

1. 湍流扩散理论概述

大气扩散的基本问题，是研究湍流与烟流传播和物质浓度衰减的关系问题。目前处理这类问题有三种广泛应用的理论：梯度输送理论、湍流统计理论和相似理论。

（1）梯度输送理论

梯度输送理论是通过与菲克（A. Fick）扩散理论的类比而建立起来的。菲克认为分子扩散的规律与傅里叶提出的固体中热传导的规律类似，皆可用相同的数学方程式描述。

湍流梯度输送理论进一步假定，由大气湍流引起的某物质的扩散，类似于分子扩散，并可用同样的分子扩散方程描述。为了求得各种条件下某污染物的时空分布，必须对分子扩散方程在扩散的大气湍流场的边值条件下求解。然而由于边界条件往往很复杂，不能求出严格的分析解，只能在特定的条件下求出近似解，再根据实际情况进行修正。

（2）湍流统计理论

泰勒（G. I. Tayler）首先应用统计学方法研究湍流扩散问题，并于 1921 年提出了著名的泰勒公式。假定大气湍流场是均匀、定常的，如果从点源释放出很多粒子，那么在沿着风吹向的方向上粒子的浓度最高，浓度分布以该方向为对称轴，并符合正态分布。

萨顿（O. G. Sutton）首先应用泰勒公式，提出了解决污染物在大气中扩散的实用模

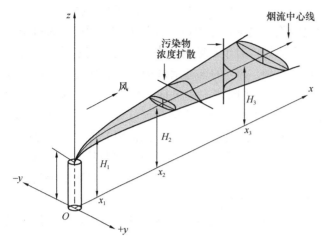

图 3-28　高斯模式的坐标系

式。高斯（Gaussian）在大量实测资料分析的基础上，应用湍流统计理论得到了正态分布假设下的扩散模式，即通常所说的高斯模式。高斯模式是目前应用较广的模式。

2. 高斯模式

（1）高斯模式的有关假定

高斯模式的坐标系如图 3-28 所示，原点为排放点（无界点源或地面源）或高架源排放点在地面的投影点，x 轴正向为平均风向，y 轴在水平面上垂直于 x 轴，正向在 x 轴的左侧，z 轴垂直于水平面 xOy，向上为正向，即为右手坐标系。在这种坐标系中，烟流中心线或与 x 轴重合，或在 xOy 面的投影为 x 轴。后面介绍的扩散模式都是在这种坐标系中导出的。

（2）四点假定

大量的实验和理论研究证明，特别是对于连续点源的平均烟流，其浓度分布是符合正态分布的。因此可以作如下假定：1）污染物浓度在 y、z 轴上的分布符合高斯分布（正态分布）；2）在全部空间中风速是均匀的、稳定的；3）源强是连续均匀的；4）在扩散过程中污染物的质量是守恒的。对后述的模式，只要没有特别说明，以上四点假定条件都遵守。

（3）高架连续点源扩散模式

高架连续点源的扩散问题，必须考虑地面对扩散的影响。根据前述假定的第四条，可以认为地面像镜面一样，对污染物起全反射作用。按照全反射原理，可以用"像源法"来处理这一问题。

如图 3-29 所示，可以把 P 点的污染物浓度看成是两部分贡献之和：一部分是不存在地面时 P 点所具有的污染物浓度；另一部分是由于地面反射作用所增加的污染物浓度。这相当于不存在地面时由位置在（0，0，H）的实源和在（0，0，－H）的像源在 P 点所造成的污染物浓度之和（H 为有效源高）。

实源的贡献：P 点在以实源为原点的坐标系中的垂直坐标（距烟流中心线的垂直距离）为（$z-H$）。当不考虑地面影响时，它在 P 点所造成的污染物浓度按式（3-16）计算，即为：

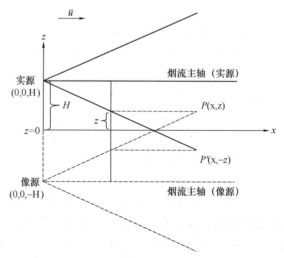

图 3-29　高架连续点源高斯模式推导示意图

$$\rho_1 = \frac{Q}{2\pi \bar{u} \sigma_y \sigma_z} \exp \left\{ -\left[\frac{y^2}{2\sigma_y^2} + \frac{(z-H)^2}{2\sigma_z^2} \right] \right\} \tag{3-16}$$

式中　σ_y——距原点 x 处烟流中污染物在 y 向分布的标准差（m）；

$\quad\quad\sigma_z$——距原点 x 处烟流中污染物在 z 向分布的标准差（m）；

$\quad\quad\rho_1$——实源在 P 点产生的污染物浓度（g/m³）；

$\quad\quad\bar{u}$——平均风速（m/s）；

$\quad\quad Q$——源强（g/s）。

像源的贡献：P 点在以像源为原点的坐标系中的垂直坐标（距像源的烟流中心线的垂直距离）为 $(z+H)$。它在 P 点产生的污染物浓度为：

$$\rho_2 = \frac{Q}{2\pi \bar{u} \sigma_y \sigma_z} \exp \left\{ -\left[\frac{y^2}{2\sigma_y^2} + \frac{(z+H)^2}{2\sigma_z^2} \right] \right\} \tag{3-17}$$

式中　ρ_2——像源在 P 点产生的污染物浓度（g/m³）；

其他符号意义同前。

P 点的实际污染物浓度应为实源和像源的贡献之和，即为：

$$\rho = \rho_1 + \rho_2 \tag{3-18}$$

$$\rho_{(x,y,z)} = \frac{Q}{2\pi \bar{u} \sigma_y \sigma_z} \exp \left(-\frac{y^2}{2\sigma_y^2} \right) \left\{ \exp \left[-\frac{(z-H)^2}{2\sigma_z^2} \right] + \exp \left[-\frac{(z+H)^2}{2\sigma_z^2} \right] \right\} \tag{3-19}$$

式（3-19）即为高架连续点源正态分布假设下的高斯模式。由这一模式可求出下风向任一点的污染物浓度。

为了简化运算，假设比值 σ_y / σ_z 不随距离 x 变化而为一常数，再经过一些运算，即可求出地面最大浓度及其出现距离的计算公式：

$$\rho_{\max} = \frac{2Q}{\pi \bar{u} H^2 e} \cdot \frac{\sigma_z}{\sigma_y} \tag{3-20}$$

$$\sigma_z \mid_{x=x_{\rho_{\max}}} = \frac{H}{\sqrt{2}} \tag{3-21}$$

3. 影响扩散（扩散系数）的气象要素

表示大气状态的物理量和物理现象，称为气象要素。气象要素主要有：气温、气压、气湿、风向、风速、云况、能见度等。这些气象要素都是从观测直接获得的，而这些气象要素又都对扩散（扩散系数）产生影响。

（1）气温

气象上讲的地面气温一般是指距地面 1.5m 高处的白叶箱中观测到的空气温度。表示气温的单位一般采用摄氏温度（℃），或采用热力学温度（K）。通常气温越高，扩散越快。

（2）气压

气压是指大气的压力。气压单位采用帕（Pa），$1\text{Pa}=1\text{N/m}^2$。气象上常采用百帕（hPa）作单位，$1\text{hPa}=100\text{Pa}$。国际上规定：温度 0℃、纬度 45° 的海平面上的气压为 1 个标准大气压，即：

$$1 \text{ 个标准大气压 } p_0 = 101325\text{Pa} = 1013.25\text{hPa}$$

气压梯度越明显，扩散越快。

（3）气湿

空气的湿度简称气湿，表示空气中水汽含量的多少。气湿常用的表示方法有绝对湿度、水汽压、饱和水汽压、相对湿度、含湿量、水汽体积分数及露点等。

其中，绝对湿度是指在 $1m^3$ 湿空气中含有的水汽质量（kg），可以由理想气体状态方程得到：

$$\rho_w = \frac{p_w}{R_w T} \tag{3-22}$$

式中　ρ_w——空气的绝对湿度（kg/m^3 湿空气）；

　　　p_w——水汽分压（Pa）；

　　　R_w——水汽的气体常数，$R_w = 461.5 J/(kg \cdot K)$；

　　　T——空气温度（K）。

相对湿度是指空气的绝对湿度 ρ_w 占同温度下饱和空气的绝对湿度 ρ_v 的百分比。由式（3-22）可知，它等于空气的水汽分压占同温度下饱和空气的水汽分压 p_v 的百分比，即：

$$\phi = \frac{\rho_w}{\rho_v} \times 100\% = \frac{p_w}{p_v} \times 100\% \tag{3-23}$$

式中　ϕ——空气的相对湿度（%）；

　　　ρ_v——饱和空气的绝对湿度（kg/m^3 饱和空气）；

　　　p_v——饱和空气的水汽分压（Pa）。

（4）风向和风速

气象上把水平方向的空气运动称为风，垂直方向的空气运动则称为升降气流。风是一个矢量，具有大小和方向。风向是指风的来向。例如，风从东方来称为东风；风往北方吹称为南风。风向可用 8 个方位或 16 个方位表示，也可以用角度表示。

风速是指单位时间内空气在水平方向运动的距离，单位用 m/s 或 km/h 表示。通常气象台站所测定的风向、风速，都是指一定时间内的平均值。有时也需要测定瞬时风向、风速。根据自然现象将风力分为 13 个等级（0～12 级），若用 F 表示风力等级，则风速 u（km/h）为：

$$u \approx 3.02 \sqrt{F^3} \tag{3-24}$$

（5）云况

云是飘浮在空中的水汽凝结物。这些水汽凝结物是由大量小水滴或小冰晶或两者的混合物构成的。云的生成与否、形成特征、量的多少、分布及演变，不仅反映了当时大气的运动状态，而且预示着天气演变的趋势。云对太阳辐射和地面辐射起反射作用，反射的强弱视云的厚度而定。白天，云的存在阻挡太阳向地面辐射，所以阴天地面得到的太阳辐射减少。夜间云层的存在，特别是有浓厚的低云时，使地面向上的长波辐射反射回地面，因此地面不容易冷却。云层存在的效果是使气温随高度的变化程度减小。

从大气污染物扩散的观点来看，主要关心的是云高和云量。

1）云高

云高是指云底距地面的高度，根据云底高度可将云分为：高云——云底高度一般在 5000m 以上，由冰晶组成，云体呈白色，有蚕丝般光泽，薄而透明；中云——云底高度一般在 2500～5000m 之间，由过冷的微小水滴和冰晶构成，颜色为白色或灰白色，没有光泽，云体稠密；低云——云底高度一般在 2500m 以下，不稳定气层中的低云常分散为孤立的大云块，稳定气层中的低云云层低而黑，结构疏松。

2）云量

云量是指云遮蔽天空的成数。我国将天空分为十份，云遮蔽了几份，云量就是几。例如，碧空无云，云量为零；阴天，云量为十。国外常将天空分为八等份，云遮蔽几份，云量就是几。两者间的换算关系为：国外八等份云量×1.25＝我国十等份云量。

（6）能见度

能见度是指视力正常的人在当时的天气条件下，能够从天空背景中看到或辨认出的目标物（黑色、大小适度）的最大水平距离，单位采用 m 或者 km。能见度表示大气清洁、透明的程度。能见度的观测值通常分为 10 级，如表 3-16 所示。

能见度级数与白日视程 表 3-16

能见度（级）	白日视程（m）	能见度（级）	白日视程（m）
0	<50	5	2000～4000
1	50～200	6	4000～10000
2	200～500	7	10000～20000
3	500～1000	8	20000～50000
4	1000～2000	9	>50000

（7）大气稳定度

污染物在大气中的扩散与大气稳定度有密切关系。大气稳定度是指在垂直方向上大气稳定的程度，即是否易于发生对流。对于大气稳定度可以作以下理解：如果一空气块受到外力的作用，产生了上升或下降运动，当外力去除后可能发生三种情况：1）气块减速并有返回原来高度的趋势，称这种大气是稳定的；2）气块加速上升或下降，称这种大气是不稳定的；3）气块被外力推到某一高度后，既不加速也不减速，保持不动，称这种大气是中性的。

（8）地方性风场

1）海陆风

海陆风是海风和陆风的总称。它发生在海陆交接地带，是以 24h 为周期的一种大气局地环流。海陆风是由于陆地和海洋热力性质的差异而引起的。在白天，由于太阳辐射，陆地升温比海洋快，在海陆大气之间产生了温度差、气压差，使低空大气由海洋流向陆地，形成海风；高空大气从陆地流向海洋，形成反海风；它们同陆地上的上升气流和海洋上的下降气流一起形成了海陆风局地环流。在夜晚，由于有效辐射发生了变化，陆地比海洋降温快，在海陆之间产生了与白天相反的温度差、气压差，使低空大气从陆地流向海洋，形成陆风；高空大气从海洋流向陆地，形成反陆风；它们同陆地下降气流和海面上升气流一起构成了海陆风局地环流。

因此，建在海边排出大气污染物的工厂，必须考虑海陆风的影响，因为有可能出现在夜间随陆风吹到海面上的污染物，在白天又随海风吹回来，或者进入海陆风局地环流中，使污染物不能充分扩散稀释而造成严重的大气污染。

2）山谷风

山谷风是山风和谷风的总成。它发生在山区，是以 24h 为周期的一种大气局地环流。山谷风在山区最为常见，它主要是由于山坡和谷地受热不均而产生的。在白天，太阳先照射到山坡上，使山坡上的大气比谷地上同高度的大气温度高，形成了由谷地吹向山坡的风，称为谷风；在高空形成了由山坡吹向山谷的反谷风；它们同山坡上升气流和谷地下降气流一起形成了山谷风局地环流。在夜间，山坡和山顶比谷地冷却得快，使山坡和山顶的冷空气顺山坡下滑到谷底，形成了山风；在高空形成了自山谷向山顶吹的反山风；它们同山坡下降气流和谷地上升气流一起构成了山谷风局地环流。

山风和谷风的方向是相反的，但比较稳定。在山风与谷风的转换期，风向是不稳定的，山风和谷风均有机会出现，时而山风，时而谷风。这时若有大量大气污染物排入山谷中，由于风向的摆动，污染物不易扩散，在山谷中停留时间较长，有可能造成严重的大气污染。

3）城市热岛环流

城市热岛环流是由城乡温度差引起的局地风。产生城乡温度差的主要原因是：①城市人口密集、工业集中，使得能耗水平高；②城市的覆盖物（如建筑、水泥路面等）热容量大，白天吸收太阳辐射热，夜间放热缓慢，使低层空气变暖；③城市上空笼罩着一层烟雾和二氧化碳，使地面有效辐射减弱。

由于上述原因，使城市上方空气的热量净收入比周围乡村多，平均气温比周围乡村高（特别是夜间），于是形成了所谓的城市热岛。据统计，城乡年平均温差一般为 $0.4 \sim 1.5 ℃$，有时可达 $3 \sim 4 ℃$。其差值与城市大小、性质、当地气候条件及纬度有关。

由于城市温度经常比乡村高（特别是夜间），气压比乡村低，所以可以形成一种从周围农村吹向城市的特殊的局地风，称为城市热岛环流或城市风。这种风在市区汇合就会产生上升气流。因此，若城市周围有较多排放大气污染物的工厂，在夜间污染物就会向市中心输送，造成市区严重空气污染，特别是在夜间城市上空有逆温存在时，情况更为严重。

4. 烟气排放高度（烟气抬升高度）的计算

连续点源的排放大部分是采用烟囱排放的。具有一定速度的热烟气从烟囱出口排出后，可以上升至很高的高度。这相当于增加了烟囱的几何高度。因此，烟囱的有效高度 H 应为烟囱的几何高度 H_s 与烟气抬升高度 ΔH 之和，即：

$$H = H_s + \Delta H \tag{3-25}$$

对于某一烟囱来说，几何高度 H_s 已定，只要能计算出烟气抬升高度 ΔH，有效源高 H 就随之确定了。

产生烟气抬升有两方面原因：一是烟囱出口烟气具有一定的初始动量；二是由于烟温高于周围气温而产生一定的浮力。初始动量的大小取决于烟囱出口流速和烟囱出口内径，而浮力的大小则主要取决于烟气与周围大气之间的温差。此外，平均风速、风速垂直切变及大气稳定度等对烟气抬升高度都有影响。下面介绍一种常用的烟气抬升高度计算公式——霍兰德（Holland）公式：

$$\Delta H = \frac{v_s D}{\bar{u}}\left(1.5 + 2.7\frac{T_s - T_a}{T_s}D\right) = \frac{1}{\bar{u}}(1.5\,v_s D + 9.6 \times 10^{-3}\,Q_H) \tag{3-26}$$

式中　v_s——烟囱出口流速（m/s）；

　　　D——烟囱出口内径（m）；

　　　$\bar{u}$——烟囱出口处的平均风速（m/s）；

　　　T_s——烟囱出口处的烟流温度（K）；

T_a——环境大气温度（K）；

Q_H——烟气的热释放率（kW）。

式（3-26）适用于中性大气条件。用于非中性大气条件时，霍兰德建议作如下修正：对于不稳定条件，烟气抬升高度增加 10%～20%；对于稳定条件，烟气抬升高度减小 10%～20%。普遍认为，霍兰德公式比较保守，特别是当烟囱高、热释放率强时偏差更大。

3.5 大气污染防治实践

大气污染综合防治，是指在一个特定区域内，把大气环境看作一个整体，统一规划能源结构、工业发展、城市建设布局等，综合运用各种防治污染的技术措施，充分利用环境的自净能力，以改善大气质量。正如习近平总书记强调，还老百姓"蓝天白云、繁星闪烁"（见图 3-30）。

图 3-30　大气污染综合防治

3.5.1　我国大气污染防治历程

1. 大气污染防治概述

我国大气污染防治工作主要开始于 20 世纪 70 年代，我国大气污染的防治历程大体可以分为 4 个阶段，即起步阶段（1972—1990 年）、发展阶段（1991—2000 年）、转型阶段（2001—2010 年）与攻坚阶段（2011 年至今），各阶段的环境保护组织结构、防治对象、工作重点、法律法规、行动计划、污染物排放与空气质量标准等均有明显变化，具体如表 3-17 所示。

我国不同时期大气污染防治工作的特点　　　　　　　　　表 3-17

项目	起步阶段 （1972—1990 年）	发展阶段 （1991—2000 年）	转型阶段 （2001—2010 年）	攻坚阶段 （2011 年至今）
大事记	1972 年我国组团参加联合国人类环境会议，1973 年第一次全国环境保护会议召开，筹建中国环境科学研究院	1972 年我国参加联合国环境与发展会议，1974 年发布《中国 21 世纪议程》	我国举办 2008 年北京奥运会，为保障城市空气质量，试点实施人气污染的区域联防联控	2013 年我国东部遭遇连续的灰霾污染、$PM_{2.5}$"爆表"，出台《大气污染防治行动计划》，开展中央环保督察
污染特征	逐渐出现局地大气污染	出现区域性大气污染，酸雨问题突出	大气污染呈现区域性、复合型的新特征	区域性、复合型大气污染
环保机构	国务院环境保护领导小组	国家环境保护总局	国家环境保护总局，环境保护部	环境保护部，生态环境部
防治对象	烟尘、悬浮颗粒物	酸雨、SO_2、悬浮颗粒物	SO_2、NO_x 和 PM_{10}	霾、$PM_{2.5}$ 和 PM_{10}
工作重点	排放源监管，工业点源治理，消除烟尘	燃煤锅炉与工业排放治理，重点城市和区域污染防治	实行污染物总量控制，实施区域联防联控	多种污染源综合控制，多污染物协同控制，重污染预报预警

项目	起步阶段 (1972—1990 年)	发展阶段 (1991—2000 年)	转型阶段 (2001—2010 年)	攻坚阶段 (2011 年至今)
法律法规与规划方案	1.《关于保护和改善环境的若干规定》； 2.《中华人民共和国宪法》(1978 年修订)； 3.《中华人民共和国环境保护法（试行)》； 4.《中华人民共和国大气污染防治法》	1.《中华人民共和国大气污染防治法实施细则》； 2.《中华人民共和国大气污染防治法》(1995 年和 2000 年两次修订)； 3.《酸雨控制区和二氧化硫污染控制区划分方案》； 4.《征收工业燃煤二氧化硫排污费试点方案》； 5.《汽车排气污染监督管理办法》； 6.《机动车排放污染防治技术政策》	1.《两控区酸雨和二氧化硫污染防治"十五"规划》； 2.《现有燃煤电厂二氧化硫治理"十一五"规划》； 3.《二氧化硫总量分配指导意见》； 4.《关于推进大气污染联防联控工作改善区域空气质量的指导意见》	1.《大气污染防治行动计划》； 2.《中华人民共和国大气污染防治法》(2015 年和 2018 年两次修订)； 3.《重点区域大气污染防治"十二五"规划》； 4.《"十二五"主要污染物总量减排目标责任书》； 5.《能源发展战略行动计划(2014—2020 年)》； 6.《"十三五"生态环境保护规划》； 7.《打赢蓝天保卫战三年行动计划》
排放与空气质量标准	1.《工业"三废"排放试行标准》GBJ 4—1973； 2.《大气环境质量标准》GB 3095—1982	1.《锅炉大气污染物排放标准》GB 13271—1991； 2.《环境空气质量标准》GB 3095—1996； 3.《火电厂大气污染物排放标准》GB 13223—1996	1.《锅炉大气污染物排放标准》GB 13271—2001； 2.《火电厂大气污染物排放标准》GB 13223—2003	1.《火电厂大气污染物排放标准》GB 13223—2011； 2.《环境空气质量标准》GB 3095—2012； 3.《锅炉大气污染物排放标准》GB 13271—2014

2. 大气污染防治演变

中华人民共和国成立 70 多年来，特别是自 20 世纪 70 年代至今，我国在成立环境保护组织机构、颁布大气污染防治法律法规、制定污染物排放与空气质量标准、研究大气污染来源与成因、发展大气污染治理技术等方面开展了大量的工作，做出了巨大的努力，取得了令人瞩目的效果和成就，有效避免了发达国家曾经出现的伦敦硫酸烟雾、洛杉矶光化学烟雾、欧洲和北美酸雨等重大环境污染与生态破坏事件，阻止了可导致大范围人类伤亡与动植物死亡的大气污染灾害。特别是党的十八大以来，我国主要大气污染物的排放量与浓度显著下降，空气质量明显好转，煤烟型大气污染、酸雨污染问题基本解决，局地光化学烟雾得以消除，产生了显著的健康、经济和生态效益，同时也促进了温室气体的减排和臭氧层消耗物质的淘汰。

(1) 大气主要污染物排放量的历史演变

大气污染伴随着经济发展、城市化建设、人类活动规模的扩大而产生，当生产活动对环境的影响超出大气的自净能力时，就会形成大气污染。中华人民共和国成立 70 多年来，我国经济总体上经历了改革开放前的曲折前进阶段和改革开放后的迅速发展阶段，国内生产总值由改革开放之初的不足 4000 亿元到 2020 年突破 100 万亿元大关。五年计划（规划）的实施大幅度推进了我国重工业的发展，截至 2018 年，我国钢铁产量已达 $11.06 \times 10^6 t$。自 2000 年起，我国汽车拥有量迅速增长，2018 年我国汽车生产量高达 2781.90×10^4 辆。

我国经济的高速发展带来了环境污染的巨大代价，以粗放型发展为主的经济模式造成资源投入高、能源消耗多、污染物排放量大，大气环境污染问题严重。尽管我国不断加大大气污染防治力度，空气污染在较短时间内有一定的改善。但总体而言，我国主要大气污染物（如 SO_2、NO_x、颗粒物）的排放量自中华人民共和国成立以来呈显著增加的趋势，到 2000 年以后才陆续开始下降，如图 3-31 所示。

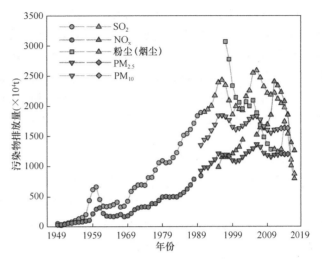

图 3-31　1949—2019 年我国主要
大气污染物排放量的变化趋势

自中华人民共和国成立至 1996 年，我国 SO_2 排放量总体呈上升趋势。1996 年我国进行工业结构调整，工业和居民煤炭消耗量下降且煤炭含硫量降低，SO_2 排放量第一次出现比较明显的下降。2000 年以后，城市化进程加快、经济发展迅速，尤其是一大批燃煤电厂的投入使用，导致 SO_2 排放量再次升高。至 2006 年，我国 SO_2 排放量增至 $2588.8 \times 10^4 t$，较 2000 年增长了 29.8%。2006 年之后，我国逐步淘汰中小型发电机组并全面推行高效的烟气脱硫技术，SO_2 排放量开始下降。"十二五"期间及以后，受益于严格的 SO_2 减排措施（特别是燃煤电厂的超低排放）与能源结构及能源消耗量的变化，SO_2 排放量持续下降，2017 年我国 SO_2 排放量降至 $875.4 \times 10^4 t$，在 SO_2 减排方面取得了显著成效。我国 NO_x 排放量的变化趋势与 SO_2 类似，主要与能源消费变化有关。不过由于机动车保有量迅速增加，1996 年之后 NO_x 的排放量仍逐年升高。直到"十二五"期间，我国推行了严格的脱硫脱硝措施及机动车尾气排放标准的不断提升，NO_x 开始呈现显著下降的态势。到 2017 年，NO_x 排放量已降至 $1258.83 \times 10^4 t$。

颗粒物排放量数据早期非常缺乏，直到 1990 年才有相对连续的统计或估算的数据。从 1990 年起，随着我国经济的快速发展与能源消费的不断增长，$PM_{2.5}$ 和 PM_{10} 的排放量迅速上升。1996—2000 年，我国能源消费和工业生产增速减缓且排放标准进一步提高，颗粒物排放量有所下降。根据中国多尺度排放清单模型（MEIC）的统计结果，我国 $PM_{2.5}$ 和 PM_{10} 的排放量于 2000 年之后再次上升，在 2006 年达到峰值，分别为 $1363 \times 10^4 t$ 和 $1833 \times 10^4 t$。"十一五"期间，严格实施各项除尘、抑尘措施，$PM_{2.5}$ 及 PM_{10} 的排放量再次下降。2011 年颗粒物排放量有所反弹，但总体平稳，2015 年与 2011 年基本持平。工业粉尘（烟尘）排放量的变化趋势与 SO_2 有相似之处，1997 年出现最高值，工业结构调整之后迅速下降，2005 年再次出现峰值，随后因全面实施高效除尘技术而再次迅速降低，2014 年短暂升高后继续快速降低，到 2017 年已经降至 $796.26 \times 10^4 t$，我国工业粉尘（烟尘）的减排对控制和降低 $PM_{2.5}$ 及 PM_{10} 的排放量做出了重要贡献。综上所述，自1997年起，我国颗粒物的排放量呈下降态势或保持平稳，颗粒物控制取得一定成效，但由于大气颗粒物来源广、涉及面多，目前仍然是大气污染控制的重点对象。

（2）重点区域环境空气质量的历史演变

我国大气污染物的大量排放，导致环境空气中污染物浓度长期处于较高水平，经常出现较为严重的大气污染过程。1980年，我国加入了联合国环境规划署成立的全球环境监测系统，之后陆续在重点城市建立了环境空气质量监测站，逐渐形成了覆盖全国的空气质量监测网络，长期观察我国大气污染水平和空气质量的变化趋势。以北京市、上海市、广州市分别作为京津冀地区、长三角地区、珠三角地区3个重点区域的代表性城市，分析主要大气污染物浓度的变化趋势，可以发现，近年来北京市、上海市、广州市3个城市的 SO_2、NO_x（NO_2）和颗粒物（TSP、PM_{10} 和 $PM_{2.5}$）浓度较20世纪80年代显著降低，空气质量总体好转，但不同城市、不同污染物浓度的变化趋势有一定差异。

由图3-32可见，北京市各污染物的平均浓度在1998年之前总体呈上升趋势，在1998年之后呈下降趋势。上海市的 SO_2 浓度自1992年起有所下降，2000年随着宝山钢铁股份有限公司三期等重点工程建成投产，SO_2 浓度再次回升，直到2005年之后逐年下降，NO_x 浓度从2001年起持续降低，而颗粒物浓度自1989年开始呈明显的下降趋势。广州市 SO_2 浓度在1989年达到最高值，之后在波动中降低，直到2004年开始连续下降，NO_x 浓度从1996年起逐年降低，颗粒物浓度自1994年开始显著下降。

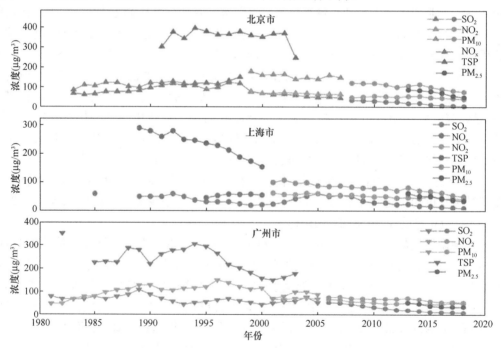

图3-32　1981—2018年我国重点区域主要大气污染物平均浓度的变化趋势

3个城市大气污染物平均浓度的变化趋势与城市发展和污染控制密切相关，实施的产业结构调整、工厂搬迁、工业能耗降低、重点污染源整治、清洁能源使用、机动车尾气排放标准及油品标准提升等一系列措施，对近20年来我国空气质量的好转起到了关键作用，确保我国没有发生类似伦敦硫酸烟雾、洛杉矶光化学烟雾等引起大量人类伤亡的严重大气污染事件。

（3）酸雨的历史变化特征

20世纪70年代末，我国贵州省松桃苗族自治县和湖南省长沙市、凤凰县等地区首先发现酸雨，之后又相继在南方多个地区监测到酸雨，我国出现酸雨的区域逐渐发展成为继欧洲、北美之后世界第三大酸雨区。我国酸雨污染问题发生较晚，但国家对酸雨危害高度重视，从"七五"到"九五"科技攻关及"973"计划都给予了大力支持，建成了覆盖全国的酸雨监测网络，查明了我国酸雨污染形成的独特原因。回顾过去40年我国酸雨的演变历程，大体上经历了恶化、改善、再次恶化、再次改善的变化趋势，未曾出现欧洲和北美地区曾经发生的大面积森林死亡、鱼虾绝迹的现象，避免了生态灾难和严重经济损失。

从20世纪80年代中期至90年代中期，我国酸雨污染日趋严重，在南方部分省市出现年均降水pH小于4.0的地区，酸雨出现的频率也逐年上升，1991—2018年全国不同降水pH范围的城市数量占比如图3-33所示。从酸雨强度（降水酸度、酸雨频率及酸雨区面积）来看，1993—1998年我国酸雨强度最大，1998年全国实行"两控区"政策之后酸雨强度有所减弱，2003—2007年随着大气污染物排放量增加酸雨强度又有所增强，2008年以后SO_2排放量显著下降，酸雨污染状况逐年改善，呈降水酸度减弱、酸雨频率下降、酸雨区范围缩小的良好趋势，到2015年我国酸雨问题基本得到解决。近10年来，以贵州省为主体的强酸雨区，以及华北、黄淮、江淮地区的酸雨区明显缩小，出现酸雨的城市比例下降了28.8%，年均降水pH小于4.5的重酸雨区逐渐消失，降水中SO_4^{2-}/NO_3^-（离子当量浓度之比，下同）逐年下降。至2018年，我国酸雨区面积约$53×10^4 km^2$，主要分布在长江以南、云贵高原以东地区，出现酸雨的城市比例为37.6%，SO_4^{2-}/NO_3^-为2.09，降水中的酸雨类型总体仍为硫酸型。

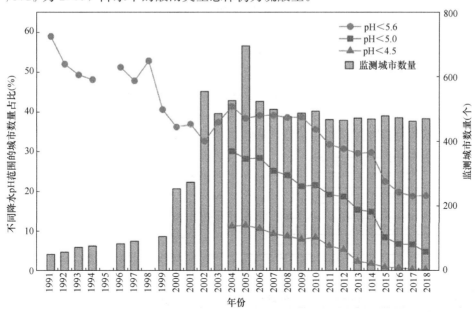

图3-33　1991—2018年全国不同降水pH范围的城市数量占比

3.5.2 我国大气污染防治重要法律法规

1. 大气污染防治法律法规体系

法律法规在大气污染防治中起指导作用。《中华人民共和国宪法》是现有国家和地方大气污染防治法律法规体系的依据和基础。法律不管是综合法、单行法还是相关法，对环境保护的要求、法律效力是一样的。国务院环境保护行政法规的法律地位仅次于法律，部门行政规章、地方环境法规均不得有违背法律和行政法规的规定。地方性法规和地方政府规定只在制定法规、规章的辖区内有效。我国大气污染防治法规体系的建立与执行程序如图3-34所示。

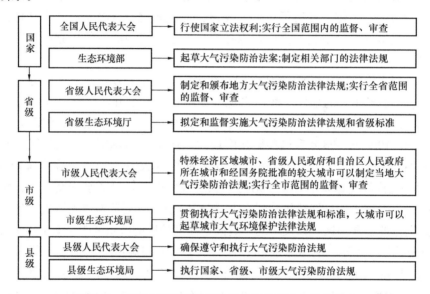

图3-34 我国大气污染防治法规体系的建立与执行程序

保护环境是国家的基本国策。《中华人民共和国宪法》规定：国家保护和改善生活环境和生态环境，防止污染和其他公害。自新中国成立以来，通过颁布《中华人民共和国环境保护法》与《中华人民共和国大气污染防治法》等相关法律法规约束环境污染行为，并赋予环保部门强制执法权，加大对生态环境污染犯罪的惩治力度。先后修订了《中华人民共和国环境保护法》与《中华人民共和国大气污染防治法》，针对环境违法的处罚内容进行了系统更新，不仅增加了处罚方式，民事赔偿责任和刑事责任的划分也更加细致，处罚力度也大力加码，有效地提高了工业企业的废气排放达标率，推动了我国大气污染防治的进程。我国大气污染防治法律法规体系如图3-35所示。

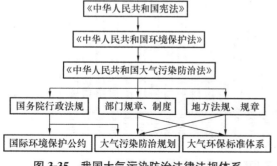

图3-35 我国大气污染防治法律法规体系

2.《中华人民共和国大气污染防治法》

《中华人民共和国大气污染防治法》是为保护和改善环境，防治大气污染，保障公众健康，推进生态文明建设，促进经济社会可持续发展，制定的法律。《中华人民共和国大气污染防治法》由第六届全国人民代表大会常务委员会第二十二次会议于 1987 年 9 月 5 日通过，自 1988 年 6 月 1 日起施行。2015 年 8 月 29 日第十二届全国人民代表大会常务委员会第十六次会议第二次修订，自 2016 年 1 月 1 日起施行。最新修正是根据 2018 年 10 月 26 日第十三届全国人民代表大会常务委员会第六次会议《关于修改〈中华人民共和国野生动物保护法〉等十五部法律的决定》第二次修正，自公布之日起施行。

以《中华人民共和国大气污染防治法》为基础，我国确立了大气污染防治的基本原则，健全了地方政府对大气环境质量负责的监督考核机制，创建了"重点区域大气污染联合防治"机制，完善了总量控制制度，改革了大气排污许可证制度，建立了机动车船污染防治的监管思路，提出了多种污染物协同控制的新要求，加强了有毒有害物质排放控制，强化了大气污染事故和突发性事件的预防，加强了对违法行为的处罚力度，增加了企业的违法成本，并有针对性地制定了应对气候变化的相关条款，为大气污染管理与防治提供了更加详细健全的法律规定。

（1）目标任务

以生态文明建设、保障公众健康、改善大气环境质量及促进经济社会可持续发展为目标，强化了地方政府责任，加强了对地方政府的监督。同时以标本兼治的理念，不仅制定了严格的治理措施，还坚持源头治理、规划先行，从推动经济发展方式转变、优化产业结构、调整能源结构的角度从根本上解决大气污染的问题，如推广清洁能源的生产和使用，优化煤炭使用方式，推广煤炭清洁高效利用，逐步降低煤炭在一次能源消费中的比重，减少煤炭生产、使用、转化过程中的大气污染物排放等。

（2）主要内容

《中华人民共和国大气污染防治法》共包括 7 个部分。

1）总则。主要包括本法的立法目的、大气污染防治的总体原则、本法的主要任务、各级政府部门防治大气污染的职责等，还对大气污染防治的权利和义务做了规定。

2）大气污染防治的监督管理。针对不同的大气污染物排放单位对其监督管理工作进行分工，并对监督管理单位、监督管理原则及管理办法做了规定。

3）防治燃煤产生的大气污染。主要针对燃煤产生的污染进行规定，鼓励开发使用低污染煤，对污染较严重的煤的使用做了限制，并提出了一些防治煤烟污染的技术措施。

4）防治机动车船排放污染。主要针对机动车船的污染做了一定的限制规定，鼓励低污染车船的发展。

5）防治废气、粉尘和恶臭污染。严格限制了废气、粉尘的排放，对不同的粉尘、废气排放单位规定了不同的技术措施。

6）法律责任。主要规定了违反《中华人民共和国大气污染防治法》需要承担的各种法律责任，这是《中华人民共和国大气污染防治法》有效实施的保证。

7）附则。补充说明了本法的实施时间。

（3）重点治理措施

1）污染物总量控制和限期达标制度。大气污染的防治，以改善空气质量为目标，实行污染物总量控制制度，推行重点污染物排放权交易，加强对燃煤、工业、机动车、船舶、扬尘、农业等大气污染的综合防治，将挥发性有机化合物、生活性排放等物质和行为纳入监管范围，鼓励清洁能源的开发和优先并网。实行限制达标制度，限期达标规划向社会公开，政府每年向本级人大报告限期达标规划执行情况，也向社会公开。

2）对大气进行动态监管。《中华人民共和国大气污染防治法》规定"国家鼓励和支持大气污染防治科学技术研究，开展对大气污染来源及其变化趋势的分析"，对变化趋势的分析体现了对大气环境的动态监管，由于我国目前正处于转型期，经济下行压力大，产业结构、能源结构、污染物排放等具有不确定性，环境管理措施变化必须具有合理的预期，才能适应社会的需求。

3）制定系列环境标准。包括大气环境质量标准、大气污染物排放标准，燃煤、燃油、石油焦、生物质燃料、涂料等含挥发性有机化合物产品、烟花爆竹及锅炉等产品的质量标准。

4）重点区域大气污染联防联控机制。由环保部门划定重点防治区域，确定牵头地方政府，定期召开联席会议，统一规划、统一标准、统一监测、统一防治、信息共享和联合执法，对颗粒物、二氧化硫、氮氧化物、挥发性有机化合物、氨等大气污染物和温室气体实施协同控制。重点区域内的新建、改建及扩建用煤项目，实行煤炭的等量或者减量替代。不仅在总则中提及联防联控，还专门设立"重点区域大气污染联合防治"一章予以规制。

5）重污染天气的应对。对于重污染天气的治理措施，要求建立重污染天气监测预警机制，地方政府制定应急预案，根据预警等级启动应急预案，实施停产、限产、限行、禁燃、停止建筑施工、停止露天燃烧、停止学校户外活动等应急措施，并鼓励燃油机动车驾驶人在不影响道路通行且需停车 3min 以上的情况下熄灭发动机。

6）目标责任制、约谈制和考核评价制度。为实现改善空气质量目标，三种制度齐下，督促地方政府为当地的空气质量负责，并要求将考核结果向社会公开。同时，还提高了对大气污染违法行为的处罚力度，如违法或超标排放的，处以最高一百万元的罚款，并实施按日计罚制度。对监测数据造假的，不仅要没收违法所得，并处十万元以上五十万元以下罚款，还有可能取消检验资格。

3.《大气污染防治行动计划》

《大气污染防治行动计划》是由国务院印发的关于大气污染防治行动的实施方案。2013 年 9 月 10 日，国务院印发《大气污染防治行动计划》，自 2013 年 9 月 10 日起实施。

（1）目标任务

具体指标为到 2017 年，全国地级及以上城市可吸入颗粒物浓度比 2012 年下降 10% 以上，优良天数逐年提高；京津冀、长三角、珠三角等地区细颗粒物浓度分别下降 25%、20%、15% 左右，其中北京市细颗粒物年均浓度控制在 $60\mu g/m^3$ 左右。奋斗目标为经过五年努力，全国空气质量总体改善，重污染天气较大幅度减少；京津冀、长三角、珠三角等地区空气质量明显好转。力争再用五年或更长时间，逐步消除重污染天气，全国空气质量明显改善。

（2）主要内容

1）加大综合治理力度，减少污染物排放。①加强工业企业大气污染综合治理；②深化面源污染治理；③强化移动源污染防治。

2）调整优化产业结构，推动产业转型升级。①严控"两高"行业新增产能；②加快淘汰落后产能；③压缩过剩产能；④坚决停建产能严重过剩行业违规在建项目。

3）加快企业技术改造，提高科技创新能力。①强化科技研发和推广；②全面推行清洁生产；③大力发展循环经济；④大力培育节能环保产业。

4）加快调整能源结构，增加清洁能源供应。①控制煤炭消费总量；②加快清洁能源替代利用；③推进煤炭清洁利用；④提高能源使用效率。

5）严格节能环保准入，优化产业空间布局。①调整产业布局；②强化节能环保指标约束；③优化空间格局。

6）发挥市场机制作用，完善环境经济政策。①发挥市场机制调节作用；②完善价格税收政策；③拓宽投融资渠道。

7）健全法律法规体系，严格依法监督管理。①完善法律法规标准；②提高环境监管能力；③加大环保执法力度；④实行环境信息公开。

8）建立区域协作机制，统筹区域环境治理。①建立区域协作机制；②分解目标任务；③实行严格责任追究。

9）建立监测预警应急体系，妥善应对重污染天气。①建立监测预警体系；②制定完善应急预案；③及时采取应急措施。

10）明确政府、企业和社会的责任，动员全民参与环境保护。①明确地方政府统领责任；②加强部门协调联动；③强化企业施治；④广泛动员社会参与。

（3）主要措施执行效果

1）各省（区、市）均基本完成了重点任务，总体落实情况良好。重点行业提标改造、产业结构调整、燃煤锅炉整治和扬尘综合整治四类措施是对 PM$_{2.5}$ 浓度下降贡献最为显著的措施。

评估测算结果显示，实施《大气污染防治行动计划》使全国主要大气污染物排放量明显下降。分解各措施对减排量的贡献发现，重点行业提标改造、产业结构调整和燃煤锅炉整治是对减排量整体贡献显著的措施。SO$_2$ 减排效果最明显的措施是重点行业提标改造、燃煤锅炉整治和产业结构调整，分别贡献了 SO$_2$ 减排量的 39％、29％ 和 22％；NO$_x$ 减排效果显著的措施有重点行业提标改造、产业结构调整和黄标车及老旧车辆淘汰与油品升级，分别贡献了 NO$_x$ 减排量的 63％、20％ 和 9％；PM$_{2.5}$ 浓度下降贡献最为显著的措施是重点行业提标改造、产业结构调整、燃煤锅炉整治和扬尘综合整治，分别贡献了 PM$_{2.5}$ 浓度下降的 31.2％、21.2％、21.2％ 和 15.2％。机动车的减排贡献在城市更为显著。以北京市为例，2013—2015 年北京共淘汰黄标车 122.2 万辆，NO$_x$、PM$_{2.5}$ 减排量分别为 3.47 万 t、0.26 万 t，分别贡献了两种污染物减排量的 71％ 和 16％，说明《大气污染防治行动计划》控制机动车污染的方向是正确的，措施是有效的。《大气污染防治行动计划》规定的各区域可吸入颗粒物浓度下降指标完成情况如图 3-36 所示。

2）北京市及周边省份的重污染应急措施能够有效降低 PM$_{2.5}$ 浓度，两次启动红色预警使得重污染期间北京市 PM$_{2.5}$ 日均浓度下降 17％～25％。

基于空气质量模型对京津冀 2015 年 12 月两次启动红色预警的减排效果进行评估，结果显示，京津冀两次应急减排措施使得北京市 PM$_{2.5}$ 平均浓度分别下降 17％ 和 20％～25％，说明在重污染天气启动应急预案能够有效降低区域大气污染物排放量，进而显著削减 PM$_{2.5}$ 浓度峰值。

3）2014 年和 2015 年，重点地区污染气象条件相对 2013 年略微不利或变化不大，气

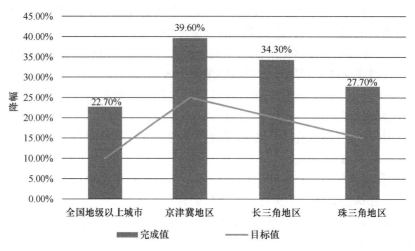

图 3-36 各区域可吸入颗粒物浓度下降指标完成情况

象条件在这两年没有对空气质量的改善起到"助推"作用。

京津冀地区 2014、2015 年污染气象条件状况相对 2013 年分别转差约 17％和 12％，长三角地区转差约 6％和 1％，珠三角和成渝地区污染气象条件状况变化不大。气象条件状况在《大气污染防治行动计划》实施过程中没有对空气质量的改善起到"助推"作用，在京津冀等重点地区甚至起到了不利作用。

4.《打赢蓝天保卫战三年行动计划》

《打赢蓝天保卫战三年行动计划》于 2018 年 7 月 3 日由国务院公开发布，这是继《大气污染防治行动计划》之后第二个国家级的大气污染防治行动计划。

（1）目标任务

计划指出，经过 3 年努力，大幅度减少主要大气污染物排放总量，协同减少温室气体排放，进一步明显降低 $PM_{2.5}$ 浓度，明显减少重污染天数，明显改善环境空气质量，明显增强人民的蓝天幸福感。

到 2020 年，二氧化硫、氮氧化物排放总量分别比 2015 年下降 15％以上；$PM_{2.5}$ 未达标地级及以上城市浓度比 2015 年下降 18％以上，地级及以上城市空气质量优良天数比率达到 80％，重度及以上污染天数比率比 2015 年下降 25％以上；提前完成"十三五"目标的省份，要保持和巩固改善成果；尚未完成的省份，要确保全面实现"十三五"约束性目标；北京市环境空气质量改善目标应在"十三五"目标基础上进一步提高。《打赢蓝天保卫战三年行动计划》与《大气污染防治行动计划》主要指标对比如表 3-18 所示。

《打赢蓝天保卫战三年行动计划》与《大气污染防治行动计划》主要指标对比　表 3-18

指标	《大气污染防治行动计划》	《打赢蓝天保卫战三年行动计划》
$PM_{2.5}$	比 2012 年下降 10％以上	比 2015 年下降 18％以上（未达标城市浓度）
SO_2	无明确指标规定	比 2015 年下降 15％以上
NO_x	无明确指标规定	比 2015 年下降 15％以上
地级及以上城市空气优良天数	要求优良天数"逐年提高"	达到 80％
空气重度污染天数	无明确指标规定	比 2015 年下降 25％

调整优化产业结构，推进产业绿色发展；加快调整能源结构，构建清洁低碳高效能源体系；积极调整运输结构，发展绿色交通体系；优化调整用地结构，推进面源污染治理；实施重大专项行动，大幅降低污染物排放；强化区域联防联控，有效应对重污染天气。

健全法律法规体系，完善环境经济政策；加强基础能力建设，严格环境执法督察；明确落实各方责任，动员全社会广泛参与。

（2）主要内容

1）调整优化产业结构，推进产业绿色发展。①优化产业布局；②严控"两高"行业产能；③强化"散乱污"企业综合整治；④深化工业污染治理；⑤大力培育绿色环保产业。

2）加快调整能源结构，构建清洁低碳高效能源体系。①有效推进北方地区清洁取暖；②重点区域继续实施煤炭消费总量控制；③开展燃煤锅炉综合整治；④提高能源利用效率；⑤加快发展清洁能源和新能源。

3）积极调整运输结构，发展绿色交通体系。①优化调整货物运输结构；②加快车船结构升级；③加快油品质量升级；④强化移动源污染防治。

4）优化调整用地结构，推进面源污染治理。①实施防风固沙绿化工程；②推进露天矿山综合整治；③加强扬尘综合治理；④加强秸秆综合利用和氨排放控制。

5）实施重大专项行动，大幅降低污染物排放。①开展重点区域秋冬季攻坚行动；②打好柴油货车污染治理攻坚战；③开展工业炉窑治理专项行动；④实施VOCs专项整治方案。

6）强化区域联防联控，有效应对重污染天气。①建立完善区域大气污染防治协作机制；②加强重污染天气应急联动；③夯实应急减排措施。

7）健全法律法规体系，完善环境经济政策。①完善法律法规标准体系；②拓宽投融资渠道；③加大经济政策支持力度。

8）加强基础能力建设，严格环境执法督察。①完善环境监测监控网络；②强化科技基础支撑；③加大环境执法力度；④深入开展环境保护督察。

9）明确落实各方责任，动员全社会广泛参与。①加强组织领导；②严格考核问责；③加强环境信息公开；④构建全民行动格局。

（3）执行效果

生态环境部于2021年2月25日举行例行新闻发布，宣布《打赢蓝天保卫战三年行动计划》圆满收官。生态环境部大气环境司文件表示，已全面完成各项治理任务，《打赢蓝天保卫战三年行动计划》圆满收官。2020年，全国空气质量总体改善，全国地级及以上城市优良天数比率为87%，$PM_{2.5}$未达标城市平均浓度比2015年下降28.8%。

5. 近年来我国大气污染治理其他重点政策

2014年9月，国家能源局公布的《煤电节能减排升级与改造行动计划（2014—2020年）》提出，新建燃煤发电机组同步建设先进高效脱硫、脱硝和除尘设施，不得设置烟气旁路通道。东部地区新建燃煤发电机组大气污染物排放浓度基本达到燃气轮机组排放限值（即在基准氧含量6%条件下，烟尘、SO_2、NO_x排放浓度分别不高于10mg/m³、35mg/m³和50mg/m³），中部地区新建机组接近或达到燃气轮机组排放限值，鼓励西部地区新建机组接近或达到燃气轮机组排放限值。

2014年9月，国家发展改革委、财政部、环境保护部联合下发《关于调整排污费征收标准等有关问题的通知》，废气和污水每污染当量的排污费征收标准提高1倍，并要求加强环境执法和排污费征收情况检查，严厉打击违法行为。

2015年12月，环境保护部、国家发展和改革委员会、国家能源局印发《全面实施燃煤电厂超低排放和节能改造工作方案》，要求东、中、西部燃煤电厂分别在2017、2018、2020年底前实现超低排放，在基准氧含量6％条件下，烟尘、SO_2、NO_x排放浓度分别不高于10mg/m³、35mg/m³、50mg/m³，燃煤机组平均除尘、脱硫、脱硝分别达到99.95％、98％、85％以上。

2016年12月，国务院发布《"十三五"节能减排综合工作方案》，大气污染治理目标大幅度提高。如图3-37所示，相比"十二五"期间对SO_2、NO_x分别下降8％的减排目标，"十三五"期间二者减排目标分别为15％、10％。

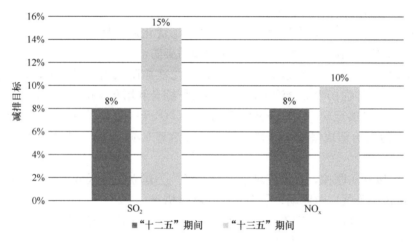

图3-37 "十二五"和"十三五"时期SO_2、NO_x减排目标对比

2017年6月，环境保护部《火电厂污染防治可行技术指南》HJ 2301—2017明确提出"燃煤电厂煤炭的装卸应当采取封闭、喷淋等方式防治扬尘""厂内煤炭输送过程中，输煤栈桥、输煤转运站应采用密闭措施，也可采用圆管带式输送机，并根据需要配置除尘器"。该指南明确了圆管带式输送机在环保输送中的地位。

2017年6月，环境保护部发布《钢铁烧结、球团工业大气污染物排放标准》（征求意见稿），规定了钢铁烧结及球团生产企业大气污染物排放限值、监测和监控要求，主要提高大气污染物特别排放限值，提标内容为：颗粒物、SO_2、NO_x特别排放限值分别由40mg/m³、180mg/m³、300mg/m³调整为20mg/m³、50mg/m³、100mg/m³。

2017年9月，环境保护部等在《"十三五"挥发性有机物污染防治工作方案》中提出，重点推进石化、化工、包装印刷、工业涂装等重点行业以及机动车、油品储运销等交通源VOCs污染防治，并明确至2020年，重点地区、重点行业VOCs污染排放总量下降10％以上。

2017年12月，工业和信息化部在《工业和信息化部关于加快推进环保装备制造业发展的指导意见》中提出，环保装备制造业在2016年6200亿元产值基础上，提高到2020年的10000亿元。对于大气治理子领域，意见要求重点研发$PM_{2.5}$和臭氧主要前体物联合脱除、三氧化硫（SO_3）、重金属、二噁英处理等趋势性、前瞻性技术装备。研发除尘用脉冲高压电源等关键零部件，推广垃圾焚烧烟气、移动源尾气、挥发性有机化合物（VOCs）废气的净化处置技术及装备。

2019年5月，生态环境部、国家发展和改革委员会、工业和信息化部、财政部、交通运输部五部委联合印发《关于推进实施钢铁行业超低排放的意见》，明确了推进实施钢铁行业超低排放工作的总体思路、基本原则、主要目标、指标要求、重点任务、政策措施和实施保障，推动了钢铁行业环保需求的提升。

2020年中央经济工作会议明确，打好污染防治攻坚战，坚持方向不变、力度不减，突出精准治污、科学治污、依法治污，推动生态环境质量持续好转。《大气污染防治行动计划》明确，到2020年年末二氧化硫、氮氧化物排放总量分别比2015年下降15%以上；实施重点地区、重点行业VOCs污染减排，排放总量下降10%以上。根据上述政策要求，大气治理行业的需求仍然旺盛，VOCs治理市场将保持快速、持续增长态势，非电领域烟气治理将呈现新的变化。

2020年3月，中共中央办公厅、国务院办公厅印发的《关于构建现代环境治理体系的指导意见》中提出：强化环保产业支撑，加强关键环保技术产品自主创新，推动环保首台（套）重大技术装备示范应用，加快提高环保产业技术装备水平；鼓励企业参与绿色"一带一路"建设，带动先进的环保技术、装备、产能走出去；积极推行环境污染第三方治理，开展园区污染防治第三方治理示范。近年来海外国家特别是"一带一路"沿线国家火电烟气治理需求正在持续增长，再叠加国家政策指导，为烟气治理企业进行海外项目拓展提供了发展空间。

3.5.3 我国大气污染防治主要成就

1. 我国重点区域的大气污染防治成效

（1）重点区域的划分

环境保护部等《关于印发〈重点区域大气污染防治"十二五"规划〉的通知》（环发〔2012〕130号）明确区域控制重点，对省份实施分区分类管理。执行大气污染物特别排放限值的地区为纳入规划的重点控制区，共涉及京津冀、长三角、珠三角等"三区十群"19个省（区、市）47个地级及以上城市，这其中又以京津冀、长三角、珠三角为重中之重。具体划分如表3-19所示。

大气污染物特别排放限值重点控制区域　　　　　　　　　　　　表3-19

区域	省/市/区	重点控制区域
京津冀地区	北京市	北京市
	天津市	天津市
	河北省	石家庄市、唐山市、保定市、廊坊市
长三角地区	上海市	上海市
	江苏省	南京市、无锡市、常州市、苏州市、南通市、扬州市、镇江市、泰州市
	浙江省	杭州市、宁波市、嘉兴市、湖州市、绍兴市
珠三角地区	广东省	广州市、深圳市、珠海市、佛山市、江门市、肇庆市、惠州市、东莞市、中山市

区域	省/市/区	重点控制区域
辽宁中部城市群	辽宁省	沈阳市
山东城市群	山东省	济南市、青岛市、淄博市、潍坊市、日照市
武汉及周边城市群	湖北省	武汉市
长株潭城市群	湖南省	长沙市
成渝城市群	重庆市	重庆主城区
	四川省	成都市
海峡西岸城市群	福建省	福州市、三明市
山西中北部城市群	山西省	太原市
陕西关中城市群	陕西省	西安市、咸阳市
甘宁城市群	甘肃省	兰州市
	宁夏回族自治区	银川市
新疆乌鲁木齐城市群	新疆维吾尔自治区	乌鲁木齐市

（2）重点区域政策法规

京津冀、长三角、珠三角从产业、能源、运输和农业等多个方面统筹治理，根据自身特点，因地制宜出台了相对应的政策法规，不同区域所出台政策法规汇总如表3-20～表3-22所示，以针对性的治污策略和严格的治污手段，确保空气质量的持续改善。

京津冀地区 2019 年大气污染治理政策法规汇总　　　　　　　　表 3-20

地区	政策
北京市	《关于扩大禁止适用高排放非道路移动机械区域的通告（征求意见稿）》
	《关于北京市实施第六阶段机动车排放标准的通告（征求意见稿）》
	《北京市污染防治攻坚战 2019 年行动计划》
	《关于做好 2019 年重点碳排放单位管理和碳排放交易试点工作的通知》
	《关于实施〈汽油车污染物排放限值及测量方法〉〈柴油车污染物排放限值及测量方法〉国家标准的通知》
	《加油站油气排放控制和限值》DB11/208—2019
	《电子工业大气污染物排放标准》DB11/1631—2019
	《关于划定禁止使用高排放非道路移动机械区域的通告》
	《2019 年北京市大气污染排放自动监控计划》
天津市	《关于落实〈柴油货车污染治理攻坚战行动计划〉的补充实施方案》
	《天津市机动车和非道路移动机械排气污染防治条例（草案）》
	《天津市重污染天气应急预案（征求意见稿）》
	《关于公开征求〈天津市碳排放权交易管理暂行办法〉（修订稿）意见的通知》
河北省	《炼焦化学工业大气污染物超低排放标准》DB 13/2863—2018
	《钢铁工业大气污染物超低排放标准》DB 13/2169—2018
	《施工场地扬尘排放标准》DB 13/2934—2019
	《邢台市 2019 年大气污染防治工作方案》
	《石家庄市 2019 年大气污染综合治理工作方案》

汾渭平原 2019 年大气污染治理政策法规汇总　　　　　　表 3-21

地区	政策
陕西省	《陕西省大气污染防治条例（2019 年修正）》
	《关中地区重点行业大气污染物排放标准》DB 61/941—2018
	《锅炉大气污染物排放标准》GB 61/1226—2018
	《关于实施国家第六阶段机动车排放标准的通告》
	《关于公开全省重污染应急减排清单 AB 级、民生保障类及重点排放企业名单的通告》
	《榆林市蓝天保卫战 2019 年工作方案》
	《汉中市蓝天保卫战 2019 年工作方案》
山西省	《山西省城市环境空气质量改善奖惩方案》
	《关于山西省实施国家第六阶段机动车排放标准的通告》
	《山西省机动车排放检验机构检验服务记分制管理制度（试行）》
	《山西省水泥工业大气污染排放标准（征求意见稿）》
	《山西省柴油火车污染治理攻坚战行动计划实施方案》
	《关于实施〈汽车污染物排放限值及测量方法〉国家标准有关问题的通知》
	《关于 2019 年重污染天气应急 AB 级企业和保障类企业名单的公示》
	《燃煤电厂大气污染物排放标准》DB14/T 1703—2018
	《关于落实 2019—2020 年秋冬季大气污染综合治理工业企业错峰生产要求的通知》
	《山西省工业窑炉大气污染综合治理实施方案》
	《阳泉市打赢蓝天保卫战 2019 年行动方案》
	《晋中市打赢蓝天保卫战 2019 年行动方案》
	《忻州市打赢蓝天保卫战 2019 年行动方案》
	《山西省钢铁行业转型升级 2019 年行动计划》
河南省	《2019 年河南省生态环境工作思路和要点》
	《关于征求河南省实施国家第六阶段机动车排放标准的公告（征求意见稿）的意见的函》
	《关于印发河南省工业大气污染防治 6 个专项方案的通知》
	《关于印发 2019 年地级及以上城市环境空气挥发性有机物监测方案的通知》
	《关于组织全面开展排放废气企业自行监测及信息公开工作的通知》
	《关于做好全省碳排放权交易市场发电行业重点排放单位名单和相关材料报送工作的通知》
	《关于执行国家第六阶段机动车排放标准有关问题的复函》
	《关于印发重型柴油车、非道路移动机械排气污染物深度治理指导意见的通知》
	《关于进一步做好涉气企业转向执法行动有关工作的通知》
	《关于进一步加强城市环境空气质量自动监测站点管理工作的函》

长三角地区 2019 年大气污染治理政策法规汇总　　　　　　表 3-22

地区	政策
江苏省	《南通市深入推进"散乱污"企业综合整治实施方案》
	《固定式燃气轮机大气污染物排放标准（征求意见稿）》
	《关于下达扬州市 2019 年度锅炉整治工作任务的通知》

地区	政策
江苏省	《关于增补秋冬季错峰生产及重污染天气应急管控停限产豁免企业的通告》
	《关于修订江苏省秋冬季错峰生产及重污染天气应急管控停限产豁免管理办法（试行）的通知》
	《进一步加强大气污染防治工作方案的通知》
	《表面涂装（汽车零部件）大气污染排放标准（征求意见稿）》
	《关于进一步做好相关企业碳排放管理和服务的通知》
	《如皋市 2019 年大气污染防治工作计划》
	《盐城市打赢蓝天保卫战实施方案》
	《南通市 2019 年大气污染防治工作计划》
浙江省	《义乌市打赢蓝天保卫战 2019—2020 年行动计划》
	《绍兴市大气环境质量限期达标规划（二次征求意见稿）》
	《浙江省柴油货车污染治理攻坚战行动计划（公开征求意见稿）》
	《浙江省农业农村污染治理攻坚战实施方案（公开征求意见稿）》
	《化学纤维工业大气污染物排放标准（征求意见稿）》
	《关于实施国家第六阶段机动车排放标准的通告（公开征求意见稿）》
	《浙江省钢铁行业超低排放改造实施计划（征求意见稿）》
	《关于执行国家排放标准大气污染物特别排放限值的通告》
	《浙江省工业炉窑大气污染综合治理方案（征求意见稿）》
	《制药工业大气污染物排放标准（征求意见稿）》
	《浙江省非道路移动机械申报及排气烟度检验技术规范（公开征求意见稿）》
	《嘉兴市大气环境质量限期达标规划》
	《宁波市打赢蓝天保卫战三年行动计划》
	《关于加强重点工业园区大气污染治理的意见》
上海市	《关于开展涉 VOCs 排放企业专项检查行动的通知》
	《上海市扬尘在线监测数据执法应用规定》
	《关于加强本市场机动车定期检验机构排放检验环境监督的通知》
	《关于加强汽车尾气废三元催化剂环境管理工作的通知》
	《关于印发上海市 2019 年节能减排和应对气候变化重点工作安排的通知》
	《关于终形燃气车实施第六阶段排放标准、摩托车和轻便摩托车实施第四阶段排放标准的通告》
	《关于开展纳入全国碳排放权交易市场发电行业重点排放单位相关材料报送工作的通知》
	《关于开展 2019 年度重污染天气应急减排清单修订工作的通知》
	《关于重点行业执行国家标准大气污染物特别排放限值的通告》
	《关于印发〈挥发性有机物治理设施运行管理技术规范（试行）〉的通知》
	《上海市钢铁行业超低排放改造工作方案（2019—2025 年）》
	《关于印发〈上海市推进实施机动车排放检测与强制维护制度（I/M 制度）工作方案〉的通知》
	《上海市工业炉窑大气污染综合治理工作方案》
	《关于做好上海市 2019—2020 年秋冬季大气污染综合治理攻坚行动相关工作的通知》
安徽省	《蚌埠市蓝天保卫战 2019 年重点工作实施方案》
	《关于实施国家第六阶段机动车排放标准的通告》
	《水泥工业大气污染物排放标准》DB 34/3576—2020
	《关于全面执行大气污染物特别排放标准限值的通知》
	《霍邱县重污染天气应急预案（2019 年修订）》
	《黄山市打赢蓝天保卫战三年行动计划实施方案》
	《滁州市打赢蓝天保卫战三年行动计划实施方案》

（3）重点区域大气污染防治代表性措施

大气污染是由多种污染源造成的，并受地形、气象、绿化面积、能源结构、工业结构、工业布局、交通管理、人口密度等多种自然因素和社会因素的影响。各重点区域统一规划并综合运用各种防治措施，初步有效地控制了大气污染。

1）减少或防止污染物的产生。主要方法有：①改变能源结构，采用清洁能源（如天然气、沼气等）和可再生能源（如太阳能、风能和生物质能）；②对燃料进行前处理（如燃料脱硫、洗煤、煤的汽化和液化），以减少燃烧时大气污染物的生成；③改进燃烧技术和装置、运转条件，以提高燃烧效率和降低大气污染物的排放；④实施清洁生产，节约原材料与能源，尽可能不用有毒原材料，并在全部排出物和废物离开生产过程以前就减少它们的数量和毒性；⑤节约能源和开发资源综合利用；⑥加强企业管理，减少无组织排放和事故排放；⑦改善土地利用方式，减少地面扬尘。

2）控制污染物的排放。采取抑制污染物产生的各项措施后，仍会有一些污染物生成，需要设计安装必要的净化装置，使污染物的排放浓度和排放总量达到国家或地方标准。主要方法有：①利用各种除尘器去除烟尘和各种工业粉尘；②采用物理、化学、物理化学、生物等各种方法回收利用废气中的有用物质，或使有害气体无害化。

3）利用环境的自净能力。大气环境的自净能力包括物理、化学和生物过程。在排出的污染物总量恒定的情况下，环境空气中污染物浓度在时间和空间上的分布与气象条件有关，认识和掌握气象变化规律，充分利用大气稀释与自净能力，可以降低大气中污染物的浓度或持续时间，避免或减少大气污染危害。如以不同地区、不同高度的大气层的空气动力学和热力学的变化规律为依据，可以合理地确定不同地区的烟囱高度，使经烟囱排放的大气污染物能在大气中迅速扩散稀释。

4）防治大气污染的其他措施。植物具有美化环境、调节气候、截留粉尘、吸收大气中有害气体等功能，可在大面积范围内长时间连续地净化大气。在城市和工业区有计划、有选择地扩大绿地面积，对大气污染综合防治具有长效能和多功能的作用。培育抗污染、适应气候变化后生态特点的新植物品种也是防治大气污染的措施之一。

（4）重点区域空气质量改善数据

1）京津冀地区

京津冀及周边地区"2＋26"城市 2020 年 12 月平均空气质量优良天数比例为 54.0%。其中，北京市优良天数比例为 100%，阳泉、长治、廊坊等 5 个城市的优良天数比例在 80%～100% 之间，太原、大津、保定等 8 个城市的优良天数比例在 50%～80% 之间。"2＋26"城市 $PM_{2.5}$ 平均浓度为 76$\mu g/m^3$，同比下降 6.2%；PM_{10} 平均浓度为 116$\mu g/m^3$，同比下降 0.9%；NO_2 平均浓度为 51$\mu g/m^3$，同比下降 1.9%；CO 日均值第 95 百分位平均浓度为 1.9mg/m^3，同比下降 17.4%。

北京市优良天数比例为 100%，同比上升 19.4 个百分点；$PM_{2.5}$ 平均浓度为29$\mu g/m^3$，同比下降 35.6%，环比下降 23.7%；PM_{10} 平均浓度为 57$\mu g/m^3$，同比下降 5.0%，环比下降 9.5%；NO_2 平均浓度为 38$\mu g/m^3$，同比下降 17.4%，环比下降 11.6%；CO 日均值第 95 百分位平均浓度为 1.3mg/m^3，同比下降 41.8%，环比下降 7.1%；O_3 日最大 8h 平均第 90 百分位平均浓度为 58$\mu g/m^3$，同比下降 1.7%，环比持平。

2）长三角地区

2020 年 12 月，长三角地区 41 个城市平均空气质量优良天数比例为 66.7%。其中，黄山、舟山、丽水等 5 个城市的优良天数比例为 100%，台州、宁波、金华等 5 个城市的优良天数比例在 80%～100% 之间，绍兴、上海、杭州等 23 个城市的优良天数比例在 50%～80% 之间。

上海市优良天数比例为 77.4%；$PM_{2.5}$ 平均浓度为 $47\mu g/m^3$，同比下降 6.0%；SO_2 平均浓度为 $7\mu g/m^3$，同比下降 22.2%；NO_2 平均浓度为 $54\mu g/m^3$，同比下降 14.3%；CO 日均值第 95 百分位平均浓度为 $1.2mg/m^3$，同比持平；O_3 日最大 8h 平均第 90 百分位平均浓度为 $74\mu g/m^3$，同比下降 5.1%。

2. 我国城市整体空气质量改善状况

（1）2020 年 12 月全国城市空气质量状况

按照《环境空气质量标准》GB 3095—2012 评价，2020 年 12 月，全国 337 个地级及以上城市平均空气质量优良天数比例为 77.7%，轻度污染天数比例为 15.0%，中度污染天数比例为 4.8%，重度及以上污染天数比例为 2.5%。与 2019 年同期相比，优良天数比例上升 0.7 个百分点，重度及以上污染天数比例下降 0.7 个百分点。$PM_{2.5}$ 平均浓度为 $53\mu g/m^3$，同比下降 3.6%；PM_{10} 平均浓度为 $79\mu g/m^3$，同比下降 3.7%；SO_2 平均浓度为 $13\mu g/m^3$，同比下降 13.3%；NO_2 平均浓度为 $36\mu g/m^3$，同比下降 7.7%；CO 日均值第 95 百分位平均浓度为 $1.4mg/m^3$，同比下降 6.7%；O_3 日最大 8h 平均第 90 百分位平均浓度为 $74\mu g/m^3$，同比下降 5.1%。

（2）2020 年 1—12 月全国城市空气质量状况

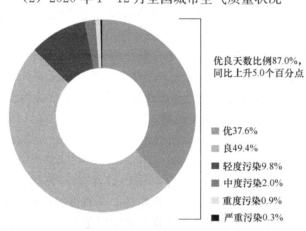

优良天数比例87.0%，同比上升5.0个百分点

■ 优37.6%
■ 良49.4%
■ 轻度污染9.8%
■ 中度污染2.0%
■ 重度污染0.9%
■ 严重污染0.3%

图 3-38　2020 年全国 337 个地级及以上城市各级别天气比例

2020 年 1—12 月，全国 337 个地级及以上城市平均空气质量优良天数比例为 87.0%，同比上升 5.0 个百分点；$PM_{2.5}$ 平均浓度为 $33\mu g/m^3$，同比下降 8.3%；PM_{10} 平均浓度为 $56\mu g/m^3$，同比下降 11.1%；O_3 平均浓度为 $138\mu g/m^3$，同比下降 6.8%；SO_2 平均浓度为 $10\mu g/m^3$，同比下降 9.1%；NO_2 平均浓度为 $24\mu g/m^3$，同比下降 11.1%；CO 平均浓度为 $1.3mg/m^3$，同比下降 7.1%。全国 337 个地级及以上城市各级别天气比例如图 3-38 所示。168 个重点城市空气质量排名前 20 位和后 20 位名单如表 3-23 所示。

2020 年 168 个重点城市空气质量排名前 20 位和后 20 位名单　　　　表 3-23

前 20 位		后 20 位	
排名	城市	排名	城市
1	海口市	倒 1	安阳市
2	拉萨市	倒 2	石家庄市
3	舟山市	倒 3	太原市

前20位		后20位	
排名	城市	排名	城市
4	厦门市	倒4	唐山市
5	黄山市	倒5	邯郸市
6	深圳市	倒6	临汾市
7	丽水市	倒7	淄博市
8	福州市	倒8	邢台市
9	惠州市	倒9	鹤壁市
10	贵阳市	倒10	焦作市
11	珠海市	倒11	济南市
12	雅安市	倒12	枣庄市
13	台州市	倒13	咸阳市
14	中山市	倒14	运城市
15	肇庆市	倒15	渭南市
16	昆明市	倒16	新乡市
17	南宁市	倒17	保定市
18	遂宁市	倒18	阳泉市
19	张家口市	倒19	聊城市
20	东莞市	倒20	滨州市/晋城市

3. 空气质量改善的效益

我国自20世纪70年代以来开展的大气污染防治工作，不仅有效缓解了大气污染、提高了环境空气质量，还产生了良好的健康、经济、生态效益，改善了人们生活和生产的环境条件，有利于居民身心健康，减少了大气污染带来的经济损失，促进了社会经济的可持续发展和生态环境的良性循环。

（1）健康效益

据估计，自《大气污染防治行动计划》实施以来，我国城市地区由于环境大气 $PM_{2.5}$ 暴露所导致的过早死亡人数每年约减少 8.9×10^4 人，公众呼吸系统和循环系统疾病的发病率显著降低，由于这类疾病导致的住院治疗每年减少约 12×10^4 人次，由于各类疾病产生的门诊/急诊每年减少约 941×10^4 人次；有效改善了公众的身心健康，也在很大程度上减轻了卫生系统和医疗部门的负担。根据估算结果，《大气污染防治行动计划》的实施每年将为我国带来约 867×10^8 元的健康效益，其中约94%来自于过早死亡人数的减少，约6%来自于各类疾病发病率的降低。

（2）经济效益

据统计，2013—2017年我国大气污染防治行动拉动我国GDP累计增加 20570×10^8 元（5年合计，下同），非农就业岗位累计增加 260×10^4 个，起到了刺激经济发展、促进社会就业等作用，产生了显著的社会经济效益。另外，我国大气污染防治工作的不断推进，还直接带动环保装备制造、建筑安装、综合技术服务、锅炉改造及新能源汽车等相关行业的发展，同时通过产业链关联间接带动金属冶炼压延加工业、化学工业（不含塑料和橡胶）、非金属矿物制品业、电力及热力的生产和供应业等传统高耗能高污染产业的升级转型。

（3）生态效益

我国在大气污染防治方面的投入和所取得的成就，避免了重大环境生态灾害的发生，减少了人为活动引发的环境污染与生态破坏。我国酸雨污染的缓解与解决，及时避免了我国遭受欧洲和北美地区曾经出现的严重酸雨危害和灾难，我国的建筑、土壤、植被、水体、水生生物等未出现大面积腐蚀、酸化、死亡的现象，为我国环境生态的可持续发展做出了巨大贡献。截至 2018 年，我国大气 $PM_{2.5}$ 污染已得到初步控制，大气能见度明显提升，霾污染天数显著下降，沙尘暴频率大幅度降低，削弱了大气颗粒物污染对太阳辐射、大气温度、大气环流及成云降雨的影响。

（4）国际效益

2018 年我国单位 GDP 的 CO_2 排放量较 2005 年降低 45.8%，提前完成了《巴黎协定》约定的目标，为减缓全球气候变化做出了重要贡献。截至 2016 年，我国累计淘汰臭氧层消耗物质约 $25×10^4 t$，占发展中国家的 1/2 左右，实现了《蒙特利尔议定书》规定的各阶段履约目标，全球共淘汰约 $100×10^4 t$ 臭氧层消耗物质，臭氧层耗损和臭氧层空洞得到有效遏制，取得了明显的环境健康效益。

第4章　水环境及其污染防治

4.1　水　环　境

4.1.1　水资源及其分布

1. 水资源的概念

水是生命之源。水资源是人类赖以生存发展的重要物质资源，同土地、能源等构成了人类经济与社会发展的基本条件。水资源的用途十分广泛，不仅能用于工农业生产、城乡生活，还可用于发电、航运、生产养殖、旅游娱乐、改善生态环境等。

水资源可以理解为人类长期生存、生活和生产活动中所需要的各种水。一般认为，水资源具有广义和狭义之分。广义的水资源是指地球上各种形态的（气态、液态或固态）天然水。包括大气中的水汽和水滴，海洋、湖泊、水库、河流、土壤、含水层和生物体中的液态水，冰川、积雪和永久冻土中的固态水，岩石中的结晶水。广义上的水资源强调了水资源的经济、社会和技术属性，突出了社会、经济、技术发展水平对水资源开发利用程度的促进与制约效果。随着经济、技术的发展，水资源的范畴进一步扩大，这在一定程度上缓解了水资源的短缺情况。狭义的水资源是指可供人类直接利用，并能够不断更新的天然淡水，主要是指陆地上的地表水和地下水。水资源一词最早出现于1894年，当年美国地质调查局（USGS）设立了水资源处（WRD）并一直延续至今。

水是自然界的重要组成物质。它通过自身的物理、化学及生物特性的变化，影响着自然环境中一系列物理的、化学的和生物的作用过程。因此，水资源与其他资源相比，具有一些明显的特性。

（1）水资源的多用性和可再生性

水资源是被人类在生产和生活活动中广泛利用的资源。在各种不同的用途中，消费性用水与非经常消耗性或消耗很小的用水并存。水资源的利用方式有多种，有的需要消耗水量（如农业用水、工业用水和城市供水），有的仅利用水能（如水力发电），有的则主要利用水环境而不消耗水量（如航运、渔业等）。不同的利用方式及不同的用水目的对水资源的质量要求也有很大差异，有的质量要求较高（如城市供水、渔业），而有的质量要求则较低（如航运）。因此对水资源应进行综合开发、综合利用、水尽其用，以同时满足不同用水部门的需要。全球淡水资源只有 $0.35 \times 10^{17} \mathrm{m}^3$，但经长期的天然消耗和人类的取用，并不见减少，原因就在于淡水处于水的循环系统中，不断得到大气降水的补给，即水资源具有再生性的特点。

（2）水资源时空分布的不均匀性

水是自然地理环境中较活跃的因素，其数量和质量受自然地理因素和人类活动影响。不同地区水资源的数量差别很大，同一地区也多有年内和年际的较大变化。我国水资源在区域上分布极不均匀。总体上表现为东南多，西北少；沿海多，内陆少；山区多，平原少。在同一地区中，不同时间水资源分布差异性也很大，一般夏多冬少。

（3）水资源贮量的有限性

地球表面各种水的贮量很大，总量达到 $13.86 \times 10^{17} \mathrm{m}^3$，但 97.5％是咸水，贮存在海洋及其他水体中，只有 2.5％是淡水。而这些淡水中将近 70％冻结在南极和格陵兰冰盖中，其余大部分是土壤水或者是不易开采利用的深层地下水。因此可供人类利用的淡水资源在数量上具有有限性，不足世界淡水贮量的 1％。

（4）水资源的两重性

水资源既可以造福人类、又可以危害人类。地区水资源质量适宜将有力地促进区域经济发展。但水量过多或过少的季节和地区往往会出现洪涝、干旱等自然灾害。同时，不当的水资源开发行为也会引发人为灾害，破坏环境，阻碍社会发展，如无节制地开采地下水导致的水位下降及地面沉降、水利工程设计不当导致的垮坝事故等。

2．水文现象

水文现象是指水在大气圈、岩石圈、水圈和生物圈中循环运动的各种方式，如降水、蒸发、径流及下渗等都是主要的水文现象。

（1）降水

降水是指液态或固态的汽水凝结物从空中降落到地面的现象，如雨、雪、雹、露、霜等，其中雨和雪是主要降水。气流上升产生动力冷却是形成降水的主因。按照气流上升冷却的原因，降雨可分为气旋雨、对流雨、地形雨、锋面雨。

1）气旋雨

气旋是中心气压低于四周气压的大气漩涡，分为温带气旋和热带气旋，如图 4-1 所示。气旋雨是指随着低压气旋过境产生的降雨。高纬度地区以温带气旋为主，气旋强度较小，产生的温带气旋雨强度也小；热带气旋常产生于低纬度的海洋上，强度大，产生的热带气旋雨强度也大。按照近中心最大风力，热带气旋强度分为：<8 级为热带低压；8～9 级为热带风暴；10～11 级为强热带风暴；大于 12 级为台风（台风、强台风、超强台风）。

图 4-1　气旋

2）对流雨

因地表局部过热，造成气温上升递减速率过大，大气稳定性降低，下层空气膨胀上升与上层空气形成对流运动，如图 4-2 所示。上升空气由于动力冷却而产生降雨，叫做对流雨。对流雨降雨强度大、历时短、范围小。

3）地形雨

空气在运动过程中，遇到山脉的阻挡，气流被迫沿迎风坡上升，受到动力冷却产生降雨，叫做地形雨，如图 4-3 所示。地形雨多发生在山的迎风坡，由于水汽大部分已在迎风坡凝结降落，而且空气过山后下沉时温度增高，因此背风坡雨量锐减。地形雨一般随高程的增加而增大，其降雨历时较短，雨区范围不大。

图 4-2　对流运动　　　　　　　　　　　　图 4-3　地形雨

4）锋面雨

当冷气团与暖气团在运动过程中相遇时，其交界面叫做锋面，如图 4-4 所示。锋面与地面的相交地带叫做锋。一般地面锋区的宽度有几十千米，高空锋区的宽度可达几百千米。锋面雨便是在锋面上产生的降雨。按照冷暖气团的相对运动方向将锋面雨分为冷锋雨和暖锋雨。当冷气团向暖气团移动，两者相遇，因冷空气较重而楔入暖气团下方，迫使暖气团上升，形成冷锋而致雨，就是冷锋雨。冷锋雨一般降雨强度大、历时短、雨区范围小。若冷气

图 4-4　锋面

团相对静止，暖气团势力较强，向冷气团推进，两者相遇，暖气团将沿界面爬升于冷气团之上形成降雨，叫做暖锋雨。暖锋雨的特点是降雨强度小、历时长、雨区范围大。

降水的特性可用降水量、降水历时、降水强度等特征量以及降水过程线、降水累积曲线、等雨量线等特性曲线来表示。

1）降水量

在一定时间段内，降在点或面上、未蒸发或渗漏形成的水层深度，称为降水量。测定降水量的仪器有雨量器和雨量计等。降水量的多少，主要取决于大气中水汽的含量与气流上升动力的强弱，还受纬度、环流、海陆、地形和洋流等制约。空中水汽含量愈丰富，空气上升运动愈强，降水量愈大。降水量的差异可导致不同的自然景观和农业生产类型。在我国，年降水量大于 1000mm 的湿润地区适于栽培水稻；年降水量 400～1000mm 的半湿润地区主要是旱作农业区；年降水量 250～400mm 的半干旱地区为半农半牧区；年降水量小于 250mm 的干旱地区以畜牧业为主，种植业只能在灌溉条件下进行。

2）降水历时

降水所经历的时间，称为降水历时。一般以分钟、小时或天计。降水自开始至结束所经历的时间为一次降水历时。与降雨历时相应的还有降雨时段，它是人为规定的。对于某一场降雨而言，为了比较各地的降雨量大小，可以人为指定某一时段降雨量作标准，如最大 1h 降雨量、6h 降雨量、24h 降雨量等。一般将小于 24h 的降水历时称为"短降水历时"，将超过 24h 的降水历时称为"长降水历时"。结合降水强度分析，降水历时对判断某地的降水量有重要意义。

3）降水强度

单位时间内的降水量，称为降水强度。降水强度大则径流加大，易引起洪涝灾害，并加重水土流失或破坏土壤结构，还常导致作物倒伏与花、果、籽粒脱落。降水强度太小，往往不能满足作物对水分的需求。

4）降水过程线

降水过程线指以时间为横坐标、降水量为纵坐标绘制成的降水量随时间变化的曲线。可用降水量柱状图或曲线图表示。

5）降水累积曲线

自记雨量计记录纸上的曲线即是降水累积曲线，其横坐标表示时间，纵坐标表示自降水开始到各时刻降水量的累计值。如果将相邻雨量站同一次降水的累积曲线绘在一起，可用来分析降水的空间分布与时程的变化特征。

6）等雨量线

等雨量线是区域内降水量相等的各点连成的曲线，它反映了区域内降水的分布规律。在等降水量图上可以查出各地的降水量和降水面积，但无法确定降水历时和降水强度。

在空间上，我国具有年降水量地区分布不均匀、东南多、西北少、依次递减的特点。我国多年平均降水量为 648mm，低于全球的 800mm 和亚洲的 740mm，其中台湾基隆最大，多年平均降水量为 6489mm，新疆塔里木盆地的且末县最小，多年平均降水量为 9.2mm。

在时间上，我国具有降水量年际变化大、降水年内分配不均匀的特点。西北和华北地区的年降水量极值比（年系列最大与最小之比）为 3～7，有的地区甚至达到 10；西北和华北地区的汛期降水量占全年降水量的 70%～80%，长江以南地区汛期四个月的降水量占全年降水量的 50%～60%。

（2）蒸发

水接受太阳辐射，以水汽形式散失到大气中的水文现象，称为蒸发。自然界中蒸发是海洋和陆地水分进入大气的最主要途径（还包括植被的蒸腾过程），是地球水文循环的主要环节之一。从全球平均情况来看，蒸发消耗的潜热占地球上来自太阳有效能量的 3/10，是大气中能量转换和输送过程的一种重要方式。在地球科学中，蒸发泛指液态水或固态水转化为气态水的过程。蒸发量即从水（冰）面跃出的水分子通量和进入水（冰）面的水汽分子通量之差值。蒸发可以分为水面蒸发、土面蒸发、植物散发。

1）水面蒸发

水面蒸发指流域上的各种水体如江河、水库、湖泊、沼泽等，由于太阳的辐射作用，其水分子在不断地运动中，当某些水分子所具有的动能大于水分子之间的内聚力时，便从水面逸出变成水汽进入空中，进而向四周及上空扩散；与此同时，有部分水汽分子又从空中返回到水面。因此，蒸发量是指水分子从水体中逸出和返回的差值，通常以 mm/d、mm/月或 mm/年计。

影响水面蒸发的因素主要有太阳辐射、温度、水汽压差、风速和水质等。太阳辐射几乎全部用于水体蒸发，蒸发量随辐射强度线性变化。水体温度升高，蒸发量会随之增大。水汽压差指水面温度的饱和水汽压与水面上空一定高度的实际水汽压之差。它反映了水汽浓度梯度，根据扩散理论所提供的概念，蒸发率与水汽压差成正比。一般认为，风速越大，蒸发量越大。如水中含有盐分，盐分子会增加分子的吸力，溶质越多，越不易蒸发。

2）土面蒸发

土面蒸发又称为土壤蒸发。土壤蒸发是指水分从土壤中逸出的物理过程，也是土壤失水干化的过程。土壤是一种有孔介质，它不仅具有吸水和持水能力，而且具有输送水分的能力。因此土壤蒸发与水面蒸发不同，土壤蒸发除了受气象因素影响外，还受土壤中水分运动的影响。另外，土壤含水量、土壤结构、土壤色泽等，也对土壤蒸发有一定的影响。

土面蒸发的过程分为稳定蒸发、衰减蒸发和水汽扩散三个阶段。当下部供水充分时，蒸发强度仅取决于气象条件，此时为稳定蒸发。当下部供水不足时，蒸发强度随土壤含水率衰减，蒸发进入衰减蒸发阶段。土壤含水率继续下降，导致输水毛细管断裂，下层水分汽化后只能经干土层的空隙扩散至大气，实现蒸发，此时为水汽扩散。

土面蒸发受土壤含水率、土壤空隙率、温度梯度和地下水埋深的影响。当土壤含水率饱和时，土面蒸发接近水面蒸发。土壤空隙的大小、形状、数量也影响着土面蒸发的速率。土壤空隙直径为 0.1～0.001mm 时，毛管作用最明显，蒸发强度最大。黄土型黏壤土毛管作用最强，砂土次之，团聚性强的土壤毛管作用最差。土壤水分总体是由高温区向低温区运行，所以温度梯度的大小在一定程度上决定着水分传递的速度。地下水的埋深越浅，土面蒸发强度越大。深色土壤吸收太阳辐射多，蒸发强度大，如黑土地比黄土地的蒸发强度高 15％。

3）植物散发

植物根系从土壤中吸收水分，经导管向上移动，在根压和蒸腾拉力作用下，水分移动可达树梢的叶子。叶子由许多薄壁细胞组成，叶子表皮有许多气孔，气孔在两个保卫细胞之间，水分进入保卫细胞时，细胞膨胀，其毗连薄壁分开，使气孔打开，进行散发。植物散发既是植物的生理过程，又是水分的蒸发过程。

气象条件和土壤条件对植物散发的影响与水面蒸发、土面蒸发相同。植物条件（植物类别、生长期和生长阶段）则是植物散发独有的影响因素。阔叶明显大于针叶；深色叶大于浅色叶；老龄与幼龄散发强度最小，中期最大。

（3）径流

径流指由降水所形成，在重力的作用下，沿着一定的方向和路径流动的水流。径流按水流来源可分为降雨径流和融水径流；按流动方式可分为地表径流和地下径流，地表径流又分为坡面流和河槽流。此外，还有水流中含有固体物质（泥沙）形成的固体径流，水流中含有化学溶解物质构成的离子径流等。在一定时段内通过河流某一断面的水量称为径流量。河流的径流量由水文站实际观测计算得到。径流的空间分布及时间分配与降水的分布基本一致，在我国由东南向西北内陆递减，在年内分配上具有夏季丰水、冬季枯水和春秋过渡的规律。

径流按水源划分为地面径流、壤中流与地下径流三种。地面径流指在地面产生并在地面流动的径流。其中在坡面上流动的称为坡面漫流，在河道中流动的称为河川径流。在土壤中流动的径流，称为壤中流，也称为表层流。表层土常含有腐殖质，比较疏松，下层风化土则比较密实，更下层的基岩往往更为密实。下渗水分较容易通过上土层，较难通过下土层，因此就在这两个土层的界面上流动，形成壤中流。地下径流为水下渗到地下含水层以后通过地下水流动流入河川的径流。

降雨径流是指雨水降落到流域表面上，经过流域的蓄渗等系列损失分别从地表面向地下汇集到河网，最终流出流域出口的水流。从降雨开始到径流流出流域出口断面的整个物理过程称为径流的形成过程。径流过程可分为产流过程和汇流过程。

降雨扣除损失后的雨量为净雨；降雨扣除损失成为净雨的过程称为产流过程。净雨沿坡面从地面或地下汇入河网，然后沿河网汇集到流域出口断面的全过程，称为汇流过程。前者为坡地汇流，后者为河网汇流，总称流域汇流。

（4）下渗

下渗也称为入渗，是水分通过土壤空隙向下运动的现象。天然情况下的下渗主要是雨水的下渗，它是造成降雨径流过程中径流量损失的主要原因，下渗量不仅直接决定地面径流量的大小，同时也影响土壤水分和地下水的增长，是地表水和地下水连接并转换的一个中间过程。

当土壤很干燥时，土壤颗粒能将水分子吸附在自己周围，形成薄膜，称为薄膜水。分子吸力很大，产生的下渗很快。薄膜水满足以后，土隙空间可产生表面张力，以毛管形式使水分下渗，形成毛管水。毛管力比分子吸力要小得多。毛管水满足以后，土间空隙将产生自由水，即受重力作用能下渗的水。这时的下渗最慢，而且稳定，称为稳定下渗。当自由水已经排完而毛管水仍饱满时的土壤湿度称为田间持水量，即在自然状态下可含蓄的最大水量。干燥而粗粒的土壤下渗率可达数百毫米每小时，湿透密实的土壤则只有几毫米每小时。在降雨过程中下渗率随时间而变，由大到小。描述这个过程的曲线常称为下渗曲线。

3. 水文循环

地球上的水连续不断地变换地理位置和物理形态（相变）的运动过程，称为水分循环或水文循环。地球上的水包括海洋中的水、大陆上的水、大气中的水及地下水等，以气态、液态和固态形式存在。在太阳辐射能的作用下，从海陆表面蒸发的水分，上升到大气中；随着大气的运动和在一定的热力条件下，水汽凝结为液态水降落至地球表面；一部分降水可被植被拦截或被植物散发，降落到地面的水可以形成地表径流；渗入地下的水一部分以表层壤中流和地下径流的形式进入河道，成为河川径流的一部分，另一部分补充地下水；贮存于地下的水，一部分上升至地表供蒸发，一部分向深层渗透，在一定的条件下溢出成为不同形式的泉水；地表水和返回地面的地下水，最终都流入海洋或蒸发到大气中。

地球上的水因吸热而蒸发。从海洋上蒸发的水汽随大气运动进入大陆上空，然后凝结下降为雨雪，产生径流，汇入河川，再流入海洋，形成了一个水文循环，称为大循环（外循环）。在大循环系统中还有一些小循环，从海洋上蒸发的水汽可不进入大陆而直接降落在海洋，大陆水分蒸发后可到海洋上降落，也可在大陆上降落，都是小循环。两极冰山与大陆冰川的消长，也参加了水文循环。

水循环按其发生的空间又可以分为海洋水循环、陆地水循环（包括内陆水循环）。因此，水循环的尺度大至全球，小至局部地区。从时间上划分，可以是长时期的平均，也可以是短时段的状况。水循环使地球上各种形式的水以不同的周期或速度更新。水的这种循环复原特性，可以用水的交替周期表示。由于各种形式水的贮蓄形式不一致，造成各种水的交换周期也不一致。

水文循环亦可分为水的自然循环和水的社会循环。水的自然循环是大循环与小循环的综合。人类为了生产生活的需要，从自然水体取水利用，使用过的水经处理后回到天然水体，这就是水的社会循环。如图 4-5 所示。

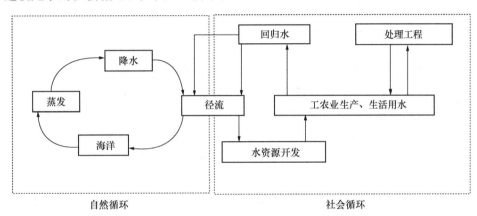

图 4-5　水循环

4. 世界水资源分布

地球表面、岩石圈内、大气层中和生物体内所有形态的水，包括海洋水、冰川水、湖泊水、沼泽水、河流水、地下水、土壤水、大气水和生物水，在全球形成了一个完整的水系统，这就是水圈。水圈内全部水体的总贮量为 $1.386 \times 10^{18} \, \text{m}^3$。其中有 $1.338 \times 10^{18} \, \text{m}^3$ 贮存于面积为 $3.61 \times 10^8 \, \text{km}^2$ 的海洋中，占全球总贮量的 96.5%；分布在面积为 $1.49 \times 10^8 \, \text{km}^2$ 的陆地上的各种水体贮量约为 $4.8 \times 10^{16} \, \text{m}^3$，约占 3.5%；大气水和生物体内的水仅 $1.4 \times 10^{13} \, \text{m}^3$，只占 0.001%。在陆地水贮量中，有 73% 即 $3.503 \times 10^{16} \, \text{m}^3$ 为淡水（含盐量≤1g/L），占全球水贮量的 2.53%。在陆地淡水中，只有 30.4% 即 $1.065 \times 10^{16} \, \text{m}^3$ 分布在湖泊、沼泽、河流、土壤和地下 600m 以内含水层中，其余 69.6% 分布在两极冰川与雪盖、高山冰川和永久冻土层中，难以利用，水体贮量详细数据见表 4-1。

地球水贮量 表 4-1

水体种类	水贮量		咸水		淡水	
	$\times 10^{12} \text{m}^3$	%	$\times 10^{12} \text{m}^3$	%	$\times 10^{12} \text{m}^3$	%
海洋水	1338000	96.538	1338000	99.041	—	—
冰川与永久积雪	24064.1	1.7362	—	—	24064.1	68.6973

水体种类	水贮量		咸水		淡水	
	$\times 10^{12} m^3$	%	$\times 10^{12} m^3$	%	$\times 10^{12} m^3$	%
地下水	23400	1.6883	12870	0.9527	10530	30.0606
永冻层中冰	300	0.0216	—	—	300	0.8564
湖泊水	176.4	0.0127	85.4	0.0063	91	0.2598
土壤水	16.5	0.0012	—	—	16.5	0.0471
大气水	12.9	0.0009	—	—	12.9	0.0368
沼泽水	11.47	0.0008	—	—	11.47	0.0327
河流水	2.12	0.0002	—	—	2.12	0.0061
生物水	1.12	0.0001	—	—	1.12	0.0032
总计	1385984.61	100	1350955.4	100	35029.1	100

资料来源：贺伟程. 世界水资源//中国大百科全书：水利 [M]. 北京：中国大百科全书出版社，1992.

全球动态平衡的循环水量通常用水量平衡方法估算。收入项为地球表面承受的降水量，支出项为地球表面的蒸发量，且收入量大体上等于支出量。由于地球与宇宙之间的水分交换甚微，因此地球上的总水量在长时期内可认为不变。由表 4-2 可见，全球水量平衡在长期统计中是闭合的，多年平均年蒸发量等于降水量，为 5.77×10^{14} m³，折合水深 1130mm。海洋中平均年蒸发量为 1400mm，年降水量为 1270mm，蒸发量超过降水量 130mm。差值部分由陆地流入海洋的径流（包括地下径流）达到平衡。陆地上平均年降水量为 1.19×10^{14} m³，折合水深 800mm，年蒸发量为 485mm，降水量大于蒸发量 315mm，差值部分由海洋输送到陆地的水汽加以补充。从陆地流入海洋的径流和自海洋输送到陆地的水汽，其多年平均水量是相等的，为 4.68×10^{13} m³。

全球水量平衡 表 4-2

分区	面积（万 km²）	水量（$\times 10^{12}$ m³）			水量（mm）		
		降水	径流	蒸发	降水	径流	蒸发
海洋	36100	458	−47	505	1270	−130	1400
陆地	14900	119	47	72	800	315	485
外流区	11900	110	47	63	924	395	529
内流区	3000	9	—	9	300	—	300
全球	51000	577	—	577	1130	—	1130

各大洲的自然条件差别很大，降水、径流的地区分布很不均匀。大洋洲各岛屿的水资源最为丰富，平均年降水量达到 2700mm，年径流深超过 1500mm。南美洲的水资源也较丰富，平均年降水量为 1600mm，年径流深为 660mm，年降水量和年径流深约相当于全球陆地平均值的两倍。澳大利亚是水资源最贫乏的大陆，平均年降水量约 460mm，年径流深只有 40mm，有三分之二的面积为无永久性河流的荒漠、半荒漠，年降水量不足 300mm。欧洲、亚洲、北美洲的水资源条件中等，年降水量和年径流深均接近全球陆地平均值。非洲有大面积的沙漠，年降水量虽然接近全球陆地平均值，但年径流深仅有

150mm，不到全球平均水平的一半。南极洲的降水量很少，年平均只有 165mm，没有一条永久性河流，然而却以冰川的形态贮存了地球淡水总量的 62%。世界各大洲年降水量及年径流量分布情况见表 4-3。

世界各大洲年降水量及年径流量分布　　　　　　　　　　　　表 4-3

地区	面积（万 km²）	年降水		年径流		径流系数
		mm	$\times 10^{12} m^3$	mm	$\times 10^{12} m^3$	
欧洲	1050	790	8.29	306	3.21	0.39
亚洲	4347.5	741	32.20	332	14.41	0.45
非洲	3012	740	22.30	151	4.57	0.20
北美洲	2420	756	18.30	339	8.20	0.45
南美洲	1780	1596	28.40	661	11.76	0.41
大洋洲岛屿	133.5	2704	3.61	1566	2.09	0.58
澳大利亚	761.5	456	3.47	39	0.30	0.09
南极洲	1398	165	2.31	165	2.31	1.00
全球陆地	14902.5	798	118.88	314	46.85	0.39

资料来源：李广贺．水资源利用与保护［M］．北京：中国建筑工业出版社，2010.

5. 我国水资源状况及特点

我国地域辽阔，国土面积为 960 万 km²。由于处于季风气候区域，受热带、太平洋低纬度上温暖而潮湿气团的影响以及西南的印度洋和东北的鄂霍茨克海的水蒸气的影响，我国的东南地区、西南地区以及东北地区可获得充足的降水量。

我国多年平均年降水总量约为 $6.19 \times 10^{12} m^3$，折合年降水深 648mm，仅为全球陆面平均年降水深 800mm 的 80%。全国河川多年平均年径流总量约为 $2.71 \times 10^{12} m^3$，浅层地下水年天然补给量为 $(8.3 \sim 8.7) \times 10^{11} m^3$。两者均源于降水，关系密切又相互转化，扣除重复计算量后，包括河川径流和地下水的年水资源总量约为 $2.81 \times 10^{12} m^3$。我国水资源特点表现为以下四点：

（1）水资源总量多，但人均、亩均占有量并不丰富。

我国水资源总量居世界第六位，但我国的国土面积占世界陆地面积的 6%，居世界第三，并且养育着占世界 22% 的人口，人均占有量仅为世界人均占有量的 1/4，是加拿大的 1/50、巴西的 1/15，耕地亩均水量为世界平均水量的 3/4。从这个角度看我国的水资源并不丰富，甚至可以说属于贫水国家。表 4-4 列出了我国年径流总量、人均水量、亩均水量与国外的比较数据。

我国年径流总量、人均水量、亩均水量与国外比较　　　　　　表 4-4

国家名称	年径流总量（$\times 10^8 m^3$）	年径流量（mm）	人口（亿人）	人均水量（$m^3/$人）	亩均水量（$m^3/$亩）
巴西	51912	609	1.23	42200	10701
苏联	47140	211	2.64	17860	1385
加拿大	31220	313	0.24	130080	4771

国家名称	年径流总量 （$\times 10^8 m^3$）	年径流量 （mm）	人口（亿人）	人均水量 （m^3/人）	亩均水量 （m^3/亩）
美国	29702	317	2.20	13500	1046
印尼	28113	1476	1.48	19000	13200
中国	27115	284	11.73	2310	1800
印度	17800	514	6.78	2625	721
日本	5470	1470	1.16	4716	8562
全世界	46800	314	43.35	10800	2353

注：1. 外国人口是联合国 1979 年的统计数；我国人口是 1993 年普查人口数；

2. 我国人口、水量、耕地均包括台湾地区。

资料来源：高建峰. 工程水文与水资源评价管理 [M]. 北京：北京大学出版社，2006.

（2）区域水土资源分布不均。

我国水资源分布呈东南多、西北少的特点，年平均降水深从东南的 1600～1800mm 向西北逐渐减少到 200mm 以下，致使西北和华北地区约有 45% 的面积处于干旱、半干旱地带，水资源明显稀少。长江流域及其以南地区人口占了全国的 53.6%，耕地面积占了全国的 34.7%，但是水资源却占了全国的 80.9%，人均水资源量为 3481m^3，亩均水资源量为 4317m^3，属于人多地少、经济发达、水资源丰富地区。北方（不包括内陆河）地区人口占了全国的 44.3%，耕地面积占了全国的 59.6%，水资源只占了全国的 14.5%，人均水资源量为 747m^3，亩均水资源量为 471m^3，属于人多地多、水资源短缺地区；其中黄河、淮河、海河三个流域尤其突出，是全国水资源最为缺乏的地区。

（3）年内、年际水资源分布不均。

我国的季风气候明显，夏、秋季节，太平洋的东南风带来大量雨水；冬、春季节，受西伯利亚内陆气候影响，干旱少雨。我国长江以南各省的雨季一般在 3—7 月，降水量占全年总降水量的 50%～70%；而长江以北各省的雨季为 6—9 月，降水量占全年总降水量的 70%～80%。丰水年与枯水年的降水量悬殊，我国南部地区最大年降水量一般是最小年降水量的 2～4 倍，北部地区则达 3～6 倍，高的可达 10～20 倍。水资源时空分布不均致使我国的洪涝、干旱灾害频繁。

（4）南北方的水资源平衡要素差异显著。

由于南北方气候、地形地貌、植被等条件的差异，我国水平衡要素及其相互关系差别明显。北方地区 74% 的降水量消耗于地表蒸发，其余 26% 的降水量形成水资源量（其中 16% 的降水形成地表径流，10% 的降水入渗补给地下水）。南方地区降水量中约有 44% 消耗于地表蒸发，其余 56% 形成水资源量（其中 43% 的降水形成地表径流，13% 的降水入渗补给地下水）。全国分区平均降水量及水资源量（1956—1979 年）数据见表 4-5。

全国分区平均降水量及水资源量（1956—1979 年）　　　　表 4-5

分区	面积 （km^2）	年降水总量 （$\times 10^8 m^3$）	河川年径流量 （$\times 10^8 m^3$）	年地下水贮量 （$\times 10^8 m^3$）	年水资源总量 （$\times 10^8 m^3$）
黑龙江流域片	903418	4476	1166	431	1352

分区	面积 (km²)	年降水总量 (×10⁸m³)	河川年径流量 (×10⁸m³)	年地下水贮量 (×10⁸m³)	年水资源总量 (×10⁸m³)
辽河流域片	345027	1901	487	194	577
海滦河流域片	318161	1781	288	265	421
黄河流域片	794712	3691	661	406	744
淮河流域片	329211	2830	741	393	961
长江流域片	1808500	19360	9513	2464	9613
珠江流域片	580641	8967	4685	1115	4708
浙闽台诸河片	239803	4216	2557	613	2592
西南诸河片	851406	9346	5853	1544	5853
内陆诸河片	3321713	5113	1064	820	1201
额尔齐斯河	52730	208	100	43	103
全国	9545322	61889	27115	8288	28124

资料来源：水利电力部水文局．中国水资源评价［M］．北京：水利电力出版社，1987．

4.1.2　水质及水质指标

水质是反映水体质量状况的指标，是水体表现的物理性质、化学组分、生物学的综合特性。自然界中的水，是由各种物质（溶解性和非溶解性物质）所组成的极其复杂的综合体。水中含有的溶解性物质直接影响天然水的许多性质，使水质有优劣之分。水中含有的物质种类很多，有溶解于水中的 O_2、N_2、CO_2、H_2S 等气体，Cl^-、Na^+、K^+、Ca^{2+}、Mg^{2+}、CO_3^{2-}、HCO_3^- 和 SO_4^{2-} 等离子；有 Br、I、F 等微量元素；有含量极少的 Ra、Rn 等放射性元素；还有大部分呈胶体状态的有机物以及悬浮固态颗粒。它们随环境条件的不同，含量也不同。各种水体的水质是不相同的。

不同的用途，对水质的要求也不相同。饮用水的水质要求较高，对水的物理性质、总矿化度、总硬度、细菌和有害物质的含量等都有较严格的规定。各种工业对水质的要求也不一样，如纺织工业不能用硬水；造纸工业忌用含铁量过多的水；平炉或高炉的冷却水若有大量悬浮物会堵塞冷凝器；蒸汽锅炉使用硬水会产生锅垢。灌溉用水要求水温与土温接近，水质含盐量应低于临界矿化度。若水中可溶盐类增加，会引起土壤盐分的累积，引起土壤盐渍化。

各项水质指标表示水中物质的种类、成分和数量，是判断水质的具体衡量标准。水质指标是描述水质状况的一系列参数。水质指标的项目繁多，总共有上百种。水质指标按污染物的性质分类可以分为物理性指标、化学性指标和生物学指标；按污染特征分类可以分为感官指标、有机污染指标、无机营养指标、卫生安全性指标、生态安全性指标和特殊水质指标。具体指标分类见表 4-6、表 4-7。

水质指标按污染物的性质分类　　　　　　　　　表 4-6

物理性指标	感官物理性指标	温度、色度、浊度、透明度、嗅和味等
	其他物理性指标	总固体、悬浮固体、可沉固体、电导率等

化学性指标	普通化学性指标	pH、碱度、硬度、TS、TSS、TDS、NH_4^+、TN、TP 等
	有毒化学性指标	POPs、重金属、氰化物和砷等
	氧平衡指标	DO、BOD、COD、TOD、TOC 等
生物学指标	卫生学指标	细菌总数、总大肠菌群数、粪大肠菌群、病毒等
	毒理学指标	Ames 试验（污染物致突变性检测）等

水质指标按污染特征分类　　　　表 4-7

感官指标	温度、色度、浊度、透明度、嗅和味等
有机污染指标	BOD、COD、TOD、TOC 等
无机营养指标	氨氮、凯氏氮、亚硝态氮、硝态氮、正磷酸盐、总氮、总磷等
卫生安全性指标	细菌总数、总大肠菌群数、粪大肠菌群、孢子虫、病毒等
生态安全性指标	POPs、重金属、Ames 试验等
特殊水质指标	TDS、电导率等

4.1.3　水环境质量标准

水环境质量标准，也称水质量标准，是指为保护人体健康和水的正常使用而对水体中污染物或其他物质的最高容许浓度所作的规定。水环境质量标准是为控制和消除污染物对水体的污染，根据水环境长期和近期目标而提出的质量标准。除制定全国水环境质量标准外，各地区还可参照实际水体的特点、水污染现状、经济和治理水平，按水域主要用途，会同有关单位共同制定地区水环境质量标准。

水环境质量直接关系着人类生存和发展的基本条件，水环境质量标准是制定污染物排放标准的根据，同时也是确定排污行为是否造成水体污染及是否应当承担法律责任的根据。因此《中华人民共和国水污染防治法》规定，国务院环境保护主管部门制定国家水环境质量标准。省、自治区、直辖市人民政府可以对国家水环境质量标准中未作规定的项目，制定地方标准，并报国务院环境保护主管部门备案。

水环境质量标准按照水资源的用途，可分为生活饮用水水质标准、渔业用水水质标准、农业用水水质标准、娱乐用水水质标准、各种工业用水水质标准等；按照水体类型，可分为地表水环境质量标准、地下水环境质量标准和海水环境质量标准。

1. 地表水环境质量标准

（1）我国地表水环境质量标准

《地表水环境质量标准》，是我国地表水常规监测标准，是评价我国地表水环境质量状况的基本依据，该标准按照地表水环境功能分类和保护目标，规定了水环境质量应控制的项目和限值。它是我国地表水质量状况评价的法律依据，具有重要意义。

我国《地表水环境质量标准》以防治水污染、保护地表水水质、保障人体健康、维护良好的生态系统为目标制定，历次版本分别为 GB 3838—1983、GB 3838—1988、GHZB 1—1999 和 GB 3838—2002（现行）。《地表水环境质量标准》GB 3838—2002 从水域功能和标准分类、引用标准、标准值、范围、标准的实施、水质评价、水质检测等方面对地表水环境质量进行标准化。地表水水域功能划分标准见表 4-8。

地表水水域功能划分标准 表 4-8

类别	分类标准
Ⅰ类	适用于源头水、国家自然保护区
Ⅱ类	主要适用于集中式生活饮用水地表水源地一级保护区、珍稀水生生物栖息地、鱼虾类产地、仔稚幼鱼的索饵场等
Ⅲ类	主要适用于集中式生活饮用水地表水源地二级保护区、鱼虾类越冬场、洄游通道、水产养殖等渔业水域及游泳区
Ⅳ类	主要适用于一般工业用水区及人体非直接接触的娱乐用水区
Ⅴ类	主要适用于农业用水区及一般景观要求水域

依据环境功能和保护目标,《地表水环境质量标准》GB 3838—2002 将水域功能从高到低划分为Ⅰ~Ⅴ类,该分类适用于全国江河、湖泊、运河、渠道、水库等具有使用功能的地表水水域。

《地表水环境质量标准》GB 3838—2002 共设置标准项目 109 项,其中,地表水环境质量标准基本项目 24 项,适用于全国各类具有使用功能的地表水水域,标准具体限值见表 4-9;集中式生活饮用水地表水源地项目 85 项(包括集中式生活饮用水地表水源地特定项目 80 项和集中式生活饮用水地表水源地补充项目 5 项),适用于Ⅱ类水域和Ⅲ类水域中的集中式生活饮用水地表水源地一级保护区和二级保护区。

《地表水环境质量标准》GB 3838—2002 中"24 项基本项目"标准限值根据水体功能制定,根据五类水域分别执行五个标准限值,高水域功能标准限值严于低水域功能标准限值;"85 项水源地项目"标准限值为保护人体健康而制定,执行一个标准限值。

地表水环境质量标准基本项目标准限值(mg/L) 表 4-9

序号	标准值 项目		Ⅰ类	Ⅱ类	Ⅲ类	Ⅳ类	Ⅴ类
1	水温(℃)		人为造成的环境水温变化应限制在: 周平均最大温升≤1 周平均最大温降≤2				
2	pH(无量纲)		6~9				
3	溶解氧	≥	饱和率90%(或7.5)	6	5	3	2
4	高锰酸盐指数	≤	2	4	6	10	15
5	化学需氧量(COD)	≤	15	15	20	30	40
6	五日生化需氧量(BOD_5)	≤	3	3	4	6	10
7	氨氮(NH_3-N)	≤	0.15	0.5	1.0	1.5	2.0
8	总磷(以P计)	≤	0.02(湖、库0.01)	0.1(湖、库0.025)	0.2(湖、库0.05)	0.3(湖、库0.1)	0.4(湖、库0.2)

序号	标准值 项目	分类	I类	II类	III类	IV类	V类
9	总氮（湖、库，以N计）	≤	0.2	0.5	1.0	1.5	2.0
10	铜	≤	0.01	1.0	1.0	1.0	1.0
11	锌	≤	0.05	1.0	1.0	2.0	2.0
12	氟化物（以F⁻计）	≤	1.0	1.0	1.0	1.5	1.5
13	硒	≤	0.01	0.01	0.01	0.02	0.02
14	砷	≤	0.05	0.05	0.05	0.1	0.1
15	汞	≤	0.00005	0.00005	0.0001	0.001	0.001
16	镉	≤	0.001	0.005	0.005	0.005	0.01
17	铬（六价）	≤	0.01	0.05	0.05	0.05	0.1
18	铅	≤	0.01	0.01	0.05	0.05	0.1
19	氰化物	≤	0.005	0.05	0.2	0.2	0.2
20	挥发酚	≤	0.002	0.002	0.005	0.01	0.1
21	石油类	≤	0.05	0.05	0.05	0.5	1.0
22	阴离子表面活性剂	≤	0.2	0.2	0.2	0.3	0.3
23	硫化物	≤	0.05	0.1	0.2	0.5	1.0
24	粪大肠菌群（个/L）	≤	200	2000	10000	20000	40000

（2）美国地表水环境质量标准

美国地表水环境质量标准来源于《清洁水法》。美国《清洁水法》对全美的地表水污染控制做出了比较全面的规定，该法的立法目的是"恢复和维持国家水体的物理、化学和生物完整性"。为了实现这一目标，《清洁水法》中303（c）（2）部分要求各州、地区和授权部落的水质标准包含三部分内容：水体指定用途、水质基准（保护水体用途的定量和定性指标）、反退化政策。

1）水体指定用途

《清洁水法》对水体指定用途的规定包括了水体目前用途，自1975年11月28日的曾经用途，以及水体水质可以支持的其他用途。主要的水体用途包括：饮用水源（处理/未处理）、娱乐用水（长期/短期皮肤接触）、渔业用水、水生生物栖息地（温水性/冷水性）、农业用水、工业用水等。

美国环境保护署（USEPA）根据水质管理的需要将这些功能分为现有功能和指定功能两类。现有功能是指水体现在所取得的功能，而且水质标准规定现有功能一旦取得，就不能被取消。而指定功能则是水质标准规定的水体应该实现的功能，而不管现在的水质是否满足该指定功能。几乎所有的水体都有多项指定用途，所有水体都应满足基本的可供游泳和鱼类生存的功能，除非有证据表明这是不切实际的。重新划定水体指定用途需要进行用途可行性分析，通过公众评议，并得到USEPA的批准。

2）水质基准

为了保证达到水体的指定用途，各州需要依据科学数据制定各项物理、化学和生物指标对水体质量进行评价并定期对这些标准进行审定修改。目前应用最广泛的是污染物浓度、水温、pH等定量指标，污染物浓度指标根据时间尺度不同有瞬时浓度、每日平均浓度、四日平均浓度、月平均浓度等不同标准，有些指标如重金属浓度还规定了不同形态污染物的浓度，对于可溶性重金属还进一步给出了公式计算不同硬度（总钙镁含量）下的浓度标准。

3）反退化政策

美国联邦政府反退化政策的基础是1965年的《水质法案》，反退化政策表明"在任何情况下，水质标准都不能低于现有水质状况"。指定功能为水体建立水质目标；水质基准定义取得目标的最低水质状况；反退化政策在维持和保护有限的清洁水体资源和确保引起水质下降的开发项目的决策能够带来公众利益方面起着重要作用。

美国水质标准反退化政策包括三个层次：①确保在所有的情况下，水体至少维持"现有功能"的必要水质状况；②在水质好于维持鱼类、贝类和野生生物保护和繁殖以及娱乐所需水质的最低水平时，只有在水质的降低能够带给该地区重要的经济和社会发展时，才可能通过一个严格的程序批准这些可能引起水质降低的开发项目；③确定具有娱乐和重要生态价值的水体，维持和保护这些水体的水质，这有利于保护国家重要的珍稀水资源。

（3）欧盟地表水环境质量标准

欧盟的环境标准是以指令形式发布的。自1975年发布第一条有关饮用水水源地的第75/1440/EEC号指令以来，截至目前，欧盟共发布了约20条有关水环境标准的指令，这些指令对保护和改善各成员国的水体水质、有效地预防和控制水环境污染、实施欧盟的共同环境政策和实现共同的水环境目标起到了至关重要的作用。欧盟水环境标准体系包括质量标准、排放标准、监测及分析方法等。

欧盟的地表水环境质量标准的具体项目及相应限值，在三个附表中有明确体现，分别是：1）有关表面水质标准的数据表（Data Sheets for Surface Water Quality Standards）；2）欧盟指令：质量标准和随附信息（EU Directives：Quality Standards and Accompanying Information）；3）罗马尼亚，国际电联和欧洲经委会的质量标准和分类方案（Quality Standards and Classification Schemes of Romanid，ICPDR and ECE）。

有关表面水质标准的数据表分为三个部分，包括物理化学参数、痕量金属、细菌参数。其中，物理化学参数包括：水温、溶解氧、BOD_5、COD_{Mn}、NO_3^-、NO_2^-、NH_4^+、NTOT、PTOT、PO_4^-；其他 般参数，包括pH、总矿化度、悬浮物、气味、色度；Cl^-、SO_4^-、酚类、油类。痕量金属包括：Cd、Pb、Hg、Ni、Cu、Zn。细菌参数包括：总大肠菌群、粪大肠菌群、粪链球菌、沙门氏菌属、肠道病毒。另外，有关表面水质标准的数据表，又分为两个部分，分别是：现有的质量标准（Existing Quality Standards）和建议的质量标准（Proposed Quality Standards）。其中，现有的质量标准包括：供应饮用水的地表水、保护鱼类生活/渔业、洗浴水/娱乐、环境标准。

2. 地下水环境质量标准

（1）我国地下水环境质量标准

为保护和合理开发地下水资源，防止和控制地下水污染，保障人民身体健康，促进经济建设，《地下水质量标准》GB/T 14848—2017于2017年10月14日发布，2018年5月

11 日正式实施。主管单位为国土资源部，归口单位为全国国土资源标准化技术委员会，由中华人民共和国国家质量监督检验检疫总局、国家标准化管理委员会共同发布。

依据我国地下水质量状况和人体健康风险，参照生活饮用水、工业、农业等用水质量的要求，依据各组分含量高低（pH 除外），分为五类，分类标准见表 4-10。

地下水水质标准分类 表 4-10

类别	分类标准
Ⅰ类	地下水化学组分含量低，适用于各种用途
Ⅱ类	地下水化学组分含量较低，适用于各种用途
Ⅲ类	地下水化学组分含量中等，以《生活饮用水卫生标准》GB 5749—2006 为依据，主要用于集中式生活饮用水水源及工农业用水
Ⅳ类	地下水化学组分含量较高，以农业和工业用水质量要求以及一定水平的人体健康风险为依据，适用于农业和部分工业用水，适当处理后可作生活饮用水
Ⅴ类	地下水化学组分含量高，不宜作为生活饮用水水源，其他用水可根据使用目的选用

地下水质量指标分为常规指标和非常规指标。常规指标是反映地下水质量基本状况的指标，包括感官性状及一般化学指标、微生物指标、常见毒理学指标、放射性指标。非常规指标是在常规指标基础上的拓展，是根据地区和时间的差异或特殊情况确定的地下水质量指标，反映地下水中所产生的主要质量问题，包括比较少见的无机和有机毒理学指标。

《地下水质量标准》GB/T 14848—2017 中共有地下水指标 93 个，分为感官性状及一般化学指标（20 个）、毒理学指标（69 个）、微生物指标（2 个）、放射性指标（2 个）。其中毒理学指标又分为无机物指标（20 个）和有机物指标（49 个）。

地下水质量调查与监测具体要求：地下水质量应定期监测，潜水监测频率应不少于每年 2 次（丰水期和枯水期各 1 次），承压水监测频率可以根据质量变化情况确定，宜每年 1 次；依据地下水质量的动态变化，应定期开展区域性地下水质量调查评价；地下水质量调查与监测指标以常规指标为主，为便于水化学分析结果的审核，应补充钙、镁、重碳酸根、碳酸根、游离二氧化碳指标；不同地区可在常规指标的基础上，根据当地实际情况补充选定非常规指标进行调查与监测；地下水样品的采集参照相关标准执行，地下水样品的保存和送检按照《地下水质量标准》GB/T 14848—2017 附录 A 执行；地下水质量检测方法的选择参见《地下水质量标准》GB/T 14848—2017 附录 B，使用前按照《检测和校准实验室能力的通用要求》GB/T 27025—2008 中 5.4 的要求，进行有效确认和验证。

（2）美国地下水环境质量标准

美国十分重视地下水污染源头预防与地下水保护措施，制定了一系列保护地下水的相关法规。

《清洁水法》第 1 节规定，各州在向美国环境保护署呈报地下水数据时，应限制各州接受联邦拨发资金。所报数据包括各州的地下水监测方案和地下水质的资料。此外，《安全饮用水法》地下水源头保护计划中，制定了"地下注入控制计划"（Underground Injection Control，UIC）。该计划授权美国环境保护署对地下水的回灌、补充进行监管。监管的范围包括地下水注入工程的修建、运营，注入井的管理，回灌地下水的水质监控。

《美国资源保护和回收法》对固体和危险废物的贮存、运输、处理和处置作了规定，以预防地下储油罐、垃圾填埋场和危险废物处置设施等对地下水造成污染。

《综合环境响应、赔偿和责任法》设立了联邦"超级基金"，用于清理无主的危险废物场地、因事故泄漏等事件引起的地下水污染。超级基金主要源于政府拨款、石油和化学产品征收的专门税、针对一定规模的企业征收的环境税、向《超级基金法》违法者征收的罚款和惩罚性赔偿金、从污染责任方收回的场地修复成本、基金利息收益等。

此外，还有《地下水法案》（Ground Water Rule，GWR），其注重地下水中的微生物指标安全；还有《私有井饮用水》（Private Drinking Water Wells），大约15%的美国人的饮用水取自自己的私有井，USEPA并没有相关标准，部分州和当地政府制定了法律保护这些私有井的取水安全。

在美国，联邦法律往往把重点放在国家基础上的地下水潜在污染源控制。联邦政府负责制定和组织实施一般地下水保护计划，地下水的保护通常会涉及各州非常具体的情况，如各州政府通常会在遵循联邦法律的条件下，行使各种土地用途的管制权。因此，美国并没有制定国家级别的地下水水质标准。而是各州根据自己的实际情况，在联邦法案和相关地下水保护计划的指导下制定地方的地下水水质标准。

目前可在互联网上公开查到有地下水水质标准的州共有16个，包括科罗拉多州、伊利诺伊州、康涅狄格州、内布拉斯加州、新泽西州、北卡罗来纳州、犹他州、爱达荷州、蒙大拿州、佛蒙特州、华盛顿州、威斯康星州、佛罗里达州、亚拉巴马州等。

美国在USEPA于1984年制定的《水资源规划管理与开发》中，规定了美国的地下水分为三类，不同类别所对应的应用范围与保护级别不同，美国地下水分类等级见表4-11。

美国地下水分类等级（1984《水资源规划管理与开发》（中））　　　表4-11

级别	类别	基本标准	地下水保护级别	备注
一类	特殊用途的地下水	极为脆弱，不可替代或具有十分重要的生态学意义	极高	水资源价值显著
二类	目前和潜在的饮用水水源及有其他有益用途的地下水	能用于饮用水或其他目的	高到中等污染防治，根据技术补救而不是通过限值	美国主要的可利用地下水类型
三类	不能作为潜在的饮用水水源和只有有限有益用途的地下水	盐含量高或者污染重	通常很少能转变成一类、二类地下水，或者禁止向地表排放	有限有益使用

对于美国地下水的水质标准，规定当地下水作为潜在水源水时，地下水质量推荐指标和限值以《安全饮用水法》中饮用水的指标和限值为依据。美国《安全饮用水标准》分为两级，国家一级饮用水条例（National Primary Drinking Water Regulations，NPDWRs）是在法律上可强制执行的标准，为主要饮用水标准，适用于公共供水系统；国家二级饮用水条例（National Secondary Drinking Water Regulations，NSDWRs）是非强制执行的准则规范，主要是感官性状及一般化学指标，如嗅味、色度等。一些州可以选择采用它们作为可执行的标准。

（3）欧盟地下水环境质量标准

地下水对于欧洲各国具有十分重要的意义。据统计，约 75％的欧盟居民将地下水作为饮用水使用，此外地下水也是工业（例如冷却水）和农业（灌溉）的重要资源。

欧盟在《水框架指令》中定义了"良好的定量状况 good quantitative status"和"良好的化学状况 good chemical status"，但并未给出具体的质量标准。在《地下水指令》中指出建立特定方法防止和控制地下水污染，主要包括：评估未污染地下水中化学物质的相关状态标准；确定和改变标志性物质、持续上升趋势、明确趋势改变的起点等相关标准；补充了禁止或限制向 2000/60/EC 指令规定的已污染地下水中排入污染物。

欧盟《地下水指令》规定了地下水中硝酸盐和杀虫剂的限值，并规定了各成员国应考虑的制定地下水标准限值的最少污染物清单，如表 4-12 所示。各成员国要根据 2000/60/EC 指令中的相关内容规定所有污染物的限值和污染指示物，制定法规、法律以及行政规章必须遵循此指令。

地下水中硝酸盐和杀虫剂限值及最少污染物清单   表 4-12

污染物	标准值
硝酸盐	50mg/L
杀虫剂活性物质，包括其相关代谢产物、降解和反应产物	0.1μg/L 0.5μg/L（总量）
自然和/或人类活动均可产生的物质、离子或指示物： 砷、镉、铅、汞、铵、氯化物、硫酸盐	各成员国设定
人工合成化合物：三氯乙烯、四氯乙烯	各成员国设定
盐溶液或其他干扰物的表征参数：电导率	各成员国设定

其中，杀虫剂是指 91/414/EEC 中规定的植物保护剂和 98/8/EC 中规定的生物杀灭剂；总量是指监测过程中所有检测出单独杀虫剂量的总和，包括其相关的代谢产物及降解和反应产物；该指令中规定的各成员国设定的污染物种类为最低数目。硝酸盐浓度为50mg/L，换算为以 N 计则为 11.3mg/L，与国际上其他国家的硝酸盐氮浓度相当。此外，从管理层面，欧盟对各成员国的地下水管理只规定了两项污染物浓度限值和最少污染物清单，相对而言还是给予成员国很大的自主性。除了污染物指标与限值外，在具体实行和实施上各成员国也保有一定的操作空间。

3. 海水环境质量标准

（1）我国海水环境质量标准

我国水质基准研究极为薄弱，严格地说，我国并没有真正建立起相应的海水水质基准体系。目前缺乏充分的科学证据说明我国现行的《海水水质标准》GB 3097—1997 可以为大多数水生生物提供适当的保护。《海水水质标准》GB 3097—1997 的主要依据是日本、苏联、欧洲等国的水质标准和美国的水生态基准数据，基本上没有我国的水生态毒理学数据，且侧重于鱼类毒性数据。

《海水水质标准》GB 3097—1997 共包含 35 项指标，其中 13 项水质要求、15 项有害物质指标。相比于《海水水质标准》GB 3097—1982，其中大量指标的限值变严，尤其体现在重金属上，还列举了海水水质监测的方法、无机氮和非离子氮的计算方法、混合区的规定。

《海水水质标准》GB 3097—1997 最大的问题在于没有能提供支撑的水质基准体系，所有指标都是借鉴他国基准数据来规定的，能否特异性地为我国海洋环境提供保护还有待考证。其次，《海水水质标准》修订频率太低，调查时发现，负责海水水质标准的国家海洋局和国家环境保护局在实行《海水水质标准》GB 3097—1997 后，仅在 2010 年面向全社会发布了一次征求意见书，但到现在也没有开始对该标准的进一步修订。

（2）美国海水环境质量标准

从 20 世纪 60 年代开始，美国相继发布了《绿皮书》《蓝皮书》等多个水环境基准文献。1985 年，美国环境保护署发布了《推导保护水生生物及其用途的水质基准指南》，此后分别于 1999 年、2002 年、2004 年、2006 年和 2009 年对其进行了修订，到 2009 年美国环境保护署（USEPA）发布了针对保护水生生物和人体健康的最新水质基准，其中包括海水急性、慢性基准值。

美国海水水质基准制定所遵循的原则是：

1）目标为防止污染物对重要的经济生物及其他重要物种造成不可接受的长期或者短期效应。每个污染物基准包括两个值：基准连续浓度（CCC）和基准最大浓度（CMC）。

2）充分考虑生物多样性，用于推导 CMC 的数据至少覆盖三门八科海洋生物，具有较好的代表性，要求能对 95％以上的生物提供保护。

3）引入暴露频次的概念，如果每三年某污染物的 4d 平均浓度超过 CCC 的次数不多于一次，并且每三年某污染物的 1h 平均浓度超过 CMC 的次数不多于一次，那么海水用途及水生生物将不会受到不可接受的影响，避免了过度保护。

（3）欧盟海水环境质量标准

欧盟的《水框架指令》综合考虑了化学物质毒性、生物蓄积性、环境持久性、内分泌干扰性和用量等因素，保护内容丰富且目标性突出。

在《水框架指令》制定的过程中，欧盟采用计分排序法等筛选了优先污染物。他们开发编译了一个拥有来自 28 个国家、1153 种化学物质的 14000000 个指标值的数据库。在此数据库的基础上，对物质进行了计分排序筛选，计分指标分为两类：一类是化学物质的危害对应指标，主要为物质的持久性、生物蓄积性、毒性和是否为内分泌干扰物；另一类是物质的暴露水平指标。通过对上述指标赋分相加后得到物质的危害总得分，筛选出了其中得分高的污染物，按照毒性排序，最后确定了 78 种"需要高度关注"的物质。

4.1.4 水生态及其健康

1. 生态及生态系统

生态是生物在一定的自然环境下生存和发展的状态。生态系统是生物群落与无机环境构成的统一整体。生物群落指生活在一定的自然区域内，相互之间具有直接或间接关系的各种生物的总和。生物群落通常包括生产者、消费者和分解者三部分：生产者指植物等自养生物，它们将无机环境中的能量同化，合成有机物；分解者（还原者）指细菌等异养生物，它们将生态系统中的有机质分解成水、二氧化碳；消费者指依靠摄取其他生物为生的异养生物。无机环境是生态系统的非生物组成部分，包含阳光以及其他所有构成生态系统的基础物质，如水、无机盐、空气、有机质、岩石等。

2. 水生态及水生态系统

水生态是指环境水因子对生物的影响和生物对各种水分条件的适应。水生态系统是由水生生物群落与水环境共同构成的具有特定结构和功能的动态平衡系统，是地球表面各类水域生态系统的总称。

水生态系统按水中盐分高低可分为淡水生态系统和海洋生态系统；按水的流动性，淡水生态系统又可分为流水生态系统和静水生态系统；流水生态系统包括江河、溪流、沟渠等；静水生态系统包括湖泊、池塘、水库以及湿地等。

（1）河流生态系统

河流是由一定流域内地表水和地下水补给，在重力的作用下，经常或间歇地沿着狭长凹地流动的水流。河流生态系统是河流生物群落与河水、底质及大气之间连续进行物质交换和能量传递，形成结构、功能统一的流水生态单元。河流生态系统是陆地与海洋联系的纽带，在生物圈物质循环中起主要作用。

流水生态是河流生态系统的基本特征，河道中的水不流动就不能成为河流。河水流速比较快，冲刷作用比较强。生物为了在流水中生存，在形体结构上相应地进化。河流中存在不同类型的介质，包括水本身、底泥、大型水生植物和块石等，从而为不同类型的生物提供了栖息场所。河流中的有机物、碎屑等提供了初级的食物。这些基本条件造就了河流生态系统的生物多样性。

由于水的流动性，河流生态系统的结构具有以下特点：自净能力强，受干扰后恢复速度较快；生物群落总体不如湖泊发达；物种具有纵向成带现象，只有特殊种群可以在整个河流中分布；生物大多具有适应急流生境的特殊形态结构，浮游生物较少；底栖生物大多体形扁平；适应性强的鱼类和微生物丰富。河流生态系统与其他生态系统相互制约关系复杂：一方面气候、植被以及人为干扰强度对河流生态系统都有较大影响；另一方面河流生态系统明显影响沿海（尤其是河口、海湾）生态系统的形成和演化。

（2）湖泊生态系统

湖泊是陆地上洼地积水形成的水域宽阔、水量交换相对缓慢的水体。湖泊生物群落与大气、湖水及湖底沉积物之间连续进行物质交换和能量传递，形成结构复杂、功能协调的基本生态单元，称为湖泊生态系统。

从空间结构上看，湖泊生态系统由湖滨带、浮游区和底栖区构成。湖滨带指湖泊与陆地的交汇区域，作为动物的栖息地，以草类植物为主。浮游区是湖泊水域的主体，以高等植物和浮游生物为主，高等植物包括沉水植物、浮水植物和挺水植物，浮游生物包括浮游植物和浮游动物。底栖区是水体的底部区域，以微生物和部分动物为主，微生物是分解者。

（3）湿地生态系统

湿地指天然或人工、长久或暂时的沼泽地、湿原、泥炭地或水域地带，带有或静止或流动、或为淡水或半咸水或咸水水体者，包括低潮时水深不超过 6m 的水域（国际湿地公约）。湿地是最富有生物多样性、生产力最高的生态系统，我国的湿地植物有 2760 余种，湿地动物有 1500 种左右。全世界共有自然湿地 855.8 万 km²，占陆地面积的 6.4%。

湿地生态系统是一种特殊的介于陆地生态系统和水生态系统之间的过渡生态系统。湿地生态系统的生物群落由水生和陆生种类组成，物质循环、能量流动和物种迁移与演变更活跃，具有较高的生态多样性、物种多样性和生物生产力。在空间上，许多湿地处于水体和陆地间的过渡带上，如湖滨滩地、滨海盐沼等。在水文过程上，湿地也具有与陆地和水体都不相同的特殊性，水量、水化学性质等往往呈周期性的波动。湿地通过水生植物和微生物的作用以及化学、生物过程，吸收、固定、转化土壤和水中的营养物质，降解有毒和污染的物质，净化水体，具有较强的自净能力。水是建立和维持湿地及其特有类型的最重要的决定因子，水文流动是营养物质进入湿地的主要渠道，是湿地初级生产力的决定因素，因此，湿地对水资源具有很强的依赖性。

湿地分为自然和人工两大类：自然湿地包括沼泽地、泥炭地、湖泊湿地、河流湿地、海滩和盐沼；人工湿地主要有水稻田、水库湿地、池塘湿地等。

3. 生态平衡及失衡

在一定时间内，生态系统通过能量流动、物质循环和信息传递，使生物和环境之间、生物各个种群之间，达到高度适应、协调和统一的状态，称为生态平衡。当外来干扰超越生态系统的自我控制能力而不能恢复到初始状态时称为生态失衡或生态平衡的破坏。

生态平衡指生态系统内两个方面的稳定：一方面是生物种类的组成和数量比例相对稳定；另一方面是非生物环境保持相对稳定。生态平衡是一种动态平衡。比如，生物个体会不断发生更替，但总体上看系统保持相对稳定，生物数量没有剧烈变化。

生态系统的平衡往往是大自然经过很长时间才建立起来的动态平衡。生态系统一旦失去平衡，会发生非常严重的连锁性后果。有些平衡很难重建，带来的恶果可能是靠人的努力而无法弥补的。生态系统平衡的破坏有自然原因，也有人为因素。自然原因主要是指自然界发生的异常变化，如火山爆发、山崩、海啸、水旱灾害、地震、暴雨、流行病等，都会使生态平衡遭到破坏。人为因素主要是指人类对自然资源不合理的开发利用，以及工农业生产发展带来的环境影响，主要表现在三个方面：一是大规模地把自然生态系统转变为人工生态系统，严重干扰和损害了生物圈的正常运转；二是大量取用生物圈中的各种资源，包括生物的和非生物的，严重破坏了生态平衡，森林砍伐、水资源过度利用是其典型例子；三是向生物圈中超量输入人类活动所产生的产品和废物，严重污染和毒害了生物圈的物理环境和生物组成，包括人类自己。化肥、杀虫剂、除草剂、工业三废和城市三废是其代表。人类因素目前已经超过自然原因，成为破坏生态平衡的主要因素。

4.2 水 污 染

4.2.1 水污染的概念及其种类

水污染是由于人类直接或间接向环境输入物质或能量，使水环境中某种物质的含量或浓度超过环境质量标准，达到对人类乃至整个生态系统有害的程度的现象。水污染加剧了全球的水资源短缺，危及环境健康，严重制约了人类社会、经济与环境的可持续发展。

水污染的分类方式众多，一般可按照污染成因、污染物性质、污染源、水环境种类进行划分。

（1）按照污染成因可划分为自然污染和人为污染。

1）自然污染

自然污染是指由于特殊的地质或自然条件，使一些化学元素大量富集，或天然植物腐烂中产生的某些有毒物质或生物病原体进入水体，从而污染了水质。这是一个相对漫长的过程，比如长江三角洲的形成和演化是经过几千年的历史过程形成的，湖泊的富营养化或者消亡往往需要几百年甚至上千年的时间。

2）人为污染

人为污染是指由于人类活动（包括生产性的和生活性的）引起地表水水体污染。

（2）按照污染物性质可划分为化学性污染、物理性污染以及生物性污染。

1）化学性污染

化学性污染包括有机化合物和无机化合物的污染，如水中溶解氧减少、溶解盐类增加、水的硬度变大、酸碱度发生变化或水中含有某种有毒化学物质等。

2）物理性污染

物理性污染是指水的浑浊度、温度和水的颜色发生改变，水面漂浮的油膜、泡沫以及水中含有的放射性物质增加等。

3）生物性污染

生物性污染是指水体中进入了细菌和污水微生物等。

（3）按照污染源可划分为点污染源和面污染源。

1）点污染源

环境污染物的来源称为污染源。点污染源的排污形式为集中在一点或者一个可当作一点的小范围内，多由管道收集后进行集中排放。最主要的点污染源包括工业废水和生活污水。它的特点是排污经常，其变化规律服从工业生产废水和城市生活污水的排放规律，它的量可以直接测定或者定量化，其影响可以直接评价。

2）面污染源

面污染源又称为非点污染源，污染物排放一般分散在一个较大的区域范围内，通常表现为无组织性。面污染源主要指雨水的地表径流、含有农药化肥的农田排水、畜禽养殖废水以及水土流失等。农村中分散排放的生活污水及乡镇工业废水，由于其进入水体的方式往往是无组织的，通常也列入面污染源。

由于面污染源量大、面广、情况复杂，故其控制要比点污染源难得多。并且随着对点污染源管制的加强面污染源在水污染中所占的比例在不断地增加。

（4）按照水环境种类可划分为河流污染、湖泊污染、地下水污染以及海洋污染。

1）河流污染

所谓河流污染是指进入河流的污染负荷超过了河流的自净能力，从而造成河流水环境质量降低，影响到水体使用功能的现象。河流污染具有以下特点：

① 污染程度随径流量变化。河流的径流量和入河的污水量、污染物总量决定着河流的稀释比。在排污量相同的情况下，河流的径流量越大，河流污染的程度越轻，反之就越重。由于河流的径流量具有随时间变化的特点，因此河流污染的程度也表现出明显的时间变化特性，具体而言就是枯水年河流污染通常较为严重。

② 污染扩散快。河流是流动的，上游受到污染会很快影响到下游的水环境质量。从水污染对水生生物生活习性（如某些鱼类的洄游）的影响来看，一段河流受到污染后，可以迅速影响到整条河流的生态环境。

③ 污染影响大。河流，特别是水质相对洁净的大江大河是目前人类主要的饮用水水

源之一，种类繁多的污染物可以通过饮用水危害人类。不仅如此，河流还可以通过水生动植物食物链以及农田灌溉等途径直接或间接危及人类健康。此外，水质的严重恶化还会影响到河流流经地区工业用水、农业用水和生态用水的保障能力，进而引发社会危机和生态危机。

2）湖泊污染

湖泊往往是一个地区的较低洼处，是数条河流的汇入点，也常常成为污染物的归宿地。湖泊污染就是指污染物进入湖泊的数量超过了湖泊的自净能力，造成湖泊水体污染的现象。湖泊因为水体交换滞缓，从而呈现出一系列与河流污染不同的特点，具体表现为：

① 污染来源广、途径多、种类复杂。湖泊流域内的一切污染物都可通过各种途径最终进入湖泊水环境。湖泊污染的来源可分为外源和内源两大类：外源包括入湖河流携带的工业废水、生活污水和面源污水，以及湖区周围的农田废水和降水径流；内源包括船舶排水、养殖废水及污染底泥（包括湖内生物死亡后，经微生物分解产生的污染物）。

② 污染稀释和输移能力弱。由于湖泊水面宽广、流速缓慢、水力停留时间长，水质在纵深层面分布不均，污染物进入湖泊后不易迅速被湖水稀释，也难以通过湖流进行输移。此外，湖泊的大气复氧作用低导致湖泊自净能力弱。

③ 生物降解和积累能力强。湖泊是天然孕育水生生物的有利场所，水生生物的大量繁殖往往成为影响湖泊水质动态变化的重要因素。湖泊生态系统对多种污染物具有降解作用，如在藻类、细菌或底栖动物的作用下，将有机污染物降解为二氧化碳和水，有利于湖泊的净化。然而某些毒性不大的污染物也可能转化成毒性很强的物质，例如无机汞可被生物转化成甲基汞，使湖泊污染的危害加重。此外，湖中生物对某些污染物还具有积累作用，这些污染物除了直接从湖水进入生物体外，还可通过多级生物的吞食，在食物链中不断转移、富集和放大，例如DDT及其分解产物，可通过水、藻、虾、昆虫、小鱼在鸟类体内富集，鸟类体内的浓度要比水中浓度大100多万倍。当前，湖泊污染最直接、最常见的表现就是水体的富营养化。

3）地下水污染

地下水是埋藏于地表以下的天然水。由于地下水具有分布广泛、水质洁净、温度变化小、便于贮存和开采等特点，因此地下水越来越成为城镇、工业区，特别是干旱或半干旱地区主要的供水水源。但当通过各种途径进入地下水的污染物超过了地下水的自净能力时，就会造成地下水的污染。由于特殊的埋藏条件，地下水污染的特点如下：

① 污染来源广泛。地下水污染的途径多种多样，主要有：工业废水和生活污水未经处理而直接排入渗坑、渗井、溶洞、裂隙，进入地下水；工业废物和生活垃圾等固体废物，在无适当防渗措施的条件下，经雨水淋洗，有毒有害物质缓慢渗入地下水；用不符合灌溉水质标准的污水灌溉农田，或受污染的地表水体长期渗漏，从而进入地下水；在沿海地区过度开采地下水，使地下水位严重下降，海水倒灌污染地下水等。地下水污染具有过程缓慢、不易发现的特点。

② 污染难以治理。地下水在无光和缺氧的条件下，生物作用微弱，水质动态变化小，化学成分稳定。但如果地下水受到污染，则难以再恢复到其原来状态，再加上污染溶液入渗所经过的地层还能起到二次污染源的作用。因此，即使彻底消除人为的地下水污染源，一般也需要十几年、甚至几十年才能使水质得到完全净化。

③ 污染危害严重。地下水是世界许多干旱、半干旱地区，以及地表水污染严重地区重要的饮用和生产水源。对我国 80 个大中城市的统计显示，以地下水作为供水水源的城市占 60％以上，地下水污染对水资源短缺地区的生存和发展，无异于雪上加霜。

4）海洋污染

人类活动直接或间接地将物质或能量排入海洋环境（包括河口），以致损害海洋生物资源、危害人类健康、妨碍海洋渔业、破坏海水正常使用或降低海洋环境优美程度的现象，称为海洋污染。海洋是地球上最大的水体，具有巨大的自净能力，但其对污染物的消纳能力并不是无限的。海洋污染的主要特点可以总结为：

① 污染源多而复杂。海洋的污染源极其复杂，除了海上船舶、海上油井排放的有毒有害物质以及沿海地区产生的污染物直接注入海洋外，内陆地区的污染物也大都通过河流最后排入海洋。此外，大气污染物也可通过大气环流输送到海洋上空，随降水进入海洋，因此海洋有地球上一切污染物的"垃圾桶"之说。

② 污染持续性强。海洋是地球各类污染物的最终归宿之一，与其他水体污染不同，海洋环境中的污染物很难再转移出去。因此，随着时间的推移，一些不能降解或不易降解的污染物（如重金属和有机氯化物）越积越多。

③ 污染扩散范围大。由于具有良好的水交换条件，海洋中的污染物可通过表流、潮汐、重力流等作用与海水进行很好的混合，将污染物带到更远、更深的海域。

4.2.2 水污染物的来源

1. 工业污染源

长期以来，工业废水是造成水体污染的最重要的污染源。根据废水的来源，工业废水可分为工艺废水、设备冷却水、洗涤废水以及场地冲洗废水等；根据废水中所含污染物的性质，工业废水可分为有机废水、无机废水、重金属废水、放射性废水、热污染废水、酸碱废水以及混合废水等；根据产生废水的行业性质，工业废水又可分为造纸废水、石油化工废水、纺织废水、制革废水、冶金废水等。

一般来说，工业废水具有以下特点：

（1）污染量大。工业用水量大，其中 70％以上转变为工业废水排入环境，废水中污染物浓度一般也很高，如造纸和食品等行业的工业废水中有机物含量很高，BOD_5 常超过 2000mg/L，有的甚至高达 30000mg/L。

（2）成分复杂。工业污染物成分复杂、形态多样，包括有机物、无机物、重金属、放射性物质等有毒有害污染物。特别是随着合成化学工业的发展，世界上已有数千万种化学品，每周又有数百种新的化学品问世，在生产过程中这些化学品（如多氯联苯）不可避免地会进入废水当中。污染物的多样性极大地增加了工业废水处理的难度。

（3）感官不佳。工业废水常带有令人不悦的颜色或异味，如造纸废水的浓黑液，呈黑褐色，易产生泡沫，具有令人生厌的刺激性气味等。

（4）水量、水质多变。工业废水的水量和水质随生产工艺、生产方式、设备状态、管理水平、生产时段等的不同而有很大差异，即使是同一工业的同一生产工序，生产过程中水质也会有很大变化。

2. 生活污染源

生活污水主要来自家庭、商业、学校、旅游、服务行业以及其他城市公用设施，包括厕所冲洗水、厨房排水、洗涤排水、淋浴排水及其他排水。不同城市的生活污水，其组成有一定差异。一般而言，生活污水中 99.9% 是水，虽也含有微量金属如锌、铜、铬、锰、镍和铅等，但污染物以悬浮态或溶解态的无机物（如氮、硫、磷等盐类）、有机物（如纤维素、淀粉、脂肪、蛋白质及合成洗涤剂等）为主，其中的有机物大多较易降解，在厌氧条件下易产生恶臭。此外，生活污水中还含有多种致病菌、病毒和寄生虫卵等。

生活污水中悬浮固体的质量浓度一般在 $200\sim400mg/L$，BOD_5 在 $100\sim700mg/L$。随着城市的发展和生活水平的提高，生活污水量及污染物总量都在不断增加，部分污染物指标（如 BOD_5）甚至超过工业废水成为水污染的主要来源。

3. 农业污染源

不合理地使用化肥和农药改变了土壤的物理特性，降低了土壤的持水能力，产生更多的农田径流并加速土壤的侵蚀，使得农田径流中含有大量的氮、磷营养物质和有毒的农药。同时由于农业对化肥的依赖性增加，畜禽养殖业的动物粪便已经从一种传统的植物营养物变成了一种必须加以处理的污染物。畜禽养殖废水常含有很高浓度的有机物，这些有机物易被微生物降解，其中含氮有机物经过氨化作用形成氨氮，再被亚硝化菌和硝化菌利用，转化为亚硝酸盐和硝酸盐，常引起地下水污染。

此外，分散农村居民点的生活污水、粗放发展的乡镇工业所排废水，也是水环境重要的污染源。由于环境保护基础设施和管制的缺失，生活污水一般直接排入周边的环境中。散乱排放的乡镇工业废水已成为水环境保护的突出问题和影响人体健康的重要因素。

4. 城市径流

在城市地区，大部分下垫面被屋顶、道路、广场所覆盖，地面渗透性很差。雨水降落并流过铺砌的地面时，常夹有大量的城市污染物，如润滑油、石油、防冻液、汽车尾气中的重金属、轮胎的磨损物、建筑材料的腐蚀物、路面的砂砾、建筑工地的淤泥和沉积物、动植物的有机废物、动物排泄排遗物中的细菌、城市草地和公园喷洒的农药以及融雪撒的路盐等。城市地区的雨水一般通过雨污分流或合流的下水道，直接排入附近水体，通常并不经过任何处理。研究发现，城市径流中所含的重金属（如铜、铅、锌等）、有机氯化物、悬浮物对许多鱼类和无脊椎水生动物具有潜在的致命影响。

4.2.3 水污染物的种类

水污染物是指改变水环境状态，降低其质量和功能的物质或能量。按照是否有生命，首先分为生物性水污染物和非生物性水污染物。

1. 生物性水污染物

生物性水污染物是指水体中病原性或破坏水生态平衡的生物。一般生活污水、畜禽饲养场污水以及制革、洗毛、屠宰业和医院等排出的废水，常含有各种病原体。水体受到病原体的污染会传播疾病，如血吸虫病、霍乱、伤寒、痢疾、病毒性肝炎等。

生物性水污染物可分为病原性细菌、病原性寄生虫、破坏水生态平衡的生物。病原性细菌包括沙门氏菌属、志贺氏菌属、霍乱弧菌、致病性大肠杆菌、结核杆菌等；病原性寄生虫包括血吸虫、溶组织阿米巴、麦地那龙线虫、兰伯氏贾第鞭毛虫等；破坏水生态平衡的生物包括福寿螺，其可破坏水生态系统的生产者。

历史上流行的瘟疫，有的就是水媒型传染病。如 1848 年和 1854 年英国两次霍乱流行死亡万余人，1892年德国汉堡霍乱流行死亡750余人，均是水污染引起的。受病原体污染后的水体，微生物激增，其中许多是致病菌、病虫卵和病毒，它们往往与其他细菌和大肠杆菌共存，因此通常规定采用细菌总数和大肠杆菌指数及菌值数作为病原体污染的直接指标。生物性水污染物的特点是：数量大；分布广；存活时间较长；繁殖速度快；易产生抗药性，很难灭绝；经过传统的二级生化处理及加氯消毒后，某些病原微生物、病毒仍能大量存活。常见的混凝、沉淀、过滤、消毒处理能够去除水中99%以上的病毒，如出水浊度大于0.5NTU时，仍会伴随病毒的穿透。病原体污染物可通过多种途径进入水体，一旦条件适合，就会引起人体疾病。

2. 非生物性水污染物

非生物性水污染物是指水体中不具有生命特征的污染物质，可按物理形态和化学性质进一步分类。

（1）按照污染物的物理形态分类

当按照污染物的物理形态对其进行分类时，可分为悬浮态污染物、胶体态污染物和溶解态污染物三类。

悬浮态污染物（suspended pollutants）是指粒径在$1\sim10\mu m$的杂质，这种杂质造成水质显著浑浊。悬浮态污染物分散于液体中，因布朗运动而不能很快下沉。其中较重的颗粒多数是泥沙类的无机物，有较弱的丁达尔现象，同时布朗运动弱于重力作用，所以在静置时会自行沉降。而较轻的颗粒多数是动植物腐败而产生的有机物质，浮在水面上。悬浮态污染物还包括浮游生物（如蓝藻类、硅藻类）和微生物。

所谓胶体态污染物（colloidal pollutants）是指粒径大致在$1\sim1000nm$之间的杂质。固体颗粒分散于液体中，在布朗运动与重力作用下形成沉降平衡状态。一般认为$100\sim1000nm$为粗分散胶态，$1\sim100nm$为细分散胶态，有丁达尔现象。在水污染治理领域，粗分散胶态常被划入悬浮态。胶体杂质多数是黏土无机胶体和高分子有机胶体。高分子有机胶体是分子量很大的物质，一般是水中的植物残骸经过腐烂分解的产物，如腐殖酸、腐殖质等。黏土无机胶体则是造成水质浑浊的主要原因。胶体杂质具有两种特性，一种是由于单位容积中胶体的总面积很大，因而吸附大量离子而带有电性，使胶体之间产生电性斥力而不能互相粘结，颗粒始终稳定在微粒状态而不能自行下沉；另一种是由于光线照射到胶体上被散射而造成浑浊现象。

溶解态污染物（dissolved pollutants）的粒径大约在$1nm$以下，以分子状态溶解于液体中，以分子扩散力为主，呈分散状态。无丁达尔现象，不会产生水的浑浊现象。例如，食盐溶解于水，水仍然是透明的。

（2）按照污染物的化学性质分类

1）有机污染物

有机污染物是指以碳水化合物、蛋白质以及脂肪等形式存在的天然有机物质和人工合成有机物质，分为可生物降解有机污染物、难或不可生物降解有机污染物。

① 可生物降解有机污染物主要是以碳水化合物、蛋白质以及脂肪等形式存在的天然有机物质，容易被微生物分解。在生活污水、食品加工和造纸等工业废水中常见。这些物质以悬浮或溶解状态存在于污水中，可通过微生物的生物、化学作用而分解。在其分解过程中需要消耗氧气，因而被称为耗氧污染物。这种污染物可造成水中溶解氧减少，影响鱼

类和其他水生生物的生长。水中溶解氧耗尽后，有机物进行厌氧分解，产生硫化氢、氨和硫醇等难闻气体，使水质进一步恶化。可生物降解有机污染物的危害：消耗溶解氧、恶化水质、破坏水体；抑制或催生水生生物、破坏水生态平衡；滋生微生物，传播疾病；有毒有机物直接危害人体健康和水生生物生长。

②难或不可生物降解有机污染物是指不易被生物降解的有机物，其化学性质稳定，以合成有机物居多。其中，最重要的是持久性有机污染物 POPs (Persistent Organic Pollutants)。它是一类具有环境持久性、生物累积性、长距离迁移能力和高生物毒性的特殊污染物，可对野生动物和人体健康造成不可逆的严重危害，如抑制免疫系统的正常反应、影响巨噬细胞的活性、降低生物体的病毒抵抗能力；干扰内分泌系统，与雌激素受体有较强的结合能力，影响受体的活动进而改变基因组成；对生殖系统及过程产生障碍；对人体有"三致"作用（致癌、致畸、致突变）。

首批列入《关于持久性有机污染物的斯德哥尔摩公约》全球控制名单的持久性有机污染物（POPs）有12种，通常被称为"肮脏的一打（Dirty Dozen）"。具体包括：

a. 艾氏剂（aldrin）：有机氯农药，用于防治地下害虫和某些大田害虫，是一种极为有效的触杀和胃毒剂。

b. 氯丹（chlordane）：有机氯农药，用于防治农田及林业苗圃等地下害虫，也用于建筑基础防腐（可杀灭白蚁、火蚁），是一种具有触杀、胃毒及重蒸作用的广谱杀虫剂。

c. 滴滴涕（DDT）：有机氯农药，曾用于防治棉田后期害虫、果树和蔬菜害虫，以及防治蚊蝇传播疾病，具有触杀、胃毒作用。

d. 狄氏剂（dieldrin）：有机氯农药，用于控制白蚁、纺织品类害虫、森林害虫、棉作物害虫和地下害虫，也用于防治热带蚊蝇传播疾病。

e. 异狄氏剂（endrin）：有机氯农药，用于棉花和谷物等大回作物。

f. 七氯（heptachlor）：有机氯农药，用于防治地下害虫、棉花生长后期害虫及禾本科作物和牧草害虫。

g. 六氯代苯（HCB）：用于种子杀菌、防治麦类黑穗病和土壤消毒，同时也是某些化工生产中的中间体或副产品。

h. 灭蚁灵（mirex）：有机氯农药，具有胃毒作用，广泛用于防治多种蚁虫。

i. 毒杀芬（toxaphene）：有机氯农药，用于防治棉花、谷物、坚果、蔬菜、林木害虫以及牲畜体外寄生虫，具有触杀、胃毒作用。

j. 多氯联苯（PCBs）：化学性质极为稳定的混合物，不易燃烧，绝缘性能良好，曾广泛用于电力电容器、变压器、胶粘剂、墨汁、油墨、催化剂载体、绝缘电线等；同时也用于天然及合成橡胶的增塑剂，使胶料具有自黏性和互黏性。

k. 多氯代二苯并-对-二噁英（PCDDs）：是一组有75种异构体的化学品。能够从废物焚烧、纸浆氯气漂白、再生金属冶炼、化工合成等多种过程中产生。

l. 多氯代二苯并呋喃（PCDFs）：是一组有135种异构体的化学品，其产生过程类似于 PCDDs。

2) 无机污染物

碳元素以外的各种元素及其化合物（如氧化物、硫化物、卤化物、酸、盐等）称为无机物，造成污染的无机物称为无机污染物。可分为无毒无机污染物、有毒无机污染物两类。

① 无毒无机污染物主要包括无机颗粒物质、酸碱和盐、氮磷等植物营养物。

a. 酸、碱、盐无机污染物。各种酸、碱、盐等无机物进入水体（酸、碱中和生成盐，它们与水体中某些矿物质相互作用产生某些盐类），使淡水资源的矿化度提高，影响各种用水水质。盐污染主要来自生活污水和工矿废水以及某些工业废渣。另外，由于酸雨规模日益扩大，造成土壤酸化、地下水矿化度增高。水体中无机盐增加能提高水的渗透压，对淡水生物、植物生长产生不良影响，在盐碱化地区，地面水、地下水中的盐将对土壤质量产生更大影响。

b. 植物营养物。植物营养物主要指氮、磷等能刺激藻类及水草生长、干扰水质净化，使 BOD_5 升高的物质。水体中营养物质过量所造成的"富营养化"对于湖泊及流动缓慢的水体所造成的危害已成为水源保护的严重问题。

② 有毒无机污染物则包括非金属有毒无机污染物（氰化物和砷等）和金属有毒无机污染物（汞、镉、铬和铅等）。这些物质进入生物体后累积到一定数量能使体液和组织发生生化和生理功能的变化，引起暂时或持久的病理状态，甚至危及生命，如重金属和难分解的有机污染物等。污染物的毒性与摄入机体内的数量有密切关系，同一污染物的毒性也与它的存在形态有密切关系。价态或形态不同，其毒性可能有很大的差异。如 Cr（Ⅵ）的毒性比 Cr（Ⅲ）大，As（Ⅲ）的毒性比 As（Ⅴ）大，甲基汞的毒性比无机汞大得多等。

（3）其他污染物

石油类污染物、放射性污染物、热污染也是水体中常见的污染物。

1）石油类污染物

石油污染是水体污染的重要类型之一，特别是在河口、近海水域更为突出。每年排入海洋的石油高达数百万吨至上千万吨，约占世界石油总产量的 5%。石油类污染物主要来自工业排放，清洗石油运输船只的船舱、机件及发生意外事故、海上采油等均可造成石油污染。而油船事故属于爆炸性的集中污染源，危害是毁灭性的。石油是烷烃、烯烃和芳香烃的混合物，进入水体后的危害是多方面的。如在水上形成油膜，能阻碍水体复氧作用；油类黏附在鱼鳃上，可使鱼窒息；黏附在藻类、浮游生物上，可使它们死亡。油类会抑制水鸟产卵和孵化，严重时使鸟类大量死亡，石油污染还能使水产品质量降低。

2）放射性污染物

放射性污染是放射性物质进入水体后造成的。放射性污染物主要来源于核动力工厂排出的冷却水，向海洋投弃的放射性废物，核爆炸降落到水体的散落物，核动力船舶事故泄漏的核燃料；开采、提炼和使用放射性物质时，如果处理不当，也会造成放射性污染。水体中的放射性污染物可以附着在生物体表面，也可以进入生物体蓄积起来，还可通过食物链对人产生内照射。

3）热污染

热污染是一种能量污染，它是由工矿企业向水体排放高温废水造成的。一些热电厂及各种工业过程中的冷却水，若不采取措施直接排放到水体中，均可使水温升高。水中化学反应、生化反应的速度随之加快，使某些有毒物质的毒性提高，溶解氧减少。最终影响鱼类生长，加速细菌繁殖，并有可能产生恶臭。

4.2.4 水污染对人体健康的影响

水是人类生存的最基本需求。人类居住环境所处的水环境好与坏在很大程度上决定了人的健康程度。水体受到污染后可通过饮用水或食物链等多种途径对人体产生危害，其作用对象是整个人群，包括老、弱、病、幼，甚至胎儿。一般来说，水污染对人体健康的影响主要包括以下几个方面：

（1）引起急性和慢性中毒

急性和慢性中毒是水污染对人体健康危害的主要方面。水体受到化学有毒物质污染后，通过饮用水或食物链便可能造成中毒，如甲基汞中毒（水俣病）、镉中毒（痛痛病）、砷中毒、铬中毒、氰化物中毒、农药中毒、多氯联苯中毒等。铅、钡、氟等也可对人体造成危害。

（2）致癌作用

目前认为，癌症的发生是宿主与环境之间相互作用的结果。重要的宿主因素包括遗传因素和健康状况，而主要的环境因素包括环境污染物、食物、职业和生活方式等。某些有致癌作用的化学物质，如砷、铬、镍、铍、苯胺、苯并(a)芘和其他的多环芳烃、卤代烃污染水体后，可在悬浮物、底泥和水生生物体内积累。长期饮用含有这类物质的水，或食用体内富集有这类物质的生物就可能诱发癌症。20世纪70年代以来，水污染问题日趋严重，全世界在水中检测出的有机化学污染物约有2221种。近年来的研究表明，水污染与人群中肝癌、胃癌、膀胱癌等的发生有显著的相关性。但癌症发生率与水污染之间的关系，尚未完全明确。

（3）引发水性传染病

水性传染病是指饮用或接触被病原体污染的水，或食用被水污染的食物而传播的疾病。通常，人畜粪便等生物性污染物污染水体可能引起细菌性肠道传染病，如伤寒、副伤寒、痢疾、肠炎、霍乱、副霍乱等。肠道内常见病毒如脊髓灰质炎病毒、柯萨奇病毒、人肠细胞病变孤病毒、腺病毒、呼肠孤病毒、传染性肝炎病毒等，皆可通过水污染引起相应的传染病。某些寄生虫病如阿米巴痢疾、血吸虫病、贾第鞭毛虫病等，以及由钩端螺旋体引起的钩端螺旋体病等，也可通过水传播。水性传染病发生原因一般为：含有病原体的污水、粪便等污染水源后，未经有效净化和消毒处理即供居民饮用，或处理后的饮用水在输配和贮存过程中重新被病原体污染。

水性传染病往往来势凶猛，波及面广，对人体健康危害较大。这是因为饮用同一水源的人较多，致使发病人数多，且病原体在水中能存活数日乃至数月，有的还能繁殖增长，但常规的消毒方法很难灭活全部的病原体。

据世界卫生组织计算，非洲地区特别是移民或者难民区，水污染导致霍乱是十分普遍的传染病，约有7900万人受到这种疾病的威胁。1991年秘鲁发生的霍乱是第三世界水污染直接造成的恶果；1991年以后约有5万名卢旺达难民在难民营染上霍乱，上万人不治死亡。传染性腹泻是世界上分布较为广泛的疾病，该疾病与水环境有着十分明显的联系，细菌和病毒通过被污染的食物和水进行传播。世界卫生组织调查显示，1996年因腹泻致死者约有250万人，其中不满5岁的儿童占据了很大一部分。1993年美国城市由于供水污染，经历了一场大规模蔓延的腹泻疾病，有40万人受到了感染。

（4）间接影响

水体受到污染后，常引起水的感官性状恶化。如某些污染物在一般浓度下，对人的健康虽无直接危害，但可使水产生异臭、异味、异色、呈现泡沫和油膜等，妨碍水体的正常利用。铜、锌、镍等物质在一定浓度下能抑制微生物的生长和繁殖，从而影响水中有机物的分解和生物氧化，使水体的天然自净能力受到抑制，影响水体的卫生状况。

由于水中的污染物种类很多，它们可同时进入人体，产生联合作用。所以本节就水中一些污染物对人体健康的影响进行简要介绍。

（1）汞和甲基汞

汞是人类发现和利用最早的几种金属之一，也是一种毒性较强的有色金属。水中汞及其化合物的主要来源是氨碱、塑料、电池和电子等工业生产排放的废水。大气和土壤中的汞也可通过降水或河流冲刷作用进入水中。未受污染的天然水中汞含量一般较低，但也可因水域不同，其含量存在一定差别。河水底泥里的汞，不论呈现何种形态都会直接或间接地在微生物的作用下转化为甲基汞和二甲基汞。二甲基汞在酸性条件下可分解为甲基汞。甲基汞溶于水，可从底泥释放重新进入水中。甲基汞脂溶性很强，水生生物通过食物链逐步富集甲基汞，使其在体内高度积累。水中汞的危害主要是由于人体摄入富集甲基汞的鱼、贝类而发生慢性甲基汞中毒。通过水生食物链等途径进入人体的甲基汞，在胃酸的作用下生成氯化甲基汞，吸收入血液的甲基汞主要与红细胞中的巯基结合，随血液循环分布至全身（特别是肝、肾和脑组织），从而对相应的器官造成损害。

甲基汞对多种酶类有明显的抑制作用，还可引起脂质过氧化、蛋白质合成障碍和DNA损伤等。人体短期内摄入大量甲基汞后，可出现痉挛、麻痹、意识障碍等急性中毒症状甚至很快死亡。在实际生活中，患者主要以慢性摄入为主。慢性中毒的患者，大脑和小脑均明显萎缩，患者的感觉和运动功能出现明显障碍，可能表现为行动困难、意识障碍、生活不能自理。

阅读材料：

1956年，在日本熊本县水俣湾附近发现一种奇怪的病，这种病最初出现在猫身上，被称为"猫舞蹈症"。患这种病的猫表现出抽搐、麻痹，甚至跳海死去。

随后不久，此地也相继发现了患这种病的人。表现为口齿不清、步履蹒跚、面部痴呆、手足麻痹、感觉障碍、视觉丧失、震颤、手足变形，重者神经失常，或酣睡，或兴奋，身体弯弓高叫，直至死亡。该症状只发生在水俣镇内及周边区域，所以开始的时候，人们称这种病为"水俣病"（见图4-6）。

起初医生和科学家都无法检查出这种病是因何引起，也不知如何治疗，使得人们恐慌不安，然而，当地居民的这一噩梦其实才刚刚开始。在后面的整整12年的时间，水俣病

图4-6　水俣病事件图

在当地不断蔓延。直接导致水俣镇的受害人数达 1 万人，死亡人数超过 1000 人。而患此病的动物和人，都有一个共同的地方，即都是通过吃鱼中毒。1959 年 2 月，日本食物中毒委员会经过多年的调查研究认为，水俣病与重金属中毒有关，尤其是汞中毒的可能性最大。后经熊本大学调查，从病死者、鱼体和日本氮肥厂排污管道出口附近都发现了有毒的甲基汞。这才揭开了水俣病的秘密。

（2）氟化物

氟是人体必需的微量元素之一，缺氟易患龋齿病，饮用水中氟的适宜浓度为 0.5～1.0mg/L。当长期饮用含氟量高于 1.0～1.5mg/L 的水时，易患斑齿病，如水中含氟量高于 4mg/L，则可导致氟骨病。

氟可与骨组织中的羟磷灰石的羟基交换，并通过抑制骨磷酸酶或与体液中的钙离子结合成难溶性氟化钙，从而导致钙、磷代谢紊乱，引起低血钙症、氟斑牙及氟骨病等（见图4-7）。

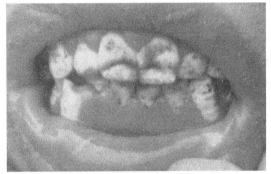

图 4-7　氟骨病与氟斑牙

（3）砷

按砷在水中的含量及其对人体的作用可划分为医疗砷水和饮用砷水，可供沐浴和饮用。按《中国医疗热矿水水质标准》，水中偏砷酸的低限含量为 1mg/L，与欧洲地区采用的饮用天然矿泉水的标准相同。苏联、日本、德国将医疗矿水中砷的低限含量定为 0.7mg/L。

砷在水中多以五价或三价的形式存在。砷的化合物是剧毒的（如砒霜），而砷元素本身是无毒的。俄罗斯上卡尔马东 3 号温泉，水温 53℃，热水中砷的含量达 1.0mg/L，水化学类型为氯化钠型。在美国西部蒸汽舟泉热矿水中，砷含量达 2.5mg/L。格鲁吉亚的上伊斯奇—苏温泉热水，水温 71℃，含碳酸 630mg/L、偏硅酸 202mg/L、砷 1.5mg/L，已建疗养院和瓶装矿泉水厂。

水中微量的砷摄入人体内，具有生血刺激作用和促进生物生长、繁殖的功能，饮用砷水的适应病症为各种贫血、慢性失血性贫血、慢性疟疾、病后体质虚弱、寄生虫贫血等。浴用可治疗牛皮癣、风湿等病症。

（4）铅

含铅废水来自各种电池车间、选矿厂、石油化工厂等。电池工业是含铅废水的最主要来源，据报道，每生产 1 个电池就造成铅损失 4.54～6.81mg；其次是石油工业生产汽油添加剂。尽管铅不如铜、镉那样常见，但它却是废水中的常见组分。

尤其是电池厂在生产过程中产生大量含铅废水，废水中铅含量超出国家标准百倍，对地下水源构成很大威胁，如果不进行处理而任其排放，必然给环境与社会带来极大的危害。儿童、婴儿、胎儿和孕妇对铅更敏感。铅是有毒金属。铅可引起溶血，也可使大脑皮质的兴奋和抑制的正常功能紊乱，引起一系列的神经系统症状。铅及其化合物主要通过呼吸道、消化道进入机体，主要沉积于骨骼系统，少量存留于肝、脾、肾、脑、肌肉等器官和血液内。

（5）镉

镉的主要污染源有电镀、采矿、冶炼、染料、电池和化学工业等排放的废水。镉不是人体必需的微量元素。在自然界，镉通常以硫酸盐的形式出现，并常与锌矿石和铅矿石伴生。在矿区和冶炼厂附近，积累在土壤中的镉可导致邻近水域局部地区镉有很高的浓度。饮用水中镉不得超过 $0.01mg/L$，因为镉是剧毒性物质，且有协同作用，可使进入人体内的其他毒物的毒性增大。镉进入人体后，可以在人的肝、肾、胰腺和甲状腺内积累。由于肾小管中毒变性及钙质吸收能力下降，可引起骨、消化道、血管的病变，表现有神经痛、肾炎、骨质松软、骨折、高血压、贫血、内分泌失调等。镉还有致癌、致畸、致突变的作用。日本的"痛痛病"是因为人体内镉积累过多，引起肾功能失调，骨质中的钙被镉取代，使骨骼弱化，极易自然骨折，以疼痛难忍而得名。这种病潜伏期长，短则 10 年，长则 30 年，发病后很难治疗。

阅读资料：

富山县位于日本中部地区，在富饶的富山平原上，流淌着一条名叫"神通川"的河流。这条河贯穿富山平原，注入富山湾，不仅是居住在河流两岸人们世世代代的饮用水源，也灌溉着两岸肥沃的土地，使之成为日本主要粮食基地的命脉水源。然而，谁也没有想到多年后，这条命脉水源竟成了"夺命"水源。

自 20 世纪初期开始，人们发现这个地区的水稻普遍生长不良。1931 年，这里又出现了一种怪病，患者表现为腰、手、脚等关节疼痛。病症持续几年后，患者全身各部位会发生神经痛、骨痛现象，行动困难，甚至呼吸都会带来难以忍受的痛苦。到了患病后期，患者骨骼软化、萎缩，四肢弯曲，脊柱变形，骨质松脆，就连咳嗽都能引起骨折。患者不能进食，疼痛无比，常常大叫"痛死了！"有人甚至因无法忍受痛苦而自杀。这种病由此得名为"骨癌病"或"痛痛病"（见图 4-8）。

图 4-8 痛痛病事件图

1946—1960 年，日本医学界从事综合临床、病理、流行病学、动物实验和分析化学的人员经过长期研究发现，"痛痛病"是由神通川上游的神冈矿山废水引起的镉（Cd）中毒。据记载，富山县神通川上游的神冈矿山从 19 世纪 80 年代成为日本铝矿、锌矿的生产基地。矿产企业长期将没有处理的废水排入神通川，污染了水源。用这种含镉的水浇灌农田，生产出来的稻米称为"镉米"。"镉米"和"镉水"把神通川两岸的人们带进了"骨痛病"的阴霾中。

（6）铬

铬及其化合物在工业生产中有着广泛的应用，是冶金工业、金属加工、电镀、制革、油漆、印染、照相制版等行业必不可少的原料。同时这些工业部门分布点多面广，每天都要排放出大量含铬废水。就电镀废水而言，全国有电镀厂 100 多家，每年排放出的含铬废水达 40 亿 m^3，对环境造成了严重的污染。

铬的化合物常见的价态有三价和六价。受水的 pH、有机物、氧化还原物质、温度及硬度等条件影响，三价铬和六价铬的化合物可以互相转化。铬是人体所必需的微量元素之一。铬的毒性与其存在价态有关，通常认为六价铬的毒性比三价铬高 100 倍，六价铬更易被人体吸收而且在体内积累。六价铬的化合物对人体有害，在高浓度时具有明显的局部刺激作用和腐蚀作用，并能经胃肠道、呼吸道和皮肤吸收；在低浓度时是常见的致敏物质。进入人体内的铬主要分布在肝、肾、脾和骨骼内。铬在人体内具有一定的积累作用和致癌作用。

（7）硝酸盐

硝酸盐的来源主要有地层、工业废水、生活污水、氮肥、大气中硝酸盐的沉降和土壤中有机物的降解等。硝酸盐本身无毒，但在环境中易被还原成亚硝酸盐，亚硝酸盐进入人体后，在胃肠道中与胺作用形成亚硝胺，人群资料表明某些癌症如胃癌、食道癌、肝癌、结肠癌和膀胱癌等的发病可能与亚硝胺有关。亚硝酸盐进入机体后也可通过影响机体输送氧气的功能，造成缺氧，甚至引起窒息死亡。此外，亚硝酸盐还能够通过胎盘对胎儿产生致畸作用。

（8）多氯联苯

多氯联苯（PCBs）是由一些氯置换联苯分子中的氢原子而形成的一类含氯有机化合物，被广泛应用于工业生产，如变压器的绝缘液体、润滑油、切削油、农药以及在油漆、胶粘剂、封闭剂生产中作添加剂。PCBs 主要随工业废水和生活污水进入水体，可通过水生生物的食物链发生生物富集。PCBs 在水环境中极为稳定，可长久存在。

PCBs 对人危害的最典型例子是 1968 年发生在日本的"米糠油中毒事件"，受害者因食用了被 PCBs 污染的米糠油而中毒，具体表现为皮疹、色素沉着、眼分泌物增多以及胃肠道功能紊乱等症状。严重者可发生肝损害，出现黄疸、肝昏迷甚至死亡。PCBs 还可通过胎盘进入胎儿体内。孕妇食用被污染的米糠油后，出现胎儿死亡、新生儿童体重减轻、皮肤颜色异常、眼分泌物增多等症状，此即"胎儿油症"。

补充资料：

联合作用：多种环境污染物进入人体后，相互之间会发生物理、化学反应，从而导致其共同作用时的毒性效应与其单独作用时的毒性效应不同，这种现象称为环境污染物的联合作用。

相加作用：几种性质相近的环境污染物同时作用于人体时，所产生的毒性效应是这些污染物分别产生的毒性效应的总和。

协同作用：几种环境污染物同时作用于人体时，所产生的毒性效应大于这些污染物毒性效应的总和。

拮抗作用：几种环境污染物同时作用于人体时，其毒性效应小于其中任何一种污染物的毒性效应，即一种污染物可使另一种污染物的毒性效应降低。

独立作用：几种环境污染物同时作用于人体时，所产生的毒性效应各自不同，彼此之间无影响。

4.2.5　水污染对水生态的影响

水是生物生存和繁衍的首要因素，对水资源的掠夺式开采和过度捕捞，以及工业废水的污染，不仅严重抑制了水资源潜力和生态功能的发挥，也造成生态环境的恶化和水生生物栖息地的严重破坏。水生态的逐步恶化使得河流、湖泊等淡水系统退化现象严重，许多淡水动植物都面临着数量迅速减少或者灭绝的命运。

目前，水污染对水生态的影响主要表现在水体酸化、水体富营养化、黑臭水体、有机物和重金属污染以及水土流失等方面。

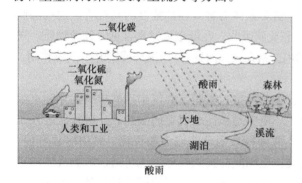

图4-9　酸雨的形成

1. 水体酸化

酸雨是指 pH 小于 5.6 的大气降水，包括酸性雨、雪、雾、雹、霜等多种形式的降水。酸雨具有"空中死神"之称，酸雨能使水体和土壤酸化、破坏森林、伤害庄稼、损害古迹及影响生物生存和人体健康，已成为国际性的环境问题。酸雨的形成过程如图4-9所示。

酸雨对水体的影响可分为两个方面：一方面是大气中的酸性物质直接进入水体，引起水体 pH 的降低；另一方面是水体酸化又促使土壤中的重金属溶出，进入水体，引起污染。受酸雨的影响，河流、湖泊水体的酸度增加，浮游生物的种类和群落结构将改变，危及鱼米等水生生物的生存，生物种类及数量逐渐减少，甚至变成没有生物的死水域。酸雨使土壤酸化，影响土壤的无机物含量、组分、结构、pH、碱饱和度、含盐量以及渗透力，长期的高酸度酸雨会造成土壤中植物营养元素的大量淋失，进而影响植物的正常生长；此外，酸雨还会损坏植物叶子表面的保护层，使叶绿素减少，降低光合作用，从而使作物减产，品质下降。

2. 水体富营养化

水体富营养化是大量氮、磷等营养物质进入水体，引起蓝菌、微小藻类及其他浮游生物恶性增殖，最终导致水质急剧下降的一种污染现象（见图4-10）。水体富营养化的判断标准见表4-13。

水体富营养化的判断标准　　　　表4-13

水体含氮量	水体含磷量	BOD	淡水中细菌总数	叶绿素a
>0.2~0.3mg/L	>0.01~0.02mg/L	>10mg/L	>10^5个/mL	>10mg/m^3

（1）水体富营养化的特征

富营养化可分为天然富营养化和人为富营养化。在自然条件下，湖泊也会从贫营养状态过渡到富营养状态，沉积物不断增多，不过这种自然过程非常缓慢，常需几千年甚至上万年。而人为排放含营养物质的工业废水和生活污水所引起的水体富营养化现象，可以在短时期出现。

图4-10　水体富营养化

水体出现富营养化现象时，浮游生物大量繁殖，水面往往呈现蓝色、红色、棕色、乳白色等，视占优势的浮游生物的颜色而异。水体富营养化在内陆湖中最明显的特征就是赤潮和水华。赤潮是海洋中某些微小（$2\sim20\mu m$）的浮游藻类、原生动物或更小的细菌，在满足一定的条件下爆发性繁殖或密集性聚集，引起水体变色的一种自然生态现象。赤潮灾害不仅使沿海渔民及养殖户遭受损失，还威胁沿海地区居民的身体健康，也较大程度地影响了海产品的生产，严重制约了海洋经济的发展，因此赤潮被喻为"红色幽灵"。而发生在湖泊等淡水体中的藻类爆发则称为水华，水华是一种发生在淡水中的自然生态现象，只由藻类引起，如蓝藻（应为蓝藻细菌）、绿藻、硅藻等。

（2）水体富营养化的危害

水体富营养化会产生很多危害。首先，水体富营养化会影响水体的水质，使水的透明度降低，阳光无法穿过水体，从而降低水体的光合作用。而且还会使水体溶解氧下降，引起大量水生生物的死亡，进而使水体散发出不良气体。同时，水体富营养化会给饮用水水源造成巨大的威胁，淡水富营养化后，水华频繁出现、面积逐年扩大、持续时间逐年延长，自来水厂的过滤装置被藻类堵塞，藻类漂浮在水面上不仅影响景观，产生臭气，而且水华、水藻可产生多种毒素并向水体释放。美国、日本、澳大利亚、印度、芬兰等10多个国家的研究人员均报道了富营养化水体中有毒藻类的危害。此外，因为富营养化的水中含有硝酸盐和亚硝酸盐，人畜长期饮用这些物质含量超过一定标准的水，也会中毒致病，由发生水华的淡水引起家禽、家畜和野生动物出现各种不良症状甚至死亡的现象时有发生。水体富营养化还会加速湖泊的衰退，使之向沼泽化发展。

目前，越来越多的研究人员关注藻毒素对人类健康的影响，微囊藻毒素对水生生物也有很大的影响，水体中高浓度的藻毒素可影响水生植物种群的多样性。研究表明，含有一定浓度藻毒素的水体可使鱼卵变异、藻类死亡、鱼类行为及生长异常。

3. 黑臭水体

"黑臭"是对受污染水体的感官描述，指水体因恶臭而变黑，影响居民正常生活、河流生态系统和城市面貌。河流黑臭现象在很多国家均有发生。例如，韩国首尔的清溪，德国北莱茵-威斯特法伦的埃姆舍尔河，法国巴黎的塞纳河和奥地利维也纳的多瑙河等。

水体发黑的一个重要原因是金属硫化物的沉淀。研究发现，沉积物释放的重金属离子能够导致水体变黑。在水体变黑时，硫化物浓度随之增加，其与 Fe^{2+} 或 Mn^{2+} 结合，形成黑色金属硫化物等物质，导致水体发黑。同时，溶解性有机质是水体发黑的重要参与物。其主要成分从腐殖质转变为色氨酸和芳香族蛋白质，增强紫外光吸收，进一步加剧水体发黑。

硫是形成有气味化合物的最重要元素之一。硫化还原细菌通过异化硫酸盐还原进行呼吸，产生硫离子和硫化氢形式的还原硫。硫化氢是一种具有高浓度气味的物质，对水体发臭具有很大贡献。甲氧基芳香族化合物可以为硫化物提供甲基，形成甲硫醇或二甲基硫醚。挥发性有机硫化物（甲硫醇、二甲基硫醚、二甲基二硫和三硫化二甲基）在臭气形成中起主要作用。

目前，黑臭水体的治理技术主要有物理修复、化学修复和生物治理与生态修复法三大类。

4. 有机物和重金属污染

（1）有机物污染对水生态的影响

随着各国工业的发展，人工合成的有机物越来越多，有机物大致可分为两类：一类是天然有机物；另一类是人工合成有机物。目前已知的有机物种类约 700 万种，其中人工合成的有机物种类达十万种以上，且以每年 2000 种的速度递增。主要污染物为苯酚、多环芳烃和各种人工合成的具有累积性及稳定性的难降解有机化合物，如有机氯农药、合成洗涤剂和合成染料等。我国水环境中的有机污染非常严重，且有机污染物种类多、数量大、毒性强，水体中有机污染物的来源主要包括工业废水、农业废水及生活污水三方面。

有机污染的特征是耗氧，有些有毒有机物则体现在生物毒性上。水体中的有机污染物在达到一定浓度后，会影响植物的新陈代谢，导致植物发育不良，甚至停止生长，最终干枯死亡。水体有机污染对植物的危害，有的是直接的，如化工厂排入的酸性污水，流入水稻田后，使稻根腐烂而死亡；有的是间接的，如长期用污水灌溉农田，不仅使稻谷产量下降，还会使其质量下降，煮的饭可能带有异味，人类长期食用这种稻米会使身体发生病变。此外，植物吸收了被污染的水后，有机污染物在植物体内富集，不仅毒害植物本身，而且还贻害人类和其他动物。

由于有机污染物本身有一定的生物积累性、毒性和致癌、致畸、致突变的"三致"作用，一些有机物对人以及水生生物的生殖功能会产生不可逆的影响，是社会的隐形杀手。

（2）重金属污染对水生态的影响

有些重金属如锰、铜、锌等是生物体生命活动所必需的微量元素，但是大部分重金属如汞、铅等对生物体的生命活动具有毒害作用。有毒废物倾倒在陆地上只能产生局部的影响，然而有毒污染物排放到水中，即使浓度很低，也会通过生物富集作用对水生生物产生致命的影响。这意味着，只要水中有微量重金属即可产生毒性效应。一般重金属浓度在 $1 \sim 10mg/L$ 会产生毒性，而毒性较强的汞、镉浓度在 $0.01 \sim 0.001mg/L$ 以上便会产生毒性。

在水中，牡蛎和一些浮游生物吸收大量受到污染的水体，在获得养分的同时，体内富集了很多有毒化学物质。一些以水生生物为食物的物种摄取高浓度的有毒化合物。在食物链中所处的位置越高级，体内富集的污染物浓度越高。

5. 水土流失

水土流失是指地球表面的土壤及其母质受到水力、风力、冻融、重力等外力的作用，在各种自然因素和人为因素的影响下，发生的各种破坏、分离、移动和沉积的现象。其本质是土壤肥力下降，理化性质变劣，土壤利用率降低，生态环境恶化。在我国，土壤侵蚀包括水蚀、风蚀和冻融侵蚀等主要类型。

虽然在全球水土流失继续向恶化方向发展的背景下，我国水土流失总面积在减少，强度在下降，尤其是水蚀面积和强度均有明显下降。但是，当前我国水土流失状况仍不容乐观，表现出明显的三个特点：第一是面积大，范围广；第二是强度大，侵蚀严重；第三是成因复杂，区域差异明显。水土流失是不利的自然条件与人类不合理的经济活动互相交织作用产生的。水土流失不但会破坏地面完整，降低土壤肥力，造成土地硬石化沙漠化，影响农业生产，威胁城镇安全；而且还会加剧干旱等自然灾害的发生，导致生产条件恶化，人民生活贫困，阻碍经济、社会的可持续发展。相关研究报告指出，我国当前水土流失的突出表现为：破坏土壤肥力，导致土地退化，毁坏耕地；枯水季节水量减少，导致江河湖库淤积，加剧汛期洪涝灾害；恶化生态环境，加剧贫困；削弱生态系统的调节功能，对生态安全和饮水安全构成严重威胁。

4.3 水处理技术

为达到成品水（生活或生产的用水和作为最后处置的废水）的水质要求而对原水的加工过程即为水处理过程。一个水处理过程由若干工艺单元组成，各个单元采用的技术也各不相同。按原理分类，水处理技术可分为物理处理、化学处理、物理化学处理、生物处理和生态处理等，这些处理技术所包含的反应过程见表4-14。针对不同的原水特征和处理后的水质标准，会形成各种不同的水处理工艺流程。以下介绍几类典型水处理技术。

水处理技术分类　　　　　　　　　　　　　　　　　　表 4-14

水处理技术	技术所包含的反应过程
物理处理	通过物理作用去除污染物，包括过滤、沉淀、气浮、离心分离等
化学处理	通过化学反应去除污染物，包括中和、氧化、还原、反应沉淀等
物理化学处理	通过传质作用去除污染物，包括絮凝、吸附、离子交换、渗透等
生物处理	通过微生物代谢作用去除污染物，包括分解、合成等
生态处理	通过植物代谢作用去除污染物，包括吸收、转化等

4.3.1 给水处理技术

1. 生活饮用水与水质标准

给水工程是按用户所需的水质和压力，安全可靠地为用户供给充足的水量。市政给水系统是最常见的给水系统，即提供人类饮用和日常生活用水。生活饮用水水源一般来自江河湖库等天然水体，一般可以分为地表水和地下水两大类。天然水体由于密切接触大气、土壤等环境，会存在一些杂质。按杂质的尺寸分类可分为溶解物、胶体颗粒和悬浮物；按杂质的化学结构分类可分为无机杂质、有机杂质和生物杂质；按杂质的来源分类可分为天然杂质和人工合成物。随着人类生产活动的不断扩大，天然水体也越来越受人类活动的影响。目前，全世界在天然水体中检测到2000多种有机化合物，其中就包括多氯联苯、滴滴涕等具有"三致"效应（致癌、致畸、致突变）的物质。

生活饮用水水质标准是确保人们安全用水的技术法规，由一系列的水质参数和相应的限值组成。安全的生活饮用水具有以下特征：水的感官性状良好、不得含有病原微生物以及水中的化学物质和放射性物质不得危害人体健康。目前，我国的生活饮用水标准为《生活饮用水卫生标准》GB 5749—2006，水质指标共 106 项，包括微生物指标、毒理指标、感官性状和一般化学指标、放射性指标四类。表 4-15 列出了《生活饮用水卫生标准》GB 5749—2006 中水质常规检验项目及限值。

生活饮用水常规指标及限值　　　　　　　　　表 4-15

指标	限值
1. 微生物指标[①]	
总大肠菌群（MPN/100mL 或 CFU/100mL）	不得检出
耐热大肠菌群（MPN/100mL 或 CFU/100mL）	不得检出
大肠埃希氏菌（MPN/100mL 或 CFU/100mL）	不得检出
菌落总数（CFU/mL）	100
2. 毒理指标	
砷（mg/L）	0.01
镉（mg/L）	0.005
铬（六价）（mg/L）	0.05
铅（mg/L）	0.01
汞（mg/L）	0.001
硒（mg/L）	0.01
氰化物（mg/L）	0.05
氟化物（mg/L）	1.0
硝酸盐（以 N 计）（mg/L）	10 地下水源限制为 20
三氯甲烷（mg/L）	0.06
四氯化碳（mg/L）	0.002
溴酸盐（使用臭氧时，mg/L）	0.01
甲醛（使用臭氧时，mg/L）	0.9
亚氯酸盐（使用二氧化氯消毒时，mg/L）	0.7
氯酸盐（使用复合二氧化氯消毒时，mg/L）	0.7
3. 感官性状和一般化学指标	
色度（铂钴色度单位）	15
浑浊度（散射浊度单位，NTU）	1 水源与净水技术条件限制为 3
臭和味	无异臭、异味
肉眼可见物	无
pH	不小于 6.5 且不大于 8.5
铝（mg/L）	0.2
铁（mg/L）	0.3
锰（mg/L）	0.1

指标	限值
铜（mg/L）	1.0
锌（mg/L）	1.0
氯化物（mg/L）	250
硫酸盐（mg/L）	250
溶解性总固体（mg/L）	1000
总硬度（以 $CaCO_3$ 计，mg/L）	450
耗氧量（COD_{Mn} 法，以 O_2 计，mg/L）	3 水源限制，原水耗氧量＞6mg/L 时为 5
挥发酚类（以苯酚计，mg/L）	0.002
阴离子合成洗涤剂（mg/L）	0.3
4. 放射性指标[②]（指导值）	
总 α 放射性（Bq/L）	0.5
总 β 放射性（Bq/L）	1

[①]MPN 表示最可能数，CFU 表示菌落形成单位；当水样检出总大肠菌群时，应进一步检验大肠埃希氏菌或耐热大肠菌群；水样未检出总大肠菌群，不必检验大肠埃希氏菌或耐热大肠菌群；

[②]放射性指标超过指导值，应进行核素分析和评价，判定能否饮用。

（1）微生物指标

部分微生物成为病原菌后存在传染病爆发的隐患。为了保证饮用水达到微生物指标，消毒工艺必不可少。常用的消毒剂有液氯、臭氧等。除了保证在给水处理厂的消毒效果，供水管网中也要含有一定的余氯量实现有效的消毒。生活饮用水标准中用大肠菌群作为指示菌来表征水中微生物含量。

（2）毒理指标

饮用水中的有毒化学物质在与人体长期接触中会产生毒害作用。饮用水中存在众多的化学物质，应根据化学物质的毒性、浓度和检出频率等综合确定哪些物质作为指标。

（3）感官性状和一般化学指标

水的感官性状是人们是否接受供水的重要指标。安全的饮用水应该是无色无臭、呈透明状的液体。一般化学指标也和感官性状相关，应从影响水的外观、色、嗅和味的程度规定这些物质的最高容许限值。

（4）放射性指标

随着核能和同位素技术的应用，一些物质很可能对水体产生放射性污染。生活饮用水标准采用总 α 放射性和总 β 放射性作为放射性指标。当水体超过参考值时，则需要进行核素分析和评价确定水体能否饮用。

2. 典型给水处理流程

常规的地表水处理主要去除水中的浑浊物质和细菌、病菌，分别由澄清工艺和消毒工艺组成。典型的地表水处理流程如图 4-11 所示，混凝、沉淀和过滤的主要作用是去除浑浊物质，称为澄清工艺。下面分别介绍各单元处理过程。

（1）混凝

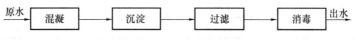

图4-11 典型地表水处理流程图

混凝是指通过某种方法（如投加化学药剂）使水中致浊杂质和胶粒形成絮体的过程。饮用水水源是一个复杂的分散体系，按分散物质颗粒尺寸分类可分为悬浮颗粒、胶体、分子。粒子尺寸在$1\sim100nm$的称为胶体，大于胶体的颗粒容易通过沉淀去除，小于胶体的成分属于溶解物质，只在特殊情况下要求去除，如地下水中过量的铁、锰、氟等。而处于胶体范围的杂质，如浊质、天然有色成分、病毒、细菌和藻类等，都是在给水处理中必须去除的杂质。胶体由于自身具有一定的稳定性，直接进行分离是非常困难的。因此通过混凝将胶体粒子在沉淀和过滤中去除是一般净水厂所采用的关键工艺环节。

混凝过程是通过适当的物理化学手段破坏胶体粒子的稳定性，使其聚集、沉降，从而实现胶体粒子从水中去除，使水变得洁净。在水处理中胶体粒子的稳定性主要表现在胶体的动力稳定性、带电稳定性和溶剂化作用。胶体颗粒尺寸很小，布朗作用明显，可以克服重力的作用而不下沉，这就是胶体的动力学稳定性。胶体颗粒通常带电，两个带同号电荷的胶粒存在静电斥力，使胶体保持分散状态，这是胶体的带电稳定性。胶体的溶剂化作用使亲水性胶体与水分子作用会在胶体周围形成水化层，阻碍胶体粒子彼此聚集，从而使胶体颗粒保持分散稳定状态。混凝作用致使胶体脱稳形成聚集体的机制有以下几种：

1）压缩双电层作用

胶体粒子通过静电作用吸引溶液中电荷相反的离子形成双电层结构，其中胶核电位形成离子为内电层，静电吸引的反离子为外电层的双电层结构。当加入高价态的反离子时，胶体达到电中性所需的反离子数量变少了，双电层结构变薄，两胶体颗粒接近时就可以由原来的排斥力为主变成以吸引力为主，胶体颗粒就会发生凝聚。为了定量说明不同价态和浓度的反离子对胶体颗粒的聚沉效率，引入聚沉值的概念。聚沉值是在指定情形下使一定量的胶体颗粒聚沉所需电解质的最低浓度。一般情况下，聚沉值与反离子价数的六次方成反比，即$[M^+]:[M^{2+}]:[M^{3+}]=\dfrac{1}{1^6}:\dfrac{1}{2^6}:\dfrac{1}{3^6}$。聚沉值越小，使胶体聚沉所需的电解质越少，混凝效果越好。

2）吸附-电中和作用

吸附-电中和作用是指胶体颗粒表面吸附异号离子中和了胶体颗粒本身的部分电荷，减小了胶体颗粒间的静电斥力，使胶体容易聚沉。根据吸附-电中和作用，混凝剂不宜投加过量，否则胶体仍会带上相同的电荷达到新的稳定状态。

3）吸附架桥作用

吸附架桥作用是指胶体颗粒通过吸附高分子物质架桥连接，形成大的聚集体而脱稳沉降。

4）网捕-卷扫作用

铁盐、铝盐等混凝剂水解后形成三维立体结构，当它们收缩体积沉降时，会像一张网一样将胶体颗粒捕获卷扫下来。

常见的混凝剂通常是Fe^{3+}、Al^{3+}的盐类或高分子聚合物，包括硫酸铝、三氯化铁、聚合氯化铝（PAC）、聚合硫酸铝（PAS）、聚合硫酸铁（PFS）等。混凝剂的选择要综合考虑原水水质、混凝剂成本和安全无毒等因素。

（2）沉淀

在沉淀单元中，悬浮物在重力作用下与水分离。悬浮物颗粒在水中有自己的沉降速率，在层流条件下，颗粒的沉降速率可由斯托克斯公式得到：

$$u = \frac{1}{18} \cdot \frac{(\rho - \rho_0)g}{\mu} \cdot d^2 \tag{4-1}$$

式中　u——颗粒的沉降速度（m/s）；

　　　ρ——颗粒的密度（kg/m³）；

　　　ρ_0——水的密度（kg/m³）；

　　　g——重力加速度（m/s²）；

　　　μ——水的动力黏滞系数（N·s/m²）；

　　　d——粒径（m）。

由式（4-1）可见，颗粒粒径越大、密度越大，沉降速度越快。在沉淀单元中，还有一个沉淀池运行的设计速率，即沉淀池中的水体流速v。以平流沉淀池为例：

理想的沉淀池有以下假设：

1）颗粒与水流的流速均匀地分布在沉淀池截面上；

2）颗粒沉速不变，等速下沉，颗粒均匀分布，颗粒水平分速等于v；

3）任何颗粒只要接触到池底，即认为被去除。

杂质颗粒在平流沉淀池中一面随水流速度v作水平运动，一面进行等速沉降。当颗粒沉降速度为u_0时，颗粒恰好能沉降到沉淀池末端。因此沉降速度大于u_0的颗粒能全部沉降，沉降速度小于u_0的颗粒只能部分沉降。如图4-12所示。由此可见，合理设置水流速度v以及沉淀池的形状是提高悬浮物去除效率的重要环节。

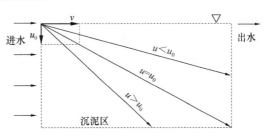

图4-12　平流沉淀池颗粒沉降过程

按照理想沉淀池原理，保持水平流速v和沉降速度u_0不变，减小沉淀池的深度，就能相应减少沉淀时间和缩短沉淀池的长度，这便是"浅池理论"。因此水处理中会采用斜板、斜管沉淀池来减少占地和提高沉淀效率。与平流沉淀池相比，斜板或斜管沉淀池的截面较小，水体流态一般为层流。杂质在层流中沉淀，不受水流紊动的干扰，有利于提高沉淀效率。在上向流斜板沉淀中（见图4-13），水中的杂质颗粒同时向上流动和向下沉降，其运动轨迹与斜板相交而沉淀，斜板上聚集一定量的沉泥后会下滑排出。斜管沉淀池可以做成组件，方便安装，并具有更高的强度，在实际应用中更加广泛。

（3）过滤

过滤是借多孔介质或筛网截留水中悬浮固体的水处理方法。原水经过混凝和沉淀可以将其中大部分的杂质去除，但此时出水仍不够清澈。一般情况下，过滤后得到的水其浊度已能满足饮用水标准。快滤池是给水处理中常用的过滤技术，顾名思义，快滤池具有较快

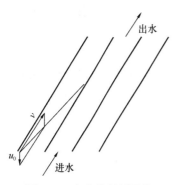

图 4-13　上向流斜板颗粒
沉淀过程

的滤速，同时也更容易堵塞。快滤池的运行主要包括过滤和反冲洗两个过程：水流自上而下经过滤层为过滤过程，自下而上对滤层进行冲洗则是反冲洗过程。滤料在过滤过程中逐渐被悬浮物堵塞，当过滤明显缓慢或出水浊度变高时，则需要对滤层进行反冲洗。反冲洗是用较大强度的水力作用和剪切作用将滤层的积泥去除，通常辅以空气进行气水反冲洗来获得更好的反冲洗效果。但反冲洗强度也不宜过大，否则会导致滤料的流失。

快滤池使用的都是颗粒滤料。应用于水处理的滤料要具有足够的机械强度抵抗反冲洗的强度，同时也要具有良好的化学稳定性。石英砂和无烟煤是常见的滤料，石英砂机械强度高且价格便宜，无烟煤化学稳定性很好。除此之外，滤料的尺寸和粒度也会直接影响过滤性能。滤料的粒度分布常用有效粒径表示，例如有效粒径 d_{10} 表示能通过 10% 质量滤料的筛网对应的孔径，d_{80} 表示能通过 80% 质量滤料的筛网对应的孔径。$\dfrac{d_{80}}{d_{10}}$ 被称为不均匀系数 K。为了使滤料比较均匀一些，K 值一般不大于 2。在工程应用中，为方便计算，采用当量粒径 d_{e} 代表形状不一的滤料。在城市自来水厂中，滤层厚度 L 与 d_{e} 的比值一般设计在 800~1000 范围内。

悬浮颗粒如何通过过滤作用从水中去除涉及多种作用机制。要达到颗粒的去除，必须要完成颗粒从水中迁移到滤料中并且在滤料中附着两个过程。当颗粒经过滤层沿着孔隙移动时，由于惯性和阻截作用颗粒会在滤料表面被俘获。对于更小的颗粒还会通过扩散作用迁移到滤料表面。

（4）氧化还原与消毒

氧化还原法常应用于水处理的消毒过程。氧化剂可以与水中的微生物作用使之灭活，来保障水的卫生安全。氧化剂还可以与水中的有机或无机污染物作用，使之分解破坏或转化，确保水的色度和除臭除味。氯是水处理中应用最广的消毒剂，不仅消毒效果较好，成本较低，还可在供水管网中保持一定的余量。衡量消毒剂的消毒效果一般用 CT 值表示。C 代表消毒剂的浓度，T 代表消毒剂与水的接触时间。对于确定的消毒剂，一般规定最小 CT 值来确保消毒效果。

氯消毒是将液氯和次氯酸盐加入水中，形成 $HOCl$ 和 OCl^- 对微生物进行消毒。一般认为 $HOCl$ 是主要的消毒物质，当 $HOCl$ 进入细菌内部时，与有机体发生氧化作用致使细菌死亡。氯同时还会与水中的有机物发生取代反应生成氯化消毒副产物（DBPs）三卤甲烷、卤乙酸等，这些物质对人体健康具有潜在危害性。因此实际处理中氯消毒之前会采取措施减少消毒副产物的前体物来控制 DBPs 的生成。臭氧也是水处理中应用较早的消毒剂。臭氧具有很强的杀菌作用，其杀菌能力约是氯的几百倍。臭氧能够选择性地将水中多种有机物降解为小分子有机物，提高水的可生化性，因此臭氧-生物活性炭技术可应用于水的深度处理。与氯相比，臭氧的成本是限制其应用的最主要原因。而且臭氧在水中不稳定，很难维持剩余量，因此臭氧很少单独应用于消毒单元中。

近年来人们追求具有更强氧化能力的高级氧化技术，来实现水处理中更高效、彻底的氧化。羟基自由基（OH·）是目前水处理中应用的最强的氧化剂，因此高级氧化也被定义为任何产生 OH· 的过程均是高级氧化工艺。

芬顿（Fenton）反应是应用最早的高级氧化反应，利用 H_2O_2/Fe^{2+} 诱导产生 OH·，反应如下：

$$Fe^{2+} + H_2O_2 \longrightarrow Fe^{3+} + OH· + OH^-$$

紫外光（UV）也常用于高级氧化中。例如 O_3/UV 高级氧化过程中，在紫外光的激发下，通过以下反应生成 H_2O_2，接着臭氧与过氧化氢反应分解形成 OH·。

$$O_3 + H_2O \xrightarrow{hv} O_2 + H_2O_2$$

4.3.2 工业废水治理技术

1. 工业废水来源与排放标准

工业废水是指工业企业生产过程中排出的废水。工业废水中的污染物来源于各类工业生产过程中的生产原料、中间产物、副产品等。因此工业废水中的污染物具有种类繁多、成分复杂、浓度较高、有毒有害等特征。工业废水大多属于点源污染，对排放口的水环境容易造成高负荷冲击。工业废水中的污染物有很多属于人工合成物，进入自然环境中很难降解转化，因此会对生态造成持久累计的危害效应。自然环境中的重金属污染主要来源于工业废水。重金属在水体、土壤等环境中迁移转化，会对水生生物和植物产生毒害作用，并且会随着食物链的富集最终威胁人体健康。

为了区分工业废水的种类，研究处理技术，通常对其进行分类。按工业企业的产品和加工对象可分为冶金废水、造纸废水、炼焦煤气废水、化学肥料废水、纺织印染废水、染料废水等；按主要污染物的化学性质可分为无机废水和有机废水，例如电镀、矿物加工产生的是无机废水，食品和石油加工产生的是有机废水；按废水所含污染物的主要成分可分为酸性废水、碱性废水、含氰废水、含铬废水、含镉废水、含汞废水、含酚废水等。一种工业可以排出几种不同性质的废水，这就要求废水在处理之前要进行分流，将含有重金属、放射性物质、含氰废水等有毒废水与其他废水分流，以便处理。

不同类型的工业废水处理原则也不同。对于含有剧毒物质的废水应该分流处理，一些可生物降解的有毒废水可以在预处理后并入城市污水处理系统集中处理。对于难生物降解的有毒废水应单独处理，进行资源的回收再利用。像工业冷却水这类流量较大而污染较轻的废水，应适当处理循环使用，避免增加城市下水道和污水处理负荷。我国工业废水在近年内的排放量基本稳定在 200 亿 t/年，约占全国废水排放量的 30%。随着工业生产技术水平的提高和环境保护工作的加强，我国工业废水排放量自 2007 年开始呈现小幅度减少的趋势，占全国废水排放量的比例也呈下降趋势。

工业废水的排放分为直接排放和间接排放。直接排放是在工厂内经处理达到行业排放标准后直接排放到水环境，间接排放是在工厂内处理达到纳管标准后再排入城市污水处理厂进一步处理后排放。不同行业、不同排放类型对应不同的排放标准。工业废水排放标准可分为国家排放标准、行业排放标准和地方排放标准。国家排放标准是由国家环保行政主管部门制定，在全国范围特定区域内适用的标准。例如《污水综合排放标准》GB 8978—1996 和《污水排入城镇下水道水质标准》GB/T 31962—2015。行业标准是根据行业特点和发展制定的标准。当前我国工业废水排放标准按行业制定标准，主要有：

（1）《制浆造纸工业水污染物排放标准》GB 3544—2008；

（2）《合成氨工业水污染物排放标准》GB 13458—2013；

（3）《柠檬酸工业水污染物排放标准》GB 19430—2013；

（4）《纺织染整工业水污染物排放标准》GB 4287—2012；

（5）《炼焦化学工业污染物排放标准》GB 16171—2012；

（6）《钢铁工业水污染物排放标准》GB 13456—2012；

（7）《弹药装药行业水污染物排放标准》GB 14470.3—2011；

（8）《磷肥工业水污染物排放标准》GB 15580—2011；

（9）《皂素工业水污染物排放标准》GB 20425—2006；

（10）《煤炭工业污染物排放标准》GB 20426—2006。

地方标准是由地方环保行政部门发布，在特定行政区适用的污染物排放标准。这三类标准共同生效，地方标准要严于国家标准，行业标准严于综合标准。在多种标准并存的情况下，应执行最严格的排放标准。

2. 典型行业废水处理技术

工业废水处理工艺应根据该种废水的特点，按照排放标准要求，将物理处理技术、化学处理技术、物理化学处理技术、生物化学处理技术进行有机组合，形成可行的（或最佳的）处理工艺。在工业废水处理中，由于废水的水质和水量波动较大，容易对工艺单元产生冲击，不利于物化、生化等反应的进行，因此一般都要设置调节池。调节池的作用就是保证水质均匀、水量稳定。对于酸性或碱性废水，还应进行中和处理，或者单独设置中和反应池。不同种类的工业废水，处理工艺差别很大。下面介绍几种典型行业废水处理技术。

（1）钢铁行业废水处理

钢铁工业是我国重要的原材料工业，主要生产焦炭、钢坯、钢材等。钢铁企业分为钢铁联合企业和钢铁非联合企业。钢铁联合企业指拥有钢铁工业的基本生产过程的钢铁企业，至少包含炼铁、炼钢和轧钢等生产工序；钢铁非联合企业指除钢铁联合企业外，含有1个或2个及以上钢铁工业生产工序的企业。钢铁行业生产工艺复杂，会同时产生不同类型的废水。按生产流程可分为矿山采选废水、烧结废水、焦化废水、炼铁废水、炼钢废水和轧钢废水等。矿山采选废水是在采矿过程中产生的矿坑废水、矿石场淋滤水、选矿废水等，废水中一般含有重金属、油脂，呈酸性。烧结废水是在铁矿烧结过程中产生的冲洗水和除尘水等，废水中的污染物主要为固体悬浮物。焦化废水是在炼焦过程中产生的洗煤废水、剩余氨水、煤气净化和焦油加工废水，废水中的主要污染物是有机污染物和氨氮。炼铁、炼钢会产生直接冷却水、间接冷却水、冲渣水等，废水中含有较多的固体悬浮物。由于直接和原料接触，所以炼铁废水中往往含有多种有害物质。轧钢废水中污染物较多，包括悬浮物、矿物油、乳化液等。《钢铁工业水污染物排放标准》GB 13456—2012规定，钢铁企业直接或间接排放的水污染物要符合浓度限值，但铁矿采选废水、焦化废水和铁合金废水排放不在此标准要求之内。表4-16显示了现有钢铁企业部分水污染物的排放浓度限值。

针对钢铁废水中的各类污染物，会采用以下几种主要处理技术。不同生产程序产生的初始废水成分复杂，通常需要经过预处理来减轻后续处理单元的压力。预处理一般包括格栅、调节池、酸碱中和等。格栅会去除较大的固体颗粒物，调节池使水质和水量均匀稳定。由于钢铁生产中会同时产生酸性废水和碱性废水，考虑处理经济性两种废水可以互相中和。一般酸性废水中和剂常采用石灰石、石灰、碳酸钠等，碱性废水中和剂采用盐酸或硫酸等。对于钢铁废水中的悬浮颗粒，仍可采用混凝、沉淀去除。钢铁废水中的油脂等成分常采用气浮处理。气浮是在水中制造微气泡，使之附着在颗粒或油脂上，污染物上浮至水面与水体分离。钢铁废水中的重金属常采用化学沉淀的方法去除或回收，通常投加氢氧化钙或硫化剂形成沉淀。焦化废水等含有较高浓度的有机物和氨氮时，一般采用生物处理。常用的工艺有 AAO 工艺（将于 4.3.3 节介绍）。

现有钢铁企业部分水污染物排放浓度限值 表 4-16

污染物项目	限值						间接排放
	直接排放						
	钢铁联合企业	钢铁非联合企业					
		烧结（球团）	炼铁	炼钢	轧钢		
					冷轧	热轧	
pH	6～9	6～9	6～9	6～9	6～9	6～9	6～9
悬浮物（mg/L）	50	50	50	50	50	50	100
化学需氧量（COD_{Cr}）（mg/L）	60	60	60	60	80	60	200
氨氮（mg/L）	8	—	8	—	8		15
石油类（mg/L）	5	5	5	5	5		10
挥发酚（mg/L）	0.5	—	0.5	—	—		1.0
总铁[1]（mg/L）	10	—	—	—	10		10
总锌（mg/L）	2.0	—	2.0	—	2.0		4.0
总铜（mg/L）	0.5	—	—	—	0.5		1.0

[1] 排放废水 pH 小于 7 时执行该限值。

（2）制药行业废水处理

制药行业属于精细化工，其特点是原料种类多、生产工序复杂。复杂的生产工序会带来极大的药耗，最终产品药耗量一般在 10kg/kg 以上，有的甚至高达 200kg/kg。因而在制药过程中会产生大量的污染物，这些污染物通常具有成分复杂、难降解、毒性大、有机物含量高等特点。我国于 2008 年颁布实施《制药工业水污染物排放标准》，在此之前大部分药厂执行的都是《污水综合排放标准》GB 8978—1996。《制药工业水污染物排放标准》是针对制药工业废水排放发布的系列标准，此标准共分为《发酵类制药工业水污染物排放标准》GB 21903—2008、《化学合成类制药工业水污染物排放标准》GB 21904—2008、《提取类制药工业水污染物排放标准》GB 21905—2008、《中药类制药工业水污染物排放标准》GB 21906—2008、《生物工程类制药工业水污染物排放标准》GB 21907—2008、《混装制剂类制药工业水污染物排放标准》GB 21908—2008 六大类。

以《生物工程类制药工业水污染物排放标准》GB 21907—2008 为例，表 4-17 列出部分污染物排放浓度限值。生物工程制药是利用生物体，采用现代生物技术方法（主要是基因工程技术等），生产作为治疗、诊断等用途的多肽和蛋白质类药物、疫苗等药品的过程，包括基因工程药物、基因工程疫苗、克隆工程制备药物等。该过程产生的废水有以下特征：1）有机物浓度高。发酵的残余培养基质、溶媒提取过程的萃取液、离子交换排出的吸附废液等都具有很高的有机物含量。2）悬浮物浓度高。主要是发酵残余基质里的剩余菌丝体。3）含致病菌。参与生产的部分细菌会携带病原菌。4）成分复杂，存在难生物降解物质和抗生素等毒性物质。所以该类废水应重点考虑生化工艺和消毒工艺。

生物工程类制药工业部分水污染物排放浓度限值 　　　　　　　　表 4-17

污染物项目	限值
pH	6～9
五日生化需氧量（BOD_5）（mg/L）	30
化学需氧量（COD_{Cr}）（mg/L）	100
氨氮（mg/L）	15
总氮（mg/L）	50
粪大肠菌群数[①]（MPN/L）	500
急性毒性（$HgCl_2$毒性当量）（mg/L）	0.07

①消毒指示微生物指标。

制药废水处理工艺同样是物化处理和生物处理。通过混凝沉淀或混凝气浮技术可以稳定去除制药废水中的悬浮物、乳状油等。同时去除部分有机物，减轻对后续生物处理的负荷。吹脱技术在制药废水处理中应用越来越多，常用于高氨氮废水的预处理。吹脱技术可以将废水中的氨氮及一些挥发性有机物分离出来，经过吸收、吸附后还可以回收利用。生物处理一直以经济高效的优势成为有机物处理的首选工艺。由于制药废水有机负荷高，通常采用厌氧、好氧生物处理结合工艺。上流式厌氧污泥床反应器（UASB）是目前最为成熟的厌氧技术，广泛应用于高浓度的制药废水中。在处理庆大霉素、金霉素、卡那霉素、维生素、谷氨酸等发酵类制药废水中已有应用。UASB 具有结构简单、处理负荷高、运行稳定等优点。UASB 通常要求废水中的 SS 含量不能过高，以保证 COD 的去除率。制药废水处理工艺流程如图 4-14 所示。

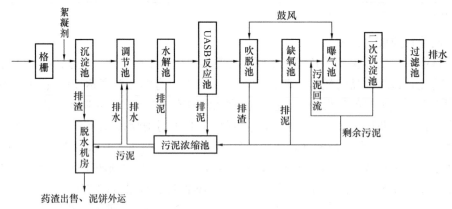

图 4-14　制药废水处理工艺流程图

（3）纺织染整行业废水处理

纺织工业是我国国民经济传统的支柱产业之一，也是工业部门的用水大户。纺织工业的生产用水主要有印染工艺的漂练、染色、印花、整理，羊毛洗涤，蚕茧的缫丝工艺，黏胶纤维和合成纤维的工艺用水等。纺织工业也是我国工业废水排放大户，仅次于造纸、化工、食品加工，居第四位。印染、化纤企业的废水排放是纺织工业的主要污染源，其中又以印染废水排放量最多，约占总废水量的80%。印染废水一般有以下特点：

1）水质水量变化大。印染废水水质水量与所采用的纤维原料、产品种类、生产工艺等密切相关。一般印染产品在煮练时，需要用碱液在90℃高温下处理织物，这时废水呈碱性，例如棉印废水pH能达到12。但丝绸印染、毛纺织染通常采用酸性染料，废水呈酸性。大多数印染企业属于产品加工企业，受加工生产品种、加工订单数量、生产计划安排等因素影响，废水水质水量变化很大。

2）污染物浓度高，可生化性低。印染加工纤维种类是影响印染废水污染物浓度的主要因素。一般棉印染废水的COD_{Cr}为1500～2000mg/L。毛纺织印染产品的洗毛废水COD_{Cr}为15000～30000mg/L，麻纺织印染的脱胶煮练废水COD_{Cr}为14000～20000mg/L，均属于高浓度有机废水。随着印染产品加工过程中织物上浆的PVA浆料增加，淀粉浆料使用比例下降，以及印染中为了提高染料着色率，所用染料中蒽醌类染料比例提高，降低了废水的可生化性。通常将BOD_5/COD_{Cr}小于0.3的废水称为难生物降解废水。棉、化纤印染废水的BOD_5/COD_{Cr}在0.25左右，毛纺织染整废水的BOD_5/COD_{Cr}在0.3左右，丝绸印染废水的BOD_5/COD_{Cr}在0.35左右。

3）废水色泽深。印染工艺的染料上染率为90%左右，对应废水中染料残余量为10%。印染废水中的色度主要是残留染料引起的。一般棉、化纤及其混纺织物印染废水的色度为300～500倍，针织印染废水的色度为200～400倍，毛纺织染整和丝绸印染废水的色度为100～300倍。

此外，印染废水中还含有一定量的悬浮物。印染加工过程中的纤维、果胶、蜡质等会进入废水中，例如洗毛废水的SS可达到10000mg/L以上。其他纺织染品废水的SS一般在150～300mg/L范围内。我国于2012年发布的《纺织染整工业水污染物排放标准》GB 4287—2012规定了纺织染整工业企业或生产设施水污染物排放限值、监测和监控要求。现有纺织染整企业水污染物排放限值如表4-18所示。

现有纺织染整企业水污染物排放限值　　　　　　　　　　表4-18

污染物项目	限值	
	直接排放	间接排放
pH	6～9	6～9
化学需氧量（COD_{Cr}）（mg/L）	100	200
五日生化需氧量（BOD_5）（mg/L）	25	50
悬浮物（mg/L）	60	100
色度（NTU）	70	80
氨氮（mg/L）	12（20）	20（30）
总氮（mg/L）	20（35）	30（50）
总磷（mg/L）	1.0	1.5
二氧化氯（mg/L）	0.5	0.5
可吸附有机卤素（mg/L）	15	15
硫化物（mg/L）	1.0	1.0
苯胺类（mg/L）	1.0	1.0
六价铬（mg/L）	0.5	0.5

注：（　）内为蜡染行业执行限值。

印染废水处理应采用生物处理技术和物理化学处理技术相结合的综合治理路线，不宜采用单一的物理化学处理单元作为稳定达标治理路线。生物接触氧化法是印染废水常采用的生物处理法。实践证明，生物接触氧化法具有BOD负荷高、处理时间短、占地面积小、不需要污泥回流、维护管理方便等优点（具体将于4.3.3节介绍）。由于印染废水含有难降解的复杂大分子有机物，因此需要设置水解酸化池前处理。在水解酸化池中，废水中复杂的大分子有机物受到厌氧菌或兼氧菌分泌的胞外酶作用，会被水解成小分子短链有机物，提高废水的可生化性。脱色是印染废水处理的重要工艺环节，一般分为吸附脱色和氧化脱色。目前印染行业大多采用吸附脱色。吸附脱色是通过吸附作用将废水中的染料从水中去除，而采用的吸附剂一般是多孔性固体物质。其中活性炭是最常见的吸附剂。综上所述，印染废水处理工艺流程如图4-15所示。

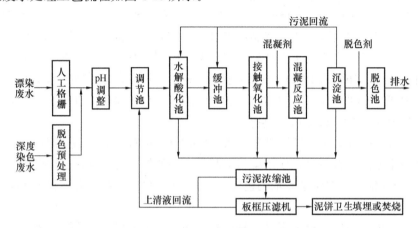

图4-15 印染废水处理工艺流程图

（4）电镀行业废水处理

电镀是利用电解在制件表面形成均匀、致密、结合良好的金属或合金沉积层的表面处理过程。电镀废水主要来源于电镀生产过程中的镀件清洗、废镀液、冲洗等。这类废水中含有铬、铜、镍、铅、镉、汞等重金属，会给环境带来严重的污染。除此之外，电镀废水还具有其他特征。电镀废水中污染成分复杂，COD浓度一般为300～1500mg/L，BOD浓度一般为100～400mg/L，其酸性较强，含有表面活性剂、光亮剂等有机污染物。水质随生产过程变化幅度大。《电镀污染物排放标准》GB 21900—2008对水污染物排放的限值见表4-19。

现有电镀企业部分水污染物排放限值　　　　　　　　　表4-19

污染物项目	排放限值	污染物排放监控位置
总铬（mg/L）	1.5	车间或生产设施废水排放口
六价铬（mg/L）	0.5	车间或生产设施废水排放口
总镍（mg/L）	1.0	车间或生产设施废水排放口
总镉（mg/L）	0.1	车间或生产设施废水排放口
总银（mg/L）	0.5	车间或生产设施废水排放口
总铅（mg/L）	1.0	车间或生产设施废水排放口
总汞（mg/L）	0.05	车间或生产设施废水排放口

污染物项目	排放限值	污染物排放监控位置
总铜（mg/L）	1.0	企业废水排放口
总锌（mg/L）	2.0	企业废水排放口
总铁（mg/L）	5.0	企业废水排放口
总铝（mg/L）	5.0	企业废水排放口
pH	6～9	企业废水排放口
悬浮物（mg/L）	70	企业废水排放口
总氰化物（以 CN⁻ 计）（mg/L）	0.5	企业废水排放口

电镀废水处理技术重点关注重金属的去除。目前国内常用的重金属废水物理化学处理方法包括化学沉淀法、还原法、混凝法、吸附法、离子交换法、膜分离法、电化学法等。其中化学沉淀法具有投资较少、处理成本低、操作简单等优点，适用于各类重金属废水的处理，是重金属废水处理的基本方法之一。常用的化学沉淀法是氢氧化物沉淀，即在重金属废水中加入碱进行中和，使金属离子生成不溶于水的氢氧化物并以沉淀形式分离。另外还有硫化物沉淀法、螯合沉淀法。由于某些重金属废水中含有络合剂与铜、镍结合形成强稳定态络合物，直接采取中和沉淀、混凝等方法难以达到去除的目的。因此要先破坏络合离子的稳定结构，使金属呈游离态再用中和沉淀、混凝沉淀去除，这一步称为破络处理。下面介绍几种重金属废水处理工艺流程。

1）含铬废水

废水中的铬主要是三价和六价的铬化合物。六价铬不像其他金属那样形成不溶性的氢氧化物沉淀，因此需要投加还原剂，将六价铬还原成三价铬，再进行中和沉淀。含铬废水处理工艺流程如图 4-16 所示。

图 4-16 含铬废水处理工艺流程图

2）含铜废水

水溶液中的铜，多以 $[Cu(H_2O)_6]^{2+}$ 形式存在，容易与氨、氰产生络合反应。对于有氨存在的含铜废水 pH 在 9～10 时，可溶性铜氨络盐增加，提高 pH 到 11 以上，铜氨溶解将 Cu 析出，形成氢氧化铜沉淀去除。含铜废水处理工艺流程如图 4-17 所示。

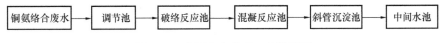

图 4-17 含铜废水处理工艺流程图

3）含氰废水

在氰化镀铜、氰化镀金等含氰电镀工序中会产生含氰废水。含氰废水一般采用碱性氧化法处理。在碱性条件下氰化物被氧化剂氧化成微毒的氰酸根（CNO⁻），控制好反应条件，最终的产物为 CO_2 和 N_2，可以实现含氰废水的彻底净化。对于这类废水采用两步氧化法：一级氧化投加碱和氧化剂，常用 NaOH 和 NaClO，控制 pH 在 10.5～11，ORP 值在 300～400mV；二级氧化继续投加碱和氧化剂，控制 pH 在 7～8，ORP 值在 600～650mV。含氰废水处理工艺流程如图 4-18 所示。

图 4-18　含氰废水处理工艺流程图

（5）造纸行业废水处理

造纸工业以木材、禾草、竹、芦苇等原生植物纤维和废纸等为原料，制造出社会需要的纸张和纸板等产品。造纸工业是我国另一工业废水排放大户。造纸生产一般包括制浆和抄纸两个过程。制浆是将造纸原料中的纤维同木质素等溶解性物质分离，再将其精炼、漂白、干燥制成纸浆。抄纸便是将纸浆加工成纸张或纸板的过程。造纸废水的污染源主要来自制浆过程，尤其是制浆过程中产生的蒸煮废液（黑液）。黑液中含有碱木素、半纤维素和纤维素的降解产物、各种钠盐等。造纸废水产生的污染物成分主要是细小悬浮性纤维、造纸填料、废纸杂质和少量果胶、蜡、糖类，以及造纸过程中添加的各类有机和无机化合物。总体而言，造纸废水的水质特点是 COD 和 SS 浓度较高，非溶解性 COD 占 60％以上，溶解性 COD 属于较难生物降解的有机污染物。根据《制浆造纸工业水污染物排放标准》GB 3544—2008，我国对制浆造纸企业排放的污染物浓度规定见表 4-20。

制浆造纸企业水污染物特别排放限值　　　　　　　　　　　　　　　　　　表 4-20

	项目	制浆企业	制浆和造纸联合生产企业	造纸企业	污染物排放监控位置
排放限值	pH	6～9	6～9	6～9	企业废水总排放口
	色度（稀释倍数）	50	50	50	企业废水总排放口
	悬浮物（mg/L）	50	30	30	企业废水总排放口
	BOD_5（mg/L）	20	20	20	企业废水总排放口
	COD_{Cr}（mg/L）	100	90	80	企业废水总排放口
	氨氮（mg/L）	12	8	8	企业废水总排放口
	总氮（mg/L）	15	12	12	企业废水总排放口
	总磷（mg/L）	0.8	0.8	0.8	企业废水总排放口
	可吸附有机卤素（AOX，mg/L）	12	12	12	车间或生产设施废水排放口
	二噁英（pgTEQ/L）	30	30	30	车间或生产设施废水排放口
单位产品基准排放量（t/t）（浆）		50	40	20	排水量计量位置与污染物排放监控位置一致

注：1. 在容易发生严重水污染问题而需要采取特别保护措施的地区，应严格控制企业的污染物排放行为，在这些地区执行水污染物特别排放限值；

　　2. 可吸附有机卤素（AOX）和二噁英指标适用于蚕蛹含氯漂白工艺的情况。

造纸废水处理技术重点关注废水中的悬浮物、有机物去除等。对于造纸产生的大量纸浆纤维，一般在预处理环节应用斜网纤维回收装置处理。斜网纤维回收是在重力作用下借助斜网过滤将纤维与废水分离，具有操作简便、效果好、能耗低的技术优点。预处理环节将较大悬浮物和纤维去除，避免了后续设备和管道的堵塞，还能实现部分资源回收。在去除造纸废水中的细小悬浮物时，混凝沉淀或混凝气浮仍是常用的处理手段。对于造纸废水中的有机污染物，A/O处理技术是主要技术之一。A/O法是活性污泥法在前段设置厌氧池（Anaerobic，简称 A 池），让原废水和回流污泥同时流入厌氧池，停留一段时间后进入好氧池（Oxic，简称 O 池），进入好氧处理。在厌氧池内微生物吸附有机物，在好氧池内微生物完成有机物降解。A/O 系统同时还具有一定的脱氮效果。图 4-19 为竹木浆化学制浆废水处理工艺流程。

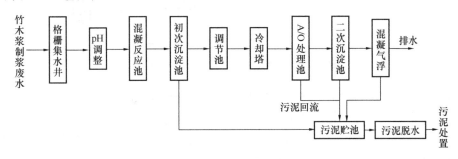

图 4-19　竹木浆化学制浆废水处理工艺流程图

（6）化工行业废水处理

化工生产是指将原料物质经化学反应转变为产品的方法和过程，目前已形成数十个行业，4 万多个产品品种。按照产品的应用，化工产业可分为化肥、染料、农药、合成纤维、塑料、合成橡胶、合成洗涤剂、炸药等工业。化工行业是环境污染严重的行业，从原料到产品、从生产到使用，都有造成环境污染的因素。我国化工行业具有企业数量多、中小型规模多、分布广、产品杂、污染重、治理难度大等特点。化工废水中的污染物主要有化学反应不完全所产生的原料、副反应所产生的物料以及进入废水的产品等物质，具有以下污染特点：1）有毒性和刺激性。化工废水中含有的一些污染物是有毒或剧毒物质，如酚、银、砷、汞、锡、铅等。有些具有致癌性，如多环芳烃、芳香族胺以及氮杂环化合物等。有些具有刺激性、腐蚀性，如无机酸、碱等。2）生化需氧量（BOD）和化学需氧量（COD）都比较高。大部分化工废水含有各种有机酸、醇、醛、酮、醚等，其特点是 BOD 和 COD 含量都较高。3）营养物质含量高。农药化工废水中含有大量的氮和磷，若排放到水体则会造成水体富营养化，导致藻类和微生物大量繁殖，鱼类由于缺氧而大量死亡。4）pH 不稳定。化工生产排放的废水 pH 变化很大，对构筑物和水体都有较大的危害。

以农药化工废水处理为例，农药化工废水有机物浓度高、毒性大、难生物降解、pH变化大、无机盐含量高、有恶臭及刺激性气味。对这类废水多采用分质分段处理方法，对高浓度有毒有害生产废水先进行预处理，再与其他低浓度废水（冷却水等）混合进行生物处理后达标排放。预处理环节包括格栅、调节池等去除废水中的大颗粒，调节水质水量。针对农药化工废水中难生物降解有机物，一般可采用混凝沉淀或混凝气浮去除部分有机溶剂。有时也采用高级氧化工艺将难降解的大分子有机物转化为小分子有机物，提高废水的可生化性。生物处理环节一般在前段设置水解酸化池，后接常规生物处理，如 A/O 法、生物接触氧化法等。农药化工废水处理工艺流程如图 4-20 所示。

（7）食品行业废水处理

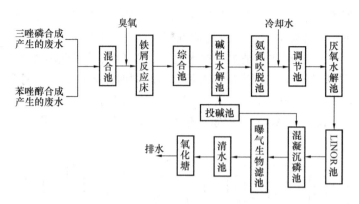

图 4-20 农药化工废水处理工艺流程图

食品工业是以农、牧、渔、林业产品为主要原料进行加工的工业。食品加工生产过程中伴随着大量副产物和废弃物的产生。这些副产物和废弃物中有的可用作农田肥料，有的则是富含营养物质的饲料，不能利用的废弃物则会成为污染。一般按所用原料对食品工业分类可分为肉制品加工行业、水产品加工行业、禽蛋加工行业、水果蔬菜加工行业、乳品加工行业、食用油加工行业、发酵行业、淀粉行业等。食品行业废水排放量大，大多含有高浓度的有机物。

食品废水污染源来自生产加工各个过程。例如，肉类加工行业废水主要来自原料处理设备、水煮设备排出的废水以及各生产工序排出的地面冲洗水，主要含有油脂、动物组织、畜毛等污染物。肉类加工行业废水的主要特点是排放量大、污染物浓度高、可生化性较好。水产品加工行业的污染源来自设备及器具清洗水、地面冲洗水、除臭设备排水等。水产品加工过程中水直接与原料接触，会有相当数量的有机物和无机物以可溶态、胶体态或悬浮态从废水排出。这类废水的特征是有机物和悬浮物含量高、易腐败、氮磷含量高。啤酒行业以大麦和大米为原料，辅以啤酒花和鲜酵母进行较长时间的发酵酿造而成。其污染主要来自糖化、主酵、后酵、灌冲装等生产工序的排水，其中包括灌装工序排出的啤酒废液、设备清洗水、地面清洗水和冷却水等。不同车间排出的废水水质有很大差异，一般分为高浓度有机废水、低浓度有机废水和清洁废水三类。其中，高浓度有机废水来自洗槽废水、糖化锅和糊化锅冲洗水以及滤酒冲洗水等。这类废水水量约占总废水量的 10%，但有机污染物浓度高，COD 约数千毫克每升。低浓度有机废水来自酿造车间和灌装车间的冲洗水以及偶尔排出的啤酒废液，这部分废水水量较大，占总废水量的 70%，COD 一般在 200~800mg/L。清洁废水来自锅炉蒸汽冷凝水、制冷循环冷却水和设施的反冲洗水，这类废水在处理后可循环利用。

以啤酒废水处理技术为例，这类废水有机污染物浓度高，可生化性比较好，适宜采用生物处理方法。处理啤酒废水时，厌氧生物法常作为第一级处理，应用最多的是 UASB反应器。啤酒废水经过厌氧生物处理后，COD 的去除率可达 85%，出水 COD 一般可降至 300~500mg/L，尚不能达到排放标准，所以必须再加一级好氧生物处理以满足排放要求。采用厌氧-好氧工艺处理啤酒废水具有以下优点：1）大部分有机物在厌氧反应器中去除，节省了由于供养而引起的电耗；2）厌氧反应器容积负荷高，可节省占地面积和基建投资；3）厌氧反应器内污泥龄很长，污泥产率较低，可降低污泥处理费用；4）废水中大部分有机物在厌氧反应器内转化为沼气，可回收利用。图 4-21 为啤酒废水厌氧-好氧处理工艺流程。

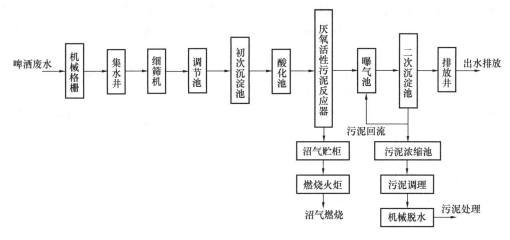

图 4-21 啤酒废水厌氧-好氧处理工艺流程图

4.3.3 城镇污水处理技术

1. 城市污水及处理系统

城市污水是排入城市污水系统的污水的总称，包括生活污水、工业废水和降水。生活污水是居民日常生活中产生的污水，包括洗菜、做饭、淋浴、冲厕等产生的污水。这类污水含有较多有机污染物，如蛋白质、脂肪和糖类，还含有洗涤剂以及病原微生物和寄生虫卵等。工业废水是工厂企业在生产过程中产生的废水。在城市污水中，工业废水量有时达到 60% 以上。含有重金属或其他有毒有害物质的工业废水在排入城市污水管网之前必须进行局部除害处理，达到工业废水排入城市下水道标准后方可排放。降水包括雨水和冰雪融化水，在合流制管网中会与生活污水一同进入污水处理系统进行处理。

城市污水中的污染物通常分为需氧物质、病原体、营养物质、无机和有机化合物等。污水中的需氧物质包括有机物和氨氮，会消耗水体中的溶解氧，造成鱼类死亡，而且这些物质在微生物作用下会转变成有毒物质，进一步破坏水生态。污水中的病原体进入自然水体中会对人类健康产生威胁，现代污水管网和处理系统大大降低了水体滋生的疾病。营养物质包括氮、磷等，水体中含有过量的氮磷会导致藻类爆发，恶化水体环境。无机和有机化合物如洗涤剂、重金属、农药、工业化学物质等，对水生生物都有毒害作用，也会通过饮用水对人体健康产生影响。

城市污水处理系统应该实现排水系统的社会功能，保障水的健康循环，即上游城市用水循环不影响下游水域的水体功能，水的社会循环不破坏自然水循环的规律。在水的社会循环中，如将城市拟人化，给水系统好比人体的动脉，排水系统是静脉，而污水再生水厂是人体的心脏。动脉、静脉和心脏来保障人体健康的血液循环。污水处理与再生是保障水质、维持健康水循环、恢复良好的水环境和水资源可持续利用的关键，是人与自然协调的桥梁。20 世纪初，人类社会开始大规模进入工业化和城镇化发展，污染物总量对自然环境容量造成的压力骤升，导致环境质量恶化，比如水体缺氧、藻类爆发、鱼类死亡、病菌滋生等问题，迫切的污水处理是人类发展的必需要求。

污水处理包括收集和处理两个阶段。城市污水的收集通过下水道实现，生活污水、工业废水通过下水道运输到污水处理厂进行集中处理。早期的污水管网大多是合流制，即生活污水和雨水都会进入下水道，以防止城市洪涝。但管网和污水处理厂的容量有限，雨季仍易产生合流污水溢流（Combined Sewer Overflow，CSO），导致污染物直接向自然环境排放。

针对污水中的不同污染物，污水处理厂对污水的处理一般分为：初级处理（一级处理）、二级处理、三级处理（深度处理）等不同阶段。

初级处理可除去污水中的碎块和残渣。污水进入污水处理厂之前要先经过格栅去除较大的碎块，这些碎块进入污水处理设施会阻塞泵件和水管。格栅类型由粗到细不等，是为了截留不同大小的碎块，定期清理格栅上的截留物，保持进水流量。在格栅后设置沉砂池，防止砂砾磨损设备。经过格栅截留和沉砂之后，仍会有悬浮固体存在，污水继续进入初次沉淀池，在重力沉降后一部分附着在固体颗粒上的有机物会沉淀，形成初沉污泥。

污水经过初级处理后进入生物处理，也就是二级处理。二级处理是自然界水体净化的人工强化，即通过向污水中曝气，使污水中的微生物代谢增殖从而去除有机物。生物处理包括附着生长的生物膜法和悬浮生长的活性污泥法。生物膜法是指微生物附着在矿物或者塑料表面生长，污水经过膜材料时污水中的有机物会被膜表面生长的微生物利用，污水得到净化。生物膜法一般包括生物滤池、生物转盘、生物接触氧化等工艺。活性污泥法是指污水中的微生物形成悬浮状态的絮体，通过曝气将污水与活性污泥充分混合去除有机物，同时将氨氮氧化为硝态氮。活性污泥法通过改变运行参数可实现各种不同的功能，典型工艺包括氧化沟、AAO（Anaerobic-Anoxic-Oxic）和 SBR（Sequencing Batch Reactor）。除了生物膜法和活性污泥法，氧化塘也能作为污水的二级处理。氧化塘是自然生物处理系统，利用藻类、微生物、浮游动物等对污水进行净化，很接近自然水体的自净。氧化塘可以充分利用自然地形，大大减少基建费用，且运行简单。但氧化塘容易受季节影响，冬季有时需蓄水，夏秋季会翻塘产生气味。

随着研究的深入，人们发现生物处理可以进一步实现脱氮除磷功能，再经过深度处理即可实现氮磷等达标排放。生物脱氮原理包括同化、氨化、硝化和反硝化过程：首先在好氧条件下氨化菌将有机氮转化为氨氮，同时一部分氮被微生物细胞同化；氨氮在亚硝化菌和硝化菌作用下相继被氧化为亚硝酸氮、硝酸氮，最后在缺氧条件下反硝化菌利用有机物作为电子供体，将亚硝酸氮和硝酸氮还原为 N_2 或者 N_2O、NO 等。生物除磷原理是聚磷菌在厌氧条件下释放正磷酸盐，合成聚-β-羟基丁酸（PHB）或聚-β-羟基戊酸（PHV）；聚磷菌在好氧条件下分解 PHB 等，同时过量吸收磷，将污水中的磷转移到剩余污泥中。生物除磷一般与生物脱氮协同，但生物除磷效率有限，需要深度处理进一步除磷。

三级处理是对二级处理出水的处理，使水质进一步提高，包括但不限于土地处理、消毒、活性炭吸附等。土地处理是通过土壤—植物的物理、化学、生物作用，使污染物得到净化，同时营养物质和水分再利用，是一种经济的处理手段。土地处理包括慢速渗滤、快速渗滤和地表径流。慢速渗滤是将污水分配到土壤中，通过渗滤过程中微生物活动和植被吸收去除污染物。快速渗滤是将污水投放到透水性好的土壤表面，在土壤的作用下降解有机物，同时补给地下水或者回用。地表径流是将污水投放到有小坡度的土壤，土壤生有耐水植物且渗透性差，污水在土壤表面得到净化。在土地处理之前一般先对污水进行消毒，去除病原体，消除对人体健康的隐患。常用的消毒方式有氯消毒、臭氧消毒和紫外消毒。氯消毒最为常见，氯以气态或液态直接作用于细胞物质，破坏细胞结构，但残留氯对水生生物有毒害作用。臭氧可以有效杀死病毒和细菌，氧化产物为氧气，但臭氧需高压电流产生，能耗较高。紫外消毒属于物理消毒，可以通过影响微生物的基因物质进而影响其生存能力。活性炭吸附一般用于污水出水气味较差的情况。活性炭可以吸附生物难降解的有机物和其他污染物，可以有效去除污水气味，降低污水浊度。颗粒活性炭使用之后可以通过热再生反复利用。

2. 城市污水污染物排放标准

《城镇污水处理厂污染物排放标准》GB 18918—2002 根据污染物的来源及性质，将污染物控制项目分为基本控制项目和选择控制项目两类。基本控制项目主要包括影响水环境和城镇污水处理厂一般处理工艺可以去除的常规污染物以及部分一类污染物，共 19 项。选择控制项目包括对环境有较长期影响或毒性较大的污染物，共计 43 项。基本控制项目的常规污染物标准值分为一级标准、二级标准、三级标准，一级标准分为 A 标准和 B 标准，如表 4-21 所示。一级标准的 A 标准是城镇污水处理厂出水作为回用水的基本要求。当污水处理厂出水引入稀释能力较小的河湖作为城镇景观用水和一般回用水等用途时，执行一级标准的 A 标准。当城镇污水处理厂出水排入《地表水环境质量标准》GB 3838—2002 中地表水Ⅲ类功能水域（划定的饮用水水源保护区和游泳区除外）、《海水水质标准》GB 3097—1997 中海水二类功能水域和湖、库等封闭或半封闭水域时，执行一级标准的 B 标准。当城镇污水处理厂出水排入《地表水环境质量标准》GB 3838—2002 中地表水Ⅳ、Ⅴ类功能水域或《海水水质标准》GB 3097—1997 中海水三、四类功能海域时，执行二级标准。非重点控制流域和非水源保护区的污水处理厂，根据当地经济条件和水污染控制要求，采用一级强化处理工艺时，执行三级标准。但必须预留二级处理设施的位置，分期达到二级标准。

《城镇污水处理厂污染物排放标准》GB 18918—2002　　　　表 4-21

序号	基本控制项目		一级标准		二级标准	三级标准
			A 标准	B 标准		
1	化学需氧量（COD，mg/L）		50	60	100	120
2	生化需氧量（BOD_5，mg/L）		10	20	30	60
3	悬浮物（SS，mg/L）		10	20	30	50
4	总氮（以 N 计，mg/L）		15	20	—	—
5	氨氮（以 N 计，mg/L）		5（8）	8（15）	25（30）	—
6	总磷（以 P 计，mg/L）	2005 年 12 月 31 日前建设的	1	1.5	3	5
		2006 年 1 月 1 日起建设的	0.5	1	3	5
7	色度（稀释倍数）		30	30	40	50
8	粪大肠菌群数（个/L）		10^3	10^4	10^4	—

3. 城市污水生物处理技术

城市污水处理技术的选择应综合考虑技术经济性。城市污水具有水量大、污染物浓度较低的特点。在我国，一个中等规模城市的污水处理厂污水处理量在数十万吨/天，上海白龙港污水处理厂处理量达 280 万 t/d，是目前我国污水处理量最大的污水处理厂。二级生物处理不仅具有良好的有机污染物去除率，还具有经济性，是当前污水处理厂的核心技术。

生物处理是利用自然界中微生物的代谢作用，将有机物氧化分解并转化为稳定的无机物。污水生物处理就是采取人工措施强化这一过程。不同种类的微生物都具有分解有机物的能力。微生物将胶体的和溶解性的含碳有机物转化成二氧化碳并合成新的微生物菌体。由于微生物菌体的密度稍大于水，因此可以利用重力沉降法将微生物从处理过的水中去除。微生物与碳源及能源的关系相当重要。碳源是细胞合成的基本骨架材料，而能源则从胞外获得，是细胞合成所必需的。以有机物作为碳源的微生物称为异养型微生物，而仅以 CO_2 为碳源的微生物称为自养型微生物。

细菌在氧化还原反应中能否利用氧作为最终电子受体也可作为其分类的依据。以氧为最终电子受体的微生物称为专性好氧菌。大多数有机物能以好氧的方式被氧化分解，因为从热力学的角度考虑，经氧化产生的最终产物的能量很低，因此较稳定，不会产生令人不快的气味。由于在好氧氧化过程中有大量的能量释放出来，因此大部分好氧微生物有很高的生长速率，会产生较多的生物污泥。由于好氧氧化的分解速度快、效率高，且产生的臭味较少，对于城市污水这类有机物浓度较低（BOD_5 小于 500mg/L）的污水常选用这种方法。但当废水中有机物浓度过高（BOD_5 大于 1000mg/L）时，采用好氧处理方法不能得到足够的溶解氧，且有大量的生物污泥产生，因此不适合采用这种处理方法。专性厌氧菌则是指不能利用水中溶解氧的微生物，即无法以氧作为最终电子受体的微生物。有机物的厌氧分解通常分为两个步骤：首先，复杂的有机物发酵形成低分子量脂肪酸；其次，这些有机酸被转化为甲烷，二氧化碳作为电子受体。厌氧分解的最终产物是二氧化碳、甲烷及水等。厌氧氧化时仅能释放出少量的能量，因此细胞的产生量，即污泥产量很低。可利用此特性，将好氧和缺氧过程所产生的污泥通过厌氧分解加以稳定。兼性厌氧菌则能够以氧作为最终电子受体，且在特定情况下可以在缺氧的环境中生长。在缺氧的情况下，以亚硝酸盐（NO_2^-）和硝酸盐（NO_3^-）作为最终电子受体的兼性厌氧菌称为反硝化菌。在缺乏溶解氧的条件下硝酸盐中的氮转化为氮气的过程称为缺氧反硝化过程。

针对生物处理这一技术，目前已涌现出各类技术成熟、实用高效的工艺。按照生物生长模式分类，二级生物处理技术可分为悬浮生长的活性污泥法、附着生长的生物膜法以及结合两种方法的双污泥系统，下面分别对其进行介绍。

（1）活性污泥法

1）传统活性污泥法

向生活污水中通入空气进行曝气，持续一段时间后生成一种褐色絮凝体。该絮凝体主要由大量微生物群体所构成，可氧化分解污水中的有机物，并易于沉淀分离，从而得到澄清的处理出水，这种絮凝体就是"活性污泥"。活性污泥含水率很高，一般都在 99％以上，固体物质仅占 1％以下。活性污泥中的固体组分由无机物质和有机物质两部分组成，并以有机物质为主，例如城市污水活性污泥的有机成分占 75％～85％。活性污泥中的有机成分主要包括微生物群体、污水中的有机物、微生物自身氧化残留物等。无机成分则是污水中裹挟带入的各种无机物。混合液悬浮固体浓度（MLSS）就是用来表示活性污泥微生物量的指标，它表示单位为容积混合物中所含有的活性污泥固体物的总质量，单位为 mg/L。

活性污泥法处理系统有效运行的基本条件是：污水中含有足够的可溶解性易降解有机物作为微生物生理活动所必需的营养物质；混合液中含有足够的溶解氧；活性污泥在曝气池中呈悬浮状态，能够与污水充分接触；活性污泥连续回流，及时地排出剩余污泥，使曝气池保持恒定的活性污泥浓度；没有对微生物有毒有害作用的物质进入。传统活性污泥法处理系统主要包括曝气池、二次沉淀池、污泥回流系统、剩余污泥排放系统以及曝气系统，如图 4-22 所示。

图 4-22　传统活性污泥法工艺流程图

经初次沉淀池或其他预处理装置处理后的污水和回流的活性污泥一起进入曝气池形成混合液。曝气池是一个生物反应器，也是活性污泥法处理系统的核心处理单元。通过曝气系统向曝气池充入空气，一方面通过曝气向活性污泥混合液供氧，保持好氧条件，保证活性污泥中微生物的正常代谢反应；另一方面，使混合液得到足够的搅拌，使活性污泥处于悬浮状态，污水与活性污泥充分接触。污水中的有机物在曝气池内被活性污泥吸附，并被存活在其中的微生物利用而得到降解，从而使得污水得到净化。随后混合液流入二次沉淀池，进行固液分离，混合液中的活性污泥沉淀下来与水分离，净化后出水由二次沉淀池溢流堰排出。二次沉淀池底部的沉淀浓缩污泥一部分回流至曝气池，称为回流污泥。回流污泥的目的是使曝气池内活性污泥浓度维持在一定范围内。曝气池中的生化反应引起微生物的增殖，也就是使活性污泥量增加。为保持曝气池内恒定的污泥浓度，还要将另一部分沉淀污泥（污泥增殖部分）排出污水处理系统，该部分污泥称为剩余污泥。剩余污泥因含有大量有毒有害物质而需要妥善处理，否则将造成二次污染。在活性污泥反应器内，微生物在连续增殖，不断有新的微生物细胞生成，又不断有一部分微生物老化，活性衰退。为了使活性污泥反应器内经常保持具有高度活性的活性污泥和保持恒定的生物量，每天都应从系统中排出相当于增长量的活性污泥量。曝气池内的微生物全部更新一次所需要的时间称为污泥龄，又称为固体平均停留时间（SRT）。

传统活性污泥法的主要目的是去除有机物和悬浮物，对进水 COD 有着较高的承受能力。但同时供氧量大、污泥产量高也是传统活性污泥法的显著特征，由此会带来较大的能耗和污泥处理压力。传统活性污泥法对于污水脱氮除磷的能力有限，因此在此基础上又有各种演变工艺来满足污水处理中的各种需求。

2）AAO 及其变型工艺

20 世纪 70 年代后，环境水体富营养化不断加剧，污水排放标准不断提高，要求污水处理厂要着重考虑氮和磷的去除。在这样的背景下，AAO 及其各种变型工艺得到了充分的发展。AAO 工艺是 Anaerobic-Anoxic-Oxic 的简称，字面意思为厌氧-缺氧-好氧法。一般 AAO 工艺流程如图 4-23 所示。

生物脱氮除磷分为脱氮和除磷两个过程。生活污水中氮主要以蛋白质、多肽、氨基酸等有机氮的形式存在，磷则是以各种磷酸盐的形式存在。

污水中生物脱氮包括同化、氨化、硝化和反硝化过程。在污水处理中氮的去除最关注硝化和反硝化两个过程。硝化作用实际上是由种类非常有限的自养型微生物完成的，该过程分两步：氨氮首先由氨氧化菌（AOB）氧化为亚硝酸氮，亚硝酸氮再由亚

183

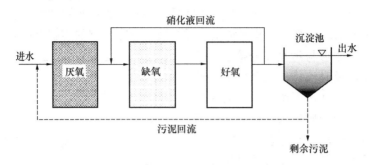

图 4-23 AAO 工艺流程图

硝酸盐氧化菌（NOB）氧化为硝酸氮。这两种细菌统称为硝化菌。硝化菌属于自养好氧菌，相较于曝气池中的异养菌而言，这类微生物的增殖速率非常缓慢。这就要求不仅要保证曝气池内溶解氧的浓度，还要合理控制污泥龄。硝化菌具有强烈的好氧性，氧的浓度影响着硝化反应速率和硝化菌的生长速度。为了保证曝气池内硝化菌的存活，微生物在反应器的停留时间（污泥龄）必须大于硝化菌的最小世代时间，否则会导致硝化菌的不断流失。反硝化作用则是由一群异养型微生物完成的生物化学过程。反硝化菌大多是兼性菌，可以在缺氧（不存在分子态游离氧）条件下将亚硝酸盐和硝酸盐还原成氮气或 N_2O、NO。反硝化过程需要一部分快速可生物降解有机物作为有机碳源，因此在 AAO 工艺中缺氧池要置于好氧池之前利用污水中的部分碳源，同时好氧池的硝化液需要回流至缺氧池进行反硝化。当污水中的碳源较少时，需要外加碳源保证反硝化的顺利进行。

生物除磷过程是由聚磷菌在厌氧条件下释磷、好氧条件下过量吸磷完成的。聚磷菌在厌氧条件下吸收水中的有机物，以聚-β-羟基丁酸（PHB）或聚-β-羟基戊酸（PHV）的形式贮存于体内，同时水解体内的聚磷酸盐产生能量，产生正磷酸盐释放到水中。聚磷菌在好氧条件下利用体内贮存的 PHAs 作为能源和碳源，同时过量吸收水中的磷在体内形成聚磷颗粒，最终将水中的磷转移到污泥中，通过剩余污泥的排放达到将磷从水中去除的目的。

AAO 工艺就是根据生物脱氮除磷所需的溶解氧环境设置厌氧池、缺氧池和好氧池同步进行脱氮除磷过程。原废水与含磷回流污泥一起进入厌氧池。聚磷菌在这里完成释放磷和摄取有机物。混合液从厌氧池进入缺氧池进行反硝化脱氮，硝态氮是通过内循环由好氧池送来的，循环的混合液量较大，一般为 2 倍的进水量。然后，混合液从缺氧池进入曝气池，去除 BOD、硝化和吸收磷等各项反应都在该反应器内进行。最后，混合液进入沉淀池，进行泥水分离，上清液作为处理水排放，沉淀污泥的一部分回流至厌氧池，另一部分作为剩余污泥排放。但该工艺也存在一些问题：硝化菌需要长泥龄保证存活，而聚磷菌需要在短泥龄条件下将细胞内的磷及时排出。实际运行中一般保持较长的泥龄以保证脱氮效果，因此生物除磷效果难以进一步提高。此外，回流至厌氧池的污泥中含有硝酸盐和溶解氧，会直接影响聚磷菌的厌氧释磷过程。因此在 AAO 工艺基础在发展了一系列的变型工艺。在此介绍 UCT 工艺。

与 AAO 工艺不同，UCT 工艺的回流污泥是回流至缺氧池，同时增加了从缺氧池至厌氧池的混合液回流。回流混合液中硝酸盐含量很低，从而减少了反硝化菌消耗的易降解有机物量，提高了聚磷菌可利用的易降解有机物量，使厌氧释磷作用得到改善。但厌氧池污泥浓度较低,应适当增加厌氧停留时间,以保证厌氧释磷充分。

3)SBR工艺

间歇式活性污泥法(Sequencing Batch Reactor),简称SBR工艺,以间歇操作为主要特征。在早期尽管人们发现了间歇运行的反应器具有良好的出水水质,但由于人工控制繁琐、曝气系统容易堵塞等问题而选择连续流活性污泥工艺。随着自动控制技术的发展,解决了活性污泥法间歇操作复杂的问题,SBR工艺也得以广泛应用。

所谓序批间歇式有两种含义:一是运行操作在空间上是按序列、间歇的方式进行的,由于污水大多是连续排放且流量波动很大,间歇反应器至少包含两个或三个以上反应池,污水连续按序列进入每个反应池,它们运行时的相对关系是有次序的,也是间歇的;二是每个SBR反应器的运行操作在时间上也是按次序排列的、间歇运行的。按运行次序,一个运行周期可分为五个阶段,即进水、反应、沉淀、排水、闲置(见图4-24)。

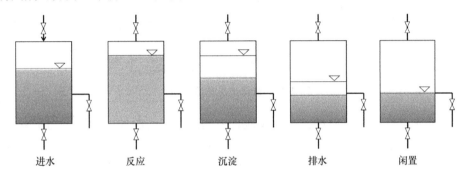

进水　　　　　反应　　　　　沉淀　　　　　排水　　　　　闲置

图4-24　SBR反应器运行阶段示意图

进水阶段是将污水注入反应器的过程。此时反应器内残存着高浓度的活性污泥混合液,对有毒物质或高浓度有机污水具有缓冲作用,表现出耐冲击负荷的特性。

反应阶段包括曝气与搅拌混合。SBR反应器可以灵活控制条件,实现好氧、缺氧与厌氧状态交替运行,在好氧条件下增大曝气量、反应时间与污泥龄,来强化有机物的降解、硝化反应和除磷菌过量摄取磷过程的顺利完成。

沉淀阶段停止曝气或搅拌,使混合液处于静止状态,活性污泥与水分离。

排水阶段是将经过沉淀的上清液作为处理水排出,一直排放到最低水位。反应池底部沉降的活性污泥大部分为下个处理周期使用,排水后还可根据需要排放剩余污泥。

闲置阶段又称待机阶段,此阶段根据污水量的变化情况,其时间可长可短、可有可无。

间歇式活性污泥法处理系统最主要的特征是采用集有机物降解与混合液沉淀于一体的反应器。与连续流活性污泥法系统相比,不需要污泥回流及其设备和动力消耗,不设二次沉淀池。SBR工艺的运行维护也比传统活性污泥工艺方便很多。SBR反应器在实际运行中需要一定的运行经验来调控各种参数实现稳定的出水水质。

4)氧化沟工艺

氧化沟工艺是传统活性污泥法的一种变型,又称连续循环反应器。氧化沟一般呈环形沟渠状,平面多为椭圆形、圆形或马蹄形,总长可达几十米,甚至百米以上。污水在沟内流动较缓慢,可以认为在氧化沟内混合液的水质几乎是一致的,从这个意义来说,氧化沟内的流态是完全混合式的。但是氧化沟又具有某些推流式的特征,如在曝气装置的下游,溶解氧浓度从高向低变动，甚至可能出现缺氧段。氧化沟的这种独特的水流状态，有利于活性污泥的生物凝聚作用，而且可以将其区分为富氧区、缺氧区，用以进行硝化和反硝化，取得脱氮的效果。氧化沟BOD负荷低，对水质水量的变化有较强的适应性；污泥龄较长，有利于硝化菌的增殖。一般的氧化沟能使污水中的氨氮达到95%~99%的硝化程度，如设计、运行得当，氧化沟会具有反硝化的效果。由于活性污泥在系统中的停留时间很长，排出的剩余污泥已趋于稳定，因此一般只需进行浓缩和脱水处理，可以省去污泥消化池。氧化沟工艺流程如图4-25所示。

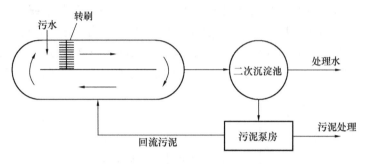

图4-25 氧化沟工艺流程图

氧化沟工艺的缺点主要表现在占地及能耗方面。由于沟深的限制以及沟型方面的原因，使得氧化沟工艺的占地面积大于其他活性污泥法。另外，氧化沟由于采用机械曝气，动力效率较低，能耗较高。常见的氧化沟类型有传统帕斯维尔氧化沟、卡鲁塞尔氧化沟、奥贝尔氧化沟等形式。

5）MBR工艺

膜生物反应器（Membrane Biological Reactor，简称MBR）是一种新型废水生物处理技术。MBR由膜分离技术与活性污泥法相结合而成。活性污泥在生物反应器内与基质充分接触，通过氧化分解作用进行新陈代谢以维持自身生长、繁殖，同时使有机污染物充分降解。在膜两侧压力差的作用下，膜组件通过机械筛分、截留和过滤等作用对废水和污泥混合液进行固液分离，大分子物质等被浓缩后返回生物反应器内。MBR的出现使一些污水处理厂庞大的沉淀池不复存在，取而代之的是膜组件。在我国，MBR的兴起主要是市政污水处理厂的污水再生利用处理。

MBR工艺一般分为外置式和浸没式两种，如图4-26所示。外置式MBR运行稳定可

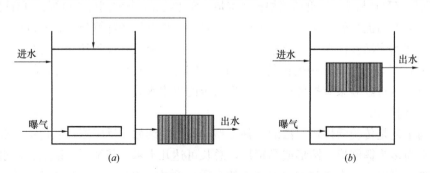

图4-26 外置式MBR和浸没式MBR示意图

（a）外置式MBR；（b）浸没式MBR

靠，易于膜的清洗、更换及增设。因为在较高的压力下运行，外置式 MBR 比浸没式 MBR 的实际膜通量要大。但在一般条件下，为减少污染物在膜表面的沉积，需要延长膜的清洗周期，并用循环泵提供较高的膜面错流流速，水流循环量大、动力费用高。浸没式 MBR 系统由于其跨膜压差较小，膜通量很少会超过临界值，因而可以保持长时间的稳定膜通量而无需化学清洗。外置式 MBR 一般用于处理高温、高有机物、有毒或难以过滤的污水。浸没式 MBR 主要用于处理市政生活污水。

与传统的生物处理方法相比，MBR 具有更好的处理性能和效果，出水中基本不含悬浮物。膜的机械截留作用避免了微生物的流失，可以保持高的污泥浓度，提高了有机物的容积负荷。MBR 基本实现了污泥龄和水力停留时间的分离，可以设置较长的污泥龄，允许世代周期长的微生物充分生长。由于减少了沉淀池，MBR 结构紧凑，占地面积较小，便于运行管理。MBR 的缺点主要是膜材料的堵塞和污染。为保证膜处于较高的通量，需要较高的膜面流速来减轻因浓差极化而形成的凝胶层阻力影响，这一过程需要很高的能耗。

（2）生物膜法

生物膜法和活性污泥法是平行发展起来的污水好氧处理工艺，都是利用微生物来去除废水中有机物的方法。但活性污泥法中的微生物在曝气池内以菌胶团的形式呈悬浮状态，属于悬浮生长系统；而生物膜法中的微生物附着生长在填料或载体上，形成膜状的活性污泥，属于附着生长系统。生物膜法是指细菌等微生物和原生动物、后生动物等微型动物附着在滤料或某些载体上生长繁育，并在其上形成膜状生物污泥，即生物膜。污水与生物膜接触，污水中的有机污染物作为营养物质，被生物膜上的微生物所摄取，微生物自身繁衍增殖的同时污水得到净化。

1）生物滴滤池

生物滴滤池是生物膜法的最初应用形式。在生物滴滤池中，污水通过布水器均匀地分布在滤池表面，在重力作用下，以滴状喷洒下落。一部分被吸附于滤料表面，成为呈薄膜状的附着水层；另一部分则以薄膜的形式渗流过滤料，成为流动水层，最后到达排水系统，流出池外。污水流过滤床时，滤料截留了污水中的悬浮物，同时吸附污水中的胶体和溶解性物质。微生物利用吸附的有机物得以生长繁殖，这些微生物又进一步吸附污水中呈悬浮、胶体和溶解状态的物质，逐渐形成了生物膜。生物膜成熟后，栖息在生物膜上的微生物摄取污水中的有机物作为营养物质，对污水中的有机物进行吸附氧化，因而污水在通过生物滴滤池时能得到净化。生物滴滤池由池体、滤料、布水装置和排水系统等部分所组成。池体底部和四周设通风口，促进滤层的内部通风。如图 4-27 所示。

生物滴滤池负荷低，一般只适用于每日污水量不超过 1000m³ 的小城镇污水处理厂。其主要优点是易于管理、节省能源、运行稳定等。至今在欧洲依然可以见到一些 20 世纪初建设的生物滴滤池仍在运行。但生物滴滤池本身占地面积大，滤池表面生物膜容易积累，产生蚊蝇影响环境卫生，目前应用很少。

2）生物接触氧化池

生物接触氧化池也称为淹没式生物滤池，是在池内充填一定密度的填料，从池下通入空气进行曝气，污水浸没全部填料并与填料上的生物膜广泛接触，在微生物新陈代谢功能的作用下，污水中的有机物得以去除，污水得到净化。该工艺是一种介于活性污泥法与生

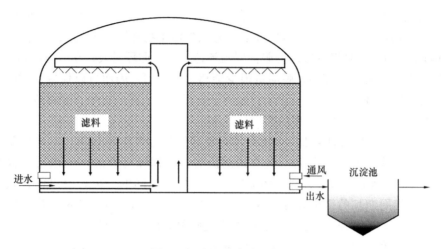

图 4-27　生物滴滤池示意图

物滤池之间的生物处理技术，也可以说是具有活性污泥法特点的生物膜法，一定意义上兼有两者的优点。

生物接触氧化池由池体、填料、支架及曝气装置、进出水装置以及排泥管道等部件所组成。生物接触氧化使用多种形式的填料，填料表面布满生物膜，形成了生物膜的主体结构。生物膜上微生物丰富，除细菌和多种种属的原生动物和后生动物外，还能够滋生氧化能力较强的球衣菌属的丝状菌。生物接触氧化处理技术具有多种净化功能，除有效地去除有机污染物外，运行得当还能够用以脱氮，因此可以作为三级处理技术。与生物滴滤池相比，生物接触氧化池对冲击负荷有较强的适应能力，在间歇运行条件下，仍能够保持良好的处理效果；污泥生成量少，污泥颗粒较大，易于沉淀，不产生滤池蝇。

3）曝气生物滤池

曝气生物滤池是集生物降解、固液分离于一体的污水处理工艺，是生物接触氧化工艺与过滤工艺的有机结合。该工艺将生物接触氧化与过滤结合在一起，不设沉淀池，通过反冲洗再生实现滤池的周期运行，可以保持接触氧化的高效性，同时又可以获得良好的出水水质。曝气生物滤池根据处理程度的不同，可以分为去除有机物、硝化、后置反硝化或前置反硝化滤池。相比于生物滴滤池和生物接触氧化池，曝气生物滤池具有较高的水力负荷和容积负荷，所需的占地面积较小。由于周期性的反冲洗，生物膜较薄，活性很好。但需要一定的运行技术控制反冲洗频率，污泥产生量也比较大，污泥的稳定性较差。

（3）双污泥系统

随着出水标准更加严格，当前大多数旧污水处理厂面临提标改造的难题。固定生物膜-活性污泥工艺（简称 IFAS 工艺）提供了一个很好的改造方案。IFAS 工艺简单来说是在悬浮活性污泥系统中投加填料，填料既可以是固定的，也可以是悬浮的。与生物接触氧化的填料相比，IFAS 具有污泥回流。IFAS 工艺中的填料种类繁多，按照在池中的形态可以分为固定填料和悬浮填料。IFAS 工艺充分发挥了活性污泥工艺和生物膜工艺的独特优点，兼具稳定性和灵活性的优点。

目前已投入运行的 IFAS 工艺充分展示了其卓越性能，技术日渐成熟。IFAS 工艺为现有活性污泥工艺升级改造提供了一种性价比非常高的方法。一些老旧的污水处理厂在建设之初没有考虑硝化，只是实现了有机物的去除。由于排放标准的提高，污水处理厂需要实现充分的硝化。对于占地有限的污水处理厂的升级改造，IFAS 工艺可以在不增加额外构筑物的情况下提高工艺的性能。尤其是固定式填料的 IFAS 工艺，可以充分利用现有生化池的设施，无需额外增加土建设施，而且可以在不停产的情况下完成污水处理厂的升级改造。

（4）城市污水处理技术前沿

1）厌氧氨氧化

厌氧氨氧化工艺 ANAMMOX（Anaerobic Ammonium Oxidation）是荷兰 Delft 工业大学开发的一种新型生物脱氮技术。该工艺的微生物学原理为：在厌氧条件下，厌氧氨氧化菌以亚硝酸盐作为电子受体将氨氮直接氧化为氮气，以二氧化碳作为主要碳源。厌氧氨氧化工艺在污水脱氮处理方面有明显优势，如：厌氧氨氧化在厌氧的条件下进行，从而可以节省曝气量；厌氧氨氧化以亚硝酸盐作为电子受体直接对氨氮进行氧化，无需有机碳源；厌氧氨氧化菌生长慢、产率低，工艺剩余污泥产量少；厌氧氨氧化菌代谢活性高、对基质亲和力强，工艺容积转化率高。

早在 1977 年，奥地利理论化学家 Broda 通过热力学计算预测自然界应存在以亚硝态氮为电子受体的厌氧氨氧化现象，理论根据是以 NO_2^- 为电子受体和以氧为电子受体的氨氧化反应自由能几乎是相等的，既然自然界存在以氧为电子受体的好氧氨氧化和细菌，那么也应该存在以 NO_2^- 为电子受体的厌氧氨氧化和相应的细菌。直到 1995 年，荷兰的 Mulder 等人发现在反硝化流化床中氨氮和硝态氮同时消失并产生氮气，由此证实了厌氧氨氧化的存在。

与传统的硝化/反硝化相比，厌氧氨氧化理论上能达到能耗降低 60%、碳源减少 100%、污泥量减少 90% 的脱氮效果。厌氧氨氧化工程化率先在荷兰启动，主要应用于高氨氮废水的侧流应用。而厌氧氨氧化的巨大潜力表现在处理大量生活污水的主流应用中。在主流城市污水处理中，厌氧氨氧化反应的温度变低，氨氮浓度较低，规模变大。这些工况条件会抑制厌氧氨氧化菌生长，硝化菌容易成为优势菌群，系统中难以形成亚硝酸盐的积累。

厌氧氨氧化工艺存在诸多优点的同时，也存在不足。厌氧氨氧化菌生长慢就意味着反应器启动时间较长。厌氧氨氧化适宜在高温条件下进行，这就意味着此工艺在城市污水主流应用有一定的局限性。厌氧氨氧化菌极低的生长率也是工程化应用的障碍。荷兰研究人员发现厌氧氨氧化菌可以自然形成颗粒污泥。由于颗粒污泥大大提高了污泥浓度，沉降性好，不易流失，因此厌氧氨氧化技术能够在实际工程中稳定运行。为了实现厌氧氨氧化菌的主流生活污水处理，研究者发现了以下途径：控制反应温度，使温度维持在较高程度，有利于 AOB 的生长积累；控制 pH 和 DO，低氧条件下 AOB 对氧的竞争能力更强；控制污泥龄（SRT），缩短污泥龄会加大 NOB 流失，使反应停留在亚硝化水平。

2）颗粒污泥

颗粒污泥是指在一定条件下，污水中的微生物自发凝聚成密度较大、体积较大的聚集体，是一类不需要膜载体的特殊生物膜。根据形成条件不同，颗粒污泥可分为好氧颗粒污泥和厌氧颗粒污泥。与传统活性污泥相比，颗粒污泥具有更高的污泥浓度，传统活性污泥

絮体质量浓度约为 $3kg/m^3$，而颗粒污泥可以达到 $30kg/m^3$ 以上，大大提高了反应器内的微生物数量。除此之外，颗粒污泥具有较大的密度，提高了污泥的沉降性能。较好的体质结构使颗粒污泥具备良好的抗冲击负荷能力。

好氧污泥颗粒化的先决条件是过量曝气产生的高浓度溶解氧（DO）和水力剪切作用。一般认为反应器中好氧颗粒污泥的形成需要满足以下运行条件：① 基质供给形成对比明显的充足期和贫乏期；② 利用短的沉淀时间对沉降性好的颗粒污泥进行筛选；③ 通过曝气产生足够的溶解氧和水力剪切作用。SBR 反应器以其周期性的进水、沉淀、排水运行特点成为培养颗粒污泥较好的容器。好氧颗粒污泥与传统活性污泥理化性质存在差异：传统活性污泥呈絮状，结构松散，而好氧颗粒污泥具有清晰的轮廓，形状接近球状；好氧颗粒污泥粒径在 $0.30\sim8.00mm$ 之间，而传统活性污泥粒径一般小于 $0.15mm$，肉眼即可分辨；好氧颗粒污泥沉降速率通常在 $25\sim70m/h$，传统活性污泥沉降速率一般在 $7\sim10m/h$；好氧颗粒污泥比耗氧速率（SOUR）可达 $110mg/(g \cdot h)$，传统活性污泥比耗氧速率（SOUR）一般为 $50mg/(g \cdot h)$，可见好氧颗粒污泥的生物活性高出传统活性污泥一倍之多。好氧颗粒污泥应用于城市污水处理中，可减少二次沉淀池建设和内外回流系统，大大降低污水处理厂占地面积，具有可观的应用前景。

4.3.4 污水再生技术

再生水是指废水或雨水经适当处理后，达到一定的水质标准，满足某种使用要求，可以进行有益使用的水。城市污水的再生利用是指以城市污水为再生水源，经再生工艺净化处理后，达到可用的水质标准，予以利用的全过程。

水资源具有可再生的特性。而城市污水是水量稳定、供给可靠的一种潜在的水资源。因此，城市污水的再生利用是解决城市缺水的有效途径之一。

污水再生利用产生的经济、社会和生态效益主要体现在：

（1）降低给水处理和供水费用；

（2）减少城市污水排放及相应的排水工程投资与运行费用；

（3）改善生态与社会经济环境，促进工业、旅游业、水产养殖业、农林牧业的发展；改善生存环境，促进和保障人体健康，减少疾病特别是致癌、致畸、致突变危害；

（4）增加可供水量，促进经济发展及避免缺水造成的损失等。

经过污水处理厂的一、二级处理后，污水需再通过三级处理（深度处理）达到再生水水质标准。常见的污水再生技术有吸附、离子交换、膜过滤、高级氧化等技术。

1. 再生水水质标准

近年来我国陆续颁布了城市污水再生利用系列水质标准、指导，应用于全国城镇污水处理再生利用中。对解决我国水资源短缺、水资源循环利用和可持续发展起到了重要作用。

截至目前，我国颁布了 1 个水利行业标准、1 个污水再生利用工程设计规范、6 个推荐性国家水质标准、1 个强制性国家水质标准，如表 4-22 所示。根据再生水利用的用途，将再生水水质标准分为五类，即补充水源水，工业用水，农、林、牧、渔业用水，城市杂用水和环境用水，如表 4-23 所示。

我国污水再生利用相关标准

表 4-22

标准名称	标准类别	同时废止标准
《再生水水质标准》SL 368—2006	水利行业标准	首次发布
《城镇污水再生利用工程设计规范》 GB 50335—2016	强制性国家标准	《污水再生利用工程设计规范》 GB 50335—2002
《城市污水再生利用 分类》 GB/T 18919—2002	推荐性国家标准	首次发布
《城市污水再生利用 城市杂用水水质》 GB/T 18920—2020	推荐性国家标准	《城市污水再生利用 城市杂用水水质》 GB/T 18920—2002
《城市污水再生利用 景观环境用水水质》 GB/T 18921—2019	推荐性国家标准	《城市污水再生利用 景观环境用水水质》 GB/T 18921—2002
《城市污水再生利用 工业用水水质》 GB/T 19923—2005	推荐性国家标准	首次发布
《城市污水再生利用 地下水回灌水质》 GB/T 19772—2005	推荐性国家标准	首次发布
《城市污水再生利用 农田灌溉用水水质》 GB 20922—2007	强制性国家指标	首次发布
《城市污水再生利用 绿地灌溉水质》 GB/T 25499—2010	推荐性国家标准	首次发布

我国城市污水再生利用类别

表 4-23

序号	分类	范围	示例
1	农、林、牧、渔业用水	农田灌溉	种籽与育种、粮食与饲料作物、经济作物
		造林育苗	种籽、苗木、苗圃、观赏植物
		畜牧养殖	畜牧、家畜、家禽
		水产养殖	淡水养殖
2	城市杂用水	城市绿化	公共绿地、住宅小区绿化
		冲厕	厕所便器冲洗
		道路清扫	城市道路的冲洗及喷洒
		车辆冲洗	各种车辆冲洗
		建筑施工	施工场地清扫、浇洒、灰尘抑制、混凝土制备 与养护、施工中的混凝土构件和建筑物冲洗
		消防	消火栓、消防水炮
3	工业用水	洗涤用水	冲渣、冲灰、消烟除尘、清洗
		冷却用水	直流式、循环式
		锅炉用水	中压、低压锅炉
		工艺用水	溶料、水浴、蒸煮、漂洗、水力开采、水力输 送、增湿、稀释、搅拌、选矿、油田回注
		产品用水	浆料、化工制剂、涂料

序号	分类	范围	示例
4	环境用水	娱乐性景观环境用水	娱乐性景观河道、景观湖泊及水景
		观赏性景观环境用水	观赏性景观河道、景观湖泊及水景
		湿地环境用水	恢复自然湿地、营造人工湿地
5	补充水源水	补充地表水	河流、湖泊
		补充地下水	水源补给、防止海水入侵、防止地面沉降

2. 吸附技术

吸附法就是利用多孔性固体物质，使水中的一种或多种物质被吸附在固体表面而去除的方法。具有吸附能力的多孔性固体物质称为吸附剂，水中被吸附的物质则称为吸附质。污水再生处理中的吸附技术主要用于去除溶解性的有机物质，还能去除合成洗涤剂、微生物、病毒和痕量重金属等，并能脱色、除臭。

根据固体表面吸附力性质的不同，吸附可分为物理吸附和化学吸附两种类型。

（1）物理吸附

吸附剂和吸附质之间通过分子间作用力（范德华力）产生的吸附称为物理吸附。物理吸附是一种常见的吸附现象，是由分子间作用力引起的。被吸附的分子由于热运动还会离开吸附剂表面，这种现象称为解吸，它是吸附的逆过程。物理吸附可形成单分子吸附层或多分子吸附层。分子间作用力是普遍存在的，所以一种吸附剂可吸附多种吸附质。但吸附剂和吸附质的极性强弱不同，某一种吸附剂对不同吸附质的吸附量是不同的。

（2）化学吸附

化学吸附是吸附剂和吸附质之间发生化学作用而产生的吸附，是由化学键力引起的。一种吸附剂只能对某一种或某几种吸附质发生化学吸附，因此化学吸附具有选择性。化学吸附只能形成单分子吸附层。当化学键力大时，化学吸附是不可逆的。

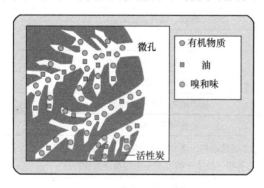

图 4-28　活性炭吸附

物理吸附和化学吸附并不是孤立的，往往相伴发生。在污水再生处理中，大部分的吸附往往是两种吸附综合作用的结果，只是由于吸附质、吸附剂及其他因素的影响，某种吸附起主要作用。污水再生处理中常用的吸附剂有活性炭（见图 4-28）、磺化煤、活化煤、沸石、活性白土、硅藻土、焦炭、氧化铁颗粒、活性氧化铝、木炭和木屑等。

污水再生处理中的吸附工艺存在以下限制：（1）大量吸附剂的运输；（2）吸附罐占地较大；（3）产生难再生的废弃吸附剂，由于其含有毒性物质必须以危险废物处置；（4）一些吸附剂无法再生导致材料更换的费用很高。

3. 离子交换技术

离子交换就是液相中的离子与固相中的离子进行交换（见图 4-29）。固相离子交换材料是非溶解性的，可以是天然材料如高岭石，也可以是合成材料如聚合树脂。

离子交换可用于：（1）去除特定的离子组分，如 Na^+、Cl^-、SO_4^{2-}、NH_4^+ 和 NO_3^-；（2）水软化，如去除 Ca^{2+} 和 Mg^{2+}；（3）脱盐。其他的应用包括去除某些组分，如钡、镭、砷、高氟酸盐、铬酸盐等物质。

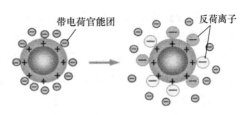

图 4-29　离子交换

交换材料的外表面或内表面具有带固定电荷的官能团。与这些官能团相配的电性相反的离子称为反荷离子。游离反荷离子由于静电吸引与每个带电官能团结合保证交换材料和溶液一直保持电中性。根据交换柱中带电荷官能团的电性，如果带电荷官能团带负电，则反荷离子为阳离子；如果带电荷官能团带正电，则反荷离子为阴离子。这些离子可以与液相中的反荷离子进行交换。离子交换树脂对于水中的某种反荷离子的亲合力和选择性会影响处理效果，一般电荷高的反荷离子选择性强。

离子交换树脂的重要性质包括交换容量、粒径大小和稳定性。离子交换树脂的交换容量定义为能进行交换的离子数量。离子交换树脂的交换容量常用 eq/L 或 eq/kg（meq/L 或 meg/kg）表示。离子交换树脂的粒径大小对离子交换柱的水力条件及离子交换动力影响很大。一般交换速率与颗粒直径的平方（即表面积）成反比。

（1）天然离子交换材料

天然离子交换材料就是所知的沸石，用于水软化和去除铵根离子。用于水软化的沸石是钠离子作为移动性离子的复杂硅铝酸盐。铵根离子去除通常可以采用天然形成的斜发沸石。

（2）合成离子交换树脂

大多数离子交换材料是树脂或酚醛聚合物。使用的合成离子交换树脂包括以下 5 种：强酸阳离子；弱酸阳离子；强碱阴离子；弱碱阴离子；重金属选择性螯合树脂。与沸石不同的是，合成树脂材料对无机酸再生液的耐受性更强。

离子交换技术在实际应用时应注意：

（1）生物处理出水中残留的有机物会引起离子交换器的堵塞，导致水头损失较大和运行效率低下。因此，在进行离子交换之前可以进行一些化学处理和澄清。二级处理出水中的胶质固体会在离子交换床中累积，可以用微滤去除或是在进入交换柱之前用牺牲交换树脂去除。如上所述，当用离子交换技术去除某些物质时，需要前处理以优化工艺运行效果。

（2）树脂再生的关键问题是不可逆污染（无法通过再生去除的污染）的发生。为了保证用于高级废水处理中的离子交换的经济性，宜选择能去除失效树脂中的无机阴、阳离子和有机物的再生剂和复原剂。树脂复原剂包括氢氧化钠、盐酸等。选择再生剂的时候必须考虑产生的再生废液的水质和水量，以及后续的管理。

（3）再生盐水的管理通常涉及 pH 中和和盐水浓缩，或通过混合出水进行稀释达到处置要求。再生盐水需妥善处理以防止造成二次污染。

4. 电解技术

电解质溶液在直流电的作用下发生电化学反应的过程叫做电解。电解是电能转换为化学能的过程，实现这种转换的装置称为电解槽。在电解槽中，与电源正极相连的极称为阳极，与电源负极相连接的极称为阴极。两电极插在电解质溶液中，接通直流电源后，阴极和阳极间存在电位差，驱使溶液中的正离子移向阴极。正离子在阴极得到电子，进行还原反应；负离子移向阳极，在阳极放出电子，进行氧化反应，这个过程称为离子的放电。阳极能接纳电子，起氧化剂的作用，而阴极能放出电子，起还原剂的作用。电化学法处理再生水的实质就是利用电解技术对废水进行电解，使再生水中的有害物质在阳极和阴极上发生氧化-还原反应，沉淀在电极表面或电解槽中，或生成气体从水中逸出。

　　5. 膜分离技术

　　随着再生水的应用日益广泛，如将其作为饮用水和一些工业用水，则其水质和可靠性十分重要，要求对溶解性固体和一些痕量物质进行去除。膜技术的发展为再生水达到较高水质要求提供了技术可行和成本合理的办法。

　　膜分离法（见图4-30）是用一种特殊的半透膜将溶液隔开，使一侧溶液中的某种溶质透过膜或者溶剂（水）渗透出来，从而达到分离溶质的目的。在溶液中凡是有一种或几种成分不能透过，而其他成分能透过的膜，都叫做半透膜。根据膜种类的不同和推动力的不同，膜分离法可分为不同的过程（见表4-24）。

图 4-30　膜分离法

膜分离法分类　　　　　　　　　　　　　　　　　　　　　表 4-24

分离过程	推动力	膜	膜孔径（nm）	用途
微滤	压力差	微滤膜	>50（大孔）	分离悬浮固体、浊度、原生动物、细菌等
超滤	压力差	超滤膜	2~50（中孔）	截留分子量>1000 的大分子，去除胶体、蛋白质、细菌等
纳滤	压力差	纳滤膜	<2（微孔）	截留分子量>400 的大分子，分离溶质、某些硬度、病毒等
扩散渗析	浓度差	渗析膜	<2（致密孔）	分离溶质，用于回收酸、碱等
反渗析	压力差	反渗析膜	2~50（中孔）	分离小分子溶质，用于海水淡化，去除无机离子、色素、有机物等
电渗析	电位差	电渗析膜	<2（微孔）	分离离子、盐类，用于苦咸水淡化、除盐，回收酸、碱等

反渗透、微滤、超滤和纳滤膜在使用中要注意防止水中杂质对界面层的影响，避免和消除膜污染（膜污染是指不能滤过膜的残留物在膜表面或空隙中的浓聚、沉积，而产生浓差极化，导致结垢，使水通量急剧降低、操作压力升高、出水水质下降的现象）。造成膜污染的物质有无机物、有机物和微生物，常见的如金属氧化物、钙沉淀物、腐殖质和细菌等。

膜分离法的优点是可在一般温度下操作、没有相的变化、设备可工厂化生产、容易操作等。缺点是需要消耗相当多的能量（扩散渗析除外）、处理能力较小。

6. 高级氧化技术

高级氧化是在一定条件下依靠体系中实时生成的羟基自由基（OH·）等氧化物来氧化降解水中的污染物。

高级氧化技术可以破坏那些无法被传统氧化剂氧化的痕量物质，包括影响内分泌系统的物质以及各种低浓度天然和合成的有机化学物质。

在污水再生过程中使用臭氧高级氧化技术（见图4-31），能够杀菌消毒，改善色度、嗅和味，氧化还原性锰和铁离子，还能够降解水中的有机物。

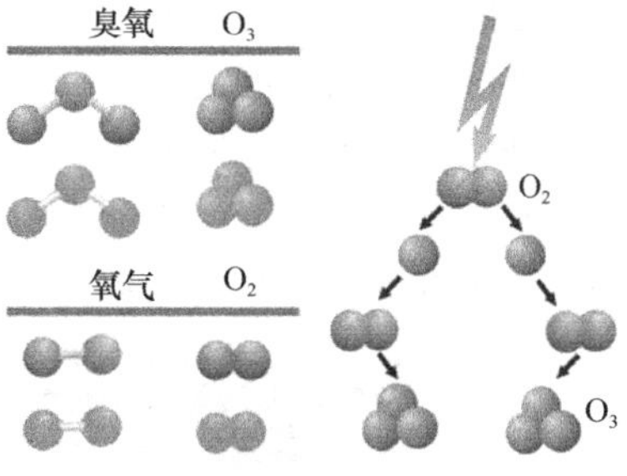

完整的臭氧高级氧化系统包括：进气准备设施；电源供应；臭氧发生设施；臭氧接触设施；尾气破坏设施。

图 4-31 臭氧高级氧化技术

臭氧高级氧化技术具有如下特点：

（1）臭氧不仅有很好的快速杀菌、消毒性质，而且具有极高的氧化有机和无机化合物的氧化力，可去除其他水处理工艺难以去除的物质。

（2）臭氧反应完全、速度快，从而可以减小构筑物体积。

（3）剩余臭氧会迅速转化为氧气，能增加水中溶解氧，效率高，不产生污泥，不造成二次污染。

（4）在提高净化效果、杀菌、消毒的同时，可除嗅和味。

（5）制备臭氧用的电和空气不必贮存和运输，臭氧化装置占地面积小，运行操作管理简单，特别适用丁原有水厂的提高水质和水量。

7. 消毒技术

污水再生过程中，经过混凝沉淀和过滤能除去不少细菌和其他微生物，但不能保证去除所有的病原微生物。因此必须进行再生水的消毒。

（1）氯消毒

氯消毒（见图4-32）包括液氯、漂白粉、次氯酸钠、氯胺、二氧化

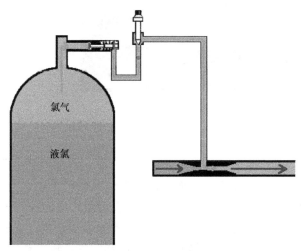

图 4-32 氯消毒技术

195

氯消毒，是利用氯可在水中迅速形成次氯酸（HOCl）的原理，漂白粉加入水中后亦能水解成次氯酸。次氯酸分子体积微小，电荷为中性，易经细胞壁渗透入细菌体内，抑制和破坏细菌体内的各种酶系统（主要是磷酸丙糖脱水酶对 HOCl 更为敏感），使巯基被氧化而破坏，影响细菌体内的氧化还原作用，从而使其体内葡萄糖代谢障碍，导致细菌死亡，达到消毒目的。

氯的消毒能力强，货源充沛而价廉，设备简单。加入水中后能保持一定量的残余浓度（通常称为余氯），可防止再度污染而繁殖细菌。同时残余浓度检测方便，在自来水厂中被广泛采用。但其易受温度和 pH 影响且容易产生二次污染。氯气具有毒性，在运输、贮存和投加过程中，要注意安全，小心操作。

（2）紫外消毒

紫外消毒（见图 4-33）的原理是紫外线的光谱波长在 490～140nm 范围内具有杀菌能力。微生物受到紫外线照射后，其体内的核蛋白质会因吸收紫外线光谱能量而变性，引起新陈代谢障碍，从而丧失繁殖能力。当照射剂量增大到一定量时，微生物细胞被破坏致死。紫外线对澄清透明的水有一定的穿透力，因此能使水消毒。

紫外消毒技术接触时间短、杀菌能力强；设备简单、操作管理方便，并能自动化；处理时对水无副作用，无中毒危险。可在处理后水中不允许增加氯离子的小规模工业用水中使用。但也存在紫外灯管的使用寿命较短、价格较贵、没有持续杀菌作用等缺点。

图 4-33 紫外消毒

4.3.5 污泥处理处置技术

在给水、污水和废水的处理过程中，常产生大量的污泥，如污水污泥、给水污泥、排水沟道污泥、水体疏浚淤泥等。其量远大于生活垃圾量，而且污泥有较高的污染物含量。污水处理厂剩余污泥中的有机质含量为污水的 10 倍，污水处理厂脱水污泥饼中的致病微生物含量比城市生活垃圾高几个数量级。此外，各种污泥中还可能含有重金属、剧毒有机物等污染物质。污泥如不妥善处置，任意排放，就会污染水体、土壤和空气，危害环境，影响人类健康。一般来说，用于污泥处理处置的设施建设费用约占污水处理厂总投资的 40%～60%，运转费用占总运行费用的 20%～50%。因此，在水处理工程的设计和运转中，对污泥的处理与处置必须给予充分的注意。

污水污泥（sewage sludge）是各种污水处理过程中产生的泥状物质，如图 4-34 所示。

城市污水污泥可按不同的分类准则分类，其中常见的有：

（1）按污水的来源特征，可分为生活污水污泥和工业废水污泥。

（2）按污水的成分和某些性质，可分为有机污泥和无机污泥、亲水性污泥和疏水性污泥。

（3）按污泥处理的不同阶段，可分为生污泥、浓缩污泥、消化污泥、脱水污泥和干化污泥。

图 4-34 污水污泥

（4）按污泥来源，可分为栅渣、沉砂池沉渣（无机固体颗粒）、浮渣、初次沉淀污泥（初沉污泥）、剩余活性污泥（剩余污泥）、腐殖污泥和化学污泥。

污泥的主要特征是：含有机物多，性质不稳定，易腐化发臭；颗粒较细，相对密度接近；含水率高，呈胶状结构，不易脱水；含较多植物营养素，有肥效；含病原菌及寄生虫卵，流行病学上不安全。

污泥的处理处置技术有预处理（包括浓缩、脱水、干化等）、生物处理（包括厌氧消化、好氧发酵等）、热化学处理（包括焚烧、热解、熔融等）和最终处置（包括填埋、填海、综合利用等）。污泥处理处置的技术路线如图 4-35 所示。

1. 污泥预处理技术

含水率高是污泥最显著的特征。城市污水污泥的含水率为 97%（初沉污泥）～99%（二沉污泥）；城市给水污泥的含水率为 90%～95%；城市排水沟道污泥产生时的含水率为 60%～90%（与清捞方式有关）；城市水体疏浚底泥的含水率在 85%以上。

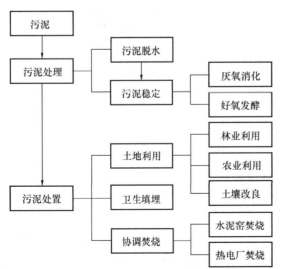

图 4-35 污泥处理处置的技术路线

污泥预处理为后续的污泥处理处置过程提供更为适宜的物理特性。污泥的高含水率特性，会造成后续物流输送困难、处理设备容量大、经济性差等问题。因此，污泥预处理技术中脱除污泥水分的方法（技术单元）占有最重要的地位。

（1）污泥浓缩

污泥浓缩就是通过去除污泥颗粒间的自由水分，以达到减容目的，从而减轻污泥后续处理、处置和利用设备、设施的压力。由于剩余活性污泥的含水率很高，一般都应进行浓缩处理。

污泥中的水分可分成四类：颗粒间的空隙水（约占 70%）、颗粒间的毛细水（约占 20%）、颗粒的吸附水和颗粒内部水（共占 10%）。这四类水的去除方法是不同的，污泥浓缩只能去除颗粒间的空隙水，是减小污泥体积最经济有效的方法。

污泥浓缩的基本方法有重力浓缩、气浮浓缩和离心浓缩等。

1）重力浓缩

图 4-36　重力浓缩池

重力浓缩法是应用最多的污泥浓缩法。重力浓缩是利用污泥中的固体颗粒与水之间的密度差来实现泥水分离的。用于重力浓缩的构筑物称为重力浓缩池（见图 4-36）。重力浓缩的特征是区域沉降，在重力浓缩池中有澄清区、阻滞沉降区、过渡区、压缩区四个基本区域。

重力浓缩具有贮存污泥能力强、操作要求不高、运行费用低的优点。但其浓缩效果差，浓缩后的污泥非常稀薄。所需土地面积大，且会产生臭气问题。

2）气浮浓缩

气浮浓缩就是使大量的微小气泡附着在污泥颗粒的表面，从而使污泥颗粒的密度降低而上浮，实现泥水分离的目的，如图 4-37 所示。因此，气浮法适用于浓缩活性污泥和生物滤池污泥等颗粒密度较轻的污泥。通过气浮浓缩，可以使含水率为 99.5% 的活性污泥浓缩到含水率为 94%～96%。

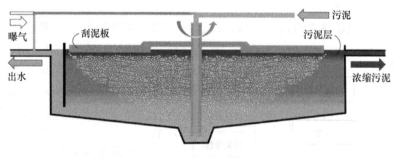

图 4-37　气浮浓缩

气浮浓缩法出流污泥含水率低于重力浓缩法，具有较高的固体通量。所需土地少，臭气问题小。可使砂砾不混于浓缩污泥中，同时能去除油脂。但运行费用比重力浓缩高，污泥贮存能力小。适合于人口密集缺乏土地的城市应用。

3）离心浓缩

离心浓缩法利用污泥中的固体、液体存在密度差，在离心力场中所受到的离心力不同而被分离。离心浓缩法可以连续工作，占地面积小，工作场所卫生条件好无臭气，造价低。但运行费用与机械维修费用较高，且存在噪声问题。

（2）污泥调理

1）温差调理

温差调理是通过热能量的流动改变构成污泥絮体的胶质物的稳定性，削弱污泥颗粒与其间隙水分等的结合力，从而改善污泥的脱水性。

2）加热调理

加热调理是在高压下加热污泥，破坏污泥胶体颗粒的稳定性。促使污泥间隙水的游离、内部水与吸附水的释放。降低污泥比阻，改善污泥脱水性能。同时加热调理还可以杀灭污泥中的寄生虫卵、致病菌与病毒等。兼有污泥稳定、消毒和除臭等功能。但是加热调理也存在投资费用和运行费用高、操作要求高，经过加热调理的污泥过滤所得的滤液有机物含量高等缺点。

3）化学调理

化学调理是通过向污泥中投加调理剂（混凝剂、絮凝剂和助凝剂等），起到电性中和和吸附架桥作用。破坏污泥胶体颗粒的稳定，使分散的小颗粒相互聚集形成大颗粒，从而改善污泥的脱水性。

化学调理是应用最多的污泥调理技术，化学调理过程中投加的化学调理剂包括无机调理剂（如石灰、铁盐、铝盐及聚铁、聚铝等无机高分子化合物）和有机高分子调理剂（如阳离子型有机高分子聚合电解质等）。污泥化学调理过程中投加的助凝剂主要有硅藻土、珠光体、酸性白土、锯屑、污泥焚烧灰、电厂粉煤灰、石灰及贝壳粉等。

（3）污泥脱水

污泥脱水以过滤介质两侧的压力差作为推动力，使污泥水分强制通过过滤介质，形成泥液。固体颗粒被截留在过滤介质上，形成泥饼，从而达到脱水的目的。污泥脱水的目的是进一步减小污泥的体积，便于后续的处理、处置和利用。污泥中的自由水基本上可在污泥浓缩过程中被去除，而内部水一般难以分离，所以污泥脱水去除的主要是污泥颗粒间的毛细水和颗粒表面的吸附水。

根据造成压力差推动力的方法不同，可以将污泥机械脱水分为三类：1）在过滤介质的一侧形成负压进行脱水，即真空吸滤脱水；2）在过滤介质的一侧加压进行脱水，即压滤脱水；3）造成离心力实现泥水分离，即离心脱水。

离心脱水机如图 4-38 所示；带式压滤机如图 4-39 所示；板框压滤机如图 4-40 所示。

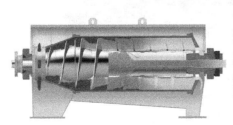

图 4-38　离心脱水机

（4）污泥干化和干燥

干化和干燥是污泥深度脱水的一种形式，其所应用的污泥脱水能量（推动力）主要是热能。干化、干燥是使热能传递至污泥中的水，并使其汽化的过程。主要应用自然热源

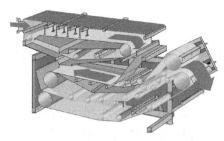

图 4-39　带式压滤机

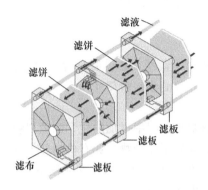

滤液

滤饼

滤饼

滤板

滤板

滤布　　滤板

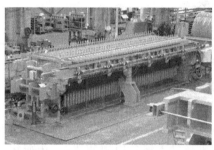

图 4-40　板框压滤机

（太阳能）的干化过程称为自然干化；使用人工能源作为热源的则称为污泥干燥（见图 4-41）。由于污泥干燥能耗相当高（去除每千克水的能耗为 3000～3500kJ），因此污泥干燥仅适用于脱水污泥的后续深度脱水。

图 4-41　污泥干燥

2. 污泥生物处理技术

利用微生物生命过程中的代谢活动，将有机物分解为简单的无机物从而去除有机污染物的过程称为生物处理。对污泥进行生物处理的目的是为了减少其中的有机物含量，使其达到一定的生物稳定性水平，便于后续的处置和利用。由于除污水污泥外，其他污泥的有机物含量相对较低，所以污泥的生物处理主要指的是污水污泥的生物处理。

微生物具有来源广、易培养、繁殖快、对环境适应性强、易变异等特点。在生产上较容易采集菌种进行培养繁殖，并在特定条件下进行驯化，使之适应各种污泥的化学环境条件。通过微生物的新陈代谢可以使有机物无机化，有毒物质无害化。微生物的生存条件温和，新陈代谢过程不需要高温、高压，是不需要投加催化剂的催化反应。处理费用低廉，运行管理较方便，所以生化处理是污泥处理系统中最重要的过程之一。

（1）厌氧消化

污泥中的有机物质在无氧条件下被厌氧菌群最终分解成甲烷和二氧化碳的过程称为污泥厌氧消化（见图 4-42）。它是目前国际上最常用的污泥生物处理方法，同时也是大型污水处理厂最为经济的污泥处理方法。美国 68% 的污水处理厂采用厌氧方法消化污泥。在德国、法国等国家大型污水处理厂多采用厌氧消化工艺。

图 4-42　厌氧消化

在实际工程中常用的厌氧消化工艺有以下四种：

1）常规中温厌氧消化

脱水污泥不经预热直接进入间歇式的消化罐内。消化罐内通常不设置搅拌装置，而是利用产生的沼气上升起到一定的混合作用。由于搅拌作用不充分，消化罐内的污泥分为三个区域：漂浮污泥层、中部液体层和下部污泥层。稳定后的污泥由罐底部周期性地排出，上层和中层则在每次进料时一并排出，直接或经预处理后返回到污水处理设施中。由于此种消化工艺的混合效果差，消化罐只有约 50% 的容积能得到有效利用，因此仅适用于小型污水处理厂。

2）单级高效中温厌氧消化

由于微生物的生长率即有机物的去除率随温度的升高而提高，因此在高效消化罐内设置污泥预热系统，通常的预热温度为 30～38℃。并在消化罐内加设机械搅拌装置以提高污泥的混合程度。

3）两级厌氧消化

在一级厌氧消化的基础上引入第二个消化罐，目的是对厌氧消化过的污泥进行重力浓缩。虽然第二个消化罐中污泥的有机质消化减量和产生的气体很少，但它使总的出泥体积减小很多。而且有效地控制了污泥消化过程中的短流现象，进一步提高了杀菌效果。还为污泥的贮存和操作弹性的加大（必要时可将第二个消化罐按一级消化条件运行，以提供附加的消化容积）创造了条件。

4）中温/高温两相厌氧消化（APAD）

中温/高温两相厌氧消化的特点是在污泥中温厌氧消化前设置高温厌氧消化阶段。污泥进泥的预热温度为50~60℃，前置高温段中的污泥停留时间为1~3d，后续中温厌氧消化时间可从20d左右减少至12d左右，总的停留时间为15d左右。这种工艺同时增加了总有机物的去除率和产气率，并可完全杀灭污泥中的病原菌。

（2）好氧发酵

好氧发酵（堆肥化）就是在人工控制下，在一定的水分、C/N和通风条件下通过微生物的发酵作用，将有机物转变为腐殖质样残渣（肥料）的过程。好氧发酵过程中，有机物由不稳定状态转化为稳定的腐殖化残渣，对环境尤其是土壤环境不再构成危害。堆肥化的产物称为堆肥（见图4-43）。

图4-43 污泥堆肥

腐熟的堆肥是一种深褐色、质地松散、有泥土味的物质，这种物质的植物养分含量不高，但却是一种极好的土壤调理剂和结构改良剂，其主要成分为腐殖化有机质，氮、磷和钾的含量一般分别为0.4%~1.6%、0.1%~0.4%和0.2%~0.6%。堆肥在有机废物处理中应用非常广泛。

污泥作为堆肥的原料，其有机质含量高、植物养分（N、P、K）含量丰富，且污泥中存在大量在堆肥过程中起主要作用的微生物种群。但污泥也存在水分含量高、颗粒细小、缺乏结构稳定性、空隙率过低（脱水污泥饼的空隙率小于10%）的问题。污泥的C/N一般小于10，低于堆肥的适宜C/N范围。污泥有机质中可被好氧微生物利用当作基质的比例也较低（初沉污泥约50%，剩余污泥<40%）。有可能影响污泥堆肥的升温率和高温持续时间。

鉴于上述情况，污泥堆肥一般需进行原料调质预处理，才能保证堆肥过程的最终质量。当以浓缩污泥作为堆肥化原料时，污泥通常是作为一种辅助性的堆肥原料，多用作城市生活垃圾堆肥的调质剂。专用的污泥堆肥化设施的处理对象多为脱水污泥，所选用的调质物料以含水率低、C/N高且有一定结构稳定性的其他生物质残余物为主。

通常污泥堆肥原料含水率调整至 50% 左右。如污泥饼含水率为 75%，调质料含水率为 25%，则掺和比为 1∶1，调质料用量较大。为了节省调质料的用量，常采用将部分熟化堆肥的筛上物回流以替代调质料。既能节省调质料用量，又具有一定的堆肥菌群接种作用，有利于提高堆肥启动阶段的速率。

3. 污泥热化学处理技术

污泥热化学处理通过加热使污泥中的有机物质发生化学反应，氧化有毒有害污染物（如 PAHs、PCBs 等），杀灭致病菌等微生物。通过加热破坏细胞结构，使污泥中的内部水释放出来而被脱除。经过热化学处理后的城市污泥可以进行相关的资源化利用，同时将污泥中的大量有机物转化为可燃的油、气等燃料。

污泥的热化学处理具有处理迅速，占地面积小，无害化、减量化和资源化效果明显等优点，被认为是很有前途的污泥处理方法。

（1）污泥焚烧

污泥焚烧是在一定温度、气相充分有氧的条件下，使污泥中的有机质发生燃烧反应（见图 4-44）。反应结果为有机质转化为 CO_2、H_2O、N_2 等相应的气相物质，反应过程释放的热量则维持反应的温度条件，使处理过程能持续地进行。

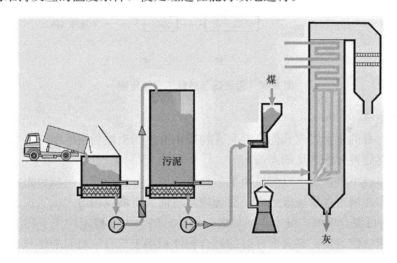

图 4-44 污泥焚烧

污泥结构十分致密（脱水污泥饼），未充分干燥时的黏附性很强。因此污泥焚烧的核心设备焚烧炉结构与其他废弃物焚烧（如城市生活垃圾）有相当大的不同。常见污泥焚烧炉为多级焚烧炉，如图 4-45 所示。

（2）污泥热解

污泥热解是在无氧或低于理论氧气量的条件下，将污泥加热到一定温度（高温：600～1000℃，低温：<600℃）。利用温度驱动污泥有机质发生热裂解和热化学转化反应，使固体物质分解为油、不凝性气体和可燃炭三种可燃物。部分产物作为前置干燥与热解的能源，其余当作能源回收。由于高温热解耗能大，所以目前研究重点放在低温热解（热化学转化）上。

污泥低温热解工艺流程如图 4-46 所示。

（3）污泥熔融

污泥熔融是将污泥进行干燥后，进行 1300～1500℃的高温处理。燃尽其中的有机成分，并使灰分以熔化状态输出炉外，经自然冷却，固化成火山岩状的炉渣。这种炉渣可以作为建筑材料。污水污泥在干燥状态下具有 11～19MJ/kg 的发热量。

污泥熔融处理的温度高，对有机质的分解接近100%（包括耐热分解有机物），无机熔渣的化学性质稳定，其中的重金属几乎完全失去可溶出性，因此比一般焚烧处理有更安全的环境特性。污泥溶融的缺点是熔融设备造价高，熔融过程的辅助燃料用量大。目前除日本外，尚无其他国家发展和应用污泥熔融处理技术。

4. 污泥的处置技术

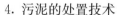

图 4-45　多级焚烧炉

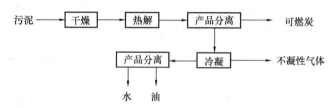

图 4-46　污泥低温热解工艺流程图

（1）污泥填埋

当污泥中含有的重金属或其他有毒有害物质浓度达到土地利用标准时，可以采用填埋作为污泥的最终处置方法（见图 4-47）。

污泥可以单独填埋，也可以与城市生活垃圾或泥土混合填埋。与城市生活垃圾混合填埋是将污泥撒布在城市生活垃圾上面，混合均匀后铺放于填埋场内，压实覆土。含固率大于 3%的污泥均可混合填埋。城市生活垃圾（堆体）的土力学稳定性优于污泥，而污泥的颗粒度小于城市生活垃圾。二者混合时的混合物体积小于二者分离时的体积。因此污泥与

图 4-47　污泥填埋

城市生活垃圾混合填埋是改善污泥填埋的稳定性与容积问题的有效途径。

(2) 污泥填海

污泥填海造地可视为一种特殊的污泥填埋工艺（见图 4-48）。其区别在于当填海造地时，填埋（筑）的空间来源于对滨海滩地的围垦。同时填埋的高度和填成地面的稳定性，应满足填筑后进行土地利用的要求。由于污水污泥的土力学特性和污染特性与填海造地的用途有诸多不相容之处，因此用于填海造地的污泥应以给水污泥、雨水沟道污泥等较清洁的水体淤泥为主。

图 4-48　填海造地

污泥用来填海造地时，应遵守下列要求：1) 必须设护堤，渗滤液进行处理，以防污泥和污水污染海水；2) 污泥中的重金属含量应符合填海造地标准。

(3) 污泥土地利用

污泥施用于土地，可以利用土壤的自净能力使污泥进一步稳定。同时也能为植物提供营养元素，改良土壤结构，提高土壤肥力。污泥土地利用是较好的污泥处置方式之一。但也存在引入重金属、病原菌等污染物的风险。

污泥肥料的用途很广，可作为农田、绿地、果园、畜牧场、庭院绿化等的种植肥料（见图 4-49）。农田对肥料的需求量很大。污泥肥料可以给作物供应更充足的养料，其效果已经从种植蔬菜和各种农作物的实践中得到证实。

污泥在果园、葡萄园、菜园和苗圃中施用时，应尽量以干燥污泥或堆肥化污泥形态应

图 4-49　污泥肥料施用

用。应用于放牧草场时，则主要应采用液态浓缩污泥地下注入的方式施用。

4.4 水体修复

水体修复是通过工程措施强化水体自净能力，使受污染水体的水质得以恢复。

基于环境学和生态学原理，采用环境工程、生态工程（尤其是生态水工学）、景观工程等相关工程技术，在水体中通过人工或自然措施，对水体进行修复，使受损的水体在结构、功能、景观等方面得到优化并恢复到人们所期望的人水和谐的理想状态。与水污染控制不同的是水体修复的对象主要是"受损水体"，而水污染控制主要针对的是"污染源"。前者强调的是修复，即人们对受损水体的功能、结构、景观等的重建与改进。后者强调的是治理，即人们对污染源采用工程或非工程的方法进行改善或消除。

主要工程措施：

（1）引流冲污：对水体污染物和浮游藻类的稀释扩散，常被视为解决水体富营养化相对简单、易行和代价较低的办法。

（2）底泥疏浚：清除沉淀的污染物，避免二次释放。

（3）化学混凝：投加化学药剂，通过混凝沉淀去除污染物。

（4）曝气复氧：氧化黑臭物质，助力水生态系统的恢复。

（5）人工种植：人工水生植物，形成生态浮岛，加速水生态功能的恢复。

4.4.1 水体曝气技术

水体曝气技术是指对水体进行人工曝气复氧，是一个通过曝气设备将空气中的氧强制向水体中转移的过程。

污染水体在接纳大量的有机污染物后，有机物大量分解。造成水体溶解氧浓度急剧降低，出现厌氧状态，导致溶解盐释放以及臭味气体产生。通过水体曝气技术，使水体底层溶解氧得以恢复，水体保持好氧状态。加强水体中微生物与溶解氧的接触，对污水中的有机物进行氧化分解，进一步缓解水体污染的情况。同时，水体曝气技术可以保障水生生物的生命活动，改善水生生物的生存环境。

曝气法包括河流的充氧曝气和湖泊（包括景观水体）的深层曝气。在国外，河流和景观水体的人工曝气复氧研究已经开展了20多年，在水质净化工作和水体修复工作中占有重要位置。

1. 河道曝气法

河道曝气是根据河流受到污染后缺氧的特点，人工向水体中连续或间歇充入空气（或纯氧）。加速水体复氧过程提高水体的溶解氧含量，恢复和增强水体中好氧微生物的活性，使水体中的污染物质得以净化，改善河流的水质。该技术是充分利用天然河道和河道已有建筑就地修复水体的一种方法，此方法综合塘和氧化渠的原理，利于提高水体的自净能力。

曝气复氧的方式主要有自然跌水曝气和人工机械曝气（见图4-50）两类。前者充氧效率低，维护管理简单，能耗低。后者一般采用固定式充氧站和移动式充氧平台两种形式。固定式充氧站使用鼓风曝气或纯氧曝气。于河岸上设置固定鼓风机房或液氧站，通过管道将空气或氧气引入设置在河道底部的曝气扩散系统，达到增加水中溶解氧的目的。移动式充氧平台是不影响河道航运的曝气增氧设施，常采用曝气船等形式（见图 4-51）。移动式充氧平台的优点是可以根据曝气河道水质改善的程度，灵活机动地调整曝气船的运行。能够克服固定式充氧站曝气点服务面积不足、在相对封闭水体难以充分发挥作用的局限。

河道曝气技术是一种建设费用少、占地面积小、见效较快的水体修复技术，具有良好的社会和经济效益。

图 4-50　人工曝气复氧

图 4-51　太阳能曝气船

2. 湖泊深层曝气及景观水曝气

对于具有一定水深的湖泊或者人造景观水体，随着季节的变化通常会有季节性的温度分层。因为水团性质的差异，物质迁移和转化会发生显著的空间差异。因此在厌氧层中，溶解氧缺乏会对鱼类等生物造成不利影响。通过水体曝气可以有效地减少湖泊下部厌氧还原层对水环境造成的不利影响。底层水体中磷的活化和向上扩散也能够被有效控制，进一步限制和减缓富营养化的产生和恶化。

湖泊曝气可分为三种：机械搅拌、注入纯氧和注入空气。空气的注入又可分为全部或部分向上提升或者向下注入。全部空气提升是指用空气将水全力提升到水面然后再释放，从而提高水体充氧率。部分空气提升是指空气和深层水在深层混合后进行气泡分离。研究和实践证明，全部提升的效果要比部分提升好。

对于水深小于 5m 的池塘、湖泊和人造景观水体，浮水增氧曝气喷泉已被广泛应用。浮水增氧曝气喷泉能够维持生态平衡，有效地改善水质，对污染水体起到修复作用。同时喷泉造型和灯光景观增加了其观赏价值（见图 4-52）。

图 4-52　浮水增氧曝气喷泉

4.4.2 生态修复技术

生态修复是在生态学原理的指导下，以生物修复为基础，结合各种物理修复、化学修复以及工程技术措施，通过优化组合，使之达到最佳效果和最低耗费的一种综合环境污染修复方法。

通过水体生态修复提高水体生物群落多样性，构造动物、植物、生物群落多样性空间。与水体环境相互作用、相互影响，使受污染水体的水质得以恢复。水体生态修复措施主要包含工程措施和生物措施。工程措施包括建设生态河道、生态堤岸、人工湿地和人工产卵场等设施。生物措施包括植物修复、动物修复和微生物修复。

图4-53　生态混凝土

1. 生态型混凝土技术

生态型混凝土是指能与动植物等生物和谐共存的混凝土（见图4-53）。根据用途可分为植物相容型生态混凝土、海洋生物相容型生态混凝土、淡水生物相容型生态混凝土以及水质净化混凝土等。植物相容型生态混凝土又称为植被混凝土或绿化混凝土，可利用多孔混凝土空隙部位的透气、透水等性能，渗透植物所需营养。利用植物根系生长这一特点来种植灌木等植物，用于河川护堤的绿化、美化。

生态型混凝土克服了传统混凝土上护坡植被无法生长的缺点。在多孔混凝土块材的空隙部分，填充无机培养土、肥料和种子等混合生长基料。施工后种子即在混凝土的空隙中发芽和生长，具有良好的抗冲刷性和生态净化功能。

2. 湖滨带生态系统修复技术

湖滨带是湖泊流域中水域与陆地相邻生态系统间的过渡地带。湖滨带生态系统修复是湖泊生态修复的核心，也是控制外源污染的重要途径。

湖滨带生态系统修复的目的是削减入湖污染负荷，改善湖岸生态环境。根据生态学原理，常采用的湖滨带生态系统修复措施有退耕还湖、基底改造等。首先，应用生态学中生物互利共生、生态位和生物群落的环境功能等原理，优化设计湖滨带群落结构。充分发挥植物、微生物互利共生适应环境的能力和对污染物质的协同净化能力，减少入湖污染负荷。其次，利用湖滨带的湿度和厌氧梯度变化，建立起由陆生植被带、沼生植被带、漂浮植被带和沉水植被带所构成的湖滨带植被带梯度。形成由好氧、兼性好氧和厌氧微生物所构成的湖滨带微生物带梯度，构造一个健康的湖滨带生态系统。

湖滨带湿地（见图4-54）修复中应选取当地生长适应性强、污染物净化能力较强、具有较好的经济价值以及与周围环境协调性较好的植物。

图 4-54　湖滨带湿地

3. 人工湿地技术

人工湿地是利用天然湿地净化污水的原理人为建设的生态工程（见图 4-55）。是人工将石、砂、土壤、煤渣等材料按一定的比例组成基质，并栽种经过选择的水生、湿生植物，组成类似于自然湿地状态的工程化湿地状态系统。

图 4-55　人工湿地

人工湿地具有成本低、能耗低及氮、磷去除率较高等特点，适合于对进入湖泊的大量污水以及湖泊富营养化水体进行净化。在实践应用中应该选择优质易得的基质，合理搭配植物，建立优化的植物群落。应尽量使用本地物种，以减少外来物种的侵害。

4. 生物浮床技术

生物浮床技术是在以富营养化为主体的污染水域水面种植粮食、蔬菜、花卉或绿色植物等各种适宜的陆生植物（见图 4-56）。通过植物根部的吸收、吸附作用，削减、富集水体中氮、磷等有害物质，从而达到净化水质的效果。同时能够美化、绿化水域景观，收获农产品。生物浮床植物易于收割，能够实现污水的资源化利用。

5. 微生物生态修复技术

图 4-56　生物浮床

利用微生物的代谢作用向水体投加成品菌株或筛选驯化的现场菌株，迅速提高污染介质中的微生物浓度，在短期内提高污染物生物降解速率。其中投加的微生物可分为土著微生物、外来微生物和基因工程菌。

经过人工调节的微生物群落在生长过程中能迅速分解污水中的有机物。依靠相互间共生繁殖及协同作用，抑制有害微生物生长繁殖，激活水中具有净化功能的水生生物，达到净化与恢复水体的目的。但在微生物生态修复过程中，外来菌种不合理投加可能造成与土著微生物间的生存竞争，从而影响受污染水体中的水生态系统的平衡。因此应尽量筛选本地土著菌群或菌种并进行扩大繁殖，制成菌剂进行微生物生态修复。

4.4.3　黑臭水体治理

城市河道黑臭主要是由于过量纳污导致水体供氧和耗氧失衡的结果，在水体缺氧乃至厌氧条件下污染物转化并产生氨氮、硫化氢、挥发性有机酸等恶臭物质以及铁、锰硫化物等黑色物质。生活污水是导致城市河道黑臭最普遍和最主要的污染源。其他污染源还有：生活垃圾、有机工业废水、合流制管网溢流污水、污水处理厂尾水、畜禽养殖场粪便污水等。

目前，国内外针对城市河道黑臭治理均遵循"控源—净化—修复"的思路。下面将着重介绍几种常用治理技术。

1. 底泥疏浚技术

受污染河流或湖泊中的污染物质会随着时间的变化逐渐沉积在底泥中，使底泥中的营养物质增加。这些营养物质主要是一些有机物和氮磷物质，随着营养物质的释放，水质恶化并产生恶臭。在水质较好的时候，底泥释放污染物的速度会加快。因此底泥成为水体污染的主要内源。底泥疏浚技术就是通过对底泥的去除从而有效地去除污染物，减少底泥中污染物的释放（见图4-57）。

通过底泥疏浚能有效减少底泥中的污染物质含量，有效控制水体中的营养物质含量，增大水体的环境容量。从根本上去除内源污染，为水体的自我修复提供良好的环境。该技术操作简单，见效快，效果好。但是其工程量较大，耗资较多，施工前需进行全面的考察。对于清除的底泥，要进行处理处置，若处理不当易引起二次污染。

底泥疏浚的主要程序：

（1）底泥污染情况调查。主要包括底泥污染物质状况、底泥分布情况、底泥的含水率、污染物质释放率、底泥的水环境特点、底泥的微生物特点等。

（2）确定底泥疏浚的位置和面积。根据湖泊或河流的实际调查结果及经济情况，将重点施工区选择在淤泥较严重的地区，主要考虑水源地等地点。

（3）确定底泥疏浚的深度。这个深度需要经过综合的考虑和计算，主要包括湖泊或河流的水质水文特点、底部地理分布情况、底泥的成分和土质、污染物释放系数、水体中生物及其分布特点等。

（4）确定底泥疏浚的方法、设备及时间。底泥疏浚的方法有两种：一种是将水抽干，进行底泥的去除，这种方法主要运用在小型湖泊中；另一种是直接在水中操作，采用挖泥船进行操作，大多数的清淤挖泥都是采用这种方式，需要注意的是底泥在水中的扩散会造成二次污染。底泥疏浚的设备主要就是挖泥船，应根据不同的情况选择合适的挖泥船，目前应用最广泛的是绞吸式挖泥船，其次还有刮泥机等。清淤挖泥最好选在枯水时节进行操作。

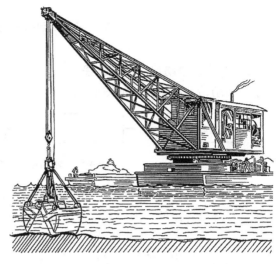

图 4-57 底泥疏浚

（5）确定排泥地点及底泥后期处理。排泥地点应做好防渗处理，底泥应及时处理，以防止造成二次污染。

2. 截污纳管技术

截污纳管技术即通过修筑雨水、污水管网或拦截沟渠使污水进入污水处理厂统一处理后再排放，该技术可以从源头上削减污染物的排放量。河流或湖泊中的污染物质大多是通过直接排入和通过地表径流进入水体的。因此要从根本上减少污染物质的数量，应该从源头出发，控制污染源，进而保护水体。

该技术能够降低进入水体的污染物浓度，减轻河流或湖泊的负荷，从根本上解决外源污染问题。从源头出发控制污染物，是水体修复中必要的环节，但是其工程量较大，耗资较高。

3. 曝气增氧技术

缺氧是黑臭水体的普遍特征。恢复水体耗氧复氧平衡、提高水体溶解氧浓度是水环境治理和水生态恢复的首要前提。曝气增氧是水体增氧的主要方法，能快速提高水体溶解氧浓度，并兼有造流、净化抑藻和底泥修复作用。详述可见第 4.4.1 节水体曝气技术。

4. 清水补水技术

环境调水的目的在于改善水体水质，提高水资源的利用价值和水环境的承载力，主要应用于纳污负荷高、水动力不足、环境容量低的城市河湖和水网。

向黑臭水体中引入洁净水，能在一定程度上稀释和分解水中的污染物。对于普通河道来说，其自身具有一定的自净能力，能力大小则与河水的水力强度呈正相关关系。当河水水流速度较快时，能够提高水体的复氧速度，水中溶解氧的浓度也随之升高，从而达到改善水质的效果。对于黑臭水体来说，通过引入洁净水，能够改善水体的水力条件，提高环境容量，提高净水效果。为了避免对水资源的浪费，可使用再生水进行补水。

4.5 水污染防治综合治理

4.5.1 水污染防治的技术路线

水污染防治的技术路线如图 4-58 所示。

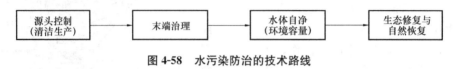

图 4-58 水污染防治的技术路线

水污染防治应当做到清洁生产即从源头减少污染物的产生，污染物排入水体前进行末端治理，在环境容量的范围内利用水体自净能力，生态修复与自然恢复相结合进行水污染治理。

清洁生产是使用清洁的能源和原料，采用先进的工艺技术和设备，采取改善管理、综合利用等措施，从源头削减污染，提高资源利用效率，减少或者避免生产、服务和产品使用过程中污染物的产生和排放，以减轻或者消除对人类健康和环境的危害。

末端治理是指在生产过程的末端，针对产生的污染物开发并实施有效的治理技术。

水体自净是指受污染的水体由于物理、化学、生物等方面的作用，使污染物浓度逐渐降低，经过一段时间后恢复到受污染前的状态。环境容量是在人体健康、人类生存和生态系统不致受损害的前提下，一定地域环境中能容纳环境有害物质的最大负荷量。

生态修复是指利用生态系统的自我调节能力与自组织能力，辅以人工措施，使遭到破坏的水环境逐步恢复或使其向良性循环方向发展。

自然恢复指无需人工协助，依靠生态系统的自我调节能力与自组织能力进行自然演替来恢复受污染的水环境。

4.5.2 流域综合治理

流域综合治理需在全流域尺度上综合协调水污染总量、水环境质量、水环境容量这"三个量"之间的关系（见图 4-59）。水污染总量增加时，水环境质量和水环境容量下降。水环境质量提高时，水环境容量随之提高，水污染总量接收量也随之增加。水环境容量提高时，水污染总量接收量随之增加，水环境质量波动幅度变缓。

流域综合治理要做到统一规划、统一行动。各行业同时减排，污染减排措施与生态恢复工程同步实施。在全面动态监测数据的基础上，以生态功能恢复为目标，科学制定水质标准。在全面识别各类污染源的基础上，科学编制污染总量控制目标，合理编制污染物减排计划。

开展以排污许可为手段、以流域总量控制为核心的流域污染综合治理；从单纯水质改善向流域综合生态管理转变；实现流域水污染综合治理与流域水资源管理的紧密结合。

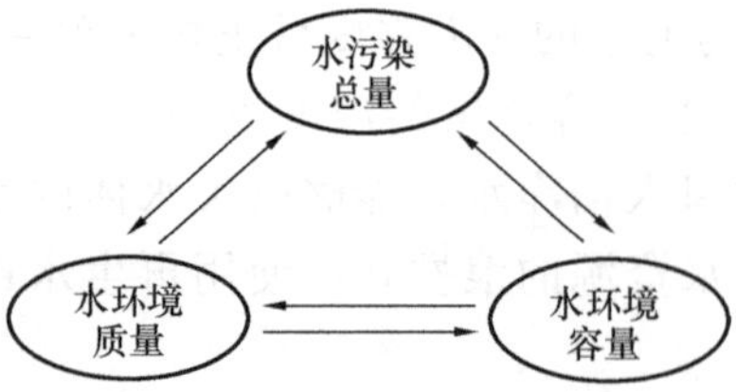

1. 莱茵河流域综合治理

莱茵河是欧洲的重要航道及沿岸国家的供水水源，对欧洲社会、政治、经济发展起着重要作用。19 世纪下半叶以来，莱茵河流域工农业快速

图 4-59 "三个量"之间的关系

发展造成了严重的环境与生态问题，莱茵河一度被称为"欧洲下水道"和"欧洲公共厕所"。莱茵河流域各国直面问题，汲取教训，制定治理目标并开展有效行动，历经多年努力，整个流域实现了人与自然和谐相处。莱茵河流域管理被誉为国际流域管理的典范。

1850年以后，莱茵河沿岸人口增长和工业化加速。第二次世界大战后，随着工业复苏和城市重建，莱茵河流域工业化再度加速。莱茵河周边建起密集的工业区，以化学工业和冶金工业为主。伴随着一个多世纪的工业化进程，莱茵河流域先后出现了严重的环境污染和生态退化问题，工业化城市化阶段莱茵河流域出现的主要问题包括：

（1）废弃物任意排放，水土污染严重。自1850年起，随着莱茵河沿岸人口增长和工业化加速，越来越多的有机物和无机物排入河道，氯负荷迅速增加。第二次世界大战后，随着工业复苏和城市重建，莱茵河水质更加恶化。1973—1975年监测数据表明，每年大约有47t汞、400t砷、130t镉、1600t铅、1500t铜、1200t锌、2600t铬、1200万t氯化物随河水流入下游荷兰境内。

（2）生态环境快速退化，生物多样性受损严重。河道污染和不适当的人类活动造成了生态环境退化。18世纪与19世纪之交，由于水力发电、航运发展和河道渠化，同时机械工具过度捕捞，造成鱼类大量减少。至1940年鲑鱼几乎从全莱茵河流域绝迹。水生动物区系种类数量大幅度减少，种类谱系以耐污种类为主。

（3）流域洪水问题突出，经济损失不断增大。莱茵河流域洪水问题十分突出。1882—1883年、1988年、1993年和1995年发生了流域性大洪水。由于流域内土地开发利用、水利和航运基础设施的建设，天然洪泛区域不断减少，洪水最高水位、时段洪峰流量一涨再涨，沿河堤防和其他防洪工程并不能提供百分之百的安全保证，沿洪泛区受堤防保护的居民区和工业区的危险性加大，潜在的洪灾损失普遍增大。

（4）土地开发无序，次生灾害突出。20世纪，由于西欧人口剧增，为增加粮食产量，莱茵河两岸的土地被大规模开垦。人们在大量的灌木林地中开挖沟渠，降低水位以适合农作物生长。流域的各种自然风貌也因此被改变，排水使得大片土地沉陷并低于海平面，加上海水水位上涨，致使防洪形势十分严峻。为了改善通航条件，采用工程措施裁弯取直和束窄河道。由于被束缚在很窄的范围内，且取直以便通航，河道水流流速加快，河床冲蚀严重并伴随下切，引发周边地区水位下降，森林、农田缺水，使四周湿地的生态系统大受影响。早年，在德国境内的莱茵河段是多支叉的呈"辫子状"的游荡性河流，大量支流构成非常复杂的河系。由于洪泛区不断改变，在此区域居住十分危险。

从20世纪50年代开始，相关国家启动了莱茵河流域治理，经历了污水治理初始阶段、水质恢复阶段、生态修复阶段、提高补充阶段。

（1）污水治理初始阶段

1950年，瑞士、法国、卢森堡、德国和荷兰五国联合成立了保护莱茵河国际委员会（ICPR），并于1963年签订了《莱茵河保护公约》，首要目的是解决莱茵河日益严重的环境污染和水污染问题。流域内各国通过委员会进行合作，但并没有明确各自在控制污染扩大方面的义务，因此在污水治理初始阶段没有取得比较明显的成效。1986年，瑞士发生的重大莱茵河污染事件终于唤醒民众、企业和政府，流域内各国开始着手开展莱茵河的综合治理。各国开始进行污染物源头控制，规范各行业排放标准。对污水集中收集处理，污水处理厂进行末端治理后排入莱茵河。

（2）生态修复阶段

在水质逐渐恢复的基础上，ICPR又提出了改善莱茵河生态系统的目标，既要保证莱茵河能够作为安全的饮用水水源，又要提高流域生态质量。从生态系统的角度看待莱茵河流域的可持续发展，将河流、沿岸以及所有与河流有关的区域综合考虑，积极建设维护河岸绿地、生态湿地。

（3）提高补充阶段

2001年，"莱茵河2020计划"发布，明确了实施莱茵河生态总体规划。随后还制定了生境斑块连通计划、莱茵河洄游鱼类总体规划、土壤沉积物管理计划、微型污染物战略等一系列的行动计划。2000年后，这些行动计划已经从当初迫在眉睫的挑战转向更高质量环境的创建和生态系统服务功能的开发上来。图4-60展示了莱茵河现状。

莱茵河流域综合治理措施与做法主要包括：

（1）建立流域多国间高效合作机制

莱茵河流经多个国家，多国之间合作是流域治理成功的重要保障。莱茵河流域合作治理的核心机制是1950年成立的ICPR，经过70多年的发展，已成为全球流域治理领域的一个多国间高效合作的典范。ICPR具有多层次、多元化的合作机制，既有政府间的协调与合作，又有政府与非政府的合作、专家学者与专业团队的合作。它不仅设有政府组织和非政府组织参加的监督各国计划实施的观察员小组，而且设有许多技术和专业协调工作组，可将治理、环保、防洪和发展融为一体。

（2）树立一体化系统生态修复理念

在欧洲工业化进程中，莱茵河沿岸各国都对其进行了大规模的开发，采取了大量的工程措施，如筑坝、河道疏浚、裁弯取直、截断小支流等。这些改造使得原先自然的、动态的、难预计的河流转变为静态的、可以设计的人工河道，以方便管理和获取各种利益。河流空间因此遭到蚕食，引发了许多不良结果。而对这些不良结果的治理依然是通过引入和采取新的工程性措施，如此便形成了恶性循环。长此以往，莱茵河已变得面目全非。意识到过多的人为作用对河流自然发展规律的破坏，莱茵河流域治理开始探索河流的动态和一体化治理，即注重工程措施和非工程措施的结合，以及源头控制、分散治理。观念上的转变引导治理措施和治理目标的改变，更加注重维护、恢复河流的自然特性，且更加注重其生态恢复，从而为各种生物提供了生

图4-60　莱茵河现状

存环境。

2. 塞纳河流域综合治理

塞纳河巴黎市区河段长 12.8km、宽 30～200m。巴黎是沿塞纳河两岸逐渐发展起来的，因此市区河段都是石砌码头和宽阔堤岸，三十多座桥梁横跨河上，两旁建成区高楼林立，河道改造十分困难。20 世纪 60 年代初，严重污染导致河流生态系统崩溃（见图 4-61），仅有两三种鱼勉强存活。

污染主要来自四个方面，一是上游农业过量施用化肥农药；二是工业企业向河道大量排污；三是生活污水与垃圾随意排放，尤其是含磷洗涤剂使用导致河水富营养化问题严重；四是下游的河床淤积，既造成洪水隐患，也影响沿岸景观。

图 4-61　塞纳河漂浮垃圾

工程治理措施主要包括五个方面：

（1）进行源头控制，要求工厂进行清洁生产。政府规定污水不得直排入河，要求搬迁废水直排的工厂，难以搬迁的要严格治理。1991—2001 年，投资 56 亿欧元新建污水处理设施，污水处理率提高了 30%。削减农业污染。河流 66% 的营养物质来源于化肥施用，主要通过地下水渗透入河。巴黎一方面从源头加强化肥农药等面源控制，另一方面对 50% 以上的污水处理厂实施脱氮除磷改造。但硝酸盐污染仍是难以处理的痼疾。

（2）完善城市下水道。巴黎下水道总长 2400km，地下还有 6000 座蓄水池，每年从污水中回收的固体垃圾达 1.5 万 m^3。巴黎下水道共有 1300 多名维护工，负责清扫坑道、修理管道、监管污水处理设施等工作，配备了清砂船及卡车、虹吸管、高压水枪等专业设备，并使用地理信息系统等现代技术进行管理维护。

（3）进行末端治理，提高污水处理厂效率。1972—1976 年，为了提高污水处理厂的效率，采取了财政激励措施，污水处理厂的效率由此从 40% 提高到 70%。从 1971 年开始，污水处理技术支持部门雇用人员对污水处理厂的运行进行监督。1987—1991 年，水管理局第五个规划重在治理重污染区，通过广泛采用多年度合同协议方式，鼓励城区开展长期污水处理工作。目前，塞纳河—诺曼底流域已有 2100 家污水处理厂，从 3200 个城市或社区协会收集污水。

（4）对河道蓄水补水。为调节河道水量，建设了 4 座大型蓄水湖，蓄水总量达 $8m^3$；同时修建了 19 个水闸船闸，使河道水位从不足 1m 升至 3.4～5.7m，改善了航运条件与河岸带景观。此外还进行了河岸河堤整治，采用石砌河岸，避免冲刷造成泥沙流入；建设二级河堤，高层河堤抵御洪涝，低层河堤改造为景观车道。

（5）进行生态修复。湿地保护有了进步，维系河流的努力取得成果。水管理局一直在购买湿地，例如 2001 年，获得了 643hm² 湿地，几乎是 1999 年的 10 倍多，过去 5 年中获得了 1262hm² 湿地。此外，水管理局参与研究，雇用地方看护人和技术人员。另外，水管理局鼓励采取措施，通过为一年一度的竞赛提供奖金和奖品，来恢复湿地。2000 年，水管理机构投入150万美元用于湿地保护与恢复，是1998年拨款的2倍多。

除了工程治理措施外，还进一步加强了管理。一是严格执法。根据水生态环境保护需要，不断修改完善法律制度，如2001年修订的《国家卫生法》要求，工业废水纳管必须获得批准，有毒废水必须进行预处理并开展自我监测，必须缴纳水处理费。严厉查处违法违规现象。二是多渠道筹集资金。除预算拨款外，政府将部分土地划拨给河流管理机构（巴黎港务局）使用，其经济效益用于河流保护。此外，政府还收取船舶停泊费、码头使用费等费用，作为河道管理资金。过去40多年里，塞纳河—诺曼底流域在流域管理、环境修复方面取得了很大进步。图4-62展示了塞纳河现状。

图 4-62　塞纳河现状

4.6　水污染防治实践

4.6.1　我国水污染防治的发展历程

我国水污染防治事业起步于20世纪70年代，1972年大连湾涨潮退潮黑水黑臭事故和北京官厅水库污染事故，为我国水环境保护敲响了警钟，标志着我国水污染防治工作的正式起步。纵观我国水污染及其治理的历史，可分为以下三个发展阶段。

（1）1995年之前以点源为主的水污染防治阶段

在这一阶段，全国水环境质量状况经历了从新中国成立初期基本清洁到20世纪80年代局部恶化再到20世纪90年代全面恶化的变化过程，"有河皆污，有水皆脏"是20世纪90年代初期我国水环境状况的真实写照。虽然我国政府已经意识到我国工业化过程中希望能避免"先污染后治理"的过程，环境保护工作在经济社会发展中的地位逐渐受到重视，但还缺乏正确处理经济建设和环境保护关系的经验。1984年开展了历时两年半的全国工业污染源调查，限期治理、产业政策实施、重点污染源整治等工作取得了进展，但在国家层面没有充分重视城镇生活污染和流域、区域的水环境问题。1989年第三次全国环境保护会议强调了要向环境污染宣战、要加强制度建设，这次会议的一个具体贡献是确定了"三大政策"和"八项制度"，把环境保护工作推上了一个新的阶段。

同时，水的环境保护法律法规、标准和政策制度等管理性文件在这一阶段相继出台，如《中华人民共和国水污染防治法》《中华人民共和国水污染防治法实施细则》《地面水环境质量标准》GB 3838—1983、《污水综合排放标准》GB 8978—1988、《农田灌溉水质标准》GB 5084—1985、《渔业水质标准》GB 11607—1989、《地下水质量标准》GB/T 14848—1993、《景观娱乐用水标准》GB 12941—1991 等。但总体而言，这个阶段以单纯治理工业污染为主，要求工矿企业实施达标排放，但同时我国环境监管能力较弱，工矿企业达标情况并不乐观。

（2）大规模治水时期（"九五"至"十二五"时期）重点流域治污阶段

20 世纪 90 年代，我国掀起了新一轮的大规模经济建设，重化工项目沿河沿江布局和发展对水环境造成的压力不断加大。1994 年淮河再次爆发污染事故，流域水质已经从局部河段变差向全流域恶化发展，决定了我国必须在流域层面开展大规模治水的历史阶段。

重点流域水污染防治规划制度首次在 1996 年修正的《中华人民共和国水污染防治法》中予以明确，淮河、海河、辽河（简称"三河"）及太湖、巢湖、滇池（简称"三湖"）在《国民经济和社会发展"九五"计划和 2010 年远景目标纲要》中被确定为国家的重点流域，也就是当时的"33211"重点防治工程，自此大规模的流域治污工作全面展开。"三河三湖""九五"计划制定了近期 2000 年和远期 2010 年的分期目标，提出了 2000 年"淮河、太湖要实现水体变清，海河、辽河、滇池和巢湖的地表水水质应有明显改善"的水质目标。但由于可达性论证不足，且计划实施时间仅 2~3 年，"九五"计划目标在 2000 年未能如期实现。"十五"计划决定继续推进实施"九五"计划。按照"九五"计划的治污思路，弱化容量总量，采用目标总量控制方法，确定污染物入河总量控制目标。同时适当调整了流域规划范围，增加了控制单元和水质目标断面的数量，并根据当时流域区域水环境状况做了补充。

"九五""十五"两期计划实施后，全国地表水水质有所改善，全国Ⅰ~Ⅲ类水体比例和劣Ⅴ类水体比例呈稳中向好的趋势。但根据实施情况评估发现：两期计划的水质目标过于超前、对水污染状况的治理难度评估不足。为此，"十一五"规划强调了规划目标指标的可达性，分析规划基准年的排污状况和基数，并加强 2006—2010 年污染物新增量的预测，宏观测算规划实施所需的污染治理投资。总体上，"十一五"规划提出了要基于技术经济可行的流域水质提升需求，制定"十一五"可达的总量控制目标和水质目标，力争在规划的 5 年期内完成有限目标，优先解决集中式饮用水水源地、跨省界水体、城市重点水体等突出环境问题。与"九五""十五"计划最大的不同是，"十一五"规划首次明确了"五到省"原则，即"规划到省、任务到省、目标到省、项目到省、责任到省"，依据《中华人民共和国水污染防治法》"地方政府对当地水环境质量负责"，突出水污染防治地方政府责任，中央政府进行宏观指导，重点保障饮用水水源地水质安全，实施跨省界水质考核和协调解决跨省界纠纷问题。

"十二五"期间，国家和广大人民群众对环境保护的要求和需求越来越高。2011 年第七次全国环境保护大会提出了"着力解决影响科学发展和损害群众健康的突出环境问题"要求。2012 年全国污染防治工作会议提出的"由粗放型向精细化管理模式转变、由总量控制为主向全面改善环境质量转变"思路直接推进了"十二五"规划在精细化管理方面的突破。"九五""十五"控制单元的分区体系在"十二五"规划中有了进一步的深化演变，即对 8 个重点流域建立了流域—控制区—控制单元的三级分区体系，把控制单元作为"总量—质量—项目—投资""四位一体"制定治理方案"落地"的基本单元，先分优先、一般两类控制单元，优先单元再分水质改善、生态保护和污染控制三种类型，实施控制单元的分级、分类管理。与前三期规划（计划）不同的是："十二五"规划采用的是水污染物总量控制和环境质量改善双约束的规划目标指标体系，在全国层面实施总量控制目标考核，在重点流域层面实施规划水质目标完成情况和规划项目实施进展情况考核。

经过"九五"至"十二五"四期重点流域大规模治污，海河流域由重度污染改善为中度污染，淮河、辽河流域由重度污染改善为轻度污染，太湖湖体、巢湖湖体由中度富营养改善为轻度富营养，滇池由重度富营养改善为中度富营养。

（3）"水十条"实施后的系统治污阶段

党的十八大之后，依据全面深化改革、全面依法治国的重要战略部署和落实环境保护法要求，2015年国务院印发实施了《水污染防治行动计划》（简称"水十条"），使水污染治理实现了历史性和转折性变化。为落实"水十条"关于七大重点流域和浙闽片河流、西南诸河、西北诸河等水质保护的要求，2017年10月，环境保护部、国家发展和改革委员会、水利部联合印发了《重点流域水污染防治规划（2016—2020年）》，该规划的定位是落实和推进"水十条"的实施。

与往期规划相比，"十三五"规划具有以下几方面的特点：一是深化、细化"水十条"相关要求；二是"十三五"规划范围第一次覆盖全国国土面积，流域边界与水利部门的全国十大水资源一级区边界衔接；三是流域分区管理体系进一步深化细化；四是规划项目实施动态管理。

根据2019年中国生态环境状况公报，我国在开展水污染防治法执法检查的同时，持续开展饮用水水源地生态环境问题排查整治，899个县级水源地3626个问题整治完成3624个。全国地级及以上城市2899个黑臭水体消除2513个。全面完成长江入河、渤海入海排污口排查，其中，长江入河排污口60292个、渤海入海排污口18886个。长江流域、渤海入海河流劣Ⅴ类国控断面分别由12个、10个降至3个、2个。持续开展工业园区污水整治专项行动，长江经济带95%的省级及以上工业园区建成污水处理设施并安装在线监测装置。推进长江"三磷"专项排查整治，存在问题的281家企业（矿、库）中172家完成整治，长江流域总磷超标断面数比2018年下降40.7%。启动地下水污染防治试点。组织规范畜禽养殖禁养区划定和管理，1.4万个无法律法规依据划定的禁养区全部取消。完成2.5万个建制村农村环境综合整治。

4.6.2 重点流域水污染治理（三河三湖）

1. 淮河

淮河是我国的第三条大河。淮河流域地处东经111°55′~120°45′，北纬31°~36°，介于长江流域和黄河流域之间。流域西起桐柏山，东临黄海，南以大别山和皖山余脉、通扬运河及如泰运河南堤与长江流域毗连，北以黄河南堤和沂蒙山脉与黄河流域分界，总面积27万km²，跨河南、湖北、安徽、江苏和山东5省34个地级市、182个县（市）。流域总人口为1.78亿人，占全国总人口的13%，平均人口密度为611人/hm²，是全国平均人口密度（122人/km²）的4.8倍，居各大江大河流域人口密度之首。

淮河流域的水资源份额和人均水资源量在一级流域中居倒数第二。缺水导致淮河流域水环境容量小，污染物质自净能力弱，在污染物总量不是很大的情况下都会显得污染十分严重。另外，淮河流域跨省河道多，增加了流域污水治理的复杂性与难度。

淮河流域日照时间长，光热资源充足，气候温和，发展农业条件优越，在我国农业生产中具有举足轻重的地位。其GDP结构和就业结构都是第一产业比重大，第三产业比重小。在农业方面，为了保证粮食产量逐年增加，不得不使用大量的农药、化肥，造成淮河流域水质氨氮超标严重。在工业方面，轻工业中以造纸、化工、农副食品加工、制药、轻纺等农业伴生工业为主导产业，工业中的制造业比重较低。层次较低的工业结构，带来的问题是工业结构型污染十分突出。

淮河是一个洪涝旱灾害频发的河流，淮河流域的人民群众在历史上饱受洪涝旱灾害之苦。所以自新中国成立以来至1978年，治理淮河以抵御洪涝旱灾害为主，1978年之前淮河流域也没有发生水污染事件。20世纪70年代后期，随着经济的发展，水污染开始困扰淮河流域。20世纪80年代以后，淮河流域水体污染日趋严重，水污染事件时有发生。流域内各河流Ⅴ类及Ⅴ类以下水质的河段已占河流评价总长度的35%。1994年7月，当时沿淮各自来水厂被迫停水达54d，150万人没水喝，直接经济损失上亿元。2004年以后，淮河流域已成为我国污染最严重的河流之一。

1979—2005年，淮河处于旱涝与水污染治理并重阶段。该阶段的治理措施主要是关停重污染小企业和建设污水处理设施。2006年至今，淮河处于水污染重点治理阶段。该阶段，通过"水专项"科技支撑，中央和地方加大流域治理力度，协同对淮河进行水污染治理。2006—2010年，以控源减排措施为主。2011—2015年，以水体减负修复措施为主，围绕淮河流域蚌埠段—洪泽湖上游毒害污染物控制需求和技术难题，以全程强化、集成优化为原则，以分质处理、多级控制为特色，形成毒害污染物分质强化控制技术体系与管控策略。2016—2020年，以流域水环境综合调控提升生活源治理水平，大幅度降低农业污染源负荷量，对河流进行综合治理，开展河流生态修复，恢复水生态功能。

根据2019年中国生态环境状况公报，淮河属于轻度污染，主要污染指标为化学需氧量、高锰酸盐指数和氟化物。监测的179个水质断面中，Ⅰ～Ⅲ类水质断面占63.7%，比2018年上升6.5个百分点；劣Ⅴ类水质断面占0.6%，比2018年下降2.2个百分点。其中，干流水质为优，沂沭泗水系水质良好，主要支流和山东半岛独流入海河流为轻度污染。淮河流域水污染形势仍然严峻，存在水环境污染压力大、水生态受损严重等问题，"十四五"阶段需要持续发力，推进淮河流域水污染治理。

2. 海河

海河流域是我国七大水系之一，东临渤海，西靠云中、太岳山，南界黄河，北依蒙古高原，流域内太行山、燕山将华北平原环抱其中，是我国七大水系中唯一的扇形河系。流域共有10条骨干河流，总面积$3.18 \times 10^5 \text{km}^2$，占全国陆地面积的3.3%。全流域总的地势是西北高东南低，大致分为高原、山丘及平原三种地貌类型。海河流域属于温带半湿润、半干旱大陆性季风气候区，是我国干旱和湿润气候的过渡带，冬季盛行北风和西北风，夏季多东南风，春季干旱多风沙。历史上海河流域就盛产鱼盐，西部和北部山区矿产资源丰富，是我国重要的钢铁、煤炭生产基地，中部和南部为辽阔平原，是重要的农业产区，东部及沿海是重要的石油产区。

海河流域受气候、地形影响，降水量时空变化较大，又因扇形水系结构，极易导致旱灾、涝灾或者旱涝连转灾害。20世纪50年代初期海河下游主要进行了大洼淀治理，50年代末在上游大规模修建水库，1963 年 8 月洪水之后开始了以"根治海河"为中心的水利建设。这一阶段，国民经济仍处于复苏时期，人口、工业都没有实质性发展，加之海河流域水量丰沛，所以水质未受到污染，水质良好。

新中国成立以来建设的水库、闸坝等水利设施在 1963 年 8 月洪水中发挥了非常重要的作用，有效缓解了洪水压力。但随着时间推移，工程老化、运行条件改变等问题陆续出现，亟需对正在运行的闸坝等水利设施进行加固、扩建，以适应新的洪水量级。同时，海河流域在我国经济社会发展中具有重要地位，其人口增长和经济发展速度比其他流域和地方迅速，产生的工业废水废渣、城市生活垃圾和污水以及农业种植需要的化肥农药残留排入或随地表径流汇入河道，同时上游修建的水库带拦截了源头区域水资源，中下游平原地区地表水资源紧缺，缺少天然径流补给，日积月累，水质急剧恶化，导致爆发了多次水污染事故。因此，这一阶段海河流域的治理着重于水污染治理和提高防洪标准。20 世纪 70 年代流域内掀起了一股打井热潮，20 世纪 80 年代流域经历了枯水期，水资源量迅速减少，加之工矿企业和城市生活产生了大量的高污染物污水，直接排入河道，造成海河流域水质急剧恶化，1990 年海河流域 65.9％的河长受到污染。这一阶段启动了"三同时"措施，并着力对工业企业污染源进行治理，同时开展水土流失治理。

海河流域是我国政治、经济、文化的中心地区，又是重要的工业和高新技术产业基地，经济发展迅速，排污量巨大，面对海河流域 2/3 的河段已失去生态功能的情势，国家颁布了海河流域水污染防治规划等，实施外流域调水，并贯彻高污染企业"关、停、并、转"方针，加快调整产业结构，积极倡导水的循环利用和污水资源化工程，治理工业点源达标排放，建设城市污水集中处理设施削减生活污染负荷等。同时，1998 年长江大水后，再次掀起了以水库除险加固、河道整治和堤防建设为重点的海河治理高潮。这一阶段，实施污染物总量控制，海河流域水体污染趋势得到遏制，废污水排放量减少，但治理的速度赶不上污染的严重情形，水质情况并未得到根本改善，劣 Ⅴ 类水质断面比例仍然高达 54％。

虽然"九五""十五"计划实施后取得了一定成效，海河流域水质得到一定改善，但区域性和结构性污染依然突出，流域内部各城市高耗水、重污染行业比重仍然较大，受资金或政策等制约，污水处理深度不够，流域内水资源紧缺，河道基本无天然径流，城镇污水与工业废水达标排放后，大部分水域仍难以达到水域功能要求；其中，漳卫南运河是海河流域多年来跨省界污染纠纷集中区域。这一阶段，国家和地方加大了流域治理的力度，同时将海河流域纳入水专项重大示范流域。

"十三五"时期，海河流域所在的京津冀区域成为"水专项"最重要的两个示范区之一，专项正着力支持流域区域水污染防治行动计划和污染防治攻坚目标实现。这一阶段，一系列针对性措施的实施，使海河水质得到明显改善。特别是 2015 年以来"水十条"以及污染防治攻坚战的实施，海河水质有了显著好转，2018 年劣 Ⅴ 类水质断面比例较 2017 年下降了 36％，Ⅳ类和Ⅴ类水质断面比例较 2017 年上升了 50％。

根据 2019 年中国生态环境状况公报，海河流域属于轻度污染，主要污染指标为化学需氧量、高锰酸盐指数和五日生化需氧量。监测的 160 个水质断面中，Ⅰ～Ⅲ类水质断面占 51.9％，比 2018 年上升 5.6 个百分点；劣 Ⅴ 类水质断面占 7.5％，比 2018 年下降 12.5 个百分点。其中，干流 2 个断面，三岔口为Ⅱ类水质，海河大闸为Ⅴ类水质；滦河水系水质为优，主要支流、徒骇马颊河水系和冀东沿海诸河水系为轻度污染。

3. 辽河

辽河流域位于我国东北地区的南部，河长 1340km，年均径流量 $126 \times 10^8 m^3$，流域面积 $22.14 \times 10^4 km^2$，是我国七大流域之一。辽河流域水系发达，包括辽河和大辽河水系。辽河水系由西辽河、东辽河及发源于吉林省、内蒙古自治区的招苏台河、条子河等支流在辽宁省境内汇合而成，于盘锦市入海，在辽宁省境内包括辽河干流、浑河、太子河等主要河流及其支流。辽河流域可利用水资源总量为 $83.54 \times 10^8 m^3$，人均水资源量为 $535m^3$，不足全国人均水资源量的四分之一。流域内降雨量年际变化很大，丰枯水期悬殊，年内分配更不均匀，水量高度集中在汛期，又因地处北方寒冷地区，每年都有 3～4 个月的封冻期。辽河流域曾是我国重工业最为发达的地区，下游地区集中分布着沈阳、抚顺、鞍山、本溪等大中型工业城市，又是东北地区和辽宁省的重点商品粮基地，用水量很大，河流污染严重。

20 世纪 80 年代中期，作为我国的老工业基地，辽河流域经济的快速发展和能源的过度消耗给环境带来了严重破坏。流域沿岸分布着许多大型工业城市，大量工业废水和生活污水直排入河，致使水体受到严重污染，沿河农民用河水灌溉甚至导致庄稼绝收，辽河流域一度沦为七大水系中污染最严重的流域。

结合 1991 年以来的生态环境状况公报可知，"九五"期间，辽河流域水环境呈重度污染并继续恶化，优良水质断面占比由期初的 27.2% 降至期末的 13.4%，其中 1999 年仅为 8.0%，Ⅴ类和劣Ⅴ类水质断面占比则始终在 60% 以上。"九五"期间，实施了《辽河流域水污染防治"九五"计划及 2010 年规划》，"十五"期间实施了《辽河流域水污染防治"十五"计划》，加强了污染物总量控制，至"十五"期末，流域水质恶化趋势基本得到遏制，优良水质断面占比升至 30%，劣Ⅴ类水质断面占比降至 40%。"十一五"期间，流域地方政府加大了治污力度，如辽宁省关停了重污染造纸企业，新建了一批污水处理厂，实施了生态治理的"三大工程"，2007 年国家层面启动"水专项"助力流域治污，至"十一五"期末辽河水质由重度污染改善为中度污染，优良水质断面占比升至 43.2%，劣Ⅴ类水质断面占比降至 24.3%。"十二五"期间，实施了流域治理"三大战役"，"水专项"继续实施并进一步强化科技支撑，流域水质明显改善，2013 年优良水质断面占比达历史新高，劣Ⅴ类水质断面占比降至历史最低，实现了辽河干流"摘帽"。"十三五"期间，随着"水十条"的实施，辽河流域治污工作继续深化，尽管由于连续枯水年导致劣Ⅴ类水质断面占比有所增加，但优良水质断面占比整体提升。

根据 2019 年中国生态环境状况公报，辽河流域属于轻度污染，主要污染指标为化学需氧量、高锰酸盐指数和五日生化需氧量。监测的 103 个水质断面中，Ⅰ～Ⅲ类水质断面占 56.3%，比 2018 年上升 7.3 个百分点；劣Ⅴ类水质断面占 8.7%，比 2018 年下降 13.4 个百分点。其中，鸭绿江水系水质为优，干流、大辽河水系和大凌河水系为轻度污染，主要支流为中度污染。

可见，辽河流域自"九五"期间被列入国家重点治理的"三河三湖"以来，经过 5 个五年计划的实施，水环境质量明显改善。

4. 太湖

太湖流域地处长三角地区的中心区域，涉及江苏、浙江、上海、安徽三省一市，2019

年以全国 0.4% 的国土面积承载了全国 4.4% 的人口和 9.8% 的 GDP。流域北抵长江，东临东海，南滨钱塘江、杭州湾，西以天目山、茅山等山区为界，总面积约 3.69 万 km²，其中 80% 为平原，是典型的平原河网地区。太湖流域水系是长江水系最下游的支流水系，以太湖为中心，分上游山丘区水系和下游平原河网水系。太湖是典型的大型浅水湖泊，水面面积 2338km²，是流域洪水和水资源调蓄中心，对维系流域防洪安全、供水安全和良好的生态环境具有不可替代的作用。

太湖流域治水随着国情和水情条件的变化而发展，不断满足不同时期流域经济社会发展需求，以改革开放、党的十八大为界，大致可以分为区域治理时期、流域综合治理时期、流域追求水利高质量发展时期 3 个阶段。

新中国成立初期，以增强防洪、农业生产能力为目标，以治水治田为重点，开展了圩区巩固和农田水利建设，建成了大量水库与塘坝，并在平原地区开挖和整治骨干河道；但由于缺乏统一规划，省界矛盾突出。

20 世纪七八十年代，随着改革开放不断深入，流域工农业生产发展迅猛。期间流域治理以大江大河防洪安全为核心目标，同时平原洼地治理从小规模的圩区建设向联圩并圩发展。但由于各省市对太湖洪水出路认识的分歧和边界水事矛盾，太湖洪水问题未能得到根本性解决。为应对形势变化，1984 年成立了水利部太湖流域管理局，首次实现了太湖流域统一管理，进入了以流域治理为主导、统筹区域治理的阶段。1991 年太湖大水后，国务院批复实施《太湖流域综合治理总体规划方案》，确立以防洪除涝为主，统筹考虑航运、供水和环境保护，提出了太浦河、望虞河、杭嘉湖南排等 11 项流域综合治理骨干工程，于 2002 年底基本完成，奠定了太湖流域三向排水格局，初步形成了防洪与水资源调控工程体系。2007 年太湖蓝藻爆发引发无锡市供水危机之后，流域治水逐渐转向防洪除涝与水资源配置、水环境治理并重，按照国务院批复的《太湖流域水环境综合治理总体方案》，发挥已有工程的综合作用，实施引江济太，同时完善工程体系，推动望虞河后续、吴淞江、扩大杭嘉湖南排等 21 项水环境综合治理骨干工程建设，促进形成"利用太湖调蓄、北从长江引排、东出黄浦江供排、南向杭州湾排供"的流域综合治理格局。此外，流域各地不断优化产业结构，建设完善城镇污水处理体系，实施水源地保护、点源污染治理、退渔还湖等项目，创立太湖流域水环境综合治理省部际联席会议制度，颁布施行一系列专门法规和严格的规范标准，各地入河湖污染物得到削减，河湖水环境质量得到改善，饮用水安全性得到提高。

党的十八大以来，我国进入大力推进生态文明建设的历史时期，确立了习近平生态文明思想，中央提出了"节水优先、空间均衡、系统治理、两手发力"的治水思路。在国家水安全战略、高质量发展要求的指引下，太湖流域治水也进入了追求水利高质量发展的时期，完成《太湖流域水环境综合治理总体方案（2013 年修编）》，深入推进河湖综合整治，实施东太湖综合整治二期、苕溪清水入湖、杭嘉湖地区环湖河道整治等工程；推进城乡污水处理设施建设，新建一大批污水处理厂，完善收集管网；加强湖荡湿地自然生态系统的保护和修复，探索实施流域上游漊湖、三氿等重要湖荡湿地工程以及湖滨带生态缓冲区建设；助力大运河文化带建设，推进苏南运河沿线航道整治、水环境综合治理，实施运河沿线区域洪涝联合调度；流域内苏州、无锡、湖州、嘉兴、青浦多地开展水生态文明城市试点建设。

根据 2019 年中国生态环境状况公报，太湖为轻度污染，主要污染指标为总磷；其中，东部沿岸区水质良好，北部沿岸区和湖心区为轻度污染，西部沿岸区为中度污染。全湖平均为轻度富营养状态；其中，北部沿岸区、东部沿岸区和湖心区为轻度富营养状态，西部沿岸区为中度富营养状态。环湖河流水质为优。监测的 55 个水质断面中，Ⅱ类水质断面占 27.3%，Ⅲ类水质断面占 63.6%，Ⅳ类水质断面占 9.1%，无其他类。与 2018 年相比，Ⅱ类水质断面比例下降 5.4 个百分点，Ⅲ类水质断面比例上升 16.3 个百分点，Ⅳ类水质断面比例下降 10.9 个百分点，其他类持平。

5. 巢湖

巢湖位于安徽省中部，长江流域下游左岸，属长江水系。湖盆东西长 54.5km，南北最大宽度 21km（平均宽度 15.1km），正常蓄水位 8.5m 时水面面积 769.55km²，容积 20.7 亿 m³，湖岸长 184.66km，年均径流量 38 亿 m³，平均水深 3m 左右。流域总面积 1.35 万 km²，流域内共有大小河流近 90 条。巢湖作为五大淡水湖之一，其不但具备航运、渔业、农业灌溉、防洪防汛等多种功用，而且是合肥等沿湖城镇生产和生活的重要水源。

20 世纪 90 年代，巢湖水体处于严重富营养状态。尽管采取了一系列的举措，但湖体水质总氮、总磷还是超标严重，湖体为劣 V 类水质，西半湖污染程度明显重于东半湖。巢湖西半湖处于中度富营养状态，东半湖处于轻度富营养状态，全湖平均为中度富营养状态。其特点是面源污染大于点源污染，流入湖泊的氮、磷营养盐与耗氧有机物为主要污染成分。

根据调查，巢湖的污染物有致浊物、致嗅物、病原微生物、需氧有机物、植物营养物、无机有害物、无机有毒物、重金属、易分解有机有毒物、难分解有毒物以及油、热、放射性、硫氧化物、氮氧化物等，在浊度、色度、嗅味、传染病、耗氧、富营养、硬度、毒性、油污染、热污染、放射性、酸化富集等方面都有不同程度的危害。这些污染物的主要来源有：生活污水、工业污染、农田排水污染、矿山排水污染，以及垃圾和废渣堆积雨水淋流入水体造成的污染等。其中巢湖的主要控制污染物是氮（N）、磷（P）和化学需氧量（COD），需重点防治。

巢湖作为流域内的相对低洼地，水流容易聚集，同时容易带来污染，导致巢湖水环境退化。水体 N、P 负荷较重，造成水体富营养化。巢湖环境相对封闭，加之良好的营养条件、充足的光照以及适宜的水动力条件，其非常适合蓝藻繁殖。蓝藻缺乏天敌，可以大规模繁殖，在每年 5—7 月爆发。自 1990 年起，巢湖每年爆发蓝藻，其中西半湖是爆发的主要区域。蓝藻带有藻毒素，蓝藻连续爆发容易引起供水危机，进而影响人体健康。同时，蓝藻爆发后占据湖面，会减少生物多样性，其气味会影响旅游环境和居住环境。

造成巢湖污染的原因有外源性工农业污染、内源性污染、生态环境恶化等。

工农业发展和城镇建设，使得巢湖每年接纳了一定量的工业和生活污废水，加之农业化肥流失、土壤侵蚀、内源释放等内外污染源共同影响，不断积聚的污染负荷远超出了巢湖自身的承载能力。这是造成水体恶化的根本原因。巢湖市的工业废水主要来自化工、制革、酿造、电镀、印染五大重污染行业，巢湖流域共有相关企业 3000 余家，每年排入巢湖的工业废水和未经处理的生活污水可达 50 万 t，工业废水除少数经过处理可达到排放标准外，多数均直接排放至巢湖水体，导致排污量大、氮磷及有机污染物含量猛增，巢湖水体营养负荷日渐加重，给巢湖带来极大负担，加剧了巢湖水污染。尤其是近年来合肥市的快速发展带来大量企业和人口，也产生了大量生活污水，这些污水通过南淝河流入巢湖，成为巢湖的主要污染源。巢湖污染源包括点源污染和面源污染，其中农业活动产生的面源污染是巢湖的重要污染源之一。巢湖四周被农田包围，由于农业生产的不合理，化肥农药使用量连年增加，通过径流等方式影响巢湖水质；地膜的大量使用导致残留物在土壤中逐年累积，对土壤和地下水造成污染；灌溉方式的不合理也加剧了水污染。另外，流域附近大大小小养殖场种类繁多，其产生的粪便往往直接排放至周边的水体，也是巢湖水体污染的重要原因。

当前，巢湖内部污染已成为新的关注点。滥砍滥伐导致上游河流两岸植被覆盖率较低，雨季受到雨水侵蚀时，水土流失严重，泥沙淤积汇入巢湖后，抬高湖底，大量的 N、P 元素在湖底土壤中积累。随着水体污染负荷不断加重以及水土流失现象日益明显，湖泊底泥中积聚了过量的氮和磷，这些污染营养物持续不断地向水体中释放，而人工整治的速度显然远慢于其污染的程度，进而导致湖内氮磷污染的加重。

20 世纪 70 年代之前由于大力发展农业，巢湖流域周边的土地被广泛用于开屋建地，环湖自然生态湿地系统受到破坏，氮磷吸收能力降低；同时为春季蓄水灌溉抬高的湖面水位，使湖内沿岸湿地晒滩与挺水植物生长失去条件，湖区生态系统日益退化，生态功能丧失，湖岸崩塌加剧，湖体净化能力衰退等问题突出。同时，巢湖建闸也会使湖中水体流动性减缓，水质交换周期增长，致使污染物大量沉积，与此同时却没有有效的措施和设置对其进行拦截，加剧了巢湖水体的污染负荷。

针对巢湖的污染特性提出的具体措施包括：（1）底泥生态疏浚。定期进行底泥疏浚，确定科学的清淤深度，可以有效去除其沉积物中的富营养物。（2）治理入湖污染源。为减少工业废水及生活污水的大量排放，需采取有效措施进行治理，如建立污水处理基础设施，进一步扩大市政污水处理能力，提高污水处理厂的除污效率，从源头减少污染负荷。（3）调整产业结构。合理调整产业结构，对于污染企业要关停并重组，集中整治工业污染，完成其全面清洁生产，积极开发高新技术以优化工业结构，推动工业企业转型和升级。（4）推进防治与管理并重。综合整治巢湖水域污染，科学合理的方案对策固然重要，具体实施才是关键。

据 2019 年中国生态环境状况公报，巢湖为轻度污染，主要污染指标为总磷；其中，东半湖为轻度污染，西半湖为中度污染。全湖平均为轻度富营养状态；其中，东半湖和西半湖均为轻度富营养状态。环湖河流为轻度污染。监测的 14 个水质断面中，无Ⅰ类水质断面，Ⅱ类水质断面占 28.6%，Ⅲ类水质断面占 28.6%，Ⅳ类水质断面占 14.3%，Ⅴ类水质断面占 14.3%，劣Ⅴ类水质断面占 14.3%。与 2018 年相比，Ⅱ类水质断面比例上升 7.2 个百分点，Ⅲ类水质断面比例下降 28.5 个百分点，Ⅳ类水质断面比例上升 14.3 个百分点，Ⅴ类水质断面比例上升 7.2 个百分点，Ⅰ类和劣Ⅴ类持平。

6. 滇池

滇池是云贵高原水面最大的内陆淡水湖泊，北临昆明市城区，南端至晋宁县内，呈南北向分布，湖体略呈弓形。滇池面积约为 300km²，总容水量 $15 \times 10^8 m^3$，其中内湖面积 10.7km²，外湖面积 287.1km²，湖长 41.2km，最大宽度 13.3km，平均宽度 7.6km，最大水深 11.3m，平均水深 5.1m。滇池有 20 余条河流呈向心状注入，构成了滇池水系。滇池全流域均在昆明市辖区内，是昆明市人口最密集、人类活动最活跃、经济最发达的地区。滇池是昆明市的主要水水源和经济发展的命脉，其主要功能是旅游观光、气候调节、高原湖泊生物多样性保护区。

由于人为和自然的因素，滇池水位逐年下降，湖水由深变浅，在过去的 200 年内水面面积由 500km² 缩小为 300km²。滇池曾是昆明市的主要饮用水水源，但由于滇池地处昆明市区下游，不幸而成为城市生活污水、沿湖地区工业废水及地表径流的最终纳污水体。滇池水质主要表现为严重的富营养化和有机污染。中国环境监测总站 2000 年 1 月至 10 月监测结果表明，滇池 13 个监测断面均为劣 V 类水质，水质污染已十分严重。由于滇池北部和西部分别为昆明市区和工业集中区，因此滇池北部、西部污染最为严重，而东部与中部污染相对较轻。当时，滇池已基本失去自我净化的能力，成为全国污染最严重的湖泊之一。滇池水质污染导致严重的生态失衡，大量物种消亡，外海每年爆发蓝藻水华，造成生态环境恶化，几乎丧失了作为水的各种使用功能，直接影响了昆明的用水安全和环湖农田的灌溉，给昆明市的经济发展和城市形象造成了巨大的损失。

滇池污染经历了一个长期而复杂的过程。从 20 世纪 70 年代后期水质污染开始，进入 80 年代，特别是 90 年代富营养化日趋严重。造成滇池水污染的原因：一是滇池流域城镇化发展迅速导致大量生活污水进入滇池；二是工业化发展带来的大量工业污水进入滇池；三是农业面源污染；四是滇池地处昆明市下游，是滇池盆地最低凹地带，属于半封闭性湖泊，缺乏充足的洁净水对湖泊污染水体进行置换。目前滇池属富营养型湖泊，水色呈暗黄绿色，内湖有机污染严重，且有机有害污染严重，污染发展较快，外湖部分水体已受有机物污染，重金属等有毒有害污染尚不突出，氮、磷、砷大量沉积于湖底，致使底质污染严重。

针对滇池污染治理的工程有污水处理工程、截污工程、入湖河道治理工程、环湖生态建设工程、滇池污染水体置换工程、滇池底泥疏浚工程、滇池蓝藻清除工程、面源治理工程。

滇池的治理措施虽然取得了一定的成效，但并未阻止滇池水质进一步恶化的势头。通过上述污染治理项目的实施，有效控制了输入滇池的点污染源。据滇池近几年的监测结果显示，内湖水质已经有了一定好转，水体发黑发臭的现象明显好转，水体透明度增加，在一定程度上缓解了滇池水质的继续恶化，但是从整体上看却是收效不大。

根据 2019 年中国生态环境状况公报，滇池为轻度污染，主要污染指标为化学需氧量和总磷；其中，草海为轻度污染，外海为中度污染。全湖平均为轻度富营养状态；其中，草海和外海均为轻度富营养状态。环湖河流为轻度污染。监测的 12 个水质断面中，Ⅱ类水质断面占 33.3%，Ⅲ类水质断面占 33.3%，Ⅳ类水质断面占 33.3%，无其他类。与2018 年相比，Ⅰ类水质断面比例持平，Ⅱ类水质断面比例上升 33.3 个百分点，Ⅲ类水质断面比例下降 33.4 个百分点，Ⅳ类水质断面比例上升 25.0 个百分点，Ⅴ类水质断面比例下降 8.3 个百分点，劣 Ⅴ类水质断面比例下降 16.7 个百分点。

4.6.3 水污染防治法

1. 水污染防治法的定义

水污染防治法是国家为防治水污染，保护和改善环境，保障人体健康，保证水资源的有效利用而制定的法是规范的总称。广义的水污染防治法是指国家为防治水环境的污染而制定的各项法律法规以及其他法律规范。而狭义的水污染防治法是指国家为防治陆地水污染而制定的各项法律法规以及其他法律规范，而不包括海洋污染。

我国现行水污染防治的专门法律、法规和部门规章主要有：《中华人民共和国环境保护法》《中华人民共和国水法》《中华人民共和国水污染防治法》等。《中华人民共和国环境保护法》的主要内容是统筹处理水、固、气污染，并对污染联防联控三同时制度、排污许可制度、征收排污费制度、排污总量控制制度等一系列重要制度作原则性的规定。《中华人民共和国水法》主要针对的是对水资源的开发利用、防止水害等活动，只是略微涉及水污染防治方面，仅在污染物排放总量控制制度、饮用水水源保护区制度以及政府责任方面做了少量的规定，并在附则中规定关于水污染防治的事项，依照水污染防治法执行。

2. 《中华人民共和国水污染防治法》的内容

1984 年 5 月 11 日第六届全国人大常委会第五次会议通过了《中华人民共和国水污染防治法》。《中华人民共和国水污染防治法》是我国第一部水污染防治的专门性综合性法律，该法的内容主要包括水污染防治的原则、监督管理体制及其制度、地表水和地下水水污染的防治等。

《中华人民共和国水污染防治法》主要内容包括：（1）明确规定了水污染防治的基本原则，即水污染防治与水资源开发利用相结合原则、水污染防治与企业的整顿和技术改造相结合原则、严格保护生活饮用水原则；（2）确立了水污染防治的监督管理体制，明确了各级人民政府防治水污染的职责；（3）确立了实行水环境标准制度以及水环境质量标准、水污染物排放标准的制定权限；（4）确立了水污染防治的监督管理制度与措施，即执行流域水污染防治规划制度、水污染物排放总量控制和核定制度、征收排污费和超标排污费制度、划定饮用水水源保护区制度、城市污水集中处理制度；（5）规定了水污染防治的措施，包括综合性水污染防治措施、防治地表水污染的措施、防止地下水污染的措施；（6）确立了水污染防治法的法律责任，即行为违法所应当承担的行政责任、造成水污染危害的民事责任以及污染环境构成重大水污染事故犯罪所应当追究的刑事责任。第十届全国人大常委会第三十二次会议于 2008 年 2 月 28 日通过了修订后的《中华人民共和国水污染防治法》。于 2008 年 6 月 1 日起施行。这项法律共分 8 章，其中对私设暗管排放水污染物的行为明确规定予以严惩。

现行版本为 2017 年 6 月 27 日第十二届全国人大常委会第二十八次会议修正，自 2018 年 1 月 1 日起施行。新《中华人民共和国水污染防治法》相较旧法而言，在多处做了变动：将之前作为政策进行推广的"河长制"作为一项制度在法律中规定下来；新增了多项关于农业、农村水污染的规定，如支持在农村建设污水及垃圾的处理设施、制定化肥农药的质量标准和使用标准等；加强了饮用水的管理，倡导开展区域联网供水，水源单一的城市要求其建设紧急备用水源以防突发性饮用水污染事件；较旧法增强了信息公开的力度，在多个法条中均有体现；增强了对违法行为的处罚力度，罚款较旧法增加了 2～5 倍，足见国家对水污染防治工作的重视，对违法行为的处罚力度也逐年加强。现行《中华人民共和国水污染防治法》与之前版本相比有以下四个亮点：

（1）水污染的行政管理制度

《中华人民共和国水污染防治法》第五条规定了实行"河长制"，在全国建立省、市、县、乡四个层级的河长，分别由各级的党政负责人担任，由河长负责各自管理区域内的水资源保护、水污染防治等工作。河长制最先于江苏省无锡市开始实施。太湖蓝藻爆发后，水污染严重，严重影响居民正常的工作生活。无锡市政府先是将水质检测结果纳入政绩考核内容，紧接着又任命市政府及其他相关部门的主要负责人为河长，对无锡市的主要河流负责。河长制带来了极好的效益，后其他省市开始效仿。2016年12月，中共中央办公厅、国务院办公厅印发了《关于全面推行河长制的意见》，正式提出在全国范围内实施河长制。2017年新《中华人民共和国水污染防治法》颁布，河长制作为一项新确立的管理制度规定在了新法的总则部分。

（2）水污染的公共参与制度

《中华人民共和国水污染防治法》展开修订工作时，在网上公开征求社会各界人士的意见，将这些意见经过筛选适当增添到新法中。在污染企业受到相关部门处罚后，处罚书应当录入相关部门的网站及档案，供公众查阅监督，污染企业如对处罚决定不服，可以申请行政复议或提起行政诉讼。在审理环境公益诉讼案件时，原则上应当允许公民旁听，审判结果应当公开，供公众查阅监督。新《中华人民共和国水污染防治法》较旧法而言，在公众参与的程度上也有大幅度的提高。新增的第十七条、第十八条、第二十条、第七十二条分别规定将政府的限期达标规划、水环境质量限期达标规划、未完成水环境质量改善目标地区的主要负责人约谈情况、每季度的饮用水安全状况信息予以公开。

（3）饮用水安全保护法律制度

新修订的《中华人民共和国水污染防治法》第五章为"饮用水水源和其他特殊水体保护"，进一步加强了对饮用水水源的保护。第五十六条第一款规定："国家建立饮用水水源保护区制度。饮用水水源分为一级保护区和二级保护区；必要时，可以在饮用水水源保护区外围划定一定的区域作为准保护区。"其中，还规定了在饮用水水源保护区内，不能设置排污口，禁止在区域内新建、改建、扩建与保护水源无关的建设项目等保护饮用水安全的具体措施。

（4）突发性水污染事故应急制度

新《中华人民共和国水污染防治法》也在突发水污染事件的应对方面有所改动，将水污染事故的处置作为第六章单章列出，规定政府及相关企事业单位依照《中华人民共和国突发事件应对法》做好突发水污染事故的准备、处置及事后恢复工作，并要求企事业单位定期进行演练，在第七十九条中确立了饮用水安全突发事件应急预案制度，切实保障供水的安全性。

3.《中华人民共和国水污染防治法》实施情况

据全国人大常委会执法检查组关于检查《中华人民共和国水污染防治法》实施情况的报告所述，2018年，全国地表水国考断面中，水质优良比例为71%，劣V类比例为6.7%，主要江河、湖泊、近岸海域水质稳中向好，水环境质量持续改善。

4.6.4 水污染防治行动计划

《水污染防治行动计划》（简称"水十条"）以改善水环境质量为主线，对控源减排结构转型、水资源保护、科技支撑、市场驱动、执法监管等方面作出了翔实的部署，着力构建全民参与的局面，指导各方努力夺取水污染防治的伟大胜利，是向水污染宣战的行动纲领。

2015年2月，中央政治局常务委员会会议审议通过"水十条"，2015年4月2日成文，2015年4月16日发布，明确了水污染防治的总体要求、工作目标和主要目标，提出了10条35款共238项具体措施。

1. 提出背景

环境保护部监测结果显示，2011年以来，全国地表水，尤其是十大流域的水质不断改善。2014年十大流域好于Ⅲ类水质断面比例是71.7%。Ⅳ、Ⅴ类水质断面比例是19.3%，劣Ⅴ类水质断面比例是9%，相对于2012年、2011年都有所改善。相对于2012年，好于Ⅲ类水质断面比例提高了2.7个百分点，劣Ⅴ类水质断面比例下降了1.2个百分点。相对于2011年，改善的程度更大一些，好于Ⅲ类水质断面比例提升了10.7个百分点，劣Ⅴ类水质断面比例下降了4.7个百分点。全国水环境的形势非常严峻。体现在三个方面：第一，就整个地表水而言，受到严重污染的劣Ⅴ类水体所占比例较高，全国约10%，有些流域甚至大大超过这个数，如海河流域劣Ⅴ类水体的比例高达39.1%。第二，流经城镇的一些河段、城乡结合部的一些沟渠塘坝污染普遍比较重，并且由于受到有机物污染，黑臭水体较多，受影响群众多，公众关注度高，不满意度高。第三，涉及饮水安全的水环境突发事件的数量依然不少。环保部门公布的调查数据显示，2012年，全国十大水系、62个主要湖泊分别有31%和39%的淡水水质达不到饮用水要求，严重影响人们的健康、生产和生活。

水环境保护事关人民群众切身利益，事关全面建成小康社会，事关实现中华民族伟大复兴中国梦。当前，中国一些地区水环境质量差、水生态受损重、环境隐患多等问题十分突出，影响和损害群众健康，不利于经济社会持续发展。为切实加大水污染防治力度，保障国家水安全，制定本行动计划。

2. 总体要求

《水污染防治行动计划》的总体要求为：全面贯彻党的十八大和十八届二中、三中、四中全会精神，大力推进生态文明建设，以改善水环境质量为核心，按照"节水优先、空间均衡、系统治理、两手发力"原则，贯彻"安全、清洁、健康"方针，强化源头控制，水陆统筹、河海兼顾，对江河湖海实施分流域、分区域、分阶段科学治理，系统推进水污染防治、水生态保护和水资源管理。坚持政府市场协同，注重改革创新；坚持全面依法推进，实行最严格环保制度；坚持落实各方责任，严格考核问责；坚持全民参与，推动节水洁水人人有责，形成"政府统领、企业施治、市场驱动、公众参与"的水污染防治新机制，实现环境效益、经济效益与社会效益多赢，为建设"蓝天常在、青山常在、绿水常在"的美丽中国而奋斗。

3. 工作目标

到2020年，全国水环境质量得到阶段性改善，污染严重水体较大幅度减少，饮用水安全保障水平持续提升，地下水超采得到严格控制，地下水污染加剧趋势得到初步遏制，近岸海域环境质量稳中趋好，京津冀、长三角、珠三角等区域水生态环境状况有所好转。到2030年，力争全国水环境质量总体改善，水生态系统功能初步恢复。到21世纪中叶，生态环境质量全面改善，生态系统实现良性循环。

4. 主要指标

到2020年，长江、黄河、珠江、松花江、淮河、海河、辽河七大重点流域水质优良（达到或优于Ⅲ类）比例总体达到70%以上，地级及以上城市建成区黑臭水体均控制在10%以内，地级及以上城市集中式饮用水水源水质达到或优于Ⅲ类比例总体高于93%，全国地下水质量极差的比例控制在 15％左右，近岸海域水质优良（一、二类）比例达到 70％左右。京津冀区域丧失使用功能（劣于Ⅴ类）的水体断面比例下降 15 个百分点左右，长三角、珠三角区域力争消除丧失使用功能的水体。

到 2030 年，全国七大重点流域水质优良比例总体达到 75％以上，城市建成区黑臭水体总体得到消除，城市集中式饮用水水源水质达到或优于Ⅲ类比例总体为 95％左右。

5. 主要内容

第一条，全面控制污染物排放。针对工业、城镇生活、农业农村和船舶港口等污染来源，提出了相应的减排措施。包括依法取缔"十小"企业，专项整治"十大"重点行业，集中治理工业集聚区污染；加快城镇污水处理设施建设改造，推进配套管网建设和污泥无害化处理处置；防治畜禽养殖污染，控制农业面源污染，开展农村环境综合整治；提高船舶污染防治水平。

第二条，推动经济结构转型升级。调整产业结构、优化空间布局、推进循环发展，既可以推动经济结构转型升级，也是治理水污染的重要手段。包括：加快淘汰落后产能；结合水质目标，严格环境准入；合理确定产业发展布局、结构和规模；以工业水循环利用、再生水和海水利用等推动循环发展等。

第三条，着力节约保护水资源。实施最严格水资源管理制度，严控超采地下水，控制用水总量；提高用水效率，抓好工业、城镇和农业节水；科学保护水资源，加强水量调度，保证重要河流生态流量。

第四条，强化科技支撑。完善环保技术评价体系，加强共享平台建设，推广示范先进适用技术；要整合现有科技资源，加强基础研究和前瞻技术研发；规范环保产业市场，加快发展环保服务业，推进先进适用技术和装备的产业化。

第五条，充分发挥市场机制作用。加快水价改革，完善污水处理费、排污费、水资源费等收费政策，健全税收政策，发挥好价格、税收、收费的杠杆作用。加大政府和社会投入，促进多元投资；通过健全"领跑者"制度、推行绿色信贷、实施跨界补偿等措施，建立有利于水环境治理的激励机制。

第六条，严格环境执法监管。加快完善法律法规和标准，加大执法监管力度，严惩各类环境违法行为，严肃查处违规建设项目；加强行政执法与刑事司法衔接，完善监督执法机制；健全水环境监测网络，形成跨部门、区域、流域、海域的污染防治协调机制。

第七条，切实加强水环境管理。未达到水质目标要求的地区要制定实施限期达标的工作方案，深化污染物总量控制制度，严格控制各类环境风险，稳妥处置突发水环境污染事件；全面实行排污许可证管理。

第八条，全力保障水生态环境安全。建立从水源到水龙头全过程监管机制，定期公布饮水安全状况，科学防治地下水污染，确保饮用水安全；深化重点流域水污染防治，对江河源头等水质较好的水体保护；重点整治长江口、珠江口、渤海湾、杭州湾等河口海湾污染，严格围填海管理，推进近岸海域环境保护；加大城市黑臭水体治理力度，直辖市、省会城市、计划单列市建成区于 2017 年底前基本消除黑臭水体。

第九条，明确和落实各方责任。建立全国水污染防治工作协作机制。地方政府对当地水环境质量负总责，要制定水污染防治专项工作方案。排污单位要自觉治污、严格守法。

分流域、分区域、分海域逐年考核计划实施情况，督促各方履责到位。

第十条，强化公众参与和社会监督。国家定期公布水质最差、最好的 10 个城市名单和各省（区、市）水环境状况。依法公开水污染防治相关信息，主动接受社会监督。邀请公众、社会组织全程参与重要环保执法行动和重大水污染事件调查，构建全民行动格局。

《水污染防治行动计划》文本共 10 条 35 款，除总体要求、奋斗目标和具体指标外，可分为四大部分。

第一部分统筹三个层面，体现系统治水。该部分对应"水十条"前三条，提出了控制排放、促进转型、节约资源等任务。在环境与经济协调发展层面，以优化产业结构、调整产业布局、推进循环发展提升产业质量，从源头上减少污染物产生；在水环境系统保护层面，以控制用水总量、提高用水效率、强化生态用水保障实现节水增流；在污染治理层面以工业、城镇、农业农村、船舶港口污染防治实现控源减排。

第二部分提出三项举措，提升防治能力。该部分对应"水十条"第四至六条，提出了科技支撑、市场驱动、严格执法等任务。以推广示范适用技术、加大科技攻关力度、加强科研成果的转化应用、发展环保产业，提升水污染防治的"武器攻击力"；以资源环境价格机制健全、税收信贷政策完善、投融资渠道拓宽、补偿赔偿机制完善等促进市场调节机制的发挥，提升水污染防治的"内在驱动力"；以法律法规和标准体系的健全完善、环境监管能力的提升、监督执法机制的健全加大执法力度，震慑各类环境违法行为，提升水污染防治的"战斗执行力"。

第三部分树立五个靶心，明确主攻方向。该部分对应"水十条"第七至八条，以强化环境质量目标管理、深化污染物排放总量控制、排污许可、环境风险预警评估等制度建设强化环境管理，以"好水"保护和污染严重水体治理为重点，保障水生态环境安全。突出饮用水安全保障，体现大江大河和小沟小汊兼顾，落实陆海统筹，抓好海洋环境保护，保护水和湿地生态系统。

第四部分明确三大主体，落实责任义务。该部分对应"水十条"最后两条，明确政府和企事业单位责任，以公开推动监督，以监督保障落实，严格执行情况考核；以全民行动格局构建推动全社会节水、洁水工作。

6. 实施情况

自 2015 年 4 月国务院发布实施《水污染防治行动计划》以来，在党中央、国务院坚强领导下，生态环境部会同各地区、各部门，以改善水环境质量为核心，出台配套政策措施，加快推进水污染治理，落实各项目标任务，切实解决了一批群众关心的水污染问题，全国水环境质量总体保持持续改善势头。

一是全面控制水污染物排放。截至 2019 年底，全国 97.8％的省级及以上工业集聚区建成污水集中处理设施并安装自动在线监控装置。加油站地下油罐防渗改造已完成95.6％。地级及以上城市排查污水管网 6.9 万 km，消除污水管网空白区 1000 多 km²。累计依法关闭或搬迁禁养区内畜禽养殖场（小区）26.3 万多个，完成了 18.8 万个村庄的农村环境综合整治。

二是全力保障水生态环境安全。持续推进全国集中式饮用水水源地环境整治。2019年，899 个县级水源地 3626 个问题中整治完成 3624 个，累计完成 2804 个水源地10363 个问题整改，7.7亿居民饮用水安全保障水平得到巩固提升。全国295个地级及以上城市2899个黑臭水体中，已完成整治2513个，消除率为86.7％，其中36个重点城市（直辖市、省会城市、计划单列市）消除率为96.2％，其他城市消除率为81.2％，昔日"臭水沟"变成今日"后花园"，周边群众获得感明显增强。全面完成长江流域2.4万km岸线、环渤海3600km岸线及沿岸2km区域的入河、入海排污口排查。

三是强化流域水环境管理。健全和完善分析预警、调度通报、督导督察相结合的流域环境管理综合督导机制。落实《深化党和国家机构改革方案》，组建7个流域（海域）生态环境监督管理局及其监测科研中心；水功能区职责顺利交接，水功能区监测断面与地表水环境质量监测断面优化整合基本完成，水环境监管效率显著提升。

监测数据显示，2019年，全国地表水国控断面水质优良（Ⅰ～Ⅲ类）、丧失使用功能（劣Ⅴ类）比例分别为74.9％、3.4％，分别比2015年提高8.9个百分点、降低6.3个百分点；大江大河干流水质稳步改善。但水污染防治形势依然严峻，水生态环境保护不平衡、不协调的问题依然比较突出；水生态破坏以及河湖断流干涸现象还比较普遍；城乡环境基础设施建设仍存在一些短板；城乡面源污染防治任重道远，部分重点湖库周边水产养殖、农业面源污染问题突出，需要加快推动解决。

2019年，《水污染防治行动计划》实施情况好的有重庆、贵州、海南、浙江、四川、青海、上海、甘肃、西藏、福建、河北、广西、北京、湖北、江西、湖南、天津、江苏、宁夏、新疆、陕西、安徽22个省（区、市）；实施情况较好的有山东、辽宁、河南、广东4个省；还需加快实施进度的有吉林、内蒙古、云南、黑龙江、山西5个省（区）。

4.6.5　碧水保卫战

防治水污染，保护水生态环境，打好碧水保卫战，是污染防治攻坚战的重要组成部分。习近平总书记在全国生态环境保护大会上强调，要深入实施水污染防治行动计划，保障饮用水安全，基本消灭城市黑臭水体，还给老百姓清水绿岸、鱼翔浅底的景象。党的十九大明确要求，加快水污染防治，实施流域环境综合治理。饮用水安全，消除城市黑臭水体，减少污染严重水体和不达标水体。

1. 碧水保卫战的内容

（1）打好水源地保护攻坚战

加强水源水、出厂水、管网水、末梢水的全过程管理。划定集中式饮用水水源保护区，推进规范化建设。强化南水北调水源地及沿线生态环境保护。深化地下水污染防治。全面排查和整治县级及以上城市水源保护区内的违法违规问题，长江经济带于2018年底前、其他地区于2019年底前完成。单一水源供水的地级及以上城市应当建设应急水源或备用水源。定期监（检）测、评估集中式饮用水水源、供水单位供水和用户水龙头水质状况，县级及以上城市至少每季度向社会公开一次。

（2）打好城市黑臭水体治理攻坚战

实施城镇污水处理"提质增效"三年行动，加快补齐城镇污水收集和处理设施短板，尽快实现污水管网全覆盖、全收集、全处理。完善污水处理收费政策，各地要按规定将污水处理收费标准尽快调整到位，原则上应补偿到污水处理和污泥处置设施正常运营并合理盈利。对中西部地区，中央财政给予适当支持。加强城市初期雨水收集处理设施建设，有效减少城市面源污染。到 2020 年，地级及以上城市建成区黑臭水体消除比例达到 90％以上。鼓励京津冀、长三角、珠三角区域城市建成区尽早全面消除黑臭水体。

（3）打好长江保护修复攻坚战

开展长江流域生态隐患和环境风险调查评估，划定高风险区域，从严实施生态环境风险防控措施。优化长江经济带产业布局和规模，严禁污染型产业、企业向上中游地区转移。排查整治入河入湖排污口及不达标水体，市、县级政府制定实施不达标水体限期达标规划。到 2020 年，长江流域基本消除劣 Ⅴ 类水体。强化船舶和港口污染防治，现有船舶到 2020 年全部完成达标改造，港口、船舶修造厂环卫设施、污水处理设施纳入城市设施建设规划。加强沿河环湖生态保护，修复湿地等水生态系统，因地制宜建设人工湿地水质净化工程。实施长江流域上中游水库群联合调度，保障干流、主要支流和湖泊基本生态用水。

（4）打好渤海综合治理攻坚战

以渤海海区的渤海湾、辽东湾、莱州湾、辽河口、黄河口等为重点，推动河口海湾综合整治。全面整治入海污染源，规范入海排污口设置，全部清理非法排污口。严格控制海水养殖等造成的海上污染，推进海洋垃圾防治和清理。率先在渤海实施主要污染物排海总量控制制度，强化陆海污染联防联控，加强入海河流治理与监管。实施最严格的围填海和岸线开发管控，统筹安排海洋空间利用活动。渤海禁止审批新增围填海项目，引导符合国家产业政策的项目消化存量围填海资源，已审批但未开工的项目要依法重新进行评估和清理。

（5）打好农业农村污染治理攻坚战

以建设美丽宜居村庄为导向，持续开展农村人居环境整治行动，实现全国行政村环境整治全覆盖。到 2020 年，农村人居环境明显改善，村庄环境基本干净整洁有序，东部地区、中西部城市近郊区等有基础、有条件的地区人居环境质量全面提升，管护长效机制初步建立；中西部有较好基础、基本具备条件的地区力争实现 90％左右的村庄生活垃圾得到治理，卫生厕所普及率达到 85％左右，生活污水乱排乱放得到管控。减少化肥农药使用量，制修订并严格执行化肥农药等农业投入品质量标准，严格控制高毒高风险农药使用，推进有机肥替代化肥、病虫害绿色防控替代化学防治和废弃农膜回收，完善废旧地膜和包装废弃物等回收处理制度。到 2020 年，化肥农药使用量实现零增长。坚持种植和养殖相结合，就地就近消纳利用畜禽养殖废弃物。合理布局水产养殖空间，深入推进水产健康养殖，开展重点江河湖库及重点近岸海域破坏生态环境的养殖方式综合整治。到 2020 年，全国畜禽粪污综合利用率达到 75％以上，规模养殖场粪污处理设施装备配套率达到 95％以上。

2. 碧水保卫战的实施情况

自碧水保卫战提出以来，各省积极制定实施针对性整改措施，生态环境质量明显改善。据 2021 年全国生态环境保护工作会议工作报告，全国 10638 个农村"千吨万人"水源地，全部完成保护区划定。全国共计新建污水收集处理设施 3.9 万个。全国地级及以上城市（不含州、盟）黑臭水体消除比例达到 98.2％。长江流域、渤海入海河流劣 Ⅴ 类国控断面全部消劣。长江干流历史性地实现全 Ⅱ 类水体。长江经济带 11 省（市）281 家"三磷"企业（矿、库），均已完成问题整治。开展"碧海 2020"专项执法行动。滨海湿地修复规模达到 7835hm^2，整治修复岸线 128km。29 个省（区、市）（除新疆、西藏）基本完成县域农村生活污水处理规划编制。"十三五"期间共计完成 15 万个建制村环境整治。加强地下水生态环境保护，完成加油站地下油罐防渗改造。

　　但需要注意的是，尽管全国水环境质量在持续改善，但地区之间不平衡问题仍然突出。此外，还有城市出现水体返黑返臭现象，个别水体直排等问题。

第5章 土壤环境及其污染防治

5.1 土壤环境

土壤环境是人类环境的重要组成部分，是人类社会中的宝贵自然资源。一般情况下，土壤是指覆盖于地球陆地表面，具有肥力特征的，能够生长绿色植物的疏松物质层，是有机界与无机界的纽带。充分认识土壤环境，有利于加强土壤肥力的培育和土壤污染的防治，对于土壤资源的合理利用与调控具有重大意义。

5.1.1 土壤的种类、结构、组分及性质

1. 土壤的组分

土壤的组成包括固相、液相和气相三部分，其中固相物质又包括土壤矿物质、土壤有机质和土壤生物三部分，每一组分都有其自身的理化性质，相互作用并处于相对稳定状态。

（1）土壤矿物质

土壤矿物质是岩石经过风化作用形成的砂粒、土粒和胶粒，是土壤的"骨骼"，占土壤固相物质总质量的90%以上。土壤矿物质中最活跃的组分是土壤矿质胶体，其主体是黏粒矿物。大多数情况下，土壤黏粒矿物胶体表面带负电荷且比表面积大，能与土壤固、液、气相中的离子、质子、电子和分子相互作用，影响着土壤中的物理、化学、生物学过程与性质，是作物养分的重要来源之一。

（2）土壤有机质

土壤有机质是土壤中各种含碳有机化合物的总称，土壤有机质含量是衡量土壤肥力的一个重要指标，一般只占固相总质量的10%以下（耕作土壤多在5%以下），对土壤性质的影响重大。按有机质的分解程度，土壤有机质可分为新鲜有机质、半分解有机质和腐殖质。

腐殖质是指新鲜有机质经过微生物酶的转化所形成的灰黑土色、复杂而稳定的含芳香环结构的大分子胶体有机化合物，是土壤有机质的主体，也是土壤有机质中最难降解的组分，一般占土壤有机质的60%～80%。腐殖质的主要组成元素为碳、氢、氧、氮、硫、磷等，在土壤中可以以游离的腐殖酸或腐殖酸盐形式存在，也可以呈凝胶状与矿质黏粒紧密结合，成为重要的胶体物质。腐殖酸可划分为胡敏酸、富里酸和胡敏素，其主要组成部分是胡敏酸和富里酸。我国土壤中腐殖质的主要元素组成如表5-1所示，发挥主要作用的官能团包括羧基、酚羟基、醇羟基、醚基、酮基、醛基、酯、胺和酰胺。

我国土壤中腐殖质的主要元素组成（无灰干基）　　表 5-1

腐殖质元素组成	胡敏酸 HA（%）		富里酸 FA（%）	
	范围	平均	范围	平均
C	43.9~59.6	54.7	43.4~52.6	46.5
H	3.1~7.0	4.8	1.0~5.8	4.8
O	31.3~41.8	36.1	40.1~49.8	45.9
N	2.8~5.9	4.2	1.6~4.3	2.8
C/H	7.2~19.2	11.6	8.0~12.6	9.8

基础土壤学中，就土壤有机质的作用而言，着重探讨的是其在土壤肥力方面的功效。首先，腐殖质中的氮、磷、钾、硫、钙等大量元素、微量元素、腐殖酸和有机酸是作物养分的主要来源。其次，腐殖质可增强土壤的吸水、保肥能力，一般黏粒吸水率为 50%~60%，腐殖质吸水率高达 400%~600%；腐殖质的保肥能力是黏粒的 6~10 倍。最后，腐殖质可以改良土壤物理性质，腐殖质是形成团粒结构的良好胶粘剂，可以提高黏重土壤的疏松度和通气性，改变砂土的松散状态。由于颜色较深，腐殖质还有利于吸收阳光，提高土壤温度。

就环境土壤学而言，人们着重关注土壤有机质的生态与环境效应。首先是土壤有机质对重金属离子的作用，土壤腐殖质含有多种官能团，这些官能团对重金属离子有较强的配位和富集能力，此外重金属离子的存在形态也受腐殖质的配位反应和氧化还原作用的影响。其次，土壤有机质对农药等有机污染物具有固定作用。最后，土壤有机质对全球碳平衡也存在重大影响。

（3）土壤生物

土壤生物是土壤具有生命力的重要部分，在土壤形成和发育过程中起主导作用。土壤生物主要包括土壤微生物、土壤动物和土壤低等植物三大部分。广义的土壤生物还包括土壤中的一些具有活性的有机体，如植物根系等。土壤微生物包括细菌、放线菌和真菌三大类；土壤动物种类繁多、数量庞大，可分脊椎动物、节肢动物、软体动物、环节动物、线形动物和原生动物等；土壤低等植物则主要包括藻类、地衣和苔藓几大类。土壤微生物的数量很大，1g 土壤中就有几亿到几十亿个。

土壤生物在自然界生态系统的物质转化和能量循环过程中扮演着次级消费者、分解者和生产者的作用，必需的营养物质包括水、碳源、氮源、微量有机物和矿质元素。因此，土壤微生物的营养类型可分为光能自养、光能异养、化能自养和化能异养四种。在土壤环境中，土壤微生物主要发挥如下几个作用：1）分解有机质，有机肥料经过土壤微生物的作用，才能腐烂分解，释放出营养元素，供作物利用；并同时形成腐殖质，改善土壤的地力；2）分解矿物质，例如磷细菌能分解出磷矿石中的磷，钾细菌能分解出钾矿石中的钾，以利于作物吸收利用；3）固定氮素，植物不能直接利用空气中的氮气，固氮菌能利用空气中的氮素作食物，在它们死亡和分解后，这些氮素就能被作物吸收利用，其中固氮菌分两种，一种是生长在豆科植物根瘤内的，叫做根瘤菌，另一种单独生活在土壤里就能固定氮气，叫做自生固氮菌。

因此，土壤微生物对于土壤内的无机循环与能量转换、土壤发育及其肥力维持以及环境净化都具有重要的意义。但需要注意的是，有些微生物在土壤中会产生有害的作用。例如反硝化菌，它们能把硝酸盐还原成氮气，释放到空气里去，使土壤中的氮素受到损失。实行深耕、增施有机肥料、给过酸的土壤施石灰、合理灌溉和排水等措施，可促进土壤中有益微生物的繁殖，发挥微生物提高土壤肥力的作用。

（4）土壤水与土壤空气

土壤水和土壤空气是土壤的重要组成部分。土壤水在土壤形成过程及土壤内进行的许多物质转化过程（矿物质风化、有机化合物的合成和分解等）中起着极其重要的作用。同时，土壤水是作物吸水的最主要来源，也是自然界水循环的一个重要环节，处于不断的变化和运动中，对作物的生长和土壤中许多化学、物理和生物学过程具有重大影响。而土壤空气对土壤微生物活动、营养物质和土壤污染物质的转化及植物的生长发育都有重大的作用。

2. 土壤的结构及分类

土壤从宏观上自上而下可分为腐殖质层、淋溶层、淀积层、母质层和基岩层，是确定土壤类型、制定土壤分类系统、野外勾绘土壤图、确定土壤界线以及选择典型土壤剖面和试样的重要依据。从物理学的观点看，土壤是一个极其复杂的分散系统，其固相基质包括大小、形状和排列不同的土粒。土粒是构成土壤固相的骨架，不同的土粒、粒级和机械组成构成不同的土壤质地，这些土粒的相互排列和组织与土壤的结构和孔隙特征密切相关。国内外常见的粒级分组与我国的土壤质地分类如表 5-2 与表 5-3 所示。

常见的土壤粒级制 表 5-2

当量粒径（mm）	中国制	卡钦斯基制		美国农部制	国际制
3～2	石砾	石砾		石砾	石砾
2～1				极粗砂粒	粗砂
1～0.5	粗砂粒	物理性砂粒	粗砂粒	粗砂粒	粗砂
0.5～0.25			中砂粒	中砂粒	
0.25～0.2	细砂粒		细砂粒	细砂粒	
0.2～0.1					
0.1～0.05				极细砂粒	细砂
0.05～0.02	粗粉粒		粗粉粒	粉粒	
0.02～0.01					粉粒
0.01～0.005	中粉粒	物理性黏粒	中粉粒		
0.005～0.002	细粉粒		细粉粒		
0.002～0.001	粗黏粒			黏粒	
0.001～0.0005	细黏粒		黏粒 粗黏粒		黏粒
0.0005～0.0001			细黏粒		
＜0.0001			胶质黏粒		

质地组	质地名称	颗粒组成（%）		
		砂粒(1～0.05mm)	粗粉粒(0.05～0.01mm)	细黏土(<0.01mm)
砂土	极重砂土	>80		<30
	重砂土	70～80		
	中砂土	60～70		
	轻砂土	50～60		
壤土	砂粉土	≥20	≥40	
	粉土	<20		
	砂壤	≥20	<40	
	壤土	<20		
黏土	轻黏土			30～35
	中黏土			35～40
	重黏土			40～60
	极重黏土			>60

3. 土壤的化学性质

（1）土壤的胶体性及吸附性

土壤胶体是土壤中最活跃的部分之一，是土壤中所有化学过程和化学反应的物质基础，一般为粒径小于 $2\mu m$ 的颗粒。根据成分和来源，土壤胶体可分为无机胶体、有机胶体和有机无机复合胶体三类。无机胶体包括成分简单的晶质和非晶质的硅、铁和铝的含水氧化物以及成分复杂的各种类型的层状硅酸盐矿物。含水氧化物主要包括水化程度不等的铁和铝的氧化物及硅的水化氧化物。有机胶体主要是腐殖质、有机酸、蛋白质及其衍生物等，其中腐殖质胶体含有多种官能团，属于两性胶体。有机无机复合胶体在土壤中占多数，有机胶体主要以薄膜状紧密覆盖于黏粒矿物的表面上，还可能进入黏粒矿物的晶层之间。

由于土壤胶体特性的存在，土壤表现出较大的比表面积并带有大量电荷，能够吸附各种重金属离子。其中，氧化物及其水合物对重金属离子的专性吸附，对于土壤中金属离子（锌、铜、钴和钼等）浓度的控制所起的作用更为重要，因此，专性吸附在调控金属元素的生物有效性和生物毒性方面起着重要作用。此外，土壤中有机化合物的环境行为也受土壤胶体性的影响。进入土壤的农药等有机化合物受土壤胶体特性影响，在土壤环境中的转化过程中存在环境滞留等问题，可被黏粒矿物吸附而失去其药性，而当条件改变时，其又可被释放出来。有些有机化合物可在黏粒表面发生催化降解而实现脱毒。一般来说，带负电的、非聚合分子有机农药，在有水的情况下，不会被黏粒矿物强烈吸附；相反，黏粒矿物对带有正电荷的有机物有很强的吸附力。

（2）土壤的酸碱性

土壤酸碱性是土壤的一个重要性质，它与土壤的固相组成、吸收性能有着密切的关系，对植物生长、土壤生产力及土壤污染与净化都有较大的影响。我国土壤自南向北 pH 依次升高，长江以南的土壤多为酸性和强酸性，pH 大多在 4.5～5.5 之间，有少数低至

3.6～3.8；长江以北的土壤多为中性或碱性，如华北、西北的土壤 pH 一般在 7.5～8.5 之间，少数强碱性土壤的 pH 高达 10.5。

土壤酸碱性对土壤中矿物质和有机质的分解起重要作用，对土壤微生物活性的影响也较大。首先，土壤的酸碱性对土壤中进行的各项化学反应具有干预作用，从而影响组分和污染物的电荷特性以及沉淀－溶解、吸附－解吸和配位－解离平衡等，造成污染物毒性的改变；同时，土壤酸碱性还通过土壤微生物的活性来改变污染物的毒性。例如，有机氯农药在酸性条件下性质稳定，不易降解，只有在强碱性条件下才能被较好地降解；持久性有机污染物五氯酚在中性及碱性土壤环境中呈离子态，移动性大，易随水流失，而在酸性条件下呈分子态，易被土壤吸附而降解。

土壤中金属元素的形态与毒性也受到土壤酸碱性的影响，土壤溶液中的大多数金属元素（包括重金属）在酸性条件下以游离态或水化离子态存在，毒性较大，而在中性和碱性条件下则易生成难溶性氢氧化物沉淀，毒性会明显降低。此外，土壤酸碱性的变化不但直接影响金属离子的毒性，而且也会改变其吸附、沉淀和配位反应等特性，从而间接地改变其毒性。土壤酸碱性也显著影响含氧酸根阴离子（如铬、砷）在土壤溶液中的形态，影响它们的吸附、沉淀等特性。

（3）土壤的氧化性和还原性

土壤环境中电子在物质之间极易发生传递，因此土壤的氧化性和还原性是土壤的又一个重要性质。土壤中的碳、氢、氮、氧、硫、铁、锰、砷、铬及其他一些变价元素都参与土壤中的氧化还原反应，其中氧、铁、锰、硫和某些有机化合物的价态变化是氧化还原反应的主体。土壤中氧化还原反应在干湿交替条件下进行得最为频繁，其次是生物机体的活动和有机物质的氧化。一般情况下，旱田为强氧化状态，水田为弱氧化状态，沼泽为还原状态。

土壤的氧化性和还原性与有毒物质在土壤环境中的消长密切相关，它控制着土壤元素的形态和有效性，制约着土壤环境中某些污染物的形态、转化和归趋，对于土壤形成过程中物质的转化、迁移和土壤剖面的发育具有重大影响。例如，有机氯农药在还原环境下才能实现较好的代谢和降解，重金属土壤中大多数重金属污染元素是亲硫元素，在农田厌氧还原条件下易生成难溶性硫化物，降低了毒性和危害。因此，氧化还原性在环境土壤学中具有十分重要的意义。

5.1.2　土壤生态系统

土壤生态系统是土壤同生物与环境间的相互关系网络，是为实现土壤中物质流动与能量流动所形成的一个开放性网状系统，由土壤、生物以及环境因素三个层次构成。

1. 土壤生态系统的组成与分类

（1）土壤生态系统的结构

土壤生态系统由土壤、生物以及环境因素三个层次构成。其中，第一层次为与近地面相近的大气层中的光、热、水，该层次内的组成成分是土壤生态系统的物质和能量来源，对土壤生物群落的生长起决定性作用。第二层次是生物地被带，指植物及其根系所及土层中的地面上的生物群落与地面下的生物群落，包括其中伴生的土中动物与微生物群，该层次是土壤中最为活跃的场所，是实现生物的物质累积、分解和转化，以及矿质元素的淋溶淀积与水分蒸发蒸腾等活动的重要场所。第三层次是岩石风化带，由岩石风化产物或运积物组成，是形成土壤的物质基础，也是实现矿质营养元素与水分的补给的重要场所。

土壤生态系统的三个层次是一个相互联系的整体，彼此间进行物质和能量的交换。光、热、水等能量与物质经生物固定、生物呼吸、光合作用和蒸腾蒸发等过程形成生物物质、制造有机物质或重新返回大气。土壤微生物能够对进入土壤的物质进行分解利用。土壤与岩层之间的物质和能量交换则促进了岩石风化，实现了土壤生态系统中固体物质和矿质元素的补给。需要注意的是，土壤生态系统中物质和能量交换的容量和强度受时间和空间条件的制约，因此，一般情况下，不同地区土壤生态系统内物质流和能量流的速度及强度存在差异性。

（2）土壤生态系统分类

土壤生态系统可分为森林土壤生态系统、草原土壤生态系统和农田土壤生态系统三种类型，且这三类土壤生态系统之间可相互演变。影响土壤生态系统演变的因素可分为自然因素和人为因素。对于自然因素来说，生物因素改变较快，土壤性质的变化则较慢，因此土壤通常可作为其他生态系统的历史鉴证。而从人为因素的角度出发，人类可以通过各种工程措施和生物措施，调控土壤生态系统的物质循环，使其向有利于人类需求的方向演化。但人类活动的影响是一把双刃剑，部分人类活动可能使土壤出现退化破坏土壤生态系统，导致土壤生产力的降低，随之出现水土流失及土地的荒漠化、盐碱化、贫瘠化，这些都是目前土壤环境所面临的重大问题。

2. 土壤生态系统的物质和能量循环

（1）土壤水循环

水是实现生物生命活动的基础物质之一，降水、径流和下渗是水循环的重要组成部分，对于陆地生态系统起着至关重要的作用。与地表水不同，土壤中水量较小，且水分的存在形态各异，大致可分为固态水、液态水（毛细水、自由水和重力水）和气态水，不同形态的水为土壤中矿质元素的沉积和土壤生物的生长提供了条件与保证，因此土壤中的水对于土壤生态系统中生命活动的维系起着至关重要的作用，是陆地生物所需水分的枢纽。

水分在生态系统中运行时一般经过截留、渗透、蒸发蒸腾、地面径流等过程。降水过程中，一部分水会被地面植物截留，后经过蒸发蒸腾返回大气或形成径流进入集水区，还有一部分水则直达地面渗入土壤补充地下水。渗入土壤中的水因土壤类型的不同而存在差异，但都可形成土壤水库，滞留于土壤中，供植物吸收或蒸发。此外，从水循环的特点来看，地表径流与地下径流导致固体与化学物质的流失与沉积，特别是固体物质的搬运在历史长河中引起了海陆变迁。

（2）土壤碳循环

碳是构成生命体的重要物质，而土壤是实现能量转化的重要载体。自然界中的碳源是多种多样的，其中包括生物物质固定的碳、水中溶解的碳、空气中游离的CO_2以及植物动物呼吸与生物物体分解所生产的CO_2等以碳酸盐形态存储的碳。这些以CO_2形态存在的碳，一部分溶于水进入海洋，形成石灰质暗礁，后经化石燃料的燃烧与石灰烧炼又重新释放于空气中；还有一部分游离于空气的CO_2及溶于水中的CO_2能够被绿色植物光合作用所利用形成生物物质，进入食物链。在土壤生态系统中，动植物的残体一部分被土壤动物与微生物消耗，另一部分进入土壤形成腐殖质，储藏于土壤库中，当土壤进行呼吸时一部分CO_2又进入大气，因此，土壤生态系统在碳的循环中发挥着至关重要的作用，储藏于土壤中的腐殖质是维系土壤肥力的基质之一。自然界碳循环如图 5-1 所示。

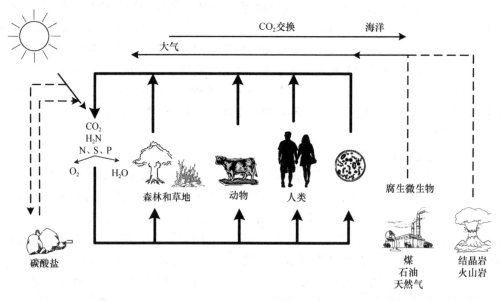

图 5-1　自然界碳循环

（3）土壤的生物养分库作用

氮是植物生长发育不可或缺的养分之一。在氮循环过程中，氮素通过各种固氮途径进入土壤后被植物利用形成生物产品。其中，一部分生物产品被动物与人类利用，另一部分则被腐生者利用进入土壤再通过反硝化作用或淋溶作用重新返回大气或水等自然环境。与碳循环一样，氮也是完全循环元素。土壤库中的氮素储量一般是岩石中的几倍到几十倍，随土壤类型与土壤中腐殖质的累积量的变化而变化。土壤氮库是生物滋生繁殖的主要生命能源之一。

磷素是植物所需三要素之一，它与生物体内蛋白质的形成密切相关。与氮素循环不同，由于磷素在自然界中很少以气态物质的形式存在，因此磷素循环被认为是非完全循环（沉积型循环）。土壤中的磷素会被植物吸收构成有机体，这些生物质在被人类或动物利用后与枯枝落叶一同进入土壤，经微生物腐解后一部分形成难被植物利用的铁磷酸盐和铝磷酸盐，部分贮存腐殖质中或被黏粒所吸附固定，还有一部分则随水土流失而进入水域。土壤磷库的贮存量因土壤风化程度的不同而不同，因此，随着作物产量的需求不断提高，我国土壤缺磷面积不断增多，含磷化肥的施用也因此得到推广与普及，以补给土壤中日益缺乏的磷素。

硫也是生命重要元素之一，以各种硫化物或硫酸盐的形式存在。同磷素循环相同，硫素循环也被称为非完全循环式的沉积型循环。自然界中的硫主要通过燃烧与火山喷发实现输出，通过雨水与降尘等形式实现输入。在硫素循环过程中，植物吸收土壤中的硫酸盐或硫化物中的硫建造机体，后经分解形成硫酸盐进入土壤。在土壤或水域沉积物中，硫酸盐既可以通过氧化或还原作用以 H_2S 形式逸出，也可以以各种硫化物或硫酸盐形式贮存在土壤或风化壳中。

总而言之，土壤生态系统是陆地生态系统的重要组成部分，也是陆地生态系统的核心，土壤生态系统功能的降低或丧失会导致整个生态系统的衰亡，因此保护土壤生态系统的稳定运行至关重要。

5.1.3 土地退化

1. 水土流失

（1）水土流失现状

我国是世界上水土流失较为严重的国家之一。全国几乎各省市均有不同程度的水土流失，其中严重的区域主要包括黄土高原、长江中上游、北方石山区、华南红壤丘陵山区、东北黑土区和川滇藏接壤的横断山区等。根据水利部 2019 年发布的中国水土保持公报，我国现有水土流失面积 271.08 万 km²。其中，水力侵蚀面积 113.47 万 km²，风力侵蚀面积 157.61 万 km²。按侵蚀强度分，轻度、中度、强烈、极强烈、剧烈侵蚀面积分别为 170.55 万 km²、46.36 万 km²、20.46 万 km²、15.97 万 km²、17.74 万 km²，分别占全国水土流失总面积的 62.92%、17.10%、7.55%、5.89%、6.54%。与 2018 年相比，全国水土流失面积减少了 2.61 万 km²，减幅 0.95%，这依赖于我国对土壤问题的重视与治理。

（2）水土流失的影响因素

我国水土流失的成因可分为自然因素与人为因素两部分。自然因素包括降水、地形、土壤、地质、植被、风等方面。1）降水包括降雨和降雪，其影响程度的大小主要取决于年降水量、降水量的年内分布、降雨强度及一次降雨量，一般来说年降雨量多、降水量年内分布不均匀的地区发生水土流失的可能性较大。2）对于地形来说，坡度、坡长、坡形和坡向的不同决定了对水土流失影响程度的不同，一般来说，地形坡度越陡，坡面越长，地表径流越多，流速越大，水土流失也越严重。坡形的影响可分为以下几种情况：直线形及凸形坡面，其下部因受水流冲刷，土壤流失量最大；凹形坡面上部受冲刷、下部产生淤积；台阶形坡面，既可以增强土壤渗透性、减少地表径流，又能减小径流速度。此外，阳坡光照强，蒸发量大，土壤水分少，植物生长不良，土壤流失严重；阴坡一般蒸发量小，土壤含水量大，植被覆盖好，不易发生水土流失。3）土壤的影响。土壤抗蚀力取决于土壤种类和土壤结构。结构良好的土壤不易为径流所分散，也不易被带走。4）成土母质的性状会影响水土流失，基岩的岩性及其风化程度等对水土流失也均有影响。当土壤中石英砂粒过多，组成岩石的物质膨胀系数不同时，岩石容易崩解，造成水土流失。5）植被可以对降水起截留作用，延缓径流的产生，有利于水源涵养以及根系的固土作用，因此植被覆盖率越高的地方，水土流失越轻微。人为因素则主要包括毁林开荒、森林过伐、草场过牧、开矿、修路等大型基本建设。此外，风蚀同样是造成水土流失的重要原因，风蚀的强弱取决于风速和土壤表面的粗糙度、土壤质地、水分和其他物质的影响。

（3）水土流失的影响

水土流失会对土壤环境造成强烈的冲击，导致土壤生产能力的下降和生态环境的恶化。首先，土壤中水含量出现减少。这是因为在缺乏植被的情况下，坡地表面的土壤受到暴雨的打击、破坏，土壤空隙被堵塞，雨水下渗的速度随之减小，耕地只能吸收很小一部分降水量，因此作物常常遭到干旱的威胁。其次，土壤中营养元素流失。我国许多水土流失地区，每年水力侵蚀损失的土层厚度达 0.2～1.0cm，严重流失的地方可达 2cm 以上。表层土壤的流失往往伴随着氮、磷、钾等营养元素的流失，造成肥沃土壤的大面积减少。

除水力侵蚀外，风蚀也大量消耗土壤水分，刮走土壤表层细土粒和肥料，使土壤结构及肥力严重恶化。全国每年流失的氮、磷、钾总量近亿吨。再者，水土流失会造成耕作土壤板结，阻碍土壤微生物活动。由此可见，水土流失会带来土壤条件的全面恶化，给农业生产带来危害。严重的水土流失，不仅给农业生产带来极大危害，同时也严重威胁着江河下游地区的安全，极易造成江河湖泊的严重淤积和江河湖泊的溃决泛滥，同时水利设施的运行以及生态环境的稳定性都受到极大的影响。图 5-2 展示了耕地水土流失治理工程。

图 5-2　耕地水土流失治理工程

2. 土地荒漠化

（1）土地荒漠化现状

我国是世界上荒漠及荒漠化土地分布较广的国家（见图 5-3）。2013 年 7 月至 2015 年 10 月底，国家林业局组织相关部门的有关单位开展了第五次全国荒漠化和沙化监测工作。数据显示，截至 2014 年，我国荒漠化土地面积高达 261.16 万 km^2，占国土总面积的 27.20%，分布于 18 个省（含自治区、直辖市）的 528 个县（含旗、市、区）。主要分布在新疆、内蒙古、西藏、甘肃、青海，面积分别为 107.06 万 km^2、60.92 万 km^2、43.26 万 km^2、19.50 万 km^2 和 19.04 万 km^2，5 省荒漠化土地面积占全国荒漠化土地总面积的 95.64%；其他 13 省占 4.36%。

（2）土地荒漠化的影响因素

土地荒漠化主要受到气候、地形、地质与土壤以及植被等自然因素和人类活动的影响。1）在气候方面，普遍认为土地荒漠化主要发生在较为干旱的地区，它们的气候的共同特点是降水与气温的组合或对比所表现出的干燥度较大，或者有明显干季。2）对于地形因素，不同地形的物质再分配、土地利用方式和地下水的分布与埋藏深度不同，导致土地荒漠化发生的难易程度不同。3）对于地质及土壤因素，则是由于不同的地质情况下，土壤的保水能力不同，因此对土地荒漠化过程产生影响。4）植被的缺少会造成物质循环中水分的匮乏，进而导致土壤中有机质的减少，最终致使土壤生态系统匮乏，导致土地荒漠化现象的出现。不可否认的是，自然因素对于土地荒漠化过程存在影响，但人类生产活

图 5-3　土地荒漠化

动却是导致土地荒漠化的主要成因，不合理的土地利用等人为因素造成了植被的退化，加剧了土地荒漠化过程。但值得庆幸的是，目前我国部分地区的土地荒漠化已得到有效的遏制或改善，"破坏大于治理"的状况转变为"治理与破坏相持"，相信在未来的发展中，土地荒漠化现象能够得到有效的改善。

（3）土地荒漠化的危害

土地荒漠化过程从根本上损失的是土壤生态系统和土地生产力系统的核心物质——土壤，严重的荒漠化可使土地生产力全部丧失，导致生态环境趋于恶化，并对农业生产造成严重的影响，直接威胁粮食安全、国家生态安全、经济安全和政治安全，已经成为人类经济社会可持续发展面临的重大问题。因此，对于土地荒漠化的治理势在必行。

3. 土壤盐碱化

（1）土壤盐碱化现状

土壤盐碱化是指盐分在土壤表层积聚的过程（见图 5-4），土壤盐碱化主要发生在干旱、半干旱、半湿润气候区及受海水侵灌的海滨低地区域。自 20 世纪 50 年代开始，由于不合理的开垦荒地和发展灌溉农业，我国土壤盐碱化面积不断增加。从 20 世纪 70 年代开始，我国开始大力治理盐碱地，一些老灌区的次生盐碱化得到控制。20 世纪 80 年代后期，由于农村实行土地联产承包责任制以及缺乏相应的管理措施，在西北、东北西部和内蒙古等地区，由于人口压力，在大力发展生产的同时，土壤盐碱化面积仍在不断扩大。我国盐碱化土壤面积约 3690 万 hm²，其中受盐碱化影响的耕地主要分布在黄淮海平原、东北平原西部、黄河河套地区、西北内陆地区及东部沿海地区，总面积达 624 万 hm²，约占全国土地总面积的 7%。

（2）土壤盐碱化的影响因素

在土壤盐碱化的成因当中，强烈影响水盐上下运行的气候因素和地学条件等自然因素

图 5-4　土壤盐碱化

是基础条件。但不科学、不合理的人类生产活动才是导致土壤盐碱化发生的主要原因。灌溉引起地下水位抬升、引用高矿化度水灌溉、高投入高产出地肥料的大量使用、盐渍土脱盐不当等人类因素，都是导致土壤盐碱化的重要原因。

（3）土壤盐碱化的危害

土壤内盐分大量积累，造成土壤结构板结、通透性差、密度大、土温上升慢、好气微生物呆滞、养分释放慢、渗透系数低、毛细作用强等。过多的可溶性盐类导致土壤溶液的渗透压增大，引起植物生理干旱，使植物根系及种子萌发时不能吸收足够的水分，甚至导致水分从根细胞外渗，使植物枯萎死亡；土壤含盐量过高导致植物组织直接受害；钠离子的竞争使植物对钾、磷和其他营养元素的吸收减少，磷的转移受到限制，影响植物的营养状况；在盐碱土条件下，气孔保卫细胞内淀粉形成受到限制，气孔不能关闭，植物容易干枯。

4. 土壤贫瘠化

土壤贫瘠化是侵蚀土壤退化最基本的特点之一，随着土壤退化程度加大，土壤中有机质、全氮、全磷含量均相应减少，有机质和养分含量下降。我国耕地有机质含量一般较低，由于过度垦殖，土壤因有机质匮乏而导致养分失衡，土壤养分长期的低投入、高支出造成全国范围土壤肥力的下降。我国现有耕地总体质量偏低，存在土壤养分失衡、肥效下降等突出问题。我国 50％以上的耕地缺乏微量元素，耕地缺磷面积达 51％，缺钾面积达 60％，我国耕地有机质平均含量为 1.8％，棕壤、褐土等土壤类型比欧洲同类土壤有机质含量低 2 倍以上。我国四大土壤区（太湖地区水稻土、南方红壤、华北潮土和东北黑土）土壤肥力质量呈总体下降趋势。

5.1.4　土壤质量及质量标准

为贯彻落实《中华人民共和国环境保护法》，保护农用地土壤环境，管控农用地土壤污染风险，保障农产品质量安全、农作物正常生长和土壤生态环境，制定《土壤环境质量农用地土壤污染风险管控标准（试行）》GB 15618，该标准于 1995 年首次发布，2018 年进行第一次修订。

1. 适用范围及项目指标

本标准规定了农用地土壤污染风险筛选值和管制值，以及监测、实施和监督要求。适用于耕地土壤污染风险筛查和分类。园地和牧草地可参照执行。

在本标准当中，农用地土壤污染风险指因土壤污染导致食用农产品质量安全、农作物生长或土壤生态环境受到不利影响。农用地土壤污染风险筛选值指农用地土壤中污染物含量等于或者低于该值的，对农产品质量安全、农作物生长或土壤生态环境的风险低，一般情况下可以忽略；超过该值的，对农产品质量安全、农作物生长或土壤生态环境可能存在风险，应当加强土壤环境监测和农产品协同监测，原则上应当采取安全利用措施。农用地土壤污染风险管制值则指农用地土壤中污染物含量超过该值的，食用农产品不符合质量安全标准等农用地土壤污染风险高，原则上应当采取严格管控措施。

2. 农用地土壤污染风险筛选值

（1）基本项目

农用地土壤污染风险筛选值的基本项目为必测项目，包括镉、汞、砷、铅、铬、铜、镍、锌，风险筛选值见表 5-4。

农用地土壤污染风险筛选值（基本项目）　　　　　表 5-4

序号	污染物项目[a.b]		风险筛选值（mg/kg）			
			pH≤5.5	5.5＜pH≤6.5	6.5＜pH≤7.5	pH＞7.5
1	镉	水田	0.3	0.4	0.6	0.8
		其他	0.3	0.3	0.3	0.6
2	汞	水田	0.5	0.5	0.6	1.0
		其他	1.3	1.8	2.4	3.4
3	砷	水田	30	30	25	20
		其他	40	40	30	25
4	铅	水田	80	100	140	240
		其他	70	90	120	170
5	铬	水田	250	250	300	350
		其他	150	150	200	250
6	铜	果园	150	150	200	200
		其他	50	50	100	100
7	镍		60	70	100	190
8	锌		200	200	250	300

[a]重金属和类金属砷均按元素总量计；

[b]对于水旱轮作地，采用其中较严格的风险筛选值。

（2）其他项目

农用地土壤污染风险筛选值的其他项目为选测项目，包括六六六、滴滴涕和苯并［α］

芘，风险筛选值见表5-5。

农用地土壤污染风险筛选值（其他项目）　表 5-5

序号	污染物项目	风险筛选值（mg/kg）
1	六六六总量a	0.10
2	滴滴涕总量b	0.10
3	苯并［α］芘	0.55

a六六六总量为 α—六六六、β—六六六、γ—六六六、δ—六六六四种异构体的含量总和；

b滴滴涕总量为 p，p'—滴滴伊、p，p'—滴滴滴、o，p'—滴滴涕、p，p'—滴滴涕四种衍生物的含量总和。

其他项目由地方环境保护主管部门根据本地区土壤污染特点和环境管理需求进行选择。

3. 农用地土壤污染风险管制值

农用地土壤污染风险管制值的项目包括镉、汞、砷、铅、铬，风险管制值见表5-6。

农用地土壤污染风险管制值　表 5-6

序号	污染物项目	风险管制值（mg/kg）			
		pH≤5.5	5.5<pH≤6.5	6.5<pH≤7.5	pH>7.5
1	镉	1.5	2.0	3.0	4.0
2	汞	2.0	2.5	4.0	6.0
3	砷	200	150	120	100
4	铅	400	500	700	1000
5	铬	800	850	1000	1300

4. 农用地土壤污染风险筛选值和管制值的使用

（1）当土壤中污染物含量等于或者低于表5-4和表5-5规定的风险筛选值时，农用地土壤污染风险低，一般情况下可以忽略；高于表5-4和表5-5规定的风险筛选值时，可能存在农用地土壤污染风险，应加强土壤环境监测和农产品协同监测。

（2）当土壤中镉、汞、砷、铅、铬的含量高于表5-4规定的风险筛选值、等于或者低于表5-6规定的风险管制值时，可能存在食用农产品不符合质量安全标准等土壤污染风险，原则上应当采取农艺调控、替代种植等安全利用措施。

（3）当土壤中镉、汞、砷、铅、铬的含量高于表5-6规定的风险管制值时，食用农产品不符合质量安全标准等农用地土壤污染风险高，且难以通过安全利用措施降低食用农产品不符合质量安全标准等农用地土壤污染风险，原则上应当采取禁止种植食用农产品、退耕还林等严格管控措施。

（4）土壤环境质量类别划分应以本标准为基础，结合食用农产品协同监测结果，依据相关技术规定进行划定。

5.2 土 壤 污 染

土壤环境是一个开放的生态系统，它持续快速地与外界进行着物质和能量的传输。在正常情况下，土壤与外界不断进行物质和能量交换、转化、迁移和积攒，都是处于一定的动态平衡状态，不会引起土壤污染。但是，随着人口急剧增长和工业快速发展，固体废物、有害废水加剧了向土壤中的渗透，空气中的有害气体和飘浮尘土也不断随雨水降落到土壤中，土壤的开发强度也越来越大，土壤中的污染物成倍增加。当污染物的数量和排放速度超过了土壤的自净速度时，土壤环境中的自然动态平衡就被破坏了，并且随着这些污染物的迁移转化，对生态环境、食品安全、百姓身体健康和农业可持续发展构成威胁。目前，我国土壤污染的总体形势严峻，部分地区土壤污染严重，在重污染企业或工业密集区、工矿开采区及周边地区、城市和城郊地区出现了土壤重污染区和高风险区。因此，了解土壤污染的发生过程，污染物如何在土壤中进行迁移、转化、降解和残留，以及如何控制和消除土壤污染物，都对保护环境具有十分重要的意义。

5.2.1　土壤污染的概念

定义土壤污染关系到一个国家关于土壤保护和土壤环境污染防治技术法规的制定和执行，因此是一项十分必要又非常迫切的工作。目前对土壤污染的定义尚不统一，大致可以分为三种。第一种"绝对性"定义认为：只要人类向土壤中添加了有害物质，土壤即受到了污染，此定义的关键是存在可鉴别的人为添加污染物。第二种"相对性"定义是以特定的参照数据——土壤背景值加两倍标准差来加以判断的，如果超过此值，则认为该土壤已被污染。第三种定义不但要看含量的增加量，还要看后果。土壤环境中污染物的输入、积累和土壤环境的自净作用是两个相反而又同时进行的对立、统一的过程，在正常情况下，两者处于一定的动态平衡状态。在这种平衡状态下，土壤环境是不会发生污染的。但是，如果人类的各种活动产生的污染物质，通过各种途径输入土壤（包括施入土壤的肥料、农药），其数量和速度超过了土壤环境的自净速度，打破了污染物在土壤环境中的自然动态平衡，使污染物的积累过程占据优势，可导致土壤环境正常功能的失调和土壤质量的下降；或者土壤生态发生明显变异，导致土壤微生物区系（种类、数量和活性）的变化和土壤酶活性的减小；同时，由于土壤环境中污染物的迁移转化，从而引起大气、水体和生物的污染，并通过食物链，最终影响到人类的健康，这种现象属于土壤环境污染。

以上三种定义的出发点虽然不同，但有一个共同点，即认为土壤中某种成分的含量明显高于原有含量时即构成了污染，显然现阶段采用第三种定义更具有实际意义，即当土壤环境中所含污染物的数量超过土壤自净能力或当污染物在土壤环境中的积累量超过土壤环境基准或土壤环境标准时，即为土壤环境污染。

以第三种定义为基础，我国不同的部门按照部门职责需要对土壤污染重新进行定义。国家环境保护总局指出：当人为活动产生的污染物进入土壤并积累到一定程度，引起土壤环境质量恶化，并进而造成农作物中某些指标超过国家标准的现象，称为土壤污染。全国科学技术名词审定委员会认为：土壤污染是指对人类及动植物有害的化学物质经人类活动进入土壤，其积累数量和速度超过土壤净化速度的现象。中国农业百科全书土壤卷给出的定义为：土壤污染是指人为活动将对人类本身和其他生命体有害的物质施加到土壤中，致使某种有害成分的含量明显高于土壤原有含量，而引起土壤环境质量恶化的现象。

5.2.2　土壤污染的种类

土壤作为一个开放的生态系统，不断与外界进行着物质和能量的传输，通过各种途径输入土壤环境中的物质种类繁多，有的对于人类生产和生态环境有益，有的则是有害的。

此外，输入土壤的物质是否有害还跟剂量有关，有些物质在少量或适量时是有益的，但超过一定量就会有害。将输入土壤环境中的、足以影响土壤环境正常功能的、能够降低作物产量和生物学质量的、有害于人体健康的那些物质统称为土壤环境污染物质。由于污染机制复杂，土壤污染有很多类型。

1. 根据污染物性质划分

根据污染物性质可分为有机污染、无机污染、放射性污染和病原菌污染。

（1）有机污染

有机污染主要是指工农业生产过程中排放到土壤中难降解的农药、多氯联苯、多环芳烃、农用塑料薄膜、合成洗涤剂、石油和石油制品，以及由城市污水、污泥和厩肥带来的有害微生物等（见图5-5）。现代化农业离不开农药和化肥，目前广泛使用的化学农药有50多种，其中主要包括有机磷农药、有机氯农药、氨基甲酸酯类、苯氧羧酸类、苯酚和胺类。有机氯杀虫剂如DDT、六六六等能在土壤中长期残留，并在生物体内富集。氮、磷等化学肥料，凡未被植物吸收利用和未被根层土壤吸附固定的养分，都在根层以下积累，或转入地下水，成为潜在的环境污染物。而土壤侵蚀是使土壤污染范围扩散的一个重要原因，凡是残留在土壤中的农药和氮、磷化合物，在发生地面径流或土壤风蚀时，就会向其他地方转移，扩大土壤污染范围，影响土壤理化性质，危及农作物的生长和土壤生物的生存，改变土壤微生物区系。研究表明，被二苯醚污染的稻田土壤可造成稻苗大面积死亡，泥鳅、鳝鱼等生物绝迹；长期施用除草剂阿特拉津的旱田土壤，影响作物的光合作用，改变土壤微生物区系。另外，随着地膜覆盖技术的迅猛发展，由于使用的农膜难降解，加之管理不善，大部分农膜残留在土壤中，破坏了土壤结构，已成为一种新的有机污染物。很多的土壤有机污染物可以直接被人体吸收，甚至会出现在体内积累的现象，这样会大大影响人体生化和生理反应，从而对人体的新陈代谢、发育功能产生影响，还会对人的智力发育水平造成一定影响，或者是破坏神经系统等。而且如果人体内有机污染物含量高，可能会促进肿瘤的生长，造成癌症发病率增加的情况。

图5-5　土壤有机污染

（2）无机污染

无机污染主要是指无机类化学物质对土壤造成的污染，包括自然活动和人类工农业生产过程中排放的重金属、酸、碱、盐等物质对土壤环境造成的污染。无机污染物通常会通过降水、大气沉降、固体废物堆放以及农业灌溉等途径进入土壤。

硝酸盐、硫酸盐、氯化物、氮化物、可溶性碳酸盐等化合物，是常见而大量的土壤无机污染物。硫酸盐过多会使土壤板结，改变土壤结构；氯化物和可溶性碳酸盐过多会使土壤盐渍化，肥力降低；硝酸盐和氮化物过多会影响水质，在一定条件下导致农作物含氟量升高。

工业排放的酸、碱、盐类物质通过干湿沉降和污水灌溉等途径进入土壤，加之农业不合理施肥、灌溉，土壤酸化、碱化和盐渍化已成为限制农业生产发展的一大障碍。

由于重金属污染土壤危害大、面积广、治理难等原因，已经成为无机污染中最主要的污染类型。重金属元素没有严格的界限，在化学中一般主要是指相对密度在5.0或者5.0以上的金属元素，但是通常来说对其并没有严格的定义，其共有45种重金属元素，包括Zn、Ge、Mn、Cu等，以及放射性元素铯^{137}、锶^{90}等。其中因为As的属性与重金属元素的属性相似，所以也把As视为重金属元素，该元素也是目前工业场地污染中重要的重金属污染元素之一。汞污染主要来自厂矿排放的含汞废水；锡、铅污染主要来自冶炼排放和汽车废气沉降，磷肥中有时也含有锡；砷被大量用作杀虫剂、杀菌剂、杀鼠剂和除草剂，因而引起土壤的砷污染，硫化矿产的开采、选矿、冶炼也会引起砷对土壤的污染。这些污染物都是具有潜在威胁的，而且一旦污染了土壤，就难以彻底消除，并较易被植物吸收，通过食物链而进入人体，危及人类的健康。

（3）放射性污染

土壤本身就含有天然存在的放射性元素，如^{40}K、^{87}Rb、^{14}C等，但含量均较低。放射性核裂变尘埃产生的^{90}Sr和^{137}Cs在土壤中有很大的稳定性，半衰期分别为28年和30年。磷、钾矿往往含放射性核素，它们可随化肥进入土壤，通过食物链被人体摄取。磷矿石中主要有铀、钍和镭等天然放射性元素。这里所指的放射性污染是指人类活动排放出高于自然本底值的放射性物质对土壤造成的污染。包括主要来源于大气层中核爆炸降落的裂变产物，部分原子能科研机构排出的液体和固体的放射性废弃物，核设施泄漏和大气中放射性物质沉降等。

土壤一旦被放射性物质污染就难以自行消除，只能等它们通过自然衰变为稳定元素而消除其放射性。放射性物质衰变后能产生放射性α、β、γ射线，这些射线能穿透生物体组织，损害细胞，对生物体造成危害。同时放射性元素可通过食物链进入人体，可对人畜产生放射病，能致畸、致癌、致突变等。随着原子能工业的发展，核技术在工业、农业、医学广泛应用，核泄漏甚至核战争的潜在威胁，使放射性污染物对土壤环境的污染受到人们的关注。

（4）病原菌污染

病原菌污染物主要包括病原菌和病毒等，也称为微生物型污染。造成土壤微生物型污染的物质来源主要是未经处理的粪便、医疗废弃物、城市污水和污泥、饲养场与屠宰场的污物等，其中危害最大的是传染病医院未经消毒处理的污水和污物。人类若直接接触含有病原微生物的土壤，可能会对健康带来直接的负面影响，若食用种植在被污染土壤上的蔬菜、水果等，则会间接受到影响。病原菌污染不仅可能危害人体健康，而且有些长期在土壤中存活的植物病原体还可能严重地危害植物，影响作物产量和品质。

2. 根据土壤环境污染的途径划分

根据土壤环境污染的途径，可把土壤环境污染的发生类型归纳为水质污染型、大气污染型、固体废物污染型、农业污染型和其他污染型等几种类型。

（1）水质污染型

水质污染型的污染源主要是工业废水、城市生活污水和受污染的地面水体。据报道，在日本曾由受污染的地面水体所造成的土壤污染占土壤污染总面积的80%，而且绝大多数是由污灌所造成的。

利用经过预处理的城市生活污水或某些工业废水进行农田灌溉，如果使用得当，一般可增产，因为这些污水中含有许多植物生长所需要的营养物质。同时，节省了灌溉用水，并且使污水得到了净化，减少了治理污水的费用等。但因为城市生活污水和工矿企业废水中还含有重金属、酚、氰化物等许多有毒、有害的物质，成分相当复杂。如果污水未经必要的处理就直接用于农田灌溉，会将污水中的有毒、有害物质带至农田而污染土壤。如冶炼、电镀、燃料、汞化物等工业废水能引起铜、汞、铬等重金属污染。

经由水体污染所造成的土壤环境污染，其分布特点是：由于污染物质大多以污水灌溉形式从地表进入土体，所以污染物一般集中于土壤表层。但是，随着污灌时间的延续，某些污染物质可随水自上部向土体下部迁移，以至达到地下水层。这是土壤环境污染的最主要发生类型。它的特点是沿已被污染的河流或干渠呈树枝状或片状分布。

（2）大气污染型

大气中的有害气体主要是指由工业生产而排出的有毒废气，其污染面大，会对土壤造成严重污染。工业废气的污染大致分为两类：一是气体污染，如二氧化硫、氟化物、臭氧、氮氧化物、碳氢化合物等；另一类是气溶胶污染，如粉尘、烟尘等固体粒子及烟雾、雾气等液体粒子，它们通过沉降或降水进入土壤，造成污染。例如，有色金属冶炼厂排出的废气中含有铬、铅、铜、镉等重金属，降至附近土壤表层后容易引起土壤重金属污染；生产磷肥、氟化物的工厂排放的烟尘会对附近的土壤造成粉尘污染和氟污染；另外，目前汽车行业使用的汽油含铅量较高，这就使得大量含铅化合物的汽车尾气排入大气中，容易使土壤受铅污染。

（3）固体废物污染型

固体废物包括工业废渣、城市垃圾、剩余污泥以及畜禽粪便、农业秸秆等。我国工业废渣主要来自采掘业、化学原料及化学制品、黑色冶金及化工、非金属矿物加工、电力煤气生产、有色金属冶炼等。这些固体废物在土壤表面堆放、处理和填埋过程中，不仅侵占大量耕地，而且通过大气扩散或降水淋滤作用，以辐射状、漏斗状向周围土壤扩散，使周围地区的土壤受到污染，主要是造成土壤环境的重金属污染，以及油类、病原体和某些有毒有害有机物的污染。固体废物污染的特点是以污染物堆放地或填埋地为中心放射性向周围扩散的点源污染。

（4）农业污染型

所谓农业污染型是指由于农业生产的需要而不断地施用化肥、农药、城市垃圾堆肥、厩肥、污泥等所引起的土壤环境污染，其中主要污染物质是化学农药和污泥中的重金属。化肥既是植物生长发育必需营养元素的来源，又是日益增长的环境污染因子；而污泥在被用作肥料时，常常会使土壤受到重金属、无机盐、有机物和病原体的污染。农业污染型的土壤污染轻重与污染物质的种类、主要成分、施药以及施肥制度等有关。污染物质主要集中于表层或耕层，其分布比较广泛，属面源污染。

（5）其他污染型

对于一片受污染的土壤，其污染的发生往往是多源性质的，各种土壤污染类型之间是相互联系的，在一定条件下可以互相转化。土壤是一个开放的系统，可以接受一切来自外界环境的物质，其污染源可能同时来自被污染的地面水体和大气，或同时遭受固体废物以及农药、化肥的污染。因此，土壤环境污染往往是一个由多种污染物综合作用的过程。但对于一个地区或区域的土壤来说，可能是以某一污染类型或两种污染类型为主，同时伴有其他类型的污染。

5.2.3　土壤污染的成因

土壤污染意味着土壤正常功能遭到破坏，可以表现为物理破坏、化学破坏和生物破坏或土壤质量下降。当外源污染物进入土壤后，其污染能力超出了土壤的自净能力，对土壤的正常代谢功能造成破坏称之为土壤污染的发生。土壤和污染物之间的接触主要由两个方面的因素造成，一种是由于自然原因造成，另一种主要是由于人类的活动造成，这种人为的异常活动反映的就是我们通常所说的"土壤污染"。

我国的土壤污染是在经济社会发展过程中长期累积形成的，自然原因为：自然背景值高，导致一些区域和流域土壤重金属超标。人为原因包括：一是工矿企业生产经营活动中排放的废气、废水、废渣是造成其周边土壤污染的主要原因，如尾矿渣、危险废物等各类固体废物堆放等，导致其周边土壤污染；汽车尾气排放导致交通干线两侧土壤铅、锌等重金属和多环芳烃污染。二是农业生产活动是造成耕地土壤污染的重要原因。污水灌溉及化肥、农药、农膜等农业投入品的不合理使用和畜禽养殖等，导致耕地土壤污染。三是生活垃圾、废旧家用电器、废旧电池、废旧灯管等随意丢弃，以及日常生活污水排放，造成土壤污染。

5.2.4　土壤污染的危害

土壤污染除导致土壤质量下降、农作物产量和品质下降外，更为严重的是土壤对污染物具有富集作用，一些毒性大的污染物，如汞、镉等富集到作物果实中，人或牲畜食用后发生中毒。如我国辽宁沈阳张士灌区由于长期引用工业废水灌溉，导致土壤和稻米中重金属镉含量超标，人畜不能食用。土壤不能再作为耕地，只能改作他用。

土壤处于陆地生态系统中的无机界和生物界的中心，不仅在本系统内进行着能量和物质的循环，而且与水域、大气和生物之间也不断进行物质交换，一旦发生污染，三者之间就会有污染物质的相互传递。作物从土壤中吸收和积累的污染物常常通过食物链传递而影响人体健康。

5.3　土　壤　修　复

土壤修复的目的在于降低土壤中污染物的含量、固定土壤污染物、将土壤污染物转化成毒性较低或无毒的物质或阻断土壤污染物在生态系统中的转移途径，从而减小土壤污染物对环境、人体或其他生物体的危害。

近年来，欧美国家投入大量的人力物力对污染土壤进行修复和治理：荷兰政府在 20

世纪80年代就投入15亿美元进行土壤修复技术的研究和应用试验，德国政府在1995年投资60多亿美元进行土壤修复，美国政府在近期也投入100多亿美元用于土壤修复技术的开发研究。土壤修复技术研究成为当前环境保护工程科学和技术领域的一个新热点，建立了适合于各种常见有机污染物和无机污染物污染的土壤修复方法，并已不同程度地应用于污染土壤修复的实践中。

我国土壤污染的类型多样，污染途径多，原因复杂，控制难度大。从20世纪70年代开始，我国在污染土壤修复技术方面就已经展开了研究，当时以农业修复措施的研究为主。随着时间的推移，有关其他修复技术的研究（如化学修复和物理修复技术等）也逐渐展开。到了20世纪末期，污染土壤的植物修复技术研究在我国也迅速开展起来。总体而言，虽然我国在土壤修复技术研究方面取得了可喜的进展，但在修复技术研究的广泛性和深度方面与发达国家还有一定的差距，特别是在工程修复方面的差距还比较大。我国应不断地完善法律法规，增强全社会的防范治理意识，杜绝"先污染后治理"的思想，从源头抓起，并采用合理的耕作制度，控制土壤污染的产生，同时，不断加大科研投资力度，对已经造成污染的土壤采取有效的修复措施，恢复其使用功能。

近年来，点源污染逐渐得到有效控制，而土壤污染问题逐渐显现出其不可忽视的危害性，各国开始探寻污染土壤及污染地下水的修复技术，并取得了一定的成果，形成了一些较为成熟的方法与技术。

5.3.1　工业污染场地修复

随着我国工业化、城镇化进程不断加快，产业结构调整的深入推进，大量的工业企业被关停、并转、破产或搬迁，腾出不少遗留场地，往往涉及土壤污染、地下水污染、废弃物污染等诸多问题。这类污染土地被称为棕地。

近年来，发生多起工业场地土壤污染事件，威胁着民众的健康安全和社会稳定，引起政府、公众和媒体对土壤污染问题的高度关注。不少工业场地由于土壤污染迟迟得不到再开发利用，成为城市的"毒瘤"，不仅影响城市面貌，也阻碍了城市存量建设、用地盘活再利用和城市更新进程。工业场地污染已成为国土资源管理中出现的新问题，对其修复治理后再利用既是我国环境保护和生态文明建设的要求，也是城市可持续发展的出路和选择，势在必行。

1. 工业场地污染类型

与其他类型的土壤污染相比，城市工业场地污染具有污染物浓度高、污染土体深、空间变异大、土壤和地下水可能同时存在污染的特点。行业类型、工艺水平、企业历史、土壤特征、水文地质条件等均会影响城市工业场地污染特征。根据污染物类型可将城市工业场地污染分为无机污染（主要指重金属）、有机污染以及二者均存在的复合污染。

（1）无机污染

伴随我国工业产业的快速发展，很多含重金属的污染物慢慢通过各种途径进入到土壤当中，这就造成了大面积土壤中相应重金属元素的富集，影响了人类生存环境的质量。

相关研究表明，造成工业场地土壤污染的重金属元素主要有8种，分别是As、Ni、Hg、Cu、Zn、Cd、Cr、Pb。这8种重金属主要来源于化学原料和相关制品业、冶炼业（铜冶炼、铅锌冶炼、镍钴冶炼、锡冶炼、锑冶炼和汞冶炼等）、铅蓄电池制造业、皮革及其制品业、化学原料及化学制品制造业等，其中尤以As、Pb、Cd、Cr污染最为典型。如原沈阳铁西区某铅锌冶炼厂废址土壤中 Cd、Pb、Cu、Zn、As 的含量分别达到 73.64mg/kg、10605mg/kg、1098.29mg/kg、3552.34mg/kg 和 244.46mg/kg；上南船厂表层土壤中 Pb、Cu、Zn 的含量分别高达 752mg/kg、883mg/kg 和 7952mg/kg；青海某化工厂表层土壤中总铬与六价铬最大值分别为 2248516mg/kg 和 749512mg/kg。

（2）有机污染

工业场地土壤有机污染主要是指能够对土壤造成污染的有机物进入到工业场地的土壤之中并产生相关的具有污染性的有机化合物（见图 5-6），从土壤的污染过程分析，工业场地土壤中的有机污染物主要包括挥发性和半挥发性有机污染物。在我国，土壤中有机污染物主要有石油烃类有机污染物、卤代烃类有机污染物、农药类有机污染物、多环芳烃类有机污染物、多氯联苯类有机污染物等许多种有机污染物。这些有机污染物主要来自于石油化工、油漆、农药生产等相关行业。

图 5-6　工业场地有机污染

（3）复合污染

复合污染主要是指重金属、有机污染物的复合污染，这也是工业场地土壤污染的主要形式，其具体形式比较多样化，有不同重金属之间的复合污染、不同有机污染物之间的复合污染、不同重金属与不同有机污染物之间的复合污染。目前我国工业场地土壤污染中主要的复合污染就是重金属之间的复合污染、石油类有机污染物之间的复合污染、重金属与农药等有机污染物之间的复合污染，一旦土壤被这些复合污染物所污染，由于各种污染物之间存在一定的相互作用，会造成相关土壤环境与地下水环境发生变化，这也给工业场地的修复造成了严重的困难。

2. 工业污染场地修复技术

污染场地修复技术是决定污染场地修复成败的关键环节。工业污染场地修复技术的选择不仅受工业场地污染特征的影响，还受到政治、经济、社会等多种因素影响。目前，污染土壤修复方法虽多，但部分技术因修复周期、二次风险或其他限制条件而不适宜在工业污染场地中使用。如焚烧过程中容易产生二噁英已被限制应用；植物修复技术因其修复深度和修复周期的局限很少应用于工业污染场地。对于城市工业污染场地，受到城市土地经济价值的驱动，修复技术应该具有周期短、二次风险小、稳定性高、对土壤结构破坏性小（部分建筑用地要求）等特点。目前在应对城市工业污染场地造成的土壤污染问题时，多以污染源分析为主，实施针对性、综合性的治理措施。从应用与发展层面观察，土壤修复技术包括物理化学方法和生物方法等。

（1）物理化学方法

1）化学氧化技术

化学氧化就是通过氧化剂与污染物之间的化学反应将土壤中的有机污染物转化为无害化学物质的方法。目前常用的氧化剂主要有高锰酸钾（$KMnO_4$）、Fenton 试剂（H_2O_2/Fe^{2+}）、过硫酸盐（$S_2O_8^{2-}$）和臭氧（O_3）等，该技术工艺流程既可以原位注入氧化剂后搅拌反应，也可以异位挖掘后添加化学药剂进行反应。

该技术的关键在于高级氧化剂的选择以及土壤性质（如含水率、质地、pH、总有机质等）。不同氧化剂与污染物反应会产生不同的中间产物，要注意避免中间产物造成的二次污染。另外，土壤性质对污染物的去除有很大的影响，需要通过一定的预处理手段使土壤性质达到氧化剂与污染物充分反应的最适条件。对于大面积的重污染土壤，使用该技术需要消耗大量的氧化剂，从而提高了修复费用。如果将该技术与其他修复技术联用，在污染土壤深度处理阶段使用该技术，既能提高污染物的去除效果又能在一定程度上控制修复成本。

化学氧化技术的局限性在于：用于大面积重污染土壤时需要消耗大量氧化剂，成本较高；需要避免氧化剂与污染物反应产生的中间产物造成二次污染；油、脂、腐殖酸等有机质含量过高的污染土壤将导致氧化剂过度消耗，从而提高修复费用。

2）土壤淋洗技术

土壤异位淋洗修复技术，是先将污染土壤挖掘出来置于淋洗设施中，利用淋洗液去除土壤污染物后，通过水力学方式机械悬浮或搅动土壤颗粒，使污染物与土壤颗粒分离。土壤清洗干净后，再处理含有污染物的废水或废液。如果大部分污染物被吸附于某一土壤粒级，且这一粒级只占全部土壤体积的一小部分，那么可以只处理这部分土壤。

在实施淋洗法的时候往往需要用到一些表面活性剂，这些表面活性剂包括很多的类型，如非离子型的表面活性剂、阴离子型的表面活性剂以及阳离子型的表面活性剂等。利用这些表面活性剂进行冲洗的去污能力相对于单纯的水力冲洗的去污能力可增强 50 倍以上，这样就有了一个极佳的去污效果。另外，在当今生物技术不断发展的时候，生物表面活性剂也越来越普及，它比一些常规的表面活性剂更加具有环境亲和性，更加易于降解，已经渐渐成为未来表面活性剂的发展方向。对于一些农药污染的土壤往往可以采取利用有机溶剂进行清洗的方法达到去污目的。

土壤淋洗技术的局限性在于：该技术受土壤渗透性约束较强，在黏土含量超过 25％的条件下，一般不建议采用该技术；同时该技术在污染土壤修复过程中会产生大量废液，对于废液的处理会提高修复成本。

3）热脱附技术

热脱附的主要工作原理就是运用热能来增强污染物的挥发性，通过直接或间接热交换，将污染介质及其所含的污染物加热到足够的温度，以使污染物从污染介质上得以挥发或分离的过程。热脱附技术的加热方式有多种。加热温度控制在 $200\sim800℃$，热脱附过程中发生蒸发、蒸馏、沸腾、氧化和热解等作用，通过调节温度可以选择性地移除不同的污染物。通常情况下，热脱附系统包括热解吸单元和废气处理系统两大模块，其中，热解吸过程又分为高温热脱附和低温热脱附。相较于传统技术，热脱附技术的优势明显，具备超大范围的污染物处理能力，其设备可移动、使用灵活，并且经其修复后的土壤可循环再利用，尤其适用于 PCBs 这类含氯有机物的分离处理，可以有效避免二噁英的产生。鉴于热脱附技术的性能优势，现阶段很多欧美国家已将土壤热脱附技术工程化，在高度有机污染土壤的离位和恢复上取得了突破性进展。

针对一些可挥发性的土壤污染物，通过直接加热，或者是采用水蒸气、红外线、微波辐射进行加热，将土壤里的物质慢慢加热到一定的温度，这样可以使土壤中的一些可挥发性的污染物迅速气化，再对这些可挥发性污染物进行收集，就可以有效地降低土壤中污染物的浓度。这种热化法对于能耗的要求比较高，一般要求土壤具有一定的渗透性。

该技术工艺简单、技术成熟，但能耗大；适用于去除区域污染场地内的各种挥发性或半挥发性有机污染物，去除率最高可达 99.98% 以上。同时，由于气性差或黏性土壤会在处理过程中结块而影响处理效果；而且高黏土含量或湿度会增加处理费用，高腐蚀性进料会损坏处理单元。热脱附技术在持久性有机污染土壤修复中还未得到广泛应用。

4）焚烧技术

焚烧法是一种高温热处理技术，即以一定的过剩空气与被处理的有机废物在焚烧炉内进行氧化燃烧反应，废物中的有害有毒物质在高温下氧化、热解而被破坏，是一种可同时实现污染物无害化、减量化、资源化的处理技术，也是一种对污染物处置彻底的技术。

焚烧的主要目的是尽可能焚毁污染物，使被焚烧的物质变为无害物质并最大限度地减容，并尽量减少新的污染物产生，避免造成二次污染。

但焚烧技术对污染物热值要求高，存在运输风险；对处理设施和修复场地要求较高，焚烧设备常满足不了处理量的要求；经济成本较高，并且对土壤有很大的破坏性；如果焚烧不完全，还会产生毒性更大的二噁英污染物。

5）固化稳定化技术

固化稳定化技术在重金属污染土壤和半挥发性有机污染土壤的修复中均具有良好的效果。重金属污染土壤的稳定化处理采用重金属螯合剂和黏土吸附矿物，污染土壤与稳定化药剂混合后发生反应，能够通过化学反应、物理吸附、化学吸附、微形态封闭等多种作用防止污染物迁移，降低污染物的毒性、生物有效性和生态风险。有机污染土壤的稳定化处理采用的药剂主要为具有吸附固定效果的复合黏土矿物，通过多种矿物与有机物的吸附固定作用，降低污染物的浸出毒性和迁移转化能力，从而降低环境风险。

将污染介质中的污染物进行固定，让该污染物处于一个比较稳定的状态，这种修复技术即是固化稳定化技术。该技术把固态稳定剂和已经被污染的土壤进行混合，通过化学以及物理的方法来进行污染物的物理、化学溶解程度或在环境中的活泼程度的降低。这种固化稳定化技术能够在原位和异位上分别进行，原位固化稳定化技术比较适合那些被有机物或者重金属污染土壤的修复工作；异位固化稳定化技术通常适用于被无机物污染土壤的修复，不适用于被半挥发性有机物和农药杀虫剂污染土壤的修复。固化稳定化技术可以处理多种复杂金属废弃物，形成的固体毒性低，稳定性强，处置费用也较低，普遍应用于土壤重金属污染的快速控制，对多种重金属与有机物复合污染土壤和放射性物质污染土壤的无害化处理具有明显的优势。此外，污染物埋藏深度、土壤 pH 和有机质含量等都会在一定程度上影响该技术的应用以及有效性的发挥。

但该技术只是将污染物固定于土壤中，而非去除，需要加强固化体堆存区的防护措施，防止修复后土壤中重金属的浸出和扩散；土壤增容比大，异位处置需寻找土壤回填场地。

6）水泥窑协同处置

利用水泥回转窑内的高温、气体停留时间长、热容量大、热稳定性好、碱性环境、无废渣排放等特点，在生产水泥熟料的同时，焚烧固化处理污染土壤。有机物污染土壤从窑尾烟气室进入水泥回转窑，窑内气相温度最高可达 1800℃，物料温度约为 1450℃，在水泥窑的高温条件下，污染土壤中的有机污染物转化为无机化合物，高温气流与高细度、高浓度、高吸附性、高均匀性分布的碱性物料（CaO、$CaCO_3$ 等）充分接触，有效地抑制酸性物质的排放，使得硫和氯等转化成无机盐类固定下来；重金属污染土壤从生料配料系统进入水泥窑，使重金属固定在水泥熟料中。

该技术不宜用于汞、砷、铅等重金属污染较重的土壤；由于水泥生产对进料中氯、硫等元素的含量有限值要求，因此在使用该技术时需慎重确定污染土的添加量。在国内，采用水泥窑协同处置技术处置危险废物和污染土壤因其处置量较大、成本较低等特点，已有一些地区经过设备改造和技术论证，尝试处理污染土壤或污泥，取得了一些工程经验。

（2）生物方法

1）植物修复技术

植物修复技术属于绿色技术，因其成本低、可原位修复、环境美学效应突出而受到好评。一般在实践中以超富集植物、富集性功能植物提取修复为主，其原理即以植物根系达到对污染物的有效控制，减少其扩散，并利用恢复生态功能完成稳定性修复，同时，在植物的代谢功能、转化功能、吸附功能下，也能够很好地实现对污染物的降解、过滤，并达到改良土壤的目的。从应用范围来看，重金属、石油、炸药、放射性核素、农药等造成的土壤污染均可采用。在我国的砷、铅、铜、镍、镉、多环芳烃造成的土壤污染修复方面已经起到了较好效果。然而，针对超富集植物方面的一些瓶颈，需要进行匹配性的农艺性状、病虫害防治等研究，以此增强植物修复技术的应用效果。

对于工业场地污染修复，具体的植物修复技术主要包括植物提取技术、植物稳定技术、植物挥发技术。植物提取技术主要是指通过种植能够大量吸收并积累重金属与有机物的植物来吸收土壤中的重金属与有机物，从而可以将土壤中的重金属与有机物含量尽可能地转移到植物身上，然后对植物进行收割和处理，以达到降低土壤重金属与有机物含量和改善土壤的技术；植物稳定技术主要是指利用植物根际相关微生物的分泌属性，将土壤中的重金属与有机物进行有效的沉淀或者螯合，从而预防重金属与有机物继续往地下渗透而污染地下水或者其他动植物，间接地降低重金属与有机物对人类健康的侵害；植物挥发技术主要是指通过植物本身能够进行吸收、积累和挥发的属性，对土壤中的重金属与有机物进行直接吸收、积累与挥发，从而降低土壤中重金属与有机物的含量。

2）微生物修复技术

对于微生物修复技术而言，往往是利用一些微生物的作用进行土壤和水体中污染物的清理或是进行污染物无害化处理。在城市的土壤中，微生物的数量和种类都相对较大，它们在进行重金属与有机物无害化处理中发挥的作用是不可忽视的。利用微生物进行土壤中重金属与有机物毒性的降低或者是吸附积累在土壤中的重金属与有机物，可以慢慢改变根际微环境，这样就能增加植物对重金属与有机物的吸收、挥发及固定的效率。

3. 修复方法的选用

污染土壤修复技术的确定需要考虑到场地现状、处置成本以及处置技术成熟可靠等因素，需要对不同类型的土壤进行试验，确定处置工艺和参数，使污染土壤修复达到目标值。在污染土壤修复技术的筛选方面主要考虑以下问题：

（1）修复技术成熟可靠。目前，国内外有多种污染场地修复技术，有些技术已经成熟，有些还处于研究阶段。为了保证污染土壤修复工程顺利完成，应采用成熟可靠的修复技术，避免采用处于研究初期的污染土壤修复技术。

（2）修复时间合理。为了尽快完成污染土壤修复工作，降低清理过程中的潜在环境风险，在选择污染土壤修复技术时，同等条件下，选择时间短的修复技术。

（3）修复费用经济合理。结合场地中的污染物特性，选择经济可行的污染土壤修复技术，既要满足修复目标要求，又要尽量控制土壤修复费用。

（4）减少对周边环境的影响。污染土壤修复工程实施过程中要严格控制对周围环境的影响，做好工程实施过程中的各项环境保护措施，如防尘、防噪声、防二次污染等，将场地修复对周围居民的影响降到最低。

（5）修复结果达标。污染土壤修复的最终目标是场地满足今后的土地规划标准，确保环境安全及居民健康。

基于以上五个原则，针对工业场地比较突出的重金属和有机物污染要采取更加有针对性的修复技术。

对重金属污染土壤进行修复，主要是利用物理、化学和生物的方法对土壤中的重金属进行降解、转移、吸收、处理，尽可能地减少土壤中重金属的含量，保证土壤的质量。但是重金属是很难被降解的，因此，目前治理土壤重金属污染主要采用物理化学以及植物修复法和微生物修复法等。

电动修复法是由美国研究出来的一种对土壤进行净化的原位修复技术，主要是通过低直流电形成电场梯度的方式，使得土壤中的重金属物质在电场的作用下进行电迁移或电泳而得到去除的方法。冰冻土壤修复技术主要是通过在地下以等距离的形式在污染物周围进行适当的管道布置之后，再将处理过的冰冻溶剂放入管道，使得土壤被冻结，从而形成一道天然的冻土屏障，其可以有效地防止污染物在地下的扩散。化学修复的前提是对重金属的特点进行充分了解，从而采用合适的化学修复剂，使得重金属离子与化学修复剂发生氧化还原沉淀等可以将重金属离子从土壤中分离出来的反应。

工业场地污染土壤中有机物的修复方法主要考虑生物修复法，包括植物修复技术和微生物修复技术。

微生物修复法主要是采取措施使微生物与土壤中的有机污染物进行反应，从而实现降解、去除、转化土壤中有机污染物的作用。采用微生物修复法需要对各种降解菌有着非常详细的了解，要知道哪种降解菌可以对哪种有机物进行有效降解，使微生物修复法效率进一步提高。以微生物修复法作为基础，可以推出各种新技术。例如土壤堆肥技术，是在污染土壤堆肥的过程当中，大量的微生物会以有机污染物作为自己的营养物质，将这些有机污染物分解成小分子。这种创新技术可以有效地将土壤中的有机污染物分解。植物修复技术通过忍耐性以及承受性足够高的植物来吸收并积累某种化学元素，从而对有机污染物中的相关化学元素进行吸收。植物修复技术有很多的优势：首先，这种方法非常环保，相对于其他的修复技术可以在很大程度上减少对场地的破坏以及对环境的干扰；其次，通过这种技术还可以增加土壤中的有机物含量。

土壤是一种人类赖以生存的不可再生的重要自然资源；而城市工业污染场地类型及污染种类非常复杂，修复中的各项技术应用均存在不同的瓶颈，需要因地制宜地根据污染场地特点进行技术筛选或者技术联用。同时，由于我国地下水修复尚处于起步阶段，而土壤污染与地下水污染两者密不可分，在推动我国场地修复过程中需要注意建立可持续发展和绿色的修复体系，促进国内土壤修复市场健康有序的发展。

4. 工业污染场地修复前景

自 2007 年国内首例污染场地土壤修复项目——北京化工三厂土壤修复项目实施以来，土壤修复工作得以被重视，并在全国范围内逐步开展与示范。我国工业污染场地土壤修复项目在数量及资金量上随时间呈上升趋势。2011 年之前，每年工业污染场地修复项目数不足 10 个，资金总量不足 5 亿元；2012 年以后修复项目数量和资金量均大幅度提升，2016 年仅上半年公开招标修复项目数已达 35 个，全年修复项目数量增至 50 个，年资金总量超过 30 亿元。未来，随着我国城市化进程的不断发展及民众环保意识的不断提升，污染场地修复行业的发展前景十分广阔。尽管修复项目数量及资金总量逐年增多，但现阶段修复项目的资金规模大多数处于千万级水平，资金来源问题是我国污染治理的主要瓶颈。我国当前的搬迁企业中，多数污染企业为建厂时间较早的国企，其生产过程中产生的利润已部分或全部上缴国家，更有些企业已经破产，这些场地的修复费用最终还是需要政府出资。据初步估算资金量可达万亿级之巨，这对于保障土壤修复财源的不断供给是一个巨大挑战。

目前我国已经开展的工业污染场地修复项目分布具有明显的地域性特点，主要分布在沿海、沿江大城市周边，区域上以京津冀、长三角、珠三角最为集中，具体省份以京津冀、沪苏浙、两湖两广及重庆地区居多。修复项目的空间总体分布受我国工业空间布局的影响。污染场地为工业企业搬迁所致，具有相似的分布特征；修复项目的空间分布还受城市发展水平与土地开发价值的影响，也是其资金来源问题的体现。此外，修复项目多分布于一线城市及部分省会城市，经济较为发达，土地价值相对较高，土壤修复再开发的驱动力也相对较大。这些高房价的城市，高昂的场地修复费用可以消化在土地流转费用中，由地方政府、开发商和购房者共同埋单。

我国土壤修复技术中应用次数排前 3 位的为固化稳定化、化学处理和焚烧；而美国应用次数排前 3 位的为气相抽提、固化稳定化和焚烧。中美土壤修复技术应用情况具有明显差异性。对于一些周期短、技术相对成熟、二次污染风险相对较高的修复技术，如固化稳定化、化学处理、焚烧等，我国的应用比例要高于美国。固化稳定化与化学处理等技术在修复过程中，大量化学药剂会进入到土壤和地下水中，随着时间的推移和环境条件的变化，二次污染的隐患极大。焚烧处理技术由于具有大气二次污染问题，且在应用过程中易产生二噁英，近年来其在我国的使用频次已大幅度减少，美国自 2009 年起就很少在土壤修复技术中采用焚烧处理技术。此外，气相抽提及生物修复技术在我国的应用比例明显低于美国。气相抽提技术为美国应用比例最高的修复技术，其应用比例高达 29%，且主要为原位气相抽提技术，而我国的气相抽提技术应用比例仅为 5%，且多为异位气相抽提技术，目前我国对该技术的应用还处于引进吸收的试验阶段。生物修复技术由于修复工期较长，其应用受限于我国城市的特殊环境，土地流转压力对大多数修复项目的工期进行了严格限制，并且我国的工业污染场地一般污染相对较重，很难仅通过生物修复技术达到修复目标。

近年来，随着我国土壤环境污染问题日益突出，工业污染场地修复项目逐年增多，资金总量也逐年递增，并逐步形成产业规模。虽然行业前景广阔，但发展过程中依然面临着许多问题，资金来源仍是制约我国修复行业发展的主要瓶颈。修复项目主要分布在工业相对集中、城市化水平较高、土地开发价值较大的一线及省会城市，而一些经济发展水平相对落后的城市相关工作还尚未开展。在修复技术应用方面，我国与美国相比差距明显，且我国以异位修复技术为主，气相抽提及生物修复等技术的应用比例相对较低。总体而言，我国的污染场地修复行业还处于起步阶段。需逐步解决和丰富资金来源问题，增强资金筹措机制，创新多元化商业模式。充分借鉴国外污染场地修复的经验，建立全场地污染责任界定体系和追责制度，本着"谁污染，谁治理"、"谁投资，谁受益"的原则落实相关责任主体，创新融资机制，多渠道建立污染场地修复专项资金，鼓励社会资本、民间资本参与污染场地治理。《土壤污染防治行动计划》明确指出通过政府和社会资本合作模式，发挥财政资金撬动功能，带动更多社会资本参与土壤污染防治。

成套引进国外的现成技术及装备，费用昂贵，还会受到国外知识产权保护的制约且缺乏适宜性。因此，应该在借鉴国外成熟修复技术的基础上，从我国场地污染特征、国家经济社会发展、国家科研水平以及现阶段技术储备等多方面综合考虑修复技术的选择和发展方向。对国外先进成熟的修复技术，通过引进吸收、消化、再创新的方式，研发适应我国国情的具有自主知识产权的实用型技术。对照欧美等发达国家，加大原位修复技术的研发及工程实践力度，如原位气相抽提、生物修复等技术，发展能适用于不同场地条件、污染类型及程度，并综合考虑土壤与地下水总体修复效果和未来土地利用规划的综合修复技术体系。

5.3.2 耕地污染土壤修复

地球表面适宜耕种的土壤是在地表生物、气候、母质、地形、时间五大主要成土因素的综合作用下形成的。耕地土壤是人类进行农业生产不可缺少的自然资源。在农作物生长期间，土壤能供应和协调农作物生长所需的水、肥、气和热等要素，能给农作物供应充足的养料和水分，以充分保证农作物生长所需的流通空气、适宜温度；深厚的土层足以让根系伸展并牢固支撑，使植株挺立稳固，这也就是土壤肥力的本质所在。土壤不仅具有肥力属性，还具有自净能力。当污染物进入土壤时，会经过土壤矿物质、有机质和微生物的共同作用，发生一系列物理反应、化学反应及生物化学反应，从而降低其浓度或改变其形态，达到消除或降低污染物毒性的目的。这种能力对维持土壤生态平衡起重要作用，但如果土壤环境被污染，也就是土壤中所含污染物的数量超过土壤自净能力或当污染物在土壤环境中的积累量超过土壤环境容量时，土壤中的污染物就会迁移转化，从而使大气、水体和生物受到污染，最终会通过食物链影响人类健康。

全国土壤污染调查公报数据显示，我国可用耕地约为 18 亿亩，其中约 3.5 亿亩被污染，近 20％的耕地土壤污染超标，其中轻微、轻度、中度和重度污染所占比例分别为 14％、3％、2％和 1％，主要污染物为镉、镍、铜、砷、汞、铅、滴滴涕和多环芳烃。中国农科院近年来的研究调查发现，不科学的耕作习惯、化肥农药过度使用以及耕作设备落后等现象在农耕过程中普遍存在，这都将直接导致耕地土壤耕作层变薄、养分流失严重以及土壤内部生态结构恶化等一系列土壤问题，土壤的基础肥力也会随之不断下降。耕地土壤污染不仅仅是单纯的环境因素，也涉及食品安全、人体健康以及区域经济的发展和社会稳定。根据我国农业部对全国污水灌溉区的调查发现，我国每年由于重金属污染造成的粮食减产超过 1000 多万 t，而由于重金属污染造成的不合格粮食每年多达 1200 万 t，这样合计出现的经济损失至少 200 亿元。如果污染得不到有效控制而任其肆意发展，将严重阻碍经济发展，威胁人类的生存与发展，耕地土壤污染治理势在必行（见图 5-7）。

图 5-7　耕地污染

1. 耕地污染类型

（1）农用肥料污染

化学肥料里面含有大量的磷和氮，长期大量的使用会严重破坏土壤的地质结构，使得土壤内部的营养成分失去应有的平衡，从而导致土壤出现土壤结块、地质变差、贮水功能弱化等众多问题。在污染源方面，农用施肥一直是土壤受重金属污染的重要因素。

1978 年至 2015 年，中国农用化肥施用量持续增长，2016 年首次出现负增长，但化肥施用强度并未有实质性下降，单位耕地面积的化肥施用折纯量仍然高达 443.53kg/hm²，极大地超过了发达国家为防止化肥对环境造成危害所设置的 225kg/hm² 的安全上限。

目前，我国已成为世界上最大的化肥生产国和消费国，耕地面积仅占世界耕地总面积 7％的中国消费了接近世界 1/3 的肥料，单位面积化肥用量是世界平均水平的 3.7 倍。以氮肥为例，按播种面积计算，我国氮肥平均施用量仍然分别是法国、德国、美国的 1.51

倍、1.59 倍和 3.29 倍，而耕地粮食产量与这些国家相比仍然低 10%～30%。

（2）农药使用污染

农药主要包括杀菌剂、杀虫剂和除草剂三大类。近年来，随着农药长期大量的施用，农药残留及污染问题日益严重，已成为农业面源污染的重要来源之一。据统计，农田中施用的农药量仅有 30%左右附着在农作物上，其余 70%左右扩散到土壤和大气中，导致土壤中农药残留量及衍生物含量增加，造成农田土壤污染。这不仅会破坏土壤中的生物多样性，还会通过饮用水或土壤-农作物系统经食物链进入人体，危害人体健康。

我国是一个农业大国，农药使用量居世界第一，每年达 50 万～60 万 t，其中 80%～90%最终将进入土壤环境，造成约 87 万～107 万 hm^2 的农田土壤受到农药污染。我国农药使用量较大的地区有上海、浙江、山东、江苏和广东，其中以上海和浙江农药使用量最高，分别达到了 10.8kg/hm^2 和 10.41kg/hm^2。以小麦为主要农作物的北方干旱地区农药使用量小于南方水稻产区；蔬菜、水果的农药使用量明显高于其他农作物。目前，农药污染已成为我国影响范围最大的一类有机污染，且具有持续性和农产品富集性。随着农药使用量和使用年数的增加，农药残留量逐渐增加，呈现点-线-面的立体式空间污染态势。

（3）农用地膜污染

我国于 1978 年从日本引进塑料地膜技术，由于它具有保温、保湿、防霜冻等优点，所以大大提高了农作物产量，促进了农业发展。但是由于塑料地膜是由聚氯乙烯制成，性能稳定，难以降解，在土壤中可残存 200～400 年；又由于塑料地膜强度低，易老化破碎，难回收，随着塑料地膜使用量不断增加及使用年数不断增长，耕地土壤中残留的塑料地膜在土壤表层和耕作层中也不断积累，于是导致土壤的孔隙度和通透率降低，阻碍了土壤毛细管水和自然水的渗透，而且也不利于土壤空气的循环和交换，反而造成农作物减产。

残留农用地膜将降低耕地土壤的渗透性和保水能力。近二十多年来随着大量农用地膜在耕地土壤中残留，年复一年积累，将破坏土壤通透性，降低土壤孔隙度，阻碍土壤中水分子运动，使土壤含水率降低，造成 15～20cm 土层形成不易透水和透气难的耕作层，如果再不制止"白色污染"的蔓延，将导致耕地土壤永不能续用。同时残留农用地膜将造成农作物减产。耕地土壤中的农用地膜残留量过多，主要影响农作物根系发育以及出苗、幼苗和茎叶的生长，造成农作物根系变短，并阻碍根系的纵向生长，吸水和吸肥性能降低，作物生长失调，以至于造成农作物减产。再者残留的农用地膜就地焚烧会造成大气污染。农民将农田残留的农用地膜回收后，在田间、屋后焚烧灭迹，这种处理农用地膜的方式将造成严重的大气污染，尤其是二噁英污染。二噁英是剧毒物质，其毒性相当于氰化钾的 1000 倍以上，它具有脂溶性，难以排出，易在生物体内积累，可引发癌症、新生儿畸形、染色体损伤、心力衰竭、内分泌失调。

（4）污水灌溉污染

目前我国部分乡镇企业并没有进行污水处理，而是将污水直接排放到水体中。在一些干旱地区，人们甚至用污水进行灌溉来确保作物产量。虽然污水中含有氮、磷、钾等作物生长发育的必需元素，使用污水灌溉具有一定的增产效果；但因污水中含有很多重金属等有害物质，采用污水灌溉的耕地往往会受到重金属的污染。用未经处理的生活污水、工业废水等浇灌田地是造成耕地污染的重要原因，我国 80%的耕地污染都是因此造成的。据我国农业部进行的全国污灌区调查统计，在约 140 万 hm^2 的污水灌区中，有 64.8%的耕地面积遭受重金属污染，其中轻度污染的占 46.7%，中度污染的占 9.7%，严重污染的占 8.4%。

（5）工业化导致的耕地污染

根据 2013 年 12 月公布的第二次全国土地调查结果，我国中度、重度污染耕地大体在 5000 万亩左右，这部分耕地已经不能种植粮食。受此类污染的重点区域多是过去经济发展比较快、工业比较发达的东中部地区、长三角、珠三角、东北老工业基地。其中，珠三角地区部分城市有近 40% 的农田菜地土壤重金属污染超标，其中 10% 属于严重超标。至 2020 年，我国耕地重金属点位超标率增加至 21.49%，五大粮食主产区的耕地重金属元素污染问题也在逐年加剧。其中镉污染比重增加趋势最为显著，点位超标率从 1.32% 增至 17.39%，20 多年间增加了 16.07%。土壤重金属具有不易降解而易于积累的特性，其浓度一旦超出土壤的缓冲过滤能力，就会转化为其他有害化合物，进入到地下水和农作物中，通过食物链和水供给以有害浓度在人体内蓄积，危害人体健康。

2. 耕地污染土壤修复技术

目前用于耕地污染土壤修复的方法不外乎物理修复、化学修复和生物修复三大类技术方法。其中，物理修复包括客土、换土及深耕翻土，以及热处理、电动修复、冲洗技术等。这种修复技术的缺点在于工程投资大，容易破坏土壤结构，而且高污染土壤经物理处理后并未消除潜在危害，因此在进行耕地污染土壤修复方法选择时，一般较少选择物理修复方法。化学修复方法是指向土壤投入改良剂（包括还原剂、络合剂、稳定剂等），通过对污染物的吸附、氧化还原反应等机制，降低污染物的生物有效性，使污染物钝化于土壤中，不被作物吸收；或者投入螯合剂，强化土壤释放被固相键合的污染物，提高污染物的生物有效性，提高生物修复效果。化学修复方法由于简单易行、效果显著，从而被广泛应用，但是该方法具有二次污染及土壤质量下降的缺点。生物修复技术包括植物修复和微生物修复以及植物-微生物联合修复。

考虑到耕地土壤污染的特点，传统的修复技术可能会造成二次污染，不能使土壤恢复耕作能力，因此需要选取更有针对性的修复方法。

（1）土壤换层修复技术

所谓"换层"就是将污染物主要沉积的表层土壤利用机械装置与污染较轻或未污染的较深层土壤进行置换，表层土壤与土壤改良剂混合搅拌均匀后摊铺到较深土层，污染较轻或未污染的较深层土壤摊铺到表层土壤之上，混合了改良剂的表层土壤可以在较深土层慢慢改良且不影响生产作业，置换到表层的较深层土壤由于污染较轻或未污染可直接投入使用。换层之后的耕地无需等到污染物清除殆尽就可直接进行耕作，实现"农耕"和"改良"互不影响，大幅度提高生产效率，保障农民利益。

土壤换层修复技术的适用性取决于换层深度的选取，而换层深度则由污染区域实际情况而定。一般情况下，根据对污染物在土壤中分布规律的研究发现，重金属、化肥、农药等污染物主要集中于距地表 30cm 左右的土层中，所以，为达到去污的目的，可将表层置换深度设定为 30cm。

对于典型耕地土壤剖面层次而言，可将"换层"理解为表土层与心土层的置换。心土层是作物生长后期水肥供给的主要土层，虽然土壤的肥沃程度不及表土层，但心土层中含有作物生长所必需的养分，土壤结构也与表土层较为相似，所以，可用作农业生产，在必要时可适量添加肥料。综上所述，在一般情况下，土壤换层修复技术是可行的。但在以下两种情况下，土壤换层修复技术与传统的原位挖掘式修复方法相同，未能实现换层的意义：第一，土壤污染较为严重，污染深度已经达到心土层，换层以后的土壤仍然是污染土壤，从而失去了换层的意义；第二，虽然土壤污染程度较轻，污染深度未达到心土层，但是，如果污染区域的土壤较为贫瘠，心土层的土壤结构及厚度不能达到耕作层的最低要求，换层也是没有意义的。

（2）生物修复技术

近年来，污染土壤修复技术的发展趋势已从物理修复、化学修复和物理化学修复发展到生物修复、植物修复和基于监测的自然修复。耕地污染土壤修复技术要求原位有效消除有毒有害污染物的同时，既不能破坏土壤肥力和生态环境功能，又不能导致二次污染的发生，因此迫切需要发展绿色、安全、环境友好的土壤生物修复技术。近年来我国在重金属污染农田土壤的植物修复技术应用方面一定程度上开始引领国际前沿研究方向，一些植物的修复效果、健康风险以及经济效益被充分评估，此外，关于植物修复的机理和应用也在进一步深入研究，研究发现多类别植物联合修复可有效提高农田土壤重金属复合污染的修复效率，为农田土壤重金属复合污染修复提出了新的途径。

植物修复技术，即利用植物的自然生长，以太阳能为源动力对环境中的污染物进行提取、固定或降解，是一种新兴的能源节约型和生态友好型环境修复技术，可针对土壤及水体中的有机或无机污染物进行修复。目前，该技术大致分为以下几种类型：

1）植物提取：利用植物对污染物的吸收能力，将土壤中的重金属或有机物富集并转移至植物地上部分。

2）植物固定：通过建立稳定的植物覆盖，降低污染物在环境中的生物可利用性及移动性。

3）植物过滤：利用生活植物的根系或非生活植物材料对污染物（包括重金属、水体富营养化元素和有机污染物等）的吸收、吸附、沉淀、降解等作用，将其从水体中去除。

4）植物降解：利用植物及其共生的微生物降解环境中的污染物。

5）植物挥发：通过植物的生长代谢活动使污染物挥发。

其中植物提取技术最为成熟，尤其是针对耕地重金属污染修复（其机理如图5-8所示）。植物提取技术是通过植物对重金属的吸收及向地上部分的转运和富集来降低土壤中的重金属浓度，使之达到一定的清洁标准。理想的重金属提取植物应具备以下特点：生长快且生物量大，能耐受体内的高浓度重金属，能将重金属有效地转运至地上部分，易收割。在植物提取技术中，重金属的去除效率主要取决于植物可收割部分的重金属浓度及其生物量，同时其他关键因素如土壤中重金属的生物可利用比例、植物每年可收获的次数及连续收割条件下重金属吸收量的变化等同样会影响重金属的植物提取效率。目前，植物提取技术处于上升发展阶段，植物提取技术主要采用以下三种方式提取环境中的重金属污染物：

一是利用超积累植物对重金属的超量积累能力，通过根系吸收及茎部转运将重金属富集在植物地上部分。陆生植物对于重金属的超量积累是一种罕见的现象，截至目前，多种植物被鉴定为重金属超积累植物，分布于45个科，所占比例小于被子植物总数的0.2%。在所发现的超积累植物中，约有2/3为Ni的超积累植物，而Cd、Co、Cu、Pb和Zn的

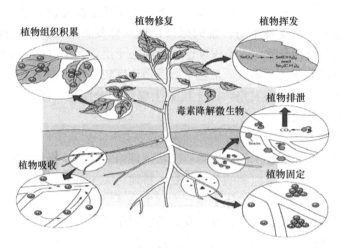

图 5-8　植物修复重金属污染土壤机理示意图

超积累植物种类则相对较少。超积累植物对于金属元素的需求高于普通植物，因此许多超积累植物生长在金属含量高的土壤中，如矿山土壤。大部分超积累植物仅能专一性富集某种重金属，而部分超积累植物则对多种重金属均表现出超积累的特性，例如天蓝遏蓝菜不仅能够超量积累 Zn，还能超量富集 Cd、Co 等重金属。在植物提取技术中，超积累植物更适用于高重金属污染浓度的区域，因为相对于普通耐性植物，超积累植物具有更高的重金属耐性，这是成功实现植物提取的首要条件。

二是应用生物量大，同时生长速度快、易繁殖，具有较深根系的植物，用于降解较深层的土壤及水体中的有机污染物，或吸收较浅土壤中的重金属时能产生一定的经济效益。一些木本植物如杨树、柳树等具有上述特点，被广泛应用于植物修复技术中。

三是化学辅助植物提取。在化学络合剂或土壤酸化剂（如有机酸）的协助作用下，利用生物量大的植物，通过提高重金属的生物可利用性，增加植物对重金属的积累总量。一般来讲，重金属在土壤中的溶解度较低，尤其是 Pb 和 Cr，这是制约植物根系有效吸收重金属的一个关键问题。同时对根系吸收而进入植物体内的重金属，非超积累植物缺乏将其从根部向茎部转运的有效机制。

与其他修复技术相比，重金属植物提取技术有其独特的优势，其中最有利的特点在于其较低的经济成本，因为整个过程是以太阳能为源动力，通过植物自发性生长来提取土壤中的有害重金属。同时，在植物提取中，如果选取能源作物、纺织作物、油料作物或香料作物则可以大大提高植物提取重金属过程的经济效益，从而使植物提取技术相对于其他修复技术更加具备经济可行性。植物提取技术的另一个明显优势在于它的实施不会对污染土壤造成进一步干扰，是一种易于被公众接受的生态友好型技术。而植物提取技术同样存在一定的缺陷，例如，该技术仅适用于轻度和中度重金属污染土壤的修复，因为高浓度重金属会严重抑制植物根系的发育及植株的生长，从而降低提取效率，使修复时间过长（一般来讲，植物提取时间最好控制在两年以内）。此外，由于受到根系深度的限制，植物提取技术仅适用于修复表层土壤。其中，根系深度可达数米的树种例外。

3. 修复方法的选用

耕地污染土壤修复的具体技术方法与工业污染场地修复相似，但针对耕地污染的特点以及考虑到耕地污染土壤修复后用于生产粮食和其他农作物的重要用途，耕地污染土壤修复技术的选用成为重中之重。

对污染耕地作详细的土壤污染评估调查是非常有必要的，土壤污染评估在整个土壤修复工程中起着非常重要的作用，土壤污染评估的准确与否将直接影响土壤修复技术的选取，从而影响到土壤修复效果的好坏。评估中应包含以下方面的信息：耕地所在地的自然地理信息，如地理位置、地形地貌、土壤地质、水文、气象资料以及土壤、地下水及大气污染记录等；耕地所在地的社会信息，如人口密度和分布、经济现状和发展规划、工业发展状况、工厂等污染源分布及排污信息、土地利用的历史、现状和规划等；耕地化肥、农药等使用记录，包括种类、单位面积用量等；耕地种植记录，包括种植作物的种类以及该作物对污染物的吸收能力等；耕地污染物采样，耕地污染属于大面积轻中度污染且污染分布均匀，所以水平采样点的选取采用简单随机布点法，垂直采样点的采样深度根据污染源的位置、地层结构、水文地质等进行判断设置，距地表 1m 间距设置采样深度即可；土壤及污染物样品检测分析，检测指标包括土壤 pH、粒径分布、孔隙度、有机质含量、渗透系数、所含污染物及其含量；修复过程的风险评估，包括土壤中具有挥发性、毒性等特征的目标污染物的危险指数、可能的敏感受体，如儿童、成人、地下水体等。

修复技术的选取是土壤修复工程的核心，而选取的依据就是前期土壤污染的评估。修复技术的选取应考虑以下因素：（1）土壤及污染物特性，包括土壤的温度、湿度、孔隙、渗透性、有机质含量、pH 及黏土类型和含量，以及污染物的理化特性、单位体积的污染物含量、种类、性质和污染强度等；（2）资源因素，包括水电消耗、改良剂或酶、设备操作人员等；（3）经济因素，主要包括监测成本、燃料成本、改良剂成本、设备的装拆及操作维护成本、所选修复技术在技术上的难易程度和经济上的可行性以及修复效果和修复周期的长短等；（4）环境安全因素，包括修复工程对当地环境的影响程度、二次污染的程度以及对周边人群健康的影响程度、污染土壤修复以后土地利用类型和方案等。

4. 耕地污染土壤修复前景

人口增加，耕地骤减，加以污灌、化肥、农药大量使用，耕地土壤污染日趋严重。全国目前大约有 2 亿亩耕地在利用上存在食品安全、生态安全等问题，其中有 5000 多万亩受到重金属等的中度、重度污染，有 6400 多万亩是位于 25°以上的陡坡，有 8400 多万亩是位于东北、西北地区的林区、草原的范围内，这部分耕地都需要经过重新修复，需要得到休养生息，才可能恢复到正常的农业生产当中。土壤重金属污染不仅导致粮食减产、农产品品质下降，而且通过食物链危害人体健康，并已成为社会经济可持续发展和我国国际贸易的限制因素。

我国自 1985 年就已经开始进行污染土壤修复，但投入太少，而且往往是局部改善，总体恶化；或者是点上治理，而面上污染；耕地土壤污染至今未得到缓解。耕地污染土壤修复所需资金数额巨大，仅对受重金属污染的农业耕地而言，即便选择土壤修复成本较低的农作物修复法，单位治理成本为 100～500 元/t，直接治理成本也会达到约 3.1 万亿～15.6 万亿元。

由于耕地污染问题带来的耕地质量下降、威胁人体健康等问题具有隐蔽性、滞后性等特征。土壤污染用肉眼不易识别，其具有隐蔽性，往往需要通过土壤样品和农作物的分析测定，以及对摄食的人和动物进行健康检查，才能揭示出来。导致公众对耕地污染认识较少,重视程度不足,信息不对称,这也是目前耕地污染日益加剧的重要原因。因此,土地管理部门应提高对耕地污染的重视程度,加强对污染耕地的综合整治,将其放在耕地保护的首要位置,并通过广播、电视、报纸等媒体广泛宣传,提高公众对耕地污染严重性和危害性的认识,提高全民保护耕地的觉悟和认识。

首先要从土地利用调控角度进行耕地污染的长效防治。针对小规模、零散分布的村镇耕地污染问题,以村级土地利用控制性规划为切入点,整合农村土地综合整治规划、村镇产业发展规划、村庄建设规划等相关规划,从土地利用方式调控和用地规划布局的角度,因地制宜,统筹安排,实行村级土地利用分区管制,进行村镇耕地污染的长效防治。将村镇污染耕地整治与土地利用调控相结合,实现村镇耕地污染防治与土地利用协同耦合机制,实现土地资源的合理利用。

其次要严格实行从源头控制耕地污染,纠正"先污染后治理"的做法,倡导以预防为主的污染控制模式。针对金属采矿与冶炼污染问题,依靠科技创新,研发新工艺、新技术和新设备,提高相关行业工艺水平,最大程度减少工业污染,并加强企业排放管理,严格检查排放物的指标标准,对工业废水、废气、废渣进行综合利用,对超标排放的企业依法严厉制裁;针对养殖业污染问题,要求规模化的畜禽养殖场必须有一定的污染处理设施,达到达标排放;针对化肥、农药污染问题,对施肥方式、措施及不同肥料的应用与管理加以规范,积极发展高效、低毒、低残留的农药;对于城市污染问题,对城市垃圾加强分类处理,对粪便、垃圾和生活污水进行无害化处理,对电子废物进行回收。

同时要加强污染耕地的综合整治,以农村土地综合整治工程为抓手,整合各部门资金,积极推进污染耕地的综合整治,尤其要重视实用技术的开发,增加治理经费的投入。第一,建立耕地环境质量评价和监测制度,实时监测评估耕地污染状况,为研究有效对策奠定基础;第二,通过控制有机肥污染、优化耕作制度、改换作物品种等方式改善土壤结构,增强土壤对农药和重金属的物理、化学吸附和催化水解能力,培育和提高土壤的自净能力;第三,大力推进土壤污染防治和土壤修复技术在土地综合整治工程中的应用,如化学改良剂、生物改良措施等,对已经污染的耕地进行修复。

而且要协调多部门建立综合决策机制。农村耕地污染涉及国土、环保、农业、工业等多个部门,要制定完善的耕地污染防治机制,需协调各部门建立综合决策机制,确定工矿企业、畜禽养殖业、农业等方面的污染防治政策与计划,在饮水安全、污水处理、垃圾处置、土壤保护、畜禽养殖污染防治五个方面,建立综合决策机制,明确任务、落实责任、督促检查,以实行农村环境综合整治目标责任制的"以考促治"为抓手,不断提高部门协调和规范管理的能力与水平,进一步完善和强化针对土地污染防治的规划和实施体系。

最后要加强耕地污染防治专项立法。目前我国没有直接针对土地污染的专项立法,《中华人民共和国环境保护法》《中华人民共和国农业法》等法律虽然对土地污染做出一些规定,但相应条款大多原则性较强,并未形成可操作的具体法律制度,且缺乏整体性与综合性法律保护对策。法制的缺失是我国耕地污染防治工作的瓶颈,导致了农用土地污染程度的进一步加深。

因此,应多部门联合研究出台改进和提高工艺生产、降低污染的技术及相应的生产标准,并加紧制定相关法律,建立一套与农村经济发展和生态保护相适应的法律制度,力争推动出台《畜禽污染防治条例》，通过立法使耕地污染防治工作步入规范化、法制化轨道。这不仅可以从源头上控制农业生产以及农村生活对耕地的污染，而且能够促使农村地区环境保护基础设施建设和环保产业的发展，从而带动整个农村地区生态环境的改善。

5.4　土壤污染防治的技术路线

通过近年来的努力，全国土壤污染加重趋势得到初步遏制，土壤环境质量总体保持稳定，农用地和建设用地土壤环境安全得到基本保障。但我们仍要清晰地认识到，由于土壤污染具有隐蔽性、累积性、滞后性，同时安全利用技术仍不成熟，随着环境条件、政策投入机制等的变化，可能导致污染物重新释放，风险管控的成效仍不稳定。因此，必须始终牢固树立底线思维，把人民群众的身体健康放在第一位，严守粮食安全和人居安全的红线，不断巩固和提升安全利用成效。

我国土壤污染防治工作仍处于起步阶段，土壤环境管理体系仍不健全，土壤污染呈现局部相对集中、其他地区零星分布的特点，区域性土壤环境风险较高。因此，要系统分析我国土壤污染防治工作中存在的不足和难点，坚持问题导向，突出重点领域、重点区域、重点行业、重点污染物，针对性制定土壤污染治理策略并稳步实施，逐步实现从夯实基础向综合性制度完善、从突发性环境事件遏制向关键问题解决、从局部重点区域治理向全局综合防控的转变。

持续改善环境质量的目标就是要满足人民日益增长的优美生态环境需要。土壤是人类赖以生存的物质基础，干净的土壤是保障农产品质量安全、人居环境安全的根本。因此，必须加强土壤资源的有效利用，改善土壤环境质量，实现清洁、安全、健康的土壤生态产品供给。要把产出农产品安全、健康的居住环境作为土壤生态产品的基础，不断拓宽其内涵，保障清洁空气、安全饮用水等供给，使人民群众有更多获得感、幸福感、安全感。

"十四五"时期实施土壤污染防治，要深入贯彻落实习近平生态文明思想，坚持保护优先、预防为主、风险管控，突出精准治污、科学治污、依法治污，全面贯彻《中华人民共和国土壤污染防治法》和《中华人民共和国固体废物污染防治法》的要求，以确保农产品质量安全、人居环境安全、地下饮用水水源环境安全、逐步改善土壤环境质量为根本目标，深入实施"保护""预防""管控""修复"四大行动。

（1）保护行动

充分结合农用地污染详查成果和农用地土壤环境质量划定成果，对未受到污染的耕地大力落实好《中华人民共和国土壤污染防治法》提出的保护性措施，确保其面积不减少、土壤环境质量不下降，确保我国农用地土壤环境总体质量水平。

自然资源主管部门批准土地复垦方案前，应当对拟复垦土地开展土壤污染状况调查，符合农用地土壤污染风险管控标准的，方可批准复垦。"十三五"期间总体尚未涉及的未利用地，包括林地、草地以及饮用水水源地和自然保护区等应进行保护的土壤，要尽快提上管理日程，通过制定相关制度和标准要求，切实推动这些类型用地的"保护"工作。

（2）管控行动

贯彻落实"多污染物协同控制"要求，进一步推动固体废物、危险废物和土壤环境、地下水环境之间的协同控制。尤其要注意的是，固体废物和危险废物是土壤和地下水污染的源头，"十四五"期间应覆盖正在运行中的生活垃圾、工业固体废物、建筑垃圾等各类堆放场所，开展周边环境土壤和地下水状况的调查与评估。深入实施污染农用地断源行动。

将以重点监管企业（含园区）为重点的在产企业土壤和地下水污染预防各项制度的落实放在更加突出和重要的位置上；重点规范隐患排查、自行监测的实施，加强与企业现有相关制度和规范要求的衔接和统筹，制定配套性制度和鼓励性政策。选择典型在产工业企业和园区开展土壤和地下水环境调查评估、土壤环境风险预警监控体系和风险管控技术与管理综合试点建设，探索土壤污染风险预警体系和在产企业风险管控技术体系；探索开展园区类型污染责任认定试点；大力推动园区大气、水、固体废物和土壤污染综合解决方案和统筹一体的管理平台建设；鼓励制定园区的土壤污染风险管控技术指南。土壤污染重点监管单位应按照国家相关规定购买环境污染责任保险。

《中华人民共和国土壤污染防治法》明确提出，对暂不开发利用的地块和目前治理修复技术尚不成熟的污染地块应重点实施风险管控。"十四五"期间应进一步强化风险管控意识，加强对暂不开发利用地块风险管控相关制度、标准、规范、考核等的制定与执行，加大监督执法力度。

重点加强在开展土地综合整治、废弃矿山整治、绿色矿山建设等山水林田湖整治过程中土壤和地下水的预防、保护与管控的要求。

针对重有色金属矿山和暂不开发利用的污染地块，每年制定风险管控计划，采取移除或者清理污染源、污染隔离阻断等措施，实施以防止污染扩散为目的的风险管控措施，按照年度计划实施风险管控和相应的管理。

（3）修复行动

全面深入建立污染地块全生命周期环境管理体系，重点破解以下几个方面的短板：

1）破解当前土地开发利用时间上，任意压缩土壤调查评估和修复工程实施需要的正常和必要周期，造成土壤修复不确定性和隐患突出的现实矛盾。

2）破解模式创新问题，积极探索土壤调查评估和修复全过程咨询服务模式；通过试点加快"治理修复＋开发利用"制度创新，通过加强承诺制、加大监督管理力度，破解政策障碍；对于大型复杂污染地块，在充分保证风险可控的前提下，探索场内＋场外分步验收方法，合理加快建设用地土壤污染风险管控及修复名录的退出机制。

3）破解当前修复后土壤性质的认定和认识问题，以及修复后土壤资源化利用相关制度和规范缺乏的突出问题。

4）破解污染土壤治理修复或风险管控后期环境监管薄弱的问题，制定相关的制度、规范及责任认定制度，明确资金来源。

5）破解修复工程技术规范和标准缺乏的现实问题，推动在二次污染防治、修复工程设计、工程造价控制、协同高效多技术集成等方面进行经验总结，建立起我国污染耕地安全利用、污染地块修复与风险管控成熟适用的工程、技术、经济、项目管理和监管五大体系。充分发挥团体标准在标准体系制定中的积极作用。

充分落实《中共中央关于制定国民经济和社会发展第十四个五年规划和二〇三五年远景目标的建议》（以下简称《建议》）中提出的关于统筹发展和安全的要求，更加关注各类突发事件对土壤和地下水环境质量的影响，注重开展土壤污染风险应急管理体系的研究和建设，大力落实土壤环境应急处置修复工程和与此相对应的管理、技术和装备的研发与生产。

土壤污染各要素的治理与修复须协同推进，作为生态系统的有机组成，土壤与其他各要素相互影响、依托。要取得有效的污染治理效果，必须坚持系统思维，协同推进各要素的治理修复。增量与存量污染控制并重。经济社会绿色转型发展要求解决好"更好、更快地消除土壤'存量'污染和最大程度减少'增量'污染产生"这一问题。"十四五"时期，应重点解决我国修复与管控技术和装备水平较低、能耗较高、成效不稳定、后期管理薄弱等问题，推动技术可行、经济合理的技术体系不断成熟。加快推进量大面广的在产企业土壤和地下水污染预防、应急、管控与修复体系的建立，通过大力推进土地资产全生命周期环境风险管理试点，尽快建立起在产企业全生命周期土壤环境管理体系。

一方面，要坚持地上地下统筹，推进水土污染协同治理。地表水、地下水与土壤的生态环境质量和生态功能息息相关。因此，在开展土壤污染治理时，不能割据三者之间的联系，不能就土谈土、就水论水，要探索地上地下协同防控和治理的模式，才能获得预期成效。在开展地块污染治理时，应做好土壤和地下水污染同步调查、评估和风险管控；在区域尺度，要加强地表水和地下水污染协同防治、土壤和地下水综合修复，防止污染扩散转移；此外，还要打破要素环境监管壁垒，健全水土环境协同管理制度。

另一方面，要综合施策，推进全要素全过程统筹防控。土壤是大气、水、固体废物等污染物的最终受体，要有效切断土壤污染传输链条，就必须坚持将土壤污染防治与大气、水、固体废物、农业面源等污染治理工作统筹部署、整体推进。为此，要进一步完善生态环境监测体系，推动大气、水、土壤污染协同监控和预测预警；开展废气与废渣、废水与污泥协同治理，探索水气土综合治理技术模式；与此同时，实施土壤污染"断源"行动，加强大气、水、固体废物等污染物排放的统一管理。

关于土壤污染的预防与治理，要系统设计土壤污染防治路线图。面向2035年美丽中国愿景，要以改善土壤环境质量、管控土壤污染风险为核心，系统设计今后一段时期我国土壤污染防治的路线图、施工图，并分阶段有序实施土壤污染风险管控和治理修复。

监管能力薄弱仍是我国土壤环境管理的突出短板，一些地区基层土壤环境管理人员缺乏、监管执法能力不足。针对这一问题，应将土壤环境监管能力提升作为环境治理体系和治理能力现代化建设的重要内容，加快推动土壤环境监管、监测、预警、执法能力建设，使土壤环境监管能力与治理任务相适应。同时，健全土壤污染状况普查和监测制度，定期开展全国土壤污染状况普查和详细调查，完善土壤环境监测网络，及时掌握土壤污染风险并采取有效的管控措施。此外，还要全面落实《中华人民共和国土壤污染防治法》，以中央生态环境保护督察、执法检查、污染防治考核评价等为抓手，落实各方责任，全面推进依法治土。

要想严控新增污染，实现源头稳固，就要全面实施大气、水、固体废物等污染物排放许可管理，切断污染物进入土壤的途径。为此，要加强在产企业土壤污染隐患排查，推动重点行业企业开展污染防渗漏改造，尤其是以工业园区和土壤污染重点监管单位为重点，建立土壤污染风险监测预警机制，并根据污染物排放、土壤和地下水环境质量状况，定期研判土壤污染形势，针对性制定风险管控方案。

安全利用污染土壤，应以受污染耕地和再开发利用污染地块为重点，实施风险管控和污染修复。一方面，在农用地分类管理和安全利用方面，积极探索建立受污染耕地安全利用技术库和农作物种植正负面清单，采取农艺调控、替代种植、特定农产品严格管控区域划定、退耕还林还草等措施，保障产出农产品质量安全。另一方面，实行建设用地全生命周期管理，强化企业的规划布局、退出、调查评估、风险管控与修复、再开发利用准入等全过程有效监管；推动建设用地绿色可持续修复，加强易推广、成本低、效果好的修复工程技术与装备研发、应用和推广。借鉴发达国家污染土壤治理修复的经验。针对污染土壤修复，发达国家先后经历了第一阶段的国家政府部门指挥和控制阶段，第二阶段灵活的国家法规为地方特定场地的决议创造条件和空间，第三阶段利用法规为私有团体参与土壤修复创造机会并扫清障碍。发达国家的经验和教训表明，各国土壤污染防治的早期，不仅面临历史遗留环境管理错位留下的大量工业用地污染问题亟待解决，新问题、新标准以及对应的新政策还会层出不穷，双向压力下保障土壤环境修复产业的健康持续发展十分重要。针对污染土壤修复和管理活动的费用效益分析的结果表明，荷兰全国 50 年开展土壤修复活动，从修复到背景目标到第二阶段基于风险的管控体系，再到倡导绿色可持续的修复管理体系，土壤环境治理获得的社会整体效益与投入略有盈余基本持平。因此，我国从最初阶段就系统构建减少土壤修复的碳足迹、生态足迹和环境足迹的土壤修复模式是必然选择。

土壤污染风险管控是一个长期的动态过程。借鉴发达国家的实践经验，除了要加强受污染土壤安全利用的长期监测，还应对建设用地风险管控与修复后的地块开展后期环境风险评估，并根据评估结果采取相应的管控措施。例如，对已实现安全利用的受污染耕地，要纳入土壤环境监测网络，定期开展土壤和农产品协同监测，对超标粮食进行安全处置，以确保安全利用效果稳定、可持续，确保土壤污染防治走绿色可持续风险管控与修复之路。绿色可持续修复是当前场地修复发展的新阶段和新趋势。绿色可持续的风险管控和治理修复与土壤环境管理的阶段划分和政策引导高度相关。发达国家绿色可持续修复兴起的原因包括：过度修复频发、日益严重的二次影响，以及社会各界对绿色可持续观念的认同。从 21 世纪初期，国际上开始关注污染场地可持续修复，实践表明场地风险管理和修复工程活动在达到可接受风险水平的同时，还会产生社会、经济和环境的正面或负面效益。污染土壤修复走绿色可持续的风险管控和治理修复路径，已经成为国际社会的共识，成为有效应对和系统解决土壤污染这一社会普遍问题的必由之路。

当下我国的土壤污染防治工作面临着各种各样的困难，尤其是监测水平、法律法规、防治技术和资金等方面，所以当下必须要提升监测水平、完善法律法规、对土壤污染的源头加以控制；创新防治技术，综合人为手段干预以及生态修复与自然恢复相结合进行末端治理，保障土壤污染预防与治理的资金支持，进行土地利用的可持续发展，这样才能确保土壤污染防治的有效性，并实现土壤污染防治卓有成效的目的。

5.5　土壤污染防治实践

5.5.1　我国土壤污染与治理的现状及变化

相对于大气和水污染防治来说，我国土壤污染防治工作基础较为薄弱，并没有健全的土壤污染防治体系。但是在土壤污染防治方面，我国也已经开展了大量工作，进行过许多有益的探索和实践。我国的土壤污染防治工作以 2000 年为界限大致可以分为两个阶段。

第一个阶段，我国开展了农业土壤背景值、全国土壤环境背景值和土壤环境容量等相关调查研究，为我国的土壤环境背景含量积累了宝贵的数据。在这一阶段，我国土壤环境状况总体良好，但受到世界土壤环保运动的影响，我国也相继开始关注土壤污染等相关问题，并于 1995 年制定了我国第一个《土壤环境质量标准》GB 15618—1995。

第二个阶段，我国的土壤污染问题开始日益凸显，土壤环境安全问题引起社会广泛关注。为全面推进土壤污染防治工作，我国采取了一系列积极的响应与应对措施。一是组织开展了全国土壤污染状况调查；二是出台了一系列土壤污染防治政策文件；三是加快推进土壤污染防治立法工作；四是开展土壤环境质量标准修订工作；五是制定实施重金属综合防治规划，启动土壤污染治理与修复试点示范；六是编制土壤污染防治行动计划，全面部署土壤污染防治工作。近十年，我国土壤污染防治工作取得了积极进展，具有中国特色的土壤污染防治体系正在逐步构建和形成。

1. 土壤污染防治政策法规的探索

（1）土壤污染防治法的探索

针对大气、水和土壤三大环境介质，我国已经制定了《中华人民共和国大气污染防治法》和《中华人民共和国水污染防治法》，但是土壤污染防治的相关立法工作却一直进度缓慢。此前，有关土壤环境保护的法律规定分散在其他相关法律法规中，如《中华人民共和国环境保护法》《中华人民共和国固体废物污染环境防治法》《中华人民共和国农业法》《中华人民共和国草原法》《中华人民共和国土地管理法》《中华人民共和国农产品质量安全法》等。由于这些规定缺乏系统性、针对性，不能满足土壤污染防治工作的需要，因此亟需制定土壤污染防治专门法律，以满足土壤污染防治工作需要。为了解决这一问题，环境保护部于"十一五"期间便开始了对土壤环境保护立法的前期研究。2013 年，第十二届全国人大常委会将土壤污染防治立法列入第一类立法规划。受全国人大环资委委托，环境保护部联合相关部门研究起草了《中华人民共和国土壤污染防治法》草案建议稿，并于 2014 年 12 月提交给全国人大环资委。直到 2019 年，《中华人民共和国土壤污染防治法》的施行标志着我国土壤保护已开始走向法制化的道路。

（2）土壤污染防治相关政策

"十二五"期间，国家出台了一系列加强土壤污染防治工作的政策文件。2011 年 2 月 14 日，经国务院批准后环境保护部印发了《重金属污染综合防治"十二五"规划》；2011 年 10 月 1 日，国务院发布了《国务院关于加强环境保护重点工作的意见》；2011 年 12 月 15 日，国务院办公厅印发了《国家环境保护"十二五"规划》；2013 年 1 月 28 日，国务院办公厅印发了《近期土壤环境保护和综合治理工作安排的通知》；2013 年 11 月 12 日，党的十八届三中全会通过了《中共中央关于全面深化改革若干重大问题的决定》。这些政策文件的出台标志着我国对于土壤污染防治工作的高度重视。

（3）土壤环境监管规范性文件

国务院相关部门还出台了一些加强土壤环境监管的规范性文件。如 2004 年 7 月 7 日，国家环境保护总局印发了《关于切实做好企业搬迁过程中环境污染防治工作的通知》；2008 年 6 月 6 日，环境保护部印发了《关于加强土壤污染防治工作的意见》；2012 年 11 月 27 日，环境保护部会同工业和信息化部、国土资源部、住房和城乡建设部 4 个部门印发了《关于保障工业企业场地再开发利用环境安全的通知》；2014 年 5 月 14 日，环境保护部印发了《关于加强工业企业关停、搬迁及原址场地再开发利用过程中污染防治工作的通知》等。

2. 土壤环境保护标准体系建设情况

自 1995 年制定发布我国第一个《土壤环境质量标准》GB 15618—1995 以来，截至目前，我国已颁布近 50 项与土壤环境保护相关的标准，初步形成了我国土壤环境保护标准体系。该体系主要由以下几大类组成。

（1）土壤环境质量（评价）类标准

土壤环境质量（评价）类标准，包括 2 项土壤环境质量标准、3 项特殊用地土壤环境评价标准、4 项建设用地土壤环境保护技术导则。

1）《土壤环境质量 农用地土壤污染风险管控标准（试行）》GB 15618—2018；

2）《土壤环境质量 建设用地土壤污染风险管控标准（试行）》GB 36600—2018；

3）《食用农产品产地环境质量评价标准》HJ/T 332—2006；

4）《温室蔬菜产地环境质量评价标准》HJ/T 333—2006；

5）《建设用地土壤污染状况调查 技术导则》HJ 25.1—2019；

6）《建设用地土壤污染风险管控和修复监测技术导则》HJ 25.2—2019；

7）《建设用地土壤污染风险评估技术导则》HJ 25.3—2019；

8）《建设用地土壤修复技术导则》HJ 25.4—2019。

（2）土壤环境监测规范类标准

土壤环境监测规范类标准，包括 1 项土壤环境监测技术规范和 37 项土壤环境污染物监测方法标准。

1）《土壤环境监测技术规范》HJ/T 166—2004；

2）《农用污泥污染物控制标准》GB 4284—2018；

3）《农田灌溉水质标准》GB 5084—2021（计划实行）等。

（3）土壤环境基础类标准

1）《土壤质量 词汇》GB/T 18834—2002；

2）《建设用地土壤污染风险管控和修复术语》HJ 682—2019。

3. 土壤环境调查与监测

根据国务院决定，2005 年 4 月至 2013 年 12 月，我国开展了首次全国土壤污染状况调查。截至 2014 年，我国共完成调查面积 630 万 km^2。2012 年，我国农业部启动了农产品产地土壤重金属污染调查，调查面积 16.23 亿亩。此外，环保和农业部门也对主要的污水灌溉区、金属矿区以及主要粮食产区、重要农产品产地、地表水饮用水水源地等土壤环境质量进行过长期的监测。

由于开展土壤环境调查的部门不同，调查的时间时段以及所应用的调查方法和测定项目不完全相同，因此，此前的调查精度达不到准确划定土壤污染范围或污染地块的要求。为了真正摸清我国土壤污染的现状，满足土壤污染风险管控和治理修复的需要，国家将组织开展土壤污染状况详查工作。这将是又一次重大的全国性土壤环境基础性调查。

4. 土壤污染治理的工程化应用

相对于发达国家和地区来说，我国土壤污染防治工作起步较晚，进展较为缓慢，相关的技术研发和工程化应用均较为落后。此前，国外对于土壤修复工作已有50年左右的经验积累，而我国土壤修复技术研发和工程化应用只有短短10年时间。因此，在国外已形成专业化和实用化的土壤修复技术体系、完备的修复产业链和修复市场，具有成熟的修复工艺、配套的修复材料、成套的修复设备、高素质的咨询专家和工程技术人员时，我国的土壤污染防治工作才刚刚起步。但是，随着一批自主研发的土壤修复技术开始进入工程示范阶段，一批国外先进的技术设备和修复材料也开始引进国内以及一批耕地土壤污染治理与修复试点项目和污染地块修复工程项目开始启动，我国的土壤污染防治工作也逐渐步入正轨。从事土壤污染治理与修复的咨询机构、专业修复和配套服务企业的数量急剧增加，土壤修复产业和市场发展迅速，已逐渐成为新兴的环保产业和经济支柱产业的增长点。图5-9为某重金属污染场地修复工程。

图5-9　重金属污染场地修复工程

5. 全国土壤污染情况调查

按照国务院统一部署，环保部门会同国土资源部开展了全国土壤污染情况调查和污染防治工作。通过调查，初步掌握了全国土壤环境质量状况，建立了我国土壤利用类型的土壤样品库和调查数据库。2005年4月至2013年12月，我国开展了首次全国土壤污染状况调查。调查范围为中华人民共和国境内（未含香港特别行政区、澳门特别行政区和台湾地区）的陆地国土，调查点位覆盖全部耕地及部分林地、草地、未利用地和建设用地，实际调查面积约630万km²。调查采用统一的方法、标准，基本掌握了全国土壤环境质量的总体状况。此次调查的数据成果如下所示。

（1）总体情况

全国土壤环境状况总体不容乐观，部分地区土壤污染较重，耕地土壤环境质量堪忧，工矿业废弃地土壤环境问题突出。工矿业、农业等人为活动以及土壤环境背景值高是造成土壤污染或超标的主要原因。

全国土壤总的超标率为 16.1%，其中轻微、轻度、中度和重度污染点位比例分别为 11.2%、2.3%、1.5%和 1.1%。污染类型以无机型为主，有机型次之，复合型污染比重较小，无机污染物超标点位数占全部超标点位数的 82.8%。

从污染分布情况看，南方土壤污染重于北方；长三角、珠三角、东北老工业基地等部分区域土壤污染问题较为突出，西南、中南地区土壤重金属超标范围较大；镉、汞、砷、铅 4 种无机污染物含量分布呈现从西北到东南、从东北到西南逐渐升高的态势。

（2）污染物超标情况

无机污染物的超标情况为：镉、汞、砷、铜、铅、铬、锌、镍 8 种无机污染物点位超标率分别为 7.0%、1.6%、2.7%、2.1%、1.5%、1.1%、0.9%、4.8%。有机污染物的超标情况为：六六六、DDT、多环芳烃 3 类有机污染物点位超标率分别为 0.5%、1.9%、1.4%。

（3）不同土地利用类型土壤的环境质量状况

我国土壤点位超标率为 19.4%，其中轻微、轻度、中度和重度污染点位比例分别为 13.7%、2.8%、1.8%和 1.1%，主要污染物为镉、镍、铜、砷、汞、铅、DDT 和多环芳烃。不同土地利用类型土壤的环境质量状况：1）林地的土壤点位超标率为 10.0%，其中轻微、轻度、中度和重度污染点位比例分别为 5.9%、1.6%、1.2%和 1.3%，主要污染物为砷、镉、六六六和 DDT。2）草地的土壤点位超标率为 10.4%，其中轻微、轻度、中度和重度污染点位比例分别为 7.6%、1.2%、0.9%和 0.7%，主要污染物为镍、镉和砷。3）未利用地的土壤点位超标率为 11.4%，其中轻微、轻度、中度和重度污染点位比例分别为 8.4%、1.1%、0.9%和 1.0%，主要污染物为镍和镉。

（4）典型地块及其周边土壤污染状况

1）重污染企业用地：在调查的 690 家重污染企业用地及其周边的 5846 个土壤点位中，超标点位占 36.3%，主要涉及黑色金属、有色金属、皮革制品、造纸、石油煤炭、化工医药、化纤橡塑、矿物制品、金属制品、电力等行业。2）工业废弃地：在调查的 81 块工业废弃地的 775 个土壤点位中，超标点位占 34.9%，主要污染物为锌、汞、铅、铬、砷和多环芳烃，主要涉及化工业、矿业、冶金业等行业。3）工业园区：在调查的 146 家工业园区的 2523 个土壤点位中，超标点位占 29.4%。其中，金属冶炼类工业园区及其周边土壤主要污染物为镉、铅、铜、砷和锌，化工类园区及其周边土壤的主要污染物为多环芳烃。4）固体废物集中处理处置场地：在调查的 188 处固体废物处理处置场地的 1351 个土壤点位中，超标点位占 21.3%，以无机污染为主，垃圾焚烧和填埋场有机污染严重。5）采油区：在调查的 13 个采油区的 494 个土壤点位中，超标点位占 23.6%，主要污染物为石油烃和多环芳烃。6）采矿区：在调查的 70 个矿区的 1672 个土壤点位中，超标点位占 33.4%，主要污染物为镉、铅、砷和多环芳烃。有色金属矿区周边土壤镉、砷、铅等污染较为严重。7）污水灌溉区：在调查的 55 个污水灌溉区中，有 39 个存在土壤污染。

在 1378 个土壤点位中,超标点位占 26.4%,主要污染物为镉、砷和多环芳烃。8)干线公路两侧:在调查的 267 条干线公路两侧的 1578 个土壤点位中,超标点位占 20.3%,主要污染物为铅、锌、砷和多环芳烃,一般集中在公路两侧 150m 范围内。

5.5.2 近期土壤环境保护和综合治理工作安排

为应对我国土壤污染的相关问题,国家出台了一系列加强土壤污染防治工作的政策文件。其中,2013 年 1 月 28 日国务院办公厅印发的《近期土壤环境保护和综合治理工作安排的通知》(国发办〔2013〕7 号)对于后期工作的展开具有较强的指导意义。

1. 工作目标

到 2015 年,全面摸清我国土壤环境状况,建立严格的耕地和集中式饮用水水源地土壤环境保护制度,初步遏制土壤污染上升势头,确保全国耕地土壤环境质量调查点位达标率不低于 80%;有序推进典型地区土壤污染治理与修复试点示范,逐步建立土壤环境保护政策、法规和标准体系。力争到 2020 年,建成国家土壤环境保护体系,使全国土壤环境质量得到明显改善。

2. 主要任务

(1)严格控制新增土壤污染

加大环境执法和污染治理力度,确保企业达标排放;严格环境准入,防止新建项目对土壤造成新的污染。定期对排放重金属、有机污染物的工矿企业以及污水、垃圾、危险废物等处理设施周边土壤进行监测,造成污染的要限期予以治理。规范处理污水处理厂污泥,完善垃圾处理设施防渗措施,加强对非正规垃圾处理场所的综合整治。科学施用化肥,禁止使用重金属等有毒有害物质超标的肥料,严格控制稀土农用。严格执行国家有关高毒、高残留农药使用的管理规定,建立农药包装容器等废弃物回收制度。鼓励废弃农膜回收和综合利用。禁止在农业生产中使用含重金属、难降解有机污染物的污水以及未经检验和安全处理的污水处理厂污泥、清淤底泥、尾矿等。

(2)确定土壤环境保护优先区域

将耕地和集中式饮用水水源地作为土壤环境保护的优先区域。在 2014 年底前,各省级人民政府要明确本行政区域内优先区域的范围和面积,并在土壤环境质量评估和污染源排查的基础上,划分土壤环境质量等级,建立相关数据库。禁止在优先区域内新建有色金属、皮革制品、石油煤炭、化工医药、铅蓄电池制造等项目。

(3)强化被污染土壤的环境风险控制

开展耕地土壤环境监测和农产品质量检测,对已被污染的耕地实施分类管理,采取农艺调控、种植业结构调整、土壤污染治理与修复等措施,确保耕地安全利用;污染严重且难以修复的,地方人民政府应依法将其划定为农产品禁止生产区域。已被污染地块改变用途或变更使用权人的,应按照有关规定开展土壤环境风险评估,并对土壤环境进行治理修复,未开展风险评估或土壤环境质量不能满足建设用地要求的,有关部门不得核发土地使用证和施工许可证。经评估认定对人体健康有严重影响的污染地块,要采取措施防止污染扩散,治理达标前不得用于住宅开发。以新增工业用地为重点,建立土壤环境强制调查评估与备案制度。

(4)开展土壤污染治理与修复

以大中城市周边、重污染工矿企业、集中污染治理设施周边、重金属污染防治重点区域、集中式饮用水水源地周边、废弃物堆存场地等为重点，开展土壤污染治理与修复试点示范。在长江三角洲、珠江三角洲、西南、中南、辽中南等地区，选择被污染地块集中分布的典型区域，实施土壤污染综合治理；有关地方要在2013年底前完成综合治理方案的编制工作并开始实施。

（5）提升土壤环境监管能力

加强土壤环境监管队伍与执法能力建设。建立土壤环境质量定期监测制度和信息发布制度，设置耕地和集中式饮用水水源地土壤环境质量监测国控点位，提高土壤环境监测能力。加强全国土壤环境背景点建设。加快制定省级、地市级土壤环境污染事件应急预案，健全土壤环境应急能力和预警体系。

（6）加快土壤环境保护工程建设

实施土壤环境基础调查、耕地土壤环境保护、历史遗留工矿污染整治、土壤污染治理与修复和土壤环境监管能力建设等重点工程，具体项目由环境保护部会同有关部门确定并组织实施。

3. 保障措施

（1）加强组织领导

建立由环境保护部牵头，国务院相关部门参加的部际协调机制，指导、协调和督促检查土壤环境保护和综合治理工作。有关部门要各负其责，协同配合，共同推进土壤环境保护和综合治理工作。地方各级人民政府对本行政区域内的土壤环境保护和综合治理工作负总责，要尽快编制各自的土壤环境保护和综合治理工作方案，明确目标、任务和具体措施。

（2）健全投入机制

各级人民政府要逐步加大土壤环境保护和综合治理投入力度，保障土壤环境保护工作经费。按照"谁污染、谁治理"的原则，督促企业落实土壤污染治理资金；按照"谁投资、谁受益"的原则，充分利用市场机制，引导和鼓励社会资金投入土壤环境保护和综合治理。中央财政对土壤环境保护工程中符合条件的重点项目予以适当支持。

（3）完善法规政策

研究起草土壤环境保护专门法规，制定农用地和集中式饮用水水源地土壤环境保护、新增建设用地土壤环境调查、被污染地块环境监管等管理办法。建立优先区域保护成效的评估和考核机制，制定并实施"以奖促保"政策。完善有利于土壤环境保护和综合治理产业发展的税收、信贷、补贴等经济政策。研究制定土壤污染损害责任保险、鼓励有机肥生产和使用、废旧农膜回收加工利用等政策措施。

（4）强化科技支撑

完善土壤环境保护标准体系，制（修）订土壤环境质量、污染土壤风险评估、被污染土壤治理与修复、主要土壤污染物分析测试、土壤样品、肥料中重金属等有毒有害物质限量等标准；制定土壤环境质量评估和等级划分、被污染地块环境风险评估、土壤污染治理与修复等技术规范；研究制定土壤环境保护成效评估和考核技术规程。加强土壤环境保护和综合治理基础和应用研究，适时启动实施重大科技专项。研发推广适合我国国情的土壤环境保护和综合治理技术和装备。

（5）引导公众参与

完善土壤环境信息发布制度，通过热线电话、社会调查等多种方式了解公众意见和建议，鼓励和引导公众参与和支持土壤环境保护。制定实施土壤环境保护宣传教育行动计划，结合世界环境日、地球日等活动，广泛宣传土壤环境保护相关科学知识和法规政策。将土壤环境保护相关内容纳入各级领导干部培训工作。可能对土壤造成污染的企业要加强对所用土地土壤环境质量的评估，主动公开相关信息，接受社会监督。

（6）严格目标考核

建立土壤环境保护和综合治理目标责任制，制定相应的考核办法，环境保护部要与各省级人民政府签订目标责任书，明确任务和时间要求等，定期进行考核，结果向国务院报告。地方人民政府要与重点企业签订责任书，落实企业的主体责任。要强化对考核结果的运用，对成绩突出的地方人民政府和企业给予表彰，对未完成治理任务的要进行问责。

5.5.3 土壤污染防治行动计划

国务院于 2016 年 5 月 28 日印发并正式实施《土壤污染防治行动计划》（简称"土十条"），旨在切实加强土壤污染防治，逐步改善土壤环境质量。

1. 总体思路

一是坚持问题导向、底线思维。与大气和水污染相比，土壤污染具有隐蔽性，防治工作起步较晚、基础薄弱。为此，需要重点在开展调查、摸清底数，推进立法、完善标准，明确责任、强化监管等方面提出工作要求。同时，提出要坚决守住影响农产品质量和人居环境安全的土壤环境质量底线。二是坚持突出重点、有限目标。以农用地中的耕地和建设用地中的污染地块为重点，明确监管的重点污染物、行业和区域，严格控制新增污染，对重度污染耕地提出更严格管控措施，明确不能种植食用农产品，其他农作物不是绝对不能种；对于污染地块，区分不同用途，不简单禁用，根据污染程度，建立开发利用的负面清单。同时紧扣重点任务，设定有限目标指标，以实现在发展中保护、在保护中发展。三是坚持分类管控、综合施策。根据污染程度将农用地分为三个类别，分别实施优先保护、安全利用和严格管控等措施；对建设用地，按不同用途明确管理措施，严格用地准入；对未利用地也提出了针对性管控要求，实现所有土地类别全覆盖。在具体措施上，对未污染的、已经污染的土壤，分别提出保护、管控及修复的针对性措施，既严控增量，也管好存量，实现闭环管理，不留死角。

2. 工作目标与主要指标

（1）工作目标

到 2020 年，全国土壤污染加重趋势得到初步遏制，土壤环境质量总体保持稳定，农用地和建设用地土壤环境安全得到基本保障，土壤环境风险得到基本管控。到 2030 年，全国土壤环境质量稳中向好，农用地和建设用地土壤环境安全得到有效保障，土壤环境风险得到全面管控。到 21 世纪中叶，土壤环境质量全面改善，生态系统实现良性循环。

（2）主要指标

到 2020 年，受污染耕地安全利用率达到 90% 左右，污染地块安全利用率达到 90% 以上。到 2030 年，受污染耕地安全利用率达到 95% 以上，污染地块安全利用率达到 95% 以上。

3. 内容

（1）开展土壤污染调查，掌握土壤环境质量状况。

对土壤环境背景值的调查是所有防治工作的前提和基础。因此，我国需要在现有调查的基础上，对农用地和重点行业企业用地展开进一步详细、全面的调查。为保证数据的时效性，土壤质量状况的调查定为每 10 年开展一次。第二，构建国家土壤环境质量监测网，优化监测点位的规划、整合及设置，充分发挥各省（区、市）开展土壤环境监测的积极主动性和灵活性。第三，利用大数据平台和移动互联网、物联网等技术，实现数据的多方位收集，实现数据动态更新，吸纳各部门土壤相关数据，构建全国土壤大数据管理平台，加强数据共享，提升土壤环境信息化管理水平。

（2）推进土壤污染防治立法，建立健全法规标准体系。

相对于水污染和大气污染防治，土壤污染防治的相关法律制度建设较为滞后。由于系统性、针对性的缺乏，依法防治土壤污染迫在眉睫。《土壤污染防治行动计划》强调，一是需要建立土壤污染防治法律法规体系，各部门要配合完成土壤污染防治法起草，修订、发布相关领域法律法规及部门规章以增加土壤防治内容，鼓励各地制定地方性土壤污染防治法规；二是建立健全相关标准及技术规范体系，发布、修订、完善相关的标准、技术规范、测试方法及标准样品，明确规定各地可制定严于国家标准的地方土壤环境质量标准；三是通过明确重点监管的物质、行业、区域，建立专项执法机制，全面强化土壤环境监管执法。

（3）实施农用地分类管理，保障农业生产环境安全。

"土十条"对农用地、建设用地分别实施不同的管理措施，且以农用地中的耕地及建设用地中的污染地块为重点，明显地体现出分类管理、突出重点的治理思路。具体来讲，农用地按污染程度分为未污染和轻微污染、轻度和中度污染以及重度污染 3 个类别，分别采取优先保护类、安全利用类及严格管控类等相应管理措施。对于优先保护类的耕地，要求划为永久基本农田，防控企业污染，实行严格保护，激励与惩戒并行。对于安全利用类的耕地，则要求制定利用方案，强化农产品质量检测，加强技术指导培训，降低农产品超标风险。而对于严格管控的耕地，要求划定禁止生产区域，影响水源安全的还需制定环境风险管控方案，开展修复及种植结构调整或进行退耕还林还草。建设用地则要求建立调查评估制度，建立污染地块名录及其开发利用的负面清单，分用途明确管理措施，对于符合相应规划用地要求的地块，可以进入用地程序；对于暂不开放或不具备修复条件的污染地块，则需要进行管控、标识和监测；对于发现污染扩散的，则要采取污染物隔离、阻断等风险管控措施。此外，要建立严格的用地准入制度，将建设用地土壤环境管理要求纳入城市规划和供地管理之中，土地开发利用必须符合土壤环境质量要求。

（4）实施建设用地准入管理，防范人居环境风险。

土壤污染不仅成因复杂，较难察觉，而且易于累积，稀释性差，治理起来周期长、难度大。因此，土壤质量维护尤其要注重污染风险管控及优良土地保护。土壤污染风险管控得当，则能够从源头防止可能损害的发生。"土十条"不仅在总体要求及工作目标等多处提到风险管控，且风险一词在"土十条"中出现的频率达 20 多次。可以说，风险管控贯穿了"土十条"始终。而保护优先的内容集中体现在第五条、第六条中。第五条指出，要通过土壤环境质量评估、定期开展巡查、严查环境违法行为、加强采矿活动的监管等措施、科学、有序地加强对未污染土壤的保护和开发利用；对于排放重点污染物的建设项目，在开展环境影响评价时，要增加对土壤环境影响的评价内容，并提出防范土壤污染的具体措施，以防范建设用地新增污染；强化空间布局，合理分布工业生产、生活、农业养殖等区域。第六条强调要加强对工矿企业活动、矿产资源开发、涉重金属行业、工业废物处理的环境监管；要求合理使用化肥、农药，加强废弃农膜回收利用，强化畜禽养殖污染防治及加强灌溉水水质管理；通过分类投放、建立村庄保洁制度、整治非正规垃圾填埋场、强化含重金属废物的安全处置等，减少生活污染。

（5）强化未污染土壤保护，严控新增土壤污染。

加强对未利用地的环境管理，要求在对未利用地进行开发利用时，对相关环境质量做出充分且详细的评估，在不造成土壤污染的前提下，科学有序地开展未利用地的开发工作，并定期巡查，严厉打击对土壤环境造成污染的各种行为。防范建设用地新增污染要求对排放重点污染物的建设项目提出具体的防范措施，落实土壤污染防治设施与主体工程同时设计、同时施工与同时投入使用，并做好相关监督管理工作。强化空间布局管理要求在综合考虑土壤等环境承载能力的基础上，加强对规划区域的布局论证，尽可能减轻相关企业的土壤污染问题。

（6）加强污染源监管，做好土壤污染预防工作。

土壤污染的监管预防工作需要做到严控工矿污染、控制农业污染和减少生活污染。对于工矿企业，要摸清其分布与污染物排放情况，确定监管名单，在定期监督的情况下，向社会公布有关数据。做到严防矿产资源开发污染、加强涉重金属行业污染防控以及加强工业废物处理处置。控制农业污染主要是对化肥及农药使用情况的控制及监督，鼓励农民合理、科学的使用农药。此外，还需要注意加强废弃农膜的回收利用，强化畜禽养殖污染防治、规范化饲料、兽药等的生产使用，加强灌溉水水质管理。

（7）开展污染治理与修复，改善区域土壤环境质量。

明确治理与修复主体。制定治理与修复规划。有序开展治理与修复。监督目标任务落实。被污染的土地需要采用各种技术加以修复，再根据修复情况重新利用或作其他安排。因此，如何切实有效地推进修复工作及开发相关技术就是关键所在。《土壤污染防治行动计划》明确了土壤治理与修复的主体为造成土壤污染的单位或个人，要求各省制定土壤污染治理与修复规划。同时强调各地要结合城市环境质量和发展布局，以基础设施项目为重点，有序开展治理与修复，强化工程监管。此外，要对治理与修复的成效进行评估，省级环保部门要及时向上汇报，国家环保部门进行督查。

（8）加大科技研发力度，推动环境保护产业发展。

在土壤污染防治的技术方面，要求整合科研资源，加强土壤污染基础性及关键技术的研究，加大适用技术推广力度，通过分批实施200个应用试点项目，遴选出易推广、成本低、效果好的适用技术，并开展国际合作交流，建立成果转化平台，加快成果转化应用。在此基础上，加快完善产业链，开放监测市场，推动产业化示范基地建设，促进土壤治理与修复产业的发展。

（9）发挥政府主导作用，构建土壤环境治理体系。

在我国土壤污染防治工作中，政府及政府内部的责任分工如何划定极其重要。首先必须明确的是，政府在土壤污染防治工作中需要发挥主导作用，完善管理体制，加强财政资金的投入，完善各项激励政策，建设综合防治的先行区，鼓励并引导各企业与全体民众投入到土壤污染防治的行动中去。在开展相关工作时，政府、市场和民众三者从不同方面影响着土壤污染防治效果。需要充分发挥市场作用，通过经济杠杆调整各企业及个体对土壤污染防治的响应程度，同时，应加强社会监督与信息公开程度，引导公众参与，推动公益诉讼。

（10）加强目标考核，严格责任追究。

各地方政府是开展土壤污染防治行动计划的主体，需要结合本行动计划制定相应工作方案，加大资金投入，强化管理模式，落实好相关工作。在政策实施的过程中，一是需要注意做好部门之间的协调联动，各有关部门做好本职工作，协作完成土壤污染防治工作的开展；二是需要落实企业责任，依法严格控制有关企业的污染物排放情况，对土壤造成污染的需要承担相关法律责任；三是严格评估考核，实行目标责任制，将考核结果作为对相关领导班子工作考核的重要凭证。

4. 意义

《土壤污染防治行动计划》是我国"十三五"乃至更长一个时期全国土壤污染防治工作的纲领，对于扎实推进净土保卫战具有重要意义。

（1）通过开展土壤污染状况详查工作，查明农用地土壤污染的面积、分布及其对农产品质量的影响，掌握重点行业企业用地中的污染地块分布及其环境风险情况，摸清土壤污染底数。

（2）通过制修订土壤污染防治相关法律法规、部门规章、标准体系等，使土壤污染防治法律法规标准体系基本建立健全。

（3）通过开展土壤污染治理与修复试点示范，从土壤污染源头预防、风险管控、治理与修复、监管能力建设等方面探索土壤污染综合防治模式，逐步建立我国土壤污染防治技术体系。

（4）通过规范土壤污染治理与修复从业单位和人员管理，明确治理与修复责任主体，实行土壤污染治理与修复终身责任制，充分发挥市场作用等措施，推动土壤污染治理与修复产业发展。

（5）通过明确各方责任、加强信息公开、宣传教育等措施，形成政府主导、企业担责、公众参与、社会监督的土壤污染防治体系。

5.5.4 土壤污染防治法

1. 背景

目前我国在环境保护方面已经颁布了《中华人民共和国环境保护法》《中华人民共和国水污染防治法》《中华人民共和国大气污染防治法》《中华人民共和国固体废物污染环境防治法》等法律法规，但是现有的土壤污染防治的相关规定主要分散体现在《中华人民共和国环境保护法》《中华人民共和国固体废物污染环境防治法》《中华人民共和国农业法》《中华人民共和国草原法》《中华人民共和国土地管理法》《中华人民共和国农产品质量安全法》等环境污染防治、自然资源保护和农业类法律法规之中。如《中华人民共和国环境保护法》第二十条规定"各级人民政府应当加强对农业环境的保护，防治土壤污染、土地沙化、盐渍化、贫瘠化、沼泽化、地面沉降和防治植被破坏、水土流失、水源枯竭、种源灭绝以及其他生态失调现象的发生和发展，推广植物病虫害的综合防治，合理使用化肥、农药及植物生长激素"。《中华人民共和国农业法》第五十五条规定"农业生产经营组织和农业劳动者应当保养土地，合理使用化肥、农药，增加使用有机肥料，提高地力，防止土地的污染、破坏和地力衰退"。第五十六条规定"国家对水土保持工作实行预防为主，全面规划，综合防治，因地制宜，加强管理，注重效益的方针。各级人民政府应当采取措施，加强对小流域治理，控制风沙危害，预防和治理水土流失、土地沙化。禁止毁林开荒、烧山开荒、围湖造田以及开垦国家禁止开垦的陡坡地"。

虽然近年来国务院办公厅印发了《关于印发近期土壤环境保护和综合治理工作安排的通知》，生态环境部印发了多部土壤环保标准，一些地方也出台了针对土壤污染防治的规范性文件，但是这些文件中一些具体的条款标注得不够明显。因此，与大气污染、水污染和固体废物污染的防治相比，土壤污染的防治水平还是比较落后，土壤污染防治相关法律、法规和标准没有形成一套系统性和综合性体系。由于系统性、针对性的缺乏，目前亟需制定土壤污染防治专门法律，以满足土壤污染防治工作需要。

2. 我国法律法规标准体系的发展历程

第一阶段（1979—1986年）。1979年颁布的《中华人民共和国环境保护法（试行）》是最早含有保护土壤的法律文件；1982年颁布的《中华人民共和国宪法》第一章第十条提出"一切使用土地的组织和个人必须合理地利用土地"；1986年颁布的《中华人民共和国土地管理法》第二章第七条规定"使用土地的单位和个人有保护、管理和合理利用土地的义务"。第一阶段中各法律仅规定了"合理利用土地"，无相关制度和法规。

第二阶段（1987—2004年）。1995年《中华人民共和国固体废物污染环境防治法》第六十八条规定了对造成污染的企业或单位生产情况的管控，只强调了污染源的控制；1998年修订的《中华人民共和国土地管理法》第三十五条规定"各级人民政府应当采取措施，维护排灌工程设施，改良土壤，提高地力，防止土地荒漠化、盐渍化、水土流失和污染土地"；2000年《中华人民共和国水污染防治法》第二十四条规定"利用工业废水和城镇污水进行灌溉，应当防止污染土壤、地下水和农产品"；2004年国家环境保护总局发布的《关于切实做好企业搬迁过程中环境污染防治工作的通知》中规定了产生危险废物企（事）业单位的土壤环境污染防治工作。

第三阶段（2005年至今）。2008年环境保护部发布的《关于加强土壤污染防治工作的意见》中明确提出"防治土壤污染是各级政府的责任"；2010年环境保护部、工业和信息化部等8个部门发布的《关于加强重金属污染防治工作的指导意见》首次把重金属污染防治摆在更加紧迫、更加重要的位置；2012年国土资源部《土地复垦条例》第二十七条规定对损毁土地调查评价应当包括"污染情况"；2012年环境保护部、工业和信息化部、国土资源部、住房和城乡建设部发布的《关于保障工业企业场地再开发利用环境安全的通知》对治理修复等工作做出了具有可操作性的规定；2013年国务院办公厅发布的《关于印发近期土壤环境保护和综合治理工作安排的通知》首次提出"谁污染、谁治理""谁投资、谁受益"的原则；2014年环境保护部发布的《关于加强工业企业关停、搬迁及原址场地再开发利用过程中污染防治工作的通知》和《工业企业场地环境调查评估及修复工作指南（试行）》中表明国家已充分认识到工业企业场地开发利用过程中污染防治工作的重要性；2015年环境保护部会同国家发展和改革委员会等部门发布的《重金属污染综合防治"十二五"规划》中提出要"突出重点，控新治旧"；2016年国务院印发了《土壤污染防治行动计划》，这一计划的发布对整个土壤修复事业具有划时代的意义。2019年《中华人民共和国土壤污染防治法》的施行以及上述各项法律和法规的制定，标志着我国土壤保护已经开始走向法制化的道路。我国现行《中华人民共和国土壤污染防治法》共七章九十九条，各章节依次为：总则，规划、标准、普查和监测，预防和保护，风险管控和修复，保障和监督，法律责任，附则。

3. 对土壤污染防治法的解读

（1）落实责任主体，完善管理体制

在《中华人民共和国土壤污染防治法》中，土壤污染责任人一词共出现29次。土壤污染责任人不明确或存在争议时，农用地由地方人民政府农业农村、林业草原主管部门会同生态环境、自然资源主管部门认定，建设用地由地方生态环境部门会同自然资源主管部门认定。认定办法由生态环境部会同有关部门制定。

（2）土壤污染风险管理制度

1）建立土壤污染防治政府责任制度。实行土壤污染防治目标责任制和考核评价制度，采取向人大报告、约谈、行政处分等措施，加大政府问责力度；同时，强化部门联动机制，环保部门对土壤污染防治工作实施统一监督管理，农业农村、自然资源、住房城乡建设、林业草原等主管部门在各自职责范围内对土壤污染防治工作实施监督管理。

2）建立土壤污染责任人制度。"污染者担责"是污染防治法律的主要原则，《中华人民共和国土壤污染防治法》规定了一切单位和个人都有防治土壤污染的义务。

3）建立土壤环境信息共享机制。各部门配合建立土壤环境基础数据库，构建全国土壤环境信息平台。

4）建立土壤污染状况调查、监测制度。各部门配合每10年至少组织开展一次全国土壤污染状况普查，同时，组织监测网络，统一规划国家土壤环境监测站（点）的设置。通过土壤污染监测系统的建立，能够有效把握哪里有土壤污染、有何种污染，及时掌握土壤污染的动态变化。

5）建立土壤有毒有害物质的防控制度。国家公布重点控制的土壤有毒有害物质名录，根据名录具体情况，各级政府制定并公布本行政区域内土壤污染重点监管单位名录，并建立重点监管单位的管理规定，从源头上预防土壤污染。

6）建立土壤污染风险管控和修复制度。《中华人民共和国土壤污染防治法》不仅对土壤污染风险管控和修复的条件、土壤污染状况调查、土壤污染风险评估、污染责任人变更的修复义务等内容进行了规定，还针对农用地与建设用地两种不同类型土地涉及的土壤污染风险管控和修复制度做出了规定。

7）建立土壤污染防治基金制度。设立中央土壤污染防治专项资金和省级土壤污染防治基金，主要用于农用地土壤污染防治和土壤污染责任人或者土地使用权人无法认定的土壤污染风险管控和修复以及政府规定的其他事项。

（3）对行业企业的影响

生态环境部在2018年5月发布的《工矿用地土壤环境管理办法（试行）》中提出了"土壤污染重点监管单位"的概念，类似于《中华人民共和国环境保护法》《中华人民共和国水污染防治法》《中华人民共和国大气污染防治法》中所提出的"重点排污单位"。此次发布的《中华人民共和国土壤污染防治法》仍然使用了这个概念。依据《工矿用地土壤环境管理办法（试行）》，土壤污染重点监管单位主要包括有色金属冶炼、石油加工、化工、焦化、电镀、制革等行业中纳入排污许可重点管理的企业，有色金属矿采选、石油开采行业规模以上企业，以及其他根据有关规定纳入土壤环境污染重点监管单位名录的企业事业单位。除了上述行业之外，存在有毒有害物质的储罐、管道或者建设有污水处理池、应急池、固体废物处置设施等有土壤污染风险设施的企业，也将会纳入土壤环境污染重点监管单位名录管理。

4. 意义

与大气污染、水污染治理相比，土壤污染具有隐蔽性和累积性，不但看不见闻不着，而且不会很快就显现出来，往往要经过 10 年或者 20 年之后才能显现出来。土壤污染防治法的制定意义重大，一是贯彻落实党中央有关土壤污染防治的决策部署；二是完善中国特色社会主义法律体系，尤其是生态环境保护、污染防治的法律制度体系；三是为我国开展土壤防治工作，扎实推进"净土保卫战"提供法治保障。

《中华人民共和国土壤污染防治法》的发布实施，从根本上改变了土壤污染防治无法可依的局面；生态环境部会同有关部门印发了《关于贯彻落实土壤污染防治法推动解决突出土壤污染问题的实施意见》。出台了污染地块、农用地、工矿用地土壤环境管理办法三个部门规章，正在研究制定建设用地、农用地土壤污染责任人认定办法。制修订了农用地土壤污染风险管控标准、建设用地土壤污染风险管控标准等国家标准，以及土壤环境影响评价、建设用地土壤环境调查评估、污染地块风险管控与修复效果评估、农用地土壤环境质量类别划分指南等一系列技术规范。《中华人民共和国土壤污染防治法》配套法规标准、制度框架体系基本建立。

5.5.5 净土保卫战

土壤、地下水和农业农村生态环境保护直接关系粮食安全、饮水安全，关系人民群众身体健康，党中央、国务院高度重视。十八大以来，在习近平新时代中国特色社会主义思想的指导下，按照中央关于建设生态文明、打好污染防治攻坚战的总体部署，我国土壤、地下水和农业农村生态环境保护工作不断深化，取得积极进展和明显成效。

根据 2018 年党和国家机构改革的有关安排，在整合原环境保护部土壤、地下水污染防治和农业农村生态环境保护职责，以及原国土资源部监督防止地下水污染、原农业部监督指导农业面源污染治理职责的基础上，生态环境部设立土壤生态环境司，进一步强化土壤、地下水和农业农村生态环境保护的监管工作。土壤生态环境司主要负责全国土壤、地下水等污染防治和生态保护的监督管理；拟订和组织实施相关政策、规划、法律、行政法规、部门规章、标准及规范；监督防止地下水污染。组织指导农村生态环境保护和农村生态环境综合整治工作；监督指导农业面源污染治理工作。

2016 年 5 月，国务院发布实施《土壤污染防治行动计划》（简称"土十条"），这是我国"十三五"乃至更长一个时期全国土壤污染防治工作的纲领，也是扎实推进净土保卫战的重要遵循。自条例实施以来，我们按照"打基础、建体系、守底线、控风险"工作思路，认真贯彻落实"土十条"，积极协调发挥有关部门、地方和社会有关方面作用，统筹推进土壤污染防治相关工作。各有关部门相继出台落实"土十条"重点工作实施方案，细化政策措施和任务分工；31个省（区、市）人民政府根据"土十条"要求，制定印发省级土壤污染防治工作方案；中央财政设立土壤污染防治专项资金，累计下达280亿元，支持土壤污染防治工作。"土十条"实施以来，耕地周边工矿污染源得到有力整治，建设用地人居环境风险联合监管机制逐步形成，土壤污染加重趋势得到初步遏制，土壤生态环境质量保持总体稳定，净土保卫战取得积极成效。

第 6 章　固体废物处理处置及资源化

人类在开发资源、制造产品和改进环境的过程中都会产生固体废物，而且任何产品经过消费也会变成废物质，最终排入环境中。随着人类生产的发展和生活水平的提高，固体废物的排放量日益增加，污染水体、土壤和大气。然而，固体废物具有两重性，对于某一生产或消费过程来说是废弃物，但对于另一过程来说往往是有使用价值的原料。因此，固体废物处理和利用既要对暂时不能利用的废弃物进行无害化处理，如对城市垃圾采取填埋、焚化等方法予以处置；又要对固体废物采取管理或工艺措施，实现固体废物资源化，如利用矿业固体废物、工业固体废物制造建筑材料，利用农业废弃物制取沼气等。本章内容包括固体废物的总体介绍，固体废物处理处置及资源化的原则、理念、技术和总体路线，以及我国固体废物管理、处理处置及资源化实践。

6.1　固 体 废 物 概 述

固体废物，是指在社会的生产、流通、消费等一系列活动中产生的，在一定时间和地点无法利用的污染环境的固体、半固体物质。不能排入水体的液态废物和不能排入大气的置于容器中的气态废物，由于多具有较大的危害性，一般归入固体废物管理体系。

6.1.1　固体废物的定义及特点

2020 年修订后的《中华人民共和国固体废物污染环境防治法》中明确规定了"固体废物"的含义：是指在生产、生活和其他活动中产生的丧失原有利用价值或者虽未丧失利用价值但被抛弃或者放弃的固态、半固态和置于容器中的气态的物品、物质以及法律、行政法规规定纳入固体废物管理的物品、物质。经无害化加工处理，并且符合强制性国家产品质量标准，不会危害公众健康和生态安全，或者根据固体废物鉴别标准和鉴别程序认定为不属于固体废物的除外。从上述法律定义可以看出，固体废物主要来源于人类的生产和消费活动，人们在开发资源和制造产品的过程中，必然产生废物；任何产品经过使用和消耗后，最终将变成废物。物质和能源消耗量越多，废物产生量就越大。

需要注意的是，一些具有较大危害性的气态、液态废物，一般不能排入大气和水环境中，需要用容器保存。这类气态、液态废物在我国被归入固体废物管理范畴。因此，固体废物不仅指固态和半固态物质，还包括有毒有害的液态和气态物质。由于物质形态的不同，与废水、废气相比，固体废物具有鲜明的时间和空间特征，它同时具有废物和资源的二重特性。从时间角度看，固体废物仅指相对于目前的科学技术和经济条件而无法利用的物质或物品，随着科学技术的发展，昨天的废物有可能成为明天的资源。例如，以往被认为污染环境的石油炼制残余物，现已成为大量使用的沥青筑路材料。从空间角度看，废物仅仅相对于某一过程或某一方面没有使用价值，而并非在一切过程或一切方面都没有使用价值，某一过程的废物，往往是另一过程的原料。例如，高炉渣可以作为水泥生产的原料、电镀污泥可以回收高附加值的重金属产品、城市生活垃圾中的可燃部分经焚烧后可以发电、废旧塑料桶可以通过热解制油、有机垃圾可以作为生物质废物进行利用等。因此，固体废物又有"放错地方的资源"之称。

6.1.2　固体废物的分类及来源

根据不同的分类方法，可把固体废物分为多种类型。按化学组成，可分为有机废物和无机废物；按物理形态，可分为固态废物（如玻璃、报纸、塑料等）、半固态废物（如污泥、油泥、粪便等）和液态（气态）废物（如废酸、废弃油漆、有机溶剂等）；按污染特性，可分为一般废物和危险废物。

在我国，比较普遍采用的是根据固体废物来源分类，依据《中华人民共和国固体废物污染环境防治法》，将固体废物分为工业固体废物、生活垃圾、建筑垃圾、农业固体废物以及危险废物等类别进行管理，表 6-1 为各类固体废物的来源和主要组成。2020 年修订后的《中华人民共和国固体废物污染环境防治法》还对废弃电器电子产品、一次性塑料制品（如不可降解塑料袋等）和污泥的处理处置作了专门要求，另外，放射性废物虽然不属于《中华人民共和国固体废物污染环境防治法》管理的范围，但有其特殊性，本节也作简要介绍。

固体废物的分类、来源和主要组成物　　　　　　　　　　　　表 6-1

分类	来源	主要组成物
工业固体废物	冶金工业	指各种金属冶炼和加工过程中产生的废弃物，如高炉渣、钢渣、制铅铬汞渣、赤泥、废矿石、烟尘、各种废旧建筑材料等
	矿业	指各类矿物开发、加工利用过程中产生的废物，如废矿石、煤矸石、粉煤灰、烟道灰、炉渣等
	石油与化学工业	指石油炼制及其产品加工、化学工业产生的固体废物，如废油、浮渣、含油污泥、炉渣、塑料、橡胶、陶瓷、纤维、沥青、油毡、石棉、涂料、化学药剂、废催化剂和农药等
	轻工业	指食品工业、造纸印刷、纺织服装、木材加工等轻工部门产生的废弃物，如各类食品糟渣、废纸、金属、皮革、塑料、橡胶、布头、线、纤维、染料、刨花、锯末、碎木、化学药剂、金属填料、塑料填料等
	机械电子工业	指机械加工、电器制造及其使用过程中产生的废弃物，如金属碎料、铁屑、炉渣、模具、砂芯、润滑剂、酸洗剂、导线、玻璃、木材、橡胶、塑料、化学药剂、研磨料、陶瓷、绝缘材料以及废旧汽车、电冰箱、微波炉、电视机和电扇等
	建筑工业	指建筑施工、建材生产和使用过程中产生的废弃物，如钢筋、水泥、黏土、陶瓷、石膏、石棉、砂石、砖瓦、纤维板等
	电力工业	指电力生产和使用过程中产生的废弃物，如煤渣、粉煤灰、烟道灰等
生活垃圾	居民生活	指家庭日常生活过程中产生的废物，如食物垃圾、纸屑、衣物、庭院修剪物、金属、玻璃、塑料、陶瓷、炉渣、灰渣、碎砖瓦、废器具、粪便、杂品、废旧电器等
	商业、机关	指商业、机关日常工作过程中产生的废物，如废纸、食物、管道、碎砌体、沥青及其他建筑材料，废汽车、废电器、废器具，具有易爆、易燃、腐蚀性废物，以及类似居民生活栏内的各种废物
	市政维护与管理	指市政设施维护和管理过程中产生的废物，如碎砖瓦、树叶、死禽死畜、金属、锅炉灰渣、污泥、脏土等

分类	来源	主要组成物
农业固体废物	种植业	指作物种植生产过程中产生的废弃物，如稻草、麦秸、玉米秸、根茎、落叶、烂菜、废农膜、农用塑料、农药等
	养殖业	指动物养殖生产过程中产生的废弃物，如畜禽粪便、死禽死畜、死鱼死虾、脱落的羽毛等
	农副产品加工业	指农副产品加工过程中产生的废弃物，如畜禽内容物、鱼虾内容物、未被利用的菜叶、菜梗和菜根、秕糠、稻壳、玉米芯、瓜皮、果皮、果核、贝壳、羽毛、皮毛等
危险废物	化学工业、医疗单位、科研单位、核工业等	主要为来自于化学工业、医疗单位、制药业、科研单位等产生的废弃物，如粉尘、污泥、医院使用过的器械和产生的废物、化学药剂、制药厂药渣、废弃农药、炸药、废油等

（1）工业固体废物（industrial solid waste），是指在工业生产活动中产生的固体废物。工业固体废物按行业主要包括以下几类：

1）冶金工业固体废物——主要包括各种金属冶炼或加工过程中所产生的废渣，如高炉炼铁产生的高炉渣、平炉（转炉/电炉）炼钢产生的钢渣、铜镍锌铅等有色金属冶炼过程中产生的有色金属渣、铁合金渣以及提炼氧化铝时产生的赤泥等。

2）能源工业固体废物——主要包括燃煤电厂产生的粉煤灰、炉渣、烟道灰、采煤及洗煤过程中产生的煤矸石等。

3）石油化学工业固体废物——主要包括石油及加工工业产生的油泥、焦油页岩渣、废催化剂、废有机溶剂等，化学工业生产过程中产生的硫铁矿渣、酸（碱）渣、盐泥、金底泥、精（蒸）馏残渣以及医药和农药生产过程中产生的医药废物、皮药品、废农药等。

4）矿业固体废物——主要包括采矿废石和尾矿，废石是指各种金属、非金属矿山开采过程中从主矿上剥离下来的各种围岩，尾矿是指在选矿过程中提取精矿以后剩下的尾渣。

5）轻工业固体废物——主要包括食品工业、造纸印刷工业、纺织印染工业、皮革工业等工业加工过程中产生的污泥、废酸、废碱以及其他废物。

6）其他工业固体废物——主要包括机加工过程产生的金属碎屑、电镀污泥、建筑废料以及其他工业加工过程产生的废渣和工业副产石膏等。其中，工业副产石膏包括脱硫石膏、磷石膏、氟石膏、钛石膏、盐石膏等。

（2）生活垃圾（municipal solid waste），是指在日常生活中或者为日常生活提供服务的活动中产生的固体废物，以及法律、行政法规规定视为生活垃圾的固体废物。生活垃圾一般可分为四大类：可回收垃圾、餐厨垃圾、有害垃圾和其他垃圾。常用的垃圾处理处置方法主要有综合利用、卫生填埋、焚烧和堆肥。

1）可回收垃圾——废纸，废塑料，废金属，废包装物，废旧纺织物，废弃电器电子产品，废玻璃，废纸塑铝复合包装等。

2）餐厨垃圾——相关单位食堂、宾馆、饭店等产生的餐厨垃圾，农贸市场、农产品批发市场产生的蔬菜瓜果垃圾、腐肉、肉碎骨、蛋壳、畜禽产品内脏等。

3）有害垃圾——废电池（镉镍电池、氧化汞电池、铅蓄电池等），废荧光灯管（日光灯管、节能灯等），废温度计，废血压计，废药品及其包装物，废油漆、溶剂及其包装物，废杀虫剂、消毒剂及其包装物，废胶片及废相纸等。

4）其他垃圾——包括除上述几类垃圾之外的砖瓦陶瓷、渣土、卫生间废纸等难以回收的废弃物，采取卫生填埋可有效减少其对地下水、地表水、土壤及空气的污染。

（3）建筑垃圾（construction waste），是指建设单位、施工单位新建、改建、扩建和拆除各类建筑物、构筑物、管网等，以及居民装饰装修房屋过程中产生的弃土、弃料和其他固体废物。按产生源分类，建筑垃圾可分为工程渣土、装修垃圾、拆迁垃圾、工程泥浆等；按组成成分分类，建筑垃圾可分为渣土、混凝土块、碎石块、砖瓦碎块、废砂浆、泥浆、沥青块、废塑料、废金属、废竹木等。

（4）农业固体废物（agricultural solid waste），是指在农业生产活动中产生的固体废物。农业固体废物主要来自于植物种植业、动物养殖业和农副产品加工业。可分为：1）农田和果园残留物，如秸秆、残株、杂草、落叶、果实外壳、藤蔓、树枝和其他废物；2）牲畜和家禽粪便以及栏圈铺垫物等；3）农产品加工废弃物；4）人粪尿以及生活废弃物。

（5）危险废物（hazardous waste），是指列入国家危险废物名录或者根据国家规定的危险废物鉴别标准和鉴别方法认定的具有危险特性的固体废物。危险废物主要来自于石油工业、化学工业、医疗和科研单位等。危险废物的危险特性，是指对生态环境和人体健康具有有害影响的毒性（Toxicity，T）、腐蚀性（Corrosivity，C）、易燃性（Ignitability，I）、反应性（Reactivity，R）和感染性（Infectivity，In）。危险废物由于其特有的性质，对环境污染严重、危害显著，需要进行严格的管理。基于危险废物越境转移对其他国家的危害与国际论争，1989 年 3 月联合国环境规划署颁布了《控制危险废物越境转移及其处置巴塞尔公约》，截至 2019 年 5 月 10 日第十四次缔约国大会，缔约国达到 170 个。《控制危险废物越境转移及其处置巴塞尔公约》列出了"应加以控制的废物类别"共 45 类，"须加特别考虑的废物类别"共 2 类。我国于 1998 年 1 月 4 日发布并于 1998 年 7 月 1 日实施的《国家危险废物名录》（环发［1998］89 号），规定了我国危险废物共分为 47 大类。2020 年 11 月 5 日我国生态环境部颁布了于 2021 年 1 月 1 日实施的《国家危险废物名录（2021 年版）》，根据该名录，国家规定的危险废物类别共分为 50 大类，与 1998 年版相比增加了 HW48 "有色金属冶炼废物"、HW49 "其他废物"和 HW50 "废催化剂"，见表 6-2。

国家危险废物名录废物类别汇总　　　　　　　　　　　　　　　　表 6-2

废物类别	行业来源
HW01　医疗废物	卫生，非特定行业
HW02　医药废物	化学药品原药制造，化学药品制剂制造，兽用药品制造，生物、生化制品的制造
HW03　废药物、药品	非特定行业
HW04　农药废物	农药制造，非特定行业
HW05　木材防腐剂废物	木材加工，专用化学产品制造，非特定行业
HW06　非有机溶剂与含有机溶剂废物	非特定行业
HW07　热处理含氰废物	金属表面处理及热处理加工

废物类别	行业来源
HW08 废矿物油与含废矿物油废物	石油开采，天然气开采，精炼石油产品制造，电子元件及专用材料制造，橡胶制品业，非特定行业
HW09 油/水、烃/水混合物或乳化液	非特定行业
HW10 多氯（溴）联苯类废物	非特定行业
HW11 精（蒸）馏残渣	精炼石油产品制造，煤炭加工，燃气生产和供应业，基础化学原料制造，石墨及其他非金属矿物制品制造，环境治理业，非特定行业
HW12 染料、涂料废物	涂料、油墨、颜料及类似产品制造，非特定行业
HW13 有机树脂类废物	合成材料制造，非特定行业
HW14 新化学物质废物	非特定行业
HW15 爆炸性废物	炸药、火工及焰火产品制造
HW16 感光材料废物	专用化学产品制造，印刷，电子元件及电子专用材料制造，影视节目制作，摄影扩印服务，非特定行业
HW17 表面处理废物	金属表面处理及热加工
HW18 焚烧处置残渣	环境治理业
HW19 含金属羰基化合物废物	非特定行业
HW20 含铍废物	基础化学原料制造
HW21 含铬废物	毛皮鞣制及制品加工，基础化学原料制造，铁合金冶炼，金属表面处理及热加工，电子元件及电子专用材料制造
HW22 含铜废物	玻璃制造，电子元件及电子专用材料制造
HW23 含锌废物	金属表面处理及热处理加工，电池制造，炼钢，非特定行业
HW24 含砷废物	基础化学原料制造
HW25 含硒废物	基础化学原料制造
HW26 含镉废物	电池制造
HW27 含锑废物	基础化学原料制造
HW28 含碲废物	基础化学原料制造
HW29 含汞废物	天然气开采，常用有色金属矿采选，贵金属冶炼，印刷，基础化学原料制造，合成材料制造，常用有色金属冶炼，电池制造，照明器具制造，通用仪器仪表制造，非特定行业
HW30 含铊废物	基础化学原料制造
HW31 含铅废物	玻璃制造，电子元件及专用材料制造，电池制造，工艺美术及礼仪用品制造，非特定行业
HW32 无机氟化物废物	非特定行业
HW33 无机氰化物废物	贵金属矿采选，金属表面处理及热加工，非特定行业
HW34 废酸	精炼石油产品制造，涂料、油墨、颜料及类似产品制造，基础化学原料制造，钢压延加工，金属表面处理及热加工，电子元件及专用材料制造，非特定行业

废物类别	行业来源
HW35 废碱	精炼石油产品制造，基础化学原料制造，毛皮鞣制及制品加工，纸浆制造，非特定行业
HW36 石棉废物	石棉及其他非金属矿采选，基础化学原料制造，石膏、水泥制品及类似制品制造，耐火材料制品制造，汽车零部件及配件制造，船舶及相关装置制造，非特定行业
HW37 有机磷化合物废物	基础化学原料制造，非特定行业
HW38 有机氰化合物废物	基础化学原料制造
HW39 含酚废物	基础化学原料制造
HW40 含醚废物	基础化学原料制造
HW41 废卤化有机溶剂	印刷，基础化学原料制造，电子元件制造，非特定行业
HW42 废有机溶剂	印刷，基础化学原料制造，电子元件制造，皮革鞣制加工，毛纺织和染整精加工，非特定行业
HW43 含多氯苯并呋喃类废物	非特定行业
HW44 含多氯苯并二噁英类废物	非特定行业
HW45 含有机卤化物废物	基础化学原料制造
HW46 含镍废物	基础化学原料制造，电池制造，非特定行业
HW47 含钡废物	基础化学原料制造，金属表面处理及热处理加工
HW48 有色金属冶炼废物	常用有色金属矿采选，常用有色金属冶炼，稀有稀土金属冶炼
HW49 其他废物	石墨及其他非金属矿物制品制造，环境治理业，非特定行业
HW50 废催化剂	精炼石油产品制造，基础化学原料制造，农药制造，化学药品原料药制造，兽用药品制造，生物药品制品制造，环境治理业，非特定行业

（6）其他废物

1）灾害性废物（disaster waste），主要是指突发性事件特别是自然灾害（如海啸、地震等）造成的固体废物，其主要特点是产生不可预见、产生量大、组分特别复杂，若处置不及时会有潜在的传播疾病的隐患。目前对灾害性废物的收运和处理处置的研究还相当缺乏，需要和相应的应急系统一并考虑，才能起到最好的效果。

2）放射性废物（radioactive waste），由于放射性废物在管理方法和处置技术等方面与其他废物有明显的差异，因此大多数国家都不将其包含在危险废物范围内。但随着核能和核技术在各个领域得到广泛利用，核能和核技术开发利用方面的安全问题以及放射性污染防治问题也随之日益突出，为此，我国于2003年颁布实施了《中华人民共和国放射性污染防治法》，该法对放射性固体废物的管理和处置进行了明确的规定。放射性同位素含量超过国家规定限值的固体、液体和气体废物，统称为放射性废物。从处理和处置的角度，按比活度和半衰期将放射性废物分为高放长寿命、中放长寿命、低放长寿命、中放短寿命和低放短寿命五类。低、中水平放射性固体废物在符合国家规定的区域实行近地表处置，高水平放射性固体废物和α放射性固体废物实行集中的深地质处置。禁止在内河水域和海洋上处置放射性固体废物。

6.1.3　固体废物污染及其控制

固体废物大部分属于固态、半固态物质，不具有流动性，进入环境后，并没有被与其形态相同的环境体接纳。因此，固体废物无法像废水、废气那样可以迁移到大容量的水体（如江河、湖泊和海洋）或进入大气中，通过自然界中物理、化学、生物等多种途径进行稀释、降解和净化。不能被环境消纳的固体废物，会通过散发有害气体、释放渗滤液和侵占土地等途径污染周边的地下水、地表水、空气和土壤，进而通过动植物等食物链危害人类身体健康，固体废物的主要污染途径如图 6-1 所示。例如，填埋场中的城市生活垃圾一般需要经过 10～30 年才可趋于稳定，而其中的废旧塑料、薄膜等即使经历更长的时间也不能完全降解。在此期间，垃圾会不停地释放和散发臭气，产生的渗滤液还会污染地表水和地下水等。而且，即使其中的有机污染物稳定化，大量的不可降解物仍会堆存在填埋场中，持续占用大量的土地资源。

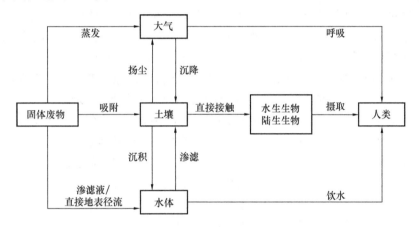

图 6-1　固体废物的主要污染途径

资料来源：孙秀云，王连军，李健生．固体废物处理处置［M］．北京：北京航空航天大学出版社，2015.

1. 固体废物的污染及危害

固体废物的环境污染存在于贮存、收运、回收利用及最终处置的各个环节和整个过程。固体废物对环境介质可能造成的污染如下：

（1）污染水体。固体废物对水体的污染有直接污染和间接污染两种途径。一是把水体作为固体废物的接纳体，向水体中直接倾倒废物，从而导致水体的直接污染；二是固体废物在堆积过程中，经雨水浸淋和自身分解产生的渗滤液流入江河、湖泊和渗入地卜而导致地表水和地下水的污染。

（2）污染大气。固体废物在贮存、处理处置过程中会产生有害气体，对大气产生不同程度的污染。露天堆放的固体废物中有机成分的分解会产生具有恶臭气味的气体；垃圾在焚烧过程中会产生酸性气体、粉尘和二噁英等污染空气，填埋处置后还会产生甲烷、硫化氢等有害气体。此外，固体废物堆中的尾矿、粉煤灰、干污泥和垃圾中的尘粒会随风扩散，造成大面积的空气污染。

（3）污染土壤。固体废物及其渗滤液所含的有害物质会改变土质和土壤结构，影响土壤中微生物的活动，有碍植物根系生长，或在植物机体内积蓄，并通过食物链影响人体健康和饲养的动物。

固体废物，特别是危险废物，在露天存放、处理或处置过程中，其中的有害成分在物理、化学和生物的作用下会发生浸出，含有害成分的浸出液可通过地下水、地表水、大气和土壤等环境介质直接或间接被人体吸收，从而对人体健康造成危害。工矿业废物所含化学成分会污染饮用水；生活垃圾携带的有害病菌、垃圾焚烧过程中产生的飞灰和二噁英等都会严重威胁人体健康。

此外，固体废物产生后还需要占用大量土地进行堆放，据统计，每堆积 1 万 t 废渣需要占用土地 $0.067hm^2$。固体废物的消极排弃还会造成资源的浪费，如矿物资源的利用率不到 50%，同时固体废物的排放和处置还会增加经济负担。固体废物的不妥善处理处置还会影响环境卫生并造成景观污染，如城市固体废物管理不当造成的"白色污染"和"垃圾长城"等。

2. 固体废物污染控制

固体废物的成分相当复杂，其物理性质（体积、流动性、均匀性、粉碎程度、水分、热值等）也千变万化，因此，应综合采用科学技术和管理措施，控制固体废物对环境的污染及回收利用固体废物中的有用资源。技术性措施包括固体废物处置和固体废物利用。

（1）固体废物的贮存，是指将固体废物临时置于特定设施或者场所中的活动。一般固体废物应设置专用贮存、堆放场地。危险废物必须设置专用堆放场地，有防扬散、防流失、防渗透和防雨等措施，禁止将危险废物混入非危险废物中贮存。固体废物贮存、堆放场地必须设有污水收集系统，所收集的污水必须经处理达标后排放。须在固体废物贮存、堆放场地设立环境保护图形标志牌。场地周边应设导流渠，防止雨水进入并贮存在堆放场地内。应构筑堤、坝、挡土墙等设施，防止废物及其渗滤液的流失。

（2）固体废物的处置，是指将固体废物焚烧和用其他改变固体废物的物理、化学、生物特性的方法，达到减少已产生的固体废物数量、缩小固体废物体积、减少或者消除其危险成分的活动，或者将固体废物最终置于符合环境保护规定要求的填埋场的活动，如固化/稳定化、焚烧、填埋等，其目的和技术要求是使被处置的固体废物在环境中最大限度地与生物圈隔离，控制或消除其对环境造成的污染和危害。

（3）固体废物的处理，是指通过物理、化学、生物技术，将固体废物转化为便于运输、贮存、利用以及最终处置的另一种形体结构。目标是无害化、减量化和资源化。固体废物处理技术可分为物理处理技术和生物处理技术，其中物理处理技术包括固体废物的压实、破碎及分选处理技术以及污泥的浓缩、调制破解及脱水处理技术，主要应用于固体废物的前处理过程，使固体废物满足后续处理或最终处置的工艺要求；固体废物的生物处理技术主要包括堆肥、厌氧消化等，一般应用于有机质含量较高的固体废物的处理；此外还有固体废物热处理技术，即在设备中以高温分解和深度氧化为主要手段，通过改变固体废物的化学、物理或生物特性和组成来处理固体废物的过程，包括焚烧、热解、熔融、干化、湿式氧化和烧结等技术。

（4）固体废物的利用，即固体废物资源化，指从固体废物中提取物质作为原材料或者燃料的活动，是为保护环境、发展生产、控制环境污染而采取的积极性措施。主要途径有：利用矿物肥料、工业废渣等制造水泥、砖、混凝土制品等建筑材料和道路工程材料及垫层、结构层、面层和底层，或用作冶金、化工、轻工等工业原料；利用所含碳、油或其他有机废物回收能源；利用含有土壤、植物所需要的元素或化合物的固体废物作为肥料或土壤改良剂。利用方式包括直接利用、物质回收（回收纸、玻璃、金属）、物质转换（有机垃圾堆肥、厌氧产沼气）、能量转化（焚烧产生热能）等。

6.2 固体废物处理处置及资源化原则和技术

固体废物如若不经过及时有效地处理处置，会通过多种途径危害环境和人体健康。不同于其他类型的环境污染物，固体废物因其呆滞性大、扩散性小，主要通过水、气和土壤三种介质对环境造成影响。固体废物难以被稀释，通常其产生的有毒有害组分进入水、气和土壤环境后的释放速率很慢，在对受污染的水、气和土壤进行处理处置时，其中的有害物质以粉尘、废渣、污泥等终态物形式富集起来，在多种因素的作用下又被重新投入到环境中，成为再次污染水体、大气和土壤环境的污染源头，从而形成固体废物的污染循环。污染物在环境中的迁移是一个比较缓慢的过程，其危害可能在数年甚至数十年后才能被发现，但发现污染时，其造成的灾难性后果往往已经难以挽救，因此，固体废物对环境的危害具有潜在性、长期性和灾难性，从某种意义上讲，固体废物特别是危险废物对环境造成的危害可能要比水、气造成的危害严重得多。

6.2.1 固体废物处理处置及资源化原则

1."三化"原则

《中华人民共和国固体废物污染环境防治法》中指出，固体废物污染环境防治坚持减量化、资源化和无害化的原则，减少固体废物的产生量，促进固体废物的综合利用，降低固体废物的危害性，推行绿色发展方式，促进清洁生产和循环经济发展。该法首先确立了固体废物管理的"三化"基本原则，同时确立了对固体废物进行全过程管理的原则。近年来，根据上述原则逐渐形成了按照循环经济模式对固体废物进行管理的基本框架。"三化"基本原则是我国固体废物管理的基本技术政策。

（1）减量化原则

减量化是指通过采用合适的管理和技术手段减少固体废物的产生量和危害性。实现固体废物减量化包括两种途径，首先要从源头上解决问题，这也就是通常所说的"源削源"；其次要对产生的固体废物进行有效的处理和最大限度的回收利用，以减少固体废物的最终处置量。

目前固体废物的排放量十分巨大，如果能够采取措施，最小限度地产生和排放固体废物，就可以从源头上直接减少或减轻固体废物对环境和人体健康的危害，也可以最大限度地合理开发利用资源和能源。减量化的要求，不只是减少固体废物的数量和体积，还包括尽可能地减少其种类、降低危险废物中有害成分的浓度、减轻或清除其危险特性等。减量化是对固体废物的数量、体积、种类、有害性的全面管理，应积极开展清洁生产工艺。因此减量化是防止固体废物污染环境的优先措施。就国家而言，应当改变粗放经营的发展模式，鼓励和支持开展清洁生产，开发和推广先进的生产技术和设备，充分合理地利用原材料、能源和其他资源。目前常用的固体废物处理处置技术在减量化方面有着显著的效果，焚烧可以使垃圾减容90％以上，减重80％。填埋通过压实机械，对垃圾分层压实，实现减容目的。堆肥通过微生物发酵排放二氧化碳和水蒸气来达到减量目的，减量达40％～50％。

（2）资源化原则

资源化是指采取管理和工艺措施从固体废物中回收物质和能源，加速物质和能源的循环，创造经济价值的广泛的技术方法。从便于固体废物管理的角度来说，资源化的定义包括以下三个范畴，分别是物质回收、物质转换和能量转换。物质回收是指从处理的废物中回收一定的二次物质，如纸张、玻璃、金属等。物质转换是指利用废物制取新形态的物质，如利用废玻璃和废橡胶生产铺路材料，利用炉渣生产水泥和其他建筑材料，利用有机垃圾生产堆肥等。能量转换是指从废物处理过程中回收能量，以生产热能或电能，例如通过有机废物的焚烧处理回收热量进一步发电，或者利用垃圾厌氧消化产生沼气，作为能源向居民和企业供热或电。

（3）无害化原则

无害化是指对已产生又无法或暂时尚不能综合利用的固体废物，经过物理、化学或生物方法，进行对环境无害或低危害的安全处理、处置，达到废物的消毒、解毒或稳定化，以防止并减少固体废物对环境的污染危害。在固体废物的处理处置中，有多种技术可以实现固体废物的无害化，并且都得到了充分应用，例如固体废物的填埋处置技术和焚烧处理技术、有机废物的热处理技术、危险废物的稳定化/固化处理技术等。

2. 全过程管理原则

固体废物的治理不应仅仅聚焦在末端治理上，更应对固体废物实行源头控制，目前，在世界范围内取得共识的解决固体废物污染控制问题的基本对策是避免产生（Clean）、综合利用（Cycle）和妥善处置（Control）的"3C原则"。《中华人民共和国固体废物污染环境防治法》确立了对固体废物进行全过程管理的原则，全过程管理原则是指对固体废物从产生、收集、贮存、运输、利用直到最终处置的全过程实行一体化的管理。如对危险废物而言，由于其种类繁多、性质复杂、危害特性和方式各有不同，则应根据不同的危害特性与危害程度，采取区别对待、分类管理的原则，即对具有特别严重危害性质的危险废物，实行较一般废物更严格的标准和更高的技术要求，进行严格控制和重点管理。具体包括对危险废物进行鉴别、分析、监测、实验、处理、处置，以及对废物进行接收、验查、残渣监督、操作和设施的关闭等各个环节的管理。由于这一原则包括了从固体废物的产生到最终处置的全过程，故亦称为"从摇篮到坟墓（from cradle to grave）"的管理原则。

固体废物从产生到处置可分为五个连续或不连续的环节进行控制。第一环节要求采取有效的清洁生产工艺，在这一阶段，通过改变原材料、改进生产工艺和更换产品等来减少或避免固体废物的产生。第二环节要求尽可能对生产过程中产生的固体废物进行系统内的回收利用。第三环节要求关注系统外的回收利用（如废物交换等）。第四环节要求对固体废物进行无害化和稳定化处理。第五环节要求通过处置或者管理来实现固体废物的安全处理处置，并且在最终处置或者管理前，通过浓缩、压实等操作实现减容减量处理。在这五个环节中，前两个环节，即清洁生产技术的采用和系统内的回收利用，作为源头控制措施显得尤为重要，但是在各种生产和生活活动中不可避免地要产生固体废物，对于已经产生的固体废物，建立和健全与之相适应的处理处置体系也是必不可少的。在固体废物的全过程管理原则中，对源头的生产，尤其是对工业生产的生产工艺（包括原材料和产品结构等）进行改革与更新，尽量采用清洁生产工艺，显得更为重要。

3. 循环经济的"3R"原则

《中华人民共和国循环经济促进法》中指出，循环经济是指在生产、流通和消费等过程中进行的减量化、再利用、资源化活动的总称。其中减量化是指在生产、流通和消费等过程中减少资源消耗和废物产生。再利用是指将废物直接作为产品或者经修复、刷新、再制造后继续作为产品使用，或者将废物的全部或者部分作为其他产品的部件予以使用。资源化是指将废物直接作为原料进行利用或者对废物进行再生利用。其本质特征为节约资源和资源的循环再利用，其目的是建立一个科学的经济生态系统。

"3R"原则是指减量化原则（Reduce）、再使用原则（Reuse）和再循环原则（Recycle），即通过节约、回收和再利用废旧资源，实现经济和社会效益的最佳化。

减量化原则（Reduce）：要求用较少的原料和能源投入来达到既定的生产目的或消费目的，进而达到从经济活动的源头就注意节约资源和减少污染。在生产中，减量化原则常常表现为要求产品小型化和轻型化。此外，减量化原则要求产品的包装应该追求简单朴实而不是奢侈浪费，从而达到减少废物排放的目的。

再使用原则（Reuse）：要求制造产品和包装容器能够以初始的形式被反复使用。再使用原则要求抵制当今世界一次性用品的泛滥，生产者应该将制品及其包装当作一种日常生活器具来设计，使其像餐具和背包一样可以被再三使用。再使用原则还要求制造商应该尽量延长产品的使用期，而不是非常快地更新换代。

再循环原则（Recycle）：要求生产出来的物品在完成其使用功能后能重新变成可以利用的资源，而不是不可恢复的垃圾。按照循环经济的思想，再循环有两种情况，一种是原级再循环，即废品被循环用来产生同种类型的新产品，例如报纸再生报纸、易拉罐再生易拉罐等；另一种是次级再循环，即将废物资源转化成其他产品的原料。原级再循环在减少原材料消耗方面达到的效率要比次级再循环高得多，是循环经济追求的理想境界。

6.2.2 固体废物处理处置及资源化技术

对固体废物进行处理处置可以实现固体废物的污染控制目标，并可通过资源化技术实现固体废物的资源化、减量化和无害化。但是目前世界范围内，各国的技术水平尚不足以完全实现对现阶段所产生的固体废物进行完全的处理和回收再利用的目标，最终必将产生一部分无法进一步处理或利用的废物。为了防止日益增多的各种固体废物对环境和人类健康造成危害，需要给这些固体废物提供一条最终出路，即解决固体废物的处置问题。

固体废物的收集与运输是连接废物产生源和处理处置系统不可或缺的中间环节，起到了十分重要的纽带作用。同时，固体废物的收集和清运工作因其需要投入较高的费用，成了制约整个固体废物处理处置成本的重要因素，因此，提高固体废物的收运效率，可以有效降低固体废物处理处置成本、提高综合利用效率、减少最终处置的固体废物量。不同于收集和运输具有流动性的废水和废气，固体废物由于其所固有的非均质特性，它的收集和运输难度要远高于废水和废气。另外，无论是工业废水还是城市污水，虽然其处理方法根据成分的不同而不同，但是其收集方式并没有本质上的区别。而城市生活垃圾与工业固体废物，尤其是危险废物，其收集和运输方式及管理方法和处理处置技术都有着显著的区别。

目前，世界各国对于工业固体废物的管理基本遵循"谁污染，谁治理"的原则。根据《中华人民共和国固体废物污染环境防治法》中的规定，产生工业固体废物的单位应当建立健全工业固体废物产生、收集、贮存、运输、利用、处置全过程的污染环境防治责任制度，建立工业固体废物管理台账，如实记录产生工业固体废物的种类、数量、流向、贮存、利用、处置等信息，实现工业固体废物可追溯、可查询，并采取防治工业固体废物污染环境的措施。所以一般情况下，大量产生固体废物的企业均设有处理设施、堆放场或处置场，收集与运输工作也都由产生废物的单位自行负责，对于那些没有处理处置能力的生产单位或企业，则由政府指定的专门机构负责统一管理。

根据《中华人民共和国固体废物污染环境防治法》的定义，城市生活垃圾不仅包括居民生活垃圾，还包括城市居民生活的商业垃圾、建筑垃圾、园林垃圾、粪便等。这些垃圾按不同种类分别由某一个部门专门作为经常性工作加以管理，例如商业垃圾与建筑垃圾由产生单位自行或委托有资质的单位清运，园林垃圾和粪便则由环卫部门负责定期清运，居民家庭产生的生活垃圾，由于产生地点范围广，垃圾种类多，收集工作并不简单，因此居民家庭生活垃圾的收集和转运在城市管理中十分值得关注。

1. 固体废物的收集、清运及转运

城市垃圾收运并非单一阶段操作过程，城市垃圾的收运系统通常可分为三个环节，即收集、清运和转运。

（1）固体废物的收集

固体废物的收集方式按所收集固体废物的种类可分为混合收集和分类收集，按收集的时间可分为定期收集和随时收集。

1）混合收集

混合收集是指统一收集未经任何处理的原生废物的方式。混合收集是一种较为常见且历史悠久的收集方式，具有收集费用低、简便易行的优点，但各种废弃物混杂在一起，不仅增加了后续处理的难度，也使其中的有用物质失去了再利用价值。

2）分类收集

分类收集是指根据废物的种类和组成分别进行收集的方式。分类收集具有可以提高废物中有用物质的纯度、减少需要后续处理处置的废物量、降低整体管理和处理处置费用、提高效率的优点，但实施起来具有一定的难度。

3）定期收集

定期收集是指按固定的时间周期对特定废物进行收集的方式。定期收集是常规收集的补充手段。定期收集适用于危险废物和大型垃圾（如废旧家具等）的收集。

4）随时收集

随时收集是指对于产生量无规律的固体废物，如采用非连续生产工艺或季节性生产的工厂产生的废物随时进行收集的方式。

（2）固体废物的清运

垃圾清运阶段是收运管理系统中最复杂的，耗资也最大。清运的效率和费用主要取决于清运操作方式；收集清运车辆数量、装载量及机械化装卸程度；清运次数、时间及劳动定员；清运路线。清运系统根据操作模式方法可以分为两种类型：拖曳容器系统和固定容器系统。拖曳容器系统的废物存放容器被拖曳到处理地点，倒空，然后回拖到原来的地方或者其他地方。固定容器系统的废物存放容器除非要被移到路边或者其他地方进行倾倒，否则将被固定在垃圾产生处。

1）拖曳容器系统

拖曳容器系统的操作程序示意图如图 6-2 所示。比较传统的收集方式如图 6-2(*a*) 所示，用牵引车从收集点将已经装满废物的容器拖曳到转运站或垃圾处置场，清空后再将空容器送回至原收集点。然后，牵引车开向第 2 个收集点重复这一操作。显然，采用这种运转方式的牵引车的行程较长。经过改进的运转方式如图 6-2(*b*) 所示，牵引车在每个收集点都用空容器交换该点已经装满废物的容器，与前面的运转方式相比，消除了牵引车在两个收集点之间的空载运行。

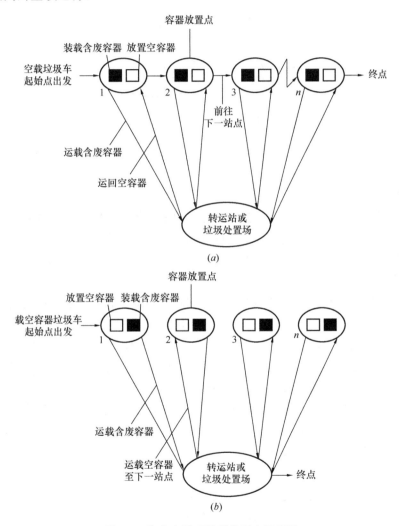

图 6-2　拖曳容器系统操作程序示意图
（*a*）传统收集方式；（*b*）改进的运转方式

2）固定容器系统

固定容器系统的操作程序示意图如图 6-3 所示。这种运转方式是用大容积的运输车到各个收集点收集废物垃圾，最后一次卸到转运站。由于运输车在各站间只需要单程行车，所以与拖曳容器系统相比，该方式收集效率更高。但该方式对设备的要求较高。例如，由于在现场需要装卸废物，容易起尘，因此要求设备要有较好的机械结构和密

297

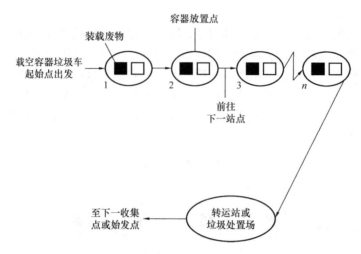

图 6-3　固定容器系统操作程序示意图

闭性。此外，为保证一次收集尽量多的点，收集车的容积要足够大，并应配备废物压缩装置。

（3）固体废物的转运

在城市垃圾收运系统中，转运是指从各分散收集点较小的收集车清运的垃圾转载到大型运输车辆，并将其远距离运输至垃圾处理利用设施或处置场的过程。转运站就是指上述转运过程的建筑设施与设备，转运站的主要功能是集中收集和贮存来源分散的废物，并在转运站中对废物进行预处理。

只要城市垃圾收集点距离处理地点不远，用垃圾收集车直接运送垃圾是最常用且经济的方法。但随着城市的发展，已越来越难以在市区垃圾收集点附近找到合适的地方来设立垃圾处理工厂或垃圾处置场。而且从环保与环卫的角度看，垃圾处理点不宜离居民区和市区太近。因此，城市垃圾要转运将是必然的趋势。通常，当处置场远离收集路线时，究竟是否设置中转站往往视经济状况而定。经济性主要取决于两个方面：一方面是有助于垃圾收运的总费用降低，即由于长距离大吨位运输比小车运输的成本低或由于收集车一旦取消长距离运输能够腾出时间更有效地收集；另一方面是对转运站、大型运输工具或其他必需的专用设备的大量投资会提高收运费用。

转运站是一种将垃圾从小型收集车装载（转载）到大型专用运输车，以形成单车运输经济规模、提高运输效率的设施。国内外城市垃圾转运站的形式多种多样，主要区别是工艺、流程、主要转运设备及其工作原理和对垃圾的压实效果（减容压实程度）、环保性等不同。根据转运处理规模、转运作业工艺流程和转运设备对垃圾压实程度等的不同，转运站可分为多种类型。按转运能力分类，可分为小型、中小型、中型和大型四类。小型转运站转运规模 <50t/d，中小型转运站转运规模为 50~150t/d，中型转运站转运规模为150~450t/d，大型转运站转运规模 >450t/d。按有无分拣功能分类则可分为带分拣处理压缩转运站和无分拣处理压缩转运站两类。

按有无压缩设备及压实程度分类，可分为无压缩直接转运与压缩式间接转运两种方式。无压缩直接转运是采用垃圾收集车将垃圾从垃圾收集点或垃圾收集站直接运送至垃圾处理厂（场）的运输方式。压缩式间接转运是采用往复式推板将物料压入装载容器。与刮板式填装作业相比，往复式推压技术可对容器内的垃圾施加更大的挤压力，容器内的垃圾密实度最大可达 800kg/m³ 以上。压缩式一般采用平推式（或直推式）活塞动作，大型以上的转运站多采用压缩式。

按压缩设备作业方式分类，可分为水平压缩转运和竖直压缩转运两种。水平压缩是利用推料装置将垃圾推入水平放置的容器内，容器一般为长方体集装箱，然后开启压缩机，将垃圾往集装箱内压缩。竖直压缩即是将垃圾倒入垂直放置的圆筒形容器内，压缩装置由上至下垂直将垃圾压缩，垃圾在压缩装置重力和机械力同时作用下得到压缩，压缩比较大，压缩装置与容器不接触，无摩擦。

按大型运输工具不同可分为公路运输、铁路运输、水路转运和气力输送转运。其中，公路转运车辆是最主要的运输工具，使用较多的公路转运车辆有半拖挂转运车、车厢一体式转运车和车厢可卸式转运车等；铁路运输是当需要远距离大量输送城市垃圾时最有效的解决方法；而水路转运可廉价运输大量垃圾，但水路垃圾转运站需要设在河流或者运河边，垃圾收集车可将垃圾直接卸入停靠在码头的驳船里。最近几年，国外在建设新型的公寓类建筑物时采用了一种新型的生活垃圾收集输送系统，即采用管道气力输送转运系统。该系统主要由中心转运站、管道和各种控制阀等组成。中心转运站内装有若干台鼓风机、消声器、手动及自动控制阀、空气过滤网、垃圾压缩机、集装箱以及其他辅助设施等。管道线路上装有进气口、载流阀、垃圾卸料阀、管道清理口等。

2. 固体废物的预处理技术

固体废物种类繁多、组成复杂，其形状、大小、结构、性质等均有很大的差异。因此，为使物料性质满足后续处理或最终处置的要求，提高固体废物资源回收的效率，往往需对其进行预处理，预处理技术（或前处理技术）主要包括压实、破碎、分选、脱水、污泥浓缩等。由于处理工艺不同，固体废物预处理的目的也有差异。对于以填埋为主的废物，通常将废物进行压实处理以降低废物的体积，压实过程可以在废物收集车或专用压实器中进行，也可以在填埋场进行。压实后的废物可以减少运输量和运输费用，在填埋时可以占据较小的空间和体积，提高填埋场的使用效率。对于以焚烧或堆肥为主的废物，则不需要进行压实处理，此时，可以对其进行破碎、分选等，以使物料粒度均匀、大小适宜，既有利于焚烧的进行，也有利于堆肥的效率。在对废物进行资源回收处理时，需要对其进行破碎、分选等，实现不同物料分别回收利用的目的。对于污水处理厂的污泥，为减小其体积，提高其资源利用价值，便于运输和处置，需要对其进行浓缩和脱水处理，有时为提高污泥脱水的效率、提高污泥厌氧消化的产气率等，还需要在脱水之前对其进行调质和破解处理。总之，在固体废物的处理处置中，压实、破碎、分选、污泥浓缩和脱水等预处理工艺是重要的环节。

（1）固体废物的压实技术

压实是通过外力加压于松散的固体物上，以缩小其体积、增大其密度的一种操作方法。通过压实处理可以减少固体废物的运输和处理体积，从而减少运输和处置费用。以城市垃圾为例，在压实之前其密度通常在 0.1～0.6t/m³ 范围内，当通过压实器或一般压实机械作用以后，其密度可提高到 1t/m³ 左右，若是通过高压压缩，其密度还可达到 1.125～1.38t/m³，而体积则可减少至原体积的 1/10～1/3。因此，在固体废物进行填埋处理前，常需加以压实处理。

压实机械分为固定式和移动式两类。固定式压实机械一般设置在废物收集站或中间转运站，使用较为普遍；移动式压实机械一般安装在卡车上，当接受废物后立即进行压实操作，随后运往处置场地。废物压实机械按压力大小可分为高压、中压和低压机械；按压缩容器大小可分为大型、中型和小型压缩机；按压缩物料种类可分为金属类压缩机械和非金属类压缩机械等。固体废物压实器实物图如图6-4所示。

图6-4　固体废物压实器实物图

（2）固体废物的破碎技术

固体废物的破碎是利用外力克服固体废物之间的内聚力使大块固体废物分裂成小块的过程，磨碎则是使小块的废物颗粒分裂成细粉的过程。固体废物破碎机实物图如图6-5所示。

固体废物经破碎后，可达到下述目的：

1）破碎可以使颗粒不均匀的固体废物变得均匀一致，从而提高焚烧、堆肥和资源化等作业的稳定性和处理效率。例如，破碎的供料大大增加了物料的表面积，从而更利于它完全而迅速地燃烧。

2）经过破碎的废物，由于消除了较大的空隙，不仅尺寸均匀，而且质地均匀，在填埋过程中更容易压实，其有效密度（等于废物质量/废物与覆盖土体积）较未破碎废物可增加25％～60％，这显然可以增加填埋场的使用年限。最近的经验还表明，城市固体废物在破碎填埋时，由于消除了臭味、不利于老鼠和昆虫的繁殖以及不会助长火势等原因，

图6-5　固体废物破碎机实物图

因而可以不用覆盖土层。

3）固体废物破碎后其体积减小，便于运输、贮存和填埋，有利于加速土地还原利用。

4）固体废物破碎后，有利于将联生在一起的不同组分的物料进行分离，利于提取有用成分和提高其用作原材料的价值。

固体废物的破碎方法有很多种，主要有冲击破碎、剪切破碎、挤压破碎、摩擦破碎四种，此外还有专用的低温破碎和湿式破碎。

1）冲击破碎有重力冲击和动冲击两种形式。重力冲击是使废物落到一个硬的表面上，就像瓶子落到混凝土上使它破碎一样。动冲击是使废物碰到一个比它硬的快速旋转的表面时而产生的冲击作用，在动冲击过程中，废物是无支承的，冲击力使破碎的颗粒向各个方向加速，如锤式破碎机利用的就是动冲击的原理。

2）剪切破碎是指在剪切作用下使废物破碎，剪切作用包括劈开、撕破和折断等。

3）挤压破碎是指使废物在两个相对运动的硬面之间的挤压作用下破碎。

4）摩擦破碎是指使废物在两个相对运动的硬面摩擦作用下破碎。如碾磨机是借助旋转磨轮沿环形底盘运动来连续摩擦、压碎和磨削废物。

5）低温破碎是指利用塑料、橡胶类废物在低温下脆化的特性进行破碎。

6）湿式破碎是指利用湿法使纸类、纤维类废物调制成浆状，然后加以利用的一种方法。

由于固体废物的成分复杂、种类繁多、性质各异，因此研制了多种类型的破碎机械。用于固体废物的破碎机械往往综合了上述几种破碎方法的优点，兼有冲击作用、剪切作用、挤压作用、摩擦作用中的两种或两种以上的功能。在选择破碎机械时，既要考虑待处理废物的种类，又要考虑后续处理工艺的要求。用于固体废物的破碎机有锤式破碎机、剪断破碎机、压破机、颚式破碎机等。

（3）固体废物的分选技术

分选是通过一定的技术将固体废物分成两种或两种以上的物质，或分成两种或两种以上粒度级别的过程。分选的首要目的是直接回收有用的资源，其次是将固体废物中不利于后续处理和处置工艺的物料分离出来。由于固体废物所包含的各种成分性质不一，其处理与回收操作方法具有多样性，使得分选过程成为固体废物预处理中最为重要的操作工序。通过分选可以将有用的成分选出并加以利用，将有害的成分分离，防止损害处理、利用及处置设施或设备。例如，废物堆肥前进行分选可以去除非堆肥物质，提高堆肥效率和堆肥产品的质量；固体废物焚烧前进行分选可以回收部分有用物质，去除部分不燃物质，从而可提高物料的热值，保证燃烧过程顺利进行。

分选的基本原理是利用物料的某些性质为识别标志，然后用机械或电磁分选装置加以选别，达到分离的目的。例如磁性和非磁性的识别、粒径大小的识别、浮选性能的识别等。根据这一原理形成了多种多样的分选机械，包括手工拣选、筛选、风力分选、跳汰机、浮选、溜槽、摇床、色别分选、磁选、涡流分选、静电分选、磁液分选等。

固体废物的筛分是利用筛子使物料中小于筛孔的细粒物料透过筛面，而大于筛孔的粗粒物料留在筛面上，完成粗、细粒物料分离的过程。筛分也称筛选。为了使不同粒度的物料通过筛面分离，必须使物料和筛面之间具有适当的相对运动，使物料松散并按颗粒大小分层，形成粗粒位于上层、细粒位于下层的规则排列，细粒通过筛孔分离。粒度小于筛孔尺寸 3/4 的颗粒很容易通过筛面而筛出，称为"易筛粒"；粒度大于筛孔尺寸 3/4 的颗粒通过筛面而筛出的难度增大，而且粒度越接近筛孔尺寸就越难筛出，称为"难筛粒"。筛分按照操作条件可分为湿式筛分和干式筛分，按完成任务不同可分为预备筛分、预先筛分、检查筛分、脱水或脱泥筛分和选择筛分。

固体废物的重力分选是根据固体废物中不同物质颗粒间的密度差异，在运动介质中利用重力、介质动力和机械力的作用，使颗粒群产生松散分层和迁移分离，从而得到不同密度产品的分选过程。重介质分选又称浮沉法，主要适用于几种固体的密度差别较小及难以用淘汰法等其他分离技术分选的场合。通常将密度大于水的介质称为重介质，包括重液和重悬浮液两种流体，密度一般为 $1.25\sim3.4g/cm^3$。重介质分选的精度很高，入选物料颗粒粒度范围也可以很宽，很适合于各种固体废物的分选。

浮选是通过在固体废物与水调制成的料浆中加入浮选剂，扩大不同组分的可浮性差异，再通入空气形成无数细小气泡，使目的颗粒黏附在气泡上，并随气泡上浮于料浆表面成为泡沫层刮出，成为泡沫产品；不浮的颗粒则留在料浆内，通过适当处理后废弃。

磁选是利用固体废物中各种物质的磁性差异在不均匀磁场中进行分选的一种处理方法。将固体物料送入磁选设备之后，磁性颗粒则在不均匀磁场的作用下被磁化，从而受到磁场吸引力的作用，使磁性颗粒吸在磁选机的转动部件上，被送至排料端排出，实现了磁性物质和非磁性物质的分离。固体废物磁选机实物图如图 6-6 所示。

图 6-6　固体废物磁选机实物图

（4）固体废物的脱水技术

以有机物为主要成分的沉淀物称为污泥。污泥的主要特性是有机物含量高，容易腐化发臭，颗粒较细，密度较小，含水率高且不易脱水，呈胶状结构的亲水性物质，易用灌渠输送。污泥中往往含有很多寄生虫卵、致病微生物及重金属离子等。一座二级污水处理厂产生的污泥量约占总处理污水量的 $0.3\%\sim0.5\%$（体积），如进行深度处理，污泥量还可能增加 $0.5\sim1.0$ 倍。污泥浓缩和脱水的作用就是去除污泥中的大量水分，从而得到污泥体积上的减量，而污泥调节的作用很多，其中提高污泥浓缩和脱水效果是最重要的作用。污泥经过浓缩和脱水处理，含水率可从 99.3% 左右降至 $60\%\sim80\%$，其体积降低至原来的 $1/15\sim1/10$。

污泥脱水前的处理包括污泥破解和污泥调理两方面。污泥破解是破坏污泥结构及微生物细胞壁，使絮体结构发生变化，细胞内含物流出，释放出酶。污泥调理是改变污泥粒子表面的物化性质和组分，破坏胶体结构，减小与水的亲和力，改善脱水性能。机械脱水的作用是去除毛细水和表面吸附水，以过滤介质两侧的压力差为动力，使水分强制通过过滤介质，形成滤液，固体颗粒物质则被截留在过滤介质上，形成滤饼而脱水。

过滤是以某种多孔性物质作为过滤介质，在外力作用下，使悬浮液中的液体通过介质的孔道，而固体颗粒被截留在介质上，从而实现固、液分离的操作。过滤介质是滤饼的支撑物，它应具有足够的机械强度和尽可能小的流动阻力，同时，还应具有相应的耐腐蚀性和耐热性。选择过滤介质既要满足生产要求，又要经济耐用，以降低生产成本。

3. 固体废物的堆肥技术

从固体废物中回收资源和能源，减少最终处置的废物量，从而减轻其对环境污染的负荷已成为当今世界共同关注的课题。固体废物的生物处理技术恰好适应了这一时代需求，这是因为几乎在所有生物处理过程中均伴随着能源和物质的再生与利用。固体废物中有很大部分由有机物组成，生物处理就是以固体废物中的可降解有机物为对象，通过生物的好氧或厌氧作用，使之转化为稳定产物、能源和其他有用物质的一种处理技术。

固体废物的生物处理方法有多种，例如堆肥、厌氧消化、纤维素水解、有机废物生物制氢技术等。其中，堆肥作为大规模处理固体废物的常用方法得到了广泛的应用，并已经取得较成熟的经验。厌氧消化也是一种古老的生物处理技术，早期主要用于粪便和污泥的稳定化处理以及分散式沼气池，近年来随着对固体废物资源化的重视，在城市生活垃圾的处理和农业废物的处理方面也得到开发和应用。其他的生物处理技术虽然不能解决大规模固体废物减量化的问题，但是作为从废物中回收高附加值生物制品的重要手段，也得到了较多的研究。

堆肥（composting）是利用自然界广泛存在的微生物，有控制地促使固体废物中可降解有机物转化为稳定的腐殖质的生物化学过程。堆肥制得的产品称为堆肥（compost）。能用堆肥技术进行处理的废物包括庭院垃圾、有机生活垃圾、有机剩余污泥和农业废物等。固体废物堆肥如图 6-7 所示。

图 6-7　固体废物堆肥

根据微生物生长的环境可以将堆肥分为好氧堆肥和厌氧堆肥两种。好氧堆肥是指在有氧存在的状态下，好氧微生物对废物中的有机物进行分解转化的过程，最终产物主要是 CO_2、H_2O、热量和腐殖质；厌氧堆肥是指在无氧存在的状态下，厌氧微生物对废物中的有机物进行分解转化的过程，最终产物是 CH_4、CO_2、热量和腐殖质。通常所说的堆肥一般是指好氧堆肥，这是因为厌氧微生物对有机物的分解速度缓慢，处理效率低，容易产生恶臭，其工艺条件也比较难控制。欧洲一些国家已经对堆肥的概念进行了统一，定义为

"在有控制的条件下，微生物对固体和半固体有机废物的好氧中温或高温分解，并产生稳定的腐殖质的过程"。

但是，应当指出的是，堆肥的好氧或厌氧是相对的。由于堆肥物料的颗粒较大且不均匀，好氧堆肥的过程中不可避免地存在一定程度的厌氧发酵现象。此外，我国对于堆肥这个名词的理解，与国际上还有一定的差别，在应用时要注意到这一情况。例如，从我国目前的国情出发，作为城市生活垃圾的主要处理处置手段，国家在很多城市大力推行堆肥技术。其中的简易堆肥技术，就是建立在厌氧条件下的发酵分解过程。这种堆肥技术的特点是建设投资与运行成本低，普适性强，易于在经济欠发达地区实行。但是，由于生产出的堆肥产品质量低、肥效差，所以没有太大的商品价值。而在国内经济较发达地区所推行的则是好氧堆肥技术。好氧堆肥需要对原料垃圾进行较严格的分选、强制通风和机械化搅拌，对设备的要求高、运行能耗大，建设费用和运行费用也比厌氧发酵高得多。但是，它具有发酵周期短和能连续操作的特点，生产出的肥料质量也高，还可以进一步制成有机颗粒肥料。

在堆肥过程中起重要作用的微生物是细菌和真菌。这些微生物以废物中的有机物为养料，通过微生物化学作用，使之分解为简单的无机物，并释放出微生物生长所需的能量。其中一部分有机物转化为新的细胞物质，即微生物的繁殖。好氧堆肥工艺包括三个基本步骤：固体废物的预处理；有机组分的好氧分解；堆肥产品的制取和销售。

常见的堆肥工艺有如下三种：露天条垛式堆肥法、静态强制通风堆肥法和动态密闭型堆肥法。尽管这些工艺对废物的通风方法并不相同，但微生物学原理却是相同的，而且只要设计和运行合理，都能在大致相同的时间内生产出质量相似的堆肥产品。

4. 固体废物的厌氧消化处理技术

厌氧消化（anaerobic digestion，AD）是指在厌氧微生物的作用下，有控制地使废物中可生物降解的有机物转化为 CH_4、CO_2 和稳定物质的生物化学过程。由于厌氧消化可以产生以 CH_4 为主要成分的沼气，故又称为甲烷发酵。人类应用厌氧消化技术的历史十分悠久。早期大多是在农村利用人畜粪便和一些农业废物进行小规模的厌氧发酵，产生的沼气用于家庭取暖、照明和炊事等。厌氧消化技术最初的工业化应用是作为粪便和污泥的减量化和稳定化手段得以实施的。厌氧消化处理可以去除废物中30%~50%的有机物，并使之稳定化。

20世纪70年代初，由于能源危机和石油价格的上涨，许多国家开始寻找新的替代能源，这时厌氧消化技术显示出其优势。1980年，欧共体（现欧盟）委员会曾经预测，欧洲10%~15%的能源将由新的替代能源产品提供，使得厌氧消化技术的研究重新受到人们的注目。近20年，国际上已经建成数百座厌氧消化处理设施处理可生物降解有机垃圾，特别是将可生物降解有机垃圾作为可再生资源来进行利用，这项技术的研究和应用受到了更高的重视。厌氧消化处理设施如图6-8所示。

在我国，对厌氧消化技术的应用也有较长的历史。从20世纪50年代末期，就在农村地区开始兴建沼气池。目前，我国也开始系统研究采用厌氧消化技术处理可生物降解有机垃圾及农业废物。厌氧消化技术主要有以下特点：

（1）可以将潜在于废弃有机物中的生物能转化为可以直接利用的沼气；

（2）与好氧处理相比，厌氧消化不需要通风动力，设施简单，运行成本低；

图 6-8　厌氧消化处理设施

（3）适于处理高浓度有机废水和废物；

（4）经厌氧消化后的废物基本得到稳定，可以用作农肥、饲料或堆肥原料；

（5）厌氧微生物的生长速度慢，常规方法的处理效率低，设备体积大；

（6）厌氧过程会产生 H_2S 等恶臭气体。

在有机物的厌氧消化过程中，各个不同的反应阶段是相互衔接的，产甲烷菌、产酸菌和水解细菌的活动处于动态平衡状态。当其中的一个环节受到阻碍时，会使其他环节甚至整个厌氧消化过程受到影响。因此，为了维持厌氧消化的最佳运行状态，除了应保持反应系统的厌氧状态外，还应该对厌氧条件、温度、pH、营养成分、接种物、添加剂、有毒物质、搅拌等因素加以控制。

厌氧消化工艺按发酵温度分类可分为常温厌氧消化工艺、中温厌氧消化工艺和高温厌氧消化工艺。常温厌氧消化工艺也称自然厌氧消化工艺，它的主要特点是发酵温度随自然气温的四季变化规律而变化，无需特殊加热环节，但是沼气产量不稳定，转化效率低，目前我国农村都采用这种厌氧消化工艺。中温厌氧消化工艺的发酵温度维持在 30～35℃，有机物分解速度较快，产气率较高，一般在 $1m^3/(m^3$ 料液·d$)$ 以上，需要外源热量维持中温环境，但是所需的外源热量与高温厌氧消化工艺相比要少得多，从能量回收的角度看，该工艺被认为是一种较理想的发酵工艺类型，国内外的大、中型沼气工程普遍采用此工艺。高温厌氧消化工艺的最佳温度范围是 50～60℃，有机物分解旺盛，物料在厌氧池内停留时间短，发酵快，产气率高，一般在 $2m^3/(m^3$ 料液·d$)$ 以上，主要适于城市生活垃圾、粪便以及工业高温有机废水等的无害化处理。

厌氧消化工艺按原料的物理状况分类可分为低固体厌氧消化工艺和高固体厌氧消化工艺。低固体厌氧消化（low solid anaerobic digestion）是一种生物反应，在固体浓度等于或者小于 4%～8% 的情况下，有机废物被发酵。世界上很多地方使用低固体厌氧消化工艺，从人、畜、农业废物和城市生活垃圾（MSW）的有机成分中产生甲烷。应用在固体废物上的低固体厌氧消化工艺的缺点是废物中必须加水，以使固体浓度达到所需要的4%～8%。加水导致消化污泥被稀释，其在处置之前必须进行脱水。对脱水产生的上清液的处置，是选择低固体厌氧消化工艺应该考虑的重要问题。MSW有机成分低固体厌氧消化工艺流程如图6-9所示。高固体厌氧消化（high solid anaerobic digestion）工艺的总固体含量在22%以上。高固体厌氧消化是一种相对较新的技术，它在MSW有机成分的能量回收方面的应用还没有得到充分的发展。高固体厌氧消化工艺的两个重要优点是反应器单位体积的需水量低以及产气量高。该工艺的主要缺点在于目前大规模运行的经验十分有限。

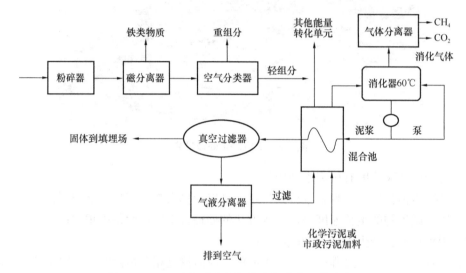

图6-9　MSW有机成分低固体厌氧消化工艺流程图

厌氧消化工艺按消化阶段分类可分为一阶段厌氧消化工艺和二阶段厌氧消化工艺。一阶段厌氧消化工艺是将厌氧消化的两个阶段在同一装置内完成，设备简单，但条件控制较困难，主要用于畜禽粪便、下水污泥、高浓度有机废水的处理以及以秸秆为原料的处理。二阶段厌氧消化工艺也称两相厌氧消化工艺，把厌氧消化的产酸阶段与产甲烷阶段分别放在两个装置内进行。在产酸阶段酸化菌群繁殖较快，故滞留期较短，而产甲烷阶段的滞留期较长，有机物浓度能达数万毫克每升料液，一般产酸阶段滞留期为1～2d、产甲烷阶段滞留期为2～7d时，有机转化率高，但单位有机质的沼气产量较低，主要用于含高分子有机物和固形物含量高的废水、废物的处理，如畜禽粪便和印染废水等。

厌氧消化工艺按消化阶段分类可分为连续厌氧消化工艺和半连续厌氧消化工艺。连续厌氧消化工艺是在投料启动后，经一段时间的消化产气，连续定量地添加消化原料和排出旧料，工艺能长期连续进行，且易于控制，能保持稳定的有机物消化速率和产气率，但该工艺要求较低的原料固形物浓度。半连续厌氧消化工艺是启动时一次性投入较多的消化原料，当产气量趋于下降时，开始定期添加新料和排出旧料，以维持比较稳定的产气率，农村或者小型工厂较适用。

5. 固体废物的焚烧处理技术

固体废物的焚烧（incineration或combustion）是一种高温热处理技术，即以一定量的过剩空气与被处理的有机废物在焚烧炉内进行氧化燃烧反应，废物中的有害物质在高温下氧化、热解而被破坏，转化为高温烟气和性质稳定的固体残渣，并放出大量的热量，是一种可同时实现废物无害化、减量化、资源化的处理技术。焚烧法不但可以处理固体废物，而且还可以处理液体废物和气体废物；不但可以处理城市垃圾和一般工业废物，而且还可以处理危险废物，危险废物中的有机固态、液态和气态废物常常用焚烧法来处理。在采用焚烧技术处理城市生活垃圾时，也常常将垃圾焚烧处理前暂时贮存过程中产生的渗滤液和臭气引入焚烧炉进行焚烧处理。焚烧炉局部实物图如图 6-10 所示。

图 6-10　焚烧炉局部实物图

焚烧技术的最大优点在于大大减少了需要最终处置的废物量，具有减容作用、去毒作用、能量回收作用，另外还具有副产品、化学物质回收及资源回收等优点。焚烧技术的缺点主要有费用昂贵、操作复杂、严格，要求工作人员技术水平高，产生二次污染物如 SO_2、NO_x、HCl、二噁英和焚烧飞灰等，另外还存在技术风险问题。然而，随着技术的发展和系统设计的优化及运行的正确管理，这些缺点已大大减少，近年来焚烧处理技术受到人们重视。固体废物焚烧的目的有以下三点：使废物减量；使废热被释出而再利用；使废物中的毒性物质被摧毁。

在一般垃圾中，有时会混入少许来自家庭或商业区排出的有害物质；而在燃烧过程中，人们顾虑含有氯的多环芳烃族化合物的产生，使得烟道气中最终含有微量毒性物质（例如二噁英等），因此对燃烧室燃烧温度的要求日益严格。垃圾焚烧是一个好氧燃烧过程，燃烧系统中有三种主要成分：燃料或可燃物质、氧化物及惰性物质。

6. 固体废物的热解处理技术

热解（pyrolysis）是物料在氧气不足的气氛中燃烧，并由此产生的热作用而引起的化学分解过程。因此，也可将其定义为破坏性蒸馏、干馏或炭化过程。热解技术也称为热分解技术或裂解技术。关于热解的较严格而经典的定义是：在不同反应器内通入氧、水蒸气或加热的一氧化碳的条件下，通过间接加热使含碳有机物发生热化学分解生成燃料（气体、液体和炭黑）的过程，根据这一定义，严格来讲，凡通过部分燃烧热解产物以直接提供热解所需热量者，不得称为热解而应称作部分燃烧或缺氧燃烧。关于这方面的问题，目前尚无统一的解释。

热解技术已作为一种传统的工业化作业，大量应用于木材、煤炭、重油、油母页岩等燃料的加工处理。例如，木材通过热解干馏可得到木炭，以焦煤为主要成分通过煤的热解炭化可得到焦炭。以气煤、半焦等为原料通过热解气化可得到煤气还有重油，而油母页岩的低温热解干馏则可得到液体燃料产品。在以上诸多工艺中，要以焦炉热解炭化制造焦炭技术的应用最为广泛而且成熟。但是，对于城市固体废物进行的热解技术研究，直到20世纪60年代才开始引起关注和重视，到了20世纪70年代初期，固体废物的热解处理才达到实际应用。固体废物经过此种热解处理，除可得到便于贮存和运输的燃料及化学产品外，在高温条件下所得到的炭渣还会与物料中某些无机物及金属成分构成硬而脆的惰性固态产物，使其后续的填埋处置作业可以更为安全和便利地进行。

实践证明，热解处理是一种有发展前景的固体废物处理方法，其工艺适于包括城市垃圾、污泥、废塑料、废树脂、废橡胶以及农林废物、人畜粪便等在内的具有一定能量的有机固体废物。无论何种工艺，其热解产物的组成和数量基本上与物料构成特性、预处理程度、热解反应温度和物料停留时间等因素有关。热解的分类方式大体上可按热解温度、加热方式、反应压力、热解设备的类型分类。

（1）按加热方式分类

热解一般是吸热反应，需要提供热源对物料进行加热。根据不同的加热方式，可将热解分成间接加热法和直接加热法两类。

1）间接加热法

此法是将物料与直接供热介质在热解反应器（或热解炉）中分开的一种热解过程。可利用间壁式导热或以一种中间介质（热砂料或熔化的某种金属床层）来传热。间壁式导热方式热阻大，熔渣可能会包覆传热壁面而产生腐蚀，故不能使用更高的热解温度。若采用中间介质传热的方式，尽管有出现固体传热（或物料）与中间介质分离的可能，但两者综合比较，后者还是较间壁式导热方式要好一些。不过由于固体废物的热传导效率较差，间接加热的面积必须加大，因而使这种方法的应用仅局限于小规模处理的场合。

2）直接加热法

供给被热解物的热量是将被热解物（即所处理的废物）直接燃烧或者向热解反应器提供补充燃料时所产生的热。由于燃烧需提供氧气，因而会使 CO_2、H_2O 等惰性气体混在用于热解的可燃气中，从而稀释了可燃气，其结果将使热解产气的热值有所降低。如果采用空气作氧化剂，热解气体中不仅有 CO_2、H_2O，而且含有大量的 N_2，更稀释了可燃气，使热解气的热值大大降低，因此，当采用的氧化剂分别为纯氧、富氧或空气时，其热解所产生的可燃气的热值是不相同的。美国有关的研究结果表明，如用空气作氧化剂，对混合城市垃圾进行热解时所得的可燃气热值一般只有约 $5500kJ/m^3$，而采用纯氧作氧化剂的热解，其产气的热值可达 $11000kJ/m^3$。

（2）按热解温度分类

根据所使用的温度不同，可将热解分为如下三类：

1）低温热解法

热解温度一般在 600℃ 以下。可采用这种方法将农业、林业和农业产品加工后的废物生产低硫低灰分的炭，根据其原料和加工的不同深度，可制成不同等级的活性炭或用作水煤气原料。

2）中温热解法

热解温度一般在 600～700℃ 之间，主要用在比较单一的物料作能源和资源回收的工艺上，如废轮胎、废塑料转化成类重油物质的工艺，所得到的类重油物质既可作能源，亦可用作化工初级原料。

3）高温热解法

热解温度一般都在 1000℃ 以上，固体废物的高温热解，主要为获得可燃气。例如，炼焦用煤在炭化室被间接加热，通过高温干馏炭化，得到焦炭和煤气的过程即属高温热解工艺。高温热解法采用的加热方式几乎都是直接加热法。如果采用高温纯氧热解工艺，反应器中的氧化-熔渣区段的温度可高达 1500℃，从而可将热解残留的惰性固体，如金属盐类及其氧化物和氧化硅等熔化，并以液态渣的形式排出反应器，再经水淬冷却后而粒化。这样可大大降低固态残余物的处理难度，而且这种粒化的玻璃态渣可作建筑材料的骨料使用。

除以上分类之外，还可按热解反应系统压力分为常压热解法和真空（减压）热解法。真空减压热解可适当降低热解温度，有利于可燃气体的回收。但目前有关固体废物的热解处理大多仍采用常压系统。固体废物热解工艺分类体系如图 6-11 所示。

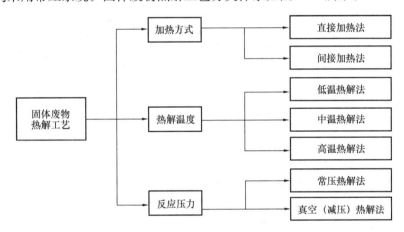

图 6-11　固体废物热解工艺分类体系

固体废物热解的主要设备是热解装置，称为热解炉或反应床。城市垃圾的热解处理技术可依据其所使用热解装置的类型分为固定床型热解、移动床型热解、回转窑热解、流化床式热解、多段竖炉式热解、管型炉瞬间热解、高温熔融炉热解。其中，回转窑热解和管型炉瞬间热解方式是最早开发的城市垃圾热解处理技术。立式多段竖炉式热解主要用于含水率较高的有机污泥的处理。流化床式热解方式有单塔式和双塔式两种，其中双塔式流化床应用较广泛，已达到工业化生产规模。此外，高温熔融炉热解方式是城市垃圾热解中最成熟的方法。

7. 固体废物的熔融处理技术

固体废物熔融处理技术的应用包括对危险废物、无机废物（如焚烧产生的灰渣）的熔融固化处理和对污泥、生活垃圾等的气化熔融处理。对生活垃圾、污泥等进行熔融处理时，往往需要在熔融之前结合热解气化处理工艺，其原理主要是在贫氧条件下，首先对生活垃圾进行气化处理，生成可燃气体，含有较高可燃物的灰渣再经高温熔融固化处理后形成结构致密、浸出毒性低、性能稳定、可以作为建材利用的玻璃固化体。当然，若采用高温等离子体熔融技术对生活垃圾、污泥等进行处理，气化和熔融可以在一个等离子体熔炉里完成。固体废物熔融技术因处理对象的性质不同有微小的差异，但总的来说都包括以下几个工艺单元：前处理单元、熔融单元、废热回收单元、废气处理单元以及熔渣形成单元。

固体废物熔融处理使用的主要设备为不同类型的熔融炉，在实际应用中可以根据熔融设备所利用的热源的不同，将其分为燃料热源熔融系统和电热源熔融系统两大类，同时，还可以根据所使用的炉型差异进一步分为不同的种类。固体废物熔融技术分类体系如图6-12所示。

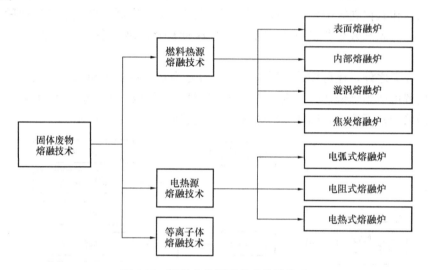

图6-12　固体废物熔融技术分类体系

燃料热源熔融技术包括表面熔融炉、内部熔融炉、焦炭熔融炉和漩涡熔融炉，漩涡熔融炉又包括立型漩涡熔融炉、倾斜型漩涡熔融炉和横型漩涡熔融炉。

表面熔融炉是指用燃烧器燃烧燃料所放出的热量熔化废物（如焚烧灰渣）的熔融炉。按其结构不同又可分为固定式表面熔融炉和回转式表面熔融炉两种。固定式表面熔融炉主要由供给漏斗、燃烧室、二次燃烧室、熔融渣沉降室等构成，燃烧室安装一个能力较大的燃烧器，该燃烧器能将燃烧室的温度加热到 1400～1500℃，灰渣燃烧室不供给燃料，只是供给助燃空气，其作用主要是使烟气中的可燃物在排放之前完全燃烧。此外，为了保证熔融渣沉降室的温度，保持熔融渣的良好流动性能，在熔融渣沉降室的上部安置一个辅助燃烧器。回转式表面熔融炉的结构是进料在熔融炉内筒与外筒所形成的竖向空间中，依靠外筒的旋转作用使进料均匀分布，主要燃烧室顶部的圆筒可以上下移动来调整容积，炉内的温度维持在 1300～1400℃，至于热量的来源，除高热值的废物可自燃外，大多要使用重油或煤油作为辅助燃料。待处理的固体废物自表面依次熔融，产生的熔融液则持续落入淬冷槽，形成水冷式熔渣。当进料受热、水分蒸发及有机物分解后，产生的 CO_2 及 H_2O 自熔渣排出口处排出，进料中的无机物受炉顶及气体辐射热而熔融，并自排渣口流下。

内部熔融炉主要以废物气化后灰渣中残留碳产生的燃烧热作为处理灰渣的热源，一般建于热解气化焚烧炉后燃烧段下方，熔融处理过程主要分为进料段、燃烧段、熔融段以及熔渣排出段等阶段，热解气化后的高温灰渣（约含残留碳 10%～15%）进入熔融炉中，并由炉床喷嘴送入 500℃的预热空气，使残留碳维持燃烧状况，燃烧段借由电气加热器维持 800～900℃，至于熔融段则维持在 1300℃左右。

焦炭熔融炉是根据炼铁炉研发而成的，焦炭熔融炉由钢皮制成，其竖形圆筒下部呈管状，具有废弃物投入部及熔融段的凸出部，该型熔融炉适用于灰渣或含水率为 40% 的干燥污泥饼的熔融处理，为了产生较高品质的熔渣，可考虑添加石灰系物质如碎石（30～100mm）或高分子系物质（石灰右）等调整剂。干燥灰渣（或污泥）与焦炭自炉顶的进料斗一并投入后，灰渣（或污泥）经干燥升温，可燃部分先分解产生可燃性气体，于炉体的下部与一次空气接触后燃烧温度可达 1600℃，在二次空气进入后可达到完全燃烧，残余的灰烬则经由焦炭床成熔渣排出。

漩涡熔融炉的主体结构主要包括漩涡熔融段、熔渣分离段及熔渣排出段三部分，一般是以灰渣与一次空气均匀分散于炉体，二次空气吹入炉内造成回旋气流，再由燃烧器加热熔融，熔融液在炉内流动，并至炉底以熔渣形态排出。目前已开发的漩涡熔融炉包括立型、倾斜型及横型三种。

电热源熔融技术包括电弧式熔融炉、电阻式熔融炉和电热式熔融炉，电热源熔融技术的应用比较广泛，其处理对象包括可燃性固体物质、惰性固体物质、低热值和高热值的有机物、含水有机物以及污泥等废物。该技术获得的最终产物则包括玻璃固化体、净化过的燃气以及来自尾气净化系统的固态或液态废物。电热源熔融技术的优点在于它适用于多种废物，分解率高；残渣被玻璃包裹而固定化；装置简单紧凑；尾气和粉尘少。但水分多的废物必须事先干燥；重的固体物易沉积；废物中金属成分影响电极工作；能耗及安装费用高；存在 PCDDs 和 PCDFs 残留的问题。

垃圾焚烧具有回收热能和减量最彻底的特点，同时可以有效利用焚烧余热供暖或直接发电，从而使垃圾成为新的能源。但是随着焚烧技术应用的广泛和研究的深入，焚烧法处理固体废物的弊端日益凸显，为解决焚烧法存在的缺点，近年来出现了高温等离子体熔融技术处理固体废物的研究和应用。

高温等离子体熔融技术处理固体废物的主要原理为：高温等离子体的能量密度很高，离子温度与电子温度相近，整个体系的表观温度非常高，通常为 10000～20000℃，各种粒子的反应活性也都很高，在如此高的温度和反应活性粒子的作用下，污染物分子被彻底分解，在缺氧成无氧的状态下，有机物发生热解，生成 CO、H_2 等可燃气体；若有氧气存在，可发生燃烧反应，使污染物转变为 CO_2、H_2O 等简单化合物，从而达到去除污染物的目的，尤其是对难处理污染物及特殊要求的污染物，更具有其优点。高温等离子体熔炉中最关键的部件是等离子体发生器。目前用于环境污染物处理的等离子体发生器有三种类型：转移弧、非转移弧和电感耦合等离子体。高温等离子体熔融炉实物图如图 6-13 所示。

8. 固体废物的填埋处置技术

固体废物最终处置的目的是使固体废物最大限度地与生物圈隔离，阻断处置场内废物与生态环境相联系的通道，以保证其有害物质不对人类及环境的现在和将来造成不可接受的危害。从这个意义上来说，最终处置是固体废物全面管理的最终环节，它解决的是固体废物最终归宿的问题。

土地填埋处置就是在陆地上选择合适的天然场所或人工改造出合适的场所，把固体废物用土层覆盖起来的技术，分为卫生填埋和安全填埋。卫生填埋是将一般废物填埋于不透

图 6-13　高温等离子体熔融炉实物图

水材质或低渗水性土壤内，并设有渗滤液、填埋气体收集或处理设施及地下水监测装置的填埋场的处理方法，常用于一般城市生活垃圾与无害化的工业废渣，是基于环境卫生角度而填埋。安全填埋主要是针对危险废物的处置，从填埋场结构上更强调了对地下水的保护、渗滤液的处理和填埋场的安全监测。

填埋场的类型分为厌氧填埋、好氧填埋、混合型填埋、准好氧填埋。厌氧填埋是目前广泛采用的填埋方式，结构简单、操作方便、施工费用低、可回收甲烷气体等。好氧填埋是在回灌渗滤液的同时鼓入空气，使填埋场内部保持有氧反应的状态，可以加快填埋场的稳定化进程。但是，工程结构复杂、施工难度大、成本很高，较难推广使用。混合型填埋介于厌氧填埋和好氧填埋之间，上层鼓入空气，下层回灌渗滤液并收集气体加以利用，可以有效减轻或消除厌氧条件下有机酸累积对产甲烷菌的危害，同时有利于去除垃圾中挥发性有机物，但是工程结构复杂，不宜推广应用。准好氧填埋是不用动力供氧，而是利用渗滤液收集管道的不满流设计，在发酵温差推动下自然通入空气。卫生填埋场的构筑方式和填埋方式与地形地貌有关，分为山谷型填埋场、平地型填埋场。山谷型填埋场是我国大部分填埋场采用的形式，通常在山谷出口处设一个垃圾坝，在填埋场上方设挡水坝，在填埋场四周开挖排洪沟，严格控制地表排水不进入填埋场。平地型填埋又分为地上式填埋、地下式填埋和半地下式填埋。地上式填埋场适用于地下水位较高或者地形不适合挖掘的地方，掩埋物必须从附近地区运来或者从采土坑中取，地上式填埋场是地下水位较高的平原区唯一可能采用的填埋形式。填埋场实物图如图 6-14 所示。

填埋场的防渗系统是填埋场最为重要的部分，其作用是将填埋场内外隔绝，水平、垂直方向的渗透率必须小于 10^{-7}cm/s，尽量封闭渗滤液于填埋场中，使其进入渗滤液收集系统；阻止场外地表水、地下水进入填埋场以减少渗滤液产生量。控制填埋场气体的迁移，使气体得到有控的释放和收集。防渗系统可以分为天然防渗和人工防渗。天然防渗是

图 6-14　填埋场实物图

指填埋场库区具有天然防渗层，如黏土和膨润土土层等，但通常需要添加水分和机械压实等增强防渗特性，以满足隔水性能的要求。人工防渗是现代卫生填埋一般采用的方式，包括水平防渗、垂直防渗和两者结合的防渗。垂直防渗技术是在填埋场区为一相对独立的水文地质单元的前提下，一种比较经济且施工简便的防渗工程措施，通常防渗帷幕布置于地下水上游，以阻断地下水入渗，包括帷幕灌浆、防渗墙和 HDPE 膜垂直防渗帷幕，帷幕灌浆是将浆液灌入岩体或土层的裂隙、孔隙，形成连续的阻水帷幕，减小渗流量和降低渗透压力的灌浆工程，常用水泥浆、黏土加水泥浆、膨润土加水泥浆等。水平防渗技术是应用最广泛且最有效的防渗技术，它以极低渗水性的合成材料为核心构成，如 HDPE（高密度聚乙烯）膜等。

防渗系统的构成从上到下依次为：过滤层、排水层（渗滤液收排系统）、保护层和防渗层。过滤层起到保护排水层的作用，避免排水层堵塞；排水层用来及时将渗滤液排出；保护层则用来保护防渗层，避免膜破损、黏土受侵蚀；防渗层采用铺设低渗透性材料来阻隔渗滤液于填埋场中，从而阻隔地表水和地下水进入填埋场中。防渗系统的结构是根据填埋场渗滤液收集系统、防渗系统和保护层、过滤层形成的不同组合，包括单层防渗层、复合防渗层、双层防渗层和多层防渗层。单层防渗层只有一个防渗层，其上是渗滤液收集系统和保护层，必要时其下有地下水收集系统和一个保护层。复合防渗层是由两种防渗材料相贴而形成的防渗层，它的典型复合结构是上层为柔性膜，其下为渗透性低的黏土矿物层，与单层防渗层系统相似，复合防渗层的上方为渗滤液收集系统，下方为地下水收集系统。双层防渗层包含两层防渗层，两层之间是排水层，用以控制和收集防渗层之间的液体或气体，同样地，防渗层上方为渗滤液收集系统，下方可有地下水收集系统。多层防渗层系统是以上防渗层的综合。其原理与双层防渗层类似，在两层防渗层之间设排水层，用于控制和收集从填埋场中渗出的液体，不同点在于上部的防渗层采用的是复合防渗层。

6.3　固体废物处理处置及资源化技术路线

基于以上固体废物处理处置的理念、原则以及目前已有技术，可以得到目前固体废物处理处置及资源化的总体技术路线，如图 6-15 所示。固体废物"从摇篮到坟墓（from cradle to grave）"的全过程管理可以概括为源头减量—收集运输—前处理—处理转化—回收利用—安全处置六个阶段，每个阶段所应用的技术或者方式均贯彻了"减量化、无害化、资源化"的原则，同时尽可能地实现循环经济的目标。

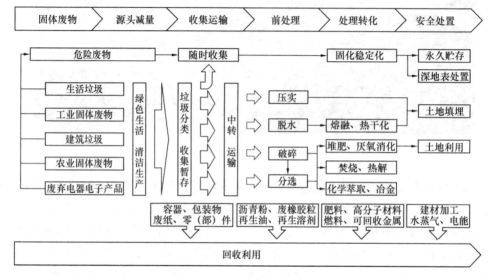

图 6-15　固体废物处理处置及资源化技术路线

1. 源头减量

减少固体废物的最佳办法是避免固体废物的产生，即源头减量，通过清洁生产、绿色生活的方式，从源头减少固体废物的生成。一方面产品和服务提供方应尽可能地减少生产或服务过程中的固体废物，另一方面个体在生活过程中应尽量减少资源浪费、实现资源再利用。

2. 前处理

固体废物种类繁多、组成复杂，其形状、大小、结构、性质等均有很大的差异，不仅增加了收集和运输的难度，而且无法满足后续处理处置及资源化工艺的要求。因此，为了提高固体废物资源回收利用的效率，往往需对其进行预处理，其一是在固体废物收集过程中做到分类收集，同时回收利用仍具有使用价值的固体废物；其二是对固体废物进行前处理，前处理技术主要包括压实、破碎、分选、脱水等单元操作。

3. 处理转化

对于一般固体废物，处理转化技术包括熔融、热干化、焚烧、热解等热处理技术，堆肥、厌氧消化等生物处理技术以及化学萃取、冶金等物化处理技术。通过这些技术，可以在处理一般固体废物的同时获得可利用的资源，如有机固体废物通过堆肥可以制成肥料；废弃电器电子产品中的电路板可以通过化学萃取和湿法冶金等方式提炼贵金属和高分子材料；焚烧、热解、熔融、热干化等热处理技术不仅可以实现固体废物最大程度的减量化和无害化，同时还能在处理过程中获得能源。对于危险废物，目前国内外开发了多种固化稳定化技术以处理不同种类的危险废物，根据固化基材及固化过程，目前常用的固化稳定化方法主要包括下列几种：水泥固化、石灰固化、塑性材料固化、有机聚合物固化、自胶结固化、熔融固化（玻璃固化）、高温烧结固化、化学稳定化。这些技术已用于许多废物的处理中，主要包括以下几类：（1）对具有毒性或强反应性等危险性质的废物进行处理，使其满足填埋处置的要求。（2）对其他处理过程所产生的残渣，例如焚烧产生的灰分进行无害化处理，其目的是对其进行最终处置。（3）在大量土壤被有害污染物所污染的情况下对土壤进行去污。当大量土壤被有机的或者无机的废物所污染时，需要借助稳定化技术进行去污或采取其他方式使土壤得以恢复。

4. 安全处置

固体废物处置方法分为陆地处置和海洋处置两大类，海洋处置分为深海投弃和海上焚烧两种，目前海洋处置已经被国际公约禁止；陆地处置分为土地利用、永久贮存、土地填埋、深井灌溉和深地表处置。其中土地利用主要指固体废物经处理后以肥料或土壤改良剂等形式进入土壤被重新利用，但目前土地利用仍然存在污染不可控的风险，即固体废物中富集的重金属等污染物会在土地利用过程中经食物链或其他扩散作用继续污染环境或危害人体健康。大部分固体废物经处理后的处置方式是土地填埋，但是随着固体废物的增多，填埋场占用大量土地的缺点逐渐呈现，因此未来固体废物的处置将依赖于可以实现最大程度回收利用或者减容减量的固体废物处理技术，如焚烧、热解、堆肥等。

5. 回收利用

"垃圾是放错地方的资源"，随着技术的进一步发展，在目前资源有限的背景下，从固体废物中回收资源和能源已是大势所趋，当前固体废物处理处置技术仍未完全发挥固体废物的资源化潜力，需要进一步开发新技术、完善固体废物的管理，以实现最大程度的固体废物回收利用。

6.4 固体废物处理处置及资源化实践

6.4.1 我国固体废物的管理

由于生产技术和管理水平不能满足国民经济急速发展的要求，相当一部分资源因不充分、不合理的利用变成了固体废物，固体废物的环境污染控制问题已成为环境保护领域的突出问题。对固体废物进行妥善管理是实现固体废物资源化利用和无害化处置的重要途径。我国固体废物管理和处理处置工作起步较晚，自20世纪90年代初开始，固体废物管理问题逐渐受到重视，30多年来，我国固体废物管理不断进步和发展，形成了较为完善的环境污染防治法规、标准、政策和制度体系，也形成了多部门及多层级的管理体系（见图6-16）。

1. 我国固体废物管理的法律法规

《中华人民共和国固体废物污染环境防治法》（以下简称《固废法》）是我国固体废物

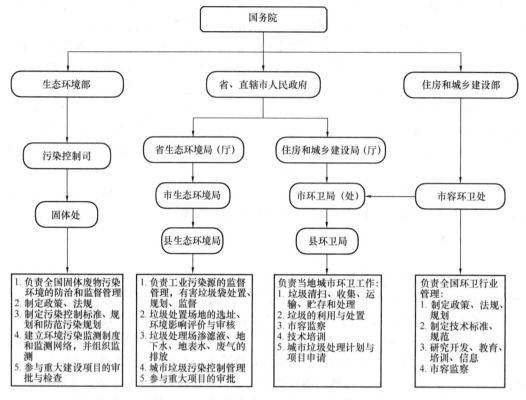

图 6-16　国内固体废物行政管理结构

资料来源：李登新，甘莉，刘仁平，等．固体废物处理与处置［M］．北京：中国环境出版社，2014．

管理的专门法律，该法于 1995 年制定，历经 2004 年第一次修订，2013 年、2015 年、2016 年三次对特定条款进行修正。随着固体废物管理和资源化利用的要求不断提高，2020 年 4 月 29 日，《中华人民共和国固体废物污染环境防治法》三审修订通过，自 2020 年 9 月 1 日起施行。《固废法》规定了固体废物的管理制度和体系，包括固体废物污染环境防治的监督管理、固体废物污染环境的防治、危险废物污染环境防治的特别规定、法律责任和附则等内容。

相较于旧法，新《固废法》修订主要涵盖以下方面：一是明确固体废物污染环境防治坚持减量化、资源化和无害化原则。二是强化政府及其有关部门监督管理责任。三是完善工业固体废物污染环境防治制度。四是完善生活垃圾污染环境防治制度，明确国家推行生活垃圾分类制度，确立生活垃圾分类的原则。五是完善建筑垃圾、农业固体废物等污染环境防治制度。六是完善危险废物污染环境防治制度。规定危险废物分级分类管理、信息化监管体系、区域性集中处置设施场所建设、跨省转移、信息化监管等内容。七是健全保障机制。增加保障措施一章，从用地、设施场所建设、经济技术政策和措施、从业人员培训和指导、产业专业化和规模化发展、污染防治技术进步、政府资金安排、环境污染责任保险、社会力量参与、税收优惠等方面全方位保障固体废物污染环境防治工作。八是严格法律责任。对违法行为实行严惩重罚，提高罚款额度，增加处罚种类，强化处罚到人，同时补充规定一些违法行为的法律责任。

除了《固废法》之外，生态环境部和有关部门还颁布了其他一系列法律法规以推动固体废物法制化管理，对我国固体废物污染防治与资源化利用工作起到了积极的推动作用，同时也使我国工业固体废物的综合利用水平、城市生活垃圾的资源化利用水平以及危险废物的无害化处置水平逐年得以提高。此外，我国还签署了一些与固体废物相关的国际公约，其他一些比较重要的法律法规及国际公约列举如下：

（1）国际公约

1）《控制危险废物越境转移及其处置巴塞尔公约》（1989 年通过，1992 年生效）；

2）《关于持久性有机污染物的斯德哥尔摩公约》（2001 年通过，2004 年生效）。

（2）国家法律

1）《中华人民共和国循环经济促进法》（2008 年颁布，2018 年修订施行）；

2）《中华人民共和国清洁生产促进法》（2002 年颁布，2019 年修订施行）；

3）《中华人民共和国环境影响评价法》（2002 年颁布，2019 年修订施行）。

（3）行政法规

1）《城市生活垃圾管理办法》（1993 年发布，2015 年修订施行）；

2）《医疗废物管理条例》（2003 年发布，2011 年修订施行）；

3）《危险废物经营许可证管理办法》（2004 年发布，2016 年修订施行）；

4）《危险废物转移环境管理办法（修订草案）》（2020 年征求意见稿）；

5）《危险化学品安全管理条例》（2002 年发布，2011 年修订施行）；

6）《废弃电器电子产品回收处理管理条例》（2009 年发布，2011 年修订施行）；

7）《防治尾矿污染环境管理规定》（1992 年发布，2010 年修订施行）。

2. 我国固体废物管理的制度

根据固体废物的特点以及我国国情，《固废法》对我国固体废物的管理规定了一系列制度。

（1）分类管理制度：对工业固体废物、生活垃圾和危险废物分别管理，禁止混合收集、贮存、运输和处置性质不相容的未经安全性处理的危险废物，禁止将危险废物混入非危险废物中贮存。

（2）申报登记制度：工业固体废物和危险废物须申报登记，包括废物的种类、产生量、流向以及对环境的影响。

（3）排污收费制度：对无专用贮存或处置设施和专用贮存或处置设施达不到环境保护标准（即无防渗漏、防扬散、防流失设施）排放的工业固体废物，一次性征收固体废物排污费。

（4）进口废物审批制度：禁止中国境外的固体废物进境倾倒、堆放和处置；禁止经中华人民共和国过境转移危险废物；禁止进口不能用作原料的固体废物；限制进口可以用作原料的固体废物。

（5）危险废物行政代执行制度：产生危险废物的单位，必须按照国家有关规定处置危险废物；不处置的，危险废物产生者未按照规定处置其产生的危险废物被责令改正后拒不改正的，由生态环境主管部门组织代为处置，处置费用由危险废物产生者承担；拒不承担代为处置费用的，处代为处置费用一倍以上三倍以下的罚款。

（6）危险废物经营许可证制度：从事收集、贮存和处置危险废物经营活动的单位，必须向县级以上人民政府环境保护行政主管部门申请领取经营许可证。并非任何单位和个人都能从事危险废物的收集、贮存和处置活动。

（7）其他：建立危险废物泄漏事故应急设施，发展安全填埋技术，严格执行限期治理制度、三同时制度、环境影响评价制度等，防止固体废物污染环境。

3. 我国固体废物管理的标准

我国固体废物管理相关标准包括固体废物鉴别标准、固体废物污染控制标准、固体废物综合利用标准等。

（1）固体废物鉴别标准

固体废物鉴别标准主要用于对固体废物进行分类并对固体废物的环境污染进行检测，主要包括固体废物的样品采制、样品处理和样品分析标准等。这些标准主要有《固体废物鉴别导则》《国家危险废物名录（2021 年)》《固体废物-浸出毒性方法》《工业固体废物采样制样技术规范》《危险废物鉴别标准-腐蚀性鉴别》《生活垃圾填埋场环境检测技术标准》等。

（2）固体废物污染控制标准

固体废物污染控制标准是对固体废物污染环境进行控制的标准，是进行环境影响评价、环境治理、排污收费等管理的基础，是所有固体废物标准中最重要的标准。固体废物污染控制标准分为两类，其一是固体废物处理处置控制标准，即对某种特定固体废物的处理处置提出的控制标准和要求，如《含多氯联苯废物污染控制标准》GB 13015—2017、《水泥窑协同处置固体废物污染控制标准》GB 30485—2013 等。其二是固体废物处理设施的标准控制，如《生活垃圾填埋场污染控制标准》GB 16889—2008、《生活垃圾焚烧污染控制标准》GB 18485—2014、《危险废物填埋污染控制标准》GB 18598—2019、《一般工业固体废物贮存和填埋污染控制标准》GB 18599—2020 等。

（3）固体废物综合利用标准

固体废物资源化在固体废物管理中具有重要的地位。为大力推行固体废物的综合利用技术，并避免在综合利用过程中产生二次污染，生态环境部已经和正在制定一系列有关固体废物综合利用的规范、标准。首批要制定的综合利用标准包括有关电镀污泥、含铬废渣、磷石膏等固体废物综合利用的规范和技术标准。以后还将根据技术的成熟程度、环境保护的需要陆续制定各种固体废物综合利用的标准。

6.4.2 我国固体废物产生、处理处置及资源化的现状及变化

1. 工业固体废物

工业固体废物（industrial solid waste），是指在工业生产活动中产生的固体废物，主要包括化学工业、石油化工工业、有色金属工业、交通运输、机械工业、轻工业、建筑材料工业、纺织工业、食品加工工业、电力工业等产生的固体废物。根据生态环境部发布的《2020 年全国大、中城市固体废物污染环境防治年报》，2019 年，196 个大、中城市一般工业固体废物（在工业生产活动中产生的除危险废物之外的工业固体废物）产生量达13.8 亿 t，综合利用量 8.5 亿 t，处置量 3.1 亿 t，贮存量 3.6 亿 t。综合利用（占比55.9%）是一般工业固体废物利用和处置的主要途径，部分城市对历史堆存的固体废物进行了有效的利用和处置。2010—2019 年重点城市及模范城市的一般工业固体废物产生、利用、处置和贮存情况如图 6-17 所示。

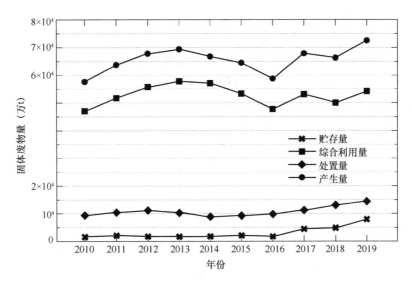

图 6-17　2010—2019 年重点城市及模范城市的一般工业固体废物产生、利用、处置和贮存情况

资料来源：生态环境部．2011—2020 年全国大、中城市固体废物污染环境防治年报．

工业固体废物的处理处置方法主要包括化学处理、物理处理、生物处理、填埋以及焚烧等。（1）化学处理，主要用于处理无机废物，如酸、碱、氰化物、乳化油以及重金属废液等，使用焚烧、化学中和、溶剂浸出以及氧化还原的方式进行处理；（2）物理处理，主要包括重选、拣选、摩擦、磁选、浮选以及弹跳分选等各种分离和固化的技术；（3）生物处理，其中堆肥和厌氧发酵技术适用于有机废物，而细菌冶金技术适用于提炼铜、铀等金属，活性污泥法则适用于有机废液的处理；（4）填埋，主要应用于固化处理（水泥固化、石灰固化和沥青固化）后的危险废物的安全填埋；（5）焚烧，最主要的处理技术，适用于不能回收利用其有效组分，并具有一定热值的工业废物。

工业固体废物的资源化利用途径主要包括：（1）生产建材；（2）回收或利用其中的有用组分，开发新产品，取代某些工业原料；（3）筑路、筑坝与回填；（4）生产农肥和土壤改良。由于工业固体废物的产生形式多样，且产生源较复杂，仅有部分工业固体废物得到了利用，其他工业固体废物仍以消极堆存为主，本节主要介绍我国大宗工业固体废物的产生、处理处置和资源化的现状。

大宗工业固体废物，是指我国各工业领域在生产活动中年产生量在 1000 万 t 以上、对环境影响较大的固体废物，主要包括尾矿、粉煤灰、煤矸石、冶炼废渣、炉渣、脱硫石膏、磷石膏、赤泥和污泥等。2019 年 1 月，国家发展改革委办公厅及工业和信息化部办公厅印发了《关于推进大宗固体废弃物综合利用产业集聚发展的通知》，通过开展大宗固体废弃物综合利用基地建设来提高大宗固体废弃物综合利用水平、提高资源利用效率。以往各地将大宗工业固体废物简单地当作固体废物处理，而没有作为发展循环经济的核心内容和资源供应的重要补充手段，导致全国大宗工业固体废物综合利用率较低。根据《2020年全国大、中城市固体废物污染环境防治年报》，2019 年 196 个大、中城市大宗工业固体废物产生量 29.1 亿 t，主要类别产生和利用情况如下：

（1）尾矿，指矿山选矿过程中产生的有用成分含量低、在当前的技术经济条件下不宜进一步分选的固体废物，包括各种金属和非金属矿石的选矿。2019 年，重点发表调查工业企业的尾矿产生量为 10.3 亿 t，综合利用量为 2.8 亿 t（综合利用率 27.0%），其中利用往年贮存量 1777.5 万 t。尾矿产生量最大的两个行业是有色金属矿采选业和黑色金属矿采选业。目前，尾矿综合利用途径有：回收有价金属和矿物、生产水泥和混凝土等建材、制造新型材料（重金属吸附剂）、用作土壤改良剂及肥料、发电、造纸、造地复垦与植被绿化、矿山井下充填等。

（2）粉煤灰，指从燃煤过程产生的烟气中收捕下来的细微固体颗粒物，不包括从燃煤设施炉腔排出的灰渣。2019 年，重点发表调查工业企业的粉煤灰产生量为 5.4 亿 t，综合利用量为 4.1 亿 t（综合利用率 74.7%），其中利用往年贮存量 213.0 万 t。粉煤灰产生量最大的行业是电力、热力生产和供应业，其次是化学原料和化学制品制造业、有色金属冶炼和压延加工业、石油、煤炭及其他燃料加工业、造纸和纸制品业。粉煤灰的主要来源是以煤粉为燃料的火电厂和城市集中供热锅炉，其成分与黏土相近，但是二氧化硅含量偏低，三氧化二铝含量偏高。我国于 2013 年发布施行的《粉煤灰综合利用管理办法》明确规定粉煤灰的综合利用是指从粉煤灰中进行物质提取，以粉煤灰为原料生产建材、化工、复合材料等产品，粉煤灰直接用于建筑工程、筑路、回填和农业等，如生产粉煤灰水泥、混凝土、砖、陶粒等；粉煤灰用于土壤改良剂和制作农业肥料；从粉煤灰中回收煤炭、金属等；此外，粉煤灰还可用于制造分子筛、烟气脱硫剂等用于环保方面的废气、废水处理。

（3）煤矸石，指与煤层伴生的一种含碳量低、比煤坚硬的黑灰色岩石，包括巷道掘进过程中的掘进矸石、采掘过程中从顶板、底板及夹层里采出的矸石以及洗煤过程中挑出的洗矸石。2019 年，重点发表调查工业企业的煤矸石产生量为 4.8 亿 t，综合利用量为 2.9 亿 t（综合利用率 58.9%），其中利用往年贮存量 525.7 万 t。煤矸石主要由煤炭开采和洗选业产生，其综合利用途径主要有：生产建筑材料、能量物质回收、生产化工产品、矿产品回收、生产肥料和土壤改良剂、用作筑路基材、用于土地复垦和回填采空区及塌陷区等。

（4）冶炼废渣，指在冶炼生产中产生的高炉渣、钢渣、铁合金渣等，不包括列入《国家危险废物名录》中的金属冶炼废物。2019 年，重点发表调查工业企业的冶炼废渣产生量为 4.1 亿 t，综合利用量为 3.6 亿 t（综合利用率 88.6%），其中利用往年贮存量 498.8 万 t。冶炼废渣产生量最大的行业是黑色金属冶炼和压延加工业，其次是有色金属冶炼和压延加工业，高炉渣是我国现阶段最主要的冶炼废渣，分为普通高炉渣和含钛高炉渣两种。冶炼废渣综合利用途径主要有：用作建筑材料、回收资源，如以高炉渣为原材料生产水泥、矿渣混凝土、矿渣砖等基建材料；钢渣和其他铁合金渣用于回收金属，以及制作肥料用于农业生产等。

（5）炉渣，指从企业燃烧设备炉腔排出的灰渣，不包括燃料燃烧过程中产生的烟尘。2019 年，重点发表调查工业企业的炉渣产生量为 3.2 亿 t，综合利用量为 2.3 亿 t（综合利用率 72.7%），其中利用往年贮存量 121.4 万 t。炉渣产生较多的行业是电力、热力生产和供应业，黑色金属冶炼和压延加工业，化学原料和化学制品制造业，石油、煤炭及其他燃料加工业。炉渣综合利用途径主要有：制免烧砖、替代集料、水泥相关产品、填埋场覆盖土等。其中，制免烧砖、替代集料是我国主要的利用途径。

（6）脱硫石膏，指废气脱硫的湿式石灰石/石膏法工艺中，吸收剂与烟气中二氧化硫等反应后生成的副产物。2019 年，重点发表调查工业企业的脱硫石膏产生量为 1.3 亿 t，综合利用量为 9617.4 万 t（综合利用率 71.3%），其中利用往年贮存量 75.9 万 t。脱硫石膏产生量最大的行业是电力、热力生产和供应业，其次为黑色金属冶炼和压延加工业、有色金属冶炼和压延加工业以及化学原料和化学制品制造业。脱硫石膏综合利用途径主要有：用作水泥缓凝剂、生产石膏板、用作土壤改良剂、用于矿井与路基回填、生产石膏粉、砂浆等建筑材料等。

2. 生活垃圾

生活垃圾（municipal solid waste），是指在日常生活中或者为日常生活提供服务的活动中产生的固体废物，以及法律、行政法规规定视为生活垃圾的固体废物。生活垃圾具有产生量大、成分复杂、含有大量有机质、容易滋生大量细菌及散发恶臭等特点。其主要组成成分包括煤灰、厨渣、果皮、塑料、落叶、织物、木材、玻璃、陶瓷、皮革和纸张以及少量的电池、药用包装材料铝箔、SP 复合膜/袋、橡胶等。随着我国经济的快速发展，生产生活过程中产生的垃圾也日益增多。生活垃圾的大量增加，使垃圾处理日趋困难，由此带来的环境污染等问题逐渐引起社会各界的广泛关注。近年来，我国政府高度重视环境保护问题，生活垃圾处理和污染防治工作取得了长足发展。然而，在我国城市生活垃圾产生量不断增长的同时，生活垃圾分类、回收和处理能力与水平发展相对滞后，生活垃圾问题愈加突出，亟须采取措施加以解决。

住房和城乡建设部分别于 2019 年 4 月和 2019 年 10 月印发了《关于在全国地级及以上城市全面开展生活垃圾分类工作的通知》和《建立健全农村生活垃圾收集、转运和处置体系的指导意见》，通知指出，各地级城市应坚持党建引领，坚持以社区为着力点，坚持以人民群众为主体，坚持共建共治共享，把生活垃圾分类作为开展"美好环境与幸福生活共同缔造"活动的重要内容，加快推进以法治为基础、政府推动、全民参与、城乡统筹、因地制宜的生活垃圾分类制度，加快建立分类投放、分类收集、分类运输、分类处理的生活垃圾处理系统，实现生活垃圾分类管理主体全覆盖，生活垃圾分类类别全覆盖，生活垃圾分类投放、收集、运输、处理系统全覆盖。

目前，我国生活垃圾分类标准将生活垃圾分为可回收物、有害垃圾、厨余垃圾和其他垃圾四大类。其中，可回收物指适宜回收利用的生活垃圾，包括纸类、塑料、金属、玻璃、织物等；有害垃圾指《国家危险废物名录》中的家庭源危险废物，包括灯管、家用化学品和电池等；厨余垃圾指易腐烂的、含有机质的生活垃圾，包括家庭厨余垃圾、餐厨垃圾和其他厨余垃圾等；其他垃圾则包括除可回收物、有害垃圾、厨余垃圾以外的生活垃圾。

根据生态环境部公布的《2020 年全国大、中城市固体废物污染环境防治年报》，2019年，196 个大、中城市生活垃圾产生量为 23560.2 万 t，处理量为 23487.2 万 t，处理率达99.7%（见图 6-18）。196 个大、中城市中，生活垃圾产生量最大的是上海市，产生量为1076.8 万 t，其次是北京、广州、重庆和深圳，产生量分别为 1011.2 万 t、808.8 万 t、738.1 万 t 和 712.4 万 t。

垃圾产生量的不断增加导致垃圾清运量的不断攀升，到 2019 年，全国生活垃圾清运量达到了 24206.2 万 t，同比增长 6.15%（见图 6-19）。我国生活垃圾清运量始终高于无害化处理量，大量城市生活垃圾未经处理直接堆放。我国生活垃圾无害化处理的方式主要

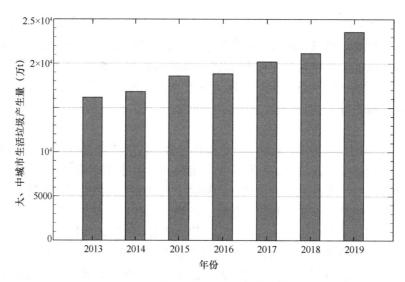

图 6-18　2013—2019 年大、中城市生活垃圾产生量

资料来源：生态环境部．2011—2020 年全国大、中城市固体废物污染环境防治年报．

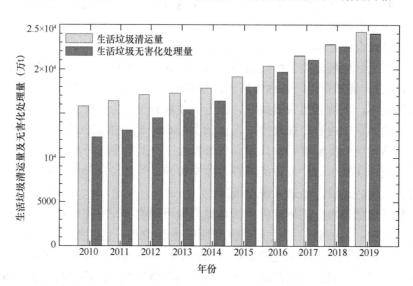

图 6-19　2010—2019 年我国生活垃圾清运量及无害化处理量

资料来源：生态环境部．2011—2020 年全国大、中城市固体废物污染环境防治年报．

有三种：卫生填埋、垃圾堆肥和垃圾焚烧。如图 6-20 所示，2010 年全国城市生活垃圾无害化处理量为 12317.8 万 t，2019 年达到 24012.8 万 t，其中卫生填埋量为 10948 万 t，占比约为 45.6%；焚烧量为 12174.2 万 t，占比约为 50.7%；其他无害化处理量占比仅为 3.7%。自 2019 年起我国城市生活垃圾焚烧处理量首次超过卫生填埋无害化处理量，未来垃圾焚烧将逐渐成为我国垃圾处理的主流方式，根据《"十三五"全国城镇生活垃圾无害化处理设施建设规划》，2020 年垃圾焚烧无害化处理量占比的目标为 54%。

　　生活垃圾的处理处置方式可分为卫生填埋、堆肥、热处理等方式。其中，卫生填埋是指采用防渗、铺平、压实、覆盖对垃圾进行处理和对气体、渗滤液、蝇虫等进行治理的垃

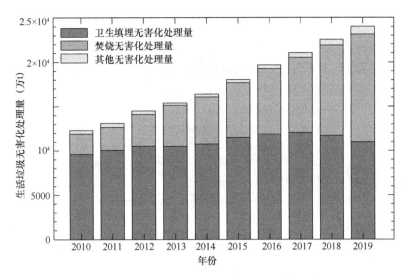

图 6-20　2010—2019 年生活垃圾无害化处理分布

资料来源：生态环境部．2011—2020 年全国大、中城市固体废物污染环境防治年报．

圾处理方法；堆肥是指利用自然界广泛存在的微生物，有控制地促进垃圾中可降解有机物转化为稳定的腐殖质的生物化学过程；而热处理包括焚烧、热解、气化以及等离子体焚化技术，其中焚烧是指通过适当的热分解、燃烧、熔融等反应使垃圾经过高温氧化减容成为残渣或者熔融固体物质的过程，热解是指通过绝氧热解过程将垃圾转化为"油、气、炭"等资源，气化是指通过缺氧燃烧将转变为可燃性气体的过程，而等离子体焚化技术则通过等离子体技术电离空气产生的高温来实现垃圾的快速分解，不产生二噁英，适用于有毒废料和核废料的处理。与传统的堆肥、填埋等处理方式相比，焚烧可以最大程度地减少填埋量，减少生活垃圾填埋占用的土地容积；在焚烧过程中可以彻底分解各种有机物，特别是有害有机物，从源头防止这些有机物对环境和人体健康的影响，更能满足生活垃圾处理对减量化和无害化的要求。并且焚烧处理的方式还能利用焚烧产生的热能，实现垃圾的资源化（如余热发电），这些优势使得垃圾焚烧处理在近些年逐渐得到了较为广泛的应用与推广。

生活垃圾中可回收利用部分占比较高，如废纸、废塑料、废玻璃、废橡胶、废电池等。此外，垃圾中的可降解有机物，包括厨房废弃物、庭院废弃物和农贸市场废弃物等，是生产有机肥料的原料。因此，在垃圾处理过程中，应采取措施进行生活垃圾的综合利用，以达到生活垃圾减量化、节约资源和能源、保护环境的目的。我国的生活垃圾处置及资源化技术应符合《生活垃圾综合处理与资源利用技术要求》GB/T 25180—2010 的要求，实现对生活垃圾的减量化、资源化和无害化处理。典型的城市多源代谢废物处理处置过程如图 6-21 所示。

生活垃圾综合处理与资源化利用的模式，按处理单元工艺技术组合，分为下列四种类型：（1）预处理和卫生填埋：分选出生活垃圾中的可回收物后，其他残渣进行卫生填埋；（2）预处理、堆肥和卫生填埋：分选出可回收物和可生物降解垃圾，可生物降解垃圾进行好氧或厌氧堆肥处理，残渣进行卫生填埋；（3）预处理、焚烧和炉渣利用：分选出可回收物并将垃圾分类，其余垃圾焚烧，焚烧后的残渣进行利用；（4）预处理、堆肥、焚烧和卫

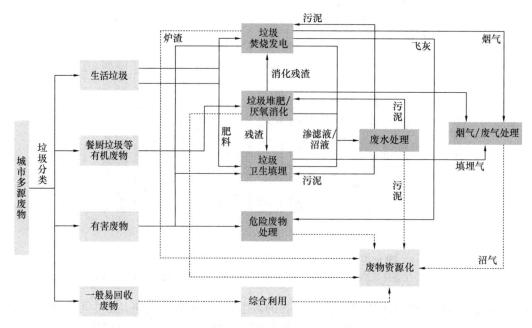

图 6-21 典型的城市多源代谢废物处理处置过程

资料来源：温宗国．无废城市：理论、规划与实践［M］．北京：科学出版社，2020．

生填埋：分选出可回收物并将垃圾分类，可生物降解垃圾进行好氧或厌氧堆肥处理，可燃垃圾焚烧，残渣进行利用，未进入以上环节的垃圾进行卫生填埋。生活垃圾预处理的基本要求包括：分拣可回收利用组分，分离有毒有害组分；均混物料；分选或破碎大块物料。

3. 废弃电器电子产品

废弃电器电子产品（waste electrical and electronic equipment），指产品的拥有者不再使用且已经丢弃或放弃的电器电子产品（包括构成其产品的所有零（部）件、元（器）件和材料等），以及在生产、运输、销售过程中产生的不合格产品、报废产品和过期产品，可分为计算机产品、通信设备、视听产品及广播电视设备、家用及类似用途电器产品、仪器仪表及测量监控产品、电动工具和电线电缆七类。我国是世界上最大的电器电子产品生产国和消费国，废弃电器电子产品含有两个明显的特征：一是高危害性，大部分电子产品含有多种对人体健康和周围环境有害的物质，如电冰箱的制冷剂和发泡剂都是破坏臭氧层的物质，而各种电路板中的镉、铅和汞等有毒物质会随渗滤液浸出而污染土壤和地下水等；二是高价值性，废弃电器电子产品虽然含有大量有毒有害物质，但同时也含有大量可回收的有色金属、黑色金属、塑料、玻璃和一些仍有使用价值的零部件等。废弃电器电子产品大部分以金属、塑料、玻璃为主，这些材料大部分可回收利用，印刷电路板 PCB 中普遍含有贵金属金、银、钯以及有色金属铜、锌、铁等，从废弃电器电子产品中提取回收贵金属，不仅可以节约矿产资源，还能获得经济效益。

目前，我国大量的废弃电器电子产品的去向有如下三种：一是翻新改装后进入二手市场；二是简单拆解、低水平再利用；三是与生活垃圾一起填埋。我国正在健全废弃电器电子产品的资源利用与管理体系，生态环境部已经建立了废弃电器电子产品处理信息管理系统。根据《2020 年全国大、中城市固体废物污染环境防治年报》，2019 年共有 29 个省（市、区）的 94 家处理企业实际开展了废弃电器电子产品拆解处理活动，共拆解处理废弃电器电子产品 8417.1 万台（套），其中电视机 4355.2 万台、电冰箱 1084.5 万台、洗衣机 1582.0 万台、房间空调器 624.9 万套、微型计算机 770.4 万套。废弃电器电子产品拆解处理的主要产物有彩色电视机 CRT 玻璃、塑料、铁及其合金、压缩机、保温层材料、电动机、印刷电路板、铜及其合金、铝及其合金以及黑白 CRT 玻璃等。需要注意的是，废弃电器电子产品回收处理中常出现简单拆卸、粉碎等不规范行为，而规范拆解过程中对有害废弃物的回收处理也只是简单地将有毒物质转移至二级产品中，仍未实现废弃电器电子产品中有害物质的去除。

废弃电器电子产品的合理处置途径应该是充分实现其资源化利用，使废弃电器电子产品重新进入能量或物质循环体系，实现废弃电器电子产品的循环利用，主要包括两个方面：其一是产品的重新使用，即通过出售、转染和捐献等方式使用户淘汰下来但是仍可使用的电子产品来延长其使用寿命；其二是循环再生，指废弃电器电子产品经过拆解、分选、处理，获得塑料、玻璃、金属等再生原材料，重新用来生产新的产品。此外，生产者应当在产品设计和生产阶段即考虑到产品废弃后的拆解和循环利用的过程，减少有毒有害物质的使用，方便废弃电器电子产品的处理和再利用。

废弃电器电子产品的回收利用和处理处置的流程包括如下步骤：

（1）收集和贮存

收集，指废弃电器电子产品的聚集、分类和整理活动，是回收再利用的前提。贮存，指为达到收集、运输、拆解、再生利用和处置的目的，在符合要求的特定场所暂时性存放废弃电器电子产品的活动。

（2）预先取出和拆解

预先取出，指废弃电器电子产品拆解过程中，应首先将特定的含有毒有害物质的零部件、元（器）件及材料进行拆卸、分离的活动。拆解，指通过人工或机械的方式将废弃电器电子产品进行拆卸、解体，以便于再生利用和处置的活动。一般情况下，废弃电器电子产品的预先取出和拆解由手工或机械完成。机械方法适用于大型的、标准化程度较高的电器电子产品，机械拆解过程与产品生产时的自动化安装过程相反。

（3）再使用、再生利用和回收利用

再使用，指废弃电器电子产品或其中的零（部）件、元（器）件继续使用或经清理、维修并符合相关标准要求后继续用于原来用途的行为。再生利用，指对废弃电器电子产品进行处理，使之能够作为原材料重新利用的过程，但不包括能量的回收和利用。回收利用，指对废弃电器电子产品进行处理，使之能够满足其原来的使用要求或用于其他用途的过程，包括对能量的回收和利用。

（4）处理和处置

处理，指对废弃电器电子产品进行除污、拆解及再生利用的活动，主要包括破碎和分选。破碎的目的在于方便后续的分选。需要注意的是，在破碎处理前，各种部件外表的油漆、陶瓷以及其他的外壳需要预先除去。处置，指采用焚烧、填埋或其他改变固体废物的物理、化学、生物特性的方法，达到减量化或者消除其危害性的活动，或者将固体废物最终置于符合环境保护标准规定的场所或者设施的活动。

6.4.3 我国固体废物处理处置及资源化实践

1. "无废城市"建设

随着垃圾填埋、焚烧、堆肥、回收利用等固体废物处理处置的工程技术体系得到实施，如何实现真正意义上的可持续废弃物管理成为当前可持续发展面临的挑战之一。城市固体废物问题的根源在于社会经济的发展模式和居民生活、消费模式，解决问题需要从促进城市绿色发展转型、探索城市固体废物的系统性解决方案入手。在此背景下，"零废弃"（zero waste）概念自 20 世纪 90 年代后期开始得到越来越多的研究机构、城市和国家的关注。零废弃物国际联盟（Zero Waste International Alliance，ZWIA）对"无废"的定义为：通过负责任地生产、消费、再利用和回收产品、包装及材料的方法来保护所有资源；不焚烧，不排放到土壤、水或大气中，不威胁环境及人类健康。

"无废城市"是"零废弃"理念和实践经验的继承与发展，是以创新、协调、绿色、开放、共享的新发展理念为引领，通过推动形成绿色发展方式和生活方式，持续推进固体废物源头减量和资源化利用，最大限度减少填埋量，将固体废物环境影响降至最低的城市发展模式。"无废城市"并不是没有固体废物产生，也不意味着固体废物能完全资源化利用，而是一种先进的城市管理理念，旨在最终实现整个城市固体废物产生量最小、资源化利用充分、处置安全的目标，需要长期探索与实践。

2017 年，中国工程院提出《关于通过"无废城市"试点推动固体废物资源化利用，建设"无废社会"的建议》和《关于建设"无废雄安新区"的几点战略建议》，获中央领导的重要批示。2018 年 6 月，中共中央、国务院在《关于全面加强生态环境保护 坚决打好污染防治攻坚战的意见》中明确，"开展'无废城市'试点，推动固体废物资源化利用"是推进净土保卫战、强化固体废物污染防治的一项重要工作内容。2018 年 12 月，国务院办公厅印发《"无废城市"建设试点工作方案》和《"无废城市"建设指标体系》，在全国范围内选择 10 个左右的城市推进"无废城市"试点建设，探索城市固体废物治理及综合管理制度改革的经验与模式。2019 年 9 月，"11＋5"个"无废城市"试点建设的实施方案已经通过国家评审论证，进入全面试点建设阶段。"无废城市"的理念逐步得到了各方的认同，生态环境部开展试点的"11＋5"个城市和地区按计划推进，其中 12 个城市和地区已经或者正在开展国家发展和改革委员会组织的园区循环化改造、"城市矿产"基地、资源循环利用基地、大宗固体废物综合利用基地等的建设，具体情况见表 6-3。

我国开展"无废城市"试点建设以来，各试点因自身城市定位、发展阶段、资源禀赋、产业结构、经济技术基础等差异，在城市固体废物管理领域面临着各自特有的短板或挑战，同时存在一些关键问题亟待解决。一是"无废城市"建设的系统规划与固体废物的综合管理，包括处理处置设施建设、分类回收、收集收运、资源化和无害化等过程的系统集成，商业化运营模式的探索以及"无废城市"标准体系建设等。二是固体废物处理处置技术及其适用性，需要综合考虑不同城市的经济社会发展阶段、固体废物分类分质水平及资源环境属性等特点，以及技术经济性等因素，选择合适的固体废物处理处置技术，同时还需要加快制定"无废城市"有关技术标准以支撑技术研发创新以及产业化的推广应用，重点是建立健全回收利用再生产品质量的现有国家和行业标准。三是城市固体废物管控政策和"无废城市"试点建设长效机制，必须按照"无废城市"建设系统性解决方案的要求，着力促进固体废物源头减量化、资源回收再利用、无害化处置三个梯次环节，按照

"11+5"个"无废城市"试点固体废物处理现状分析

表6-3

序号	省份	城市名称	常住人口（万人）	生活垃圾处理量（t/d）	生活垃圾设计处理能力 焚烧能力（t/d）	填埋能力（t/d）	生活垃圾焚烧处理率（设施建成后）（%）	工业固体废物产生量（万t/年）	工业固体废物处理率（%）	已开展/正在开展试点
1	广东	深圳	1302	22227	13625	5940	61	209.25	99.78	园区循环化改造
2	内蒙古	包头	287	2005	1600	1400	80	4238.7	70.66	"城市矿产"基地
3	安徽	铜陵	162	484.4	600	640	100	1479	—	园区循环化改造
4	山东	威海	282	3422	1900	1550	55.5	319.6	—	—
5	重庆主城区		865	10000	12700	已关停	100	1943.2	—	园区循环化改造、大宗固体废物综合利用基地
6	浙江	绍兴	501	4300	5950	500	100	359.2	—	园区循环化改造
7	海南	三亚	76	1800	1200	500	66.7	10.25	—	资源循环利用基地
8	河南	许昌	495	5000	2250	600	45	—	—	资源循环利用基地
9	江苏	徐州	880	8300	7950	1500	95.8	1612.21	—	园区循环化改造、大宗固体废物综合利用基地
10	辽宁	盘锦	129	1600	1300	1150	81	138.97	—	园区循环化改造、资源循环利用基地
11	青海	西宁	233	4526	1800	3800	40	338.04	—	园区循环化改造、资源循环利用基地
12	河北	雄安新区	104	1209	5300	815	100	5.58	—	—
13	北京经济技术开发区		16.7	280	区域内无集中设施		100	—	80	园区循环化改造、"城市矿产"基地
14	中新天津生态城		7	100	2000	—	100	—	—	—
15	福建	光泽县	14	100	250	200	100	1.809	—	—
16	江西	瑞金	64	1800	800	—	44.4	—	—	园区循环化改造

企业主导、市场引领、政府推动的模式形成商业模式和运行机制。

"无废城市"建设试点的预期目标是系统构建"无废城市"建设的指标体系，探索建立"无废城市"建设的综合管理制度和技术体系，在固体废物重点领域和关键环节取得突破性进展，形成一批可复制、可推广的示范模式，培育一批固体废物资源化利用骨干企业。在技术方面，《"无废城市"建设试点先进适用技术汇编》（第一批）已经发布，包括24项危险废物处置技术、10项工业固体废物处置技术、7项农业固体废物处置技术、31项生活固体废物处置技术和2项信息化管理技术，如废矿物油、水泥窑协同处置、医疗废物、含砷重金属、废电路板电子元器件、尾矿、有色金属冶炼渣、废轮胎、报废汽车、生物质秸秆、畜禽养殖粪污、城乡混合有机垃圾、沿海餐厨垃圾、建筑垃圾、铝塑/纸塑复合包装等，基本覆盖全领域主要环节。截至2020年6月30日，"11＋5"个"无废城市"建设试点在工业固体废物减量化、资源化和无害化，农业废物资源化利用，生活垃圾源头减量和资源化利用等方面，初步形成了一些可复制、可推广的示范模式。

（1）工业固体废物减量化、资源化和无害化：工业固体废物产生强度是"11＋5"个试点城市和地区"无废"建设中的一个关键指标。在试点建设中，包头市结合自身特点和发展定位，采取产业结构优化调整、工业技术绿色升级等措施，实施工业固体废物的源头减量；同时，利用一般工业固体废物作为废弃矿坑、沙坑生态修复材料，实现了废弃矿坑、沙坑的场地再利用，进一步拓宽了大宗工业固体废物利用处置渠道，协同解决了工业固体废物处理与生态环境修复的双重压力。

（2）农业废物资源化利用："无废城市"建设试点考虑通过农业高质量发展与生态农业、循环农业的建设，推行农业绿色生产，实现农业废物的回收和资源化利用。在"无废城市"试点建设过程中，徐州打造了"无废农业"徐州模式。徐州市农业废物主要包含农作物秸秆、畜禽粪污、废旧农膜、农药包装物等，其中以农作物秸秆和畜禽粪污为主。徐州市以绿色生态循环为导向，开展技术创新，加大对农作物秸秆、畜禽粪污、废旧农膜等农业废物的资源利用，如农作物秸秆机械化还田、畜禽粪便太阳能沼气循环利用以及建立地膜回收利用市场化体系等。

（3）生活垃圾源头减量和资源化利用：生活垃圾的产生与人们的生活方式、习惯密切相关，北京经济技术开发区围绕生活垃圾强制分类、固体废物源头减量、资源化利用以及安全处置等领域，开展"无废城市细胞"建设工作，从每一个"细胞"的养成开始，打造"无废城市"。三亚市推动从入岛到离岛的各环节全"无废"建设，打造面向国内外的"无废窗口"城市。作为首个加入WWF全球"净塑城市"倡议的城市，三亚结合"无废酒店"、"无废旅游景区"、绿色社区、绿色校园等"无废细胞"建设，深入开展进校园、进社区、进景区、进企业等科普活动，宣传"限塑"知识。

2. 清废行动

（1）清废行动2018

2017年以来，广西、河南、安徽等地接连发生多起固体废物、危险废物非法转移倾倒案件，严重影响了倾倒地生态环境安全。尤其是发生在长江铜陵段和池州段的工业固体废物、危险废物非法转移倾倒和堆存案件，严重威胁长江生态环境安全，引发社会高度关注。为认真贯彻落实习近平总书记在深入推动长江经济带发展座谈会上的重要讲话精神，强化责任担当，坚决遏制固体废物非法转移倾倒案件多发态势，确保长江生态环境安全，生态环境部于 2018 年 5 月 9 日启动"打击固体废物环境违法行为专项行动"即"清废行动 2018"，并对长江经济带 7 起生态环境违法案件进行挂牌督办，这 7 起案件分别为：安徽省芜湖市白象山一废弃尾矿库非法堆存工业固体废物及有毒有害物质，威胁生态环境安全；湖南省岳阳市巴陵石化热电厂违法外排废水，非法堆存大量有害固体废物；湖南省湘潭市雨湖区石莲安置区及吉利职业学院生活污水未经环保处置，直排湘江；湖南省益阳市腾飞建材有限公司非法盗采砂石，大量堆存在洞庭湖边；重庆市万州区长江岸边新田集镇码头堆积大量砂石，侵占长江岸线；重庆市合川区长江岸边海常关造船厂将危险废物堆积在长江岸边；重庆市合川区盐井华新水泥有限公司非法开采石灰石，严重破坏生态环境。

本次专项行动从 2018 年 5 月 9 日开始至 6 月底结束，生态环境部从全国抽调执法骨干力量组成 150 个组，对长江经济带固体废物倾倒情况进行全面摸排核实，对发现的问题督促地方政府限期整改，对发现的违法行为依法查处，全面公开问题清单和整改进展情况，直至全部整改完成。生态环境部数据显示，在 2018 年打击固体废物环境违法行为专项行动中，累计投入 19.61 亿元，清理各类固体废物 3801.25 万 t，新建规范化垃圾填埋场 69 个。共排查发现长江经济带 11 省（市）78 个地级市问题点位 1308 个，截至 2019 年 1 月 31 日，除 4 个问题因工程量较大正在整改外，其他 1304 个问题点位已完成整改，整改完成率 99.7%。"清废行动 2018"发现的问题主要涉及建筑垃圾、一般工业固体废物、生活垃圾等随意倾倒或堆放，基本消灭了沿江地区脏乱差的现象和沿江、沿河违规倾倒、堆存固体废物环境安全隐患问题，有效预防了长江沿线生态环境安全风险，有力震慑了固体废物非法转移和倾倒等违法犯罪行为。

（2）清废行动 2019

2019 年 1 月，生态环境部、国家发展和改革委员会联合印发《长江保护修复攻坚战行动计划》，提出到 2020 年底，长江流域水质优良（达到或优于Ⅲ类）的国控断面比例达到 85% 以上，丧失使用功能（劣于Ⅴ类）的国控断面比例低于 2%；长江经济带地级及以上城市建成区黑臭水体控制比例达到 90% 以上；地级及以上城市集中式饮用水水源水质达到或优于Ⅲ类比例高于 97%。而"清废"专项行动正是落实《长江保护修复攻坚战行动计划》的八个专项行动之一。为严厉打击长江经济带固体废物非法转移和倾倒等违法犯罪行为，保障长江生态环境安全，2019 年 4 月，生态环境部在长江经济带 11 省（市）所辖 126 个城市以及仙桃、天门、潜江 3 个湖北省直管县级市，吹响了"清废行动 2019"的号角。旨在进一步督促地方党委和政府落实固体废物监管主体责任，严厉打击非法转移、倾倒、处置固体废物等违法行为，以促进沿江各省市真正做到共抓大保护、不搞大开发。

为扎实有效推进"清废行动 2019"攻坚战，在摸底排查方面，以卫星和无人机遥感影像解译为主，辅以"12369"环保举报和信访案件，研究形成疑似问题清单。同时，分批向问题所在地地市级和县级人民政府进行问题交办，并同步通过 APP 交办。各地组织现场核查，生态环境部对核查情况进行核实，最终确定固体废物类型和问题清单。此外，要求各地对照"清理、溯源、处罚、公开"要求，及时分类处置。生态环境部进行强化监督，确保整改到位。而且，强调通过专家帮扶，督促地方人民政府落实责任，完善制度，提升处置能力，建立固体废物监管处置的长效机制。

3. 城市矿山

"城市矿山"的概念，由日本东北大学选矿精炼研究所教授南条道夫等提出，指城市内蓄积的可回收金属，最典型的就是各种废弃电器电子产品中蕴藏的锂、钛、黄金、铟、银、锑、钴、钯等稀贵金属。"城市矿产"，是指工业化和城镇化过程产生和蕴藏在废旧机电设备、电线电缆、通信工具、汽车、家用电器、电子产品、金属和塑料包装物以及废料中，可循环利用的钢铁、有色金属、稀贵金属、塑料、橡胶等资源，其利用量相当于原生矿产资源。数据表明，我国电子产品废弃量在 2020 年和 2030 年将分别达到 1540 万 t 和 2722 万 t，平均年增长率为 10.4%。据推算，从 2030 年的废弃电脑和手机的电路板中可回收金属总价值将达到 1600 亿元。业内研究报告显示，每 1t 废旧手机（不含电池）中含有超过 270g 金，然而在实际的原生金矿开采中，若每吨金精矿中含金量不小于 100g，就可被认证为一级品。由此可见，废弃电子产品这座沉睡矿山的"含金量"远远高于一般的优质原生矿山。

我国对"城市矿山"的开发利用已经制定了很多政策。2006 年《中华人民共和国循环经济促进法》发布施行；2008 年国务院通过《废弃电器电子产品回收处理管理条例》；2010 年国家发展改革委、财政部出台《关于开展城市矿产示范基地建设的通知》，开展城市矿产示范基地建设是缓解资源瓶颈约束、减轻环境污染的有效途径，也是发展循环经济、培育战略性新兴产业的重要内容，对城市发展具有重要意义。截至 2015 年，我国已经建成 49 个"城市矿产"示范基地，并且回收了大量资源，以有色金属为例，2018 年我国有色金属产量为 5000 万 t，而再生有色金属回收量达 1000 万 t，由此可见开发"城市矿山"对于推动我国资源循环利用的重要意义。

第 7 章　物理性污染及其防治

7.1　噪声污染及其治理

7.1.1　噪声污染概述

1. 环境噪声污染

噪声是指发声体做无规则振动时发出的声音。声音由物体的振动产生，是以波的形式在弹性介质（如固体、液体、气体）中进行传播的一种物理现象。噪声污染是指人为造成的，凡是干扰人们休息、学习和工作以及对你所要听的声音产生干扰的声音，即不需要的声音，统称为噪声。当噪声对人及周围环境造成不良影响时，就形成环境噪声污染。

《中华人民共和国环境噪声污染防治法》中把超过国家规定的环境噪声排放标准，并干扰他人正常生活、工作和学习的现象称为环境噪声污染。在人类生活的空间中充满各种噪声，并且随着工业的发展，噪声的种类、强度都与日俱增，成为人类公害之一。由于噪声污染是一种物理污染，不会像其他污染那样留下污染物，也不会积累，往往容易被忽视。但噪声污染同水污染、空气污染一样，是严重的污染之一，且噪声污染源分布广，难以控制，影响到人们生活和工作的各个领域，对人们的工作、休息、语言交流和身体部分器官产生直接危害，引发多种疾病，危害人体健康，必须引起高度重视，严加防治。

2. 噪声的主要特性

（1）噪声污染属于感觉性公害，对噪声的判断与人们的生活状态和主观意愿有关。

（2）噪声污染是能量流污染，其影响范围有限。声波的传播过程是声能量传播的过程，声能量随距离逐步衰减，所以其影响范围有限。

（3）噪声源广泛而分散，令噪声污染不能像污水、固体废物一样集中处理。

（4）噪声源一旦停止发声，噪声即会消失，噪声污染不再持续，但噪声已产生的伤害不一定消除，如突发性噪声造成的突发性耳聋。

3. 噪声的主要来源

噪声主要来自于交通运输、工业生产、建筑施工及社会生活。

（1）交通噪声包括机动车、船舶、地铁、火车、飞机等在行驶过程中发出的喇叭声、汽笛声、刹车声、排气声等各种噪声，且行驶速度越快噪声越大。此类声源具有流动性，因此它的影响范围较广、受害人数较多。近年来机动车数量的迅速增加，使得交通噪声成了城市的主要噪声。

（2）工业噪声中有因空气振动产生的空气动力学噪声，如通风机、鼓风机、空气压缩机等产生的噪声；也有由于固体振动产生的机械性噪声，如球磨机、碎石机、电锯产生的噪声等；以及由于电磁力作用产生的电磁性噪声，如发动机、变压器产生的噪声。工业噪声的声级一般较高，连续时间长，给工人及周围居民带来较大的影响，工业噪声是造成职业性耳聋的主要原因。

（3）建筑噪声主要来源于建筑机械，如打桩机、推土机和挖掘机发出的噪声。建筑噪声的特点是强度较大，且多发生在人口密集地区，因此严重影响居民的休息与生活。随着我国城市化进程的加快，我国的城市建设规模日益扩大，各城市的建筑施工场地不断增多，建筑施工噪声对环境的影响也日益增强。

（4）社会噪声包括人们的社会活动，如商业经营活动、人类生活活动以及家用电器、音响设备发出的噪声。社会生活噪声在城市噪声构成中约占50%，且有逐渐上升的趋势，这些噪声声级虽然不高，但由于和人们的日常生活联系密切，使人们在休息时得不到安静，尤为让人烦恼，极易引起邻里纠纷。

7.1.2 噪声评价方法

1. 声音的物理特性

频率：声源在1s内振动的次数，记作f，单位为Hz。

周期：振动一次所经历的时间，记作T，即$T=1/f$，单位为s。

波长：沿声波传播方向振动一个周期的距离，或在波形上相位相同的相邻数，记作λ，单位为m。

声速：1s内声波传播的距离，记作c，即$c=f\lambda$，单位为m/s。声速与传播声音的介质和温度有关，常温下，空气中声速约为344m/s。

声功率（W）：单位时间内声波通过垂直于声波传播方向某指定面积的声能量，噪声检测中，声功率指声源总声功率，单位为W。

声强（I）：单位时间内声波通过垂直于声波传播方向单位面积的声能量，单位为W/m²。

声压（p）：由于声波的存在而引起的压强增值，单位为Pa。声波是空气分子有指向、有节律的运动，声波在空气中传播时形成密集和疏密的交替变化，所以压强增值是正负交替的，但通常声压采用取均方根值的形式，称为有效声压，故实际上声压总是正值。

2. 噪声的物理量与主观感觉的关系

从噪声的定义可知，噪声包括客观的物理现象（声波）和主观感觉两个方面。但最后判别噪声的是人耳，所以确定噪声的物理量与主观感觉的关系十分重要。不过这种关系相当复杂，因为主观感觉涉及复杂的生理机构和心理因素。这类工作是用统计方法在实验基础上进行研究的。

（1）响度和响度级

1）响度（N）：人的听觉与声音的频率有非常密切的关系，一般来说两个声压相等而频率不相同的纯音听起来是不一样响的。响度是人耳判别声音由轻到响的强度等级概念，它不仅取决于声音的强度（如声压级），还与声音的频率及波形有关。响度的单位叫"宋"（sone），1sone的定义是声压级为40dB，频率为1000Hz，且来自听者正前方的平面波的强度。如果另一个声音听起来比这个大n倍，则声音的响度为n sone。

2）响度级（LN）：响度级的概念也是建立在两个声音的主观比较上的。定义1000Hz纯音的声压级为响度级（均以dB为单位），任何其他频率的声音，当调节1000Hz纯音的强度使之与这个声音一样响时，则这个1000Hz纯音的声压级值就定为这一声音的响度级值。响度级的单位叫"方"（phon）。

3）响度与响度级的关系：根据大量实验得到，响度级每改变 10phon，响度加倍或减半。

响度级的合成不能直接相加，而响度可以相加。例如：两个不同频率但都具有 60phon 的声音，合成后的响度级不是 60＋60＝120phon，而是先将响度级换算成响度进行合成，然后再换算成响度级。本例中 60phon 相当于响度 4sone，所以两个声音响度合成为 4＋4＝8sone，而 8sone 按数学计算可知为 70phon，因此两个响度级为 60phon 的声音合成后的总响度级为 70phon。

（2）计权声级

上面所讨论的是纯音（或狭频带信号）的声压级与主观感觉之间的关系，但实际上声源所发出的声音几乎都包含很广的频率范围。为了能用仪器直接反映人的主观响度感觉的评价量，有关人员在噪声测量仪器——声级计中设计了一种特殊滤波器，叫计权网络。通过计权网络测得的声压级，已不再是客观物理量的声压级，而叫计权声压级或计权声级，简称声级。常用的有 A、B、C 和 D 声级。

A 声级是模拟人耳对 55dB 以下低强度噪声的频率特性；B 声级是模拟 55～85dB 中等强度噪声的频率特性；C 声级是模拟高强度噪声的频率特性；D 声级是对噪声参量的模拟，专用于飞机噪声的测量。计权网络是一种特殊滤波器，当含有各种频率的声波通过时，它对不同频率成分的衰减是不一样的。A、B、C 计权网络的主要差别在于对低频成分衰减的程度不同，A 计权网络衰减最多，B 计权网络其次，C 计权网络最少。实践证明，A 声级表征人耳主观听觉较好，故近年来 B 声级和 C 声级较少应用。A 声级以 L_{pA} 或 L_A 表示，其单位用 dB（A）表示。

（3）噪声的频谱分析

一般声源所发出的声音，不会是单一频率的纯音，而是由许多不同频率、不同强度的纯音组合而成。将噪声的强度（声压级）按频率顺序展开，使噪声的强度成为频率的函数，并考查其波形，叫做噪声的频率分析（或频谱分析）。研究噪声的频谱很重要，它能使人们深入了解噪声声源的特性，帮助寻找主要的噪声污染源，并为噪声控制提供依据。

频谱分析的方法是使噪声信号通过一定带宽的滤波器，通带越窄，频率展开越详细；反之，通带越宽，频率展开越粗略。

3. 等效连续 A 声级

目前对于保护听力和健康以及环境噪声的评价，世界公认用 A 声级作为噪声的评价指标。这是因为 A 声级是按照人对频率的响度感觉而计权的声级；它对人耳敏感的频域加以强调，对人耳不敏感的频域加以衰减，因而能较好地反映人们对噪声的主观感觉。A 声级可以用声级计直接测量，还可以和其他评价方法进行换算。当评价噪声对人体的影响时，不但要考虑该噪声的大小，而且要考虑作用的时间。等效连续 A 声级的定义就是：在声场中一定位置上，用某一段时间内能量平均的方法，将间歇接触的几个不同的 A 声级噪声，以一个 A 声级表示该段时间内的噪声大小。在噪声的评价方法中，最常用的是等效连续 A 声级，它表示为 L_{eq}（equivalent continuous sound level），单位为 dB（A），其定义公式为：

$$L_{eq} = 10 \lg \frac{1}{T_2 - T_1} \int_{T_1}^{T_2} 10^{L_p/10} \, dt \tag{7-1}$$

式中 T_1——噪声测定的起始时刻（s）；

　　　T_2——噪声测定的终止时刻（s）；

　　　L_p——声级，一般为 A 声级（dB）；

　　　L_{eq}——等效连续 A 声级（dB）。

4. 噪声测量仪器

噪声测量仪器的测量内容有噪声的强度，主要是声场中的声压，至于声强、声功率的直接测量较麻烦，故较少直接测量，只在研究中使用；此外还有噪声的特征，即声压的各种频率组成成分。

噪声测量仪器主要有：声级计、声频频谱仪、记录仪、录音机和实时分析仪器。

噪声测量中如需进行频谱分析，通常在精密声级配用倍频程滤波器。根据规定需要使用十档，即中心频率为 31.5Hz、63Hz、125Hz、250Hz、500Hz、1000Hz、2000Hz、4000Hz、8000Hz、16000Hz。

7.1.3　噪声标准

噪声对人的影响与声源的物理特性、暴露时间及个体差异等因素有关。所以噪声标准的制定是在大量实验基础上进行统计分析得出的，主要考虑因素是保护听力、噪声对人体健康的影响、人们对噪声的主观烦恼度和目前的经济、技术条件等。对不同的场所和时间分别加以限制。即同时考虑标准的科学性、先进性和现实性。

以保护听力而言，一般认为每天 8h 长期工作在 80dB 以下环境中听力不会损失，而在声级分别为 85dB 和 90dB 的环境中工作 30 年，根据国际标准化组织（ISO）的调查，耳聋的可能性分别为 8% 和 18%。在声级为 70dB 的环境中，谈话就感到困难。而干扰睡眠和休息的噪声级阈值白天为 50dB，夜间为 45dB。

我国现行的有关噪声的标准为《声环境质量标准》GB 3096—2008 和《社会生活环境噪声排放标准》GB 22337—2008 两大标准。其中，《声环境质量标准》GB 3096—2008 规定了五类声环境功能区的环境噪声限值及测量方法，适用于声环境质量评价与管理，但不适用于机场周围区域受飞机通过（起飞、降落、低空飞越）噪声的影响；《社会生活环境噪声排放标准》GB 22337—2008 规定了营业性文化场所和商业经营活动中可能产生环境噪声污染的设备、设施边界噪声排放限值和测量方法，适用于其产生噪声的管理、评价和控制。

7.1.4　噪声的危害

1. 噪声对人体的危害

（1）噪声对听觉器官的危害

听觉器官是人体感受声音的器官，噪声对人体的危害的评价以及噪声标准的制定等主要还是以听觉器官功能障碍为依据。

爆破、火箭发射或其他突发的巨响会导致爆震性耳聋。除强大的噪声（超过 140dB）作用外，尚有冲击波的影响，人们会出现剧烈的耳鸣、头痛、听力散失以及眩晕、恶心、呕吐等症状。体检时可发现鼓膜破裂、听骨链损伤、鼓室及内耳出血。

在噪声作用下听力损伤具有累积性。短时噪声可使听觉疲劳。当人离开噪声环境时，听觉灵敏度即可恢复。对于不同的人群，其适应程度是不一样的。一般听力疲劳是从感受高频噪声开始的，对低频噪声影响较小。在持久的较强噪声作用下，听力减退快，恢复时间也长。如果噪声连续作用于听觉器官，在休息时间内得不到完全恢复，时间长了就可能发生持久性耳聋。有研究表明，生活在安静环境中的老年人到 70 岁时，在 2000～4000Hz 范围内其听力损失只有 5～15dB（A），而美国的同龄人可损失 50～70dB（A）。

听觉器官在噪声的长期作用下，多出现在 2000Hz 以上的高频听力损失，初期尤以 3000～4000Hz 受累最为典型。

（2）噪声对神经系统的危害

严重的噪声可以引起神经系统产生神经衰弱症，出现头痛、昏晕、耳鸣、多梦、失眠、心悸、记忆力衰退和全身疲乏无力等症状。还有的表现为记忆力减退和情绪不稳定（如易激怒等）。噪声作用于中枢神经系统，会影响人体各器官的功能。

噪声对神经行为功能产生影响，使大脑皮质功能紊乱，使抑制和兴奋过程平衡失调，出现头晕、烦躁、易疲倦、易怒、心悸、情绪不佳、反应迟缓及工作效率降低等症状，即导致人的情感状态发生变化。

（3）噪声对心血管系统的危害

噪声长期作用于机体可使大脑和丘脑下部交感神经兴奋，心跳增强、增快，耗氧量增加，心肌负担加重，从而危害心脏功能。早期可表现为血压不稳定，长期接触较强的噪声可以引起血压升高。相关研究证明，在高噪声车间工作的工人，高血压、动脉硬化和冠心病的发病率比低噪声车间中的高。

（4）噪声对消化系统及内分泌系统的危害

环境噪声能引起肠胃功能减弱、消化腺分泌减少、肠胃蠕动减弱、括约肌收缩、胃肠排空速度减慢，引起消化不良、食欲不振、恶心、呕吐，从而导致胃病的发病率增高。

人在 85dB 交通噪声环境下 7h，某些生化指标发生明显的变化。尿中肾上腺素和环腺苷酸以及尿与血清中镁、蛋白质和胆固醇含量显著增高。红细胞中钠和血液中血管紧张肽原酶活性降低，而尿中甲肾上腺素增加不明显。相关报告指出，脉冲噪声对肾上腺的刺激作用较稳态噪声大。

（5）噪声对睡眠的危害

保证睡眠是人体健康的重要因素，但是噪声会影响人的睡眠质量和时间。30～40dB（A）的噪声是比较安静的正常环境，人进入睡眠之后即使受到 40～50dB（A）较轻的噪声干扰，也会从熟睡状态变成半熟睡状态。人在熟睡状态时，大脑活动是缓慢而有规律的，能够得到充分的休息；而在半熟睡状态时，大脑仍处于紧张、活跃的阶段，这就会使人得不到充分的休息和体力的恢复。连续的噪声会影响睡眠的生理过程，使入睡时间延长，睡眠深度变浅，缩短醒觉时间，多梦；突然的噪声可使人惊醒；断续的噪声比连续的噪声影响更大；夜间噪声比白天噪声影响大。当睡眠受到噪声干扰后，工作效率及心理健康都会受到影响。其中，老年人和病人对噪声干扰更敏感。

（6）噪声对儿童和胎儿的危害

噪声会影响少年儿童的智力发育，在噪声环境下，老师讲课听不清，结果造成儿童对讲授内容不理解，妨碍儿童智力发育。吵闹环境中儿童智力发育比安静环境中低 20%。噪声是造成孩子听力损失的重要原因，并会引起孩子烦躁易怒、饮食与睡眠不好。

此外，噪声会造成胎儿畸形。婴幼儿正处在生长发育阶段，机体抵抗力弱，对噪声特别敏感，危害性也大，应引起年轻父母的关注，谨防噪声危害婴幼儿。婴儿对噪声特别敏感，容易引起听力疲劳或鼓膜损坏，使婴幼儿对语言的差别感受性降低，阻碍听觉的发展。据测定，在 10cm 范围内，洗衣机、电冰箱、电吹风、电风扇的音响是 40～90dB（A），缝纫机、收录机、电视机的音响是 50～80dB（A）。只要将以上 1～2 种噪声汇集就会超过我国关于居民区内 40～50dB（A）以下的噪声标准。如果婴幼儿长期生活在 80～90dB（A）以上的噪声环境中，可使婴幼儿的听力受损伤，诱发噪声性耳聋，婴幼儿经常受噪声的刺激，会引起精神萎靡、烦躁不安、消化不良、食欲不振等现象，并使内分泌紊乱，妨碍婴幼儿身心健康与智力发展。

2019 年，在各类污染投诉中噪声污染占 41.1%（见图 7-1）。

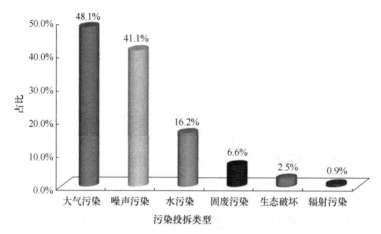

图 7-1　2019 年各污染投诉类型占比

2. 噪声对动物的危害

（1）噪声对动物器官的危害

噪声能对动物的听觉器官、视觉器官、内脏器官及中枢神经系统造成病理性变化。

鸟类在噪声中会出现羽毛脱落，影响产卵率等。动物暴露在 150dB（A）以上的低频噪声场中，会引起眼部振动，造成视觉模糊。实验证明，豚鼠暴露在 150～160dB（A）的强噪声场中，耳廓对声音的反射能力便会下降甚至消失，强噪声场中耳廓反射能力的衰减值约为 50dB（A）。在噪声暴露时间不变的情况下，随着噪声声压级增高，耳廓反射能力明显下降或消失，而听力损失程度也越严重。实验表明，暴露在 150dB（A）噪声下的豚鼠耳廓反射能力经过 24h 以后基本恢复，这是暂时性的阈移；而暴露在 156dB（A）或 162dB（A）噪声场中的豚鼠的耳廓反射能力的下降和消失很难恢复，这可能是一种永久性的损伤。在强噪声场中暴露后，豚鼠的中耳和卵圆窗膜都有不同程度的损伤，严重的可以观察到鼓膜轻度出血和裂缝状损伤。在更强噪声的作用下，豚鼠鼓膜甚至会穿孔和出现槌骨柄损伤。

大量实验表明，强噪声场能引起动物死亡，噪声声压级越高，使动物死亡的时间越短。例如，170dB（A）噪声大约 6min 就可能使半数受试的豚鼠致死。对于豚鼠，噪声声压级增加 3dB（A），半数致死时间相应缩短一半。

（2）噪声对动物行为的影响

实验证明，动物在噪声场中会失去行为控制能力，不但烦躁不安且失去常态。如在

165dB（A）噪声场中，大白鼠会疯狂窜跳、互相撕咬和抽搐，然后僵直躺倒。

声致痉挛是声刺激在动物体（特别是啮齿类动物体）上诱发的一种生理－肌肉的失调现象，是声音引起的生理性癫痫。它与人类的癫痫和可能伴随发生的各种病征有类似之处。

3. 噪声对仪器和建筑的危害

研究表明，特强噪声会损伤仪器设备，甚至使仪器设备失效。噪声对仪器设备的影响与噪声强度、频率以及仪器设备本身的结构及安装方式等因素有关。当噪声超过 150dB（A）时，会严重损坏电阻、电容、晶体管等元件。当特强噪声作用于火箭、宇航器等机械结构时，由于受声频交变负载的反复作用，会使材料产生疲劳现象而断裂，这种现象叫做声疲劳。

噪声超过 140dB（A）时，对轻型建筑开始有破坏作用。如，当超声速飞机从低空掠过时，在飞机头部和尾部会产生压力和密度突变，经地面反射后形成 N 形冲击波，传到地面时听起来像爆炸声，这种特殊的噪声叫做轰声。在轰声的作用下，建筑物会受到不同程度的破坏，如出现门窗损伤、玻璃破碎、墙壁开裂、抹灰震落、烟囱倒塌等现象。由于轰声衰减较慢，因此传播较远，影响范围较广。此外，在建筑物附近使用空气锤、打桩或爆破，也会导致建筑物受到损伤。

7.1.5 噪声的防治

1. 噪声控制三要素

（1）降低声源噪声：工业、交通运输业可以选用低噪声的生产设备和改进生产工艺，或者改变噪声源的运动方式，如用阻尼、隔振等措施降低固体发声体的振动。也可以控制噪声的传播方向（包括改变声源的发射方向），声的辐射一般有指向性，处在与声源距离相同而方向不同的地方，接收到的噪声强度也就不同。

（2）在传声途径上降低噪声：控制噪声的传播，改变声源已经发出的噪声传播途径，建立隔声屏障，或利用天然屏障（土坡、山丘）以及其他隔声材料和隔声结构来阻挡噪声的传播。此外，合理规划城市和建筑布局也十分重要，声音在传播中的能量是随着距离的增加而衰减的，因此优化布局可使噪声源远离需要安静的地方，以达到降噪目的。

（3）受声者或受声器官的噪声防护：在声源和传播途径上无法采取措施，或采取的声学措施达不到预期效果时，就需要对受声者或受声器官采取防护措施，如长期职业性噪声暴露的工人可以戴耳塞、耳罩或头盔等护耳器；建筑物可应用吸声材料和吸声结构，将传播中的噪声声能转变为热能等。

2. 噪声防治措施

（1）宏观措施

1）合理的土地利用和功能区规划：根据不同使用目的的建筑物噪声标准，合理安排建筑物的场所和位置；将居民区、文化区和商业区、工业区尽量分开；增设有效的噪声防护设施。

2）交通干线的合理布局：交通噪声是城市噪声的重要来源，因此，须在规划中对交通干线进行科学、合理的布局。此外，应制定降低噪声的交通管理制度，加强对交通噪声的管理。

3）建立卫星城：在噪声污染严重的城市周围建立卫星城，将在一定程度上减缓其压力。

（2）技术措施

噪声控制的技术手段也是按照噪声源控制、传播途径控制和接收者保护的先后次序来考虑：首先是降低噪声源本身的噪声；若技术达不到或经济不合算，则考虑从传播途径来降低噪声；再其次考虑接收者的个人防护。

降低噪声源本身的噪声是最根本的控制方法，比如用液压代替冲压、用斜齿轮代替直齿轮、用焊拉代替铆接，以及研究低噪声的发动机等。但是，目前的技术水平有限，往往需要从传播途径和个人防护层面来考虑噪声污染的控制，常见的方法通常有吸声、隔声、消声、阻尼、使用耳塞耳罩等。

7.1.6 噪声的利用

1. 有源消声

为了积极有效地消除噪声，人们发明了"有源消声"这一技术，它的原理是：所有声音都由一定的频谱组成，如果可以找到一种声音，其频谱与所要消除的噪声完全一样，只是相位刚好相反（相差 180°），就可以将此噪声完全抵消。常用的办法是从噪声源本身着手，利用电子线路技术将原噪声的相位倒过来，有源消声这一技术实际上是"以毒攻毒"。

2. 噪声诊病

激光听力诊断装置由光源、噪声发生器和电脑测试器三部分组成。使用时，先由微型噪声发生器产生微弱短促的噪声，振动耳膜，然后微型电脑就会根据回声把耳膜功能的数据显示出来，供医生诊断。它测试迅速，不会损伤耳膜，没有痛感，特别适合儿童使用。此外，还可以用噪声测温法来探测人体的病灶。

3. 噪声测温

耶鲁大学的研究人员用中间隔有一段氧化铝的两层铝制成了这种温度计。对仪器施以电压，产生的电子穿过中间的隔层，从而形成了电流。电压磁场和噪声量之间的关系，或者说磁差，在电流中是根据温度改变的。因此只要知道所施加的电压，这个被称为采集噪声温度（SNT）的仪器就能够测出温度。研究人员表示，SNT 在 $-272.15℃$ 时能精确到千分之一，精确度是用于测量接近绝对零度的温度计的 5 倍。这个新设计最大的优势在于，它是一个原始温度计，不需要外部校准。这是因为电压、噪声和温度之间的关系只依赖于最基本的物理恒量。此外，这个仪器的准确测温范围还比其他温度计大得多。

4. 噪声增产

噪声应用于农作物同样获得了一定的成果。科学家们发现植物在受到某种声音的刺激后，气孔会张到最大，能够吸收更多的二氧化碳和养分，促进植物的光合作用，从而提高生长速度和产量。有人曾经对生长中的西红柿进行试验，在经过 30 次 100dB（A）的噪声刺激后，西红柿的产量提高近 2 倍，且果实的体积也成倍增大，增产效果显著。经过研究发现，水稻、大豆、黄豆等农作物在噪声作用下，都有不同程度的增产。

7.2 光污染及其治理

7.2.1 光污染概述

1. 光污染

光污染是继废气、废水、废渣和噪声等污染之后的一种新的环境污染源，主要包括白亮污染、人工白昼污染和彩光污染等。一般认为，光污染泛指影响自然环境，对人们正常生活、工作、休息和娱乐带来不利影响，损害人们观测能力，引起人体不适和损害人体健康的各种光的污染，广义上包括一些可能对人的视觉环境和身体健康产生不良影响的事物造成的污染，包括书本纸张、墙面涂料等反光物品产生的不良影响。

（1）过量的光辐射对人类生活和生产环境造成不良影响的现象。包括可见光、红外线和紫外线造成的污染。

（2）影响光学望远镜所能检测到的最暗天体极限的因素之一。通常指天文台上空的大气辉光、黄道光和银河系背景光、城市夜天光等使星空背景变亮的效应。

光污染问题最早于 20 世纪 30 年代由国际天文界提出，他们认为光污染是城市室外照明使天空发亮造成对天文观测的负面影响。后来英美等国称之为"干扰光"，在日本则称为"光害"。

2. 光污染种类

国际上一般将主要光污染分成 3 类，即白亮污染、人工白昼和彩光污染。

（1）白亮污染

当太阳光照射强烈时，城市里建筑物的玻璃幕墙、釉面砖墙、磨光大理石和各种涂料等装饰反射光线，明晃白亮、炫眼夺目。专家研究发现，长时间在白亮污染环境下工作和生活的人，视网膜和虹膜都会受到不同程度的损害，视力急剧下降，白内障的发病率高达45％。还使人头昏心烦，甚至出现失眠、食欲下降、情绪低落、身体乏力等类似神经衰弱的症状。

夏天，玻璃幕墙强烈的反射光进入附近居民楼房内，增加了室内温度，影响居民正常的生活。有些玻璃幕墙是半圆形的，反射光汇聚还容易引起火灾。烈日下驾车行驶的司机会出其不意地遭到玻璃幕墙反射光的突然袭击，眼睛受到强烈刺激，很容易诱发车祸。

据光学专家研究，镜面建筑物玻璃的反射光比阳光照射更强烈，其反射率高达82％～90％，光几乎全部被反射，大大超过了人体所能承受的范围。

（2）人工白昼

夜幕降临后，商场、酒店上的广告灯、霓虹灯闪烁夺目，令人眼花缭乱。有些强光束甚至直冲云霄，使得夜晚如同白天一样，即所谓的人工白昼。在这样的"不夜城"里，光入侵造成过强的光源影响了人们的日常休息，使人们夜晚难以入睡，扰乱人体正常的生物钟，导致人们白天工作效率低下。天空太亮，看不见星星，影响了天文观测、航空等，很多天文台因此被迫停止工作。据天文学统计，在夜晚天空不受光污染的情况下，可以看到的星星约为 7000 颗，而在路灯、背景灯、景观灯乱射的大城市里，只能看到 20～60 颗星星。

（3）彩光污染

舞厅、夜总会安装的黑光灯、旋转灯、荧光灯以及闪烁的彩色光源构成了彩光污染。据测定，黑光灯所产生的紫外线强度大大高于太阳光中的紫外线，且对人体有害影响持续时间长。人如果长期接受这种照射，可诱发流鼻血、脱牙、白内障，甚至导致白血病和其他癌变。彩色光源让人眼花缭乱，不仅对眼睛不利，而且干扰大脑中枢神经，使人感到头晕目眩，出现恶心呕吐、失眠等症状。要是人们长期处在彩光灯的照射下，其心理积累效应也会不同程度地引起倦怠无力、头晕、神经衰弱等身心方面的病症。

另外，有些学者还根据光污染所影响的范围的大小将光污染分为室外视环境污染、室内视环境污染和局部视环境污染。其中，室外视环境污染包括建筑物外墙、室外照明等；室内视环境污染包括室内装修、室内不良的光色环境等；局部视环境污染包括书簿纸张和某些工业产品等。

总之，光污染会导致能源浪费，并且对人的生理、心理健康产生破坏。此外，过度的光污染会严重破坏生态环境，且对交通安全、航空航天科学研究也会造成消极影响。在政府对光源进行有效调整之前，我们一定要注意远离类似的污染源。

3. 光污染特点

（1）局部性：光污染随距离的增加而迅速减弱。

（2）无残留性：在环境中光源消失，污染即消失。

（3）相对性：相对性分为两个方面，一是只有在一定的环境背景下才会有光污染，光污染是相对于背景来说的；二是对一些人造光是否属于光污染，不同人员具有不同的结论。

7.2.2　光污染的危害

虽然与空气、水、土壤和噪声污染相比，光污染还是一个较新的概念，但从国际通行的标准来看，光污染不仅仅能让星空"消失"，它与其他污染一样，对人类和生态环境也有危害。

1. 对人体健康的危害

光污染属于物理性污染，主要通过视觉对人的生理和心理产生影响。长时间强光照射、频繁的闪光会对人眼的角膜和虹膜造成严重损害，导致视力下降；过量或不协调的彩色光照会干扰人的大脑中枢神经，使人头晕目眩，出现恶心呕吐、失眠等症状，而过强的紫外线还可能诱发白内障、白血病，甚至癌变；人工白昼会影响人的睡眠，扰乱人体正常的生物钟。

2. 交通电子监控设备闪光造成的危害

道路交通电子监控设备在为城市安全保驾护航的同时，也存在着频闪爆闪的光污染隐患。以昆明市为例，2017年主城区内交通电子监控设备、电子警察已经分别达到了1232套和1094套，在晚高峰时段，一些主干道交汇点的监控补光灯闪烁频次超过60次/min。交通电子监控设备带来的频闪爆闪光污染及交警巡逻车、摩托车、警务岗亭等设置的警示闪光灯，会干扰机动车驾驶员注意力，造成驾驶员短暂视觉障碍甚至引发交通事故，随处可见且长期存在的频闪爆闪还会使市民本已下降的视力进一步弱化。

3. 玻璃幕墙造成的危害

不少城市的高楼外立面常采用玻璃幕墙，而大面积的玻璃幕墙会导致光污染、高耗能。首先，玻璃幕墙因日照反射产生的炫光以及夜间各种光源的相互反射、折射，会影响周边居民的睡眠和身体健康；其次，玻璃幕墙隔热效果较差，大面积采用玻璃幕墙的建筑物往往会出现"冬寒夏热"的现象，使其因供暖、制冷而被动提高能耗，不利于节能减排。

4. 对生物多样性的威胁

经过数万年的进化，包括人类在内的大多数生物已经形成了天然昼夜周期的生物钟，但过度的人工照明破坏了自然的光照周期，改变了动物的繁殖、迁徙等生活习惯，扭曲了植物的自然昼夜循环，这些改变都不同程度影响了生物多样性。例如，一些候鸟在夜间迁徙是以星宿位置来导航的，其容易受到城市照明光的影响而迷失方向，降低迁徙成功率。

7.2.3 光污染防治

1. 宏观治理

减少光污染这种都市新污染的危害，关键在于加强城市规划管理，合理布置光源，加强对广告灯和霓虹灯的管理，禁止使用大功率强光源，控制使用大功率民用激光装置，限制使用反射系数较大的材料等。作为普通民众，一方面切勿在光污染地带长时间滞留，若光线太强，房间可安装百叶窗或双层窗帘，根据光线强弱作相应调节；另一方面应全民动手，在建筑群周围栽树种花，广植草皮，以改善和调节采光环境等。

建议国家制定与光污染有关的技术规范和相应的法律法规。我国还很少有人认识到光污染的危害，因此根本没有这方面统一的标准。专家认为在我国城市夜景观建设迅速发展的时候，尽快制定景观照明的技术标准是必要的。我们不要去走别人已经走过的弯路。另外，专家认为加强夜景观设计、施工的规范化管理也十分重要。我国目前从事灯光设计、施工的人员当中专业技术人员很少，许多产生光污染和光干扰的夜景观是由不科学的设计、施工造成的。

大力推广使用新型节能光源。现阶段虽然我国大多数地方会自觉使用节能光源，但还有一些场所未能做到自觉使用节能光源，仍有过度使用高瓦数光源情况，这既是资源的浪费也是对光环境的污染。

2. 微观措施

党的十九大报告提出，要建设美丽中国，要满足人民日益增长的优美生态环境需要。为此，我们必须高度重视，要像防治空气、水、土壤、噪声污染一样，防治突出的白光污染、彩光污染和人工白昼，逐步解决"城市生态病"。当前，应先重点解决好交通电子监控设备频闪爆闪、玻璃幕墙泛滥引发的光污染和安全隐患。

（1）改善照明系统：改善固定光源的照射，使其准确地照射到需要的地方，减少反射；调整照明系统，通过重新选取恰当的照明系统，改善光源的种类，使得光波不容易产生光害问题，很多天文学家向其所在的地方推荐使用低压钠蒸气灯，这是因为低压钠蒸气灯功率高、价格便宜，且单波长的特性使其释出的光线极易隔滤，光害的影响便可尽量减少；重订照明计划，如关掉非必要的户外照明系统及只在有人的露天大型运动场打开照明系统，既可节能又能减少光污染。现实中亦有国家开始重订照明计划，如英国，其首相已提出了详细的郊区照明计划以保护环境。

（2）减少交通电子监控设备：减轻城市交通电子监控设备光污染。要防止陷入交通电子监控设备闪光灯越多越好的误区，同时要改进相关设备的技术指标，研究实施以道路交通治安卡口为主的监控设备升级换代，通过采用绿色、环保型补光产品和技术，来解决交通电子监控设备频闪爆闪造成的光污染问题。建议调整亮度、角度，尽量在不影响视频录像和车辆抓拍效果的前提下降低灯光亮度、调整安装位置和光束角度；对车流量的监测，可探讨不闪光计数、地埋式计数等方式的可能性，尽可能降低闪光频次和强度。同时，要加强技术改进，研究采用柔和光源，尽可能减轻警务闪光灯形成的光污染。

（3）限制使用玻璃幕墙：要进一步加强城市设计和建筑风貌管理，把绿色低碳、尊重自然等理念融入城市规划、设计、建设、管理全过程。根据各地地理位置、民族文化传统、生态环境等特点，塑造城市特色风貌，提高城市建筑水平，避免"千城一面"的玻璃幕墙，提高节能环保水平。研究制定关于加强建筑风貌管理、严控玻璃幕墙使用的政策措施，减轻光污染，提高安全性。针对防止玻璃幕墙反光的问题，有学者建议：第一，选材要选用材质粗糙的毛玻璃等，而不应使用全反光玻璃；第二，要注意玻璃幕墙安装的角度，尽量不要在凹形、斜面建筑物使用玻璃幕墙；第三，可以在玻璃幕墙内安装双层玻璃，在内侧的玻璃上贴上黑色的吸光材料，这样能大量地吸收光线，避免反射光影响市民。另外，加快新型玻璃材料的研究、开发和使用，优化玻璃幕墙的构造设计。其中，通过对现有玻璃幕墙的加工处理减少定向反射光，是一种最为简捷有效的解决玻璃幕墙光污染的方法。

另外，增强个人防护意识，按需及时采取个人防护措施，如戴防护眼镜和防护面罩等。光污染的防护镜有反射型防护镜、吸收型防护镜、反射-吸收型防护镜、光化学反应型防护镜、光电型防护镜、变色微晶玻璃型防护镜等类型。

3. 光污染防治材料

（1）新型玻璃材料：为了避免日趋严重的城市光污染继续蔓延，我国建设部门正针对城市玻璃幕墙的使用范围、设计和制作安装起草法规，以进行统一有效的管理。专家认为，消除光污染只能以预防为主，并应严限比例审批，尽量让这些玻璃幕墙建筑远离交通路口、繁华地段和住宅区。此外对传统的玻璃幕墙进行改进，也是有效的措施之一。例如，以凝胶法镀膜玻璃等作为建筑玻璃幕墙。凝胶法镀膜玻璃是一种新型深加工产品。经凝胶镀膜处理后，改善了原来玻璃的光学性能，使产品具有良好的节能性、遮光性、耐腐蚀性和湿控效应，并有使反射光线变得柔和的效果且镀膜牢固。

（2）低辐射防晒膜：低辐射防晒膜通常具有隔热、节能、防紫外线、防爆等功效，汽车、火车、轮船等交通工具的玻璃门窗可贴用低辐射防晒膜。另外，低辐射防晒膜具有阳光光谱选择性控制功能，将它贴在玻璃上，能阻隔紫外线的通过，红外线反射率可高达95％，眩光阻隔率超过78％，同时有选择地让可见光透过。

（3）防眩板：防眩板是高速公路上为解决对向车灯眩光，安装在中央分隔带上的一种交通安全产品。防眩板能有效吸收紫外线光源，可以按照设定的角度将其安装在公路的隔离墩上，有效防止驾驶车辆灯光带来的光晕对驾驶的影响，从而提高行驶安全性，它可以取代隔离墩上的轮廓标的作用。

7.3 放射性污染及其治理

7.3.1 放射性污染概述

1. 放射性和辐射

放射性是指元素从不稳定的原子核自发地放出射线（如 α 射线、β 射线、γ 射线等）衰变形成稳定的元素而后停止放射（衰变产物）的现象。天然存在的放射性核素具有自发放出射线的特性，称为天然放射性；而通过核反应，由人工制造的放射性核素的放射性，称为人工放射性。

辐射是一种特殊的能量传递方式。辐射通常可分为两大类：粒子辐射与电磁辐射。前者包括 α 粒子、β 粒子及各种核反应或放射性核素自然衰变过程中所放出的高速带电荷粒子及中子等；后者包括可见光、红外线、紫外线、X射线及γ射线等。辐射一般是指上述物理现象，即波动能量或微观粒子束本身，有时亦指一种物理过程，如太阳辐射，既指从太阳向周围辐射过程中的太阳光，又指这个辐射过程。单独"辐射"两字通常指电磁辐射。

2. 放射性污染

放射性污染是指由于人类活动造成物料、人体、场所、环境介质表面或者内部出现超过国家标准的放射性物质或者射线。在自然界和人工生产的元素中，有一些能自动发生衰变，并放射出肉眼看不见的射线，这些元素统称为放射性元素或放射性物质。

放射性污染物中常见的放射性元素有镭（226Ra）、铀（235U）、钴（60Co）、钋（210Po）、氚（2H）、氩（41Ar）、氪（35Kr）、氙（133Xe）、碘（131I）、锶（90Sr）、钷（147Pm）、铯（137Cs）等。

在自然状态下，来自宇宙的射线和地球环境本身的放射性元素一般不会给生物带来危害。20世纪50年代以来，人的活动使得人工辐射和人工放射性物质大大增加，环境中的射线强度随之增强，危及生物的生存，从而产生了放射性污染。放射性污染很难消除，射线强度只能随时间的推移而减弱。

3. 放射性污染源

（1）原子能工业排放的废物：原子能工业中核燃料的提炼、精制和核燃料元件的制造，都会有放射性废物产生和废水、废气的排放。这些放射性"三废"都有可能造成放射性污染，由于原子能工业生产过程的操作运行都采取了相应的安全防护措施。"三废"排放也受到严格控制，所以对环境的污染并不十分严重。但是，当原子能工厂发生意外事故时，其污染是相当严重的。国外就有因原子能工厂发生故障而被迫全厂封闭的实例。

（2）核武器试验的沉降物：在进行大气层、地面或地下核试验时，排入大气中的放射性物质与大气中的飘尘相结合，由于重力作用或雨雪的冲刷而沉降于地球表面，这些物质称为放射性沉降物或放射性粉尘。放射性沉降物播散的范围很大，往往可以沉降到整个地球表面，而且沉降很慢，一般需要几个月甚至几年才能落到大气对流层或地面，衰变则需上百年甚至上万年。1945年美国在日本的广岛和长崎投放了两颗原子弹，使几十万人死亡，大批幸存者也饱受放射性病的折磨。

（3）医疗放射性：医疗检查和诊断过程中，患者身体都要受到一定剂量的放射性照射，例如，进行一次肺部X光透视，约接受（4～20）×0.0001Sv的剂量（1Sv相当于每克物质吸收0.001J的能量）；进行一次胃部透视，约接受0.015～0.03Sv的剂量。

（4）科研放射性：科研工作中广泛地应用放射性物质，除了原子能利用的研究单位外，金属冶炼、自动控制、生物工程、计量等研究部门几乎都有涉及放射性方面的课题和试验。在这些研究工作中都有可能造成放射性污染。

4. 放射性污染的特点

（1）绝大多数放射性核素具有毒性，按致毒物本身重量计算，均高于一般的化学毒物。

（2）放射性损伤产生的效应，可能影响遗传，给后代带来隐患。

（3）放射性剂量的大小只有辐射探测仪才可以探测出，非人的感觉器官所能知晓。

（4）射线的辐照具有穿透性，特别是γ射线可穿透一定厚度的屏障层。

（5）放射性核素具有蜕变能力。

（6）放射性活度只能通过自然衰变而减弱。

7.3.2 放射性污染的危害

1. 放射性物质进入人体的途径

放射性物质进入人体的途径主要有三种：呼吸道吸入、消化道食入、皮肤或黏膜侵入。放射性物质主要经消化道进入人体，而通过呼吸道和皮肤进入的较少。而在进行核试验和发生核工业泄漏事故时，放射性物质经消化道、呼吸道和皮肤这三条途径均可进入人体而造成危害。

（1）呼吸道吸入

从呼吸道吸入的放射性物质的吸收程度与其气态物质的性质和状态有关。难溶性气溶胶吸收较慢，可溶性气溶胶吸收较快；气溶胶粒径越大，在肺部的沉积越少。气溶胶被肺泡膜吸收后，可直接进入血液流向全身。

（2）消化道食入

消化道食入是放射性物质进入人体的重要途径。放射性物质既能被人体直接摄入，也能通过生物体经食物链途径进入体内。

（3）皮肤或黏膜侵入

皮肤对放射性物质的吸收能力波动范围较大，一般在 $1\% \sim 1.2\%$。经由皮肤侵入的放射性污染物，能随血液直接输送到全身。由伤口进入的放射性物质吸收率较高。

无论以哪种途径，放射性物质进入人体后，都会选择性地定位在某个或某几个器官或组织内，叫做"选择性分布"。其中，被定位的器官称为"紧要器官"，将受到某种放射性的较多照射，损伤的可能性较大，如氡会导致肺癌等。放射性物质在人体内的分布与其理化性质、进入人体的途径以及机体的生理状态有关。但也有些放射性在人体内的分布无特异性，广泛分布于各组织、器官中，叫做"全身均匀分布"，如有营养类似物的核素进入人体后，将参与机体的代谢过程而遍布全身。

放射性物质进入人体后，要经历物理、物理化学、化学和生物学四个辐射作用的不同阶段。当人体吸收辐射能之后，先在分子水平发生变化，引起分子的电离和激发，尤其是大分子的损伤。有的发生在瞬间，有的需经物理的、化学的以及生物的放大过程才能显示所致组织器官的可见损伤，因此时间较久，甚至延迟若干年后才表现出来。

2. 放射性物质对人体的危害

放射性物质对人体的危害主要包括三方面：

（1）直接损伤

放射性物质直接使机体物质的原子或分子电离，破坏机体内某些大分子如脱氧核糖核酸、核糖核酸、蛋白质分子及一些重要的酶。

（2）间接损伤

各种放射线首先将体内广泛存在的水分子电离，生成活性很强的 H^+、OH^- 和分子产物等，继而通过它们与机体的有机成分作用，产生与直接损伤作用相同的结果。

（3）远期效应

主要包括辐射致癌、白血病、白内障、寿命缩短等方面的损害以及遗传效应等。据有关资料介绍，青年妇女在怀孕前受到诊断性照射后其小孩发生唐氏综合征的几率增加 9

倍。又如，受广岛、长崎原子弹辐射的孕妇，有的就生下了弱智的孩子。根据医学界权威人士的研究发现，受放射线诊断的孕妇生的孩子小时候患癌和白血病的比例增加。

进入人体的放射性物质，在人体内继续发射多种射线引起内照射。当所受有效剂量较小时，生理损害表现不明显，主要表现为患癌症风险增大。应当指出，完全没有必要担心食品中自然存在的非常低的放射性。近年来有专家认为小剂量辐照对人体不仅无害而且有某些好处，即所谓兴奋效应。

7.3.3 放射性污染防治方法

放射性污染防治方法是防治放射性物质及放射线使人体不受其害的科学技术方法。凡是有放射性物质进入人体或其放射线作用于人体时，一般都会产生有害作用。主要的放射性污染是核爆炸和核反应堆事故，基本的预防和治理措施是禁止核试验，合理布局核企业及强化生产管理。

主要防治方法有：

（1）核企业厂址选择在人口密度较低、水文和气象条件有利于废水、废气扩散稀释及地震烈度较低的地区，以保证居民所受辐射量低于世界规定的标准。

（2）工艺流程选择和设备选型要考虑废物产生量少并且运行安全可靠。

（3）废水和废气必须经过净化处理，严格控制放射性核素的排放浓度和排放量。

（4）对浓集的放射性废水，一般要进行固化处理；对放射性强的废物要进行永久贮存处理。

（5）对核企业周围和可能遭受放射性污染的地区进行监测。全世界核工业污染多数属于事故性污染，因而最大限度减少或排除事故和完善事故处理的应急措施，对于保护环境将有重要意义。

第8章 全球环境问题概述

8.1 地球气候变暖

"地球的气候是否在变暖"是近年来备受关注的话题。地球气候变暖似乎成了当今世界的主流认识。简而言之，就是人类工业活动排放了大量的温室气体，导致全球陆地和海洋温度升高，从而危害生态环境，并威胁人类生存。因此人类要采取行动，节能减排。这也就是《联合国气候变化框架公约》《京都议定书》《巴黎协定》等国际法律文本制定的依据。

地球气候变暖的论断主要来自于联合国政府间气候变化专门委员会（IPCC）所发表的几次气候评估报告。其中，2007年的第四次报告不仅肯定地指出全球已经开始变暖（全球平均气温在百年内升高了0.74℃），并且认为全球变暖主要是由人类活动导致的（全球变暖有90%的可能性是人类使用石油、煤、天然气等矿物燃料造成的），还强调了气温升高所引发的一系列恶性后果，如海平面上升、干旱区扩大、贫困人口增加等。报告还预测地球气候变暖的速度将继续加快（到2100年，全球气温将升高1.8~4℃）。

本节将从认识气候开始，理解气候发生变化的原理，然后知悉气候变暖的相关科学依据，最后简要了解针对气候变暖制定的各国际法律公约。

8.1.1 气候与气候变化的原理

通常，人们会混淆"天气"和"气候"的概念。"天气"是一定地区、某一时段大气中各种气象要素（如气温、气压、水汽、风和气凝胶等）综合作用而产生的总体效应，常表现为这一地区的冷、暖、阴、晴、风、霜、雨、雪等自然现象。"气候"是指地球上某一地区长期天气状况的综合。一般用该地区各种气象要素的长期统计特性（平均值、极值、概率和方差、协方差、相关等）来描述。气候的基本特征是由太阳辐射、地球表面性质、大气环流和人类活动等因子长期相互作用形成的。天气和气候都会变化，但时间尺度不同。天气变化的时间尺度较小，因此天气的可预测性是有限的，比如：中尺度对流系统只在几小时内可预测，气旋在几天至一周的时间内可预测，超过一两个星期天气预测的准确度大大降低。而气候变化的时间尺度以季节计、以年计，甚至超过十年或更长时期，比如冰河世纪。通常，在持续数十年或更长的时间尺度内，气候的平均状态在统计学上的显著变化称为"气候变化"。

为了了解地球的气候及其变化，并对人类活动给气候变化带来的影响进行预测，就要了解决定气候的众多因素。简而言之，气候是由大气环流及其与大规模洋流和陆地（具有反照率、植被覆盖率和土壤湿度等特征）的相互作用所决定的。而地球整体的气候取决于影响辐射强度的因素，比如大气成分、太阳辐射或火山喷发等。气候系统是一个复杂的系统，它包括大气、海洋、冰雪覆盖层、陆地等各种要素的组成及其动态变化，这些要素之间又会发生各种物理、化学或生物过程而引发相互作用，导致了气候系统的复杂性。

1. 气候系统

气候系统是由五个主要组成部分交互的系统，这五个部分包括：大气圈、水圈、冰冻圈、岩石圈和生物圈。它们受到各种外部强迫机制的强迫或影响（见图 8-1），其中最主要的影响来自太阳。此外，人类活动对气候系统的直接影响也被认为是外部强迫。

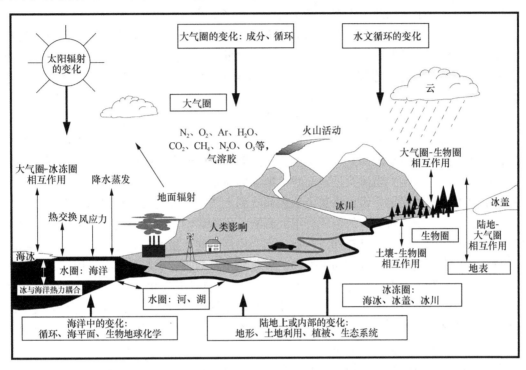

图 8-1 地球气候系统示意图（粗体字：各组成部分，细箭头：各组成部分包含的
过程和相互作用，粗箭头：可能发生的某些变化）

大气圈是气候系统中最不稳定、变化最快的部分，其组成随着地球的发展而变化。地球上的干燥大气主要由氮气（N_2，体积混合比为 78.1%）、氧气（O_2，体积混合比为 20.9%）和氩气（Ar，体积混合比为 0.93%）组成，这些气体与入射的太阳辐射只有有限的相互作用，而与地球发出的红外辐射没有相互作用。但是，大气中还存在许多微量气体，例如二氧化碳（CO_2）、甲烷（CH_4）、一氧化二氮（N_2O）和臭氧（O_3），它们在干燥空气中的总体积混合比小于 0.1%。这些气体能够吸收和发射红外辐射，即所谓的温室气体，因此在地球的能量收支中起着至关重要的作用。大气中还含有水蒸气（H_2O），这也是一种天然温室气体。它的体积混合比随环境的变化而发生较大变化，但通常约为 1%。由于这些温室气体吸收地球发射的红外辐射后，同时会向上和向下发射红外辐射，因此它们倾向于升高地球表面附近的温度。此外，水蒸气、CO_2 和 O_3 也吸收太阳短波辐射。除了这些气体之外，大气圈还包含固体和液体颗粒（气溶胶），它们以复杂且在空间上多变的方式与入射和发出的辐射相互作用。大气中变化最大的组成部分是各个阶段的水，例如水蒸气、云滴和冰晶。由于水蒸气在各个阶段之间的过渡会吸收并释放大量能量，因此水蒸气是大气圈气候及其变化的核心。水蒸气是最强的温室气体。

水圈是包括所有地表水和地下水的集合，包括河流、湖泊和含水层等的淡水以及海洋的咸水。陆地中的淡水径流返回海洋会影响海洋的组成和循环。海洋覆盖了大约 70％ 的地球表面，能存储和传输大量的能量，并溶解和存储大量的二氧化碳。其循环是由风以及盐度和热梯度引起的密度差驱动的（即所谓的盐卤循环），这比大气循环要慢得多。由于海洋的热惯性大，抑制了巨大而强烈的温度变化，能够起到调节地球气候的作用，尤其是在较长的时间尺度上。因此，水圈是影响自然气候多变性的要素之一。

冰冻圈包括格陵兰岛和南极洲的冰盖、大陆冰川和雪原、海冰和永久冻土。由于其对太阳辐射的反射率（反照率）高，且自身的热导率低、热惯性大，尤其在推动深海水循环中发挥关键作用，因此冰冻圈对气候系统具有重要作用。此外，由于冰原贮存了大量的水，其体积变化是海平面变化的潜在来源。

地表的植被和土壤控制着从太阳接收的能量如何返回到大气中。其中一些能量作为长波（红外）辐射返回，因此大气会随着地表温度的上升而被加热。有些能量可以蒸发土壤或植物叶片中的水，将水带回到大气中。由于土壤水分的蒸发需要能量，因此土壤水分对地表温度有很大的影响。当风吹过地面时，地面的质地（其粗糙度）会动态影响大气。而粗糙度由地形和植被决定。风也将灰尘从表面吹到大气中，并与大气辐射相互作用。

海洋和陆地生物圈对大气的组成有重大影响。生物影响温室气体的吸收和释放，比如海洋植物和陆地植物（尤其是森林）能通过光合作用存储大量的二氧化碳。因此，生物圈在碳循环以及许多其他气体（例如甲烷和一氧化二氮）的收支中起着核心作用。其他生物圈主要排放物还有挥发性有机化合物（VOCs），它可能对大气化学、气溶胶形成以及气候产生重要影响。因为碳的存储和微量气体的交换受气候影响，所以气候变化和大气中微量气体的浓度之间可能存在对应关系。化石、树木年轮、花粉等能够记录气候对生物圈的影响，帮助我们推测过去的气候情况。

在广泛的时空范围内，气候系统的各个组成部分之间发生了许多物理、化学和生物的相互作用，这使得气候系统极为复杂。尽管各个组成在成分、物理和化学性质、结构和行为上都大不相同，但它们都是由质量、热量和动量联系在一起的，所有子系统都是开放的且相互关联。例如，大气与海洋之间是紧密耦合的，它们之间通过蒸发来交换水蒸气和热量。这是水文循环的一部分。这个过程还会导致凝结、云形成、降水和径流，并为天气系统提供能量。另一方面，降水会影响盐度、盐分的分布和热盐环流。大气和海洋还会交换二氧化碳和其他气体，这些气体在极地地区由于低温而下沉到海底，在赤道附近相对较暖的上升水中又释放出来，这之间存在平衡。除此之外，还有其他一些例子：海冰阻碍了大气与海洋之间的交流；生物圈通过光合作用和呼吸作用影响二氧化碳的浓度，而二氧化碳又受气候变化的影响；生物圈还通过蒸散作用影响大气中水的输入，并通过反射辐射的方式影响大气的辐射平衡。

2. 气候系统的能量收支

驱动气候系统的最终能量来源是太阳辐射。太阳辐射中大约一半位于电磁波谱的可见短波部分，另一半主要在近红外部分，少部分在紫外部分。每平方米地球表面在一年中平均接收 342W 的太阳辐射，其中 31％ 立即被云、大气层和地球表面反射回太空。其余 235W/㎡ 的能量一部分被大气吸收，但大部分（约 168W/m²）用于地球表面（陆地和海洋）的升温。地球表面的热量通过两种方式返回大气，一种是以红外线辐射的形式，另一种是以显热或水蒸气的形式，即当水蒸气在大气中随高度升高而凝结时释放出热量。地表与大气之间通过这种能量交换维持了一定的温度梯度，温度在地表附近平均为 14℃，随着高度的升高而迅速下降，并在对流层顶部达到 −58℃ 的平均温度。为了保持稳定的气候，入射的太阳辐射与气候系统发出的出射辐射之间需要保持平衡，即气候系统必须平均向太空辐射 235W/m² 的能量。能量平衡的细节可以在图 8-2 中看到，图 8-2 左侧显示了入射的太阳辐射发生了什么，而右侧则显示了大气如何发射出红外辐射。

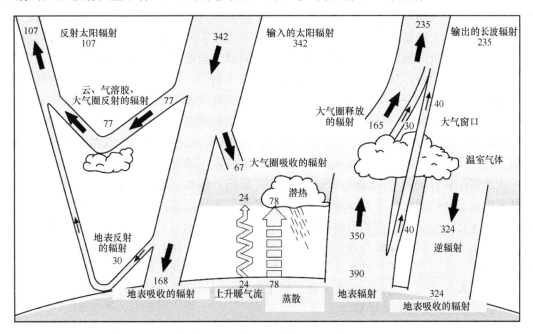

图 8-2　地球的平均能量平衡（W/m²）

在入射的太阳辐射中，有 49%（168W/m²）被地表吸收。该热量以显热、蒸散（潜热）和热红外辐射的形式返回到大气中。大部分辐射被大气吸收，而大气又向上和向下发射辐射。反射回太空中的辐射少部分来自云顶和大气，大部分来自地表，这导致温室效应的发生。

3. 人类对气候系统的影响

人类一直在影响着环境。自 18 世纪中叶工业革命以来，人类活动的影响开始扩展到更大的范围。人类活动，特别是涉及工业或家庭使用的化石燃料燃烧以及生物质燃烧的人类活动，会产生影响大气成分的温室气体和气溶胶。含氯氟烃（CFC）以及其他氯、溴化合物的排放不仅对辐射强迫有影响，而且还导致平流层臭氧层的消耗。由于城市化以及人类林业和农业实践而引起的土地利用变化，影响了地球表面的物理和生物特性。这种影响改变了辐射强迫，并可能对区域和全球气候产生影响。

在工业革命之前的大约一千年中，大气中的温室气体数量保持相对恒定。从工业革命开始，各种温室气体的浓度增加了。例如，二氧化碳的数量增加了 30% 以上，并且仍以前所未有的平均每年 0.4% 的速度增长，这主要归因于化石燃料的燃烧和森林砍伐。由于农业、工业和其他活动，甲烷和一氧化二氮等其他天然辐射活性大气成分的浓度也在增加。氮氧化物（NO 和 NO₂）和一氧化碳（CO）的浓度也在增加，尽管这些气体不是温室气体，但它们在大气化学中发挥了作用，并导致对流层臭氧（臭氧也属于温室气体）增加了 40%。氯氟碳化合物和其他一些卤素化合物并非自然存在于大气中，而是由人类活动引入的。除了对平流层臭氧层的破坏作用外，它们还是强温室气体。它们的温室效应只能通过臭氧层的消耗得到部分补偿，而臭氧层的消耗会导致对流层大气系统产生负向强迫作用。除对流层臭氧及其前体物以外，所有这些气体在大气中的寿命都非常长。

人类的工业和土地利用活动等也以矿物粉尘、硫酸盐、硝酸盐和烟灰的形式增加了大气中的气溶胶含量。这些物质的大气寿命很短，因为它们会被雨水冲刷除去。它们的集中度在其源头附近最高，并且在区域间差异很大，但是却具有全球性后果。气溶胶数量的增加对辐射强迫的影响是复杂的，尚不为人所知。其直接影响是将部分入射的太阳辐射散射回太空，引起了负的辐射强迫，可能部分地甚至局部完全地抵消了温室效应。但是，由于它们的大气寿命很短，且在空间和时间上分布非常不均匀，使得它们对高度非线性气候系统的影响更为复杂。一些气溶胶（例如烟灰）会直接吸收太阳辐射，从而导致大气局部加热，从而增强温室效应。气溶胶也可能影响云的数量、密度和大小，从而改变云的光学特性、反射和吸收能力。它也可能对降水的形成产生影响。这些可能都是气溶胶的潜在重要间接影响，可能会导致负的辐射强迫，但幅度仍然非常不确定。

土地使用或管理的变化也会对气候系统产生影响，例如，农业和灌溉、森林砍伐、再造林和植树造林的变化，或者城市化、交通的变化。土地用途的变化导致土地表面的物理特性发生变化，包括反照率和表面粗糙度的变化，以及土地与大气之间水蒸气和温室气体的交换发生变化，从而导致当地、区域甚至全球气候发生变化，而且对碳循环具有重要影响。土地利用变化还可能通过涉及陆地植被的生物过程和反馈而影响气候系统，这可能导致碳的汇聚发生变化。这些物理和生物地球化学过程以及反馈的综合作用是复杂的。

8.1.2 气候变化的科学事实

气候系统的许多变量已直接测量，即"仪器记录"。例如，大约从19世纪中叶开始对地球表面温度进行广泛的直接测量。近一百年来，人们对其他"天气"变量（例如降水和风）进行了近乎全球的观测。对于海洋的气候信息，在某些地方也进行了100多年的海平面测量，全球少数地区还有悠久的潮汐记录；自20世纪40年代后期以来，人们才系统地进行高空观测，同时，从船上进行海洋表面观测也变得普遍；而到了20世纪70年代后期，人们通常通过专用浮标进行海洋表面观测。与此同时，来自地球观测卫星的其他数据也被用于对气候系统各个组成部分进行广泛的全球观测。另外，越来越多的古气候数据集，例如树木、珊瑚、沉积物和冰的数据，提供了有关距今已有数百年和千年历史的地球气候的信息。基于以上信息，我们可以看到许多印证气候变化的科学事实，这些方面包括温度、降水和大气湿度、积雪、陆地冰与海冰的范围、海平面、极端天气与气候事件等。

1. 温度的变化

自19世纪末以来，全球表面温度平均上升了（0.6±0.2）℃。20世纪90年代很可能是有仪器记录以来最热的十年，而1998年是自1861年以来最热的一年（见图8-3）。自19世纪末以来，全球气温的大幅度升高发生在两个不同的时期：1910年到1945年以及1976年至今。这两个时期的温度升高速率约为0.15℃/10年。与海洋相比，陆地变暖的趋势更大。1950年至1993年期间，海面温度的升高约为陆地平均气温升高的一半。

20世纪初发生的区域变暖模式与后期的区域变暖模式不同。最近的变暖时期（1976—1999年）几乎是全球变暖，但温度升高最大的地区是北半球各大陆的中高纬度地

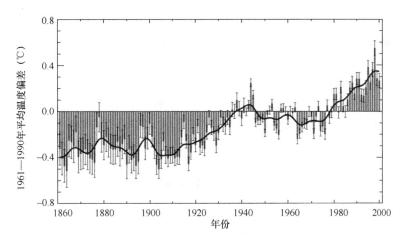

图8-3　1861年至2000年的年度陆地表面空气和海面温度的异常（相对于1961—1990年）

区。北大西洋西北部和北太平洋中部地区全年都有明显的降温趋势，但是北大西洋的降温趋势最近已经逆转。1910—1945年的变暖最初集中在北大西洋。相比之下，1946—1975年期间，北大西洋以及北半球的大部分地区出现了明显的降温，而南半球的大部分地区则出现了变暖。

最新分析表明，自20世纪50年代后期以来，全球海洋热量含量已显著增加，其中一半的热量增加发生在海洋上层300m的区域，温度上升速度为0.04℃/10年。对1950—1993年每日最高和最低地表温度的分析表明，昼夜温差正在大幅度减小。平均而言，最低温度的增长速率大约是最高温度增长速度的两倍（分别为0.2℃/10年和0.1℃/10年）。

数据显示，北半球11—14世纪是一个相对温暖的时期，而15—19世纪是一个相对凉爽的时期。如图8-4所示，北半球20世纪变暖的速度和持续时间似乎是空前的，不能简

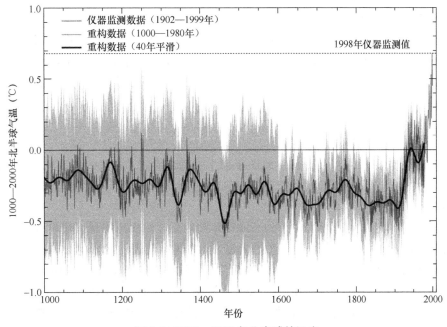

图8-4　1000—2000年北半球的温度

单地视为 15—19 世纪 "小冰河时代" 的复苏。通过对古气候数据的空间代表性进行敏感性分析，表明最近十年的温暖，即使在上个千年的最温暖时期，也超出了不确定性的 95％ 置信区间。

2. 降水和大气湿度的变化

除东亚以外，北半球中高纬度地区的年土地降水量继续增加（每十年增加 0.5％～1％），与北半球相反，南半球在平均水平上没有发现类似的降水变化。在北半球亚热带地区（北纬 10°～30°），地表降雨平均减少约 0.3％/10 年，尽管近年来已显示出恢复的迹象。对热带陆地表面降水量的测量表明，在 20 世纪降水量以 0.2％～0.3％/10 年的速度增加，但在过去的几十年中增加的不明显。尽管如此，直接测量降水和推断降水的模型再分析表明，热带大部分地区的降水也有所增加。

北半球中高纬度地区降水量的增加与总云量的长期增加有很强的相关性。在北半球的许多地区，大气中的总水蒸气有可能每十年增加百分之几。使用原位表面观测以及来自卫星和气象气球的低对流层测量，对选定区域过去 25 年中的水蒸气变化进行了分析。从最可靠的数据集中可以看出，过去几十年中，地表和低对流层水汽的总量都有所增加，平流层下部的水汽也可能每十年增加约 10％。

3. 积雪、陆地冰与海冰范围的变化

积雪和陆地冰面积的减少与土地表面温度的升高呈正相关。卫星数据显示，自 19 世纪 60 年代后期以来，积雪的范围很可能减少了约 10％。现在有足够的证据证明 20 世纪的变暖造成了高山和大陆冰川的大范围退缩。在一些海洋地区，由于区域大气环流变化而导致的降水增加在过去的 20 年中抵消了温度的上升，因此冰川有恢复的趋势。地面观测显示，在过去的 100～150 年中，北半球中高纬度地区的湖泊和河流冰的年持续时间很可能减少了约两周。

北半球的海冰数量正在减少，但南极海冰范围没有明显的变化。自 1950 年以来，北极的春季和夏季海冰范围减少了 10％～15％，这与春季温度的升高以及高纬度地区夏季温度的升高相吻合。在冬季，当周围地区温度升高时，几乎没有迹象表明北极海冰面积减少。相比之下，自 1973 年以来，南极温度的年代际变化与海冰范围之间没有明显的关系。自 19 世纪 70 年代中期开始下降之后，南极海冰范围一直保持稳定，甚至略有增加。新数据表明，1958—1976 年以及 20 世纪 90 年代中期，夏末至秋初，北极海冰厚度下降了约 40％，而冬季下降幅度较小。

4. 海平面的变化

根据潮汐仪数据，20 世纪全球平均海平面上升速率在 1.0～2.0mm/年之间，中心值为 1.5mm/年，20 世纪的平均海平面上升速率比 19 世纪的要大，但 20 世纪以来该速率没有加速的趋势。

在有仪器记录之前的时期，自大约 20000 年前的最后一次冰川最大爆发以来，海平面上升了 120m 以上。由于从冰原到海洋的大量质量转移，陆地仍在向上或向下垂直运动。全球海平面上升最快的时间是 6000～15000 年前，平均上升速率约为 10mm/年。根据地质数据，过去 6000 年中，海平面以 0.5mm/年的平均速率上升；而到了 3000 年前，平均上升速率为 0.1～0.2mm/年。这个速率大约是 20 世纪的十分之一。在过去的 3000～5000 年中，全球海平面在 100～1000 年的时间尺度上的波动不太可能超过 0.3～0.5m。

海平面的变化由全球环境中的许多因素决定，在不同的时间尺度上的影响不同，小到几小时（如潮汐），大到数百万年（如由于构造和沉积作用导致的海盆变化）。在几十年到几个世纪的时间尺度内，对平均海平面的影响与气候和气候变化过程有关。

首先，随着温度升高，海水会膨胀。根据对海洋温度的观察和模型预测的结果，热膨胀被认为是造成历史海平面变化的主要因素之一。此外，在未来的一百年里，热膨胀有望成为导致海平面上升的最主要因素。深海温度变化缓慢，因此，即使温室气体的大气浓度趋于稳定，热膨胀也将持续多个世纪。变暖的量和受影响的水深随位置而异。此外，在给定的温度变化下，温水的膨胀量要大于冷水的膨胀量。海平面变化的地理分布是由热膨胀、盐度、风和海洋环流的地理变化引起的。与全球平均海平面上升相比，区域变化的幅度差异很大。

其次，当海洋中的水量增加或减少时，海平面也会发生变化，海水与贮存在陆地上的水进行交换就属于这种情况。水在陆地上的储备形式主要是冻结在冰川或冰原中，在上个冰川期海平面降低的主要原因就是北半球各大洲冰盖大面积的扩展。气候变暖后，预计冰川和冰盖的融化将在未来一百年内为海平面上升做出最大贡献。这些冰川和冰盖仅占世界陆地冰面积的百分之几，但与格陵兰和南极洲较大的冰原相比，它们对气候变化更为敏感，因为格陵兰和南极洲的冰原处于较冷的气候中，这些地方降水量少，冰川融化的速率也低。因此，在未来的几十年中，预计大冰原只会对海平面变化产生很小的净贡献。

海平面还受到与气候变化没有明显关系的过程的影响，比如抽取地下水、建造水库、改变地表径流以及从水库和灌溉渗入深层含水层来改变陆地的水贮存量等。这些因素可能部分抵消因热膨胀和冰川融化而引起的海平面上升，因此实际的上升速率比预期的慢。此外，河三角洲地区的沿海沉降也会影响当地的海平面。由自然地质过程引起的垂直陆地运动，例如地球地幔的缓慢运动和地壳的构造位移，对当地海平面的影响可以与气候相关的影响相提并论。

最后，在季节性、年际和年代际时间尺度上，海平面响应大气和海洋动力学的变化，最突出的例子发生在厄尔尼诺事件期间。

5. 极端天气与气候事件的变化

在总降水量增加的地区，强降水和极端降水事件很有可能出现得更为频繁。反之亦然。然而，在某些地区，尽管总降水量已经减少或保持不变，但严重事件和极端事件却有所增加。这归因于降水事件发生频率的降低。总体而言，在许多中高纬度地区，主要是在北半球，由于强降水和极端降水事件而产生的年总降水量在统计上有显著增加，在20世纪下半叶，强降水事件的发生频率可能增加了2%～4%。在20世纪（1900—1995年），遭受严重干旱或严重潮湿的全球土地面积增加相对较小。

在某些地区，例如亚洲和非洲的部分地区，近几十年来人们观察到干旱的频率和强度在增加。在这些地区，日间温度波动性已经降低，并且每日最低温度的升高正在延长大多数中高纬度地区的无冻期，同时还观察到厄尔尼诺与南方涛动现象（ENSO）向暖性方向转变。

没有令人信服的证据表明热带和温带风暴的特征已经改变。热带风暴强度和频率的变化主要是年代际到多年代际的变化，这在例如北大西洋的热带地区可能是相当大的。由于数据不完整以及分析的有限性，因此尚不确定北半球温带气旋的强度和频率是否有长期和大规模的增长。在过去的几十年中，已经确定了北太平洋、北美部分地区和欧洲的区域增长。在南半球，自20世纪70年代以来温带气旋活动有所减少。此外，全球局部恶劣天气（例如龙卷风、雷暴日和冰雹）也没有表现出长期变化的趋势。通常，恶劣天气事件的变化趋势很难发现，因为它们的发生率相对较低并且空间变异性很大。

8.1.3 应对气候变暖的国际行动

根据以上的科学事实，世界各国普遍认同人类活动加速了气候变暖的速率，因此在联合国的组织下缔结了一些国际公约，以限制温室气体的排放，缓解温室效应。

1.《联合国气候变化框架公约》

联合国大会于1992年5月9日通过了《联合国气候变化框架公约》（简称《公约》）。同年6月在巴西里约热内卢召开的由世界各国政府首脑参加的联合国环境与发展会议期间开放签署。1994年3月21日，该公约生效。地球峰会上由150多个国家以及欧洲经济共同体共同签署。《公约》由序言及26条正文组成，具有法律约束力，终极目标是将大气温室气体浓度维持在一个稳定的水平，在该水平上人类活动对气候系统的危险干扰不会发生。根据"共同但有区别的责任"原则，《公约》对发达国家和发展中国家规定的义务以及履行义务的程序有所区别，要求发达国家作为温室气体的排放大户，采取具体措施限制温室气体的排放，并向发展中国家提供资金以支付他们履行公约义务所需的费用。而发展中国家只承担提供温室气体源与温室气体汇的国家清单的义务，制定并执行含有关于温室气体源与气体汇方面措施的方案，不承担有法律约束力的限控义务。该公约建立了一个向发展中国家提供资金和技术，使其能够履行公约义务的机制。截至2016年6月，加入该公约的缔约国共有197个。

该公约的核心内容是：（1）确立应对气候变化的最终目标。《公约》第2条规定："本公约以及缔约方会议可能通过的任何法律文书的最终目标是：将大气温室气体的浓度稳定在防止气候系统受到危险的人为干扰的水平上。这一水平应当在足以使生态系统能够可持续进行的时间范围内实现"。（2）确立国际合作应对气候变化的基本原则，主要包括共同但有区别的责任原则、公平原则、各自能力原则和可持续发展原则等。（3）明确发达国家应承担率先减排和向发展中国家提供资金技术支持的义务。《公约》附件一国家缔约方（发达国家和经济转型国家）应率先减排。附件二国家（发达国家）应向发展中国家提供资金和技术，帮助发展中国家应对气候变化。（4）承认发展中国家有消除贫困、发展经济的优先需要。《公约》承认发展中国家的人均排放仍相对较低，因此在全球排放中所占的份额将增加，经济和社会发展以及消除贫困是发展中国家首要和压倒一切的优先任务。

我国于1992年11月7日经全国人大批准《联合国气候变化框架公约》，并于1993年1月5日将批准书交存联合国秘书长处。《联合国气候变化框架公约》自1994年3月21日起对我国生效。我国承诺其二氧化碳排放量将在2030年左右达到峰值，有推算认为最高将达到150亿t。作为全球最大的二氧化碳排放国，预计我国发布数值目标将对今后的气候变化国际谈判产生影响。

2.《京都议定书》

《京都议定书》是《联合国气候变化框架公约》的补充条款。1997年12月在日本京都由联合国气候变化框架公约参加国第三次会议制定，并于1998年3月16日至1999年3月15日开放签字，共有84国签署，条约于2005年2月16日开始生效，到2009年2月，一共有 183 个国家通过了该条约。其目标是"将大气中的温室气体含量稳定在一个适当的水平，进而防止剧烈的气候改变对人类造成伤害"。

这是人类历史上首次以法规的形式限制温室气体排放。为了促进各国完成温室气体减排目标，议定书允许采取以下四种减排方式：（1）两个发达国家之间可以进行排放额度买卖的"排放权交易"，即难以完成削减任务的国家，可以花钱从超额完成任务的国家买进超出的额度。（2）以"净排放量"计算温室气体排放量，即从本国实际排放量中扣除森林所吸收的二氧化碳的数量。（3）可以采用绿色开发机制，促使发达国家和发展中国家共同减排温室气体。（4）可以采用"集团方式"，即欧盟内部的许多国家可视为一个整体，采取有的国家削减、有的国家增加的方法，在总体上完成减排任务。

3.《哥本哈根协议》

《哥本哈根协议》主要是就各国二氧化碳的排放量问题签署的协议，根据各国的 GDP 大小减少二氧化碳的排放量。《哥本哈根协议》的目的是商讨《京都议定书》一期承诺到期后的后续方案，就未来应对气候变化的全球行动签署新的协议。

该协议具有以下几个特点：（1）维护了《联合国气候变化框架公约》和《京都议定书》确立的"共同但有区别的责任"原则，坚持了"巴厘路线图"的授权，坚持并维护了《联合国气候变化框架公约》和《京都议定书》"双轨制"的谈判进程。（2）在"共同但有区别的责任"原则下，最大范围地将各国纳入了应对气候变化的合作行动，在发达国家实行强制减排和发展中国家采取自主减缓行动方面迈出了新的步伐。（3）在发达国家提供应对气候变化的资金和技术支持方面取得了积极的进展。（4）在减缓行动的测量、报告和核实方面，维护了发展中国家的权益。（5）根据政府间气候变化专门委员会（IPCC）第四次评估报告的科学观点，提出了将全球平均温升控制在工业革命以前 2℃ 的长期行动目标。

8.2 臭氧层破坏

臭氧层破坏也是如今人类所面临的重要环境问题，氟氯烃（CFCs）类物质的过度使用是导致臭氧层破坏的主要原因之一。臭氧层变薄意味着到达地表的太阳紫外线增强。较强的紫外线辐射会伤害人的皮肤和眼睛、损坏人的免疫系统，还会对粮食作物、陆生生物及水生生物造成危害。本节从了解臭氧层破坏开始，解析其发生的原因和机理，分析其对人类及生物的危害，最后浏览相关的保护对策和国际公约，以期增强大家对臭氧层的正确认识，提高保护臭氧层的意识。

8.2.1 臭氧层的形成与破坏

臭氧由 3 个氧原子构成（O_3），而氧气由 2 个氧原子构成（O_2），这使得臭氧具备更强的氧化性，同时也更不稳定。自然界中的臭氧，大多分布在距地面 $20\sim50km$ 的大气中，通常将其称之为臭氧层。臭氧层中的臭氧主要来源于紫外线。太阳光线中的紫外线分为长波和短波，当大气中的氧气分子受到短波紫外线照射时，氧气分子会分解成原子状态。氧原子的不稳定性极强，极易与其他物质发生反应。如与 H_2 反应生成 H_2O，与 C 反应生成 CO_2。同样，与 O_2 反应时，便形成了 O_3。臭氧形成后，由于其密度大于氧气，会逐渐向臭氧层的底层降落，在降落过程中随着温度的上升，臭氧不稳定性越加明显，再受到长波紫外线的照射，再度还原为氧。臭氧层就是保持了这种氧气与臭氧相互转换的动态平衡。由于臭氧和氧气之间的平衡，在大气中形成了一个较为稳定的臭氧层。该层内臭氧含量特别高，接近 $0.01mg/mL$；而大气中平均臭氧含量大约仅为 $0.0003mg/mL$，这说明高空大气层中约有 90% 的臭氧集中在臭氧层。

太阳光中也存在对生物生存有害的紫外线，按生物效应的不同，可将太阳光中的紫外线分为 3 类：弱效应波长（UV-A，$320\sim400nm$，对生物影响不大）、强效应波长（UV-B，$280\sim320nm$，对生物有杀伤作用）和超强效应波长（UV-C，$200\sim280nm$，属灭生性辐射）。通常情况下，大气平流层中的臭氧几乎吸收了全部的 UV-C 和 90% 左右的 UV-B。臭氧层是地球的"保护伞"，因此臭氧层的破坏会对生活在地球上的生物产生严重的影响。

1974 年美国科学家 Rowland 和 Molina 认为，同温层渗入了氟氯甲烷、氯原子，其对臭氧具有催化破坏作用。在平流层的臭氧层中，在太阳紫外线的照射下，有式（8-1）的平衡反应：

$$O_3 \xleftrightarrow{hv} O_2 + O \qquad (8\text{-}1)$$

由于排放出来的 CFCs 气体具有非常稳定的特点，其在大气对流层中几乎完全不分解，所以能够扩散到大气平流层中。当其受到来自太阳的紫外辐射时，就会发生碳-氯键断裂的光化学反应，产生氯原子，如式（8-2）：

$$CFCl_3 \xleftrightarrow{hv} CFCl_2 + Cl \qquad (8\text{-}2)$$

接着氯原子会引发一系列破坏臭氧的链式反应，如式（8-3）、式（8-4）：

$$Cl + O_3 \xrightarrow{hv} ClO + O_2 \qquad (8\text{-}3)$$

$$ClO + O \xrightarrow{hv} Cl + O_2 \qquad (8\text{-}4)$$

净反应为：

$$O + O_3 \xrightarrow{hv} 2O_2 \qquad (8\text{-}5)$$

相关研究表明，1 个氯原子引发的这种链式反应大约可以破坏 10 万个臭氧分子。所以 CFCs 气体的排放致使 O_3 不断消耗，从而使臭氧失去其吸收紫外线的性能。

20 世纪 50 年代末到 70 年代就发现臭氧浓度有减小的趋势。1985 年英国南极考察队在南纬 60°地区观测发现臭氧层空洞，该空洞近几十年来的变化引起了世界各国极大的关注。

近年来，北极也发现了类似的臭氧层空洞。2010 年冬天至 2011 年春天，北极地区 $15\sim23km$ 的高空臭氧严重减少，最大幅度减少发生在 $18\sim20km$ 的位置，减少幅度超过 80%。2011 年 3 月至 4 月上旬，研究人员连续 27d 观测到极低的总柱状臭氧值。低于 250DU 的最大区域大约 200 万 km^2，大概是德国或加州面积的 5 倍。

我国国家卫星气象中心监测数据也显示出相似的结果，风云三号卫星臭氧总量探测仪在北极上空监测到一个明显的臭氧低值区，在该低值区内臭氧总量是正常情况下平均值的一半左右，部分地区的臭氧总量达到了臭氧洞的标准（220DU）。一般情况下在 3 月份北极地区的臭氧含量很高，大部分地区在 400DU 以上，其中接近或大于 500DU 的区域占很大比例。北极圈内的大部分地区臭氧总量降到了 $200\sim300DU$，部分地区达到了臭氧洞的标准。

虽然没有形成南极上空那样大规模的臭氧洞，但由于北半球人口密度远高于南半球，臭氧低值区覆盖的范围内紫外线对人类健康的影响比南极臭氧洞更重要。

北极30个臭氧监测站获得的初始数据显示，冬季臭氧浓度下降的情况比以往更严重。德国物理学家马库斯·雷克斯预测第一个北极臭氧洞也许已经形成，这种发展速度非常惊人，可能将被载入史册。目前下定论还为时尚早，需要进一步的监测和研究。

研究人员认为，导致北极臭氧洞形成的主要原因是春季极寒冷的极涡内生成了极地平流层云，在太阳紫外线的作用下释放出破坏臭氧的卤素原子。由于冷的时间更长，能够破坏臭氧的含氯化合物更活跃，以至于观测到比往年冬天严重得多的臭氧减少。

8.2.2 臭氧层破坏的危害

1. 臭氧层破坏对人类健康的影响

臭氧量的减少、臭氧层的破坏使到达地面的紫外线辐射量增加。其中UV-B紫外线波段增加较多，对人体健康产生很大影响。相关研究表明，紫外线除了在人类皮肤中产生维生素D外，未发现其他有益效应。而紫外线对人体的危害却较大，主要表现在影响人的皮肤、眼睛及免疫系统。

临床诊断表明，夏天接受过量的太阳光照射易造成皮肤病。动物实验和临床病例研究表明，过量UV-B紫外线照射易引发人体皮肤癌。紫外线辐射最主要的影响是在太阳照射下对皮肤的灼伤。对大多数人来讲，接受2d的暴晒，皮肤会变成褐色，这是由于紫外线辐射容易使皮肤产生黑色素，黑色素沉着于皮肤色素细胞而使皮肤呈现褐色。接受紫外线辐射一定时间后皮肤组织接连被破坏，导致皮肤增厚，出现皱纹和皮肤弹性减小。长时间的紫外线辐射则会增加患皮肤癌的几率。

白内障是人眼中晶状体的不透明物。据世界卫生组织1985年估计，白内障造成全球1700万人失明（约占总失明人数的50%）。过量的紫外线辐射被认为是白内障增加的主要原因。大量动物实验表明，UV-B紫外线辐射会损害眼角膜和晶状体，导致眼睛混浊。当部分紫外线辐射抵达眼睛的后部时，视网膜细胞会缓慢恶化，尤其是近视者。研究表明，紫外线的增加对人类白内障有一定影响，臭氧减少1.0%，白内障增加约0.5%。强紫外线辐射还可能引发角膜炎（如雪盲）。这类影响的征兆包括眼睛变红，对光线变得易敏感，爱流泪，感觉严重有异物和疼痛。眼外伤在暴晒3～12h后显现。由于眼睛细胞具有快速再生能力，症状一般会在几天后消失，但长时间的紫外线辐射会导致眼角膜永久性损伤。

皮肤是一个重要的免疫器官，免疫系统的某些成分存在于皮肤中，皮肤暴露于紫外线辐射下会导致免疫系统被扰乱，从而造成一些疾病的发生。UV-B诱发皮肤免疫抑制的研究发现，不仅含色素少的人发生，含色素多的人亦可发生。由于免疫抑制，单纯疱疹、利什曼病、结核及念株菌病等疾病将会增加或者症状恶化。

2. 臭氧层破坏对其他生物的影响

紫外线辐射的增强，将导致农作物（如小麦、水稻等）减产，减少地球的食物链，并会导致粮食质量降低。相关实验表明，当臭氧减少25%时，大豆产量会减少20%～25%，大豆中的蛋白质和植物油的含量则分别下降2%和5%。据美国预测，如对CFCs的使用量不加以限制，到2075年农作物将减产7.5%。

近年来，研究者对植物受环境UV辐射的影响进行了大量研究，结果发现，在光合作用和呼吸作用过程中，UV辐射会降低大多数C_3植物的净光合速率，而C_4植物对UV

不太敏感。UV造成光合速率下降的原因是UV辐射导致气孔阻力的增大或气孔的关闭。同时还发现，UV可以通过破坏光系统Ⅱ（PSⅡ）反应中心，抑制PSⅡ联系的电子传递，使环式磷酸化解偶连作用等直接影响植物的光合能力。

在水分生理方面，UV使气孔关闭，而导致大豆、黄瓜、向日葵叶片蒸腾速率的下降。康乃馨经UV-C照射几小时，即见花瓣发生皱褶，其效应与自然衰老或用乙烯处理引起的衰老类似；UV-B能使黄瓜植株中的丁二胺和亚精胺含量显著提高，能阻止棉花中Zn从子叶运转到幼叶。大豆实验中，受UV-B处理的植株籽粒产量严重下降，同时研究表明UV是通过损伤膜系统而引起细胞衰老的。这些研究表明，如果地球表面紫外线辐射增加，将危害植物的生理代谢。

在形态方面，UV-B能强烈地改变单子叶和双子叶植物的高度、叶面积等指标。有学者用UV-B处理黄瓜幼苗时发现，下胚轴伸长受阻；若在UV-B照射后再用GA₃处理幼株，下胚轴伸长才能得以恢复正常。这表明UV并非通过代谢上的限制或破坏顶端分生组织而实现其在形态学上的作用，而是植物体对UV的一种光形态学反应。

UV-B的增加对水生生物也存在很大的危险。美国海洋学家韦勒指出："南极大陆上空臭氧层的日益变薄已使紫外线穿过臭氧层直接进入海洋的深度比过去推测要深得多，造成的结果是构成海洋食物链基础的单细胞生物的生产量大幅度减少，并给浮游生物造成严重的遗传损害"。紫外线辐射对鱼、虾、蟹、两栖类动物的早期发育都有危害作用，最严重的导致其繁殖力下降和幼体发育不全。紫外线能穿透$10\sim20m$深的海水，紫外线辐射可杀死10m水深的单细胞海洋浮游生物和微生物，从而危及水中生物的食物链和自由氧的来源，影响生态平衡和水体的自净能力。

实验表明，如果臭氧减少10%，那么紫外线辐射将增加20%，这将会在15d内杀死所有生活在10m深的鳗鱼幼鱼。研究人员已发现，南极洲浮游植物繁殖速度下降12%与臭氧空洞有直接关系。美国能源与环境研究所的报告表明，臭氧层厚度减少25%，将导致水面附近的初级生物产量降低35%，光亮带（生产力最高的海洋带）减少10%。这些研究结果表明，臭氧层的破坏已影响到海洋生物食物链的根基。

8.2.3 保护臭氧层的措施与公约

臭氧减少带来的危险已受到国际社会的普遍关注，为了保护臭氧层免遭破坏，以更好地保护生态环境，国际上保护臭氧层的行动已持续了20余年。

1. 国际保护计划与约束机制

为了控制破坏臭氧层物质的排放，国际上先后通过了《关于臭氧层行动的世界计划》《保护臭氧层维也纳公约》《关于消耗臭氧层物质的蒙特利尔议定书》（简称《蒙特利尔议定书》）。我国于1991年6月签署了《蒙特利尔议定书》的伦敦修正案，目前《蒙特利尔议定书》的缔约方已达168个。1994年第52次联合国大会决定，把每年的9月16日定为国际保护臭氧层日。我国正在为实现《蒙特利尔议定书》规定的指标而努力，制定并实施了20余项有关保护臭氧层的政策。这对减少消耗臭氧层物质浓度及保护臭氧层具有重要意义。

1977年4月，联合国环境规划署理事会在美国华盛顿哥伦比亚特区召开了由32个国家参加的"评价整个臭氧层"国际会议。会议通过了第一个"关于臭氧层行动的世界计划"。这个计划包括监测臭氧和太阳辐射、评价臭氧耗损对人类健康的影响、对生态系统和气候的影响等，并要求联合国环境规划署建立一个臭氧层问题协调委员会。

1980年，臭氧层问题协调委员会提出了臭氧耗损严重威胁着人类和地球的生态系统这一评价结论。

1981年，联合国环境规划署理事会建立了一个工作小组起草保护臭氧层的全球性公约。经过4年的艰苦工作，1985年4月，在奥地利首都维也纳通过了有关保护臭氧层的国际公约——《保护臭氧层维也纳公约》。该公约从1988年9月生效。

《保护臭氧层维也纳公约》只规定了交换有关臭氧层信息和数据的条款，但是对控制消耗臭氧层物质的条款却没有约束力。之后在《保护臭氧层维也纳公约》的基础上，联合国环境规划署为了进一步对氯氟烃类物质进行控制，在审查世界各国氯氟烃类物质生产、使用、贸易的统计情况后，通过多次国际会议协商和讨论，于1987年9月16日在加拿大的蒙特利尔会议上，通过了《关于消耗臭氧层物质的蒙特利尔议定书》，并于1989年1月1日起生效。《蒙特利尔议定书》规定，参与条约的每个成员组织，将冻结并依照缩减时间表来减少5种氟利昂的生产和消耗，冻结并减少3种溴化物的生产和消耗。5种氟利昂的大部分消耗量，从1989年7月1日起冻结在1986年使用量的水平上；从1993年7月1日起，其消耗量不得超过1986年使用量的80%；从1998年7月1日起，减少到1986年使用量的50%。

《蒙特利尔议定书》实施后的调查表明，议定书实施效果并不理想。1989年3—5月，联合国环境规划署连续召开了保护臭氧层伦敦会议与《保护臭氧层维也纳公约》和《蒙特利尔议定书》缔约国第一次会议——赫尔辛基会议，进一步强调保护臭氧层的紧迫性，并于1989年5月2日通过了《保护臭氧层赫尔辛基宣言》，鼓励所有尚未参加《保护臭氧层维也纳公约》及《蒙特利尔议定书》的国家尽早参加；同意在适当考虑发展中国家特别情况下，尽可能地但不迟于2000年取消受控制氯氟烃类物质的生产和使用；尽可能早地控制和削减其他消耗臭氧层的物质；加速替代产品和技术的研究开发；促进发展中国家获得有关科学情报、研究成果和培训，并寻求发展适当资金机制促进以最低价格向发展中国家转让技术和替换设备。1990年6月20日至29日，联合国环境规划署在伦敦召开了《蒙特利尔议定书》缔约国第二次会议。57个缔约国中的53个国家的环境部长或高级官员及参加议定书的欧洲共同体的代表参加了会议。此外，还有49个非缔约国的代表出席了会议。这次会议又通过了若干补充条款，修正和扩大了对有害臭氧层物质的控制范围，受控物质从原来的2类8种扩大到7类上百种。规定缔约国在2000年或更早的时间里淘汰氟利昂和哈龙；四氯化碳到1995年将减少85%，到2000年将全部被淘汰；到2000年，二氯乙烷将减少70%，2005年以前全部被淘汰。这次会议对第一次会议通过的议定书中未涉及"过渡物质"——氢氟氯烃（HCFCs）（这种物质对臭氧层的潜在危险远小于氟利昂），也提出了反对无节制地使用的要求。《蒙特利尔议定书》缔约国第二次会议建立了国际臭氧层保护基金会，最初3年的金额为2.4亿美元。这笔钱将主要用于发展中国家氟利昂替代物的研究、人员培训和进行区域研究，并要面向发展中国家发展的整体需求。

截至目前，已有150多个政府批准了这项条约。生产和消费氯氟烃（CFCs）和其他消耗臭氧层物质（ODS）已经被奇迹般地减少了将近70%。氯氟烃的重复利用被广泛地采用。而且，臭氧安全技术已经可行并被广泛采用。监测表明，大气中消耗臭氧层物质增长速度已经逐渐减慢。大气中甲基溴的含量也已经减少。但是，臭氧层是脆弱的，只有社会各方面包括消费者不断地支持，保护臭氧层的斗争才能最终赢得胜利。进一步表明了国际社会对臭氧层耗损问题的关注和对保护臭氧层的共识。

为加强对保护臭氧层工作的领导，我国成立了由国家环境保护总局等 18 个部委组成的国家保护臭氧层领导小组。在领导小组的组织协调下，编制了《中国消耗臭氧层物质逐步淘汰国家方案》，并于 1993 年得到国务院的批准，成为我国开展保护臭氧层工作的指导性文件。在此基础上又制定了化工、家用制冷等 8 个行业的淘汰战略，进一步明确了各行业淘汰消耗臭氧层物质的原则、政策、计划和优先项目，具有较强的可操作性。以上述两个文件为依据，我国积极组织申报和实施蒙特利尔多边基金项目。

截至 1997 年 6 月，多边基金执行委员会共批准了我国 210 个项目，获得赠款总额 1.5 亿美元。为配合履行保护臭氧层的国际公约，国家正在逐步制定并采取一定的法规和措施，对消耗臭氧层物质的生产和使用予以控制，对替代品和替代技术的生产和应用予以引导和鼓励，如生产配额、环境标志、税收价格调节、进出口控制、投资控制等政策。已有一些规定出台。除此之外，我国还开展了保护臭氧层的宣传、国际合作和科研等方面的活动，提高了广大人民群众保护臭氧层的意识，并积极参与到这项保护地球环境的行动中。

经过这些努力，我国保护臭氧层工作取得了明显的进展。许多企业或利用多边基金，或利用自有资金进行了生产线的转换。据不完全统计，已经淘汰消耗臭氧层物质约 2 万 t；一批替代产品已经面市，为削减乃至淘汰消耗臭氧层物质创造了条件。

2. 氟利昂代用品的研发

目前 CFCs 主要有两种类型的代用物，即 HCFCs（含氢氯氟烃）和 HFCs（氢氟烃）。实际上它们仍属于碳氟化合物的系列品种，只是由于加入了氢，因而在大气层中不够稳定，削弱了对臭氧的破坏能力。

使用这些代用品必须对原有工艺、设计做较大改进。如用 HFC-134a 和 HCFC-23 做制冷剂，前者与传统的润滑油不相溶，因此必须开发新的润滑油产品；后者则溶解性大，所以要解决腐蚀性、绝缘性问题。在发泡剂方面，用 HCFC-22 替代 CFC-12 生产出的成品保温性稍劣，而 HCFC-141b 具有可燃性，要对现有的发泡机进行改造。另外还要调整配方，以解决其成品绝缘性能、机械强度较差等问题。

臭氧耗竭机制的著名研究者之一，美国加州大学的 Sherwood 教授在研究中发现，大气中 HCFCs 的浓度在增加。他指出，诸如 HFCs 和 HCFCs 这样的代用品仍具有一定的耗损臭氧的潜能，它们只能作为一种过渡性产品，使用这些代用品不仅不能最终解决环境问题，反而可能产生新的环境问题。一些专家已提出应在 2020 年限期淘汰这些过渡产品，所以开发没有或极少耗损臭氧潜能的第二代替代品已迫在眉睫。

针对第三世界国家采用 CFCs 代用品技术这一问题，在国际 CFCs 替代年会上有人提出，与其加速采用代用品，不如推迟淘汰 CFCs，这一提法值得引起注意。对于我国来说，在第二代替代品研制出来之前，对 CFCs 及其工艺设备应持谨慎态度，以免造成不必要的损失。

第二代替代品的开发已成为科学工作者面临的艰巨任务。第二代替代品就是指不破坏臭氧层、不产生温室效应的化学物质。为做到这两点，它们的分子内不能含有氯及溴原子的结构，并最好在短时间内分解，在大气中不吸收红外线。

为了缩短这些物质在大气中的寿命，目前采用的方法是将氢加入其分子中。但是加入氢就会变得易燃而难以在工业中推广使用。当前日本正在研究在碳链中加入氧、氮、硫、硅等，使分子易断裂而加快分解。

最近美国新墨西哥大学的一项成果开辟了第二代替代品的新领域，科研人员发现氟化碘化合物能够强烈吸收近紫外线光谱，从而导致碳-碘键的破坏。可以预测此种化合物在平流层的大气寿命较短，破坏臭氧分子的可能性很小。氟化碘能否作为理想的代用品，还须研究解决它在工业领域中的长期稳定性问题，并且要对其毒理学特性进行实验。

8.3　其他国际环境公约

8.3.1　《蒙特利尔议定书》

蒙特利尔议定书全名为"蒙特利尔破坏臭氧层物质管制议定书（Montreal Protocol on Substances that Deplete the Ozone Layer）"，是联合国为了避免工业产品中的氟氯碳化物对地球臭氧层继续造成恶化及损害，承续 1985 年保护臭氧层《维也纳公约》的大原则，于 1987 年 9 月 16 日邀请所属 26 个会员国在加拿大蒙特利尔所签署的环境保护公约。该公约自 1989 年 1 月 1 日起生效。

《维也纳公约》签署 2 个月后，英国南极探险队队长 J. Farman 宣布，自从 1977 年开始观察南极上空以来，每年都在 9—11 月发现有"臭氧空洞"。这个发现引起举世震惊。1985 年 9 月，为制定实质性控制措施的议定书，UNEP 组织召开了专题讨论会。同年 10 月，决定成立保护臭氧层工作组，从事制定议定书的工作。

1987 年 9 月，由 UNEP 组织的"保护臭氧层公约关于含氯氟烃议定书全权代表大会"在加拿大蒙特利尔市召开。出席会议的有 36 个国家、10 个国际组织的 140 名代表和观察员，我国政府也派代表参加了会议。议定书中规定将氟氯碳化物的生产冻结在 1986 年的规模，并在 1988 年前于工业国家中减少 50％的制造，以及冻结哈龙的生产。但是 1988 年的春天，美国国家航空航天局发表"全球臭氧趋势报告"，显示出全球的臭氧层并不只在一般宣称的南北极地区的上空有被侵蚀的现象。证实了蒙特利尔议定书中对氟氯碳化物的逐步汰换，其实是太少而且太晚了些。

1987 年 9 月 16 日，24 个国家签署了《关于消耗臭氧层物质的蒙特利尔议定书》（以下简称《议定书》）。我国政府认为这个《议定书》没有体现出发达国家是排放 CFCs 造成臭氧层耗减的主要责任者，对发展中国家提出的要求不公平，所以当时没有签订这个议定书。

由于保护臭氧层形势发展的需要，加上《议定书》制定时未能充分反映发展中国家的意见，在 1989 年 5 月赫尔辛基缔约方第 1 次会议之后，80 个国家代表齐聚赫尔辛基，开始了《议定书》的修正工作，其中同意尽早将蒙特利尔议定书中列管的化学物质逐步汰换，但是绝不晚于公元 2000 年。

瑞典是第一个跨越书面背书，且加速进行废除使用氟氯碳化物时间表的国家。1988 年 6 月，瑞典国会通过在 1995 年禁用氟氯碳化物的立法。经过与工业界广泛的讨论后，瑞典政府订定逐步汰换冷冻灭菌剂和在 1988 年以前仍可继续使用氟氯碳化物喷剂的时间表，其用于包装的年限为 1989 年；溶剂及泡绵的使用年限为 1991 年，其用于硬泡绵、干洗及冷却剂的最晚年限为 1994 年。瑞典使用氟氯碳化物的量，其实仅占全世界使用量的 1%，所以对于其他的国家而言，尤其是那些大宗使用者，是急需将瑞典视为主要典范来学习追随的。

1990 年 6 月，在伦敦召开的缔约方第 2 次会议上通过了《议定书》修正案。由于修正案基本上反映了发展中国家的意愿，包括印度在内的许多发展中国家都纷纷表示将加入修正后的《议定书》。中国代表团在会上也表示将建议我国政府尽快加入修正后的《议定书》。

1991 年 6 月 14 日，中国政府驻联合国代表团将加入修正后《议定书》的文件交给联合国秘书长。在缔约方第 3 次会议上，中国代表团宣布了中国政府正式加入修正后《议定书》的决定。

《议定书》在前言中指出，消耗臭氧层物质的排放对臭氧层破坏产生了直接的作用，因而对人类健康和环境造成了较大的负面影响。基于预防审慎原则，国际社会应采取行动淘汰这些物质，加强研究和开发替代品。这里特别指出，有关控制措施必须考虑发展中国家的特殊情况，特别是其资金和技术需求。前言中同时也强调任何措施应基于科学和研究结果，并考虑有关经济和技术因素。

该议定书对 CFC-11、CFC-12、CFC-113、CFC-114、CFC-115 五项氟氯碳化物及三项哈龙的生产做了严格的管制规定，并规定各国有共同努力保护臭氧层的义务，凡是对臭氧层有不良影响的活动，各国均应采取适当防治措施，影响的层面涉及电子光学清洗剂、冷气机、发泡剂、喷雾剂、灭火器等。此外，该议定书中亦决定成立多边信托基金，援助发展中国家进行技术转移。议定书中虽然规定将氟氯碳化物的生产冻结在 1986 年的规模，并要求发达国家在 1988 年减少 50% 的制造，同时自 1994 年起禁止哈龙的生产。但是美国国家航空航天局发表的"全球臭氧趋势报告"也间接证实了该议定书对于氟氯碳化物的管制仍显不足。

《议定书》重点规定了第二条国家和第五条国家在淘汰有关 ODS 的时间表。有关受控物质和淘汰时间表是在议定书及其有关修正案中规定的，只有批准加入某修正案的国家才履行受控义务。

这里需要特别指出的是，考虑发展中国家的特殊需求，在伦敦修正案中加入了建立多边基金这一条款。中国代表团对该资金的建立做出了不可磨灭的贡献。多边基金每三年进行增资，由多边基金执行委员会决定各国项目资助额。同时，《议定书》对有关技术转让作出了规定。要求各国迅速以优惠的条件向有关国家转让环境有益技术。《议定书》确定缔国大会为其决策机制，缔约方会议每年召开一次。《议定书》附件中列出了各种受控物质，并根据缔约方会议的有关决定进行更新。

《议定书》的主要内容包括：

（1）规定受控物质的种类

受控物质以附件 A 的形式表示，有两类共 8 种。第一类为 5 种 CFCs；第二类为 3 种哈龙。

（2）规定控制限额的基准

受控的内容包括受控物质的生产量和消费量，其中消费量是按生产量加进口量并减去出口量计算的。《议定书》规定了生产量和消费量的起始控制限额的基准：发达国家生产量与消费量的起始控制限额都以 1986 年的实际发生数为基准；发展中国家（1986 年人均消费量小于 0.3kg 的国家，即所谓的第五条第一款国家）都以 1995—1997 年实际发生的三年平均数或每年人均 0.3kg，取其低者为基准。

（3）规定控制时间

发达国家的开始控制时间，对于第一类受控物质（CFCs），其消费量自 1989 年 7 月 1 日起，生产量自 1990 年 7 月 1 日起，每年不得超过上述限额基准；自 1993 年 7 月 1 日起，每年不得超过限额基准的 80%；自 1998 年 7 月 1 日起，每年不得超过限额基准的 50%。对于第二类受控物质（哈龙），其消费量和生产量自 1992 年 1 月 1 日起，每年不得超过限额基准。发展中国家的控制时间表比发达国家相应延迟 10 年。

（4）确定评估机制

《议定书》规定从 1990 年起，其后至少每 4 年，各缔约方应根据可以取得的科学、环境、技术和经济资料，对规定的控制措施进行一次评估。《议定书》至今已经过了 4 次修正和 5 次重要调整。

8.3.2 《生物多样性公约》

《生物多样性公约》是一项保护地球生物资源的国际性公约，于 1992 年 6 月 1 日由联合国环境规划署发起的政府间谈判委员会第七次会议在内罗毕通过，1992 年 6 月 5 日由签约国在巴西里约热内卢举行的联合国环境与发展大会上签署。公约于 1993 年 12 月 29 日正式生效。常设秘书处设在加拿大的蒙特利尔。联合国《生物多样性公约》缔约国大会是全球履行该公约的最高决策机构，一切有关履行《生物多样性公约》的重大决定都要经过缔约国大会的通过。

1972 年，在斯德哥尔摩召开了联合国关于人类环境的大会决定建立联合国环境规划署，各国政府签署了若干地区性和国际协议以处理如保护湿地、管理国际濒危物种贸易等议题，这些协议与管制有毒化学品污染的有关协议一起减慢了破坏环境的趋势，但是这种趋势并未被彻底扭转，例如，关于捕猎、挖掘和倒卖某些动物和植物的国际禁令和限制已经减少了滥猎、滥挖和偷猎行为。

1987 年，世界环境和发展委员会（Brundtland 委员会）得出了发展经济必须减少破坏环境的结论，这份划时代的报告题为"我们共同的未来"，它指出，人类已经具备实现自身需要并且不以牺牲后代实现需要为代价的可持续发展的能力；报告同时呼吁"一个健康的、绿色的经济发展新纪元"。

1992 年，在巴西里约热内卢召开了由各国首脑参加的最大规模的联合国环境与发展大会，在此次"地球峰会"上，签署了一系列有历史意义的协议，包括两项具有约束力的协议——《气候变化公约》和《生物多样性公约》。前者目标是工业和其他诸如 CO_2 等温室效应气体排放；后者是第一项生物多样性保护和可持续利用的全球协议，《生物多样性公约》获得快速和广泛的接纳，150 多个国家在里约大会上签署了该协议，此后共 175 个国家批准了该协议。

《生物多样性公约》是一项有法律约束力的公约，旨在保护濒临灭绝的植物和动物，最大限度地保护地球上多种多样的生物资源，以造福于当代和子孙后代。

《生物多样性公约》规定，发达国家将以赠送或转让的方式向发展中国家提供新的补充资金以补偿它们为保护生物资源而日益增加的费用，应以更实惠的方式向发展中国家转让技术，从而为保护世界上的生物资源提供便利；签约国应为本国境内的植物和野生动物编目造册，制定计划保护濒危的动植物；建立金融机构以帮助发展中国家实施清点和保护动植物的计划；使用另一个国家自然资源的国家要与那个国家分享研究成果、盈利和技术。

截至 2004 年 2 月，《生物多样性公约》的签署国有 188 个。我国于 1992 年 6 月 11 日签署该公约，1992 年 11 月 7 日批准，1993 年 1 月 5 日交存加入书。加强生物多样性保护，是生态文明建设的重要内容，是推动高质量发展的重要抓手。近年来，我国制定并实施了《中国生物多样性保护战略与行动计划（2011—2030 年）》，生物多样性保护工作取得了显著成效，为维护全球生态安全发挥了重要作用。然而，生物多样性下降的总趋势尚未得到有效遏制，生物多样性保护与开发建设活动之间的矛盾依然存在。城市生物多样性是连接人与自然环境的重要纽带，对维护城市生态安全和改善城市人居环境具有重要意义。

《生物多样性公约》的主要目标有三个：保护生物多样性；生物多样性组成成分的可持续利用；以公平合理的方式共享遗传资源的商业利益和其他形式的利用。

《生物多样性公约》目标广泛，处理关于人类未来的重大问题，成了国际法的里程碑。该公约第一次取得了保护生物多样性是人类的共同利益和发展进程中不可缺少的一部分的共识，该公约涵盖了所有的生态系统、物种和遗传资源，把传统的保护努力和可持续利用生物资源的经济目标联系起来，建立了公平合理地共享遗传资源利益的原则，尤其是作为商业性用途，公约涉及了快速发展的生物技术领域，包括生物技术发展、转让、惠益共享和生物安全等，尤为重要的是，该公约具有法律约束力，缔约方有义务执行其条款。

《生物多样性公约》提醒决策者，自然资源不是无穷无尽的，该公约为 21 世纪建立了一个崭新的理念——生物多样性的可持续利用，过去的保护努力多集中在保护某些特殊的物种和栖息地，而该公约认为，生态系统、物种和基因必须用于人类的利益，但这应该以不会导致生物多样性长期下降的利用方式和利用速度来获得。基于预防原则，公约为决策者提供了一项指南：当生物多样性发生显著地减少或下降时，不能以缺乏充分的科学定论作为采取措施减少或避免这种威胁的借口。公约确认保护生物多样性需要实质性投资，但是同时强调，保护生物多样性应该带给我们环境的、经济的和社会的显著回报。

8.3.3 《斯德哥尔摩公约》

为了加强化学品的管理，减少化学品尤其是有毒有害化学品引起的危害，国际社会达成了一系列的多边环境协议。鉴于持久性有机污染物（POPs）对人类健康和生态环境的巨大威胁，国际社会自 1995 年起开始筹备制定有法律约束力的国际文书以便采取国际行动，期间组织了由 138 个国家参加的 8 次区域或次区域专家讨论会，召开了 7 次关于公约的政府谈判委员会会议。2001 年 5 月 23 日公约外交全权代表大会在斯德哥尔摩召开，127 个国家的代表通过了《关于持久性有机污染物的斯德哥尔摩公约》（简称《斯德哥尔摩公约》）并开放供各国签署，旨在通过全球努力共同淘汰和消除 POPs 污染，保护人类和环境免受 POPs 的危害。目前该公约的签署国已达到 151 个，批准国已达到 98 个。目前公约已于 2004 年 5 月 17 日正式生效。

《斯德哥尔摩公约》规定，各缔约方应采取必要的法律和行政措施，以禁止和消除有意生产的 POPs 的生产和使用，并严格管制其进出口；促进最佳实用技术和最佳环境实践的应用，以持续减少并最终消除无意排放的POPs；查明并以安全、有效和对环境无害化方式处置POPs库存及废弃物。

首批列入《斯德哥尔摩公约》受控名单的12种POPs包括：（1）有意生产的有机氯杀虫剂：DDT、氯丹、灭蚁灵、艾氏剂、狄氏剂、异狄氏剂、七氯、毒杀酚；（2）有意生产的工业化学品：六氯苯和多氯联苯；（3）无意排放的工业生产过程或燃烧生成的副产品：二噁英（多氯二苯并-p-二噁英）、呋喃（多氯二苯并呋喃）。

虽然《斯德哥尔摩公约》已经生效，但是对公约履行过程中的两个核心问题——资金机制和技术转让，以及关于对促进二噁英等副产品减排的最佳适用技术/最佳环境实践（BAT/BEP）的技术标准，以及新POPs的增列等问题，在发达国家和发展中国家之间尚存在较大分歧，需要通过进一步的谈判来解决。

该公约认识到私营部门和非政府组织可在减少和/或消除持久性有机污染物的排放和释放方面做出重要贡献，强调持久性有机污染物的生产者在减少其产品所产生的有害影响并向用户、政府和公众提供这些化学品危险特性信息方面负有责任的重要性，意识到需要采取措施防止持久性有机污染物在其生命周期的所有阶段产生的不利影响，重申《关于环境与发展的里约宣言》之原则16，各国主管当局应考虑到原则上应由污染者承担治理污染费用的方针，同时适当顾及公众利益和避免使国际贸易和投资发生扭曲，努力促进环境成本内部化和各种经济手段的应用，鼓励那些尚未制定农药和工业化学品管制与评估方案的缔约方着手制定此种方案。此外，还认识到开发和利用环境无害化的替代工艺和化学品的重要性，决心保护人类和环境免受持久性有机污染物的危害。

2007年4月14日，国务院批准了《中华人民共和国履行〈关于持久性有机污染物的斯德哥尔摩公约〉的国家实施计划》（简称《国家实施计划》），确定了我国履约目标、措施和具体行动。

通过不断努力，按照《国家实施计划》要求，我国在《斯德哥尔摩公约》履约机制和能力建设、持久性有机物削减和淘汰方面开展了大量的工作，解决了一批危害群众健康的突出环境问题。2009年4月16日，环境保护部会同国家发展和改革委员会等10个相关管理部门联合发布公告宣布自2009年5月17日起，禁止在我国境内生产、流通、使用和进出口DDT、氯丹、灭蚁灵及六氯苯（DDT用于紧急情况下病媒防治可接受用途除外），兑现了我国关于2009年5月停止特定豁免用途、全面淘汰杀虫剂类持久性有机污染物的履约承诺。

我国政府还积极参加公约缔约方大会、新持久性有机污染物审查委员会、成效评估监测专家组会议以及《斯德哥尔摩公约》《巴塞尔公约》《鹿特丹公约》三公约特别缔约方大会等相关会议，认真研究并及时回复公约秘书处各类征求意见函，积极开展公约信息交换和国际交流，科学推进公约进程，营造良好履约氛围。

8.3.4 《关于汞的水俣公约》

汞具有大气层长距离传输性、持久性、生物富集性，已成为全球关注的化学品。汞对人体健康有许多负面影响，包括对神经系统，尤其是对正在发育的神经系统会造成永久损害，而且汞还会通过孕妇进入胎儿体内。鉴于这些影响，婴儿、儿童和育龄妇女都是最容易受汞影响的群体。

20世纪中期发生在日本水俣的汞污染事件是最早出现的由于工业废水排放污染造成

的公害病。日本至少有 5 万人因此受到不同程度的影响，确认了 2000 多例"水俣病"。"水俣病"在 20 世纪 50 年代达到高潮，重症病例出现脑损伤、瘫痪、语无伦次和谵妄。

从 2001 年起，联合国环境规划署在汞领域开展了一系列工作，包括在全球范围内对汞污染现状开展评估调查，开发汞污染防治工作计划，准备和发布关于汞生产、需求和贸易的报告，启动《全球伙伴关系计划》，并确定了全球汞污染防治的七个优先领域。联合国环境规划署理事会第二十五届会议在 2009 年 2 月 20 日第 25/5 号决定中商定，拟订一项具有法律约束力的汞问题文书，并请环境规划署执行主任设立一个政府间谈判委员会，授权其编制该文书，此项工作于 2010 年启动。

2013 年 10 月 10 日，由联合国环境规划署主办的"汞条约外交会议"在日本熊本市表决通过了旨在控制和减少全球汞排放的《关于汞的水俣公约》。包括我国在内的 87 个国家和地区的代表共同签署了该公约，标志着全球携手减少汞污染迈出第一步。

2016 年 4 月 25 日上午，第十二届全国人大常委会第二十次会议举行第一次全体会议。受国务院委托，环境保护部部长陈吉宁作关于提请审议关于批准《关于汞的水俣公约》的议案的说明。

2017 年 5 月 18 日，世界在防治汞污染方面迈出历史性一步，欧盟及其七个成员国（保加利亚、丹麦、匈牙利、马耳他、荷兰、罗马尼亚和瑞典）批准了《关于汞的水俣公约》，保护民众远离世界十大威胁人类健康的化学品之一——汞。

2017 年 8 月 16 日，《关于汞的水俣公约》生效。这是近十年来环境与健康领域内订立的一项新的全球性公约，促使政府采取具体措施控制人为汞污染。公约涵盖了人为汞污染的整个"生命周期"，包括禁止建立新汞矿、淘汰现有汞矿、规范手工业和小规模金矿开采、减少汞的排放和使用。由于汞是一种不可毁灭的元素，因此公约还规定了临时贮存和处置汞废物的相关机制。

《关于汞的水俣公约》开出了有关限制汞排放的清单。首先是对含汞类产品的限制。规定 2020 年前禁止生产和进出口的含汞类产品包括电池、开关和继电器、某些类型的荧光灯、肥皂和化妆品等。公约认为，小型金矿和燃煤电站是汞污染的最大来源。各国应制定国家战略，减少小型金矿的汞使用量。公约还要求，控制各种大型燃煤电站锅炉和工业锅炉的汞排放，并加强对垃圾焚烧处理、水泥加工设施的管控。此外还要求减少汞供应和加强对其进行无害环境贮存的能力；减少各种产品和工艺对汞的需求；减少汞的国际贸易；减少汞向大气中的排放；处理含汞废物，并对受污染场地采取补救措施；通过提高认识和交流科学信息来增加知识；明确能力建设与技术及财政援助方面的安排，认识到发展中国家和经济转型国家能否在一项具有法律约束力的文书下有效履行若干法律义务取决于能力建设与技术及适当的财政援助的可得性；解决遵约问题。

我国对于履行《关于汞的水俣公约》表现积极。2020 年 10 月 16 日，国家药监局宣布自 2026 年 1 月 1 日起，全面禁止生产含汞体温计和含汞血压计产品。根据环境保护部、外交部、国家发展和改革委员会等十余部门联合发布的公告，自 2017 年 8 月 16 日起，禁止开采新的原生汞矿，各地国土资源主管部门停止颁发新的汞矿勘查许可证和采矿许可证。自 2032 年 8 月 16 日起，全面禁止原生汞矿开采。一系列致力于减少汞污染的措施也将同步实施，如自 2017 年 8 月 16 日起，禁止新建的乙醛、氯乙烯单体、聚氨酯的生产工艺使用汞、汞化合物作为催化剂或使用含汞催化剂；禁止新建的甲醇钠、甲醇钾、乙醇钠、乙醇钾的生产工艺使用汞或汞化合物；禁止使用汞或汞化合物生产氯碱（特指烧碱）；禁止生产含汞开关和继电器；禁止生产汞制剂（高毒农药产品）、含汞电池等。

中国作为最大的发展中国家，是汞生产、使用大国，履约任务艰巨。生态环境部将继续协同各相关部委，积极推动无汞低汞技术的应用和推广，实现汞污染减排及用汞产品替代；继续开展化学物质环境和健康风险评估，对高风险化学品生产、使用进行严格限制，并逐步淘汰替代。

参 考 文 献

[1] 杨志峰，刘静玲. 环境科学概论[M]. 北京：高等教育出版社，2004.

[2] 刘培桐. 环境学概论[M]. 第二版. 北京：高等教育出版社，1995.

[3] 左玉辉. 环境学[M]. 北京：高等教育出版社，2002.

[4] 龙湘犁，何美琴. 环境科学与工程概论[M]. 上海：华东理工大学出版社，2007.

[5] 左玉辉. 环境学[M]. 第二版. 北京：高等教育出版社，2010.

[6] Davis Mackenzie L, Cornwell David A. 环境工程导论[M]. 第 3 版. 王建龙译. 北京：清华大学出版社，2002.

[7] 李登新. 环境工程导论[M]. 北京：中国环境出版社，2015.

[8] 蒋展鹏，杨宏伟. 环境工程学[M]. 第三版. 北京：高等教育出版社，2013.

[9] 郝吉明，马广大. 大气污染控制工程[M]. 第二版. 北京：高等教育出版社，2002.

[10] 沈伯雄. 大气污染控制工程[M]. 北京：化学工业出版社，2007.

[11] 蒋文举. 大气污染控制工程[M]. 北京：高等教育出版社，2006.

[12] 刘文忠. 大气污染控制工程[M]. 北京：中国建材工业出版社，2015.

[13] 中国环境科学研究院，中国环境监测总站. 环境空气质量标准：GB 3095—2012[S]. 北京：中国标准出版社，2012.

[14] 国家环境保护局. 大气污染综合排放标准：GB 16297—1996[S]. 北京：中国标准出版社，1997.

[15] 马广大. 大气污染控制工程[M]. 北京：中国环境科学出版社，2004.

[16] 李广超. 大气污染控制工程[M]. 第二版. 北京：化学工业出版社，2008.

[17] 尹萧笛. 经济发展对京津冀区域大气污染的影响研究[D]. 保定：河北大学，2020.

[18] 郝吉明，马广大，王书肖. 大气污染控制工程[M]. 第三版. 北京：高等教育出版社，2010.

[19] 骆欣，刘柱，符露. 大气污染控制工程[M]. 天津：天津科学技术出版社，2018.

[20] 张卿川，夏邦寿，杨正宁，等. 国内外对挥发性有机物定义与表征的问题研究[J]. 污染防治技术，2014，27(5)：3-7.

[21] 江梅，邹兰，李晓倩，等. 我国挥发性有机物定义和控制指标的探讨[J]. 环境科学，2015(9)：3522-3532.

[22] 席劲瑛，武俊良，胡洪营，等. 工业 VOCs 气体处理技术应用状况调查分析[J]. 中国环境科学，2012，32(11)：1955-1960.

[23] Ohlrogge K，Wind J，Brinkmann T，et al. Progress in the use of membrane technology to separate Volatile Organic Compounds (VOCs)[J]. Comprehensive Membrane Science & Engineering，2017：226-255.

[24] 朱坦，冯银厂. 大气颗粒物来源解析：原理，技术及应用[M]. 北京：科学出版社，2012.

[25] 童志权. 大气污染控制工程[M]. 北京：机械工业出版社，2006.

[26] BP. Statistical Review of World Energy[J]. 68th edition，2019.

[27] 方秀玉. 优化能源结构 改善空气质量——从大气污染治理角度看北京市能源结构调整[J]. 节能与环保，2013(6)：52-54.

[28] 姚伟龙，邢涛. 中国能源状况与发展对策分析[J]. 能源研究与信息，2006(4)：5-11.

[29] 国家统计局工业交通统计司. 中国能源统计年鉴[M]. 北京：中国统计出版社，2018-2019.

[30] 王文兴，柴发合，任阵海，等. 新中国成立 70 年来我国大气污染防治历程、成就与经验[J]. 环境科学研究，2019，32(10)：1621-1635.

[31] 席北斗. 城乡环境污染控制规划[M]. 北京：科学出版社，2015.

[32] Boschet A F, Nixon S C, Lack T J. European topic centre on inland waters[J]. European Environmental Agency, Copenhagen, 2001.

[33] 王菲菲，李琴，王先良，等. 我国《地表水环境质量标准》历次修订概要及启示[J]. 环境与可持续发展，2014(1)：28-31.

[34] 杨员，张新民，徐立荣，等. 美国水质监测发展历程及其对中国的启示[J]. 环境污染与防治，2015(10)：86-91，97.

[35] 张华. 美国地表水环境质量标准介绍[J]. 给水排水，2008，34(4)：10033.

[36] 周林军，张芹，石利利. 欧盟优先水污染物与环境质量标准制定及其对我国的借鉴作用[J]. 2019，11(1)：1-9.

[37] 万玉. 地表水环境质量标准体系的构建探析[J]. 资源节约与环保，2014(1)：82.

[38] 戴秀丽，许燕娟，承燕萍. 中国地表水环境质量标准监测体系现状研究及完善建议[J]. 环境科学与管理，2014，39(12)：7-10.

[39] 刘伟江，丁贞玉，文一，等. 地下水污染防治之美国经验[J]. 环境保护，2013(12)：33-35.

[40] 李璇，束龙仓. 中美地下水资源开发利用对比分析[J]. 水文地质工程地质，2016(2)：37-43.

[41] 刘奕慧. 我国常见地下水环境质量评价方法探讨[J]. 广东化工，2016(12)：181-182，196.

[42] 蓝楠. 国外地下水资源保护法律制度对我国的启示[J]. 中国国土资源经济，2011(8)：33-35，43，55.

[43] 郭秀红，孙继朝，李政红，等. 我国地下水质量分布特征浅析[J]. 水文地质工程地质，2005(3)：51-54.

[44] 唐克旺，吴玉成，侯杰. 中国地下水资源质量评价(Ⅱ)——地下水水质现状和污染分析[J]. 水资源保护，2006(3)：1-4，8.

[45] 黄德林，王国飞. 欧盟地下水保护的立法实践及其启示[J]. 法学评论，2010(5)：75-81.

[46] 王菊英，穆景利，马德毅. 浅析我国现行海水水质标准存在的问题[J]. 海洋开发与管理，2013(7)：32-37.

[47] 陈艳卿，孟伟，武雪芳. 美国水环境质量基准体系[J]. 环境科学研究，2011(4)：107-114.

[48] 石秋池. 欧盟水框架指令及其执行情况[J]. 中国水利，2005(22)：66-67，53.

[49] 王格. 河道黑臭水体成因及治理措施[J]. 低碳世界，2021，11(2)：28-29.

[50] 谢秋良. 城市黑臭水体的产生原因及治理对策[J]. 长江技术经济，2021，5(Sup1)：21-24.

[51] 李隽. 城市河道黑臭水体形成原因及治理措施[J]. 低碳世界，2021，11(1)：37-38.

[52] 李圭白，张杰. 水质工程学[M]. 北京：中国建筑工业出版社，2005.

[53] 蔡守华. 水生态工程[M]. 北京：中国水利水电出版社，2010.

[54] 周德民. 环境与水安全[M]. 北京：中国环境科学出版社，2012.

[55] 李元. 环境生态学导论[M]. 北京：科学出版社，2009.

[56] 王腊春，史运良，曾春芬. 水资源学[M]. 南京：东南大学出版社，2014.

[57] 高建峰. 工程水文与水资源评价管理[M]. 北京：北京大学出版社，2006.

[58] 李广贺. 水资源利用与保护[M]. 北京：中国建筑工业出版社，2010.

[59] 田守岗，范明元. 水资源与水生态[M]. 郑州：黄河水利出版社，2013.

[60] 郭新彪. 环境健康学基础[M]. 北京：高等教育出版社，2011.

[61] 万金泉，王艳，马邕文. 环境与生态[M]. 广州：华南理工大学出版社，2013.

[62] 柳丹，叶正钱，俞益武. 环境健康学概论[M]. 北京：北京大学出版社，2012.

[63] 胡荣桂. 环境生态学[M]. 武汉：华中科技大学出版社，2010.

[64] 戴树桂. 环境化学[M]. 第2版. 北京：高等教育出版社，2006.

[65] 李圭白，张杰. 水质工程学：上册[M]. 第二版. 北京：中国建筑工业出版社，2013.

[66] 李圭白，张杰. 水质工程学：下册[M]. 第二版. 北京：中国建筑工业出版社，2013.

[67] 余淦申，郭茂新，黄进勇，等. 工业废水处理及再生利用[M]. 北京：化学工业出版社，2013.

[68] 陈珺. 城镇污水处理及再生利用工艺分析与评价[M]. 北京：中国建筑工业出版社，2012.

[69] 蒋展鹏，杨宏伟. 环境工程学[M]. 第二版. 北京：高等教育出版社，2005.

[70] 文湘华. 水回用：问题？技术与实践[M]. 北京：清华大学出版社，2011.

[71] 何品晶. 城市污泥处理与利用[M]. 北京：科学出版社，2003.

[72] 周怀东. 水污染与水环境修复[M]. 北京：化学工业出版社，2005.

[73] 朱永华，任立良. 水生态保护与修复[M]. 北京：中国水利水电出版社，2012.

[74] 钟成华. 水体污染原位修复技术导论[M]. 北京：科学出版社，2013.

[75] 陈吉宁. 流域面源污染控制技术[M]. 北京：中国环境科学出版社，2009.

[76] 陈怀满. 环境土壤学[M]. 北京：科学出版社，2010.

[77] 杨林章，徐琪. 土壤生态系统[M]. 北京：科学出版社，2005.

[78] 张凤荣. 土地保护学[M]. 北京：科学出版社，2006.

[79] 孙铁珩. 土壤污染形成机理与修复技术[M]. 北京：科学出版社，2005.

[80] 张学雷，龚子同. 人为诱导下中国的土壤退化问题[J]. 生态环境学报，2003，12(3)：317-321.

[81] 陆晓华，成官文. 环境污染控制原理[M]. 武汉：华中科技大学出版社，2010.

[82] 吴香尧. 耕地土壤污染与修复[M]. 成都：西南财经大学出版社，2013.

[83] 夏立江，王宏康. 土壤污染及其防治[M]. 上海：华东理工大学出版社，2001.

[84] 洪坚平. 土壤污染与防治[M]. 北京：中国农业出版社，2011.

[85] 王友保. 土壤污染与生态修复实验指导[M]. 芜湖：安徽师范大学出版社，2015.

[86] 朱蓓丽，程秀莲，黄修长. 环境工程概论[M]. 第4版. 北京：科学出版社，2016.

[87] 吴骞，王继富. 谈对《中华人民共和国土壤污染防治法》的认识[J]. 黑龙江工业学院学报(综合版)，2019，19(4)：155-158.

[88] 吴平. 解《土十条》[J]. 中国经济报告，2016(7)：68-70.

[89] 钟斌. 扎实推进净土保卫战[J]. 中国生态文明，2020(3)：69-71.

[90] 张益. 《土壤污染防治行动计划》十问十答"土十条"出了关心的问题都在这儿[J]. 中国战略新兴产业，2016(13)：77-79.

[91] 在发展中保护 在保护中发展——环境保护部有关负责人就《土壤污染防治行动计划》答记者问[J]. 中国环境监察，2016(6)：5-13.

[92] 赵由才. 固体废物处理与资源化[M]. 北京：化学工业出版社，2006.

[93] 宁平. 固体废物处理与处置[M]. 北京：高等教育出版社，2007.

[94] 蒋建国. 固体废物处置与资源化[M]. 第二版. 北京：化学工业出版社，2013.

[95] 李登新，甘莉，刘仁平，等. 固体废物处理与处置[M]. 北京：中国环境出版社，2014.

[96] 孙秀云，王连军，李健生. 固体废物处理处置[M]. 北京：北京航空航天大学出版社，2015.

[97] 周炳炎，于泓锦，李长东，等. 固体废物管理与行业发展[M]. 北京：中国环境出版社，2017.

[98] 生态环境部. 2011—2020年全国大、中城市固体废物污染环境防治年报.

[99] 丁宁，刘琪. 无废城市"11＋5"试点固废管理现状[J]. 城乡建设，2019，569(14)：11-22.

[100] 郭志达，白远洋. "无废城市"建设模式与实现路径[J]. 环境保护，2019，47(11)：29-32.

[101] 关于印发《"无废城市"建设试点实施方案编制指南》和《"无废城市"建设指标体系(试行)》的函[J]. 再生资源与循环经济，2019，12(5)：3-12.

[102] 张占仓，盛广耀，李金惠，等. 无废城市建设：新理念新模式新方向[J]. 区域经济评论，2019，39(3)：84-95.

[103] 裴习君. "无废城市"理念下我国城市生活垃圾处理模式探析[J]. 长沙大学学报，2019，33(3)：25-27.

[104] 周宏春. 加强"无废城市"建设的产业链管理[J]. 环境保护，2019，47(9)：14-20.

[105] 李金惠，卓玥雯. "无废城市"理念助推可持续发展[J]. 环境保护，2019，47(9)：9-13.

[106] 潘永刚，张卉聪. 关于构建我国"无废城市"再生资源绿色回收体系的建议[J]. 环境保护，2019，47(9)：30-36.

[107] 齐明亮，刘全锡，陈明霞. 我国试点"无废城市"建设[J]. 生态经济，2019，35(4)：9-12.

[108] 程会强. "无废城市"建设是循环经济发展的高级阶段[J]. 环境经济，2019，245(5)：40-43.

[109] 李干杰. 开展"无废城市"建设试点提高固体废物资源化利用水平[J]. 环境保护，2019，47(2)：8-9.

[110] 温宗国. 无废城市：理论、规划与实践[M]. 北京：科学出版社，2020.

[111] 周宏春. 我国"无废城市"建设进展与对策建议[J]. 中华环境，2020，76(11)：24-30.

[112] 废弃资源再利用绿色高效可持续——全力打造"无废农业"徐州模式[N]. 徐州日报，2020-07-23(04).

[113] 章轲. "无废城市"建设试点启动 7 万亿元固废清理市场打开新机会[J]. 资源再生，2019(5).

[114] Zeng X，Gong R，Chen W Q，et al. Uncovering the recycling potential of "New" WEEE in China[J]. Environmental Science & Technology，2016，50(3)：1347-1358.

[115] Buchert M，Manhart A，Bleher D，et al. Recycling critical raw materials from waste electronic equipment[J]. Freiburg：Öko-Institut eV，2012，49：30-40.

[116] 奚旦立，孙裕生，刘秀英. 环境监测(修订版)[M]. 北京：高等教育出版社，1995.

[117] 黄宗星. 城市环境噪声污染与监测技术分析[J]. 科学与信息化，2019(22)：192-193.

[118] 聂志俊. 环境噪声监测现状、问题及方法探讨[J]. 环境与发展，2020，32(8)：183，185.

[119] 北京市劳动保护科学研究所，北京市环境保护局，广州市环境监测中心站. 社会生活环境噪声排放标准：GB 22337—2008[S]. 北京：中国环境科学出版社，2008.

[120] 中国环境科学研究院，北京市环境保护监测中心，广州市环境监测中心站. 声环境质量标准：GB 3096—2008[S]. 北京：中国环境科学出版社，2008.

[121] 兰利民，付志娟，烟志刚. 谈谈环境噪声对人体的危害及防治[J]. 中小企业管理与科技(下旬刊)，2011(4)：205-206.

[122] 徐亚南. 城市噪声污染防治路径与策略研究[J]. 资源节约与环保，2020(5)：132.

[123] 朱玉宽. 国家核安全与放射性污染防治"十三五"规划出炉[J]. 绿色视野，2017(5)：6-7.

[124] 代学民，卢颖，南国英. 城市光污染现状及防治措施研究[J]. 绿色科技，2020(2)：154-155.

[125] Climate change 2013：the physical science basis：Working Group I contribution to the Fifth assessment report of the Intergovernmental Panel on Climate Change[M]. Cambridge University Press，2014.

[126] 周健民，沈仁芳. 土壤学人辞典[M]. 北京：科学出版社，2013.

[127] 李琳，赵伦. 氟利昂及其代用品的开发[J]. 中国环境管理干部学院学报，1994(1)：51-52，45.

[128] 穆恒宝. 臭氧层破坏与对人类的影响[J]. 环境科学动态，1995(1)：24-25.

[129] Molina M J，Rowland F S. Stratospheric sink for chlorofluoromethanes：chlorine atom-catalysed destruction of ozone[J]. Nature，1974，249(5460)：810-812.

[130] 泷泽行雄，张东，周吉海. 臭氧层破坏与健康管理[J]. 日本医学介绍，2000(1)：46.

[131] 胡耐根. 臭氧层破坏对人类和生物的影响[J]. 安徽农业科学，2010(11)：558-559，562.

[132] 黄凡. 我国保护臭氧层的立法对策与措施[J]. 制冷，2005，24(3)：24-27.

[133] 胡少锋，张洁清. 国际保护臭氧层合作的发展与展望[J]. 环境保护，2000(9)：45-48.

[134] Protocol M. Montreal protocol on substances that deplete the ozone layer[J]. Washington，DC：US Government Printing Office，1987，26：128-136.

[135] Balmford A, Bennun L, Ten B B, et al. The convention on biological diversity's 2010 target[J]. Science, 2005, 307(5707): 212-213.

[136] Lallas P L. The Stockholm Convention on persistent organic pollutants[J]. The American Journal of International Law, 2001, 95(3): 692-708.

[137] Mackey T K, Contreras J T, Liang B A. The minamata convention on mercury: attempting to address the global controversy of dental amalgam use and mercury waste disposal[J]. Science of the Total Environment, 2014, 472: 125-129.

[138] Solomon S, Manning M, Marquis M, et al. Climate change 2007-the physical science basis: Working group I contribution to the fourth assessment report of the IPCC[M]. Cambridge University Press, 2007.